普通高等教育"十三五"规划教材

无机非金属材料科学基础

（第 2 版）

马爱琼　任　耘　段　锋　主编

北　京

冶 金 工 业 出 版 社

2023

内 容 简 介

本书主要介绍了无机非金属材料的组成、结构、性能和工艺之间的相互关系及其变化规律的基本理论，是无机非金属材料专业的一门重要的专业基础课。全书内容共分10章，包括：结晶学基础、晶体结构、晶体结构缺陷、非晶体结构与性质、固体的表面与界面、材料系统中的相平衡与相图、固体材料中的扩散、材料中的固相反应、材料中的相变、材料的烧结等。

本书可作为高等院校无机非金属材料工程专业及相关专业的教材，也可供有关研究人员和工程技术人员参考。

图书在版编目（CIP）数据

无机非金属材料科学基础/马爱琼，任耘，段锋主编 . —2 版 . —北京：冶金工业出版社，2020.8（2023.11 重印）

普通高等教育"十三五"规划教材

ISBN 978-7-5024-8519-1

Ⅰ.①无…　Ⅱ.①马…　②任…　③段…　Ⅲ.①无机非金属材料—高等学校—教材　Ⅳ.①TB321

中国版本图书馆 CIP 数据核字（2020）第 095652 号

无机非金属材料科学基础　（第 2 版）

出版发行	冶金工业出版社	**电　话**	(010)64027926
地　址	北京市东城区嵩祝院北巷 39 号	**邮　编**	100009
网　址	www. mip1953. com	**电子信箱**	service@ mip1953. com

责任编辑　杨　敏　美术编辑　吕欣童　版式设计　禹　蕊
责任校对　石　静　责任印制　窦　唯
北京印刷集团有限责任公司印刷
2010 年 2 月第 1 版，2020 年 8 月第 2 版，2023 年 11 月第 3 次印刷
787mm×1092mm　1/16；25.5 印张；621 千字；394 页
定价 **64.00** 元

投稿电话　（010）64027932　投稿信箱　tougao@ cnmip. com. cn
营销中心电话　（010）64044283
冶金工业出版社天猫旗舰店　yjgycbs. tmall. com
（本书如有印装质量问题，本社营销中心负责退换）

第 2 版前言

《无机非金属材料科学基础》教材自 2010 年出版以来，深受广大师生及其他读者欢迎。2019 年底，我校材料科学与工程专业获准进入"国家一流本科专业建设"的范围。因此，为积极响应我校材料科学与工程专业的人才培养体系上台阶的号召，更好适应各高校"材料科学基础"课程教学与广大读者学习需要，编者对该书进行了修订，以补充新的内容。

"材料科学基础"课程为各高校材料类专业重要的专业骨干课程，在材料类专业的人才培养体系中占有重要地位。为了使读者在学习该课程之前，能了解到与材料科学与工程相关的信息，认识到材料学科对社会经济发展的重要作用，本书中增加了"绪论"的内容，介绍了材料的概念与分类，材料对人类社会发展的推动作用，阐明了"材料科学与工程"四要素构成与内涵。

在第 1 版第 2 章"晶体化学原理"部分，本书增加了"晶体的结合力与结合能"的内容，这可以更方便读者加深理解晶体的结构与性能的关系。在第 3 章"晶体结构缺陷"中，本书增加了"相界"的内容介绍，同时，本书将第 1 版第 5 章"晶界性质及对材料性能影响"的内容调整到"面缺陷"中"晶界"部分一并介绍，使得整个知识体系更加完整清晰。

为了满足不同层次类别高等院校教学需要，帮助学生进一步巩固知识结构，深化基础理论，开阔专业视野，并有利于扩展思路，便于自学与考研复习，修订时，在每章内容前面增加了"内容提要"介绍，目的是引导读者了解本章内容的知识脉络。在每章结尾处，增加了"本章小结"内容，对该章节的知识点进行了归纳总结，使广大读者学习更方便。考虑到"材料科学基础"课程是各高校材料类专业硕士研究生入学考试课程之一，为方便广大学生复习备考，在修订时，编者精心收集整理了一些有代表性的习题，以例题的形式放到各章节内容中，这既方便了读者巩固理论内容，也方便了读者自学备考需要。同时，对每章的课后习题与思考题重新进行了梳理，增加了部分有代表性的习题。

最后，对第 1 版中的一些文字错漏进行了更正。与第 1 版相比，本书在体系与内容上都前进了一步。

本书由西安建筑科技大学马爱琼、任耘、段锋担任主编。其中绪论、第 1 章、第 4 章和第 10 章由马爱琼编写；第 3 章、第 6 章由任耘编写；第 2 章、第 9 章由段锋编写；第 5 章由任金翠编写；第 7 章由高云琴编写；第 8 章由张电编写。全书由马爱琼教授统稿定稿。肖国庆教授、尹洪峰教授对本次修订提出了宝贵意见，在此表示感谢。

由于作者水平有限，书中不当之处，恳请读者批评指正。

作　者
2020 年 7 月于西安

第1版前言

材料是人类社会赖以生存的物质基础和科学发展的技术先导。人类使用材料的历史，从远古的石器时代到公元前的铁器时代再到现在的新材料时代，共经历了七个时期，材料是衡量社会生产力发展的重要标志，材料科学、能源科学与信息科学一并被列为现代科学技术的三大支柱，而现代工业、农业和科学技术的进步，都是以材料的发展为基础的。纵观世界科技发展史，重大的技术革新往往起始于材料的革新，而近代新技术的发展又促进了新材料的研制。材料的制造经历了由简单到复杂，由以经验为主到以科学知识为基础的发展过程，逐渐形成了一门新兴的边缘学科——材料科学。

目前，国内材料科学基础课程的内容由于金属材料、无机非金属材料和有机高分子材料等专业的不同，材料科学基础的内容也有很大区别。本书的内容则偏重于无机非金属材料方面的基础理论，具体包括以下几个部分：晶体结构基础、晶体缺陷理论、无机材料的相平衡理论、无机材料的动力学理论、无机材料的固相反应理论、无机材料的烧结理论等。通过本课程的学习，学生可以掌握无机非金属材料的组成、结构与性能之间的相互关系及其变化规律的基本理论，奠定学生从事材料科学研究的专业基础，培养和提高学生的科研能力，这对于他们日后从事复杂的技术工作和研发新材料十分有益。

本书从材料的共性出发，结合现代无机材料科学的发展，在编写过程中坚持加强基础、拓宽专业面、更新教材内容的基本原则；内容取材上既保留了传统无机材料的特色，又充分考虑本学科与其他学科相互融合渗透的新特点；在内容统筹上力求条理清晰，逻辑严谨，充分体现材料科学组成、结构、性能及工艺四要素之间相互依存的关系；坚持体现教材内容深度、广度适中，增强适用性；文字叙述上力求概念准确严谨，深入浅出，数据正确可靠，图、表、实例与内容叙述相吻合，使读者便于理解和自学。为加深学生对基本概念的理解和提高解决实际问题的能力，各章后附有习题与思考题。

　　本书由西安建筑科技大学材料学院的教师编写：前言、目录、第 7 章、第 8 章和第 10 章由马爱琼编写；第 3 章、第 6 章由任耘编写；第 2 章、第 9 章由段锋编写；第 5 章由张颖编写；第 1 章由高云琴编写；第 4 章由武志红编写。全书由马爱琼统稿定稿，薛群虎教授、尹洪峰教授、肖国庆教授对本书提出了宝贵的修改意见，在此表示感谢。

　　由于编者水平有限，书中不当之处在所难免，殷切希望使用本书的读者给予批评与指正。

编　者

2009 年 4 月于西安

目　　录

绪　　论

内容提要：材料是人类社会赖以生存的物质基础和科学技术发展的技术先导，绪论主要从材料科学与工程一级学科的层次上阐述材料的定义与分类；介绍材料的地位与作用；综述材料科学的发展历程；阐明材料科学与工程的内涵。通过以上内容的学习，可以初步认识材料在国民经济领域的地位与作用，了解材料科学的发展趋势。

A　材料的定义与分类

材料一般是指人类用以制造生活和生产所需的物品、器件、构件、机器和其他物品的物质。材料是物质，但不是所有物质都可以称为材料。如燃料和化学原料、食物和药物，一般都不算是材料。只有那些可为人类社会接受而又能经济地制造有用器件的物质，才叫做材料。但是这个定义也并不那么严格，如炸药、固体火箭推进剂，有人便称之为"含能材料"。

由于材料的种类繁多，用途广泛，因此它有许多不同的分类方法。依据材料的来源可将材料分为天然材料和人造材料两类。目前正在大量使用的天然材料只有石料、木材、橡胶等，并且用量也在逐渐减少，许多原先使用天然材料的领域正在日益被人造材料取代。

从研究材料的角度看，常按物理化学属性将材料分为金属材料、无机非金属材料、高分子材料和复合材料四大类。金属材料、无机非金属材料、高分子材料因原子间的相互作用不同，在各种性能上表现出极大的差异。它们相互配合，取长补短，构成现代工业的三大材料体系。复合材料则是由上述三类材料相互之间复合而成，它结合了不同材料的优良性能，在强度、刚度、耐腐蚀等使用性能方面比单一材料优越，具有广阔的发展前景。材料按物理化学属性分类的性能比较见表1。

表1　材料按物理化学属性分类的性能比较

材料种类	化学组成	结合键	主要特征
金属材料	金属元素	金属键	有光泽、塑性、导电、导热、较高强度和刚度
无机非金属材料	氧和硅或其他金属的化合物、碳化物、氮化物等	离子键、共价键	耐高温、高强、耐蚀、具有特殊物理性能（功能）、脆、无塑性
高分子材料	碳、氢、氧、氮、氯、氟等	共价键、分子键	轻、比强度高、橡胶具有高弹性、耐磨、耐蚀、易老化、刚度小、耐高温差

材料种类	化学组成	结　合　键	主要特征
复合材料	两种或两种以上不同材料组合而成	——	比强度和比模量高、抗疲劳、高温和减震性能好、功能复合

按材料的用途分类，可将材料分为电子材料、生物材料、建筑材料、航空航天材料等。

更常见的分类方法有两种。一种是从材料的使用性能考虑，将材料分为结构材料和功能材料两类，前者以力学性能为基础，用于制造以受力为主的构件。当然，结构材料对物理性能和化学性能也有要求，如光泽、热导率、抗辐照、抗腐蚀、抗氧化能力等。对性能的要求因材料的用途而异。功能材料则主要是利用物质独特的物理性质、化学性质或生物功能等而形成的一类材料。另一种是分为传统材料和新型材料（又称新材料、先进材料）。前者是指在工业中已批量生产并已得到广泛应用的材料，后者则是指刚刚投产或正在发展而且具有优异性能和应用前景的一类材料。新型材料和传统材料之间并没有绝然的界限，传统材料可以发展成为新型材料，新型材料在经过长期生产与应用之后也就成为传统材料。传统材料是发展新型材料的基础，而新型材料又往往能推动传统材料的进一步发展。

随着现代科学技术的发展，材料的分类方法也在更新。现在，人们常将能源的开发、转换、运输、储存所需的材料统称为能源材料。信息储存和传播方面的进展，一点也离不开材料的发展。今天的社会，信息与材料也是相互依靠的，为了强调这种关系，也常将信息的接收、处理、储存和传播所需的材料统称为信息材料，与传统意义上的功能材料不同，人们又将通过光、电、磁、力、热、化学、生物化学等作用后具有特定功能的新材料称为功能材料。

B　材料的地位与作用

材料、能源、信息是客观世界的三大要素，是构成现代文明的三大支柱。人类对它们的认识是逐步深化的。历史上，人类对材料认识的深入，导致了从石器时代、铜器时代走向铁器时代。简单回顾人类发展的历史，可以看到材料的重要性以及社会需要对于材料发展的巨大推动力。

B.1　材料是人类进步的里程碑

人类发展的历史证明，材料是社会进步的物质基础和先导，是人类进步的里程碑。纵观人类利用材料的历史，可以清楚地看到，每一种重要材料的发现和利用，都会把人类支配和改造自然的能力提高到一个新的水平，给社会生产力和人类生活带来巨大的变化，把人类物质文明和精神文明向前推进一步。

早在100万年前，人类开始以石头做工具，称之为旧石器时代。1万年以前，人类知道对石头进行加工，使之成为更精致的器皿和工具，从而进入新石器时代。在新石器时代，人类还发明了用黏土成型、再火烧固化而制成陶器。同时，人类开始用皮毛遮身；中国在 8000 年前就开始用蚕丝做衣服；印度人在 4500 年前开始培植棉花。人类使用的这些材料都是促进人类文明的重要物质基础。

在新石器时代，人类已经知道使用天然金和铜，但因其尺寸较小，数量也少，故不能成为大量使用的材料。后来，人类在寻找石料过程中认识了矿石，在烧制陶器过程中又还原出金属铜和锡，创造了炼铜技术，生产出各种青铜器物，从而进入青铜器时代。这是人类大量应用金属的开始，是人类文明发展的重要里程碑。世界各地区进入青铜器时代的时期前后不一，中国在商周（约公元前 17 世纪初~公元前 256 年）即进入青铜器的鼎盛时期，在技术上达到了当时世界的顶峰。如河南安阳殷墟出土的商代晚期的司母戊方鼎（重 875kg），就反映出当时中国青铜铸造的高超技术和宏大规模。又如在湖北随县曾侯乙墓出土的战国（公元前 475 年~公元前 221 年）初期制造的编钟，也充分反映出当时中国在冶金方面已达到相当高的工艺和技术水平。冶金术的迅速发展，提高了社会生产力，推动了社会进步，并导致城市的诞生，这标志着人类文明又向前跨进了一大步。

5000 年前，人类已开始用铁。由于铁比铜更容易得到，更好利用，在公元前 10 世纪铁工具已比青铜工具更为普遍，人类从此由青铜器时代进入铁器时代。公元前 8 世纪，已出现用铁制造的犁、锄等农具，使生产力提高到一个新的水平。中国在春秋（公元前 770 年~公元前 476 年）末期，冶铁技术有很大突破，遥遥领先于世界其他地区。如利用生铁经退火制造韧性铸铁及以生铁制钢技术的发明，标志着中国生产力的重大进步。这些技术从战国至汉代相继传到朝鲜、日本和西亚以及欧洲地区，推动了整个世界文明的发展。

人类自有史以来，材料在促进人类物质和精神文明方面的事例不胜枚举。18 世纪蒸汽机的发明和 19 世纪电动机的发明，使材料在新品种开发和规模生产等方面发生了飞跃。如 1856 年和 1864 年先后发明了转炉和平炉炼钢，使世界钢的产量从 1850 年的 6 万吨突增到 1900 年的 2800 万吨，大大促进了机械制造、铁路交通的发展，这些都是现代文明的标志，使人类进入了钢铁时代。1900 年前后，银、铅、锌也得到大量应用，而后铝、镁、钛和稀有金属相继问世，从而金属材料在 20 世纪中占据了材料的主导地位。

20 世纪初，人工合成高分子材料问世，如 1909 年的酚醛树脂（胶木），1925 年的聚苯乙烯，1931 年的聚氯乙烯以及 1941 年的尼龙等，发展十分迅速，如今世界人工合成高分子材料年产量在 1 亿吨以上。20 世纪 50 年代，通过合成化工原料或特殊制备方法，制造出一系列先进陶瓷。由于其具有资源丰富、密度小、耐高温、耐磨等特点，很有发展前途，成为近半个世纪来研究工作的重点，且用途在不断扩大，有人甚至认为"新陶瓷时代"即将到来，其实，高分子材料、现代陶瓷与金属材料，各有不可替代的性能与功能。因此，在 21 世纪，将是多种材料并存的时代。随着科学技术的发展，它们之间互有消长。但是更有发展前途的是复合材料，因为这种材料具有每种单质材料所不具备的性能，而且可以节约资源，是今后材料发展的主要方向。事实上，人类很早就利用复合材料，如泥巴中混入碎麻或麦秆用以建造房屋。钢筋混凝土是脆性材料、抗折材料与抗压材料的结合，玻璃钢是玻璃与树脂的复合，还有碳纤维增强的树脂基复合材料，都是为了提高材料的强度和模量而采取的措施。此外，人们还在发展更高级的复合材料，如金属基、陶瓷基复合材料等。经过仔细分析，可以发现，几乎所有生物体，如内脏、牙齿、皮肤以及木材、竹子等都是以复合材料的方式构成，说明这是一种最合理的结构，大有发展前途。

总之，人类社会的进步，几乎无不与材料密切相关。相反，有些技术，因为没有合适

4

的材料而进展迟缓。如太阳能是一种永恒能源，量大面广，又无污染，但是由于没有研发出效率高、寿命长、价格低廉的光电转换材料而使太阳能在能源中的地位一直很低；磁流体发电装置的效率可达 50%～60%，远远高于现有热机，而且可以燃烧劣质燃料，污染也小，但是由于有些关键材料没有得到解决，至今未能实现工业化。凡此种种，都说明新材料的研究与开发，材料科学与技术的基础和应用研究至关重要。

B.2　材料是社会现代化的物质基础和先导

材料既是人类社会进步的里程碑，又是社会现代化的物质基础与先导。因此，新材料的研究、开发与应用反映着一个国家的科学技术与工业水平。下面就现代科学技术的发展与新材料的关系举几个典型例子予以说明。

B.2.1　电子技术的发展

追溯电子技术的发展，可见新材料的研制与开发起着举足轻重的作用。1906 年发明了电子管，从而出现了无线电技术、电视机、电子计算机；1948 年发明了半导体晶体管，导致电子设备的小型化、轻量化、省能化及成本的降低、可靠性提高与寿命的延长；1958 年出现了集成电路，使计算机及各种电子设备发生一次飞跃。此后，集成电路的发展十分迅速，这是以硅为主的半导体材料的相应发展的结果。

B.2.2　光通信的产生

通常一般采用微波、电缆来传输信号。可是自从 1966 年在理论上提出可用光波进行通信后，经过 10 年研究，1976 年出现了国际上第一条试验性光纤通信线路。由于光纤传输信号的容量大（如一根 0.01mm 的光导纤维可传输数以千门计的电话，比一般同轴电缆有数量级的提高），且具有造价低、中继站少、保密性强等优点，到 1980 年年初，光通信的容量超过了同轴电缆。1988 年建成第一条横跨两洋的海底光缆，其造价只是 1956 年所建同轴电缆的 1%，由于光导纤维的研制成功，改变了整个通信体系，为信息的传输做出了重要的贡献。

光通信的迅速发展，除了光导纤维以外，激光技术与光电子技术的发展是其重要促成因素。而这些都与材料密切相关。也正是由于材料的发展，使 20 世纪 90 年代初期提出来的"信息高速公路"的设想成为现实，才会有 21 世纪互联网行业的蓬勃发展。

B.2.3　航空航天技术的进步

现代文明的另一标志是航空航天技术的发展。由于战争的需要，20 世纪 40 年代出现了喷气技术。而这种技术的实现，是以高温材料及高性能结构材料为依托的。特别是高温合金材料的不断发展，不断提高了歼击机的性能，而且为今天大型客机的安全及有效载荷的提高、续航时间的延长，以及飞机与发动机的长寿命提供了可能性。作为航空航天所用的材料，其比强度、比刚度尤为重要，因为飞机发动机每减重 1kg，飞机可减重 4kg；航天飞行器每减重 1kg，就可使运载火箭减轻 500kg。所以对高速飞行器来说，需尽可能减轻其重量。新发展出来的高强度高分子纤维芳纶，其比强度较之高强度钢高出近 100 倍。有人设想用这种材料制成飞机，飞行速度可达 Ma15.0，从纽约到东京只需 2h。比刚度对于飞行器也是十分关键的。高比刚度材料，在相同受力条件下变形量小，从而保证原设计的气动性能。这就是为什么要大力发展纤维增强的树脂基及金属基复合材料的重要原因。另外，热机的工作温度愈高，其效率也愈高，但是目前所用的金属材料由于熔点及抗氧化能力所限，不能保证更高的使用温度，因此，现代工程陶瓷就成为当前研究的重点。

上述种种，说明材料特别是新材料与现代文明的关系十分密切。新材料为提高人民生活、增加国家安全、提高工业生产率与经济增长提供了物质基础，因此，新材料的发展十分重要。21世纪，新材料技术的突破将在很大程度上使材料产品实现智能化、多功能化、环保、复合化，以及低成本化、长寿命及按用户进行订制。这些产品会加快信息产业和生物技术的革命性进展，也能够给制造业、服务业及人们生活方式带来重要影响。新材料的发展正从革新走向革命，开发周期正在缩短，创新性已成为新材料发展的灵魂。

同时新材料的开发与应用联系更加紧密，针对特定的应用目的开发新材料可以加快研制速度，提高材料的使用性能，便于新材料迅速走向实际应用，并且可以减少材料的"性能浪费"，从而节约了资源。从国际情况来看，发达国家纷纷启动"再工业化"措施，不约而同地将新材料作为回归实体经济、抢占新一轮国际科技经济竞争制高点的重要基础，不断加大对新材料的支持力度，由新材料带动而产生的新产品和新技术市场不断扩大。

C 材料科学与工程的形成与内涵

C.1 材料科学的形成

"材料"是早已存在的名词，但"材料科学"的提出只是20世纪60年代初的事。1957年苏联人造卫星首先上天，美国朝野上下为之震惊，认为自己落后的主要原因之一是先进材料落后，于是在一些大学相继成立了十余个材料科学研究中心。为此，"材料科学"这个名词便广泛地被引用了。

事实上，"材料科学"的形成是科学技术发展的必然结果。

第一，固体物理、无机化学、有机化学、物理化学等学科的发展，对物质结构和物性的深入研究，推动了对材料本质的了解；同时，冶金学、金属学、陶瓷学、高分子科学等的发展也使对材料本身的研究大大加强，从而对材料的制备、结构和性能以及它们之间的相互关系的研究也愈来愈深入，为材料科学的形成打下了比较坚实的基础。

第二，在"材料科学"这个名词出现以前，金属材料、高分子材料与陶瓷材料都已自成体系，目前复合材料也在形成学科体系。但它们之间有颇多相似之处，不同类型的材料可以相互借鉴，从而促进本学科的发展。如马氏体相变本来是金属学家提出来的，而且广泛地被用来作为钢热处理的理论基础；但在氧化锆陶瓷中也发现了马氏体相变现象，并用来作为陶瓷增韧的一种有效手段。又如材料制备方法中的溶胶-凝胶法，是利用金属有机化合物的分解而得到纳米级高纯氧化物粒子，成为改进陶瓷性能的有效途径。

第三，各类材料研究所需的设备与生产手段有颇多相似之处。虽然不同类型的材料各有其专用测试设备与生产装置，但许多方面是相同或相近的，如光学显微镜、电子显微镜、表面测试及物性与力学性能测试设备等。在材料生产中，许多加工装置也是通用的。如挤压机，对金属材料可以用来成型及冷加工以提高强度；而某些高分子材料，在使用挤压成丝工艺以后，可使有机纤维的比强度和比刚度大幅度提高。

第四，许多不同类型的材料可以相互代替和补充，能更充分发挥各种材料的优越性，达到物尽其用的目的。但长期以来，金属、无机非金属材料、高分子材料相互分割、自成体系。由于互相不了解，对采用异种类型的新材料持怀疑态度，这既不利于材料的推广，又有碍于使用材料的行业的发展。

C.2　材料科学与工程的形成与内涵

材料科学所包含的内容往往容易理解为研究材料的组成、结构与性质的关系，探索自然规律，这属于基础研究。实际上，材料是面向实际，为经济建设服务的，是一门应用科学，研究与发展材料的目的在于应用，而材料又必须通过合理的工艺流程才能制备出具有实用价值的材料，通过批量生产，才能成为工程材料。所以，在"材料科学"这个名词出现不久，就提出了"材料科学与工程"的概念。1986 年由英国 Pergamon 出版的《材料科学与工程百科全书》对"材料科学与工程"下的定义为：材料科学与工程就是研究有关材料的组成、结构、制备工艺流程与材料性能和用途关系的知识的产生及其运用。换言之，材料科学与工程是研究材料的组成、结构、性能、生产流程和使用效能以及它们之间的关系，如图 1 所示，这就是经典的"材料科学与工程"学科的四要素。下面对这四要素的内涵及其相互关系作简要说明。

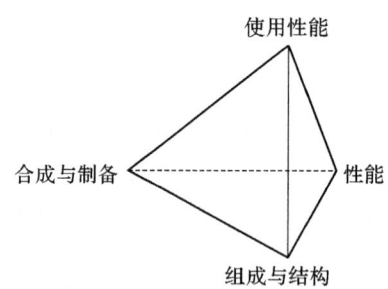

图 1　材料科学与工程的四要素及其关系

材料的组成与结构决定材料的性质，而组成与结构又是合成与制备过程的产物，材料作为产品又必须具有一定的效能以满足使用条件和环境要求，从而取得应有的经济、社会效益。因此，上述四个组元之间存在强烈的相互依赖的关系。

"材料科学与工程"的科学方向偏重于研究材料的合成与制备、组成与结构、性能及使用效能、各组元本身及其相互间关系的规律；工程方面则着重于研究如何利用这些规律性的研究成果以新的或更有效的方式开发并生产出材料，提高材料的使用效能，以满足社会的需要；同时还应包括材料制备与表征所需的仪器、设备的设计与制造。在材料学科发展中，科学与工程彼此密切结合，构成"材料科学与工程"学科整体。

合成主要指促使原子、分子结合而构成材料的化学与物理过程，其研究内容既包括有关寻找新合成方法的科学问题，也包括以适用的数量和形态合成材料的技术问题；既包括新材料的合成，也应包括已有材料的新合成方法（如溶胶-凝胶法、水热合成法等）及其新形态（如一维材料、二维材料）的合成；制备也研究如何控制原子与分子使之构成有用的材料，但还包括在更为宏观的尺度上或以更大的规模控制材料的结构，使之具备所需的性能和使用效能，即包括材料的加工、处理、装配和制造。因此，合成与制备是将原子、分子聚合起来并最终转变为有用产品的一系列连续过程，是提高材料的质量、降低生产成本和提高经济效益的关键，也是开发新材料、新器件的中心环节。在合成与制备中，基础研究与工程性研究同样重要，如对材料合成与制备的动力学过程的研究可以揭示过程的本质，为改进制备方法、建立新的制备技术提供科学依据。因此，不能把合成与制备简单地归纳为工艺而忽略其基础研究的科学内涵。

组成是指构成材料物质的原子、分子及其分布；除主要组成外，杂质及对材料结构与性能有重要影响的微量添加物也不能忽略。结构则指组成原子、分子在不同层次上彼此结合的形式、状态与空间分布，包括原子与电子结构、分子结构、晶体结构、相结构、晶粒结构、表面与晶界结构、缺陷结构等；在尺度上则包括纳米以下、纳米、微米、毫米及更宏观的结构层次。材料的组成与结构是材料的基本表征。它们一方面是特定的合成与制备条件的产物，另一方面又是决定材料性能与使用效能的内在因素，因而在材料科学与工程的四面体中占有独特的承前启后的地位，并起着指导性的作用。了解材料的组成与结构及它们同合成与制备之间、性能与使用效能之间的内在联系，长久以来一直是材料科学与工程的基本研究内容。

性能是指材料固有的物理与化学特性，也是确定材料用途的依据。广义地说，性能是材料在一定的条件下对外部作用的反应的定量表述。例如，对外力作用的反应为力学性能，对外电场作用的反应为电学性能，对光波作用的反应为光学性能等。

使用效能是材料以特定产品形式在使用条件下所表现的效能。它是材料的固有性能、产品设计、工程特性、使用环境和效益的综合表现，通常以寿命、效率、耐用性、可靠性、效益及成本等指标衡量。因此，使用效能的研究与工程设计及生产制造过程密切相关，不仅有宏观的工程问题，还包括复杂的材料科学问题。例如，无机材料结构部件的损毁过程和可靠性往往涉及在特定的温度、气氛、应力和疲劳环境下材料中的缺陷形成和裂纹扩展的微观机理；功能器件的一致性与可靠性是功能材料原有缺陷（原生缺陷）、器件制备过程引入的二次缺陷以及在使用条件下这些缺陷的发展和新缺陷生成的综合结果。这些使用效能的研究需要具备基础理论素养和现代化学、物理学、数学和工程科学的知识，并依赖于先进的组成、结构和性能测试设备。材料的使用效能是材料科学与工程所追求的最终目标，而且在很大程度上代表这一学科的发展水平。

思 考 题

1. 什么是材料，材料通常是如何分类的？
2. 试述材料在历史上的作用及其在现代社会中的地位。
3. 如何理解"材料科学与工程"这一名词？
4. 试论述材料科学的发展前景。
5. 按物理化学属性可把材料分成哪几类，它们的性能特征取决于什么？

1 结晶学基础

内容提要： 本章从晶体的概念和基本性质入手，介绍了晶体的宏观对称性，引出了对称型与点群的概念。从对称型的角度，介绍了晶体的对称分类方法与七大晶系。

晶体结构的基本特征是以空间点阵（格子）为研究对象。本章由单位平行六面体的划分得出十四种布拉维点阵，进一步明确了晶胞与单位平行六面体的区别与联系。

晶体结构中，质点、晶向、晶面的空间方位十分重要，本章介绍了空间点阵中坐标系的建立和结点位置、晶面指数、晶向指数的求取步骤，由晶向与晶面的关系引出晶带轴定理。

结晶学是以晶体为研究对象的自然科学。随着生产和科学技术的发展，人们认识到晶体最本质的特点是在其内部的原子或离子以一定周期性重复方式在三维空间作有规则的排列。从这一观点考虑，不论在自然界还是人工合成的材料中，晶体实际上是分布极为广泛的一类物体。结晶学对晶体的研究首先是从研究晶体几何外形的特征开始的。随着科学技术的发展，人们对晶体的研究也是由浅入深，特别是 X 射线衍射实验的成功，使人们对晶体的研究从晶体的外部逐渐深入到晶体的内部结构。

1.1 晶体的基本概念与性质

1.1.1 晶体的基本概念

人们最早对晶体的认识是从晶体的规则几何多面体外形开始的。例如，食盐具有规则的立方体外形。但是，仅从是否具有规则的几何外形来区分晶体是不正确的。很多晶体由于受到生长条件的限制而不具有规则的几何外形。比如，有的食盐晶粒就不具有规则的立方体外形。但是，如果把这种食盐颗粒放在饱和的 NaCl 溶液中继续生长，那么它也能长成规则的立方体外形。因此，规则的几何外形并不是晶体的本质，而是由其内部结构所决定的外部现象。

1912 年，X 射线晶体衍射实验证明了晶体内部质点在三维空间排列的规律性，从而揭示了晶体结构的本质。如图 1-1 所示是实际测定的 NaCl 晶体结构。图中大球代表 Cl⁻，小球代表 Na⁺。Cl⁻ 与 Na⁺ 以相同的间隔交替排列，这种规则的交替排列在三维空间是完全相同的。Cl⁻ 与 Na⁺ 在三维空间周期性重复排列就构成了一种格子状构造。因此，**晶体**是内部质点在三维空间按周期性重复排列的固体；或者说晶体是具有格子构造的固体。晶体的这一定义表明，不论晶体的

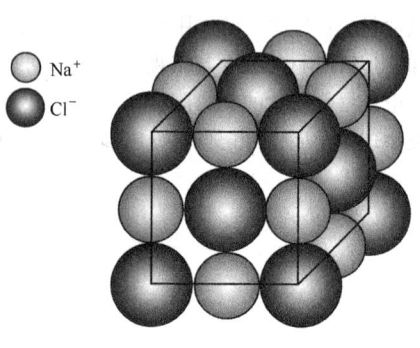

图 1-1 NaCl 晶体结构

组成如何，不论其是否具有规则的几何外形，其共同特征在于构成晶体的内部质点在三维空间按周期性重复排列。不具备这一特征的物体就不是晶体。

根据图 1-2 所给出的 NaCl 结构可以进一步理解晶体的空间格子构造。如果在 NaCl 晶体结构中任意选一个几何点（可以选在 Cl⁻ 离子或 Na⁺ 离子中心，也可选在 Cl⁻ 离子和 Na⁺ 离子的交界处）。那么，一定可以在整个结构中找出所有这样的点，这些点称为**等同点**，因为它们在晶体结构中占据相同的位置和具有相同的环境。按晶体的定义，从晶体结构中找出的一系列等同点，必定在三维空间呈周期性重复排列，称为**空间点阵**。将空间点阵中的几何点或等同点称为**阵点**或**结点**。

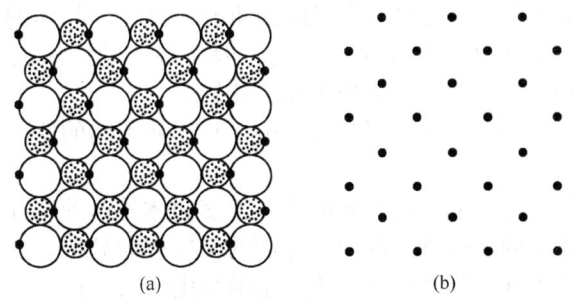

图 1-2　氯化钠晶体结构中等同点的分布及由此导出的点阵
（a）等同点分布；（b）由等同点分布导出的点阵

由空间点阵的定义，很显然，对于每一种晶体结构均可以做出一个相应的空间点阵。不同的晶体可以具有不同的结构，对应的空间点阵也有所不同，而它们的差别仅在于结点产生重复的方向和间距不同。

在空间点阵中，分布在同一直线上的结点构成一个行列。由任意两个结点可以决定一个行列，行列中两个相邻结点间的距离称为**结点间距**。连接分布在同一平面内的结点即构成面网。当然，由两个任意相交的行列也可以决定一个面网。连接分布在三维空间的结点就构成了**空间格子**。同样，由三个不共面的行列就可以决定一个空间格子，如图 1-3 所示。

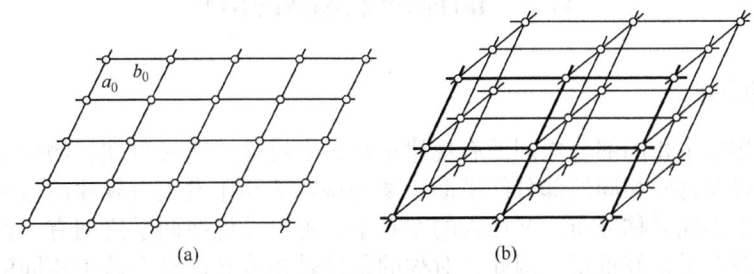

图 1-3　面网及空间格子
（a）面网；（b）空间格子

由图 1-3 可以看出，空间格子是由一系列平行叠置的平行六面体构成。结点分布在平行六面体的角顶上，平行六面体的三组棱长恰好就是三个相应的结点间距。

综上所述，对晶体的格子构造有了较明确的认识。空间格子或者说是空间点阵实际上是由晶体结构抽象而得到的几何图形。空间格子或空间点阵是几何上的无限图形。而对于实际晶体来说，构成晶体的内部质点是具有实际内容的原子或离子。晶体的宏观形态也是有限的，但是空间格子中结点在空间分布的规律性表征了晶体格子构造中具体质点在空间排列的规律性。

1.1.2　晶体的基本性质

晶体的基本性质是指一切晶体所共有的，而与其他状态的物体相区别的性质。它是由晶体所具有的格子构造所决定的。晶体的基本性质主要有以下五项：

（1）**结晶均一性**。由于晶体内部结构的特征，因此晶体在其任一部位上均具有相同的性质。即在晶体不同部位，只有方向相同，性质才相同；方向不同，性质一般不同。例如，任意在晶体的不同部位取下两小块测定其密度时，它们应该完全相同。同样，它们在相应方向上的光学、电学、热学等性能完全相同。

（2）**各向异性**。晶体在不同方向上表现出性质的差异称为晶体的各向异性。因为同一晶体在不同方向上质点的排列一般是不一样的，因而晶体的性质也随方向的不同而有差异。例如晶体的刻划硬度，在不同的方向上是不相同的。

晶体的结晶均一性和各向异性二者是统一的，它们从不同的侧面反映了晶体性质的方向性特点。

（3）**自限性**。晶体能自发的形成封闭的凸几何多面体外形的特征，称为晶体的自限性或自范性。结晶多面体上的平面称为晶面。晶面的交棱称为晶棱。这也是由晶体的本质所决定的，只要有充分的条件，晶体就能生成一定的规则几何外形。

（4）**对称性**。晶体中的相同部分（包括晶面、晶棱等）以及晶体的性质能够在不同的方向或位置上有规律的重复出现，称为晶体的对称性。这也是晶体内部质点按周期性重复排列的结果。

晶体的对称性质说明晶体的性质随方向变化并非杂乱无章。而是表现出某种规律性，即同样的性质又会在对称性所指示的一定方向上重复出现，这就表现出晶体的对称性。

（5）**最小内能性**。在相同的热力学条件下，晶体与同组成的气体、液体及非晶质固体相比其内能最小。因此晶体是最稳定的。

1.2　晶体的宏观对称性

1.2.1　对称的概念

对称是指物体中相同部分之间的有规律重复。由对称的定义可知，物体必须具有若干个相同的部分以及这些相同的部分能借助于某些特定的动作发生有规律的重复。例如吊扇的叶片以转子中心线对称分布。又如人的左右手，可以设想在两手之间有一面镜子，通过镜子的反映，左右手正好重复。因此，对称的条件是物体必须具有若干相同的部分，以及这些相同的部分能借助于某种特定的动作发生有规律的重复。

晶体的宏观对称性是指晶体外形所包围的点阵结构的对称性。晶体的宏观对称性来源于点阵结构的对称性，故对晶体宏观对称性的研究有助于了解晶体的对称性。

在讨论晶体的宏观对称时需用到对称变换和对称要素的概念。

（1）对称变换又称对称操作，是指能使对称物体中各相同部分作有规律重复的变换动作。例如吊扇叶片旋转一定角度的动作，双手之间的反映动作等。在对称变换中有的可以通过实际动作具体进行，如旋转；有的则无法具体进行，如反映。但是这种对称变换仍然是存在的。物体经过对称变换后和变换前完全相同，如同没有进行过变换一样。

（2）对称要素是指在进行对称变换时所凭借的几何要素。如点、线、面等。例如吊扇叶片旋转的对称变换所凭借的是与转子中心线重合的直线。一定的对称变换与一定的对称要素相对应。

1.2.2　晶体的宏观对称操作与对称要素

1.2.2.1　反演与对称中心（C）

几何体所有的点沿着与某个定点的连线等距离反向延伸到该点的另一端之后，该几何体与原来的自身重合，这种对称操作称为**反演**。这个点为对称要素，称为**对称中心**，它是一个假想的几何点，国际符号用 i 表示，习惯上则用 C 表示。如图 1-4（c）所示，立方体体心为对称中心，经对称变换后对顶角上的两点 A_1、A_2 互换位置，整个图形在晶体中不变，如有对称中心存在，必定位于晶体的几何中心。

1.2.2.2　反映与对称（反映）面（P）

几何体所有的点沿垂直于某平面的方向，等距离移动到平面的另一端以后，该几何体与原来的自身重合，这种对称操作称为**反映**。这个平面就是对称要素，称为**对称面、反映面**或**镜面**，它是一个假想的平面，国际符号用 m 表示，习惯上用 P 表示。如图 1-4（a）所示，A_1 与 A_2 两点被平面 m（图中阴影面）垂直平分，m 称为反映面，经对称变换后 A_1 与 A_2 交换位置，整个图形不变。晶体中如有对称面存在时，必定通过晶体的几何中心并将晶体分成互成镜像反映的两个相同部分。

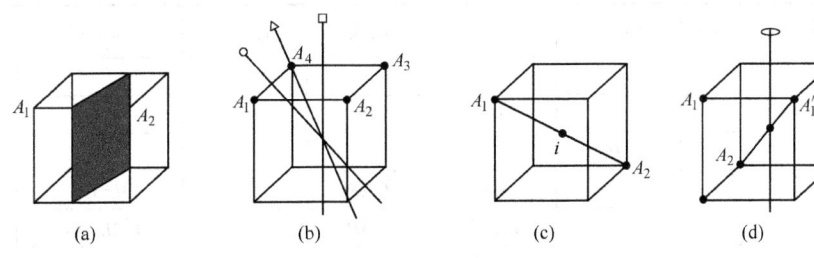

图 1-4　立方体中的一些对称要素

1.2.2.3　旋转和旋转轴（对称轴）（L^n）

几何体绕某固定的轴线旋转 $360°/n$ 后能与原来的自身重合，这种对称操作称为**旋转**。该固定轴就是对称要素，它是一根假想的直线，称为 **n 次对称轴**，轴次 $n = 1$，2，3，4，6，国际符号分别用 1、2、3、4、6 数字符号及相应的图形符号表示，如图 1-5 所示，习惯上则分别用 L^1、L^2、L^3、L^4、L^6 表示。二次以上的对称轴称为高次轴，5 次及 7 次以上的对称轴不存在。因为具有这种对称轴的晶胞不可能进行周期性重复排列占有全部空间。如图 1-4（b）所示。晶体中如存在对称轴，必定通过晶体的几何中心。

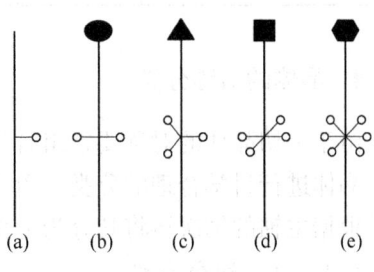

图 1-5　旋转对称轴

1.2.2.4　旋转反演和对称反轴（倒转轴）（L_i^n）

几何体绕一定的旋转轴转 $360°/n$，再经反演操作，几何体与原来的自身重合，这种对称操作称为**旋转反演**。它是一种复合的对称操作，其对称要素由两个几何要素构成：一根假想的直线和在此直线上的一个定点，称为对称反轴。轴次 $n = 1$，2，3，4，6。国际符号用 $\bar{1}$，$\bar{2}$，$\bar{3}$，$\bar{4}$，$\bar{6}$ 表示；习惯符号则分别用 L_i^1，L_i^2，L_i^3，L_i^4，L_i^6 表示。

如果将旋转反演对称轴与其他对称要素联系起来进行分析便能发现，一次对称反轴相当于对称中心；二次对称反轴相当于对称面；三次对称反轴相当于三次旋转轴加上对称中心；六次对称反轴相当于三次旋转轴加上对称面。

即在以上对称反轴中，只有四次反轴是独立的对称要素，其中：

$$\bar{1} = i；\bar{2} = m；\bar{3} = 3 + i；\bar{6} = 3 + m$$

综合上述四种宏观对称变换，在晶体中，独立的宏观基本对称要素只有 8 种，即 1、2、3、4、6、i、m、$\bar{4}$。

1.2.3　对称型与点群

数学意义上，空间某种变换的集合就构成"群"，因此，晶体中所有宏观对称要素的集合称为对称要素群，通常称为**对称型**，它包含了宏观晶体中全部对称要素的总和及它们相互间的组合关系。由于晶体中所存在的宏观对称要素都通过晶体的几何中心，因此，也将对称型称为**点群**。经过数学推导，在晶体中所存在的这 8 种独立对称要素，共有 32 种不同的组合，即 32 种对称型，如表 1-1 所示，有关对称要素组合定理的具体内容，可参考相关的结晶学书籍。

表 1-1　宏观晶体的 32 种对称型

名称	原始式	倒转原始式	中心式	轴式	面式	倒转面式	面轴式	晶系	晶族
$n = 1$	L^1		C					三斜	低级
$n = 2$				L^2	P		L^2PC	单斜	
	(L^2)		(L^2PC)						
				$3L^2$	L^22P		$3L^23PC$	正交	
$n = 3$	L^3		L^3C	L^33L^2	L^33P		L^33L^23PC	三方	中级
$n = 4$	L^4	L_i^4	L^4PC	L^44L^2	L^44P	$L_i^42L^22P$	L^44L^25PC	四方	
$n = 6$	L^6	L_i^6	L^6PC	L^66L^2	L^66P	$L_i^63L^23P$	L^66L^27PC	六方	
	$3L^24L^3$		$3L^24L^33PC$	$3L^44L^36L^2$	$3L_i^44L^36P$		$3L^44L^36L^29PC$	等轴	高级

1.2.4　晶体的对称分类

由于一切晶体的对称要素组合均不能超越 32 种对称型范围之外，因此，可根据对称型对晶体进行科学合理的分类。首先，根据晶体是否具有高次轴而将其划分为三大**晶族**；然后根据主轴的轴次再将其分为七大**晶系**。

1.2.4.1　划分晶族

（1）高级晶族——高次轴（$n>2$）多于一个；

（2）中级晶族——高次轴只有一个；

（3）低级晶族——无高次轴。

1.2.4.2　划分晶系

在每个晶族下又可按旋转轴和倒转轴的轴次和数目将晶体划分为七个晶系：

（1）高级晶族：仅有等轴（立方）晶系。

（2）中级晶族：1）六方晶系（有一个 L^6 或 L_i^6）；2）四方晶系（有一个 L^4 或 L_i^4）；

3）三方晶系（有一个 L^3）。

（3）低级晶族：1）正交（斜方）晶系（L^2 或 P 多于一个）；2）单斜晶系（只有一个 L^2 或 P）；3）三斜晶系（无 L^2，无 P）。

表1-2列出了晶体的对称分类。如六方晶系的晶体，它唯一的高次轴为六次轴。正交晶系的晶体中，必须是二次轴和对称面之和不少于三个。通过以上划分可见，等轴晶系的晶体对称性最高，而三斜晶系的晶体对称性最低。

表 1-2 晶体的对称分类

晶族	晶系	对称特点		对 称 型		晶体实例
				对称要素总和	国际符号	
低级	三斜	无高次轴	无 L^2 和 P	L^1 C	1 $\bar{1}$	高岭石 钙长石
	单斜		L^2 和 P 均不多于一个	L^2 P L^2PC	2 m 2/m	镁铅矾 斜晶石 石膏
	正交（斜方）		L^2 和 P 的总数不少于三个	$3L^2$ L^22P $3L^23PC$	222 mm2 mmm	泻利盐 异极矿 重晶石
中级	三方	必定有且只有一个高次轴	唯一的高次轴为三次轴	L^3 L^3C L^33L^2 L^33P L^33L^23PC	3 $\bar{3}$ 32 3m $\bar{3}$m	细硫砷铅矿 白云石 α-石英 电气石 方解石
	四方		唯一的高次轴为四次轴	L^4 L_i^4 L^4PC L^44L^2 L^44P $L_i^42L^22P$ L^44L^25PC	4 $\bar{4}$ 4/m 422 4mm $\bar{4}$2m 4/mmm	彩钼铅矿 砷硼钙石 白钨矿 镍矾 羟铜铅矿 黄铜矿 锆石
	六方		唯一的高次轴为六次轴	L^6 L_i^6 L^6PC L^66L^2 L^66P $L_i^63L^23P$ L^66L^23P	6 $\bar{6}$ 6/m 622 6mm $\bar{6}$m2 6/mmm	霞石 磷酸氢二银 磷灰石 β-石英 红锌矿 蓝锥矿 绿柱石
高级	等轴（立方）	高次轴多于1个	必定有四个 L^3	$3L^24L^3$ $3L^24L^33PC$ $3L^44L^36L^2$ $3L_i^44L^36P$ $3L^44L^36L^29PC$	23 m3 432 $\bar{4}$3m m3m	香花石 黄铁矿 赤铜矿 黝铜矿 方铜矿

1.3 布拉维点阵与晶胞

1.3.1 单位平行六面体的选取

空间点阵是一个由无限多结点在三维空间作有规则排列的图形。为了描述这个空间点阵，我们可以用三组不在同一个平面上的平行线将全部结点连接起来，这样，整个空间点阵就被这些平行线分割成多个紧紧地排列在一起的平行六面体，如图 1-6 所示。即空间点阵可以看成是平行六面体在空间三个方向按各自的等同周期平移堆积的结果。但是在同一个空间点阵中，可以用不同的方式取出外形不同的平行六面体来，那么，究竟怎样选取的平行六面体才是有代表性的呢？

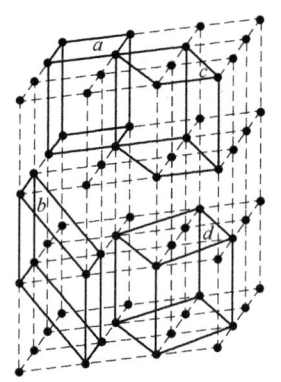

图 1-6 空间点阵的划分

为了使选取的平行六面体能代表整个空间点阵的几何特性，同时又是最简单的，在晶体学中主要有以下四条原则：

（1）所选择的平行六面体能反映空间点阵的宏观对称特征。

（2）在满足第一条的前提下，应该使所选的平行六面体的直角尽量多。

（3）在满足第一、二条的前提下，尽量选取体积最小的平行六面体。

（4）如果对称性规定棱间交角不是直角，应选择结点间距最小的行列作为平行六面体的棱，并且棱间交角接近于直角的平行六面体。

如图 1-7(a) 所示为具有 L^44P 对称的平面点阵。共取 6 种不同的平行四边形划分方式。显然，其中 4、5、6 与 L^44P 的对称不符。3 的外形虽符合 L^44P 的对称，但从内部结点考虑，则不符合 L^44P 的对称。最后在 1 和 2 中选择，因为 1 的面积最小，所以应选择平行四边形 1 作为这一平面点阵的基本单位。同理，在图 1-7(b) 中也有 6 种划分方式。4、5、6 不符合对称特点，2、3 符合对称性且 2 的面积最小，但却不具有直角关系。符合对称又具有最多直角关系的应是 1。因此，选择平行四边形 1 作为这一平面点阵的基本单位。

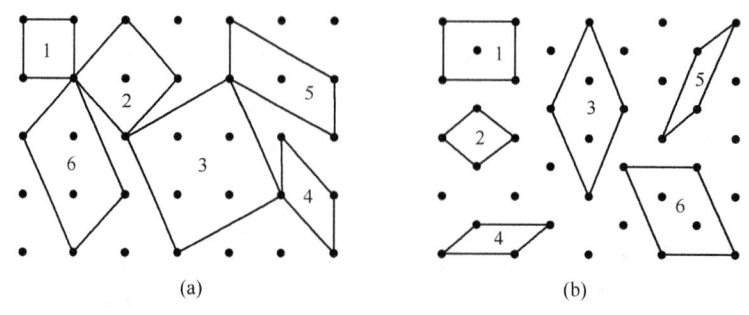

(a)   (b)

图 1-7 二维平面点阵的划分

（a）具有 L^44P 的平面点阵；（b）具有 L^22P 的平面点阵

1.3.2　十四种布拉维点阵（Bravais Lattice）

在空间点阵中，选取出来的能够符合这几条原则的平行六面体称为**单位平行六面体**，可以用三条互不平行的棱 a、b、c 和棱间夹角 α、β、γ 来描述，如图 1-8 所示。棱 a、b、c 和棱间夹角 α、β、γ 的大小称为**点阵常数**。

对于 14 种布拉维点阵，根据结点在其中分布的情况可以分为四类：

（1）**简单**（原始）**点阵**：仅在单位平行六面体的八个顶点上有结点，由于顶点上每一个结点分属于邻近的八个单位平行六面体，所以每一个简单点阵的单位平行六面体内只含有一个结点，用符号 P 表示，菱面体用符号 R 表示。

（2）**体心点阵**：除了八个顶点外，在单位平行六面体的中心处还有一个结点，这个结点只属于这个单位平行六面体所有，故体心点阵的单位平行六面体内包含两个结点，用符号 I 表示。

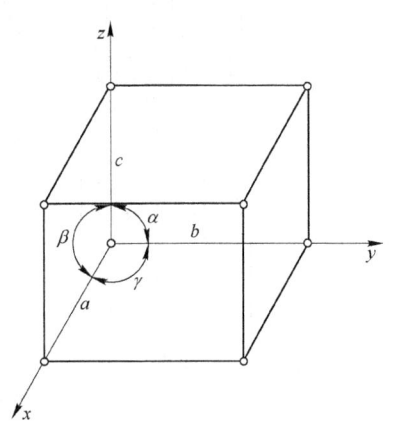

图 1-8　晶体的点阵常数

（3）**面心点阵**：除了八个顶点外，六面体的每个面中心都各有一个结点，用符号 F 表示。

（4）**单面心点阵**：除了八个顶点外，在平行六面体的三对面中心各还有一个结点，称为单面心点阵。（100）面心用 A 表示，（010）面心用 B 表示，（001）面心用 C 表示。

在单位平行六面体中，除上述三种非原始格子外，其他位置上存在结点的情况是不可能的。因为它们是不符合单位平行六面体选择原则，或是违反空间格子排列规律。此外，对应于 7 个晶系，并非每个晶系都同时存在以上四种格子。因为有的可能不满足对称特点；有的则不符合选择原则。例如，立方底心格子就不能存在。因为从结点分布看，它不符合立方格子所固有的 $4L^3$ 的对称特点。这样，去掉了不符合对称特点和不符合选择原则的格子后，根据布拉维推导，从一切晶体结构中抽象出来的空间点阵，按上述原则来选取平行六面体，只能有 14 种类型如图 1-9 和表 1-3 所示，称为 **14 种布拉维点阵**。

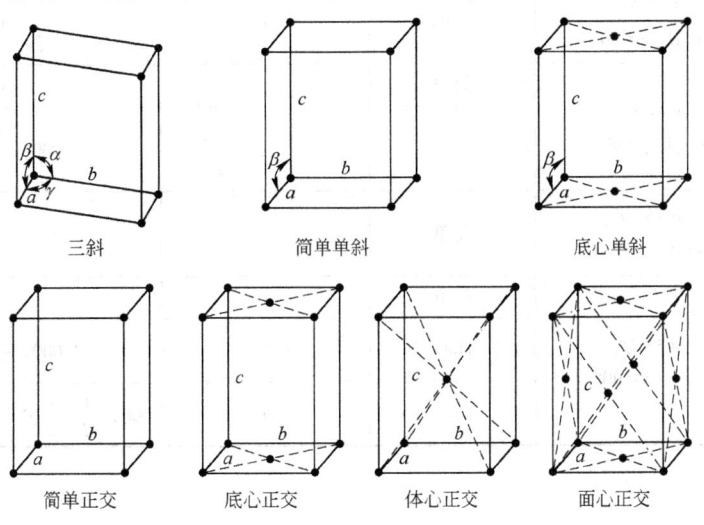

三斜　　　　　　　　简单单斜　　　　　　　　底心单斜

简单正交　　　底心正交　　　体心正交　　　面心正交

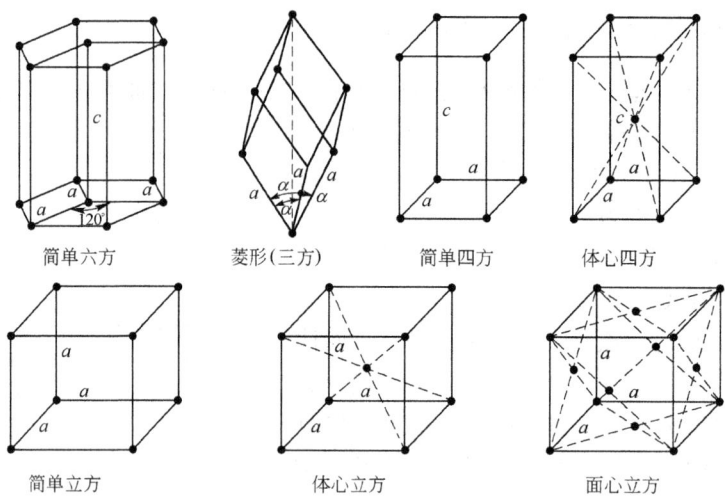

图 1-9   十四种布拉维点阵

表 1-3   七个晶系及所属的 14 种布拉维点阵

晶 系	点阵常数	点阵名称	点阵内结点数	结点坐标
三斜	$a \neq b \neq c$ $\alpha \neq \beta \neq \gamma \neq 90°$	简单	1	000
单斜	$a \neq b \neq c$ $\alpha = \gamma = 90° \neq \beta$	简单	1	000
		底心	2	$000, \frac{1}{2}\frac{1}{2}0$
正交 （斜方）	$a \neq b \neq c$ $\alpha = \beta = \gamma = 90°$	简单	1	000
		底心	2	$000, \frac{1}{2}\frac{1}{2}0$
		体心	2	$000, \frac{1}{2}\frac{1}{2}\frac{1}{2}$
		面心	4	$000, \frac{1}{2}\frac{1}{2}0, \frac{1}{2}0\frac{1}{2}, 0\frac{1}{2}\frac{1}{2}$
三方	$a = b = c$ $\alpha = \beta = \gamma \neq 90°$	简单	1	000
四方	$a = b \neq c$ $\alpha = \beta = \gamma = 90°$	简单	1	000
		体心	2	$000, \frac{1}{2}\frac{1}{2}\frac{1}{2}$
六方	$a = b \neq c$ $\alpha = \beta = 90°, \ \gamma = 120°$	简单	1	000
等轴 （立方）	$a = b = c$ $\alpha = \beta = \gamma = 90°$	简单	1	000
		体心	2	$000, \frac{1}{2}\frac{1}{2}\frac{1}{2}$
		面心	4	$000, \frac{1}{2}\frac{1}{2}0, \frac{1}{2}0\frac{1}{2}, 0\frac{1}{2}\frac{1}{2}$

1.3.3　晶胞

晶胞是指晶体结构中的平行六面体单位，其形状大小与对应的空间点阵中的平行六面体一致。晶胞与平行六面体的区别在于，空间点阵是由晶体结构抽象而得，空间点阵中的平行六面体是由不具有任何物理、化学性质的几何点构成，而晶体结构中的晶胞则由实在的具体质点构成。因此，点阵常数值也就是晶胞参数值。图1-10所示为氯化钠的晶胞。

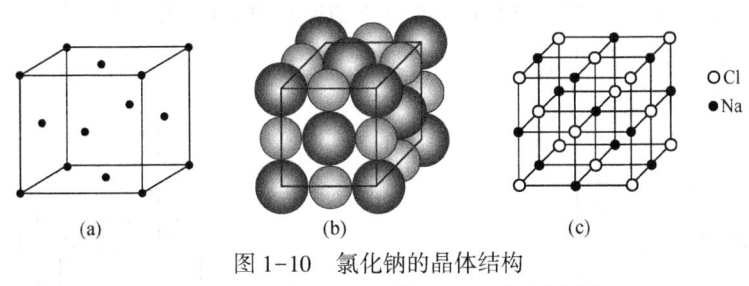

(a)　　　　　　　(b)　　　　　　　(c)

图1-10　氯化钠的晶体结构

（a）立方面心格子；（b）晶胞；（c）晶胞绘制图

1.4　点阵几何元素的表示法

1.4.1　空间点阵中坐标系的选取

由于空间点阵是晶体结构的几何抽象，因此，本节中所叙述的点阵几何元素的表示方法和晶体中质点、晶向、晶面的表示法一致。为了用数学关系来表示点阵中点、线、面在空间的位置关系，首先要选一个合适的坐标系统，这个坐标系统要考虑到晶体的对称情况。选择坐标系的方法是：

以任一点阵结点作为**坐标原点**，以平行六面体（在晶体结构中即为晶胞）的三个互不平行的棱作为**坐标轴**，点阵常数 a、b、c 所代表的三个方向依次为 x、y、z 轴，用点阵常数 a、b、c 作为相应的**坐标单位**。

根据上述原则所选坐标系，在不同的晶系是有区别的。例如，立方晶系的三根轴是互相垂直的，三个方向的坐标单位在尺度上也是相等的。其他晶系情况就不同了，如对于三斜晶系，三个坐标轴相互间均不垂直，坐标单位的长度也不等。如图1-11、图1-12所示。

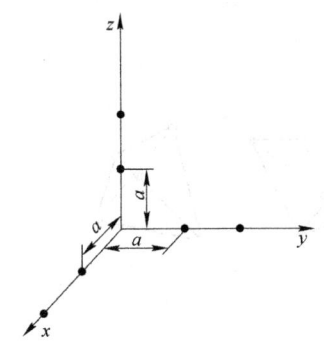

图1-11　立方晶系的坐标系统

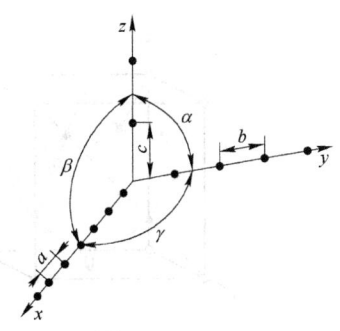

图1-12　三斜晶系的坐标系统

1.4.2　结点位置的表示

点阵结点的位置是以它们的坐标值前面的系数来表示的。如图 1-13 中的 P 点，通过 P 点作平行于 x、y、z 轴的三条平行线，它们与 yOz、xOz、xOy 平面分别相交于 L、M、N 点，那么 $PL=a'$，$PM=b'$，$PN=c'$，即为这个点在空间坐标的位置。由图可见：$a'=2a$，$b'=4b$，$c'=3c$，所以 P 点的坐标为 243。

根据以上的表示方法，图 1-14 中面心立方点阵中 A、B、C、D 四个结点的坐标就是：000；$0\frac{1}{2}\frac{1}{2}$；$\frac{1}{2}0\frac{1}{2}$；$\frac{1}{2}\frac{1}{2}0$。

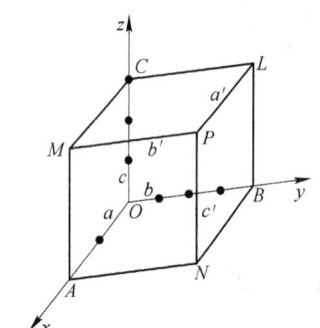

图 1-13　结点在空间坐标中的表示法

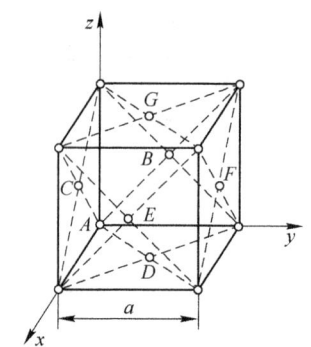

图 1-14　立方晶系中的结点坐标

根据布拉维点阵的知识，一个面心的单位平行六面体应包括四个结点，并且这四个结点坐标就已经能概括整个面心点阵的特点。如 000 这个点就能代表其他角顶上的点，因为其他顶点上的七个结点均可由 000 经过平移而得到，同样，E、F、G 点也分别可由 $0\frac{1}{2}\frac{1}{2}$；$\frac{1}{2}0\frac{1}{2}$；$\frac{1}{2}\frac{1}{2}0$ 三个点经平移而得到，因此，000；$0\frac{1}{2}\frac{1}{2}$；$\frac{1}{2}0\frac{1}{2}$；$\frac{1}{2}\frac{1}{2}0$ 是能够重复出整个空间点阵的基本结点，也称为**基点**。基点的坐标就代表了整个点阵结点的坐标，这对于任何晶系都是一样的。例如，简单点阵只有一个基点 000；体心点阵有两个基点 000、$\frac{1}{2}\frac{1}{2}\frac{1}{2}$；底心点阵也有两个基点 000、$\frac{1}{2}\frac{1}{2}0$。

下面以金刚石为例，说明如何用原子坐标来表示一个晶体结构。金刚石晶胞图如图 1-15 所示。

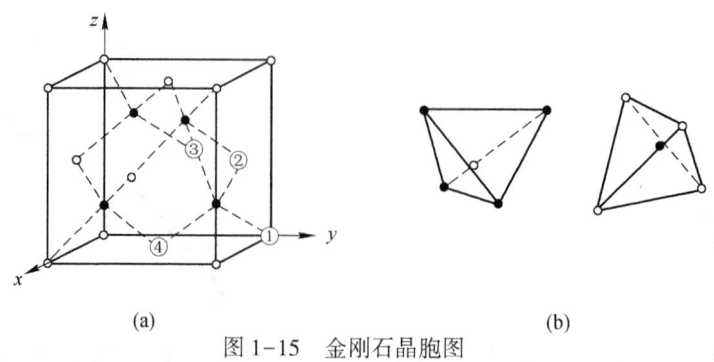

(a)　　　　　　　　　　　(b)

图 1-15　金刚石晶胞图

在晶胞内共有八个碳原子，这八个碳原子可以分成两组。其中画成空心圆的那组（四个）分布成面心立方，另一组带阴影的四个碳原子也是分布成面心立方，这可以从它们和标上①、②、③、④四个碳原子的关系看出。从图1-15（b）可以看出来这两组碳原子在空间的几何环境是不一样的，因此，这两组碳原子组成两套不同的等同点。这个晶体结构可用八个碳原子（C）来表示：

C   000; $0\frac{1}{2}\frac{1}{2}$; $\frac{1}{2}0\frac{1}{2}$; $\frac{1}{2}\frac{1}{2}0$

C $\frac{3}{4}\frac{1}{4}\frac{1}{4}$; $\frac{1}{4}\frac{3}{4}\frac{1}{4}$; $\frac{1}{4}\frac{1}{4}\frac{3}{4}$; $\frac{3}{4}\frac{3}{4}\frac{3}{4}$

1.4.3 晶面指数（晶面符号）

晶体是由组成质点在空间按照一定的周期性有规律的排列而成，可将晶体在任意方向上分解为相互平行的结点平面，这样的结点平面称为**晶面**。晶面上的结点，在空间构成一个二维点阵，同一取向上的晶面，不仅相互平行，间距相等，而且结点的分布也相同。结晶学中常用米勒指数（hkl）来表示一组平行的晶面，称为**晶面指数**，有的教材也称为**晶面符号**。

1.4.3.1 晶面指数确定步骤

（1）在空间点阵中引入坐标系，以任一点阵结点作为坐标原点，以单位平行六面体（在晶体结构中即为晶胞）的三个互不平行的棱为坐标轴，如图1-16所示。

（2）待求的平行晶面中的一个面通过原点，读取相邻的平行晶面在三个坐标轴上的截距 ma、nb、pc。

（3）求取截距系数的倒数比，并化为简单的整数比，$1/m : 1/n : 1/p = h : k : l$。

（4）然后将数字 hkl 写入圆括号（）内，则（hkl）就是该晶面的晶面指数。

如图1-17所示，待求晶面 $ABDE$ 在 x、y、z 轴上的截距系数分别为：$m=2$，$n=3$，$p=6$，截距系数的倒数比为 $1/2 : 1/3 : 1/6$，简化后为 $3 : 2 : 1$，因此晶面指数为（321）。晶面 $A_0B_0C_0$ 在 x、y、z 轴上的截距系数分别为：$m=4$，$n=4$，$p=4$，截距系数的倒数比为 $1 : 1 : 1$，因此其晶面指数为（111）。

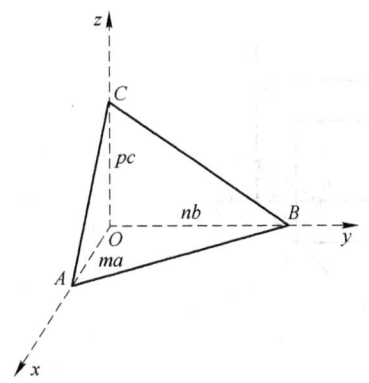

图1-16　晶面指数坐标系的建立

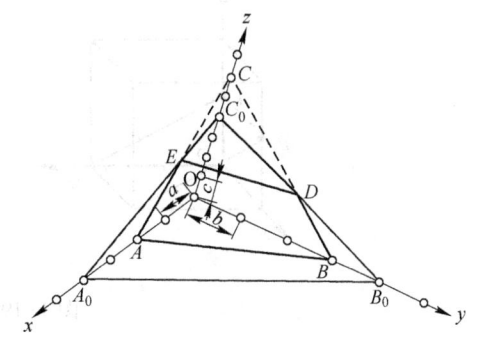

图1-17　晶面指数的求法

在求取晶面指数时应注意以下几点：1）晶面符号必须用整数表示；2）如截距出现负号，表示与相应坐标轴方向相反，则在该指数上也加上相应的负号；3）如果晶面与某坐标轴平行，那么它与该轴交于∞，其倒数就是0。如图1-18中阴影部分晶面就是（010）面。

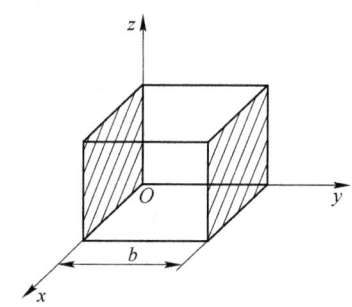

图1-18　立方晶系中的（010）晶面

【例1-1】 在立方晶系晶胞中分别画出晶面指数为（012）和（$\bar{1}$23）的晶面。

解： 根据晶面指数的求取步骤，（012）晶面在 x、y、z 轴的截距应分别为平行于 x 轴，在 y 轴上的截距为1个轴单位，在 z 轴上的截距为 $\frac{1}{2}$ 个轴单位。因此，如图1-19（a）所示，建立坐标系，坐标原点选择在 O 点，在 y 轴上选取1个轴单位长度的 D 点，在 z 轴上选取 $\frac{1}{2}$ 个轴单位长度的 A 点，并过 A 点作 x 轴的平行线交在晶轴上的 B 点，依次连接 AB、BC，则晶面 $ABCD$ 即为待求的晶面指数为（012）的晶面。

同理，（$\bar{1}$23）晶面在 x、y、z 轴的截距系数应分别为：在 x 轴上的截距为1个轴单位，在 y 轴上的截距为$-\frac{1}{2}$个轴单位，在 z 轴上的截距为 $\frac{1}{3}$ 个轴单位。因此，如图1-19（b）所示，建立坐标系，坐标原点选择在 O 点，在 x 轴上选取1个轴单位长度的 A 点，在 y 轴上选取$-\frac{1}{2}$个轴单位长度的 B 点，在 z 轴上选取 $\frac{1}{3}$ 个轴单位长度的 C 点，依次连接 AB、BC，则晶面 ABC 即为待求的晶面指数为（$\bar{1}$23）的晶面。

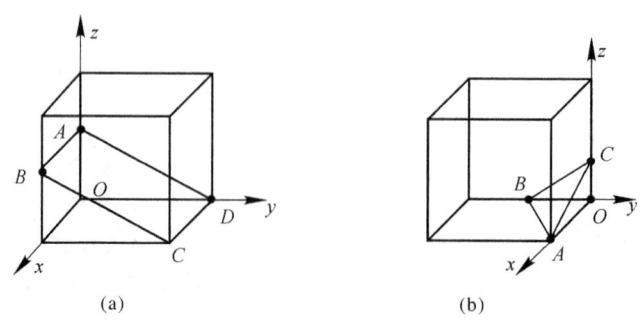

(a)　　　　　　(b)

图1-19　例1-1图

1.4.3.2　晶面族

在结晶学中，对称性相联系的一组晶面，称为**等效晶面族**。晶面族指数用符号 $\{hkl\}$

表示，将晶面族中某个最简单的晶面指数填在大括号 { } 内。例如，用 {110} 表示立方晶系中的 (110)、(101)、(011)、($\bar{1}$10)、($\bar{1}$$\bar{1}$0)、(1$\bar{1}$0)、(1$\bar{0}$1)、($\bar{1}$01)、(10$\bar{1}$)、(01$\bar{1}$)、(0$\bar{1}$1) 和 (0$\bar{1}$$\bar{1}$) 等 12 个晶面。

1.4.3.3　晶面间距的求法

在晶面 (hkl) 中相邻的两个平面的间距用 d 表示，这个 d 值是表示在由 (hkl) 规定的平面族中相邻的两个平面的垂直距离。当点阵常数 a、b、c、α、β、γ 已知时，可用下列公式计算晶面间距 d，晶面间距也是结构测试中的一个重要参数。

$$d = V[h^2b^2c^2\sin^2\alpha + k^2a^2c^2\sin^2\beta + l^2a^2c^2\sin^2\gamma + 2hkabc^2(\cos\alpha\cos\beta - \cos\gamma) +$$
$$2kla^2bc(\cos\beta\cos\gamma - \cos\alpha) + 2hlab^2c(\cos\alpha\cos\gamma - \cos\beta)]^{-\frac{1}{2}}$$

式中，V 为单位晶胞体积，$V = abc(1 - \cos^2\alpha - \cos^2\beta - \cos^2\gamma + 2\cos\alpha\cos\beta\cos\gamma)^{\frac{1}{2}}$。

上式是用于三斜晶系的公式，其他晶系可以简化为：

单斜晶系：$d = \sin\beta(h^2a^{-2} + k^2b^{-2}\sin^2\beta + l^2c^{-2} - 2hla^{-1}c^{-1}\cos\beta)^{-\frac{1}{2}}$

正交晶系：$d = (h^2a^{-2} + k^2b^{-2} + l^2c^{-2})^{-\frac{1}{2}}$

四方晶系：$d = [(h^2 + k^2)a^{-2} + l^2c^{-2}]^{-\frac{1}{2}}$

六方晶系：$d = [4(h^2 + hk + k^2)a^{-2}3^{-1} + l^2c^{-2}]^{-\frac{1}{2}}$

立方晶系：$d = a(h^2 + k^2 + l^2)^{-\frac{1}{2}}$

公式中未列出菱方晶系，是因为菱方晶系可取六方晶胞，可按六方晶系公式计算，也可按菱方晶胞用三斜晶系公式简化计算，简化时以 $a = b = c$、$\alpha = \beta = \gamma$ 代入即可。

1.4.4　晶向指数 （晶向符号）

晶体点阵也可在任何方向上分解为相互平行的结点直线组，质点等距离地分布在直线上，位于一条直线上的质点构成一个**晶向**。同一直线组中的各直线，其质点分布完全相同，故其中任何一条直线，可作为直线组的代表，不同方向的直线组，其质点分布不尽相同。任一方向上所有平行晶向可包含点阵中所有质点，任一质点也可以处于所有晶向上。

结晶学中晶向指数用 [uvw] 表示，其中 u、v、w 三个数字是晶向矢量在参考坐标系 x、y、z 轴上的矢量分量经等比例化简而得出的。具体求法如下：通过原点作一条直线与晶向平行，将这条直线上任一点的坐标化为最简的整数比：$u : v : w$，再将这三个数字按 x、y、z 轴顺序放入方括号 [ ] 内，则 [uvw] 就是待求晶向的晶向指数。如图1-20所示，B 点的坐标为 111，所以 OB 的晶向符号为 [111]，这是晶胞中体对角线的方向。x、y、z 轴的方向分别为 [100]、

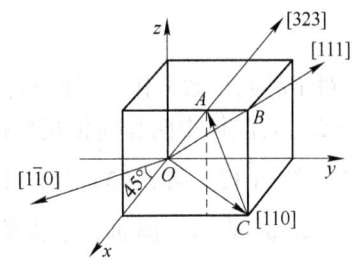

图 1-20　晶向指数的求法

[010]、[001]。由于 A 点的坐标为 $1\frac{2}{3}1$，所以 OA 的晶向符号为 [323]。

同样，如果在坐标位置中有负值，那么可以在该指数上面加负号。如图中所表示的 [1$\bar{1}$0]。通过任意两点 M (x_1, y_1, z_1) 及 N (x_2, y_2, z_2)，$\overrightarrow{MN}$ 方向的晶向符号为 [$x_2 - x_1$, $y_2 - y_1$, $z_2 - z_1$]。如图1-20所示，$\overrightarrow{CA}$ 方向的晶向符号就可以用这个方法求得：

C 点的坐标为 110，A 点的坐标为 $1\frac{2}{3}1$，$x_A-x_C=0$，$y_A-y_C=-\frac{1}{3}$，$z_A-z_C=1$，故 $\overrightarrow{CA}$ 晶向符号为 $[0\bar{1}3]$。

【例 1-2】 在立方晶系晶胞中分别绘制晶向指数为 $[123]$ 和 $[1\bar{2}0]$ 的晶向。

解： 根据晶向指数的求取步骤，晶向指数为 $[123]$ 的晶向上的一个点 P 在 x、y、z 轴上的坐标值分别为 1、2、3 个轴单位，为了绘制方便，将 P 点的坐标值同时除以 3，变为 $\frac{1}{3}$、$\frac{2}{3}$、1 个轴单位，按图 1-21（a）所示方法建立坐标系，坐标原点选在 O 点，确定坐标为 $\frac{1}{3}\frac{2}{3}1$ 的 P 点位置，连接 OP 线段，则 $\overrightarrow{OP}$ 即为晶向指数为 $[123]$ 的晶向，很显然，它代表了与 $\overrightarrow{OP}$ 平行的一组晶向。

同样，在绘制 $[1\bar{2}0]$ 晶向时，首先按图 1-21(b) 所示方法建立坐标系，坐标原点选在 O 点，将晶向指数 $[1\bar{2}0]$ 中的 3 个数值同时除以 2，变为 $\frac{1}{2}$、$\bar{1}$、0，在坐标系中确定坐标为 $\frac{1}{2}\bar{1}0$ 的 F 点，连接 O 点与 F 点，则 $\overrightarrow{OF}$ 即为晶向指数为 $[1\bar{2}0]$ 的晶向，同样，它代表了与 $\overrightarrow{OF}$ 平行的一组晶向。

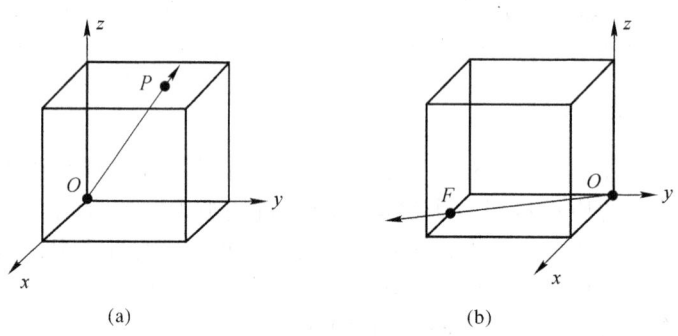

(a)   (b)

图 1-21   例 1-2 图

对于晶向指数需作以下说明：（1）一个晶向指数代表着相互平行、方向一致的所有晶向；（2）若晶体中两晶向相互平行但方向相反，则晶向指数中的数字相同而符号相反。如 $[11\bar{2}]$ 和 $[\bar{1}\bar{1}2]$ 等；（3）晶体中原子排列情况相同但空间位向不同的一组晶向称为**晶向族**，用 <uvw> 表示。例如立方晶系中的 $[111]$、$[\bar{1}11]$、$[1\bar{1}1]$、$[11\bar{1}]$、$[\bar{1}\bar{1}1]$、$[1\bar{1}\bar{1}]$、$[\bar{1}1\bar{1}]$、$[\bar{1}\bar{1}\bar{1}]$ 八个晶向是立方体中四个体对角线的方向，它们的原子排列情况完全相同，属于同一晶向族，故用 <111> 表示。如果不是立方晶系，改变晶向指数的顺序所表示的晶向可能不是等同的。如正交晶系中，$[100]$、$[010]$、$[001]$ 这三个晶向就不是等同晶向，因为在这三个晶向上的原子间距分别为 a、b、c，其上的原子排列情况不同，性质亦不相同，故不能属于同一晶向族。

立方晶系一些常见的晶面指数和晶向指数如图 1-22 所示。晶面指数和晶向指数对了解晶体中位错的形成与运动、晶体变形等具有重要意义。

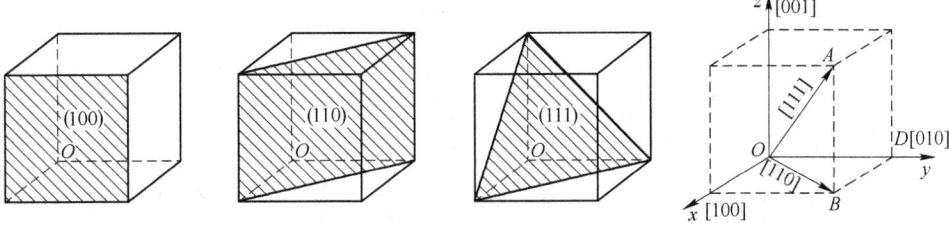

图 1-22   立方晶系的晶面指数和晶向指数

1.4.5   晶面与晶向的关系、晶带轴定理

在立方晶系中，同指数的晶向与晶面之间有严格的对应关系，即同指数的晶向与晶面相互垂直，即 $[hkl]$ 晶向是 (hkl) 晶面的法向。

在结晶学中，把同时平行于某一晶向 $[uvw]$ 的所有晶面称为一个**晶带**或**晶带面**，该晶向称为这个晶带的**晶带轴**。一个晶带中任一晶面 (hkl) 与其晶带轴 $[uvw]$ 之间的关系满足**晶带轴定理**：

$$hu + kv + lw = 0$$

知道了一个晶带中两个晶面 $(h_1k_1l_1)$、$(h_2k_2l_2)$，则可以通过下式求出该晶带的晶带轴方向 $[uvw]$：

$$u = k_1l_2 - k_2l_1$$
$$v = l_1h_2 - l_2h_1$$
$$w = h_1k_2 - h_2k_1$$

以上两公式在晶体 X 射线衍射及电子衍射分析中非常重要。

1.4.6   六方晶系的晶面指数与晶向指数

六方晶系的晶胞如图 1-23 所示，是边长为 a，高为 c 的六方棱柱体。这样的晶格，也可以用图 1-23（a）中粗实线所标志的平行六面体晶胞来表示，即采用三轴定向，其中 a、b、c 的夹角为 120°，c 与 a、b 的夹角均为 90°。三轴定向的缺点是不能显示晶体的 6 次对称及等同晶面的关系。实际上，六方晶系的六个柱面是等同的，但在三轴定向中，其指数却分别为 (100)、(010)、$(\bar{1}10)$、$(\bar{1}00)$、$(0\bar{1}0)$ 及 $(1\bar{1}0)$。在晶向表示上也存在同样缺点，如 $[100]$ 和 $[110]$ 实际上是等同晶向。为了更清楚地表明六方晶系的对称性，对六方晶系的晶面和晶向通常采用米勒-布拉维（Miller-Bravais）指数表示。该种表示方法采用四轴定向，其中 a、b、d 位于同一底面上，三轴间夹角为 120°，c 轴与底面垂直。晶面指数的标定方法与三轴坐标系相同，但需用 $(hkil)$ 四个数来表示，六个柱面的指数分别为 $(10\bar{1}0)$、$(01\bar{1}0)$、$(\bar{1}100)$、$(\bar{1}010)$、$(0\bar{1}10)$ 和 $(1\bar{1}00)$。这六个晶面具有明显的等同性，可归入 $\{1\bar{1}00\}$ 晶面族。

应该指出，四轴定向的前三个指数中只有两个是独立的，它们之间的关系为：

$i = -(h+k)$，因第三个指数可由前两个指数求得，故有时将它略去而使晶面指数成为 $(hk \cdot l)$。

同样，在四轴坐标系中晶向指数的确定方法也和三轴坐标系相同，但需要用 $[uvtw]$ 四个

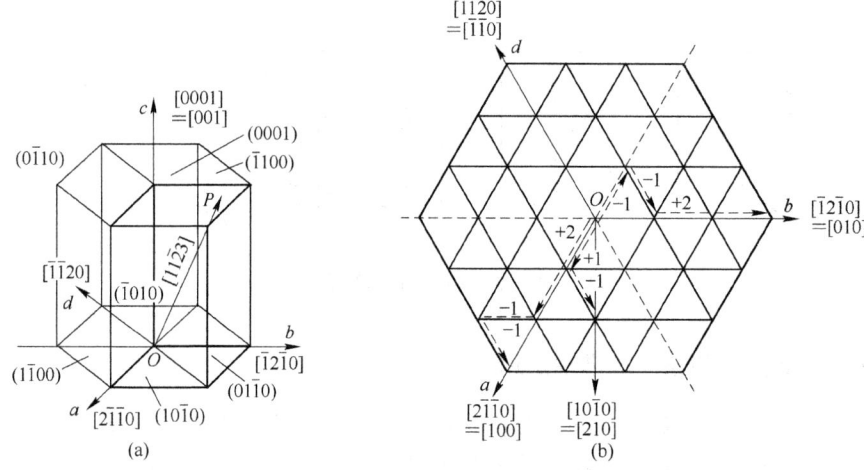

图 1-23　六方晶系的坐标轴及晶面晶向指数

(a) 晶面、晶向的方位；(b) 同步平移法图示

数来表示。并且，u，v，t 中也只能有两个是独立的，它们之间存在下列关系：$t = -(u + v)$。

　　根据上述关系，晶向指数的确定步骤如下：从原点出发，沿着平行于四个晶轴的方向依次移动，使之最后到达待定晶向上的某一结点。移动时必须选择适当的路线，使沿 d 轴移动的距离等于沿 a、b 两轴移动的距离之和的负值，将各方向移动距离化为最小整数值，加上方括号，即为此晶向的晶向指数。例如，确定图 1-23（b）中 Oa 晶向的指数时，由 O 点出发沿 a 轴平移两个轴单位，再沿 $-b$ 方向平移一个轴单位，然后沿 $-d$ 方向平移一个轴单位，即回到 Oa 晶向上来。显然，沿 c 轴平移为零，因此，Oa 的晶向指数为 $[21\bar{1}0]$。

─────── 本章小结 ───────

　　通过本章内容的学习，引导读者了解结晶学的发展过程，掌握晶体的概念与本质，理解与晶体结构相关的等同点、空间点阵等概念，掌握晶体的基本性质；掌握晶体中基本的宏观对称要素，具备判断晶体的宏观对称性，进行相应的对称操作的能力；掌握对称型与点群的概念，具备对晶体进行对称分类的能力；掌握单位平行六面体的划分原则，掌握七大晶系对应的十四种布拉维点阵，具备判断晶系与布拉维点阵对应关系的能力；掌握晶面符号、晶向符号的求取步骤，具备根据给定条件，求取或绘制对应晶面、晶向符号的能力。

习题与思考题

1-1　解释下列概念：晶系；点群；晶胞；空间点阵；单位平行六面体；晶面指数。

1-2　简述晶体的基本性质及其相互间的关系。

1-3　试简述晶体中存在的宏观对称要素有哪些。

1-4　判断下列对称型属于哪一晶系：① $L^3 3L^2 3PC$；② $4L^3 3L^2 3PC$；③ $L^2 PC$。

1-5　列表说明晶族、晶系的划分原则。

1-6　$a \neq b \neq c$、$\alpha = \beta = \gamma = 90°$ 的晶体属于什么晶系，$a \neq b \neq c$、$\alpha \neq \beta \neq \gamma \neq 90°$ 的晶体属于什么晶系？能否据此判断这两种晶体的布拉维点阵？

1-7　一个晶面在 x、y、z 轴上的截距分别为 $a/2$、$2b/3$、$c/2$，求该晶面的晶面指数；一个晶面在 x、y、z 轴上的截距分别为 $a/3$、$b/2$、c，求出该晶面的晶面指数。

1-8　在立方晶系晶胞中画出下列晶面：(123)、$(\bar{3}32)$、$(\bar{2}1\bar{3})$、$(11\bar{2})$；晶向：$[210]$、$[\bar{3}21]$、$[236]$。

1-9　写出立方面心点阵的单位平行六面体上所有结点的坐标，并说明哪些属于基本结点。

1-10　金属 Al 为面心立方结构，晶胞参数为 0.4049nm，求晶面间距 $d_{(220)}$、$d_{(200)}$、$d_{(111)}$ 各为多少？

1-11　已知 (111) 面与 $(11\bar{1})$ 面属于同一晶带，试求出其晶带符号。

1-12　试说明在等轴晶系中，$(\bar{1}\bar{1}\bar{1})$、$(\bar{1}1\bar{1})$、(222)、(110) 与 (111) 面之间的关系。

2 晶体结构

内容提要：本章首先介绍了晶体化学基本原理，包括化学键、晶体中的结合力与结合能、原子半径与离子半径、球体紧密堆积原理和鲍林规则等内容，讨论了它们对研究晶体结构及性质的意义。

　　通过讨论有代表性的单质晶体、无机化合物和硅酸盐晶体结构，一方面从微观层面构建了理想的晶体中质点空间排列的立体图像；另一方面用以掌握与本专业有关的各种典型晶体结构类型，进一步理解晶体的组成–结构–性质的相互关系及其制约规律，为认识和了解实际材料结构以及材料设计、开发和应用提供必要的科学基础。

2.1　晶体化学基本原理

2.1.1　晶体中的化学键

2.1.1.1　晶体中键的类型

　　晶体中的原子之所以能结合在一起，是因为它们之间存在着结合力与结合能。原子结合时其间距在十分之几纳米（nm）的数量级上，因此，带正电的原子核和其带负电的核外电子，必然要和它周围的其他原子中的原子核及电子产生静电库仑力。显然，其中起主要作用的是各原子的外层电子。按照结合力性质的不同，分为**强键力**（主价键或化学键）和**弱键力**（次价键或物理键）。化学键包括离子键、共价键和金属键。物理键包括范德华键和氢键。

　　（1）**离子键**是正、负离子依靠静电库仑力而产生的键合。离子键的特点是没有方向性和饱和性。质点之间主要依靠静电库仑力而结合的晶体称为离子晶体。典型的离子晶体是元素周期表中第 I 族碱金属元素和第 VI 卤族元素结合成的晶体，如 NaCl、CsCl 等。离子晶体因其依靠强键力——静电库仑力结合，故其结构非常稳定。反映在宏观性质上，晶体的熔点高、硬度高、脆性大、导电性能差、线膨胀系数小。大多数离子晶体对可见光是透明的，在远红外区域有一特征吸收峰（红外光谱特征）。

　　（2）**共价键**是原子之间通过共用电子对或通过电子云重叠而产生的键合。共价键的特点是具有方向性和饱和性。靠共价键结合的晶体称为共价晶体或原子晶体。元素周期表中第 IV 族元素 C（金刚石）、Si、Ge、Sn（灰锡）等的晶体是典型的共价晶体，它们属金刚石结构。原子晶体具有熔点高、硬度大、导电性差等特性。在外力作用下，原子发生相对位移时，键将遭到破坏，故脆性也大。各种晶体之间性能差别也很大，例如，熔点方面，C（金刚石）为 3280K，Si 为 1693K，Ge 为 1209K。导电性方面，金刚石是一种良好的绝缘体，而 Si 和 Ge 却只有在极低温度下才是绝缘体，其电阻率随温度升高迅速下降，是典型的半导体材料。

（3）**金属键**是失去最外层电子（价电子）的原子和自由电子组成的电子云之间的静电库仑力而产生的键合。金属键的实质是没有方向性和饱和性的共价键。周期表中第 I 族、第 II 族元素及过渡元素的晶体是典型的金属晶体。它们的最外层电子一般为 1~2 个，组成晶体时每个原子的最外层电子都不属于某个原子，而为所有原子所共有，因此可以认为在结合成金属晶体时，失去了最外层电子的原子沉浸在由价电子组成的电子云中。结合力主要是原子和电子云间的静电库仑力，对晶体结构没有特殊要求，只要求排列最紧密，这样势能最低，结合最稳定。金属晶体最显著的物理性质是具有良好的导电性和导热性。金属的结合能比离子晶体和原子晶体要低一些，但过渡金属的结合能则比较大。

（4）**范德华键**（分子键）是通过"分子力"而产生的键合。分子力包括三种力：

1）定向作用力。极性分子中的固有电偶极矩产生的力；

2）诱导作用力。极性分子和非极性分子之间的作用力；

3）分散作用力。非极性分子中的瞬时电偶极矩产生的力。当分子力不是唯一的作用力时，它们可以忽略不计。分子晶体分极性和非极性两大类。惰性元素在低温下所形成的晶体是典型的非极性分子晶体，它们是透明的绝缘体，熔点极低。HCl、H_2S 等在低温下形成的晶体属于极性分子晶体。

（5）**氢键**是指氢原子同时与两个电负性很大而原子半径较小的原子（O、F、N）相结合所形成的键。氢键也具有饱和性，它是一种特殊形式的物理键。冰（H_2O）是一种氢键晶体，铁电材料磷酸二氢钾（KH_2PO_4）也具有氢键结合。

以上主要根据结合力的性质，把晶体分成 5 种典型的类型。但对于大多数晶体来说，结合力的性质是属于综合性的。实际上，很多晶体中的键既有离子键成分又有共价键成分，有的甚至还有范德华键和氢键。在复合材料中，其键合作用更为复杂。

2.1.1.2　晶体中键的表征

实际晶体中的键合作用可以用键型四面体来表示。方法是将离子键、共价键、金属键以及范德华键这 4 种典型的键分别写在四面体的 4 个顶点上，构成键型四面体，如图 2-1 所示。四面体的顶点代表单一键合作用，边棱上的点代表晶体中的键由两种键共同结合，侧面上的点表示晶体三种键共同结合，四面体内任意一点晶体中的键由四种键共同结合。

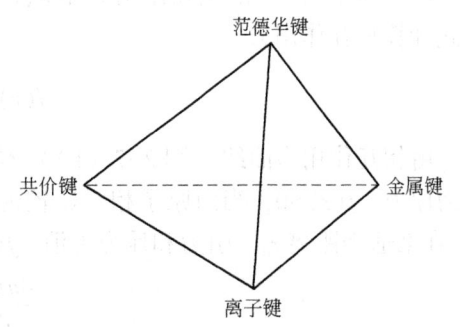

图 2-1　键型四面体

2.1.1.3　晶体中离子键、共价键比例的估算

大多数氧化物及硅酸盐晶体中的化学键主要包含离子键和共价键。为了判断晶体的化学键中离子键所占的比例，可以借助于元素的电负性这一参数来实现。表 2-1 列出了由鲍林（Pauling）给出的元素的电负性值。一般情况下，当同种元素结合成晶体时，因其电负性相同，故形成非极性共价键；当两种不同元素结合成晶体时，随两元素电负性差值增大，键的极性逐渐增强。因此，可以用下面的经验公式计算由 A、B 元素组成的晶体的化学键中离子键的百分数：

$$离子键（\%）= 1 - \exp\left[-\frac{1}{4}(X_A - X_B)^2\right] \tag{2-1}$$

式中　X_A，X_B——A、B 元素的电负性值。

表 2-1　元素的电负性值

H 2.10																
Li 0.98	Be 1.50											B 2.04	C 2.55	N 3.04	O 3.44	F 3.98
Na 0.93	Mg 1.31											Al 1.61	Si 1.90	P 2.19	S 2.58	Cl 3.16
K 0.82	Ca 1.00	Sc 1.36	Ti 1.54	V 1.63	Cr 1.66	Mn 1.55	Fe 1.83	Co 1.88	Ni 1.91	Cu 1.90	Zn 1.65	Ga 1.81	Ge 2.01	As 2.18	Se 2.55	Br 2.96
Rb 0.82	Sr 0.95	Y 1.22	Zr 1.33	Nb 1.6	Mo 2.16	Tc 1.9	Ru 2.2	Rh 2.28	Pd 2.20	Ag 1.93	Cd 1.69	In 1.78	Sn 1.96	Sb 2.05	Te	I 2.66
Cs 0.79	Ba 0.89	La 1.10	Hf 1.3	Ta 1.5	W 1.7	Re 1.9	Os 2.2	Ir 2.20	Pt 2.2	Au 2.54	Hg 2.00	Tl 1.84	Pb 1.83	Bi 2.02	Po 2.0	At 2.2

2.1.2　晶体的结合力与结合能

2.1.2.1　结合力的一般性质

各种不同的晶体，其结合力的类型和大小是不同的，但在任何晶体中，两个质点间的相互力或相互作用势能与质点间距离的关系在定性上是相同的。晶体中质点的相互作用分为吸引作用和排斥作用两大类。吸引作用在远距离上是主要的，而排斥作用在近距离上是主要的。在某一适当距离时，两者作用相抵消，晶体处于稳定状态。吸引作用来源于异性电荷之间的库仑引力。排斥作用来源有二：一是同性电荷之间的库仑力，二是泡利原理所引起的排斥力。

两个原子 A、B 的相互作用势能 $u(r)$ 曲线如图 2-2(a) 所示。由势能 $u(r)$ 可以按下式计算相互作用力：

$$f(r) = -\frac{du(r)}{dr} \tag{2-2}$$

由相互作用力曲线（图 2-2 (b)）看出，当两原子很靠近时，斥力大于引力，总作用力为斥力，$f(r) > 0$，当两原子相距比较远时，引力大于斥力，总的作用力为引力，$f(r) < 0$，在某适当距离 r_0，引力和斥力抵消，$f(r) = 0$，即：

$$\left.\frac{du(r)}{dr}\right|_{r_0} = 0 \tag{2-3}$$

由此式可以确定原子间的平衡距离 r_0，还有一个重要的参量，即有效引力最大时，两原子间的距离 r_m 由下式确定：

$$\left.\left|\frac{df(r)}{dr}\right|\right|_{r_m} = -\left.\frac{d^2u(r)}{dr^2}\right|_{r_m} = 0 \tag{2-4}$$

所以这一距离 r_m 对应势能曲线的拐点。

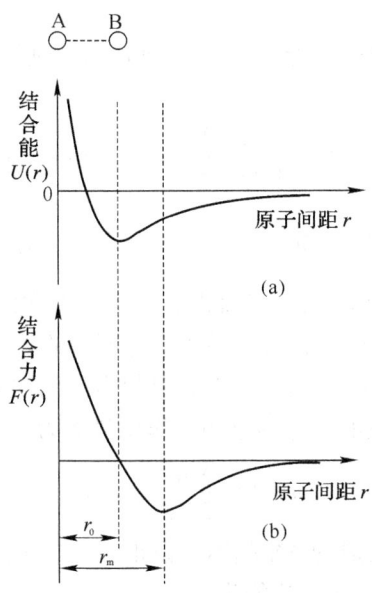

图 2-2　原子间的相互作用

（a）相互作用势能和原子间距的关系；（b）相互作用力和原子间间的关系

两个原子间的相互作用势能常可以用幂函数来表达：

$$u(r) = -\frac{A}{r^m} + \frac{B}{r^n} \tag{2-5}$$

式中，r 为两个原子间的距离，A、B、m、n 皆为大于零的常数，第一项为库仑引力能，第二项为泡利排斥能。

如果晶体中总的相互作用势能可以视为是原子（离子）对间的相互作用势能之和，那么，就可以通过先计算出两个原子之间的相互作用势能，然后再把晶体结构的因素考虑进去，综合起来就可以求得晶体的总势能，这就是经典的处理方法。另外，也可以通过量子力学方法进行计算。

通过对结合能的研究，可以计算出晶胞参数，体积弹性模量等，而这些量可以通过实验测量。因此，将理论的计算结果与实验做比较，就可以验证理论的正确性。另一方面，结合能的研究也有助于了解组成晶体的质点之间相互作用的本质，为探索新材料的合成提供理论指导。

2.1.2.2　离子晶体晶格能

从能量角度来看，晶体的结合能 E_b 定义为：组成晶体的 N 个原子处于"自由"状态时的总能量 E_N 与晶体处于稳定状态时的总能量 E_0 的差值，即：

$$E_b = E_N - E_0 \tag{2-6}$$

此处"自由"的含义是指各个原子都可以视为独立的粒子。原子之间的距离足够地大，以致它们之间的相互作用可以忽略时，就把原子视为自由粒子。

对于离子晶体而言，其晶格能 E_L 定义为：1mol 离子晶体中的正负离子，由相互远离的气态结合成离子晶体时所释放的能量。

A　晶格能的理论计算

设晶体中两原子的相互作用势能为 $u(r)$，则由 N 个原子组成的晶体，其总的相互作用势能为：

$$u(r) = \frac{1}{2} \sum_i^N \sum_j^N u(r_{ij}) \quad (i \neq j) \tag{2-7}$$

式中引入 $\frac{1}{2}$ 因子是由于 $u(r_{ij})$ 和 $u(r_{ji})$ 本是一对相互作用势能，故以第 i 个原子与以第 j 个原子做参考点各自计算相互作用势能时，计算了两次的缘故。

另外，由于晶体表面层原子的数目比晶体内部原子的数目少得多，如果忽略晶体表面层原子和内部原子对势能贡献的差别，则不会引起多大的误差。这样式（2-7）还可以简化，最后得到由 N 个粒子组成的晶体的总相互作用势能为：

$$u(r) = \frac{N}{2} \sum_j u(r_{1j}) \tag{2-8}$$

对于由 N 个正、负离子组成的 AX 晶体，设正、负离子的电价分别为 z_1 和 z_2，根据式（2-5）和式（2-8），其总相互作用势能为：

$$u = -\frac{N}{2} \sum_j \left(\pm \frac{z_1 z_2 e^2}{4\pi\varepsilon_0 r_{1j}} - \frac{b}{r_{1j}^n} \right) \tag{2-9}$$

括号中第一项的正、负分别对应于异号离子和同号离子之间的相互作用。

设离子间最小距离为 r_0，则 $r_{1j} = a_j r_0$，a_j 为系数，于是式（2-9）可以写成：

$$u = -\frac{N}{2} \left(\frac{z_1 z_2 e^2}{4\pi\varepsilon_0 r_0} \sum_j \pm \frac{1}{a_j} - \frac{1}{r_0^n} \sum_j \frac{b}{a_j^n} \right) \tag{2-10}$$

式中　ε_0——真空电容率，$\varepsilon_0 = 8.854 \times 10^{-12}$ F/m，$\frac{1}{4\pi\varepsilon_0} = 9 \times 10^9$ m/F。

令 $A = \sum_j \pm \frac{1}{a_j}$，$B = \sum_j \frac{b}{a_j^n}$，其中，$A$ 称为马德隆常数（Madlung constant），是一个仅与晶体结构有关的常数，不同晶体结构的马德隆常数列于表 2-2。

表 2-2　晶体结构的马德隆常数（A 值）

结构类型	NaCl	CsCl	立方 ZnS	六方 ZnS	CaF$_2$(萤石)	TiO$_2$(金红石)	Al$_2$O$_3$(刚玉)
马德隆常数	1.7476	1.7627	1.6381	1.6413	2.5194	2.4080	4.171

B 值可通过晶体处于平衡状态时势能最小的条件来求得。

平衡时：

$$\left(\frac{du}{dr} \right)_{r_0} = -\frac{N}{2} \left(-\frac{z_1 z_2 A e^2}{4\pi\varepsilon_0 r^2} + \frac{nB}{r^{n+1}} \right)_{r_0} = 0$$

由此得出：

$$B = \frac{A z_1 z_2 e^2}{4\pi\varepsilon_0 n} r_0^{n-1} \tag{2-11}$$

相互作用势能为：

$$u_0 = -\frac{N A z_1 z_2 e^2}{8\pi\varepsilon_0 r_0} \left(1 - \frac{1}{n} \right) \tag{2-12}$$

n 称为玻恩指数（Born index），其值大小与离子的电子层结构有关，列于表 2-3。

表 2-3　玻恩指数（n 值）

离子的电子层结构类型	He	Ne	Ar、Cu⁺	Kr、Ag⁺	Xe、Au⁺
n	5	7	9	10	12

当正负离子属于不同类型时，n 值取其算术平均值。如 NaCl 的 n 值为 $(7+9)/2=8$，n 值也可以通过晶体的体积弹性模量 E 由式（2-12）计算：

$$n = 1 + \frac{72\pi\varepsilon_0 r_0^4}{Ae^2}E \tag{2-13}$$

对于 1mol AX 型晶体，原子总数 $N=2N_0$，N_0 为阿伏伽德罗常数。于是，晶格能 E_L 可由式（2-14）计算：

$$E_L = |u_0| = \frac{N_0 A z_1 z_2 e^2}{4\pi\varepsilon_0 r_0}\left(1 - \frac{1}{n}\right) \tag{2-14}$$

B　晶格能的实验测定

上面所提出的晶格能计算公式可以通过实验证实，即根据热力学原理，利用反应热、汽化热等实测热力学数据和赫斯（Hess）定律求出晶格能。例如，MgO 的晶格能可以通过如下的玻恩（Born）-哈伯（Haber）循环来求得：

根据赫斯定律：在反应过程中体积或压力恒定且系统没有做任何非体积功时，化学反应热只取决于反应的开始和最终状态，与过程的具体途径无关。则晶格能：$E_L = Q + S + I + \frac{D}{2} - E$。该等式右边各参量均可测量，那么晶格能可由实验数据计算出来。

一般简单离子晶体的晶格能为 840~4200kJ/mol，而复杂的硅酸盐晶体晶格能可高达 42000kJ/mol，甚至更高。表 2-4 列出了一些氧化物和硅酸盐晶体的晶格能和熔点。

表 2-4　一些氧化物和硅酸盐晶格能和熔点

化合物	晶格能/kJ·mol⁻¹	熔点/℃	化合物	晶格能/kJ·mol⁻¹	熔点/℃
MgO	3936	2800	镁橄榄石	21353	1890
CaO	3526	2570	辉石	35378	1521
FeO	3923	1380	透辉石	34960	1391
BeO	4463	2570	角闪石	134606	
ZrO₂	11007	2690	透闪石	133559	
ThO₂	10233	2300	黑云母	59034	

续表 2-4

化合物	晶格能/kJ·mol⁻¹	熔点/℃	化合物	晶格能/kJ·mol⁻¹	熔点/℃
UO_2	10413	2800	白云母	61755	1244
TiO_2	12016	1830	钙斜长石	48358	1553
SiO_2	12925	1713	钠长石	51916	1118
Al_2O_3	16770	2050	正长石	51707	1150（异成分熔融）
Cr_2O_3	15014	2200	霞石	18108	1254
B_2O_3	18828	450	白榴石	29023	1686

C 晶格能的重要性

（1）由晶格能可以估计晶体和键力有关的物理性质。表 2-5 为晶体晶格能与熔点、沸点、热膨胀系数、硬度间的关系。表中所有晶体的结构均属 NaCl 晶格类型。由表可见，在晶格类型、键型和离子电荷都相同的情况下，键的强度随着离子距离增加（离子半径的增加）而变小，因此，随着离子距离增加，沸点和熔点降低，热膨胀系数增高，硬度降低。

还可以对比下列各对化合物：NaF、CaO；NaCl、BaO 或 CaS；NaBr、SrS；KCl、BaS。它们的离子间距约略保持相同，但是电荷却分别为 1 价和 2 价。可以看到，在结构类型、键型和离子距离相同的情况下，键的强度随电荷的增高而上升。因此，随着电荷的增加，沸点和熔点升高，热膨胀系数降低，硬度变大。

表 2-5　晶格能与沸点、熔点、热膨胀系数、硬度间关系

晶体	晶格能/kJ·mol⁻¹	沸点/℃	熔点/℃	热膨胀系数 $\beta/\times10^{-6}$	莫氏硬度	质点距离/nm
NaF	892	1704	992	108	3.2	0.231
NaCl	766	1413	801	120	2.5	0.282
NaBr	733	1392	747	129		0.298
NaI	687	1304	662	145		0.323
KF	796	1503	857	110		0.266
KCl	691	1500	776	115	2.4	0.314
KBr	666	1383	742	120		0.329
KI	632	1324	682	135	2.2	0.353
MgO	3936		2800	40	6.5	0.210
CaO	3526	2850	2570	63	4.5	0.240
SrO	3312		2430		3.5	0.257
BaO	3128	约 2000	1923		3.3	0.276
MnS	3350				4.5~5	0.259
CaS	3086			51	4.0	0.284
SrS	2872				3.3	0.300
BaS	2710			102	3.0	0.319

从表 2-4 和表 2-5 还可以看出，各种晶体熔化温度的变化情况一般并不与晶格能的变

化情况一致，只有在同一结构类型和离子没有变形的情况下，熔点才随着晶格能的增加而上升。

（2）用晶格能可以估算晶体稳定性的大小。晶格能高的晶体，质点之间键合牢固，不易移动，相互之间不易进行化学反应（固相反应）。但是，对于许多由两种以上质点所组成的晶体，因质点间键强不一，键力弱的地方较易断开，故较易进行反应。例如有些硅酸盐晶体晶格能很大，但稳定性并不很高。

【例2-1】 NaCl 和 MgO 晶体同属于 NaCl 型结构，但 MgO 的熔点为 2800℃，NaCl 仅为 801℃，请通过晶格能计算说明这种差别的原因。

解： 晶格能计算公式为 $E_L = \dfrac{N_0 A z_1 z_2 e^2}{4\pi\varepsilon_0 r_0}(1 - \dfrac{1}{n})$。

（1）NaCl 晶体：$N_0 = 6.023 \times 10^{23}$ 个/mol，$A = 1.7476$，$z_1 = z_2 = 1$，$e = 1.6 \times 10^{-19}$C，

$n = \dfrac{n_{Na^+} + n_{Cl^-}}{2} = \dfrac{7+9}{2} = 8$，$r_0 = r_{Na^+} + r_{Cl^-} = 0.102 + 0.181 = 0.283$nm $= 2.83 \times 10^{-10}$m，

$\dfrac{1}{4\pi\varepsilon_0} = 9 \times 10^9$m/F，计算得：$E_L = 749.82$kJ/mol。

（2）MgO 晶体：$N_0 = 6.023 \times 10^{23}$ 个/mol，$A = 1.7476$，$z_1 = z_2 = 2$，$e = 1.6 \times 10^{-19}$C，

$n = \dfrac{n_{Mg^{2+}} + n_{O^{2-}}}{2} = \dfrac{7+7}{2} = 7$，$r_0 = r_{Mg^{2+}} + r_{O^{2-}} = 0.072 + 0.140 = 0.212$nm $= 2.12 \times 10^{-10}$m，$\dfrac{1}{4\pi\varepsilon_0} = 9 \times 10^9$m/F，计算得：$E_L = 3922.06$kJ/mol。

则：MgO 晶体的晶格能远大于 NaCl 晶体的晶格能，即相应 MgO 的熔点也远高于 NaCl 的熔点。

2.1.3 原子半径与离子半径

根据波动力学的观点，在原子或离子中，围绕核运动的电子在空间形成一个电磁场，其作用范围可以看成是球形的。这个球的范围被认为是原子或离子的体积，球的半径即为**原子半径**或**离子半径**。不同键型的晶体，有效半径的表述各不相同。

但是在晶体结构中，采用原子或离子的有效半径。有效半径的概念是指离子或原子在晶体结构中处于相接触时的半径。在这种状态下，离子或原子间的静电吸引或排斥作用达到平衡。

（1）离子晶体：在离子晶体中，一对相邻接触的阴、阳离子的中心距，即为该阴、阳离子的离子半径之和。

（2）共价晶体：在共价化合物晶体中，两个相邻键合原子的中心距，即为这两个原子的共价半径之和。

（3）金属晶体：在金属晶体中，两个相邻原子中心距的一半，就是金属原子半径。

在晶体结构中，原子或离子半径具有重要的几何意义，它是晶体化学中最基本的参数之一，常作为衡量键性、键强、配位关系以及离子极化率和极化力的重要数据，它不仅决定了离子的相互结合关系，而且对晶体的性质也有很大影响。但是离子半径这个概念并非十分严格，因为在晶体结构中，总有极化的影响，往往是电子云向正离子方向移动，其结

果是正离子的作用范围比所列的正常离子半径值要大些，而负离子作用范围要小些。但即使这样，原子和离子半径仍然为晶体化学中的重要参数之一。

2.1.4　球体紧密堆积原理

在晶体中，如果原子或离子的最外层电子构型为惰性气体构型或 18 电子构型，则其电子云分布呈球形对称，无方向性。从几何角度来说，这样的质点在空间的堆积，可以近似的认为是刚性球体的堆积。其堆积应该服从紧密堆积原理。

晶体中各离子间的相互结合，可以看作是球体的堆积。按照晶体中质点的结合应遵循势能最低的原则（晶体的最小内能性），从球体堆积的几何角度来看，球体堆积的密度越大，系统的势能越低，晶体越稳定，这就是球体的**紧密堆积原理**。该原理是建立在质点的电子云分布呈球形对称以及无方向性的基础上的，故只有典型的离子晶体和金属晶体符合最紧密堆积原理，而不能用最紧密堆积原理来衡量原子晶体的稳定性。

2.1.4.1　最紧密堆积方式

根据质点的大小不同，球体最紧密堆积方式分为等径球体和不等径球体两种情况。如果晶体是由同一种质点构成，如金属铜、金等单质晶体则为等径球体的最紧密堆积。等径球体有六方和面心立方两种最紧密堆积方式。

等径球最紧密堆积时，在平面上每个球与周围的 6 个球相互接触，形成第一层（球心位置标记为 A），如图 2-3 所示。此时，每三个彼此相接触的球体之间形成一个弧线三角形空隙，每个球周围有六个弧线三角形空隙，其中半数空隙的尖角指向图的下方（其中心位置标记为 B），半数空隙的尖角指向图的上方（其中心位置标记为 C），这两种空隙相间分布。第二层球堆上去时，为保证最紧密堆积，就要将圆球放在 B 或 C 的位置（假设放在 B 空隙上，放在 C 空隙上是等价的）。则当第三层球放上去时就有两种情况：

（1）一种是第三层球放在第二层球形成的弧线三角形上方，即第三层球的球心正好在第一层球的正上方，第三层球与第一层球的排列位置完全相同，球体在空间的堆积是按照 ABAB…的层序来堆积，如图 2-4 所示。这样的堆积中可以取出一个六方晶胞，故称为**六方最紧密堆积**（hexagonal closet packing，hcp）。很多金属晶体如锌、镁、铍等就是以六方最紧密堆积排列。

（2）其二是第三层球放在 C 位正上方（未被第二层球占用的空隙上面），与第二层球

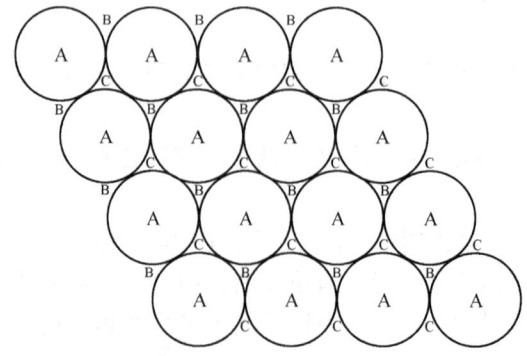

图 2-3　球体的二维密排

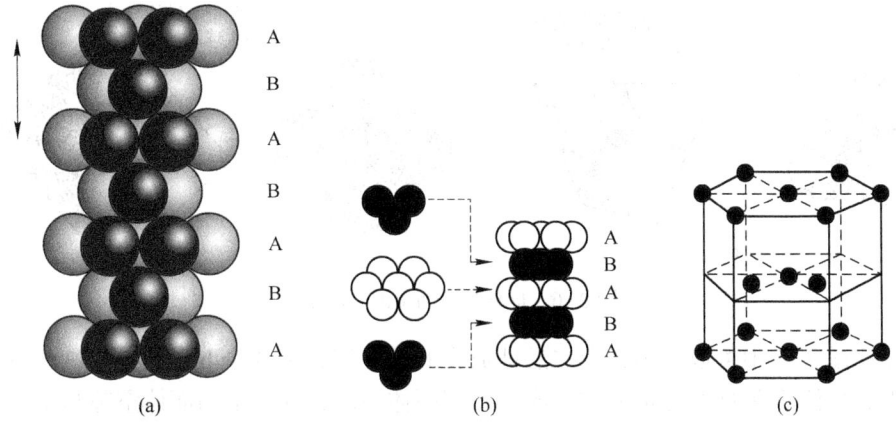

图 2-4 六方紧密堆积中两层原子之间的关系

相互交错，即第一层在 A 位，第二层在 B 位，第三层在 C 位上，只有第四层球放上去时才重复第一层球的排列，这样在空间形成 ABCABC…的堆积方式。从这样的堆积方式中可以取出一个面心立方晶胞，如图 2-5（a）所示，故称为**面心立方最紧密堆积**（face central cubic closet packing，fcc）。在面心立方最紧密堆积中，ABCABC…的重复层面平行于（111）晶面，如图 2-5（c）所示。这两种紧密堆积中，每个球体周围同种球体的个数均为 12 个。

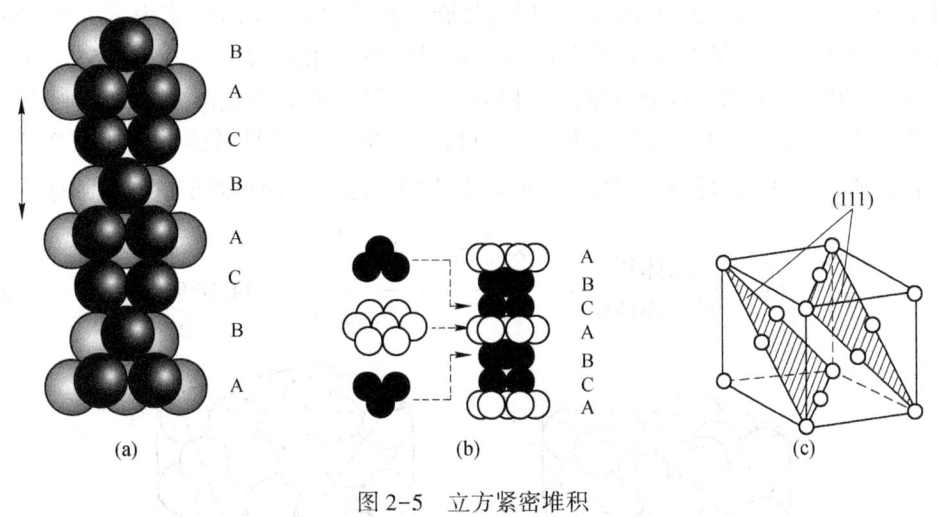

图 2-5 立方紧密堆积

2.1.4.2 等径球体紧密堆积所形成的空隙类型和空隙数

由于球体之间是刚性点接触堆积，所以上述两种最紧密堆积中仍然有空隙存在。从形状上看，存在两种空隙：一种是处于四个球体包围之中的空隙，四个球体中心的连线恰好构成一个四面体形状，称为**四面体空隙**，如图 2-6（a）所示。另一种是处于六个球体包围之中的空隙，六个球体中心的连线恰好连成一个八面体形状，称为**八面体空隙**，如图 2-6（b）所示。

最紧密堆积中空隙的分布情况是：每个球周围有 8 个四面体空隙和 6 个八面体空隙。

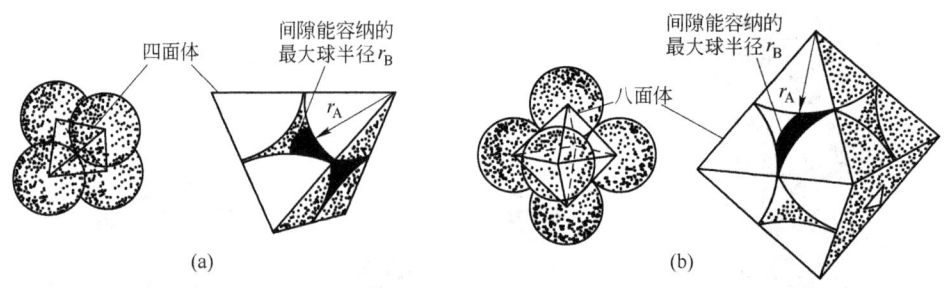

图 2-6　球体紧密堆积中的空隙

从图 2-4 或图 2-5 中可以看出，第二层球放在 B 位上时，在 3 个 B 位形成了 3 个四面体空隙，而 3 个 B 位所夹的 A 位正上方形成一个四面体空隙，这 4 个四面体空隙与半个 A 球接触；同理，3 个 C 位上形成了 3 个八面体空隙与半个 A 球接触。故每个球周围有 8 个四面体空隙和 6 个八面体空隙。

由图 2-6 可见，由于四面体空隙由四个球体所构成，八面体空隙由六个球体所构成，因此，一个球体周围的八面体空隙不能都属于它，而只有 $6 \times \frac{1}{6} = 1$ 个八面体和 $8 \times \frac{1}{4} = 2$ 个四面体是属于一个球体的。因此，若有 n 个等大球体作最紧密堆积时，必定有 n 个八面体空隙和 $2n$ 个四面体空隙，这一结果对立方紧密堆积和六方紧密堆积均适用。

为了表达最紧密堆积中总空隙的大小，通常采用**空间利用率**（也称为**堆积系数**或**致密度**）来表征，其定义为：晶胞中原子体积与晶胞体积的比值，用 PC 来表示。六方紧密堆积和立方紧密堆积两种最紧密堆积方式的空间利用率是相同的，均为 74.05%，相应地，空隙率为 25.95%。下面，以立方紧密堆积为例，计算面心立方点阵中的空间利用率。设圆球的半径为 r，在（111）面为密排面，［111］方向的圆球是密排的，如图 2-7 所示。所以单位晶胞立方体的边长 $a = 2\sqrt{2}r$，在面心立方的晶胞中包含有四个这样的圆球，所以：

$$PC = \frac{球体积}{立方体体积} = \frac{4 \times \frac{4}{3}\pi r^3}{a^3} = \frac{4 \times \frac{4}{3}\pi r^3}{(2\sqrt{2}r)^3} = 74.05\% \qquad (2\text{-}15)$$

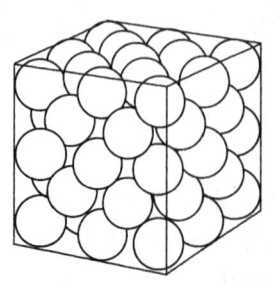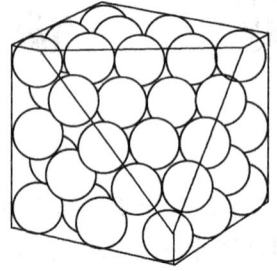

图 2-7　立方紧密堆积

【例 2-2】试分析等径球体做立方紧密堆积（f.c.c）时八面体和四面体空隙的位置与数量（以面心立方晶胞为例）。

解：如图 2-8 所示，等径球单位面心立方晶胞内球体数目为 $8 \times \frac{1}{8} + 6 \times \frac{1}{2} = 4$ 个，则八面体空隙数为 4 个，分别位于：体中心和每条棱的中点。位于棱中点的八面体空隙位置共有 12 个，但属于单位晶胞的仅为 $\frac{1}{4}$，即 $12 \times \frac{1}{4} = 3$ 个，加上体心一个，单位晶胞中共有 4 个八面体空隙。四面体空隙数为 $2 \times 4 = 8$ 个，分别位于：单位晶胞的 4 条体对角线上，每条体对角线的 $\frac{1}{4}$ 和 $\frac{3}{4}$ 位置处为 2 个四面体空隙位置，每个四面体空隙由角顶的一个球体和与其相邻的三个面心位置的球体构成。

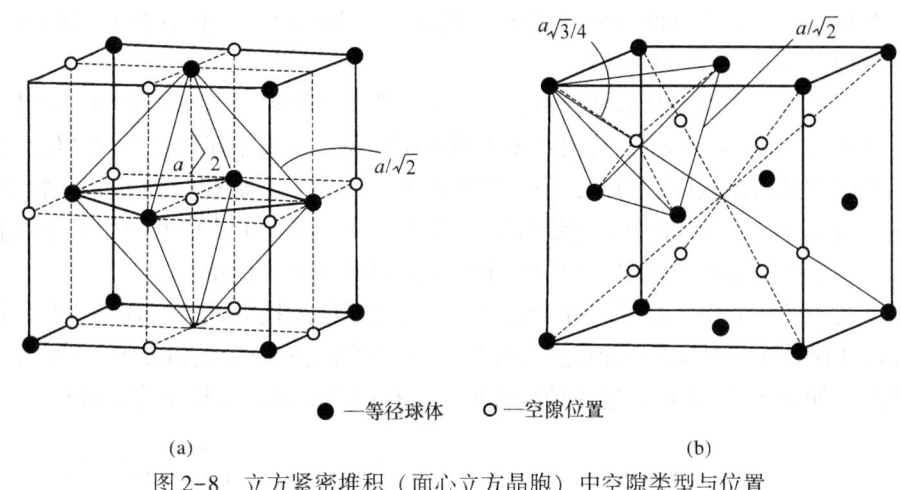

● —等径球体　　○ —空隙位置

(a)　　　　　　　　　　　(b)

图 2-8　立方紧密堆积（面心立方晶胞）中空隙类型与位置

(a) 八面体空隙；(b) 四面体空隙

2.1.4.3 不等大球体的紧密堆积

对于尺寸相差不很大的带异性电荷的离子来说，如图 2-9（a）所示，如果离子的堆积仍遵循等径球体的紧密堆积原理，会导致同号离子之间的排斥力增大，造成结构不稳定，在这种情况下异号离子往往排成图 2-9（b）的形式，虽然其排列的紧密程度不如图 2-9（a），但实际上更稳定。

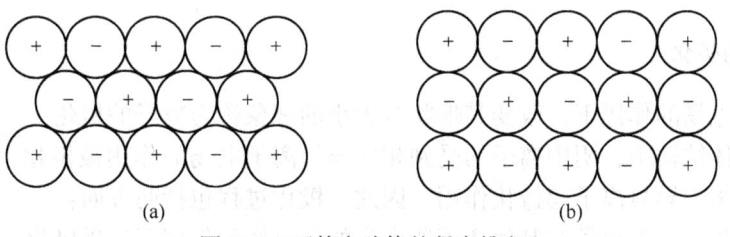

(a)　　　　　　　　　　　(b)

图 2-9　不等大球体的紧密堆积

在实际的离子晶体中，正负离子的半径往往相差很大，在这种情况下，半径较大的负离子仍按六方或立方紧密堆积方式排列，半径较小的正离子则按其本身的大小，填充在四面体或八面体空隙中，形成不等大球体的紧密堆积。这种填隙方式可能使负离子之间的距离均匀地撑开一些，但不会使负离子的密堆结构产生畸变，空间利用率可以提高，而异号离子相间排列的要求也能满足。这种结构特点在氧化物多晶材料中十分普遍。

2.1.5　配位数与配位多面体

配位数（符号 CN）：一个原子或离子的配位数是指在晶体结构中，该原子或离子的周围，与它直接相邻结合的同种原子个数或所有异号离子的个数。如 NaCl 晶体结构中，Cl^- 离子按面心立方最紧密堆积方式排列，而 Na^+ 离子则填充在 Cl^- 离子所形成的八面体空隙中，每个 Na^+ 离子周围有 6 个 Cl^- 离子，因此 Na^+ 离子的配位数为 6。

（1）单质晶体：如果原子作最紧密堆积，则相当于等径球体的紧密堆积，每个原子的配位数均为 12，$CN=12$；若不是最紧密堆积，则配位数小于 12。

（2）共价晶体：在共价键晶体结构中，配位数一般较低，一般小于 4，即 $CN<4$，这是由于共价键具有方向性与饱和性。

（3）离子晶体：在离子晶体结构中，阳离子一般处于阴离子紧密堆积的空隙中，配位数一般为 4 或 6（$CN=4$ 或 6），若阴离子不做紧密堆积，阳离子还可能出现其他配位数。

配位多面体是指在晶体结构中，与一个阳离子（或原子）成配位关系而相邻结合的各个阴离子（或原子），它们的中心连线所构成的多面体。阳离子或中心原子位于配位多面体的中心，各个配位阴离子或原子的中心则位于配位多面体的顶角上。

在晶体结构的研究中，常常用分析配位多面体之间的连接方式，来描述该晶体的结构特点。在晶体结构中，常见的几种配位形式有：三角形配位、四面体配位、八面体配位和立方体配位，如图 2-10 所示。这几种配位形式，在以后的晶体结构中均会遇到。

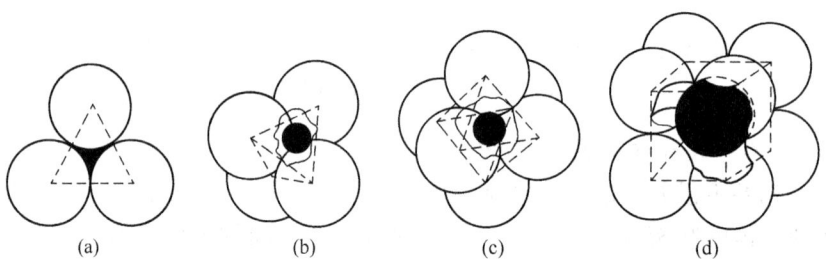

图 2-10　晶体结构中常见的配位多面体形式
（a）三角形配位；（b）四面体配位；（c）八面体配位；（d）立方体配位

2.1.6　离子的极化

离子在外电场的作用下，改变其形状与大小的现象称为离子的**极化**。

在离子晶体结构中，阴阳离子均受到相邻异号离子电场的作用被极化，同时，它们本身的电场又对邻近异号离子起极化作用。因此，极化过程包括两方面：

（1）被极化：一个离子在其他离子所产生的外电场的作用下发生极化。

（2）主极化：一个离子以其本身的电场作用于周围离子，使其他离子极化。

对于离子被极化程度的大小，可用极化率 α 来表示：

$$\alpha = \frac{\bar{\mu}}{F} \tag{2-16}$$

式中，F 为离子所在位置的有效电场强度；$\bar{\mu}$ 为诱导偶极矩，$\bar{\mu}=el$，e 为电荷，l 为极化后正负电荷中心的距离。表 2-6 为一些主要离子的半径和 α 值。

表 2-6 一些主要离子的半径和 α 值

离 子	离子半径 /nm	极化率 α/nm³	离 子	离子半径 /nm	极化率 α/nm³	离 子	离子半径 /nm	极化率 α/nm³
Li^+	0.059	0.031×10^{-3}	B^{3+}	0.011	0.003×10^{-3}	F^-	0.133	1.04×10^{-3}
Na^+	0.099	0.179×10^{-3}	Al^{3+}	0.039	0.052×10^{-3}	Cl^-	0.181	3.66×10^{-3}
K^+	0.137	0.83×10^{-3}	Y^{3+}	0.090	0.55×10^{-3}	Br^-	0.196	4.77×10^{-3}
Ca^{2+}	0.100	0.47×10^{-3}	C^{4+}	0.015	0.0013×10^{-3}	I^-	0.220	7.10×10^{-3}
Sr^{2+}	0.118	0.86×10^{-3}	Si^{4+}	0.026	0.0165×10^{-3}	O^{2-}	0.140	3.88×10^{-3}
Ba^{2+}	0.135	1.55×10^{-3}	Ti^{4+}	0.061	0.185×10^{-3}	S^{2-}	0.184	10.20×10^{-3}

主极化能力的大小，可用极化力 β 来表示：

$$\beta = \frac{W}{r^2} \tag{2-17}$$

式中，W 为离子电价；r 为离子半径。

在离子晶体中，一般阴离子半径较大，易于变形而被极化，而主极化能力较低，阳离子半径相对较小；当电价较高时，其主极化作用大，而被极化程度较低。在离子晶体中，由于离子极化，电子云互相穿插，电子云变形失去球形对称，缩小了阴阳离子之间的距离，使离子的配位数，离子键的键性以至晶体的结构类型发生变化。表 2-7 所示为离子极化对卤化银晶体结构的影响。

表 2-7 离子极化对卤化银晶体结构的影响

项 目	AgCl	AgBr	AgI
Ag^+ 和 X^- 的半径之和/nm	0.115+0.181=0.296	0.115+0.196=0.311	0.115+0.220=0.335
Ag^+ 和 X^- 的实测距离/nm	0.277	0.288	0.299
极化靠近值	0.019	0.023	0.036
r_+/r_- 值	0.635	0.587	0.523
实际配位数	6	6	4
理论结构类型	NaCl	NaCl	NaCl
实际结构类型	NaCl	NaCl	立方 ZnS

2.1.7 鲍林规则

哥尔德希密特（Goldschmidt）在研究晶体结构时，从离子间的数量、离子的相对大小以及离子间的极化等影响因素，提出了哥尔德希密特定律，其内容为："一个晶体的结构，取决于其组成单位的数目、相对大小以及极化性质"。该规则一般称为哥尔德希密特结晶化学定律，简称结晶化学定律。结晶化学定律定性地概括了影响离子晶体结构的三个主要因素：

（1）无机化合物晶体一般按化学式类型如 AX、AX_2、A_2X_3 等分类，类型不同，表明组成晶体的离子间的数量关系不一样。如 AX 晶体，其阴阳离子在结构中各占 50% 的位置，而 A_2X_3 晶体中，阴阳离子在结构中所占位置的比例为 2：3。如 TiO_2 和 Ti_2O_3，阴阳离子同为钛和氧，但由于离子之间的数量比不同，前者为金红石型结构，后者为刚玉型结构。

（2）晶体中离子大小不同，反映了离子半径不同，则阴阳离子的配位数和晶体结构也不同。

（3）晶体中离子的极化性能不同，由此将产生不同的晶体结构。

实际上，组成晶体质点的数量关系、大小关系和极化性能，很大程度上都由晶体的化学组成决定。因此，根据晶体的化学组成，一般能有效确定晶体的结构。

1928～1929 年间，鲍林在哥尔德希密特结晶化学定律的基础上，结合大量的研究工作，对离子晶体的结构总结归纳出 5 条规则，称为鲍林规则。

2.1.7.1　鲍林第一规则——关于阴离子配位多面体和阴阳离子半径比规则

"围绕每一个阳离子，形成一个阴离子的配位多面体，阴阳离子的间距取决于它们的半径之和，阳离子的配位数则取决于半径之比。"

鲍林第一规则表明，阳离子的配位数并非决定于它本身或阴离子的半径，而是取决于它们的比值。如果阳离子作紧密堆积排列，则可以从几何关系上计算出阳离子配位数与阴阳离子半径比值的关系。但是，在实际的晶体结构中，阳离子的半径可能大于或小于阴离子密堆的空隙。图 2-11 所示为阴离子成最紧密堆积，阳离子处于八面体空隙中的几种情况。

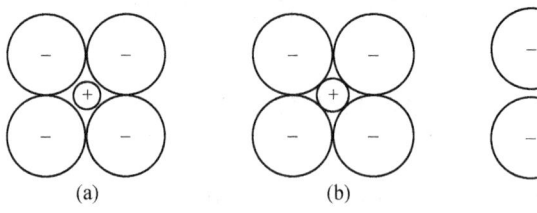

图 2-11　稳定和不稳定配位结构示意图
（a）不稳定；（b），（c）稳定

（1）阴离子与阴离子相互接触，阳离子与阴离子相脱离（阳离子在阴离子堆积的空隙中可自由移动），如图 2-11（a）所示。在这种情况下，彼此接触的阴离子之间的排斥力，因平衡它的阳离子远离而增大，能量增加，使体系处于非稳定状态。故这样的堆积结构并不能稳定存在，即使在晶体的形成过程中出现了这样一种状态，体系也将根据能量最低原理，改变排列状态，以保证阴、阳离子接触而成稳定结构。

（2）阴离子与阴离子相接触，阳离子与阴离子也接触，如图 2-11（b）所示。在这种情况下，体系处于平衡状态，结构稳定。

（3）阳离子与阴离子相接触，阴离子之间脱离接触，如图 2-11（c）所示。这种情况下，阳离子半径大于空隙临界半径值而将空隙撑大，阴离子不是最紧密堆积，导致静电力不平衡，引力大于斥力，但过剩的引力可由更远的离子作用来平衡。故这种状态并不影响结构的稳定性及阳离子的配位数。但在晶体中，每个阳离子的周围总是要尽可能紧密地围满阴离子，每个阴离子的周围也要尽可能紧密地围满阳离子，否则这个系统就不稳定。因此，当阳离子半径达到一定程度后，原来有 6 个阴离子包围的阳离子，要被 8 个阴离子所包围，即配位数由 6 上升到 8。

在图 2–11（b）所示的情况下，由图 2–12
所示的几何关系有：

$$(2r_-)^2 + (2r_-)^2 = (2r_+ + 2r_-)^2$$

由此可算出：$\dfrac{r_+}{r_-} = 0.414$

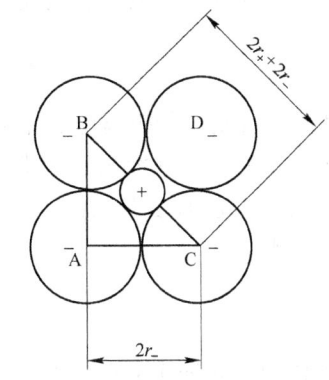

在图 2–11（a）所示的情况下，$\dfrac{r_+}{r_-} < 0.414$，
阳离子的配位数将由 6 变为 4 或更小；由类似的
几何关系，当阳离子周围有 8 个阴离子并正好阴
离子与阴离子相接触，阳离子与阴离子也相互接
触时，可计算出：$\dfrac{r_+}{r_-} = 0.732$。因此，当 $0.414 \leqslant$

图 2–12　阳离子无间隙地填充在八面体
空隙时，阴阳离子半径几何关系

$\dfrac{r_+}{r_-} \leqslant 0.732$ 时，阳离子的配位数为 6。而当 $\dfrac{r_+}{r_-} \geqslant 0.732$ 时，阳离子的配位数为 8 或更多。

用类似的几何关系可以计算出形成不同配位结构时，r_+ 与 r_- 之比的极限值，见表
2–8。因此，在离子晶体的紧密堆积结构中，离子总是根据其半径大小来选择配位数或配
位多面体。即在一个确定的阴离子紧密堆积结构中，只能被具有一定半径范围的阳离子填
充，才不会改变原来的结构类型。一旦明确晶体是由何种离子组成，从 r_+/r_- 比值就可确
定阳离子的配位数和所形成的阴离子配位多面体的结构。但实际上，除了阴、阳离子半径
比，还有许多因素影响阳离子的配位数，如温度、压力、性能等。在许多复杂的晶体中，
配位多面体的形状并不像理想的那样有规则，有时甚至会出现较大的偏差。

表 2–8　阳离子配位数与阴阳离子半径比关系

离子半径比 r_+/r_-	0~0.155	0.155~0.225	0.225~0.414	0.414~0.732	0.732~1.00	≥1.00
配位数	2	3	4	6	8	12
配位多面体形状	哑铃形 （直线形）	三角形	四面体	八面体	立方体	立方八面体
实　例		干冰 CO_2	闪锌矿 β–ZnS	食盐 NaCl	萤石 CaF_2	自然 Au

2.1.7.2　鲍林第二规则——静电价规则

"在一个稳定的晶体结构中，从所有相邻接的阳离子到达一个配位阴离子的静电键的
总强度，等于阴离子的电荷数。"

设 Z^+ 为阳离子的电荷数，CN^+ 为其配位数，从阳离子到每一个配位阴离子的**静电键强
度** S 为：

$$S = \frac{Z^+}{CN^+}$$

（2–18）

因此，静电价规则写成数学表达式即为：

$$Z^- = \sum_i S_i = \sum_i \left(\frac{Z^+}{CN^+} \right)_i \qquad (2-19)$$

利用鲍林第二规则可分析离子晶体结构的稳定性，通过计算每个阴离子所得到的静电键强度的总和，如果与其电价相等，则表明电价平衡，结构稳定。例如，CaF_2 属于萤石型结构，Ca^{2+} 的配位数为 8，故 Ca—F 键的静电键强度为 $S = 2/8 = 1/4$，每个 F^- 与四个 Ca^{2+} 形成静电键，因此：

$$Z^- = \sum_i S_i = 4 \times \frac{1}{4} = 1$$

故每一个 F^- 离子是四个 Ca—F 配位立方体的公有顶角。或者说 F^- 离子的配位数是 4。

　　静电键规则，对于规则多面体配位结构是比较严格的规则，因为它必须满足静电平衡的原理，在许多情况下可以使用静电价规则来推测阴离子多面体之间的连接情况。例如，在硅酸盐晶体结构中，Si^{4+} 的配位多面体都是正四面体，从静电价规则可以知道这些四面体间的连接方式。因为静电键强度：$S = \dfrac{4}{4} = 1$，而 O^{2-} 是二价的，即 $Z^- = 2 = \sum S_i$，所以每个 O^{2-} 同时与两个 Si^{4+} 形成静电键。这也解释了为什么在硅酸盐晶体结构中，Si—O 四面体都是采取共顶连接的方式。

2.1.7.3　鲍林第三规则——阴离子多面体公用顶点、棱和面的规则

　　"在配位结构中，两个阴离子多面体以共棱，特别是以共面方式存在时，离子晶体结构的稳定性便降低，对于电价高而配位数小的阳离子此效应尤为显著。"如表 2-9 所示，两个多面体以不同方式相连时，中心阳离子间的距离关系。由表可见，随着中心阳离子距离的减小，阳离子键的静电排斥力增加，因此使晶体结构的稳定性降低。

表 2-9　两个配位多面体以不同方式相连时中心阳离子之间的距离关系

方　式	配位三角形	配位四面体	配位八面体	配位立方体
共棱连接	0.50	0.58	0.71	0.82
共面连接	—	0.33	0.58	0.58

注：均以共顶连接时的最大间距为 1 进行对比。

2.1.7.4　鲍林第四和第五规则

　　在鲍林第三规则的基础上，可引出鲍林第四、第五规则。鲍林第四规则进一步指出："在一个含有不同阳离子的晶体中，电价高而配位数小的阳离子，不趋向于相互共有配位多面体的要素。"这是因为，一对阳离子之间的排斥力是按电价数的平方关系成正比增加的。这条规则实际上是第三条规则的延伸，所谓共有配位多面体的要素，是指共顶、共棱或共面。如果在一个晶体结构中有多种阳离子存在，则高电价、低配位数阳离子的配位多面体趋向于互不连接，它们之间由其他阳离子的配位多面体隔开，至多也只能以共顶方式相连。在硅酸盐晶体结构中，可以用这一规则进行分析。

　　鲍林第五规则也称为**节约规则**，即"在一个晶体结构中，本质不同的结构组元的种类，趋向于为数最少"。本质不同的结构组元，是指在性质上有明显差别的结构方式。如在石榴石的结构中，化学式为 $Ca_3Al_2Si_3O_{12}$。其中 Ca^{2+}、Al^{3+}、Si^{4+} 的配位数分别为 8、6、

4，阴离子为氧离子。按静电价规则计算静电键强度：Ca—O，$S=\dfrac{2}{8}=\dfrac{1}{4}$；Al—O，$S=\dfrac{3}{6}=$

$\dfrac{1}{2}$；Si—O，$S=\dfrac{4}{4}=1$。O^{2-} 离子的电荷数为 2，根据第二条规则可知 O^{2-} 离子和哪些阳离子相连。一种配位方式是 O^{2-} 离子分别与 1 个 Al^{3+} 离子、2 个 Ca^{2+} 离子和 1 个 Si^{4+} 离子相连，实验证明，在石榴石结构中就是这种配位方式。此外，满足静电价规则的另一种配位方式是 O^{2-} 离子与 1 个 Si^{4+} 离子、2 个 Al^{3+} 离子相连以及 O^{2-} 离子与 1 个 Si^{4+} 离子和 4 个 Ca^{2+} 离子相连。但这样的配位关系使离子晶体结构上就出现了性质有显著差异的不同配位方式，这不符合节约规则。因此，事实上石榴石结构为第一种配位方式。这说明在同一晶体结构中，晶体化学性质相似的不同离子，将尽可能采取相同的配位方式，从而使本质不同的结构组元种类的数目尽可能少。

上述五个规则，是在分析研究大量晶体内部结构的基础上建立的，是离子化合物晶体结构规律性的具体概括，适用于大多数离子晶体，特别是在分析比较复杂的晶体结构时，可以用这一规则进行。但是，鲍林规则并不完全适用于过渡元素化合物的离子晶体，更不适用于非离子晶格的晶体，对于这些晶体的结构，还需要用晶体场、配位场等理论来说明。

2.2　单质晶体结构

2.2.1　典型金属的晶体结构

金属晶体中的结合键是金属键，由于金属键没有方向性与饱和性，使大多数金属晶体都具有排列紧密、对称性高的简单晶体结构。最常见的典型金属结构有面心立方（A1 或 fcc）、体心立方（A2 或 bcc）和密排六方（A3 或 hcp）三种晶体结构。如果把金属原子看成是刚性球，则这三种晶体结构的晶胞分别如图 2-13 所示。由图可见，金属原子的结构，可以看成是等径球体间作立方或六方紧密堆积。

常见的属于面心立方结构的金属有 Cu、Ag、Au、Al、γ-Fe 等；属于体心立方结构的金属有 α-Fe、V、Mo 等；金属 Zn、Mg、Li 等是常见的密排六方结构的晶体，原子除了分布在六方柱的顶角和上下底面中心外，在六方棱柱体内还有三个原子。

2.2.1.1　点阵常数

晶胞的棱边长度 a、b、c 称为点阵常数。如把原子看作半径为 r 的刚性球，则由几何学知识即可求出 a、b、c 与 r 之间的关系：

体心立方结构（$a=b=c$）：　　　　　$a=\dfrac{4\sqrt{3}}{3}r$

面心立方结构（$a=b=c$）：　　　　　$a=2\sqrt{2}r$

密排六方结构（$a=b\neq c$）：　　　　　$a=2r$

具有三种典型晶体结构的常见金属及其点阵常数见表 2-10。对于密排六方结构，按原子为等径刚球模型可算出其轴比为 $\dfrac{c}{a}=1.633$，但实际金属的轴比常偏离此值（表 2-10），这说明视

44

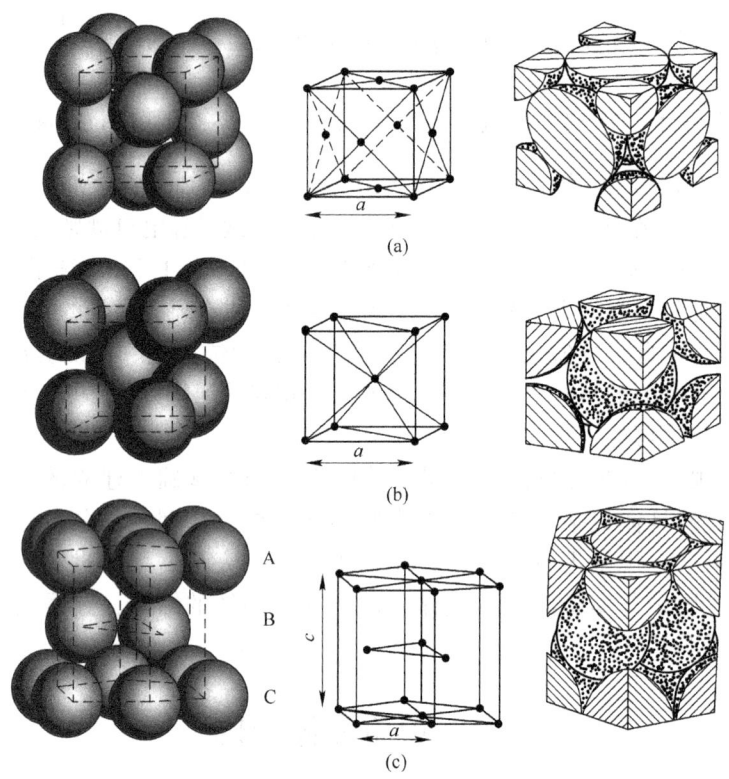

图 2-13　金属晶体的三种典型结构

（a）面心立方结构（fcc）；（b）体心立方结构（bcc）；（c）密排六方结构（hcp）

金属原子为等径刚球只是一种近似假设。实际上原子半径随原子周围近邻的原子数和结合键的变化而变化。

表 2-10　三种典型晶体结构的常见金属及其点阵常数

金　属	点阵类型	点阵常数/nm	金　属	点阵类型	点阵常数/nm	
Al	A1	0.40496	W	A2	0.31650	
γ-Fe	A1	0.36468	Be	A3	a　0.22856	c/a 1.5677
Ni	A1	0.35236			c　0.35832	
Cu	A1	0.36147	Mg	A3	a　0.32094	c/a 1.6235
Rh	A1	0.38044			c　0.52105	
Pt	A1	0.39239	Zn	A3	a　0.26649	c/a 1.8563
Ag	A1	0.40857			c　0.49468	
Au	A1	0.40788	Cd	A3	a　0.29788	c/a 1.8858
V	A2	0.30782			c　0.56167	
Cr	A2	0.28846	α-Ti	A3	a　0.29444	c/a 1.5873
α-Fe	A2	0.28664			c　0.46737	
Nb	A2	0.33007	α-Co	A3	a　0.2502	c/a 1.623
Mo	A2	0.31468			c　0.4061	

2.2.1.2　晶胞中的原子数

由图 2-13 可以看出，位于晶胞顶角处的原子为几个晶胞所共有，而位于晶胞面上的原子为两个相邻晶胞所共有，只有在晶胞体内的原子才为一个晶胞所独有。每个晶胞所含有的原子数（N）可用下式计算：

$$N = N_i + \frac{N_f}{2} + \frac{N_r}{m} \qquad (2-20)$$

式中，N_i、N_f、N_r 分别表示位于晶胞内部、面心和顶角上的原子数；m 为晶胞类型参数，立方晶系和六方晶系的 m 值分别为 $m=8$、$m=6$。用上式算得的三种晶胞中的原子数见表 2-11。

表 2-11　三种典型金属晶体结构的特征

晶体类型	原子密排面	原子密排方向	晶胞中的原子数	配位数 CN	致密度 K
A1（fcc）	{111}	<110>	4	12	0.74
A2（bcc）	{110}	<111>	2	8，(8+6)	0.68
A3（hcp）	{0001}	<11$\bar{2}$0>	6	12	0.74

2.2.1.3　配位数和致密度

晶体中原子排列的紧密程度与晶体结构类型有关。为了定量地表示原子排列的紧密程度，通常采用配位数与致密度这两个参数。

（1）**配位数**：晶体结构中任一原子周围最邻近且等距离的原子数（CN）。

（2）**致密度**：晶体结构中原子体积占总体积的百分数（K）。如以一个晶胞来计算，则致密度就是晶胞中原子体积与晶胞体积之比值，即：

$$K = \frac{nv}{V} \qquad (2-21)$$

式中，n 是一个晶胞中的原子数；v 是一个原子的体积，$v = \frac{4}{3}\pi r^3$；V 是晶胞的体积。三种典型晶体结构的配位数和致密度见表 2-11。应当指出，在密排六方结构中只有当 $\frac{c}{a} = 1.633$ 时，配位数才为 12，如果 $\frac{c}{a} \neq 1.633$，则有 6 个最邻近原子（同一层的原子）和 6 个次邻近原子（上下层的各 3 个原子），其配位数应计为 6+6。

2.2.2　多晶型性

在元素周期表中，大约有 40 多种元素具有两种或两种以上的晶体结构。当外界条件（主要指温度和压力）改变时，元素的晶体结构可以发生转变，把金属的这种性质称为**多晶型性**。这种转变称为**同素异构转变**。当晶体结构改变时，金属的一些性能（如体积、强度、塑性、磁性、导电性等）往往要发生突变，图 2-14 所示为纯铁加热时的膨胀曲线。钢铁之所以能通过热处理来改变性能，原因之一就是其具有多晶型转变。

例如，金属铁：当温度 T 小于 912℃时，为体心立方结构（α-Fe）；当温度 912℃<T<1394℃时，为面心立方结构（γ-Fe）；当 T>1394℃时，为体心立方结构（δ-Fe）。

金属锡：$T<18℃$ 时，为金刚石结构，α-Sn 也称为灰锡；而在温度高于 18℃ 时，为正交结构的 β-Sn，也称为白锡。

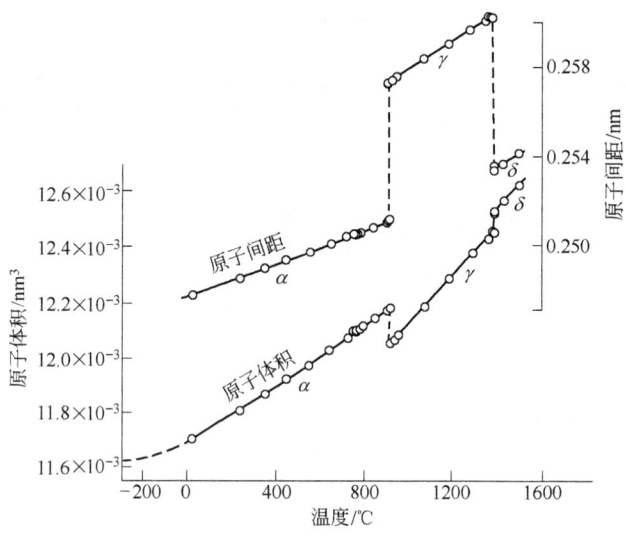

图 2-14　纯铁加热时的热膨胀曲线

【例 2-3】 计算 γ-Fe 转变为 α-Fe 时的体积变化。

解：（1）假定转变前后铁的原子半径不变，计算时按每个原子在晶胞中占据的体积为比较标准，已知 γ-Fe 晶胞中有 4 个原子，α-Fe 晶胞中有 2 个原子。

对 γ-Fe，$a=\dfrac{4R_1}{\sqrt{2}}$；对 α-Fe，$a=\dfrac{4R_2}{\sqrt{3}}$，故有：

$$V_{\gamma\text{-Fe}}=\frac{a^3}{4}=\frac{(4R_1/\sqrt{2})^3}{4}=5.66R_1^3$$

$$V_{\alpha\text{-Fe}}=\frac{a^3}{2}=\frac{(4R_2/\sqrt{3})^3}{2}=6.16R_2^3$$

由于转变前后铁的原子半径不变，故 $R_1=R_2=R$，转变时的体积变化为：

$$\frac{\Delta V}{V_{\gamma\text{-Fe}}}=\frac{V_{\alpha\text{-Fe}}-V_{\gamma\text{-Fe}}}{V_{\gamma\text{-Fe}}}=\frac{6.16R^3-5.66R^3}{5.66R^3}=8.8\%$$

（2）考虑铁原子半径在转变时要发生改变，对具有多晶型转变的金属来说，原子半径随配位数的降低而减小，当 γ-Fe 转变为 α-Fe 时，配位数由 12 变为 8，这时原子半径 $R_2=0.97R_1$，因此，转变时的体积变化为：

$$\frac{\Delta V}{V_{\gamma\text{-Fe}}}=\frac{6.16\times(0.97R_1)^3-5.66R_1^3}{5.66R_1^3}=0.7\%$$

这与实际测定的值很接近。这说明金属发生多晶型转变时，原子总是力图保持它所占据的体积不变，以维持其最低的能量状态。

2.2.3 非金属元素单质的晶体结构

在非金属单质的分子或晶体结构中，原子间的结合力多为共价键，由于共价键具有饱和性，因而每个原子所形成的共价键的数目受到原子自身电子结构的限制，即受到它本身所提供的与其他原子组成共用电子对数目的限制。根据休谟-偌瑟瑞（Hume-Rothery）规则：如果某非金属元素的原子能以单键与其他原子共价结合形成单质晶体，则每个原子周围共价单键的数目为 8 减去元素所在周期表的族数（m），即共价单键数目为 $8 - m$，这个规则称为 $8 - m$ 规则。如第ⅦA族卤素原子的共价键数目为 $8 - 7 = 1$。F、Cl、Br、I 原子通过共用一个电子对而形成双原子分子，当这些分子组成晶体时，分子间是靠范德华力结合起来的。第ⅣA族的 C、Si、Ge、Sn 原子的共价键数目为 $8 - 4 = 4$，每个原子周围有 4 个单键（或原子），在常温常压下，常见的为立方金刚石和六方石墨晶体。

值得注意的是石墨（C）并不符合 $8 - m$ 规则，而是 sp^2 杂化后和同一层上的 C 形成 σ 键，剩余的 $2p_z$ 电子轨道形成离域 π 键。

2.2.3.1 金刚石的结构

金刚石的化学式为 C，晶体结构为立方晶系，Fd3m 空间群，$a_0 = 0.356nm$。由图 2-15（a）可见，金刚石结构是面心立方格子，碳原子位于立方面心的所有结点位置和交替分布在立方体内四个小立方体的中心；由图 2-15（b）可见，金刚石结构可以看成是由两套面心立方格子沿体对角线方向位移 $\frac{1}{4}$ 长度套构而成。在晶体中每个碳原子与四个相邻的碳原子以共价键（sp^3 杂化轨道）结合形成四面体结构。C—C 键的键长为 0.154nm，从四面体中心碳原子指向四顶角碳原子的键角为 109°28′。由于每个碳原子与四个不共面的碳原子相连接，因而不能形成封闭分子，而只能形成一种在三维空间无限延伸的大分子。

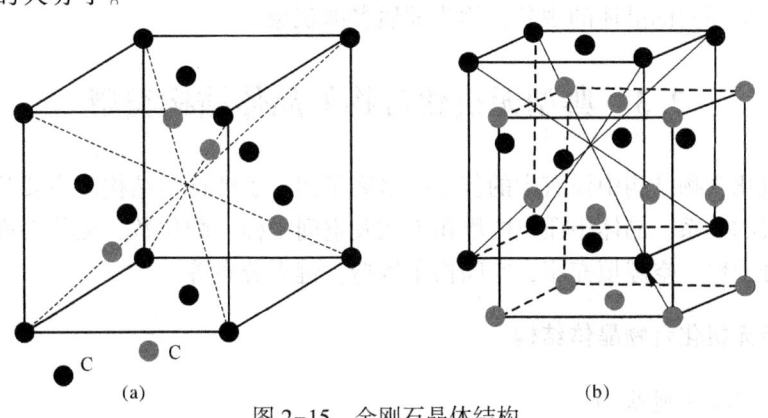

图 2-15 金刚石晶体结构

(a) 晶胞中碳原子分布；(b) 金刚石结构中格子套构情况

金刚石中几乎都有 Si、Al、Ca、Mg、Mn 等杂质元素。还常发现有 N、Na、B、Fe、Ti 等杂质。除了天然产出的金刚石外，可以在高温高压下用石墨合成金刚石。

金刚石是目前已知的硬度最高的材料，纯净的金刚石具有极好的导热性；金刚石还具有半导体性能。因此，金刚石可作为高硬切割材料和磨料、钻井用钻头、集成电路中散热片和高温半导体材料。

与金刚石结构相同的物质有：硅、锗、灰锡（α-Sn）以及人工合成的立方氮化硼

（c-BN），其硬度仅次于金刚石，是一种超硬材料，常用作刀具材料及磨料。

2.2.3.2　石墨的结构

石墨的化学式也为 C，晶体结构为六方晶系。其晶胞参数为 $a_0 = 0.246nm$，$c_0 = 0.670nm$。石墨的结构表现为碳原子成层状排列，每一层中碳原子成六方环状排列，每个碳原子与三个相邻碳原子之间的距离相等（0.142nm），层与层之间的距离为 0.335nm，如图 2-16 所示。石墨的这种结构，表现为同一层内的碳原子之间是共价键，而层之间的碳原子则以分子键相连。C 原子的四个外层电子，在层内形成三个共价键，多余的一个电子可以在层内自由移动，类似于金属中的自由电子，因而，在平行于碳原子层的方向具有良好的导电性。

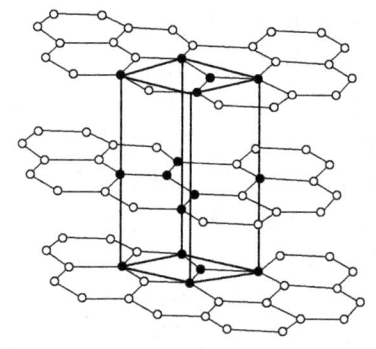

图 2-16　石墨的晶体结构

石墨硬度低，易加工；熔点高；有润滑感；导电性良好。由于石墨具有以上性能，因此石墨可以用于制作高温坩埚，发热体和电极，机械工业上可作润滑剂。

与石墨结构相同的物质有人工合成的六方氮化硼（BN）。六方氮化硼为松散、润滑、易吸潮的白色粉末，$\rho = 2.27g/cm^3$，有白石墨之称。在氮气和氩气中的最高使用温度高达 2800℃，但在氧气气氛下，使用温度低于 900℃。

金刚石和石墨的化学组成相同，但它们在结构上却有很大区别，这是由于它们在形成晶体时的热力学条件不同所造成的，金刚石是碳在高温高压下结晶而成，而石墨仅在高温下形成。这是一种典型的同质多晶现象，即化学组成相同的物质，在不同的热力学条件下，结晶成结构不同的晶体的现象，称为**同质多晶现象**。

2.3　典型无机化合物的晶体结构类型

简单无机化合物结构中没有大的复杂的络离子团，了解这类结构时主要从结晶学角度熟悉晶体所属的晶系、晶体中质点的堆积方式及空间坐标、配位数、配位多面体及其连接方式，晶胞分子数，空隙填充率，空间格子构造，键力分布等。

2.3.1　AX 型无机化合物晶体结构

2.3.1.1　NaCl 型结构

氯化钠晶体，化学式为 NaCl，晶体结构为立方晶系，单位晶胞分子数为 $Z = 4$，如图 2-17所示。

由图可见，氯化钠属于面心立方点阵（格子），晶胞参数 $a_0 = 0.563nm$，Cl^- 位于面心立方点阵的角顶和面心位置，Na^+ 位于面心方点阵棱边中点和体心位置，正负离子半径比为 0.54 左右，在 0.732~0.414 之间，正负离子配位数均为 6。这个结构实际上相当于较大的负离子 Cl^- 作面心立方紧密堆积，而较小的正离子 Na^+ 则占据所有的八面体空隙。

对于晶体结构的描述通常有三种方法。

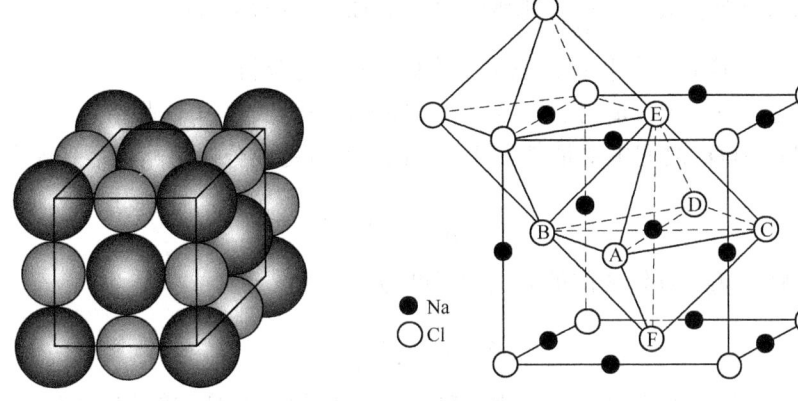

图 2-17 氯化钠晶体

（1）坐标法：绘出单位晶胞中各个质点的空间坐标，就能清楚地了解晶体的结构。

例如对于 NaCl 晶胞而言，分别标出 4 个 Na^+ 和 Cl^- 的坐标即可。Cl^-：$0\,0\,0$，$0\,\frac{1}{2}\,\frac{1}{2}$，$\frac{1}{2}\,0\,\frac{1}{2}$，$\frac{1}{2}\,\frac{1}{2}\,0$；$Na^+$：$0\,0\,\frac{1}{2}$，$\frac{1}{2}\,0\,0$，$0\,\frac{1}{2}\,0$，$\frac{1}{2}\,\frac{1}{2}\,\frac{1}{2}$，这种方法描述晶体结构是最规范的。

（2）球体紧密堆积法：这对于金属晶体和一些离子晶体的结构描述很有用，金属原子往往按紧密堆积排列，离子晶体中的阴离子也常按紧密堆积排列，而阳离子则处于空隙之中。例如 NaCl 晶体，可以用 Cl^- 按立方紧密堆积和 Na^+ 处于全部八面体空隙之中来描述。

（3）以配位多面体及其连接方式描述晶体结构：对于结构比较复杂的晶体，使用这种方法，有助于认识和了解晶体结构，在硅酸盐晶体结构中，经常使用配位多面体和它们的连接方式来描述。

以上几种描述晶体结构的方式，在下面讨论晶体结构时都会遇到。

属于 NaCl 型结构的 AX 化合物晶体很多，包括碱金属卤化物和碱土金属的氧化物，如 MgO、CaO 等，它们的区别仅在于晶胞参数有别，如表 2-12 所示。

表 2-12　NaCl 型结构晶体举例

化 合 物	晶胞参数/nm	化 合 物	晶胞参数/nm	化 合 物	晶胞参数/nm
NaCl	0.5628	BaO	0.5523	NiO	0.4168
NaI	0.6462	CdO	0.470	TiN	0.4235
MgO	0.4203	CoO	0.425	LaN	0.5275
CaO	0.4797	MnO	0.4435	TiC	0.4320
SrO	0.515	FeO	0.4332	ScN	0.444
CrN	0.414	ZrN	0.461		

另外，对于晶体结构，也可以通过鲍林规则进行验证：

如对于 NaCl：$r_{Na^+} = 0.102\text{nm}$，$r_{Cl^-} = 0.181\text{nm}$，由鲍林第一规则：$\dfrac{r_{Na^+}}{r_{Cl^-}} = \dfrac{0.102}{0.181} = 0.564$，查表 2-8，围绕每一个 Na^+，Cl^- 成八面体配位，配位数为 6。

由鲍林第二规则：$S_{Na \to Cl} = \dfrac{1}{6}$，则围绕每一个 Cl^-，有六个 Na^+。

对于 MgO（方镁石）的构型，也可用鲍林规则进行分析：

如以 O^{2-} 代替 Cl^-，以 Mg^{2+} 代替 Na^+，则 NaCl 晶格就成为 MgO 晶格。MgO 晶格的 $a_0 = 0.4203nm$，Mg^{2+} 和 O^{2-} 之间主要是离子键，但也有共价键成分。由鲍林第一规则：

$$\frac{r_{Mg^{2+}}}{r_{O^{2-}}} = \frac{0.072}{0.14} = 0.514$$

由鲍林第二规则，Mg—O 键之间的静电键强度为：

$$S_{Mg \to O} = \frac{2}{6} = \frac{1}{3}$$

比 NaCl 强一倍，由于离子间结合力强，键力分布均匀，故晶体结构稳定，其熔点高达 2825℃，密度为 $3.57g/cm^3$，机械强度也很高。因属碱性，对于抵抗氧化铁和石灰等碱性熔渣化学侵蚀的能力很强。

CaO 与 MgO 不同之处是 Ca^{2+}（0.100nm）离子半径比 Mg^{2+} 大，所以 Ca^{2+} 将 O^{2-} 的立方紧密堆积程度略微撑松，CaO 的晶胞常数 $a_0 = 0.4797nm$，比 MgO 大，但密度为 $3.4g/cm^3$，比 MgO 小，可见 CaO 晶体结构较为疏松，故不稳定，容易水化。

由以上分析可见，晶体的性质与其结构有密切关系。

【例 2-4】MgO 具有 NaCl 型结构。（1）画出 MgO 在（111）、（110）和（100）晶面上的离子分布图，计算每种晶面上离子排列的面密度。（2）根据 O^{2-} 离子半径为 0.140nm 和 Mg^{2+} 离子半径为 0.072nm。试计算 MgO 晶体的空间利用率和密度。

解：（1）MgO 在（111）、（110）和（100）晶面上的离子分布图如图 2-18 所示。

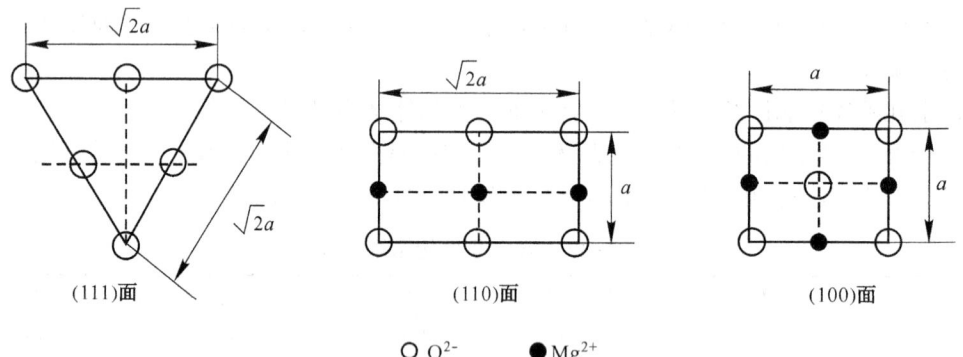

○ O^{2-}　　● Mg^{2+}

图 2-18　MgO 晶体在（111）、（110）和（100）晶面上的离子分布

面排列密度的定义为：在该面上接触球体所占的面积分数。

（111）晶面上排布的全是 O^{2-} 离子，个数为：$n_{O^{2-}} = 3 \times \dfrac{1}{6} + 3 \times \dfrac{1}{2} = 2$ 个，每个 O^{2-} 离子的截面积为：

$$A_{O^{2-}} = \pi r_{O^{2-}}^2 = 3.14 \times (0.14)^2 = 0.0616nm^2$$

由图 2-18 可知，在 MgO 晶胞中，因为（111）面为 O^{2-} 离子密排面，设晶胞参数为

a，则面对角线长度为 $\sqrt{2}a$。因为在 MgO 晶体中，$\dfrac{r_{Mg^{2+}}}{r_{O^{2-}}}=\dfrac{0.072}{0.14}=0.514>0.414$，根据鲍林第一规则的内容可以判断，在 MgO 晶体中，O^{2-} 离子和 Mg^{2+} 离子应直接接触排列，但 O^{2-} 离子之间没有直接接触，因此，晶胞参数 a 应等于：

$$a=2(r_{O^{2-}}+r_{Mg^{2+}})=2\times(0.140+0.072)=0.424nm$$

（111）晶面面积 $A_{(111)}=\dfrac{1}{2}\times\sqrt{2}a\times\sqrt{2}a\sin60°=0.866\times(0.424)^2=0.156nm^2$

因此，（111）晶面上离子的面排列密度为：

$$k_{(111)}=\dfrac{n_{O^{2-}}A_{O^{2-}}}{A_{(111)}}=\dfrac{2\times0.0616}{0.156}=0.790$$

（110）面上分布的有 O^{2-} 离子和 Mg^{2+} 离子，其中 O^{2-} 离子的个数：$n_{O^{2-}}=4\times\dfrac{1}{4}+2\times\dfrac{1}{2}=2$ 个，Mg^{2+} 离子的个数：$n_{Mg^{2+}}=2\times\dfrac{1}{2}+1=2$ 个，每个 Mg^{2+} 离子的截面积为：$A_{Mg^{2+}}=\pi r_{Mg^{2+}}^2=3.14\times(0.072)^2=0.0163nm^2$

（110）晶面面积 $A_{(110)}=\sqrt{2}a\times a=\sqrt{2}a^2=\sqrt{2}\times(0.424)^2=0.254nm^2$

因此，（110）晶面上离子的面排列密度为：

$$k_{(110)}=\dfrac{n_{O^{2-}}A_{O^{2-}}+n_{Mg^{2+}}A_{Mg^{2+}}}{A_{(110)}}=\dfrac{2\times0.0616+2\times0.0163}{0.254}=0.613$$

（100）晶面上 O^{2-} 离子个数为：$n_{O^{2-}}=4\times\dfrac{1}{4}+1=2$ 个，Mg^{2+} 离子的个数：$n_{Mg^{2+}}=4\times\dfrac{1}{2}=2$ 个，（100）晶面面积 $A_{(100)}=a\times a=a^2=(0.424)^2=0.180nm^2$，因此，（100）晶面上离子的面排列密度为：

$$k_{(110)}=\dfrac{n_{O^{2-}}A_{O^{2-}}+n_{Mg^{2+}}A_{Mg^{2+}}}{A_{(110)}}=\dfrac{2\times0.0616+2\times0.0163}{0.180}=0.866$$

（2）因为 MgO 为 NaCl 型结构，因此，单位晶胞中 Mg^{2+} 离子和 O^{2-} 离子个数分别为 $Z=4$，单位晶胞中离子所占的体积为：

$$V_{MgO}=V_{O^{2-}}+V_{Mg^{2+}}=4\times\dfrac{4}{3}\pi r_{O^{2-}}^3+4\times\dfrac{4}{3}\pi r_{Mg^{2+}}^3=4\times\dfrac{4}{3}\pi[(0.140)^3+(0.072)^3]=0.0523nm^3$$

单位晶胞体积为：$V=a^3=(0.424)^3=0.0762nm^3$，则：

MgO 晶体的空间利用率为：

$$PC=\dfrac{V_{MgO}}{V}=\dfrac{0.0523}{0.0762}=0.686$$

MgO 晶体的密度为：

$$\rho=\dfrac{单位晶胞质量}{单位晶胞体积}=\dfrac{n\times\dfrac{M_{MgO}}{N_0}}{V}=\dfrac{4\times(24.3+16.0)}{6.023\times10^{23}\times0.0762\times10^{-21}}=3.51g/cm^3$$

注意：解答此题时，因为不能证实 MgO 晶胞中 O^{2-} 离子在面对角线方向正好相切排列，因此，在计算时不能利用 $\sqrt{2}a=4r_{O^{2-}}$ 的几何关系，否则会导致计算结果出现较大偏差。

解答其他类似问题时，也需要注意这一点。

2.3.1.2 CsCl 型结构

氯化铯晶体的结构为立方晶系，单位晶胞分子数 $Z=1$，$a_0=0.411\text{nm}$，CsCl 属简单立方点阵（Cs^+、Cl^- 各一套），Cl^- 处于简单立方点阵的 8 个顶角上，Cs^+ 位于立方体中心，如图 2-19 所示。Cs^+ 和 Cl^- 的配位数均为 8。用坐标表示单位晶胞中质点的位置时，只需写出一个 Cl^- 和一个 Cs^+ 的坐标即可。Cs^+：$\dfrac{1}{2}\ \dfrac{1}{2}\ \dfrac{1}{2}$，$Cl^-$：$0\ 0\ 0$，属于 CsCl 型结构的晶体有 CsBr、CsI、NH_4Cl、ThCl、ThBr、ThI 等。

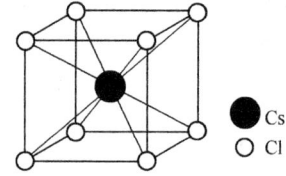

图 2-19　氯化铯晶体结构

2.3.1.3 β-ZnS（闪锌矿）结构

闪锌矿晶体结构为立方晶系，晶胞参数 $a_0=0.540\text{nm}$，$Z=4$。ZnS 是面心立方格子，S^{2-} 位于面心立方的结点位置，如果把立方晶胞划分为八个小立方体，那么 Zn^{2+} 则交错分布在其中二分之一小立方体的中心，如图 2-20 所示。Zn^{2+} 的配位数为 4，构成〔ZnS_4〕配位四面体，S^{2-} 的配位数也是 4，构成〔SZn_4〕配位四面体。若将 S^{2-} 看成立方最紧密堆积，则 Zn^{2+} 填充于二分之一的四面体空隙中。如从空间点阵的角度来看，整个结构由 Zn^{2+} 和 S^{2-} 各一套面心立方格子沿体对角线方向位移 $\dfrac{1}{4}$ 体对角线长度穿插而成。ZnS 晶胞中质点的坐标是：

$$S^{2-}:\ 0\ 0\ 0,\ 0\ \frac{1}{2}\ \frac{1}{2},\ \frac{1}{2}\ 0\ \frac{1}{2},\ \frac{1}{2}\ \frac{1}{2}\ 0$$

$$Zn^{2+}:\ \frac{1}{4}\ \frac{1}{4}\ \frac{3}{4},\ \frac{1}{4}\ \frac{3}{4}\ \frac{1}{4},\ \frac{3}{4}\ \frac{1}{4}\ \frac{1}{4},\ \frac{3}{4}\ \frac{3}{4}\ \frac{3}{4}$$

由于 Zn^{2+} 具有 18 电子构型，S^{2-} 又易于变形，因此 Zn—S 键带有相当程度的共价键性质。

图 2-20（b）是 β-ZnS 结构的投影图，相当于图 2-20（a）的俯视图，由图 2-20（c）可见，在 β-ZnS 结构中，锌硫四面体〔ZnS_4〕彼此共顶连接。

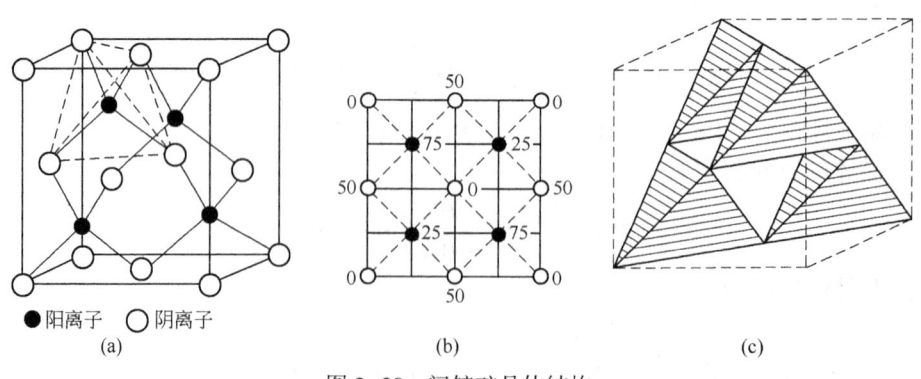

●阳离子　○阴离子
(a)　　　　　　　　　(b)　　　　　　　　　(c)

图 2-20　闪锌矿晶体结构

属于闪锌矿结构的晶体有：β-SiC、GaAs、AlP、InSb 及 Be、Cd、Hg 的硫化物、硒化物和碲化物等。其中 β-SiC 在 2373K 以下属于闪锌矿结构，SiC 是共价键化合物，Si—C

键的静电键强度为：$S_{Si-C} = \dfrac{4}{4} = 1$，由于键的共价特性和高强度，决定了 SiC 具有较高的机械强度，在氧化后，SiC 表面生成一层玻璃态的二氧化硅，使它在 1500℃ 时仍有较好的抗氧化性，SiC 已广泛地用于磨料、耐火材料和电炉中的发热体。

2.3.1.4　α-ZnS（纤锌矿）结构

纤锌矿结构为六方晶系，晶胞参数 $a_0 = 0.382nm$，$c_0 = 0.625nm$，$Z = 2$。六方柱晶胞中 ZnS 的分子数为 6。图 2-21 所示为六方 ZnS 晶体结构，Zn^{2+} 的配位数为 4，S^{2-} 的配位数也为 4，分别构成［ZnS_4］和［SZn_4］配位四面体。在纤锌矿结构中，S^{2-} 按六方紧密堆积排列，Zn^{2+} 则填充于二分之一的四面体空隙。整个结构可看成由 S^{2-} 和 Zn^{2+} 各一套六方格子穿插而成。六方晶胞 ZnS 中质点的坐标为：

$$S^{2-}: 0\ 0\ 0,\ \frac{2}{3}\ \frac{1}{3}\ \frac{1}{2};\ Zn^{2+}: 0\ 0\ u,\ \frac{2}{3}\ \frac{1}{3}\left(u - \frac{1}{2}\right)，其中\ u = 0.875。$$

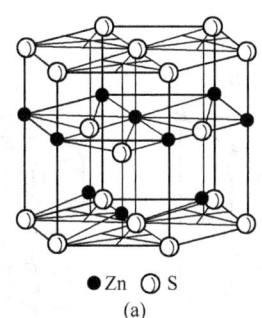 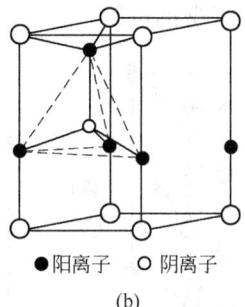

● Zn ○ S　　　　●阳离子 ○阴离子
(a)　　　　　　　　　　(b)

图 2-21　纤锌矿结构

属于纤锌矿结构的晶体有：BeO、ZnO 和 AlN。其中 BeO 的晶胞参数为 $a_0 = 0.268nm$，$c_0 = 0.437nm$，由于 Be^{2+} 半径小（0.034nm），极化能力强，Be—O 间基本是共价键性质，如以静电键强度计算，则 $S_{Be-O} = \dfrac{2}{4} = \dfrac{1}{2}$，是较强的。由此可预计其物理性质，纯 BeO 的密度为 $3.02g/cm^3$，烧结 BeO 陶瓷的莫氏硬度为 9，熔点达 2570℃ 以上；BeO 的热导率比其他高温氧化物高得多，相当于 Al_2O_3 的 15～20 倍，故 BeO 的耐热冲击性好，并且因其熔点高，密度小，是导弹燃烧室内衬用的重要耐火材料。

AlN 为六方晶系，纯 AlN 呈蓝白色，通常为灰色或白色，密度为 $3.26g/cm^3$，热导率高，介电常数低，绝缘性好，抗金属侵蚀性能好。可用作熔铸金属的理想坩埚材料，还可用作热电偶保护套管，大规模集成电路的基片等。

以上讨论了 AX 型二元化合物的几种晶体结构类型。从 CsCl、NaCl 和 ZnS 中阴阳离子的半径比值看，r^+/r^- 是逐渐下降的。对于 CsCl、NaCl 而言，是典型的离子晶体，离子的配位关系是符合鲍林规则的。但是，在 ZnS 晶体中，已不完全是离子键，而是由离子键向共价键过渡。这是因为 Zn^{2+} 是铜型离子，最外层有 18 个电子，而 S^{2-} 的极化率 α 值又高达 $1.02 \times 10^{-2}nm^3$，所以在 ZnS 晶体结构中，离子极化是很明显的。从而改变了阴阳离子间的距离和键的性质。因此，晶体结构不仅与几何因素中的离子半径比有关，而且还与晶体中原子或离子间化学键类型有关。

2.3.2 AX_2 型无机化合物晶体结构

2.3.2.1 CaF_2（萤石）型结构

萤石晶体结构为立方晶系，$a_0 = 0.545nm$，$Z = 4$，如图 2-22 所示，Ca^{2+} 位于面心立方的结点及面心位置，F^- 则位于立方体内八个小立方体的中心（四面体空隙中），Ca^{2+} 的配位数为 8，形成〔CaF_8〕立方体，而 F^- 的配位数为 4，形成〔FCa_4〕四面体。从空间点阵的角度来看，萤石结构可看成是由一套 Ca^{2+} 的面心立方格子和两套 F^- 的面心立方格子相互穿插而成。

图 2-22（c）给出了 CaF_2 晶体结构以配位多面体相连的方式。图中立方体是 Ca—F 立方体，Ca^{2+} 位于立方体中心，F^- 位于立方体的顶角，立方体之间是以共棱关系相连。在 CaF_2 晶体结构中，由于以 Ca^{2+} 形成的立方紧密堆积中，全部八面体空隙没有被填充，故在结构中，8 个 F^- 间形成一个"空洞"，这些"空洞"为 F^- 的扩散提供了条件，故在萤石型结构中，往往存在负离子扩散的机制。

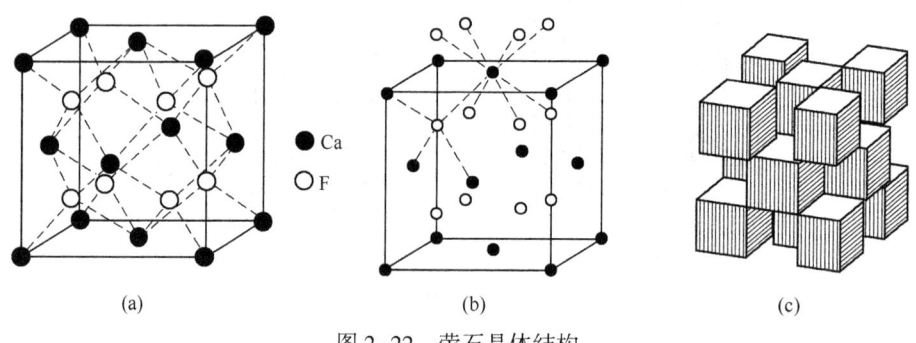

○ Ca
○ F

(a)   (b)   (c)

图 2-22   萤石晶体结构

CaF_2 与 NaCl 的性质对比：F^- 半径比 Cl^- 小，Ca^{2+} 半径比 Na^+ 稍大，综合半径和电价两因素，萤石中质点间键力比 NaCl 中的键力强，反映在性质上，萤石的硬度为莫氏 4 级，熔点 1410℃，密度为 $3.18g/cm^3$，水中溶解度为 0.002；而 NaCl 熔点为 808℃，密度为 $2.16g/cm^3$，水中溶解度为 35.7。萤石可作为激光基质材料使用，在玻璃工业上常作为助熔剂和晶核剂，在水泥工业中常用作矿化剂。

与萤石结构相同的物质最常见的是一些 4 价离子 M^{4+} 的氧化物，如 ThO_2、CeO_2、UO_2、ZrO_2（变形较大）及 BaF_2、PbF_2、SnF_2 等。

碱金属元素的氧化物 R_2O、硫化物 R_2S、碲化物 R_2Te 等 A_2X 型化合物为反萤石型结构，它们的正负离子的位置刚好与萤石结构中的相反，即碱金属离子占据 F^- 的位置，O^{2-} 或其他负离子占据 Ca^{2+} 的位置，这种正负离子个数及位置颠倒的结构称为**反萤石型结构**（或称为反同形体）。

2.3.2.2 TiO_2（金红石）型结构

金红石结构为四方晶系，晶胞参数 $a_0 = 0.459nm$，$c_0 = 0.296nm$，$Z = 2$，金红石为四方简单点阵（格子），整个结构可以看作是由 2 套 Ti^{4+} 的简单四方格子和 4 套 O^{2-} 的简单四方格子相互穿插形成。如图 2-23 所示，Ti^{4+} 位于晶胞顶点及体心位置，O^{2-} 在晶胞上下底面的面对角线方向各有两个，在晶胞半高的另一个面对角线的方向也有两个。由图可见，

Ti^{4+}的配位数为 6，形成 $[TiO_6]$ 配位八面体，O^{2-}的配位数为 3，形成 $[OTi_3]$ 平面三角单元。如果以 Ti—O 八面体的排列来看，金红石结构由 Ti—O 八面体以共棱的方式排成链状。晶胞中心的链和四角的 Ti—O 八面体链排列方向相差 90°，而链与链之间是由 Ti—O 八面体以共顶相连，如图 2-24 所示。另外，还可以把 O^{2-}看成近似于六方紧密堆积，而 Ti^{4+}位于二分之一的八面体空隙中。

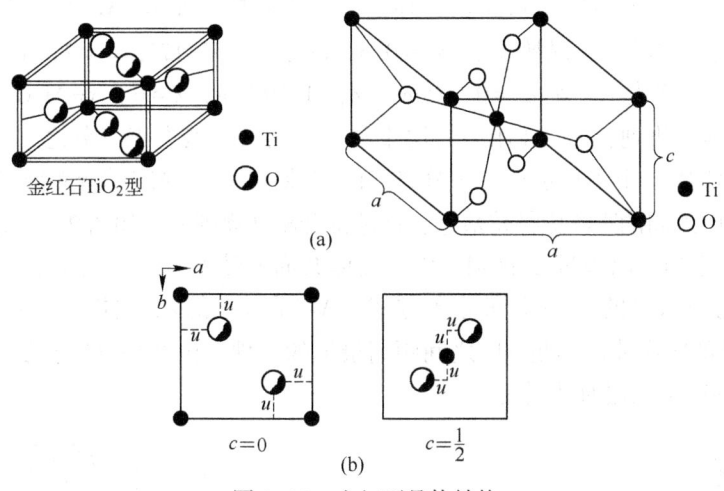

图 2-23 金红石晶体结构

（a）晶胞结构图；（b）（001）面上的投影图

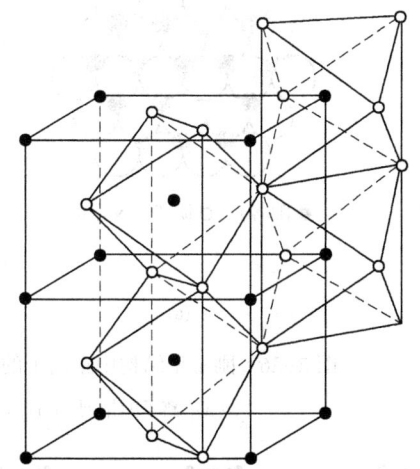

图 2-24 金红石晶体结构中 Ti—O 八面体的排列

晶胞中质点的坐标为：

Ti^{4+}: $0\,0\,0$, $\dfrac{1}{2}\,\dfrac{1}{2}\,\dfrac{1}{2}$

O^{2-}: $u\,u\,0$, $(1-u)(1-u)0$, $\left(\dfrac{1}{2}+u\right)\left(\dfrac{1}{2}-u\right)\dfrac{1}{2}$, $\left(\dfrac{1}{2}-u\right)\left(\dfrac{1}{2}+u\right)\dfrac{1}{2}$; $u = 0.31$

金红石晶体在光学性质上具有很高的折射率（2.76），在电学性质上具有很高的介电常数，因此，金红石成为制备光学玻璃的原料，也是电子陶瓷材料中金红石电容器的主晶相。

TiO₂ 除金红石型结构外，还有板钛矿和锐钛矿两种变体，其结构各不相同。常见金红石结构的氧化物有：GeO_2、SnO_2、PbO_2、VO_2、NbO_2、WO_2，氟化物有：MnF_2、MgF_2 等。

2.3.3　A_2X_3 型无机化合物晶体结构

A_2X_3 型化合物晶体结构比较复杂，其中最有代表性的是 $\alpha\text{-}Al_2O_3$（刚玉）型晶体结构。刚玉结构属三方晶系，晶胞参数 $a_0 = 0.514nm$，$\alpha = 55°17'$，$Z = 2$，如图 2-25 所示。如果用六方大晶胞来表示，则 $a_0 = 0.475nm$，$c_0 = 1.297nm$，$Z = 6$。$\alpha\text{-}Al_2O_3$ 的结构可看成 O^{2-} 按六方紧密堆积排列，即 ABAB…二层重复型，而 Al^{3+} 填充于三分之二的八面体空隙，使化学式成为 Al_2O_3，由于只填充了三分之二的空隙，因此，Al^{3+} 的分布应符合在同一层和层与层之间，Al^{3+} 之间的距离应保持最远，这是符合鲍林规则的，如图 2-26 所示。否则，由于 Al^{3+} 位置分布不当，出现过多的 Al—O 八面体共面的情况，将对结构的稳定性不利。图 2-27 为刚玉结构中 Al^{3+} 的三种不同分布方式。Al^{3+} 在 O^{2-} 的八面体空隙中，只有按 Al_D、Al_E、Al_F…这样的次序才能满足 Al^{3+} 之间距离最远的条件。由图 2-27 可见，按这种方式排列，只有排列到第十三层时才重复。

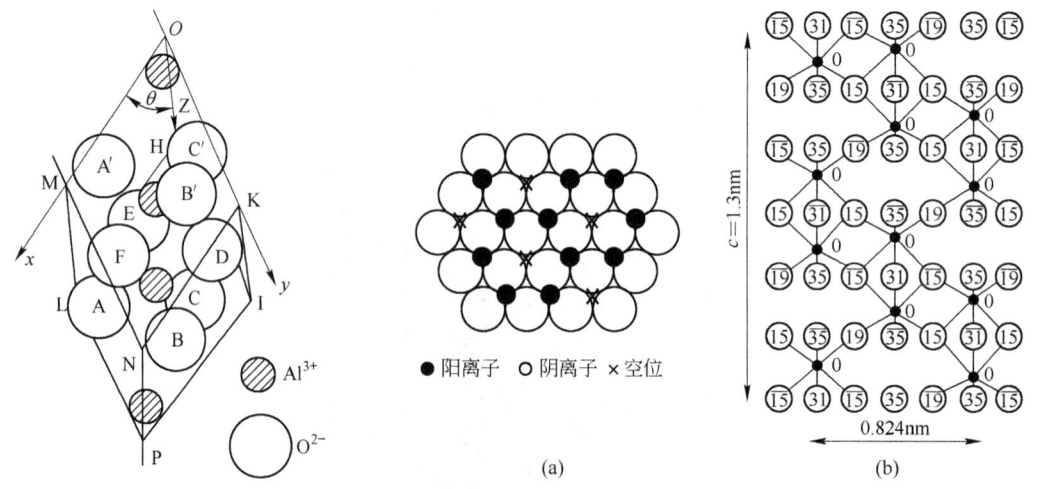

图 2-25　刚玉晶胞　　　　　　图 2-26　刚玉型结构中正离子的排列及在 ($2\overline{1}\,\overline{1}0$) 面上的投影

（a）离子的排列；（b）在 ($2\overline{1}\,\overline{1}0$) 面上的投影

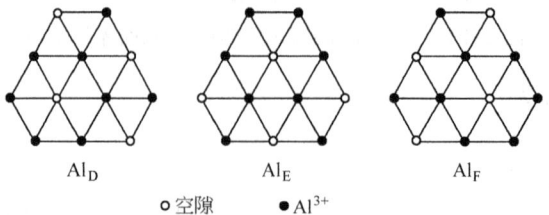

○空隙　　●Al^{3+}

图 2-27　$\alpha\text{-}Al_2O_3$ 的结构中铝离子的三种不同排列法

刚玉熔点高达 2050℃，莫氏硬度 9 级，这与 Al—O 键的牢固性有关。$\alpha\text{-}Al_2O_3$ 是刚玉莫来石瓷及氧化铝瓷中的主晶相，也是高绝缘无线电陶瓷和高温耐火材料中的主要矿物。

掺入不同的微量杂质可使 Al_2O_3 着色, 如掺铬的氧化铝单晶即红宝石, 可作仪器、钟表轴承, 也是一种优良的固体激光基质材料。

属于刚玉结构的物质有 α-Fe_2O_3（赤铁矿）、Cr_2O_3、Ti_2O_3、V_2O_3 等。此外, $FeTiO_3$、$MgTiO_3$ 等也具有刚玉结构, 只是刚玉结构中的两个铝离子, 分别被两个不同的金属离子所代替。

2.3.4 ABO_3 型无机化合物的晶体结构

2.3.4.1 $CaTiO_3$（钙钛矿型）结构

钙钛矿的结构通式为 ABO_3, 其中 A 代表二价金属离子, B 代表四价金属离子。它是一种复合氧化物结构, 该结构也可以是 A 为一价金属离子, B 为五价金属离子, 现以 $CaTiO_3$ 为例讨论其结构。

$CaTiO_3$ 在高温时为立方晶系, 晶胞参数 $a_0 = 0.385nm$, $Z = 1$, 600℃以下为正交晶系, 晶胞参数 $a_0 = 0.537nm$, $b_0 = 0.764nm$, $c_0 = 0.544nm$, $Z = 4$。图 2-28 所示为 $CaTiO_3$ 的晶体结构。由图可见, Ca^{2+} 占有面心立方的顶角位置, O^{2-} 则占有面心立方的面心位置。因此, $CaTiO_3$ 结构可看成是由 O^{2-} 和半径较大的 Ca^{2+} 共同组成立方紧密堆积, Ti^{4+} 则填充于四分之一的八面体空隙之中。图中 Ti^{4+} 位于立方体的中心, Ti^{4+} 的配位数为 6, Ca^{2+} 的配位数为 12, O^{2-} 的配位数为 6。

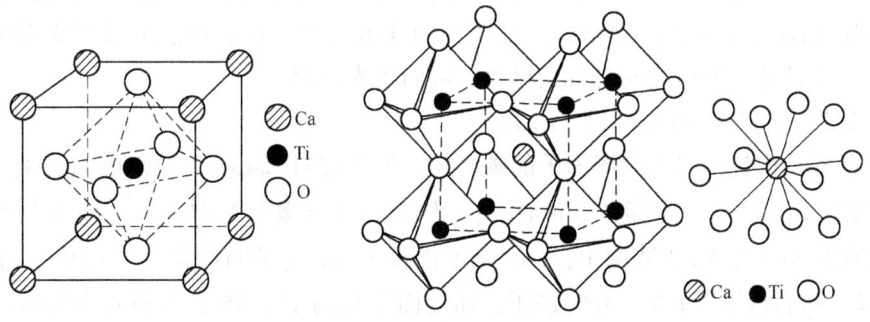

图 2-28 $CaTiO_3$ 晶体结构

可以用鲍林规则来分析 $CaTiO_3$ 晶体结构中氧离子电价是否饱和。

在 $CaTiO_3$ 晶体结构中, Ca^{2+} 配位数为 12, 形成〔CaO_{12}〕配位, Ti^{4+} 配位数为 6, 形成〔TiO_6〕配位, O^{2-} 配位数为 6（2 个 Ti^{4+}, 4 个 Ca^{2+}）形成〔OCa_4Ti_2〕配位, 由静电价规则, 在一个 O^{2-} 周围, 有 2 个 Ti^{4+}, 4 个 Ca^{2+}:

因为

$$S_{Ca \to O} = \frac{2}{12} = \frac{1}{6}, \quad S_{Ti \to O} = \frac{4}{6} = \frac{2}{3}$$

所以

$$\sum S = 4 \times \frac{1}{6} + 2 \times \frac{2}{3} = 2$$

因此, 一个 O^{2-} 与 2 个 Ti^{4+} 和 4 个 Ca^{2+} 相连, 电价是饱和的。

若以 r_A 代表 ABO_3 型结构中离子半径较大的 A 离子半径, r_B 代表离子半径较小的 B 离子半径, r_0 代表氧离子半径, 在钙钛矿结构中, 这三种离子半径之间存在如下关系:

$$r_A + r_0 = \sqrt{2}(r_B + r_0)$$

58

但经实际晶体的测定发现，A、B离子的半径均可以有一定范围的波动只要满足下式即可：

$$r_A + r_0 = t\sqrt{2}(r_B + r_0)$$

t值波动于0.77~1.10之间，钙钛矿结构均能稳定。由于钙钛矿结构中存在这个容差因子，加之A、B离子的价数不一定局限于二价和四价，因此，钙钛矿结构所包含的晶体种类十分丰富，见表2-13。

表2-13　钙钛矿型结构晶体举例

氧化物（1+5）	氧化物（2+4）		氧化物（3+3）		氟化物（1+2）
$NaNbO_3$	$CaTiO_3$	$SrZrO_3$	$CaCeO_3$	$YAlO_3$	$KMgF_3$
$KNbO_3$	$SrTiO_3$	$BaZrO_3$	$BaCeO_3$	$LaAlO_3$	$KNiF_3$
$NaWO_3$	$BaTiO_3$	$PbZrO_3$	$PbCeO_3$	$LaCrO_3$	$KZnF_3$
	$PbTiO_3$	$CaSnO_3$	$BaPrO_3$	$LaFeO_3$	
	$CaZrO_3$	$BaSnO_3$	$BaHfO_3$	$LaMnO_3$	

钙钛矿型结构材料大多存在晶型转变，一般来说其高温型是立方对称的，在经过某临界温度后发生畸变使对称性降低，但离子排列的这种八面体关系仍然保持着。在原胞的一个轴向发生畸变就变成四方晶系；若在两个轴向发生不同程度的伸缩就畸变成正交晶系，在体对角线［111］方向的伸缩畸变会使某些晶体变成有自发偶极矩的铁电相或反铁电相。

钙钛矿型晶体是一种极其重要的功能材料，实际应用中常通过掺杂取代来改善材料的性能。例如$BaTiO_3$属钙钛矿型结构，是典型的铁电材料，在居里温度以下表现出良好的铁电性能，而且是一种很好的光折变材料，可用于光储存。

2.3.4.2　方解石（$CaCO_3$）型结构

方解石型结构包括二价金属离子的碳酸盐，如方解石$CaCO_3$、菱镁矿$MgCO_3$、菱铁矿$FeCO_3$、菱锌矿$ZnCO_3$及菱锰矿$MnCO_3$等，均为三方（菱形）晶系。方解石的结构，可以看成是在面心立方NaCl结构中，Ca^{2+}离子代替了Na^+离子的位置，而CO_3^{2-}离子代替了Cl^-的位置，然后再沿［111］方向挤压，而使面交角为101°55′，即得到方解石的菱形晶格，如图2-29所示。$CaCO_3$除了以方解石结构存在外，还可以文石结构存在，文石属于正交晶系。

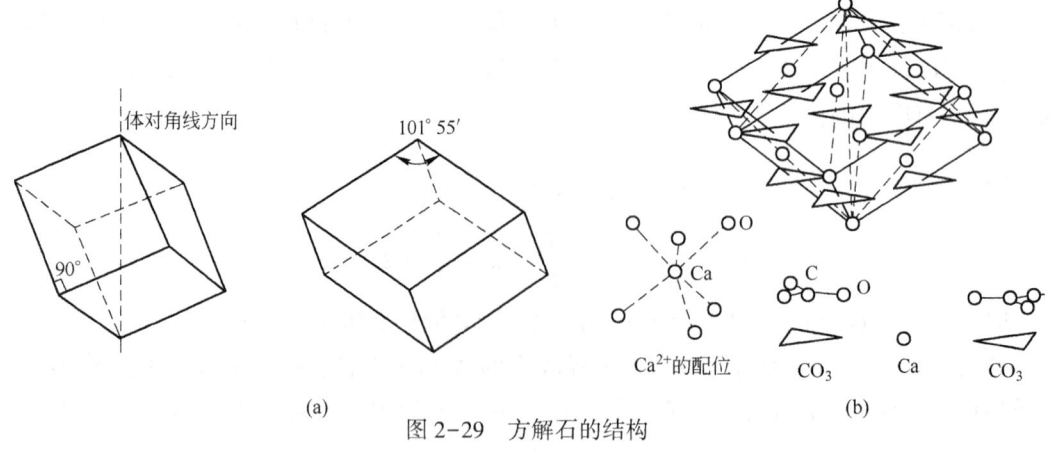

图2-29　方解石的结构

（a）由NaCl晶格演变成方解石晶格示意图；（b）方解石的结构

ABO$_3$型化合物究竟以钙钛矿型、钛铁矿型（FeTiO$_3$，属刚玉型结构）还是以方解石或文石型出现与容差因子 t 有很大关系，一般规律为：$t>1.1$，以方解石或文石型存在；$0.77<t<1.1$，以钙钛矿型存在；$t \leq 0.77$ 以钛铁矿型存在。

2.3.5 AB$_2$O$_4$型无机化合物（尖晶石）的晶体结构

AB$_2$O$_4$型晶体以尖晶石为代表，式中 A 为 2 价，B 为 3 价正离子，尖晶石结构属于立方晶系，以 MgAl$_2$O$_4$ 尖晶石为例，其晶胞参数 $a_0=0.808$nm，$Z=8$，图 2-30 所示为尖晶石型晶体结构的晶胞。

由图可见，每个晶胞中包含有 8 个分子，共 56 个离子，将尖晶石晶胞分为 8 个小立方体，如图 2-30（a）所示。在尖晶石结构中，O^{2-} 作立方最紧密堆积，Mg^{2+} 填充在四面体空隙，Al^{3+} 填充在八面体空隙。但是，尖晶石晶胞中 32 个氧离子作立方紧密堆积时有 64 个四面体空隙和 32 个八面体空隙，晶胞中有 8 个 Mg^{2+}，因此，Mg^{2+} 占据八分之一的四面体空隙，同样，晶胞中有 16 个 Al^{3+}，因此，Al^{3+} 占据二分之一的八面体空隙，这种结构的尖晶石，称为**正尖晶石**。由图可见，［AlO$_6$］八面体与［MgO$_4$］四面体之间是共顶连接，［AlO$_6$］八面体之间则是共棱连接，而［MgO$_4$］四面体之间则彼此不相连，它们之间是由［AlO$_6$］八面体共顶连接的，这种配位多面体的连接方式，是符合鲍林规则的。

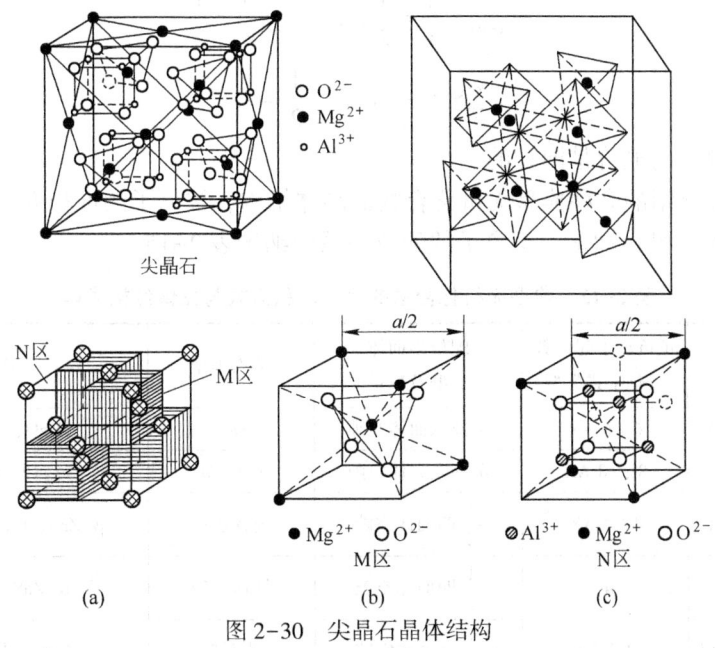

图 2-30 尖晶石晶体结构

如果二价阳离子分布在八面体空隙中，而三价阳离子一半在四面体空隙中，另一半在八面体空隙中的尖晶石，称为**反尖晶石**。

尖晶石是典型的磁性非金属材料，在实际应用中，与钙钛矿型结构占有同等重要的地位。由于磁性非金属材料具有强磁性、高电阻和低松弛损耗等特性，在电子技术、高频元件中使用它较使用磁性金属材料更为优越。因此，常用作无线电、电视和电子装置的元件，在计算机中用作记忆元件，在微波器中用作永久磁石等。

在尖晶石结构中，一般 A 离子为 2 价，B 离子为 3 价，也可以 A 为 4 价，B 为 2 价，

主要满足 AB_2O_4 通式中 A、B 离子的总价数为 8，因此，如同钙钛矿结构一样，尖晶石型结构所包含的晶体有一百多种，其中用途最广的是铁氧体磁性材料。表 2-14 列出一些主要的尖晶石型结构晶体。

表 2-14　尖晶石型结构晶体

氟、氰化物	氧　化　物				硫化物
$BeLi_2F_4$	$TiMg_2O_4$	$ZnCr_2O_4$	$ZnFe_2O_4$	$MgAl_2O_4$	$MnCr_2S_4$
$MoNa_2F_4$	VMg_2O_4	$CdCr_2O_4$	$CoCo_2O_4$	$MnAl_2O_4$	$CoCr_2S_4$
$ZnK_2(CN)_4$	MgV_2O_4	$ZnMn_2O_4$	$CuCo_2O_4$	$FeAl_2O_4$	$FeCr_2S_4$
$CdK_2(CN)_4$	ZnV_2O_4	$MnMn_2O_4$	$FeNi_2O_4$	$MgGa_2O_4$	$CoCr_2S_4$
$MgK_2(CN)_4$	$MgCr_2O_4$	$MgFe_2O_4$	$GeNi_2O_4$	$CaGa_2O_4$	$FeNi_2S_4$
	$FeCr_2O_4$	$FeFe_2O_4$	$TiZn_2O_4$	$MgIn_2O_4$	

在 $MgAl_2O_4$ 结构中，Al—O、Mg—O 之间均是较强的离子键，且静电键强度相等，故镁铝尖晶石硬度较大，莫氏硬度为 8 级，熔点为 2105℃，$\rho = 3.55g/cm^3$，化学性质较稳定，热稳定性好（线膨胀系数小，为 7.6×10^{-6}），因此，镁铝尖晶石是用途很广泛的优良耐高温材料。

在镁铝尖晶石结构中，在一个氧离子周围，有一个镁离子和三个铝离子，由静电价规则：

$$S_{Mg \to O} = \frac{2}{4} = \frac{1}{2}, \quad S_{Al \to O} = \frac{3}{6} = \frac{1}{2}$$

$$\sum S = \frac{1}{2} + 3 \times \frac{1}{2} = 2$$

由此可见，氧离子的电价是饱和的。

下面将以上介绍的九种典型无机化合物的晶体结构，按离子的堆积方式（没有特别注明的均为负离子堆积）和正、负离子的配位关系归纳于表 2-15。

表 2-15　典型无机化合物的离子堆积方式与晶体结构类型

离子堆积方式	正负离子配位数及化学式类型	配位多面体类型及数量	结构类型	实　例
面心立方紧密堆积	6∶6 AX	全部八面体空隙	NaCl	MgO、CaO、$NaCl$
简单立方堆积	8∶8 AX	全部立方体空隙	CsCl 型	$CsCl$、$CsBr$、CsI
面心立方紧密堆积	4∶4 AX	$\frac{1}{2}$四面体空隙	闪锌矿型	$\beta\text{-}ZnS$、CdS、BeS、$\beta\text{-}SiC$
六方紧密堆积	4∶4 AX	$\frac{1}{2}$四面体空隙	纤锌矿型	$\alpha\text{-}ZnS$、BeO、AlN
正离子立方紧密堆积	8∶4 AX_2	$\frac{1}{2}$立方体空隙	萤石型	CaF_2、BaF_2、PbF_2
面心立方紧密堆积	4∶8 A_2X	全部四面体空隙	反萤石型	Li_2O、Na_2O、K_2O、Na_2S
近似六方紧密堆积	6∶3 AX_2	$\frac{1}{2}$八面体空隙	金红石型	TiO_2、GeO_2、SnO_2、PbO_2
六方紧密堆积	6∶4 A_2X_3	$\frac{2}{3}$八面体空隙	刚玉型	$\alpha\text{-}Al_2O_3$、$\alpha\text{-}Fe_2O_3$、Cr_2O_3、V_2O_3、$FeTiO_3$

离子堆积方式	正负离子配位数及化学式类型	配位多面体类型及数量	结构类型	实 例
A 离子与 O^{2-} 共同立方紧密堆积	12 : 6 : 6 ABO_3	$\frac{1}{4}$ 八面体空隙（B）	钙钛矿型	$CaTiO_3$、$SrTiO_3$、$BaTiO_3$
立方紧密堆积	4 : 6 : 4 AB_2O_4	$\frac{1}{8}$ 四面体空隙（A） $\frac{1}{2}$ 八面体空隙（B）	尖晶石型	$MgAl_2O_4$、$FeAl_2O_4$、$ZnAl_2O_4$
立方紧密堆积	4 : 6 : 4 $B(AB)O_4$	$\frac{1}{8}$ 四面体空隙（B） $\frac{1}{2}$ 八面体空隙（AB）	反尖晶石型	$FeMgFeO_4$、Fe_3O_4

2.4 硅酸盐晶体结构

2.4.1 硅酸盐晶体的共同特点

硅酸盐晶体种类繁多，它们是构成地壳的主要矿物，也是水泥、陶瓷、玻璃、耐火材料等硅酸盐工业的主要原料，在硅酸盐晶体中，除了硅和氧之外，组成中的各种阳离子多达五十多种，因此，硅酸盐晶体结构十分复杂，但是，它们也有其共同的特点。

（1）结构中 Si^{4+} 离子位于 O^{2-} 离子形成的四面体中心，构成硅酸盐晶体的基本结构单元 ［SiO_4］四面体。Si—O—Si 键是一条夹角不等的折线，一般在 145°左右。

（2）［SiO_4］四面体的每个顶点，即 O^{2-} 最多只能为两个 ［SiO_4］四面体所共有。

（3）［SiO_4］四面体只能是互相孤立地在结构中存在或通过共顶互相连接，而不可能以共棱或共面的方式互相连接，否则结构不稳定。

（4）［SiO_4］四面体中心的 Si^{4+} 可部分的被 Al^{3+} 离子所取代，取代后结构本身并不发生大的变化，即所谓同晶取代，但晶体的性质却可以发生很大的变化。

硅酸盐晶体化学式中 Si/O 比例不同时，结构中的基本结构单元［SiO_4］四面体之间的结合方式亦不同，据此，可以对其结构进行分类。X 射线结构分析表明，硅酸盐晶体中［SiO_4］四面体的结合方式有岛状、组群状、链状、层状和架状等五种方式。硅酸盐晶体也分为相应的五种类型，其对应的 Si/O 比由 1/4 变化到 1/2，结构变得越来越复杂，见表 2-16。

表 2-16 硅酸盐晶体的结构类型

结构类型	［SiO_4］共用 O^{2-} 数	形 状	络阴离子	Si : O	实 例
岛状	0	四面体	［SiO_4］$^{4-}$	1 : 4	镁橄榄石 Mg_2［SiO_4］
组群状	1	双四面体	［Si_2O_7］$^{6-}$	2 : 7	硅钙石 Ca_3［Si_2O_7］
	2	三节环	［Si_3O_9］$^{6-}$	1 : 3	蓝锥矿 $BaTi$［Si_3O_9］
		四节环	［Si_4O_{12}］$^{8-}$		
		六节环	［Si_6O_{18}］$^{12-}$		绿宝石 Be_3Al_2［Si_6O_{18}］

结构类型	[SiO_4] 共用 O^{2-} 数	形　状	络阴离子	Si : O	实　例
链状	2	单链	$[Si_2O_6]^{4-}$	1 : 3	透辉石 $CaMg[Si_2O_6]$
	2, 3	双链	$[Si_4O_{11}]^{6-}$	4 : 11	透闪石 $Ca_2Mg_5[Si_4O_{11}]_2(OH)_2$
层状	3	平面层	$[Si_4O_{10}]^{4-}$	4 : 10	滑石 $Mg_3[Si_4O_{10}](OH)_2$
架状	4	骨架	$[SiO_2]$	1 : 2	石英 SiO_2
			$[(Al_xSi_{4-x})O_8]^{x-}$		钠长石 $Na[AlSi_3O_8]$

2.4.2　岛状结构硅酸盐晶体

2.4.2.1　镁橄榄石 $Mg_2[SiO_4]$ 结构

所谓岛状结构硅酸盐晶体是指结构中的硅氧四面体以孤立状态存在，硅氧四面体之间没有共用的氧离子，硅氧四面体中的氧离子，除了和硅离子相连外，剩下的一价将与其他金属阳离子相连。岛状结构中，硅氧阴离子团为 $[SiO_4]^{4-}$，Si : O = 1 : 4。下面以镁橄榄石为例，讨论岛状结构晶体。镁橄榄石的化学式为 Mg_2SiO_4，其晶体结构属于正交晶系，晶胞参数 $a_0 = 0.476nm$，$b_0 = 1.021nm$，$c_0 = 0.598nm$，晶胞分子数 $Z = 4$，镁橄榄石的晶体结构投影图，如图 2-31 所示。

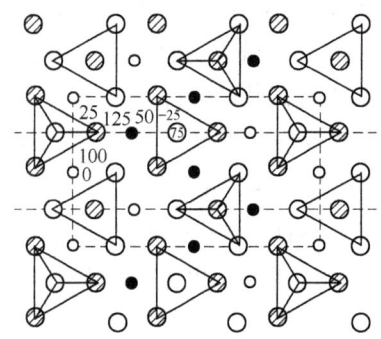

◎ 代表A层氧离子在25标高
○ 代表B层氧离子在75标高
● 代表位于50标高的镁离子
○ 代表位于0标高的镁离子
　硅在四面体中心未示出

(a)

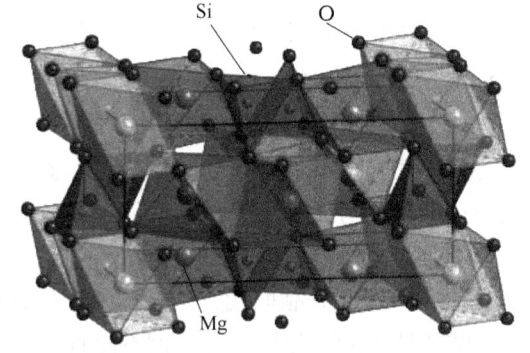

(b)

图 2-31　镁橄榄石晶体结构投影图（a）和配位多面体连接关系示意图（b）

由图可见，从 (010) 面投影图来看，氧离子近似于六方紧密堆积，硅离子填充于八分之一四面体空隙，镁离子填充二分之一八面体空隙。由图可见，硅氧四面体是孤立的，它们之间没有共用的 O^{2-}，硅氧四面体之间是由镁离子按 [MgO_6] 镁氧八面体的方式相连的，从图中还可以清楚地看到每一个 O^{2-} 和三个 Mg^{2+} 以及一个 Si^{4+} 相连，电价是平衡的。由图可见，[SiO_4] 四面体与 [MgO_6] 八面体之间是共顶连接，而镁氧八面体之间则是共棱连接。

由于结构中每个氧离子同时与 1 个 [SiO_4] 和 3 个 [MgO_6] 相连接，由静电价规则，

O^{2-}离子的电价是饱和的，晶体结构稳定。由于Mg—O键和Si—O键都比较强，所以，镁橄榄石表现出较高的硬度，熔点达1890℃，在加热过程中无多晶转变，并有一定抗碱性渣侵蚀的能力，它是镁质耐火材料的主要矿物，同时，由于结构中各个方向键力分布比较均匀，因此，镁橄榄石结构没有明显的解理，破碎后呈粒状。

镁橄榄石结构中的Mg^{2+}可以被Fe^{2+}以任意比例取代，形成橄榄石（Fe_xMg_{1-x}）SiO_4固溶体，如果图中25、75的Mg^{2+}被Ca^{2+}取代，则形成钙镁橄榄石$CaMgSiO_4$。如果Mg^{2+}全部被Ca^{2+}取代，则形成$\gamma\text{-}Ca_2SiO_4$，其中Ca^{2+}的配位数为6，即水泥熟料中的矿物$\gamma\text{-}C_2S$；另一种岛状结构的水泥熟料矿物$\beta\text{-}Ca_2SiO_4$属于单斜晶系，其中Ca^{2+}有8和6两种配位，由于其配位不规则，化学性质活泼，能与水发生水化反应，是水泥熟料中的重要的水硬性矿物。

2.4.2.2 锆英石 Zr[SiO₄] 结构

锆英石属于四方晶系，晶胞参数$a=0.661nm$，$c=0.601nm$，晶胞分子数$Z=4$。结构中［SiO_4］四面体孤立存在，它们之间依靠Zr^{4+}离子连接，每一个Zr^{4+}离子填充在8个O^{2-}离子之间。其中与4个O^{2-}离子的距离为0.215nm，与另外4个O^{2-}离子的距离是0.229nm，其结构如图2-32所示。锆英石具有较高的耐火度，可用于制造锆质耐火材料。

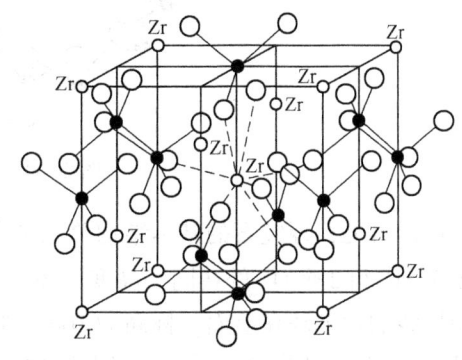

图2-32 锆英石的结构

2.4.3 组群状结构硅酸盐晶体

硅氧四面体以2个、3个、4个或6个［SiO_4］，通过共用氧相连构成硅氧四面体群体，这些群体之间由其他的阳离子按一定的配位形式把它们连接起来，那么，这些单元就像岛状结构中的硅氧四面体一样，是以孤立的状态存在的，如图2-33所示，为孤立的硅氧四面体群。由图可见，在硅氧四面体群中，Si/O为2:7或1:3。

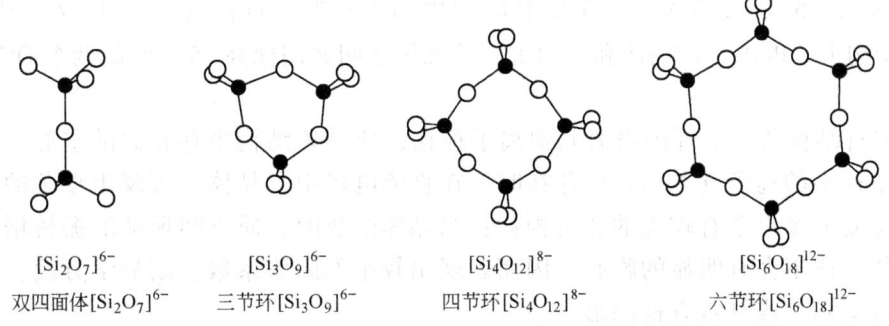

$[Si_2O_7]^{6-}$	$[Si_3O_9]^{6-}$	$[Si_4O_{12}]^{8-}$	$[Si_6O_{18}]^{12-}$
双四面体$[Si_2O_7]^{6-}$	三节环$[Si_3O_9]^{6-}$	四节环$[Si_4O_{12}]^{8-}$	六节环$[Si_6O_{18}]^{12-}$

图2-33 孤立的硅氧四面体群

下面以绿宝石为例，来分析组群状结构。绿宝石的化学式是$Be_3Al_2[Si_6O_{18}]$，其晶体结构属于六方晶系，晶胞参数$a_0=0.921nm$，$c_0=0.917nm$，$Z=2$。如图2-34所示为绿宝石晶胞在（0001）面上的投影，表示绿宝石的半个晶胞。要得到完整的晶胞，可在50标高处作一反映面，经镜面反映后即可。

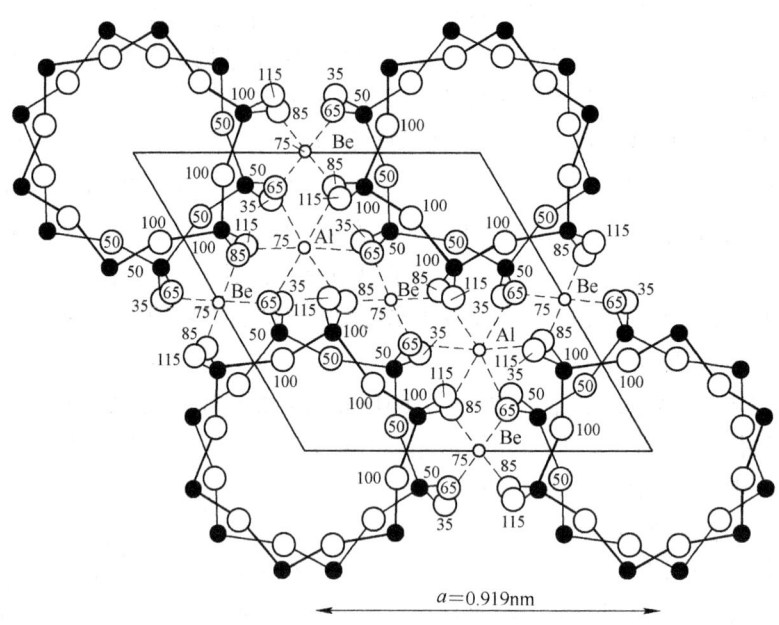

$a=0.919\text{nm}$

图 2-34　绿宝石晶体结构

由图可见，绿宝石的基本结构单元是由 6 个 [SiO_4] 四面体组成的六节环，六节环中的 1 个 Si^{4+} 和 2 个 O^{2-} 处在同一高度，环与环相叠起来，这样的六节环在图中共有 8 个。图中粗黑线的六节环在上面，标高为 100，细黑线的六节环在下面，标高为 50，上下两层环错开 30°，投影方向并不重叠，环与环之间通过 Al^{3+} 和 Be^{2+} 离子相连接。

从图中可以看到，Al^{3+} 的配位数为 6，构成 [AlO_6] 八面体，Be^{2+} 的配位数为 4，构成 [BeO_4] 四面体。图中一共有 3 个 Be^{2+} 和 2 个 Al^{3+}。Be^{2+} 位于 75 高度，分别由两个处于 85 高度和两个处于 65 高度的 O^{2-} 构成 [BeO_4] 四面体，即 Be^{2+} 同时连接 4 个 [SiO_4] 四面体；Al^{3+} 处于 75 高度，分别与 3 个处于 85 高度和 3 个处于 65 高度的 O^{2-} 构成 [AlO_6] 八面体，结构中 [BeO_4] 四面体和 [AlO_6] 八面体之间共用标高 65、85 的两个 O^{2-}，即共棱连接。

绿宝石结构的六节环内没有其他离子存在，使晶体结构中存在大的空腔。当有电价低、半径小的离子（如 Na^+）存在时，在直流电场中，晶体会表现出显著的离子电导，在交流电场中会有较大的介电损耗；当晶体受热时，质点热振动的振幅增大，大的空腔使晶体不会有明显的膨胀，因而表现出较小的膨胀系数。结晶学方面，绿宝石的晶体常呈六方或复六方柱晶形。

堇青石 Mg_2Al_3[$AlSi_5O_{18}$] 具有与绿宝石相同的结构，但六节环中有 1 个 Si^{4+} 被 Al^{3+} 取代，因而，六节环的负电荷增加了一个，与此同时，环外的正离子由原绿宝石中的（Be_3Al_2）相应地变为（Mg_2Al_3），使晶体的电价得以平衡。此时，正离子在环形空腔迁移阻力增大，故堇青石的介电性质较绿宝石有所改善。堇青石陶瓷热学性能良好，但不宜作无线电陶瓷，因为其高频损耗大。

2.4.4　链状结构硅酸盐晶体

硅氧四面体通过共用氧离子相连，在一维方向延伸成链状，依照硅氧四面体共用顶点的数目不同，分为单链和双链两类，如图 2-35 所示。如果每个硅氧四面体通过共用两个顶点向一维方向无限延伸，则形成单链，单链结构以 $[Si_2O_6]^{4-}$ 为结构单元不断重复，所以单链结构单元的化学式可写为 $[Si_2O_6]_n^{4n-}$。在单链结构中，依照重复出现与第一个硅氧四面体的空间取向完全一致的周期不等，单链可分为一节链、二节链、三节链、…、七节链等 7 种类型。如图 2-36 所示。如果两条相同的单链通过尚未共用的氧组成带状，形成双链，双链以 $[Si_4O_{11}]^{6-}$ 为结构单元向一维方向无限延伸，故双链的化学式为 $[Si_4O_{11}]_n^{6n-}$。双链结构中的硅氧四面体，一半桥氧数为 3，另一半为 2。下面以透辉石为例，来分析链状结构硅酸盐矿物。

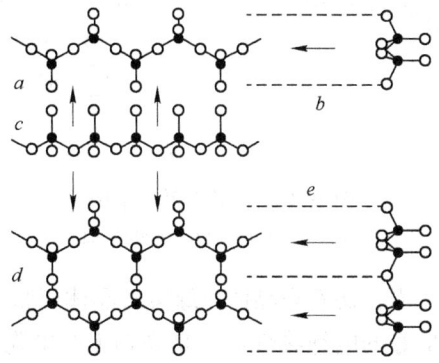

图 2-35　硅氧四面体构成的链结构以及从箭头方向观察所得投影图
a—单链结构；b，c，e—投影图；d—双链结构

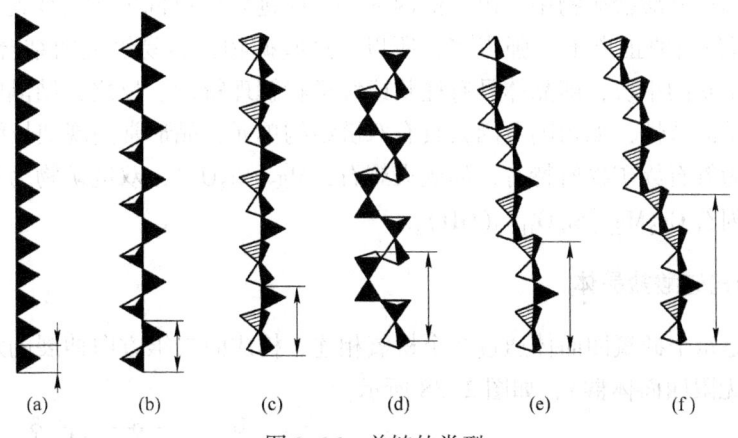

图 2-36　单链的类型
(a) 一节链；(b) 二节链；(c) 三节链；(d) 四节链；(e) 五节链；(f) 七节链

透辉石的化学式为 $CaMg[Si_2O_6]$，其结构属单斜晶系。晶胞参数 $a_0 = 0.9746nm$，$b_0 = 0.8899nm$，$c_0 = 0.525nm$，$\beta = 105°37'$，晶胞分子数 $Z = 4$，图 2-37 所示为透辉石的结构。它是由沿 c 轴方向延伸的单链为基本单元。在 b 轴方向，链的排列正好交叉。如图 2-37 (a) 中 (1) (2) 两条，(1) 的顶角向左，(2) 的顶角向右，在 a 轴方向也如此。(1)

和（3）为顶角相背，而（2）和（4）则顶角相对。链之间由 Ca^{2+} 和 Mg^{2+} 相连，Ca^{2+} 的配位数是 8，Mg^{2+} 的配位数是 6。图 2-37（b）中画出了阳离子的配位关系。

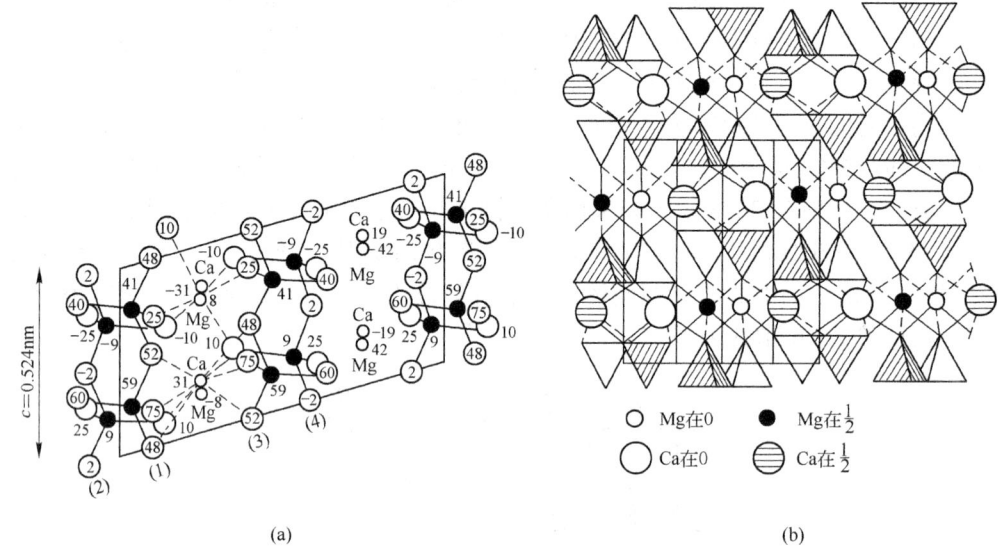

(a)　　　　　　　　　　　　　　　　　　　　(b)

图 2-37　透辉石晶体结构

(a)（010）面；(b)（001）面

从离子堆积及结合状态来看，辉石类晶体比绿宝石晶体要紧密，因此，像顽火辉石、锂辉石 $LiAl[Si_2O_6]$ 等都具有良好的电绝缘性质，是高频无线电陶瓷和微晶玻璃的主要晶相。但当结构中存在变价正离子时，则晶体又会呈现显著的电子电导，这与透辉石结构中局部电荷不平衡有关。

具有链状结构硅酸盐矿物中，由于链内的 Si—O 键要比链间的 M—O 键（M 一般为 6 个或 8 个 O^{2-} 所包围的正离子）强得多，所以，这些矿物很容易沿链间结合较弱处劈裂，成为柱状或纤维状的小块，即晶体具有柱状或纤维状解理特性。反之，结晶时则晶体具有柱状或纤维状结晶特性，如角闪石因其具有双链结构单元，晶形常呈现细长纤维状。

单链矿物为辉石族矿物所特有，如顽火辉石，$Mg_2[Si_2O_6]$，双链矿物为角闪石族矿物所特有，如透闪石 $Ca_2Mg_5[Si_4O_{11}]_2(OH)_2$。

2.4.5　层状结构硅酸盐晶体

层状结构是每个硅氧四面体通过 3 个桥氧相连，构成向二维方向伸展的六节环状的硅氧四面体层（无限四面体群），如图 2-38 所示。

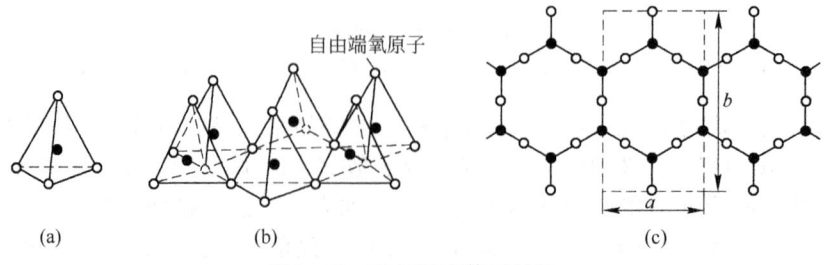

(a)　　　　　　　　(b)　　　　　　　　(c)

图 2-38　硅氧四面体层结构

在六节环的层中，可取出一个矩形单元 $[Si_4O_{10}]^{4-}$，如图中虚线所划定的区域，于是硅氧层的化学式可写为 $[Si_4O_{10}]_n^{4n-}$。单元长度按硅氧四面体特点约为 $a = 0.52nm$，$b = 0.90nm$，这正是大多数层状硅酸盐结构的一般参数值。

按照硅氧层中活性氧的空间取向不同，硅氧层分为两类：单网层和复网层。单网层结构中，硅氧层的所有活性氧均指向同一个方向。而复网层结构中，两层硅氧层中的活性氧交替地指向相反的方向。活性氧的电价由其他金属离子来平衡，一般为 6 配位的 Mg^{2+} 或 Al^{3+}，同时，水分子以 OH^- 形式存在于这些离子周围，形成所谓的水铝石或水镁石层。于是，单网层相当于一个硅氧层加上一个水铝（镁）石层，也称为 1∶1 型。复网层相当于两个硅氧层中间加上一个水铝（镁）石层，所以也称为 2∶1 型，如图 2-39 所示。根据水铝（镁）石层中八面体空隙的填充情况，结构又分为三八面体型和二八面体型。所谓二八面体型层状结构，是指硅氧四面体中的自由氧 O^{2-} 如果与三价阳离子 M^{3+}（如 Al^{3+}、Fe^{3+} 等）连接，根据静电键规则，$\sum S = S_{Si^{4+} \to O^{2-}} + xS_{M^{3+} \to O^{2-}} = 1 \times \frac{4}{4} + x \cdot \frac{3}{6} = 2$，故 $x = 2$，即一个自由氧 O^{2-} 需要与两个这样 $[MO_6]$ 八面体连接，这样的结构类型称为二八面体型层状结构。如果硅氧四面体中的自由氧 O^{2-} 与二价阳离子 N^{2+}（如 Mg^{2+}、Ca^{2+} 等）连接，根据静电键规则，$\sum S = S_{Si^{4+} \to O^{2-}} + xS_{N^{2+} \to O^{2-}} = 1 \times \frac{4}{4} + x \cdot \frac{2}{6} = 2$，故 $x = 3$，即一个自由氧 O^{2-} 需要与三个这样 $[NO_6]$ 八面体连接，这样的结构类型称为三八面体型层状结构。

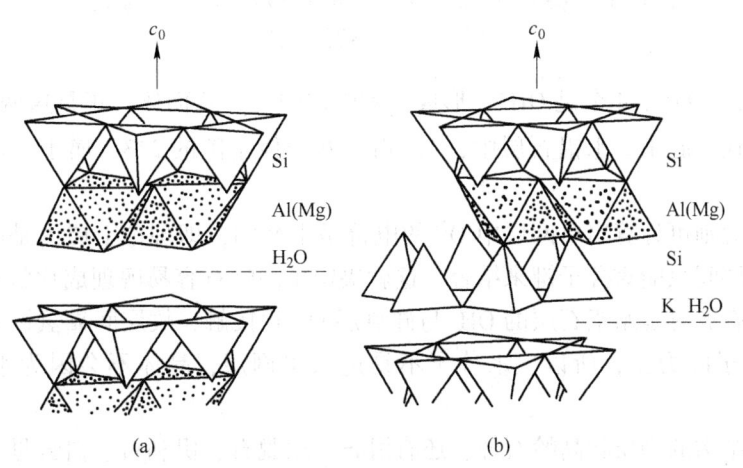

图 2-39 单网层及复网层的构成

(a) 1∶1 型；(b) 2∶1 型

下面以高岭石为例来分析层状结构的特点。

高岭石是一种主要的黏土矿物，属三斜晶系，晶胞参数 $a_0 = 0.514nm$，$b_0 = 0.893nm$，$c_0 = 0.737nm$，$\alpha = 91°36'$，$\beta = 104°48'$，$\gamma = 89°54'$，$Z = 1$，其化学式为 $Al_4[Si_4O_{10}](OH)_8$ 或写成 $2Al_2O_3 \cdot 4SiO_2 \cdot 4H_2O$，高岭石结构是 1∶1 型，如图 2-40 所示。

高岭石的基本结构单元是由硅氧层和水铝石层构成的单网层，如图 2-40 (a)、(b) 所示，单网层平行叠放便形成高岭石结构。由图 2-40 (b)、(c) 可以看出，Al^{3+} 配位数

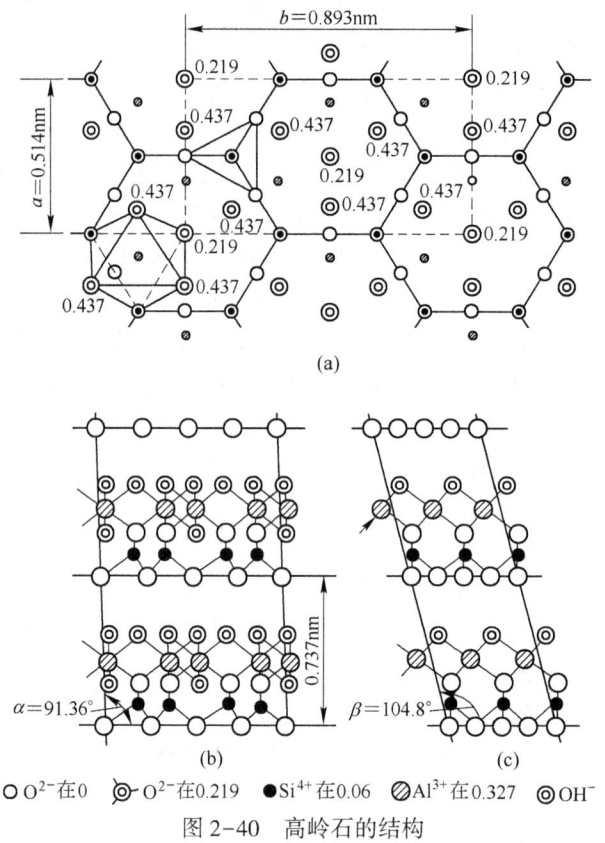

图 2-40　高岭石的结构

为 6，其中 2 个是 O^{2-}，4 个是 OH^-，形成 $[AlO_2(OH)_4]$ 八面体，正是这两个 O^{2-} 把水铝石层和硅氧层连接起来。水铝石层中，Al^{3+} 占据八面体空隙的 2/3，属于二八面体型层状结构。

根据电价规则可计算出单网层中 O^{2-} 的电价是平衡的，即理论上层内是电中性的，所以，高岭石的层间只能靠分子键来结合，这就决定了高岭石容易解理成片状的小晶体。但单网层在平行叠放时是水铝石层的 OH^- 与硅氧层 O^{2-} 相接触，故层间靠氢键来结合，由于氢键结合比分子间力强，所以，水分子不易进入单网层，晶体不会因为水含量增加而膨胀。

属于层状结构的物质除高岭石外，还有滑石、蒙脱石、伊利石、白云母等晶体。不论哪一种层状结构的硅酸盐晶体，其单位层间的结合力远比层内的硅氧键和铝氧键弱，因此，在平行于 ab 面的方向容易解理。

2.4.6　架状结构硅酸盐晶体

架状结构中硅氧四面体的每个顶点均为桥氧，硅氧四面体之间以共顶方式相连，形成三维"骨架"结构。结构的重复单元为 $[SiO_2]^0$，作为骨架的硅氧结构单元的化学式为 $[SiO_2]_n^0$，其中 Si/O 比为 1:2。当硅氧骨架中的 Si 被 Al 取代时，结构单元的化学式可以写成 $[AlSiO_4]_n^{n-}$ 或 $[AlSi_3O_8]_n^{n-}$，其中 (Al+Si):O 仍为 1:2。此时，由于结构中有剩余负电荷，一些电价低、半径大的正离子（如 K^+、Na^+、Ca^{2+}、Ba^{2+} 等）会进入结构中。典型的架状结构有石英族晶体，化学式为 SiO_2，以及一些铝硅酸盐矿物，如霞石 $Na[AlSiO_4]$、长石 $(Na,K)[AlSi_3O_8]$、$Na[AlSi_2O_6]\cdot H_2O$ 等沸石型矿物。下面以石英为例介绍架状结构的晶体。

2.4.6.1 石英变体的晶型转变

石英晶体具有多种变体，常压下可分为三个系列：石英、鳞石英和方石英。它们的转变关系如下：

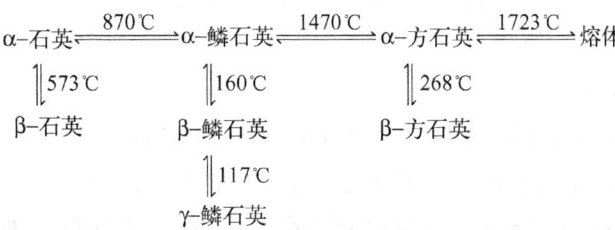

（1）**位移型转变**：在石英的各种变体中，同一系列（即纵向）之间的变化均不涉及晶体结构中键的破裂与重建，转变过程迅速而可逆，往往是键之间的角度稍作变动而已，这种转变称为位移型转变。

（2）**重建型转变**：不同系列（即横向）之间的转变，如石英与鳞石英、方石英之间的转变都涉及键的破裂与重建，其过程相当缓慢，这种转变过程称为重建型转变。

图 2-41 所示为这两种转变方式的示意图。

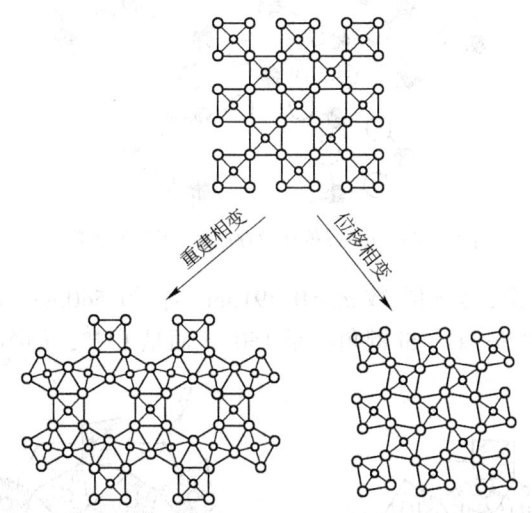

图 2-41　位移型和重建型转变示意图

α-石英、α-鳞石英、α-方石英在结构上的主要差别在于硅氧四面体之间的连接方式不同，如图 2-42 所示。在 α-石英中，相当于以公用氧为对称中心的两个硅氧四面体中，Si—O—Si 键由 180°变为 150°；在 α-鳞石英中，两个共顶的硅氧四面体的连接方式相当于中间有一个对称面。在 α-方石英中，两个共顶的硅氧四面体相连，相当于以共用氧为对称中心。

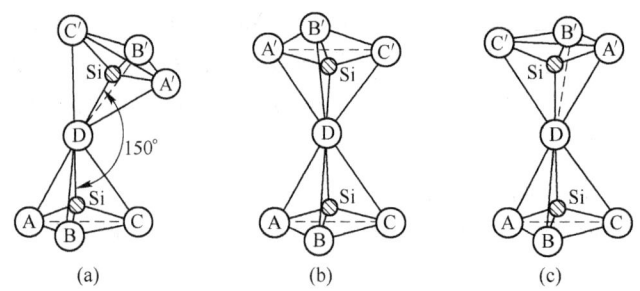

图 2-42　硅氧四面体的连接方式

（a）α-石英（无对称中心和对称面）；（b）α-鳞石英（存在对称面）；（c）α-方石英（存在对称中心）

2.4.6.2　α-石英

α-石英属于六方晶系，晶胞参数 $a_0 = 0.501$ nm，$c_0 = 0.547$ nm，$Z = 3$。图 2-43 所示为 α-石英的结构在（0001）面上的投影。由图可见，结构中相邻两个 ［SiO₄］ 的 Si—O—Si 键角为 150°，图中标出不同标高的 ［SiO₄］，这些不同标高的 ［SiO₄］ 通过 O^{2-} 彼此连接，依次螺旋上升形成一个开口的六方环。

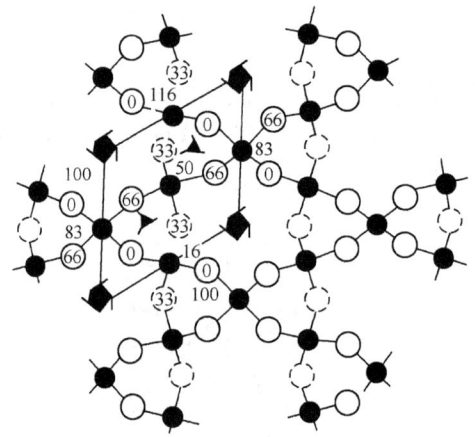

图 2-43　α-石英在（0001）面上的投影

β-石英属于三方晶系，晶胞参数 $a_0 = 0.491$ nm，$c_0 = 0.540$ nm，$Z = 3$，β-石英与 α-石英的区别在于 β-石英中 Si—O—Si 键角不是 150°，而是 137°，如图 2-44 所示。

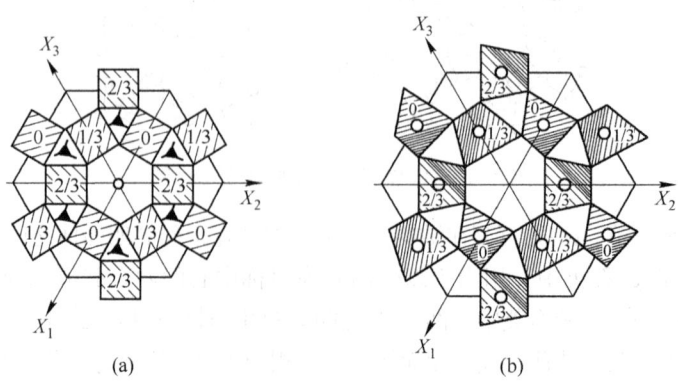

图 2-44　α-石英与 β-石英间的关系

（a）α-石英；（b）β-石英

2.4.6.3 α-方石英

α-方石英属立方晶系,晶胞参数 $a_0 = 0.713nm$,晶胞分子数 $Z = 8$。图 2-45 所示为 α-方石英的结构,其中 Si^{4+} 位于晶胞顶点及面心,晶胞内部还有 4 个 Si^{4+},其位置相当于金刚石中 C 原子的位置。它是由交替指向相反方向的硅氧四面体组成六节环状的硅氧层(不同于层状结构的硅氧层,该硅氧层内四面体取向是一致的),以 3 层为一个重复周期在平行于 (111) 方向上平行叠放而形成的架状结构。叠放时,两平行的硅氧层中的四面体相互错开 60° 并以共顶方式对接,共顶的 O^{2-} 形成对称中心,如图 2-46 所示。

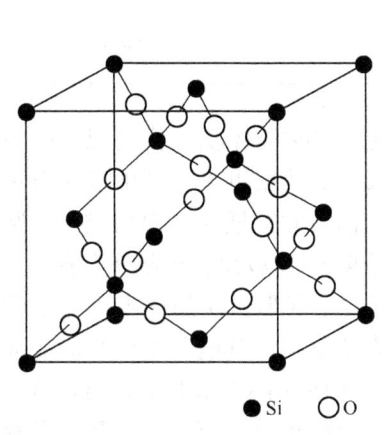

图 2-45 α-方石英的结构

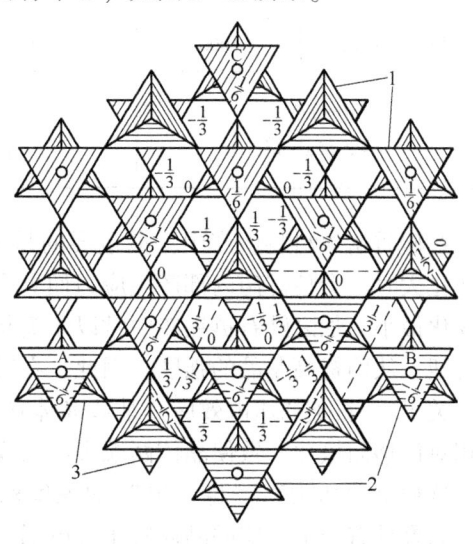

图 2-46 α-方石英中硅氧四面体连接方式

2.4.6.4 α-鳞石英

α-鳞石英属六方晶系,晶胞参数 $a_0 = 0.504nm$,$c_0 = 0.825nm$,$Z = 4$。其结构可看成平行于 (0001) 面,硅氧四面体按六节环的方式构成四面体层。和层状结构中的四面体层不同,α-鳞石英中,硅氧四面体层中任何两个相邻的四面体的角顶,指向相反方向,即共顶的两个硅氧四面体处于镜面对称状态,这样,Si—O—Si 键角就是 180°。然后,上下层再以角顶相连成架状结构,如图 2-47 所示。

SiO_2 结构中,Si—O 键的强度很高,键力分布在三维空间比较均匀,因此 SiO_2 晶体的熔点高、硬度大、化学稳定性好,无明显解理。石英的三类晶型在结构上不同,反映在密度上也就不同,鳞石英和方石英结构较为空旷,而石英结构较为紧密,由于三类晶形密度不同,在互相转变时会引起较大的体积膨胀或收缩。SiO_2 多晶转变时的体积变化见表 2-17。

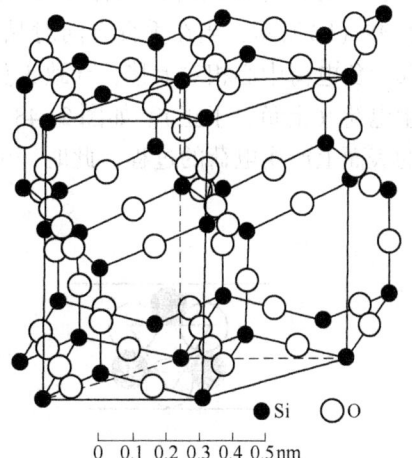

图 2-47 α-鳞石英结构

表 2-17   SiO$_2$ 多晶转变时的体积变化

一级变体间的转变	计算采取的温度/℃	在该温度转变时体积效应/%	二级变体间的转变	计算采取的温度/℃	在该温度转变时体积效应/%
α-石英→α-鳞石英	1000	+16.0	β-石英→α-石英	573	+0.82
α-石英→α-方石英	1000	+15.4	γ-鳞石英→α-鳞石英	117	+0.2
α-石英→α-石英玻璃	1000	+15.5	β-鳞石英→α-鳞石英	163	+0.2
石英玻璃→α-方石英	1000	-0.9	β-方石英→α-方石英	150	+2.8
α-石英 ρ = 2.52g/cm³			α-方石英 ρ = 2.22g/cm³		α-鳞石英 ρ = 2.23g/cm³

在硅质耐火材料生产中，最重要的是 SiO$_2$ 在加热或冷却时的体积变化情况。因为体积变化大时，会使硅砖内部产生应力而导致破裂。由表 2-17 数据可见，其中以鳞石英体积变化最小，加之鳞石英在砖中常以矛头状双晶存在，它们彼此穿插在一起构成一个坚固的骨架，从而提高制品的强度，因此，在硅砖生产中，希望 SiO$_2$ 以鳞石英状态存在。

关于 β-石英的压电效应：某些晶体在机械力作用下发生变形，使晶体内正负电荷中心相对位移而极化，致使晶体两端表面出现符号相反的束缚电荷，其电荷密度与应力成比例。这种由"压力"产生"电"的现象称为正压电效应（Direct Piezoelectric Effect）。反之，如果具有压电效应的晶体置于外电场中，电场使晶体内部正负电荷中心位移，导致晶体产生形变。这种由"电"产生机械形变的现象称为逆压电效应（Converse Piezoelectric Effect）。正压电效应和逆压电效应统称为压电效应。

由于晶体的各向异性，压电效应产生的方向、电荷的正负等都随晶体切片的方位而变化。如图 2-48 所示为 β-石英压电效应产生的机理及与方位的关系。由图 2-48（a）可见，在无外力作用时，晶体中正负电荷中心是重合的，整个晶体中总电矩为零。如图 2-48（b）所示，当在垂直方向对晶体施加压力时，晶体发生变形，使正电荷中心相对下移，负电荷中心相对上移，导致正负电荷中心分离，使晶体在垂直于外力方向的表面上产生电荷（上负、下正）。如图 2-48（c）所示，当晶体在水平方向受压时，在平行于外力的表面上产生电荷的过程，此时，电荷为上正下负。

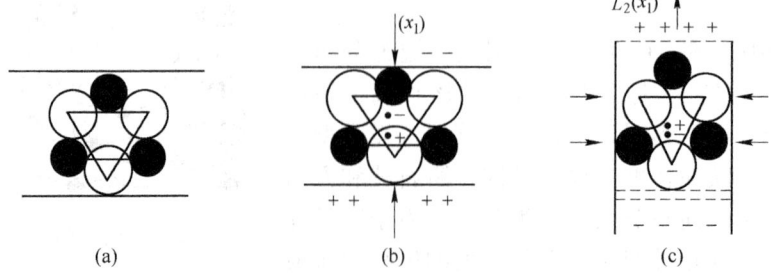

图 2-48   β-石英中压电效应产生的机理及与方位的关系

由以上讨论可见，压电效应是由于晶体在外力作用下发生变形，正负电荷中心产生相对位移，使晶体总电矩发生变化造成的，因此，在使用压电晶体时，为了获得良好的压电性，须根据实际要求，切割出相应方位的晶片。

—————— 本章小结 ——————

通过"晶体化学基本原理"知识的学习，读者们可了解晶体中的化学键，了解晶体中的结合力与结合能；掌握球体紧密堆积过程与原理，球体紧密堆积中空隙的类型与数量，配位数与配位多面体概念，掌握鲍林规则的内容与应用。通过"单质晶体结构"内容的学习，读者们可掌握金属的三种典型晶体结构类型，掌握金属晶体中晶胞参数与金属原子半径关系，理解金属的多晶型性。掌握金刚石与石墨晶体结构特点，理解材料结构与性能之间的关系。通过"典型无机化合物晶体结构"内容的学习，读者们可掌握 NaCl 型、CsCl 型、β-ZnS 与 α-ZnS 型、萤石型（CaF_2）、金红石型（TiO_2）与刚玉型（Al_2O_3）等简单的 AX、AX_2、A_2X_3 型无机化合物的晶体结构；掌握尖晶石型（AB_2O_4）、钙钛矿型（ABO_3）等复杂化合物的晶体结构。掌握分析晶体结构的步骤，具备初步研究晶体结构的能力，进一步认识晶体结构与性能的关系。通过"硅酸盐晶体结构"内容的学习，读者们可理解硅酸盐晶体的结构特点，掌握硅酸盐晶体的基本结构类型。理解岛状、组群状、链状、层状与架状结构硅酸盐晶体中硅氧四面体的连接方式，配位多面体类型与连接特点，理解硅酸盐晶体结构与性能关系，掌握用鲍林规则原理分析硅酸盐晶体的方法。

习题与思考题

2-1 依据结合力的本质不同，晶体中的键合作用可分为哪几类，其特点分别是什么？

2-2 等大球体最紧密堆积的空隙有哪几种，一个球体的周围有多少个四面体空隙、多少个八面体空隙？

2-3 n 个等大球体作最紧密堆积时可形成多少个四面体空隙、多少个八面体空隙，不等大球体是如何进行堆积的？

2-4 名词解释：原子半径与离子半径；配位数；同质多晶；正尖晶石与反尖晶石；反萤石型结构。

2-5 简述硅酸盐晶体结构分类的原则和各类结构中硅氧四面体的形状，各类结构中硅与氧的比例是多少，并对每类结构举一实例说明。

2-6 (1) 在氧离子的立方紧密堆积中，画出适合阳离子位置的间隙类型及位置，八面体间隙位置数与氧离子数之比为多少，四面体间隙位置数与氧离子数之比又为多少。

(2) 根据静电价规则，在下面情况下，空隙中各需要填入何种价数的阳离子，并对每种结构举一实例。

1) 所有四面体空隙位置均填满；

2) 所有八面体空隙位置均填满；

3) 填满一半四面体空隙位置；

4) 填满一半八面体空隙位置。

2-7 根据 $Mg_2[SiO_4]$ 在（010）面的投影图回答：

(1) 结构中有几种配位多面体，各配位多面体间的连接方式如何？

(2) 试用鲍林规则分析 O^{2-} 的电价是否饱和？

(3) 晶胞的分子数是多少，Si^{4+} 与 Mg^{2+} 所占的四面体空隙和八面体空隙的分数是多少？

2-8 石棉矿如透闪石 $Ca_2Mg_5[Si_4O_{11}](OH)_2$ 具有纤维状结晶习性，而滑石 $Mg_2[Si_4O_{10}](OH)_2$ 却具有片状结晶习性，试解释这一现象。

2-9 钛酸钡是一种重要的电子陶瓷材料，其晶型为钙钛矿结构，试回答以下问题：

(1) 属于什么晶系，什么点阵？

(2) 这个结构中各离子的配位数分别是多少？

(3) 这个结构是否遵守鲍林规则，请用鲍林规则分析。

2-10 金属镁原子作六方紧密堆积，测得它的密度为 $1.74g/cm^3$，求它的晶胞体积。

2-11 根据半径比关系，说明下列离子与 O^{2-} 配位时的配位数各是多少？已知 $r_{O^{2-}} = 0.140nm$，$r_{Si^{4+}} = 0.039nm$，$r_{K^+} = 0.155nm$，$r_{Al^{3+}} = 0.054nm$，$r_{Mg^{2+}} = 0.072nm$。

2-12 ThO_2 具有萤石型结构，Th^{4+} 半径为 $0.100nm$，O^{2-} 离子半径为 $0.140nm$。试用鲍林规则分析：

(1) 实际结构中的 Th^{4+} 配位数与预计配位数是否一致？

(2) ThO_2 结构满足鲍林第几规则？

2-13 临界半径的定义是：密堆的阴离子恰好相互接触，并与中心的阳离子也恰好相互接触的条件下，阳离子与阴离子的半径比，即出现一种配位形式时，阳离子与阴离子半径比的下限。计算下列各类配位时的临界半径比：(1) 立方体配位；(2) 八面体配位；(3) 四面体配位；(4) 三角形配位。

2-14 根据原子半径 R 以及晶胞常数计算面心立方晶胞、体心立方晶胞、密排六方结构晶胞的体积。

2-15 在萤石晶体中 Ca^{2+} 半径为 $0.112nm$，F^- 半径为 $0.131nm$，求萤石晶体中离子堆积系数？萤石晶体 $a = 0.547nm$，求萤石的密度？

2-16 金属 K 为体心立方结构，其晶胞参数为 $0.462nm$，金属 Cu 为面心立方结构，其晶胞参数为 $0.361nm$，试求它们各自的原子半径。

2-17 有效离子半径可以通过晶体结构测定算出。在下面 NaCl 型结构晶体中，测得 MgS、MnS 的晶胞参数均为 $a = 0.520nm$（在这两种结构中，阴离子是相互接触的）。若 CaS（$a = 0.567nm$）、CaO（$a = 0.480nm$）和 MgO（$a = 0.424nm$）为一般阳离子-阴离子接触，试求这些晶体中各离子的半径。

2-18 氟化锂（LiF）为 NaCl 型结构，测得其密度为 $2.6g/cm^3$，试根据此数据计算其晶胞参数，并将此值与你从离子半径计算得到的数值进行比较。

2-19 Li_2O 的结构是 O^{2-} 作面心立方堆积，Li^+ 占据所有的四面体空隙位置，O^{2-} 离子半径为 $0.140nm$。求：(1) 计算负离子彼此接触时，四面体空隙能容纳的最大阳离子半径，并与书末附表 Li^+ 半径比较，说明此时 O^{2-} 离子能否相互接触；(2) 根据离子半径数据求晶胞参数；(3) 求 Li_2O 的密度。

2-20 化学手册中给出 NH_4Cl 的密度为 $1.5g/cm^3$，X 衍射数据说明 NH_4Cl 有两种晶体结构，一种为 NaCl 结构，$a = 0.726nm$；另一种为 CsCl 结构，$a = 0.387nm$。试通过计算回答，上述密度值是哪一种晶型的（NH_4^+ 离子作为一个单元占据晶体点阵）？

2-21 MnS 有三种多晶体，其中两种为 NaCl 型结构，一种为立方 ZnS 型结构。则 MnS 晶体由立方 ZnS 结构转变为 NaCl 型结构时，体积变化的百分数是多少？已知 CN = 6 时，$r_{Mn^{2+}} = 0.083nm$，$r_{S^{2-}} = 0.184nm$；CN = 4 时，$r_{Mn^{2+}} = 0.067nm$，$r_{S^{2-}} = 0.167nm$。

2-22 为什么石英不同系列变体之间的转化温度比同系列变体之间的转化温度高得多？

3 晶体结构缺陷

内容提要： 本章首先明确了缺陷产生的根本原因——实际晶体与理想晶体中质点的排列有区别。正是由于缺陷的存在，才使晶体表现出各种各样的性质，使材料制备过程中的动力学过程得以进行。以此为开端，从微观层面讨论了缺陷的分类。介绍了点缺陷的种类，热缺陷的类型与特点，热缺陷浓度的计算，缺陷反应方程式的书写以及固溶体和非化学计量化合物等内容，讨论了晶体结构缺陷在材料研发、生产中的意义。明确了位错是主要的线缺陷，介绍了位错理论的发展，位错的类型与伯格斯矢量以及位错的运动等内容。简单介绍了面缺陷的定义与类型。通过以上内容学习，建立缺陷与材料性质和材料加工之间的相互联系，为最终利用或控制缺陷优化材料性能奠定理论基础。

在前面的讨论中，我们认为构成晶体的内部质点在三维空间作周期性的重复排列，即质点的排列严格按照相应的空间点阵排列，这种具有完整点阵结构的晶体是理想化的，这种状况仅在绝对零度下才可能出现，称为**理想晶体**。在任何一个实际晶体中，由于所处的温度高于绝对零度，原子、离子或分子的排列总是或多或少的与理想点阵结构有所偏离，那些偏离理想点阵结构的部位称为晶体的缺陷或晶体结构的不完整性。

固体中物质的迁移、固相中微粒的扩散、固体中的化学反应等的发生都可归因于晶体结构中存在缺陷。晶体缺陷的存在破坏了晶体的周期性势场，影响了电子的结构、分布与运动，改变了缺陷附近的能态分布，对固体的许多物理和化学性质如晶体的光学、电学、磁学、声学、力学和热学等各种性质都有重要的影响。

根据缺陷在空间分布的几何形状和尺寸大小，可将晶体缺陷分为如下几类：

（1）**点缺陷**。偏离理想点阵结构的部位仅为一个或几个原子范围，在所有的方向上尺度都很小，也称为零维缺陷，如空位、间隙原子、杂质原子等。

（2）**线缺陷**。偏离理想点阵的部位为一条线，在其他两个方向上尺寸比较小，也称为一维缺陷，如各种类型的位错。

（3）**面缺陷**。偏离理想点阵结构的部位为二维尺寸比较大的面，也称为二维缺陷，如晶界、相界（表面、界面）、堆垛层错等。

（4）**体缺陷**。在晶体中三维尺寸都比较大的缺陷，也称为三维缺陷，如孔洞、第三相离子团、夹杂物、沉淀物等。

但是这些区域的存在并不影响晶体结构的基本特性，仅是晶体中少数原子的排列特征发生了改变。相对于晶体结构的周期性和方向性而言，晶体缺陷显得十分活跃，它的状态容易受外界条件的影响而变化，它们的数量及分布对材料的行为起着十分重要的作用。正是由于这些缺陷的存在，才使晶体表现出各种各样的性质，使材料制备过程中的动力学过程得以进行；使材料性能的改善和复合材料的制备得以实现；对于新型结构材料、功能材料的设计、研究与开发具有重要意义。

3.1 点　缺　陷

3.1.1 点缺陷的分类

3.1.1.1 根据几何位置划分

在点缺陷中，根据对理想晶格偏离的几何位置及成分来划分，可分为以下三种类型：

（1）**空位**：正常结点没有被原子或离子所占据，成为空位，如图 3-1（a）所示。

（2）**填隙原子**：原子进入晶体中正常结点之间的间隙位置，成为填隙原子或间隙原子，如图 3-1（b）所示。

（3）**杂质原子**：外来原子进入晶格就成为晶体中的杂质。这种杂质原子可以取代原来晶格中的原子而进入正常结点位置，这称为取代原子，如图 3-1（c）、（d）所示，也可以进入本来就没有原子的间隙位置，生成间隙式杂质原子，如图 3-1（e）所示。

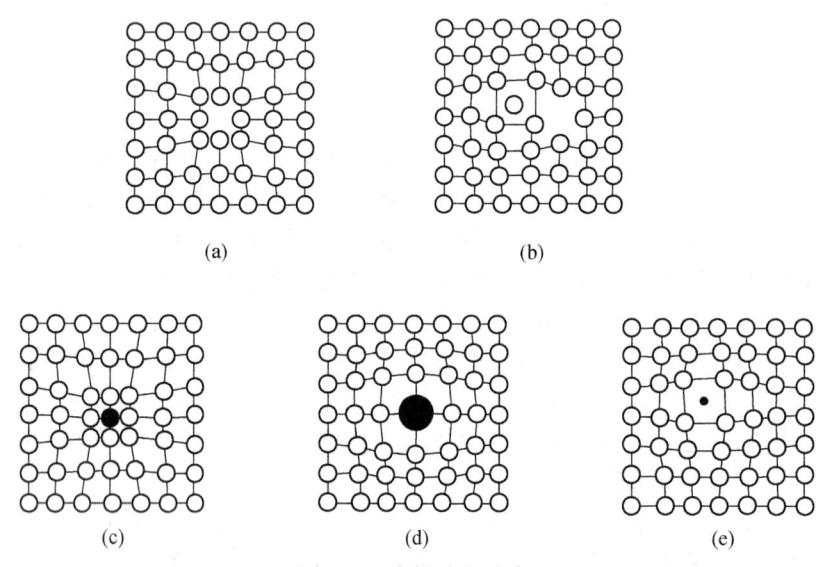

$$(a) \qquad (b)$$

$$(c) \qquad (d) \qquad (e)$$

图 3-1　点缺陷的种类

3.1.1.2 根据缺陷产生原因划分

根据产生缺陷的原因，可以将点缺陷分为下列三种类型：

（1）**热缺陷**：当晶体的温度高于绝对 0K 时，由于晶格内原子热振动，使一部分能量较大的原子离开平衡位置而造成缺陷，这种缺陷称为热缺陷。热缺陷有两种基本形式：弗仑克尔缺陷（Frenkel defect）和肖特基缺陷（Schottky defect）。

1）弗仑克尔缺陷：在晶格热振动时，一些能量足够大的原子离开平衡位置后，挤到晶格点的间隙中，形成间隙原子，而在原来位置上形成空位，这种缺陷称为**弗仑克尔缺陷**，如图 3-2（a）所示。

2）肖特基缺陷：如果正常格点上的原子，热起伏的过程中获得能量离开平衡位置迁移到晶体的表面，在晶体内正常格点上留下空位，称为**肖特基缺陷**，如图 3-2（b）所示。

由图 3-2 可见，弗仑克尔缺陷和肖特基缺陷具有各自的特点。

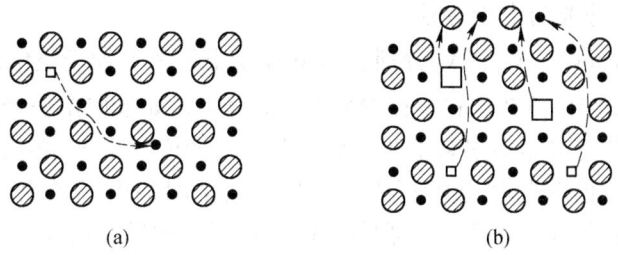

图 3-2　热缺陷类型

弗仑克尔缺陷的特点：

① 间隙离子与空格点是成对产生的；

② 晶体的体积不发生改变。

肖特基缺陷的特点：

① 正离子空位与负离子空位同时成对产生；

② 伴随有晶体体积的增加；

③ 肖特基缺陷的生成需要一个晶格上混乱的区域，如晶界、位错、表面位置等。

（2）**杂质缺陷**：外来原子进入晶体而产生的缺陷，包括间隙杂质原子和取代杂质原子。

（3）**非化学计量结构缺陷**：有一些化合物，它们的化学组成或缺陷浓度会明显随着周围气氛的性质和压力大小的变化而发生组成偏离化学计量的现象，称之为非化学计量缺陷，它是生成 n 型或 p 型半导体的基础。例如：TiO_2 在还原气氛下失去部分氧，即 TiO_{2-x}（$x = 0 \sim 1$），这是一种 n 型半导体。

3.1.2　点缺陷的符号表示方法

缺陷化学：凡从理论上定性定量地把材料中的点缺陷看作化学实物，并用化学热力学的原理来研究缺陷的产生、运动和反应规律及其对材料性能影响等问题的一门学科称为缺陷化学。缺陷化学以晶体结构中的点缺陷作为研究对象，并且点缺陷浓度不超过某一浓度值约为 0.1%（原子数分数），在缺陷化学中，目前采用最广泛的是克罗格-明克（Kröger-Vink）符号系统。

在克罗格-明克符号系统中，用一个主要符号来表明缺陷的种类，而用一个下标来表示这个缺陷所在位置，缺陷的有效电荷在符号的上标表示，如图 3-3 所示。下面以 MX 离子晶体为例来说明缺陷化学符号的表示方法，如图 3-4 所示。

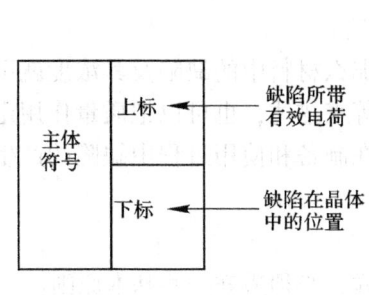

图 3-3　克罗格-明克符号系统

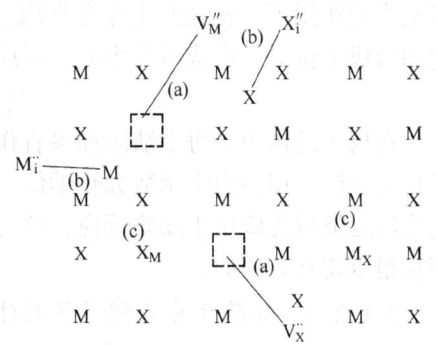

图 3-4　离子晶体中基本点缺陷类型

3.1.2.1　缺陷符号的表示方法

（1）空位（vacancy）：V_M 和 V_X 分别表示 M 原子空位和 X 原子空位，V 表示缺陷种类，下标 M、X 表示原子空位所在位置。在 MX 离子晶体中，如果取走一个 M^{2+} 离子，如图 3-4（a）所示，这时原有晶格中多余了两个负电荷。或者说这个 V_M 必然和两个带有负电荷的附加电子相联系。此时附加电子写成 e'。如果这个附加电子被束缚在 M 空位上，用"′"表示一个有效负电荷，这时空位可写成 V_M''。同样，如果取走 X^{2-} 离子，即相当于取走一个 X 原子加上两个带正电的电子空穴。如果这两个电子空穴被束缚在 X 空位上，用"·"表示一个有效正电荷，这个空位可写成 $V_X^{··}$，用缺陷反应式表示为：$V_M'' = V_M + 2e'$，$V_X^{··} = V_X + 2h^·$。式中 $h^·$ 表示带正电的电子空穴。

（2）填隙离子（原子）：$M_i^{··}$ 和 X_i'' 分别表示 M 及 X 离子处在间隙位置，如图 3-4（b）所示。填隙原子分别用 M_i、X_i 来表示，其含义为 M、X 原子位于晶格间隙位置，也称为间隙原子（离子）。

（3）错放位置：M_X 表示 M 原子被错放在 X 位置上，如图 3-4（c）所示，这种缺陷较少。

（4）溶质原子：L_M 表示 L 溶质处在 M 位置，S_X 表示 S 溶质处在 X 位置。例：Ca 取代了 MgO 晶格中的 Mg 写作 Ca_{Mg}，Ca^{2+} 若填隙在 MgO 晶格中写作 $Ca_i^{··}$。

（5）自由电子及电子空穴：在强离子性材料中，通常电子是局限在特定的原子位置上，这可以用离子价来表示。但在有些情况下，有的电子并不一定属于某一个特定位置的原子，在某种光、电、热的作用下，可以在晶体中运动，这些电子用符号 e' 表示。同样也可能在某些缺陷上缺少电子，这就是电子空穴，用符号 $h^·$ 表示。它们都不属于某一个特定的原子所有，也不固定在某个特定的原子位置。

（6）带电缺陷：不同价离子之间的替代就出现了除离子空位以外的又一种带电缺陷。

例：Ca^{2+} 取代 Na^+，由于 Ca^{2+} 比 Na^+ 高一价，因此与这个位置应有的电价相比，Ca^{2+} 高出一个正电荷，写作 $Ca_{Na}^·$，若 Ca^{2+} 取代 ZrO_2 晶体中的 Zr^{4+}，则写成 Ca_{Zr}''。

（7）缔合中心：一个带电的点缺陷也可能与另一个带有相反符号的点缺陷相互缔合成一组或一群，产生一个缔合中心，还常把发生缔合的缺陷放在括号内表示。例：V_M'' 和 $V_X^{··}$ 发生缔合可以写为：$(V_M''V_X^{··})$，类似的还有 $(M_i^{··}X_i'')$ 等。在肖特基缺陷和弗仑克尔缺陷的晶体中，有效电荷符号相反的点缺陷之间，存在一种库仑力，当它们靠得足够近时，在库仑力的作用下，就会产生缔合作用。如在 NaCl 晶体中，最邻近的钠空位和氯空位就可能缔合成空位对，形成缔合中心，反应可以表示如下：

$$V_{Na}' + V_{Cl}^· = (V_{Na}'V_{Cl}^·) \tag{3-1}$$

在离子晶体中，每个缺陷如果看作化学物质，那么材料中的缺陷及其浓度就可以同化学反应一样，用热力学函数如化学位、反应热效应等来描述，也可以把质量作用定律和平衡常数之类概念应用于缺陷反应，这对于掌握材料在制备和使用过程中缺陷的产生和变化等是很重要和方便的。

3.1.2.2　缺陷反应方程式的写法

在书写缺陷反应方程式时，也与化学反应式一样，必须遵守一些基本原则：

（1）位置关系：在化合物 M_aX_b 中，M 位置的数目必须永远和 X 位置的数目成一个常

数比例 $a:b$。例如在 Al_2O_3 中，$Al:O=2:3$，在 NaCl 结构中，正负离子格点数之比为 $1:1$。只要保持比例不变，每一种类型的位置总数可以改变。

如果在实际晶体中，M 与 X 的比例不符合原有的位置比例关系，表明晶体中存在缺陷。例如在 TiO_2 中，$Ti:O=1:2$，当它在还原气氛中，由于晶体中氧不足形成 TiO_{2-x}，这时在晶体中生成氧空位，因而 Ti 与氧的质量比由原来 $1:2$ 变为 $1:(2-x)$，而钛和氧原子的位置比仍为 $1:2$，其中包括 x 个 $V_O^{\cdot\cdot}$。

（2）位置变化：当缺陷发生变化时，有可能引入 M 空位 V_M，也可能把 V_M 消除，当引入空位或消除空位时，相当于增加或减少了 M 的点阵位置数。V_M、V_X、M_M、M_X、X_M、X_X 等位于正常结点位置上，对结点数的多少有影响，故能引起位置增殖；e'、$h^{\cdot}$、M_i、X_i 等不在正常结点位置上，对结点数的多少没有影响，故不会引起位置增殖，如生成肖特基缺陷时，晶体中原子迁移到晶体表面，在晶体内留下了空位，增加了位置数目。当然这种增殖在离子晶体中是成对出现的，因而它是服从位置关系的。

（3）质量平衡：和在化学反应中一样，缺陷方程的两边必须保持质量平衡。必须注意的是，缺陷符号的下标仅表示缺陷位置，对质量平衡不起作用。如 V_M 为 M 位置上的空位，它不存在质量。

（4）电荷守恒：在缺陷反应前后晶体必须保持电中性，即缺陷反应式两边必须具有相同数目的总有效电荷。例如 TiO_2 在还原气氛下失去部分氧，生成 TiO_{2-x} 的反应可以写为：

$$2TiO_2 \longrightarrow 2Ti'_{Ti} + V_O^{\cdot\cdot} + 3O_O + \frac{1}{2}O_2 \uparrow \qquad (3-2)$$

或写成 $$2Ti_{Ti} + 4O_O \longrightarrow 2Ti'_{Ti} + V_O^{\cdot\cdot} + 3O_O + \frac{1}{2}O_2 \uparrow \qquad (3-3)$$

方程表示，晶体中的氧以电中性的氧分子形式从 TiO_2 中逸出，同时在晶体中产生带正电荷的氧空位和与其符号相反的带负电荷的 Ti'_{Ti} 来保持电中性，方程两边总有效电荷都等于零。Ti'_{Ti} 可以看成是 Ti^{4+} 被还原为 Ti^{3+}，3 价 Ti 离子占据了 4 价 Ti 离子的位置，因而带一个有效负电荷，而两个 Ti^{3+} 替代了两个 Ti^{4+}，$Ti:O$ 由原来 $2:4$ 变成 $2:3$，因而晶体中出现一个氧空位。

（5）表面位置：当一个 M 原子从晶体内部迁移到表面时，用符号 M_s 来表示。下标 s 表示表面位置，在缺陷化学反应中表面位置一般不特别表示。

缺陷化学反应式在描述材料的掺杂、固溶体的生成和非化学计量化合物的反应中都是很重要的。为了掌握上述规则在缺陷反应中的应用，现举例说明如下：

（1）**热缺陷反应方程式**。由于热缺陷的产生与复合始终处于一种动态平衡，因此，热缺陷反应是平衡反应。

【例 3-1】写出 MgO 形成肖特基缺陷的反应方程式。

解：根据肖特基缺陷的定义，在 MgO 晶体中形成肖特基缺陷时，镁离子和氧离子必须离开各自的位置，迁移到表面或晶界上，缺陷反应方程式如下：

$$Mg_{Mg} + O_O = V''_{Mg} + V_O^{\cdot\cdot} + Mg_s + O_s \qquad (3-4)$$

上式 Mg_s 和 O_s 表示它们位于表面或界面上，方程式（3-4）左边表示离子都在正常位置上，是没有缺陷的。反应后，变成表面离子和内部空位。在缺陷反应规则中，表面位置在反应式内可以不加表示，上式可写成：$0 = V''_{Mg} + V_O^{\cdot\cdot}$，0 表示无缺陷状态。

【例 3-2】 写出 AgBr 形成弗仑克尔缺陷的反应方程式。

解：弗仑克尔缺陷可以看作：正常格点离子+未被占据的间隙位置=间隙离子+空位。因此，在 AgBr 中，如果是半径较小的 Ag^+ 进入晶格间隙，在其格点上留下空位，弗仑克尔缺陷的生成可写为：

$$Ag_{Ag} + V_i = Ag_i^{\cdot} + V_{Ag}' \tag{3-5}$$

式中，Ag_{Ag} 为 Ag 在 Ag 位置，V_i 表示未被占据的间隙；$Ag_i^{\cdot}$ 表示 Ag^+ 在间隙位置。

提示：一般规律：当晶体中剩余空隙较小，如 NaCl 型结构，容易形成肖特基缺陷；当晶体中剩余空隙较大时，容易形成弗仑克尔缺陷，如属于萤石 CaF_2 型结构的晶体。

（2）**杂质缺陷反应方程式**（杂质"溶解"到主晶相（基质）中的过程）。对于杂质缺陷而言，一般把杂质晶体写在箭头左边，基质晶体写在箭头上方，箭头右边写产生的各种缺陷。缺陷反应方程式的一般形式为：

$$杂质 \xrightarrow{基质} 产生的各种缺陷 \tag{3-6}$$

杂质进入基质晶体时，一般遵循杂质的正、负离子分别进入基质的正、负离子位置的原则，这样基质晶体的晶格畸变小，缺陷容易形成，在不等价替换时，会产生间隙质点或空位。

【例 3-3】 写出 $CaCl_2$ "溶解"在 KCl 中的缺陷反应方程式。

解：首先以正离子为基准：Ca^{2+} 占据 K^+ 位置，该位置带有 1 个单位正电荷。同时，引入的 1 个 Cl^- 位于基质晶体中 Cl^- 的位置上。按照位置关系，基质 KCl 晶体中正、负离子格点数之比为 1:1，而现在引入了两个 Cl^-，因此，剩下的这个 Cl^- 处在间隙位置，缺陷反应方程式为：

$$CaCl_2 \xrightarrow{KCl} Ca_K^{\cdot} + Cl_i' + Cl_{Cl} \tag{3-7}$$

再以负离子为基准：假设引入两个 Cl^- 位于基质中的 Cl^- 离子位置上，与此同时，引入了一个 Ca^{2+} 离子。根据基质晶体中的位置关系，KCl 中正负离子格点数之比为 K:Cl = 1:1，但由于引入两个 Cl^-，按照位置关系，基质中必然出现一个 K 空位：

$$CaCl_2 \xrightarrow{KCl} Ca_K^{\cdot} + V_K' + 2Cl_{Cl} \tag{3-8}$$

【例 3-4】 写出 MgO "溶解"到 Al_2O_3 晶格内形成有限置换型固溶体的缺陷反应方程式。

解：首先以正离子为基准，假设引入 2 个 Mg^{2+} 离子占据基质中 2 个 Al^{3+} 离子位置，每个该位置带有 1 个单位负电荷，共计带 2 个单位负电荷；与此同时，引入的 2 个 O^{2-} 离子位于基质晶体中 O^{2-} 离子位置上。按照位置关系，基质 Al_2O_3 中正、负离子格点数之比为 Al:O = 2:3，现在只引入了 2 个 O^{2-} 离子，因此还有一个 O^{2-} 离子位置空着，缺陷反应方程式为：

$$2MgO \xrightarrow{Al_2O_3} 2Mg_{Al}' + V_O^{\cdot\cdot} + 2O_O \tag{3-9}$$

再以负离子为基准，假设引入 3 个 O^{2-} 离子位于基质中的 O^{2-} 离子位置上，与此同时，引入了 3 个 Mg^{2+} 离子。根据基质 Al_2O_3 晶体中的位置关系，只能有 2 个 Mg^{2+} 离子占据基质中 2 个 Al^{3+} 离子的位置，剩余的 1 个 Mg^{2+} 离子进入晶格间隙，缺陷反应方程式为：

$$3MgO \xrightarrow{Al_2O_3} 2Mg_{Al}' + Mg_i^{\cdot\cdot} + 3O_O \tag{3-10}$$

在上面所列举的 2 个引入杂质时缺陷反应方程式的书写实例中, 所写出的 4 个缺陷反应方程式均符合缺陷反应方程式书写规则, 反应式两边质量平衡、电荷守恒, 位置关系正确。但是否这 4 个反应式都实际存在呢? 正确、严格地判断它们的合理性需根据固溶体生成条件及固溶体研究方法用实验证实。一般情况下, 可以根据离子晶体结构的一些基本知识, 粗略地分析判断它们的正确性。一般而言, 对于形成空位, 都是可能发生的; 对于氧化物离子晶体, 因为阴离子半径较大, 而晶体结构中空隙一般较小, 故进入间隙位置一般少见, 形成填隙离子会使晶体内能增大而不稳定; 对于阳离子填隙, 必须综合考虑其离子半径和晶体结构中空隙的大小, 如果离子半径小而空隙大, 也是可以生成阳离子填隙的, 否则不容易发生。对于基质物质是萤石型结构的晶体, 引入杂质时, 生成空位或间隙离子缺陷均有可能发生, 这是因为在萤石型结构的晶体中, 空间较大的八面体空隙是全空的。

结合以上分析可以判断, 例 3-3 中, 方程式 (3-7) 的不合理性在于由于 Cl^- 离子半径较大, 离子晶体的紧密堆积中一般不可能挤进间隙离子, 而缺陷反应方程式 (3-8) 更为合理, 对晶体结构的稳定性破坏较小, 缺陷更容易形成。同理, 在例 3-4 所书写的 2 个缺陷反应方程式中, 式 (3-9) 更合理, 因为在反应式 (3-10) 中, Mg^{2+} 离子进入晶格填隙位置, 这在刚玉型的离子晶体中不易发生, 会影响其结构的稳定性。关于具体的缺陷反应方程书写实例在固溶体、非化学计量化合物等有关内容中还会遇到。

总结: 通过上述 2 个实例, 可以总结出引入杂质时书写缺陷反应方程式的基本规律:

(1) 低价正离子占据高价正离子位置时, 该位置带有负电荷。为了保持电中性, 会产生负离子空位或间隙正离子。

(2) 高价正离子占据低价正离子位置时, 该位置带有正电荷。为了保持电中性, 会产生正离子空位或间隙负离子。

3.1.3 热缺陷浓度的计算

在一定温度下, 热缺陷是处在不断地产生和消失的过程中, 当单位时间产生和复合而消失的数目相等时, 系统达到平衡, 热缺陷的数目保持不变。因此, 可以根据质量作用定律, 通过化学平衡方法计算热缺陷浓度。设构成完整晶体的总结点数为 N, 在 TK 温度时形成 n 个孤立缺陷, 则用 $\dfrac{n}{N}$ 表示热缺陷在总结点中所占分数, 即热缺陷浓度。

3.1.3.1 弗仑克尔缺陷浓度的计算

以 AgBr 晶体为例, 生成弗仑克尔缺陷的反应方程式为:

$$Ag_{Ag} + V_i = Ag_i^{\cdot} + V_{Ag}' \tag{3-11}$$

由式 (3-11) 可以看出, 间隙银离子浓度 $[Ag_i^{\cdot}]$ 与银离子空位浓度 $[V_{Ag}']$ 相等, $[Ag_i^{\cdot}] = [V_{Ag}']$, 反应达到平衡时, 根据质量作用定律, 平衡常数 K_f 为:

$$K_f = \frac{[Ag_i^{\cdot}][V_{Ag}']}{[Ag_{Ag}][V_i]} \tag{3-12}$$

式中, $[Ag_{Ag}]$ 为正常格点位置上银离子的浓度; V_i 为未被占据的间隙, 在缺陷浓度很小时, $[V_i] \approx [Ag_{Ag}] \approx 1$。因此, 式 (3-12) 可写为:

$$K_f = [Ag_i^{\cdot}][V_{Ag}'] \tag{3-13}$$

由物理化学知识可知，上述弗仑克尔缺陷反应的吉布斯自由能变化 ΔG_f 与平衡常数 K_f 的关系为：

$$\Delta G_f = -kT\ln K_f \tag{3-14}$$

把式 (3-13) 代入式 (3-14)，并代入 $[Ag_i^\bullet] = [V'_{Ag}]$ 的关系，可得：

$$\Delta G_f = -kT\ln K_f = -kT\ln[Ag_i^\bullet]^2 = -kT\ln[V'_{Ag}]^2 \tag{3-15}$$

由此可得：

$$\frac{n}{N} = [Ag_i^\bullet] = [V'_{Ag}] = \exp(-\frac{\Delta G_f}{2kT}) \tag{3-16}$$

式中 k——玻耳兹曼常数，$k = 1.38\times10^{-23}\text{J/K}$；

     ΔG_f——形成 1 个弗仑克尔缺陷的吉布斯自由能变化。

若缺陷浓度 $\frac{n}{N}$ 中，总结点数 N 取 1mol，则式 (3-16) 可写为：

$$\frac{n}{N} = [Ag_i^\bullet] = [V'_{Ag}] = \exp(-\frac{\Delta G_f}{2RT}) \tag{3-17}$$

式中 R——理想气体常数；

     ΔG_f——形成 1mol 弗仑克尔缺陷的吉布斯自由能变化。

3.1.3.2 肖特基缺陷浓度的计算

(1) 单质晶体的肖特基缺陷浓度。设 M 单质晶体形成肖特基缺陷，则反应方程式为：

$$0 \rightleftharpoons V_M$$

当上述缺陷反应达到动态平衡时，其平衡常数 K_s 为：

$$K_s = \frac{[V_M]}{[0]} \tag{3-18}$$

式中，$[V_M]$ 为 M 原子空位的浓度；$[0]$ 为无缺陷状态的浓度，$[0]=1$。

则以上肖特基缺陷形成的吉布斯自由能变化 ΔG_s 与平衡常数 K_s 的关系为：

$$\Delta G_s = -kT\ln K_s \tag{3-19}$$

因此：

$$\frac{n}{N} = [V_M] = \exp(-\frac{\Delta G_s}{kT}) \tag{3-20}$$

式中，ΔG_s 为形成 1 个肖特基缺陷的吉布斯自由能变化。

(2) MX 型离子晶体的肖特基缺陷浓度。以 MgO 晶体为例，形成肖特基缺陷时，反应方程式为：

$$0 = V''_{Mg} + V_O^{\bullet\bullet}$$

由此方程可知，Mg^{2+} 离子空位与 O^{2-} 空位浓度相等，即 $[V''_{Mg}] = [V_O^{\bullet\bullet}]$，根据 $[0]=1$，并结合式 (3-19)，可得：

$$K_s = \frac{[V''_{Mg}][V_O^{\bullet\bullet}]}{[0]} = \exp(-\frac{\Delta G_s}{kT}) \tag{3-21}$$

因此：

$$\frac{n}{N} = [V''_{Mg}] = [V_O^{\bullet\bullet}] = \exp(-\frac{\Delta G_s}{2kT}) \tag{3-22}$$

(3) MX_2 型离子晶体的肖特基缺陷浓度计算。以 CaF_2 晶体为例，形成肖特基缺陷时，反应方程式为：

$$0 = V''_{Ca} + 2V_F^\bullet$$

则，F⁻离子空位浓度为 Ca^{2+} 空位浓度的 2 倍，即 $[V_F^\bullet]=2[V_{Ca}'']$

由于

$$K_s=\frac{[V_{Ca}''][V_F^\bullet]^2}{[0]}=\frac{4[V_{Ca}'']^3}{[0]}=\exp(-\frac{\Delta G_s}{kT}) \tag{3-23}$$

因此

$$[V_{Ca}'']=\frac{[V_F^\bullet]}{2}=\frac{1}{\sqrt[3]{4}}\exp(-\frac{\Delta G_s}{3kT}) \tag{3-24}$$

式（3-16）、式（3-20）、式（3-22）、式（3-24）表明：1）热缺陷浓度随温度升高而呈指数上升；2）随缺陷形成能升高而下降。表 3-1 是根据式（3-16）计算的缺陷浓度。当 ΔG_f 从 1eV 上升到 8eV，温度由 1800℃ 下降到 100℃ 时，缺陷浓度可以从百分之几降到 10^{-54}。但当缺陷形成能不太大，而温度比较高，就有可能产生相当可观的缺陷浓度。

表 3-1 不同温度下的缺陷浓度表 $\left(\frac{n}{N}=\exp\left(-\frac{\Delta G}{2kT}\right)\right)$

缺陷浓度	1eV	2eV	4eV	6eV	8eV
n/N 在 100℃	2×10^{-7}	3×10^{-14}	1×10^{-27}	3×10^{-41}	1×10^{-54}
n/N 在 500℃	6×10^{-4}	3×10^{-7}	1×10^{-13}	3×10^{-20}	8×10^{-37}
n/N 在 800℃	4×10^{-3}	2×10^{-5}	4×10^{-10}	8×10^{-15}	2×10^{-19}
n/N 在 1000℃	1×10^{-2}	1×10^{-4}	1×10^{-8}	1×10^{-12}	1×10^{-16}
n/N 在 1200℃	2×10^{-2}	4×10^{-4}	1×10^{-7}	5×10^{-11}	2×10^{-14}
n/N 在 1500℃	4×10^{-2}	1×10^{-4}	2×10^{-6}	3×10^{-9}	4×10^{-12}
n/N 在 1800℃	6×10^{-2}	4×10^{-3}	1×10^{-5}	5×10^{-8}	2×10^{-10}
n/N 在 2000℃	8×10^{-2}	6×10^{-3}	4×10^{-5}	2×10^{-7}	1×10^{-9}

在同一晶体中生成弗仑克尔缺陷与肖特基缺陷的能量往往存在很大的差别，这样就使得在某种特定的晶体中，某一种缺陷占优势，到目前为止，尚不能对缺陷形成自由能进行精确的计算。但是，缺陷形成能的大小和晶体结构、离子极化率等有关，对于具有 NaCl 型结构的碱金属卤化物，生成一个间隙离子加上一个空位的缺陷形成能约需 7～8eV。由此可见，在这类离子晶体中，即使温度高达 2000℃，间隙离子缺陷浓度小到难以测量的程度。但在具有萤石结构的晶体中，有一个比较大的间隙位置，生成填隙离子所需要的能量比较低，如对于 CaF_2 晶体，F⁻离子生成弗仑克尔缺陷的形成能为 2.8eV，而生成肖特基缺陷的形成能为 5.5eV，因此，在这类晶体中，弗仑克尔缺陷是主要的。一些化合物的热缺陷的形成能见表 3-2。

表 3-2 若干化合物中的热缺陷的生成能

化 合 物	反 应 式	生成能 ΔG/eV	化 合 物	反 应 式	生成能 ΔG/eV
AgBr	$Ag_{Ag}\rightarrow Ag_i^\bullet+V_{Ag}'$	1.1	CaF_2	$F=F_i'+V_F^\bullet$	2.3～2.8
BeO	$0=V_{Be}''+V_O^{\bullet\bullet}$	约6		$Ca_{Ca}=V_{Ca}''+Ca_i^{\bullet\bullet}$	约7
MgO	$0=V_{Mg}''+V_O^{\bullet\bullet}$	约6		$0=V_{Ca}''+2V_F^\bullet$	约5.5
NaCl	$0=V_{Na}''+V_{Cl}^\bullet$	2.2～2.4	UO_2	$0=O_i''+V_O^{\bullet\bullet}$	3.0
LiF	$0=V_{Li}''+V_F^\bullet$	2.4～2.7		$U_U=V_U''''+U_i^{\bullet\bullet\bullet}$	约9.5
CaO	$0=V_{Ca}''+V_O^{\bullet\bullet}$	约6		$0=V_U''''+2V_O^{\bullet\bullet}$	约6.4

【例 3-5】 在 MgO 晶体中，肖特基缺陷的形成能为 6eV。（1）计算在 25℃和 1800℃时热缺陷的浓度；（2）如果在 MgO 晶体中，含有百万分之一的 Al_2O_3 杂质，则在 1800℃时，MgO 晶体中是热缺陷占优势还是杂质缺陷占优势，试写出相应的缺陷反应方程式分析回答。

解：（1）根据 MX 型晶体中肖特基缺陷浓度公式：$\dfrac{n}{N} = \exp(-\dfrac{\Delta G_s}{2kT})$，由题意：$\Delta G_s = 6eV = 6 \times 1.602 \times 10^{-19} = 9.612 \times 10^{-19} J$，$T_1 = 25 + 273 = 298K$，$T_2 = 1800 + 273 = 2073K$。

298K：　　　$\dfrac{n}{N} = \exp(-\dfrac{9.612 \times 10^{-19}}{2 \times 1.38 \times 10^{-23} \times 298}) = 1.77 \times 10^{-51}$

2073K：　　$\dfrac{n}{N} = \exp(-\dfrac{9.612 \times 10^{-19}}{2 \times 1.38 \times 10^{-23} \times 2073}) = 5.11 \times 10^{-8}$

（2）在 MgO 晶体中加入 10^{-6} 的 Al_2O_3，缺陷反应方程如下：

$$Al_2O_3 \xrightarrow{MgO} 2Al_{Mg}^{\cdot} + V_{Mg}'' + 3O_O$$

此时产生的缺陷为 $[V_{Mg}'']_{杂质}$，而 $[Al_2O_3] = [V_{Mg}'']_{杂质} = 10^{-6}$。

由（1）计算在 1800℃时，$[V_{Mg}'']_{热} = 5.11 \times 10^{-8}$，所以：$[V_{Mg}'']_{杂质} > [V_{Mg}'']_{热}$，即在 1800℃时，在 MgO 晶体中，杂质缺陷占优势。

总结： 比较哪种缺陷占优势时，应注意比较相同类型的缺陷，因此，正确写出相应的缺陷反应方程式是关键。

3.2　固　溶　体

3.2.1　概述

凡在固态条件下，一种组分（溶剂）内"溶解"了其他组分（溶质）而形成的单一、均匀的晶态固体称为**固溶体**（solid solution）。在固溶体中不同组分的结构基元之间是以原子尺度相互混合的，这种混合并不破坏原有晶体结构，因此固溶体也是一种点缺陷范围内的晶体结构缺陷。以 Al_2O_3 晶体中溶入 Cr_2O_3 为例，Al_2O_3 为溶剂，Cr^{3+} 溶解在 Al_2O_3 中以后，并不破坏 Al_2O_3 原有晶格构造，但少量 Cr^{3+}（质量分数为约 0.5%~2%）的溶入，Cr^{3+} 能产生受激辐射，使原来没有激光性能的白宝石（α-Al_2O_3）变为有激光性能的红宝石。

如果固溶体是由 A 物质溶解在 B 物质中形成的，一般将原组分 B 或含量较高的组分称为**溶剂**（或称为主晶相、基质），把掺杂原子或杂质称为**溶质**。

固溶体可以在晶体生长过程中生成；也可以从溶液或熔体中析晶时形成；还可以通过烧结过程由原子扩散而形成。固溶体、机械混合物、化合物三者之间的区别见表 3-3。

表 3-3　固溶体、机械混合物、化合物三者之间的区别

项　目	固　溶　体	机械混合物	化　合　物
形成原因	以原子尺寸"溶解"生成	粉末混合	原子间相互反应生成
物系相数	均匀单相系统	多相系统	均匀单相系统
化学计量	不遵循定比定律		遵循定比定律
结　构	与原始组分中主晶体（溶剂）相同		与原组分不相同

固溶体由于杂质原子占据正常的结点位置的，破坏了基质晶体中质点排列的有序性，引起晶体内周期性势场的畸变，这也是一种点缺陷范围内的晶体结构缺陷。

固溶体在无机固体材料中所占比重很大，人们常常采用固溶原理来制造各种新型的无机材料。例如 $PbTiO_3$ 和 $PbZrO_3$ 生成的锆钛酸铅压电陶瓷 $Pb(Zr_xTi_{1-x})O_3$ 材料广泛应用于电子、无损检测、医疗等技术领域。又如 Si_3N_4 与 Al_2O_3 之间形成 Sialon 固溶体应用于高温结构材料等。

3.2.2 固溶体的分类

3.2.2.1 按溶质原子在溶剂晶格中的位置划分

（1）**取代（置换）型固溶体**。如图 3-5 所示，溶质原子进入晶格后可以进入原来晶格中正常结点位置生成取代型固溶体。在无机固体材料中所形成的固溶体大多属于这一类型。在金属氧化物中，主要发生在金属位置上的置换。$MgO-CoO$；$MgO-CaO$；$PbZrO_3-PbTiO_3$ 等都属此类。

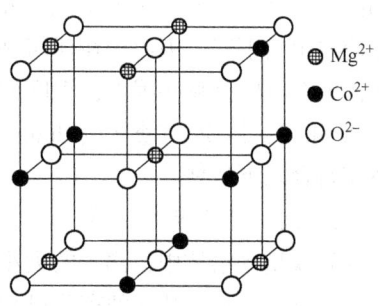

图 3-5 MgO-CoO 系固溶体结构

（2）**填隙型固溶体**。杂质原子如果进入溶剂晶格中的间隙位置就生成填隙型固溶体。在无机材料中，填隙固溶体一般发生在阴离子或阴离子团所形成的间隙中。如一些碳化物晶体就是这样。

3.2.2.2 按溶质原子在溶剂晶格中的溶解度划分

（1）**连续固溶体**（无限固溶体，完全互溶固溶体）。溶质和溶剂可以以任意比例相互固溶。溶剂与溶质是相对的，如图 3-6 所示。

（2）**有限固溶体**（不连续固溶体，部分互溶固溶体）。溶质只能以一定的限量溶入溶剂，超过这一限量就出现第二相。由图 3-7 可以看出，溶质的溶解度和温度有关，温度升高，溶解度增加。

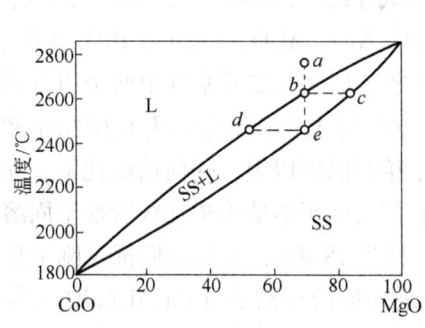

图 3-6 MgO-CoO 系统相图（连续固溶体）

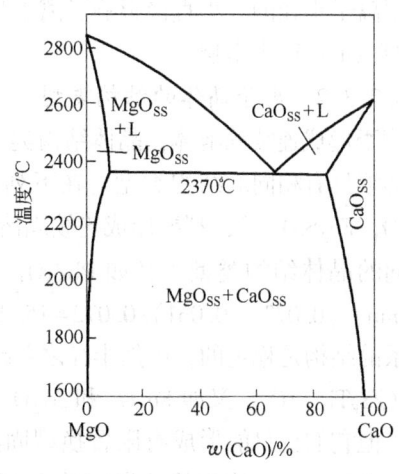

图 3-7 MgO-CaO 系统相图（有限固溶体）

3.2.3 置换型固溶体

在天然矿物方镁石（MgO）中常常含有相当数量的 NiO 或 FeO，Ni^{2+} 和 Fe^{2+} 置换晶体中 Mg^{2+} 离子，生成连续固溶体。固溶体组成可写为 $Mg_{1-x}Ni_xO$，$x \approx 0 \sim 1$。能生成连续固溶体的实例还有：$Al_2O_3-Cr_2O_3$，ThO_2-UO_2，$PbZrO_3-PbTiO_3$ 等。

置换型固溶体既然有连续置换和有限置换之分，那么影响固溶体溶质原子（离子）溶解度的因素是什么呢？从热力学观点分析，杂质原子进入晶格，会使系统的熵值增大，并且有可能使自由焓下降。因此，在任何晶体中，外来杂质原子都可能有一些溶解度。影响置换型固溶体的溶解度是哪些因素，程度如何，到目前为止，还不能进行严格的定量计算。但在 20 世纪 30 年代，休谟-罗杰里（Hume-Rothery）总结了若干经验规律，认为生成连续置换型固溶体需符合以下条件。

3.2.3.1 离子尺寸因素

在置换型固溶体中，离子的大小对形成连续或有限置换型固溶体有直接的影响。从晶体稳定的观点看，相互替代的离子尺寸愈相近，则固溶体愈稳定。若以 r_1 和 r_2 分别代表半径大和半径小的离子半径，一般有如下规律：

（1）如 $\left| \dfrac{r_1 - r_2}{r_1} \right| < 15\%$，则系统有可能形成连续固溶体。例如：在 MgO-NiO 系统中，$r_{Mg^{2+}} = 0.072nm$，$r_{Ni^{2+}} = 0.070nm$，计算离子半径差为 2.8%，因而它们可能形成连续固溶体。

（2）如 $15\% < \left| \dfrac{r_1 - r_2}{r_1} \right| < 30\%$，则它们之间只可能形成有限置换型固溶体。例如：在 MgO-CaO 系统中，$r_{Mg^{2+}} = 0.072nm$，$r_{Ca^{2+}} = 0.10nm$，计算此值为 28%，因此，在 MgO-CaO 系统只能形成有限置换型固溶体（仅在高温下有少量固溶）。

（3）如 $\left| \dfrac{r_1 - r_2}{r_1} \right| > 30\%$，则该系统不可能或很难形成固溶体。

在硅酸盐材料中多数离子晶体是金属氧化物，形成固溶体主要是阳离子之间的取代，因此，阳离子半径的大小直接影响了离子晶体中正负离子的结合能，从而，对固溶的程度和固溶体的稳定性产生影响。

3.2.3.2 离子晶体的结构类型

能否形成连续固溶体，晶体结构类型十分重要，在形成连续固溶体的二元系统中，两个组分必须具有相同的结构类型。在下列二元系统中，MgO-NiO、$Al_2O_3-Cr_2O_3$、ThO_2-UO_2、$Mg_2SiO_4-Fe_2SiO_4$ 等，都能形成连续固溶体，其主要原因之一是这些二元系统中两个组分具有相同的晶体结构类型。又如 $PbZrO_3-PbTiO_3$ 系统中，Zr^{4+} 与 Ti^{4+} 半径分别为 0.072nm 和 0.061nm，$(0.072 - 0.061)/0.072 = 15.28\% > 15\%$，由于相变温度以上，任何锆钛比下，立方晶系的结构是稳定的，虽然半径之差略大于 15%，但它们之间仍然能形成连续置换型固溶体 $Pb(Zr_xTi_{1-x})O_3$。又如 Fe_2O_3 和 Al_2O_3 两者的半径差计算为 18.4%，虽然它们都是刚玉型结构，但它们也只能形成有限置换型固溶体。但是在复杂构造的石榴子石 $Ca_3Al_2(SiO_4)_3$ 和 $Ca_3Fe_2(SiO_4)_3$ 中，它们的晶胞比刚玉晶胞大八倍，对离子半径差的宽容性就提高，因而在石榴子石中 Fe^{3+} 和 Al^{3+} 能连续置换。由以上分析可见，晶体结构相同是生成连续置换型固溶体的必要条件，结构不同最多只能生成有限固溶体。

3.2.3.3　离子电价

只有离子价相同或离子价总和相等时才能形成连续置换型固溶体。如 MgO－NiO、Al_2O_3－Cr_2O_3 等系统都是单一离子电价相等相互取代以后形成连续固溶体；如果取代离子价不同，则要求用两种以上不同离子组合起来满足电中性取代的条件也能形成连续固溶体。

如天然矿物钙长石 $Ca[Al_2Si_2O_8]$ 和钠长石 $Na[AlSi_3O_8]$ 所形成的固溶体，其中一个 Al^{3+} 代替一个 Si^{4+}，同时一个 Ca^{2+} 取代一个 Na^+，即 $Ca^{2+} + Al^{3+} = Si^{4+} + Na^+$，使结构内总的电中性得到满足。又如 $PbZrO_3$ 和 $PbTiO_3$ 是 ABO_3 型钙钛矿结构，可以用众多离子价相等而半径相差不大的离子去取代 A 位上的 Pb 或 B 位上的 Zr、Ti，从而制备一系列具有不同性能的复合钙钛矿型压电陶瓷材料。

3.2.3.4　电负性

离子电负性对固溶体及化合物的生成有一定影响。电负性相近，有利于固溶体的生成，电负性差别大，倾向于生成化合物。达肯（Darkon）等曾将电负性和离子半径分别作为坐标轴，取溶质与溶剂半径之差为±15%作为椭圆的一个横轴，又取电负性之差±0.4 为椭圆的另一个轴，画一个椭圆。发现在这个椭圆内的系统，65%是具有很大的固溶度，而椭圆外的85%系统固溶度小于5%。因此，电负性之差在±0.4 之内是衡量固溶度大小的边界，即电负性差值大于0.4，生成固溶体的可能性小。

3.2.4　组分缺陷

置换型固溶体可以有等价置换和不等价置换之分，在不等价置换的固溶体中，为了保持晶体的电中性，必然会在晶体结构中产生组分缺陷。即在原来结构的结点位置产生空位，也可能在原来没有结点的位置嵌入新的结点。组分缺陷仅发生在不等价置换固溶体中，其缺陷浓度取决于掺杂量和固溶度。

不等价置换固溶体中，可能出现的四种组分缺陷分别为：

（1）高价阳离子置换低价阳离子，阴离子进入间隙或阳离子出现空位

例如：
$$Al_2O_3 \xrightarrow{MgO} 2Al_{Mg}^{\bullet} + V_{Mg}'' + 3O_O \tag{3-25}$$

$$Al_2O_3 \xrightarrow{MgO} 2Al_{Mg}^{\bullet} + O_i'' + 2O_O \tag{3-26}$$

（2）低价阳离子置换高价阳离子，阴离子出现空位或阳离子进入间隙

例如：
$$CaO \xrightarrow{ZrO_2} Ca_{Zr}'' + V_O^{\bullet\bullet} + O_O \tag{3-27a}$$

$$2CaO \xrightarrow{ZrO_2} Ca_{Zr}'' + Ca_i^{\bullet\bullet} + 2O_O \tag{3-27b}$$

不等价置换产生组分缺陷其目的是为了制造不同材料的需要，由于产生空位或间隙使晶格显著畸变，使晶格活化，材料制造工艺上常用来降低难熔氧化物的烧结温度。如在烧制 Al_2O_3 陶瓷时，外加 1%~2%TiO_2 使烧结温度降低近 300℃；又如 ZrO_2 材料中加入少量 CaO 作为晶型转变稳定剂，使 ZrO_2 晶型转化时体积效应减少，提高了 ZrO_2 材料的热稳定性。在半导体材料的制造中，则普遍利用不等价掺杂产生补偿电子缺陷，形成 n 型半导体或 p 型半导体。

3.2.5 填隙型固溶体

当半径较小的外来杂质原子进入晶格的间隙位置内，这样形成的固溶体称为填隙型固溶体，其固溶度都有限。这种类型的固溶体，在金属系统中比较普遍。

3.2.5.1 形成填隙型固溶体的条件

填隙型固溶体的固溶度仍然取决于离子尺寸、离子价、电负性、结构等因素。

(1) 溶质原子的半径小和溶剂晶格结构空隙大容易形成填隙型固溶体。例如面心立方结构 MgO，只有四面体空隙可以利用；在 TiO_2 晶格中还有八面体空隙可以利用；在 CaF_2 型结构中则有配位数为 8 的较大空隙存在；再如骨架状硅酸盐沸石结构中的空隙就更大。因此在以上这几类晶体中形成填隙型固溶体的次序由易到难是沸石 > CaF_2 > TiO_2 > MgO。

(2) 形成填隙型固溶体也必须保持结构中的电中性。一般可以通过形成空位或补偿电子缺陷及复合阳离子置换来达到。例如硅酸盐结构中嵌入 Be^{2+}、Li^+ 等离子时，正电荷的增加往往被结构中 Al^{3+} 替代 Si^{4+} 所平衡：$Be^{2+} + 2Al^{3+} = 2Si^{4+}$。

形成填隙式固溶体，一般都使晶格常数增大，增加到一定的程度后，使固溶体变成不稳定而离解，因此填隙型固溶体不可能是连续固溶体，而只能是有限固溶体。晶体中间隙是有限的，容纳杂质质点的能力 ≤10%。

3.2.5.2 填隙型固溶体实例

(1) 原子填隙：金属晶体中，原子半径较小的 H、C、B 元素易进入晶格间隙中形成填隙型固溶体。钢就是碳在铁中的填隙型固溶体。

(2) 阳离子填隙：将 CaO 加入 ZrO_2 中，当 CaO 加入量小于 0.15 时，在 1800℃ 高温下发生下列反应：

$$2CaO \xrightarrow{\quad ZrO_2 \quad} Ca''_{Zr} + Ca_i^{\bullet\bullet} + 2O_O \tag{3-28}$$

(3) 阴离子填隙：将 YF_3 加入到 CaF_2 中，形成 $(Ca_{1-x}Y_x)F_{2+x}$ 固溶体，其缺陷反应式为：

$$YF_3 \xrightarrow{\quad CaF_2 \quad} Y_{Ca}^{\bullet} + F_i' + 2F_F \tag{3-29}$$

在矿物学中，置换型固溶体常被看作是**类质同象（类质同晶）**的同义词，其定义为：物质结晶时，其晶体结构中原有离子或原子的配位位置被介质中部分性质相似的它种离子或原子所占有，共同结晶成均匀的呈单一相的混合晶体，但不引起键性和晶体结构发生质变的现象。显然，与类质同象概念相同的只是固溶体中的置换型，而并不包括填隙式固溶体。

3.2.6 形成固溶体后对晶体性质的影响

固溶体可以看作是含有杂质原子或离子的晶体，这些杂质原子的进入使基质晶体的性质（晶格常数、密度、电性能、光学性能、机械性能）发生很大的变化，这为研究新型材料提供了一个广阔的天地。

3.2.6.1 稳定晶格，防止晶型转变的发生

(1) 形成固溶体往往能阻止某些晶型转变的发生，所以有稳定晶格的作用。$PbTiO_3$ 和 $PbZrO_3$ 都不是性能优良的压电陶瓷。$PbTiO_3$ 是一种铁电体，但纯的 $PbTiO_3$ 烧结性很差，在烧结过程中晶粒长得大，晶粒之间结合力很差，居里点为 490℃。发生相变时，一般在

常温下发生开裂，所以没有纯的 $PbTiO_3$ 陶瓷。$PbZrO_3$ 是一种反铁电体，居里点为 230℃。利用它们结构相同，Zr^{4+}、Ti^{4+} 离子尺寸相差不多的特性，能生成连续型固溶体——$Pb(Zr_xTi_{1-x})O_3$，$x = 1 \sim 3$。随着组成的不同，在常温下有不同晶体结构的固溶体，而在斜方铁电体和四方铁电体的边界组成 $Pb(Zr_{0.54}Ti_{0.46})O_3$ 处，压电性能、介电常数都达到极大值，得到了优于纯粹 $PbTiO_3$ 和 $PbZrO_3$ 的陶瓷材料，其烧结性能也很好，这种陶瓷被命名为 PZT 陶瓷。

（2）ZrO_2 是一种高温耐火材料，熔点 2680℃，但发生由单斜 $\xrightarrow{1200℃}$ 四方相的晶型转变时，伴随很大的体积收缩，这对高温结构材料是致命的。若加入 CaO，则它和 ZrO_2 形成固溶体，无晶型转变，使体积效应减小，使 ZrO_2 成为一种很好的高温结构材料。

3.2.6.2　活化晶格

形成固溶体后，能起到活化晶格的作用，因为此时晶格结构有一定畸变而处于高能量的活化状态，有利于促进扩散、固相反应、烧结等过程的进行。例如，Al_2O_3 熔点高（2050℃），不利于烧结，若加入 TiO_2，可使烧结温度下降到 1600℃，这是因为 Al_2O_3 与 TiO_2 形成固溶体，Ti^{4+} 置换 Al^{3+} 后，$Ti_{Al}^{\cdot}$ 带正电，为平衡电价，产生正离子空位，加快了 Al^{3+} 离子的扩散，有利于烧结进行。

3.2.6.3　固溶强化

固溶体的强度与硬度往往高于各组元，而塑性则较低，这种现象称为**固溶强化**。强化的程度和效果不仅取决于它的成分，还取决于固溶体的类型、结构特点、固溶度、组元原子半径差等一系列因素。

一般而言，间隙型溶质原子的强化效果一般要比置换型溶质原子更显著。这是因为间隙型原子往往择优分布在位错线上，形成间隙原子"气团"，将位错牢牢地钉扎住，从而造成强化。相反，置换型溶质原子往往均匀分布在点阵内，虽然由于溶质和溶剂原子尺寸不同，造成点阵畸变，从而增加位错运动的阻力，但这种阻力比间隙原子气团的钉扎力小得多，因而强化作用也小得多。显然，溶质和溶剂原子尺寸相差越大或固溶度越小，固溶强化越显著。

3.2.6.4　固溶体对材料物理性质的影响

固溶体的电学、气学、磁学等物理性质也随成分而连续变化，但一般都不是线性关系。

3.3　非化学计量化合物

在普通化学中，定比定律认为，化合物中不同原子的数量要保持固定的比例。但在实际化合物中，有一些并不符合定比定律，正负离子的比例并不是一个简单的固定比例关系，这些化合物称为**非化学计量化合物**（nonstoichiometric compounds）。这是一种由于在组成上偏离化学计量而产生的缺陷。

3.3.1　阴离子缺位型

从化学计量观点看，在 TiO_2 晶体中，Ti : O = 1 : 2，但由于环境中氧不足，晶体中的氧可以逸出到大气中，这时晶体中出现氧空位，使金属离子与化学式比较显得过剩。从化学观点看，缺氧的 TiO_2 可以看作是四价钛和三价钛氧化物的固溶体，其缺陷反应如下：

$$2Ti_{Ti} + 4O_O \longrightarrow 2Ti'_{Ti} + V_O^{\bullet\bullet} + 3O_O + \frac{1}{2}O_2 \uparrow \tag{3-30}$$

式中，Ti'_{Ti} 是三价钛位于四价钛的位置，这种离子变价现象总是和电子相联系的。Ti^{4+} 获得电子而降价为 Ti^{3+}。此电子并不是在一个特定的钛离子上，而是容易从一个位置迁移到另一个位置。更确切地说，可把这个电子看作是在氧离子空位的周围，束缚了过剩电子，以保持电中性，如图 3-8 所示。因为氧空位是带正电的，在氧空位上束缚了两个自由电子，这种电子如果与附近的 Ti^{4+} 相联系，Ti^{4+} 就变成 Ti^{3+}。这些电子并不属于某一个固定的 Ti^{4+}，在电场作用下，它可以从这个 Ti^{4+} 位置迁移到邻近的另一个 Ti^{4+} 上，而形成电子导电，所以具有这种缺陷的材料，是一种 n 型半导体。

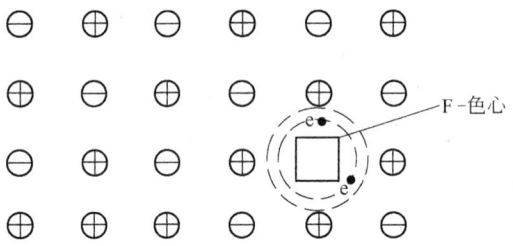

图 3-8　TiO_{2-x} 结构缺陷示意图

上面的缺陷反应式可以简化为下式：

$$O_O \longrightarrow V_O^{\bullet\bullet} + \frac{1}{2}O_2 \uparrow + 2e' \tag{3-31}$$

式中，$e' = Ti'_{Ti}$。根据质量作用定律，平衡时：

$$K = \frac{[V_O^{\bullet\bullet}][p_{O_2}]^{\frac{1}{2}}[e']^2}{[O_O]} \tag{3-32}$$

如果晶体中氧离子的浓度基本不变，由晶体电中性条件：$2[V_O^{\bullet\bullet}] = [e']$，则

$$[V_O^{\bullet\bullet}] \propto p_{O_2}^{-\frac{1}{6}} \tag{3-33}$$

这说明氧空位的浓度与氧分压的 1/6 次方成反比。所以 TiO_2 材料如金红石质电容器在烧结时对氧分压是十分敏感的，如在强氧化气氛中烧结，获得金黄色介质材料；如氧分压不足，$[V_O^{\bullet\bullet}]$ 增大，烧结得到灰黑色的 n 型半导体。

3.3.2　阳离子填隙型

具有这种缺陷的结构如图 3-9 所示。$Zn_{1+x}O$ 和 $Cd_{1+x}O$ 属于这种类型。过剩的金属离子进入间隙位置，它是带正电的，为了保持电中性，等价的电子被束缚在间隙正离子周围，这也是一种色心，如 ZnO 在锌蒸气中加热，颜色会逐渐加深，就是形成这种缺陷的缘故。

缺陷反应式如下：

$$ZnO \longrightarrow Zn_i^{\bullet\bullet} + 2e' + \frac{1}{2}O_2 \uparrow \tag{3-34}$$

$$ZnO \longrightarrow Zn_i^{\cdot} + e' + \frac{1}{2}O_2 \uparrow \qquad (3-35)$$

以上两个缺陷反应都是正确的。但实验证明,氧化锌在锌蒸气中加热时,单电荷间隙锌的方程是可行的。反应式(3-35)还可写为:

$$Zn(g) \Longrightarrow Zn_i^{\cdot} + e' \qquad (3-36)$$

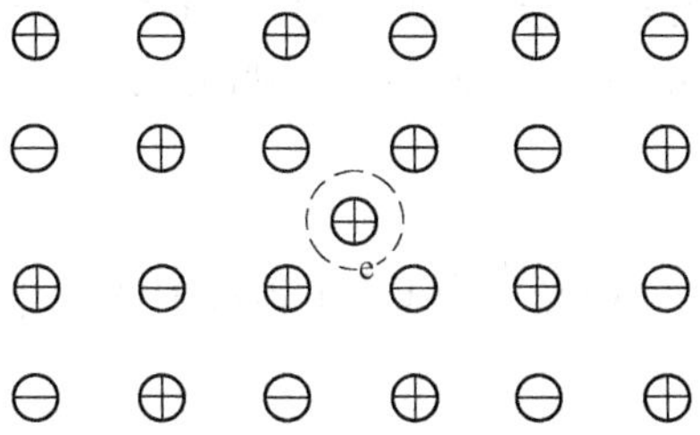

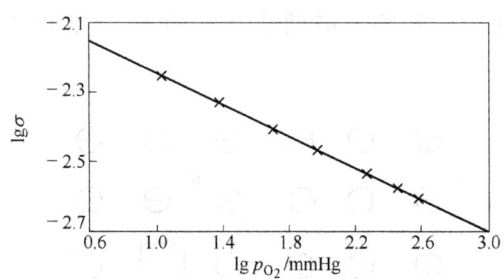

图 3-9   由于间隙阳离子使金属离子过剩型结构

根据质量作用定律:

$$K = \frac{[Zn_i^{\cdot}][e']}{p_{Zn}} \qquad (3-37)$$

在平衡时,$[Zn_i^{\cdot}] = [e']$,将此关系代入上式得间隙锌离子浓度与锌蒸气压的关系为:

$$[Zn_i^{\cdot}] \propto p_{Zn}^{\frac{1}{2}} \qquad (3-38)$$

与上述反应同时进行的还有氧化反应

$$Zn(g) + \frac{1}{2}O_2 \Longrightarrow ZnO \qquad (3-39)$$

$$p_{Zn} \propto p_{O_2}^{-\frac{1}{2}} \qquad (3-40)$$

因此,Zn 不完全电离时,$[e'] \propto p_{O_2}^{-\frac{1}{4}}$。实测 ZnO 电导率与氧分压的关系,证实这种单电荷间隙锌的模型,如图 3-10 所示。

图 3-10   在 650℃下,氧化锌电导率 σ 与氧分压 p_{O_2}(mmHg)的关系

(1mmHg = 0.1kPa)

3.3.3   阴离子填隙型

具有这种缺陷的结构如图 3-11 所示。目前只发现 UO_{2+x} 有这种缺陷产生。它可以看作是 U_2O_5 在 UO_2 中的固溶体。为了保持电中性,结构中出现电子空穴,相应的正离子升价。电子空穴也不局限于特定的正离子,它在电场的作用下会运动。因此这种材料为 p 型半导体。

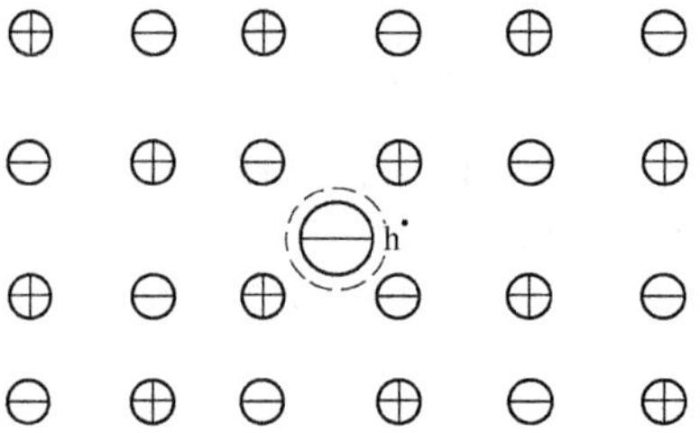

$$\oplus \quad \ominus \quad \oplus \quad \ominus \quad \oplus \quad \ominus$$

$$\ominus \quad \oplus \quad \ominus \quad \oplus \quad \ominus \quad \oplus$$

图 3-11　由于存在间隙阴离子，使阴离子过剩型结构缺陷

其缺陷反应为：

$$UO_3 \xrightarrow{UO_2} U_U^{\bullet\bullet} + 2O_O + O_i''$$

$$(3-41)$$

等价于：

$$\frac{1}{2}O_2 \longrightarrow O_i'' + 2h^{\bullet}$$

$$(3-42)$$

根据质量作用定律

$$K = \frac{[O_i''][h^{\bullet}]^2}{p_{O_2}^{1/2}}$$

$$(3-43)$$

由于 $[h^{\bullet}] = 2[O_i'']$，由此可得：

$$[O_i''] \propto p_{O_2}^{\frac{1}{6}}$$

$$(3-44)$$

随着氧分压的提高，间隙氧浓度增大，这种类型的缺陷化合物是 p 型半导体。

3.3.4　阳离子缺位型

$Cu_{2-x}O$ 和 $Fe_{1-x}O$ 属于这种类型，如图 3-12 所示。为了保持电中性，在阳离子空位周围捕获电子空穴，因此，它也属于 p 型半导体。$Fe_{1-x}O$ 也可以看作是 Fe_2O_3 在 FeO 中的固溶体，为了保持电中性，三个 Fe^{2+} 被两个 Fe^{3+} 和一个空位所代替，可写成固溶式为 $(Fe_{1-x}Fe_{2/3x})O$。

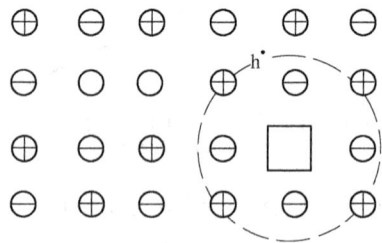

图 3-12　阳离子空位的存在，引起阴离子过剩型结构缺陷

其缺陷反应如下：

$$Fe_2O_3 \xrightarrow{FeO} 2Fe_{Fe}^{\bullet} + 3O_O + V_{Fe}''$$

$$(3-45)$$

或
$$2Fe_{Fe} + \frac{1}{2}O_2(g) \longrightarrow 2Fe_{Fe}^{\cdot} + O_O + V_{Fe}'' \tag{3-46}$$

上式等价于：
$$\frac{1}{2}O_2(g) \longrightarrow 2h^{\cdot} + O_O + V_{Fe}'' \tag{3-47}$$

由以上方程可见，铁离子空位 V_{Fe}'' 带负电，为了保持电中性，两个电子空穴被吸引到 V_{Fe}'' 周围，形成一种 V-色心。根据质量作用定律可得：
$$K = \frac{[O_O][V_{Fe}''][h^{\cdot}]^2}{p_{O_2}^{\frac{1}{6}}} \tag{3-48}$$

由于 $[O_O] \approx 1$，$[h^{\cdot}] = 2[V_{Fe}'']$，由此可得
$$[h^{\cdot}] \propto p_{O_2}^{\frac{1}{6}} \tag{3-49}$$

即随着氧分压增加，电子空穴浓度增大，电导率也相应升高。

3.3.5 非化学计量化合物的性质

由以上讨论可见，与其他缺陷比较起来，非化学计量化合物具有以下特点：

（1）非化学计量化合物的产生及其缺陷的浓度与气氛的性质及气压的大小有关，这是它与其他缺陷不同点之一。

（2）非化学计量化合物可以看成是变价元素中的高价态与低价态氧化物之间由于环境中氧分压的变化而形成的固溶体。

（3）缺陷浓度与温度有关，这点可以从平衡常数看出。随温度升高，缺陷浓度增加。

（4）非化学计量化合物都是半导体。这为制造半导体元件开辟了一个新途径，半导体材料分为两大类：一是掺杂半导体，如 Si、Ge 中掺杂 B、P，Si 中掺 P 为 n 型半导体；二是非化学计量化合物半导体，即上面所介绍的这几类。

3.4 位 错

晶体中的线缺陷（line defects）是各种类型的位错。其特点是原子发生错排的范围，在一维方向上尺寸较大，而另外二维方向上尺寸较小，是一个直径在 3~5 个原子间距、长几百到几万个原子间隙的管状原子畸变区域。虽然位错种类很多，但最简单、最基本的类型有两种：一种是刃形位错，另一种是螺位错。位错是一种极为重要的晶体缺陷，对材料强度、塑性变形、扩散、相变等影响显著。

3.4.1 位错的概念

实际晶体在结晶时，受到杂质、温度变化或振动产生的应力作用或晶体由于受到打击、切割等机械应力作用，使晶体内部原子排列变形，原子行列间相互滑移，不再符合理想晶体的有序排列，形成线状缺陷，这种线状缺陷称为**位错**（dislocation）。位错在三维空间两个方向上尺寸很小，另外一个方向上延伸较长。

位错的概念是人们根据塑性变形的理论推断出来的。早在 1920 年前后，科学家在研究晶体的塑性变形时，建立了完整晶体塑性变形——滑移模型，并根据这个模型计算出晶

体的理论强度。但是很快就发现,这种理论强度比实测强度高出几个数量级。1934 年,人们根据这种理论与实际强度的差异,提出关于晶体缺陷的设想,并提出线缺陷(位错)的模型,认为晶体是通过位错的运动进行滑移的。到 1956 年在电子显微镜下观察到位错的形态及运动,有关位错的理论越来越多地被实验所证明,位错理论开始被广泛接受与应用。如今,位错理论已成为研究晶体力学性质和塑性变形的理论基础,比较成功地、系统地解释了晶体的屈服强度、加工硬化、合金强化、相变强化以及脆性、断裂和蠕变等晶体强度理论中的重要问题。

3.4.2 完整晶体的塑性变形方式

位错理论是在研究晶体的塑性和强度等理论中提出和发展起来的。位错的行为也始终与晶体的塑性变形方式联系在一起。因此在介绍位错知识之前,先对完整晶体的塑性变形方式作一简单介绍。

3.4.2.1 滑移

在外力作用下,晶体的一部分相对于另一部分,沿着一定晶面的一定晶向发生平移,使晶体面上的原子从一个平衡位置平移到另一个平衡位置,此过程称为**滑移**。与此同时,晶体发生了塑性变形,如图 3-13 所示。由图可见,在滑移过程中,晶体的位向不发生变化,滑移与未滑移部分保持位向一致。每次滑移的距离都是晶体在滑移方向上原子间距的整数倍。每进行一次滑移,都在晶体表面形成一个小台阶。

当单晶试棒所受拉伸应力超过弹性变形范围后,试棒除了变细变长外,在试棒表面上出现了许多与拉伸方向成 45°角的条纹。在电子显微镜下观察,可以看到每个这样的条纹都是由一组细小条纹组成的。每个细小条纹是一个小台阶,称为**滑移线**。一组细小条纹(即滑移线)构成一个**滑移带**,如图 3-14 所示。

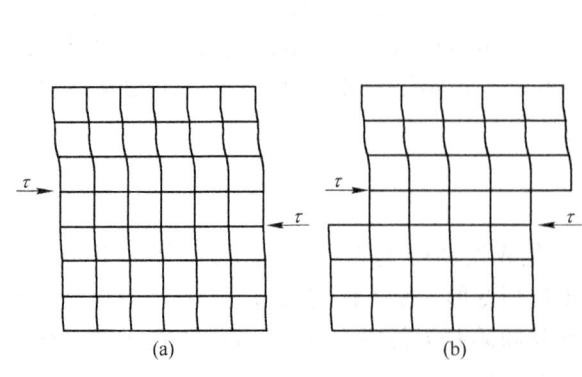

图 3-13 外力作用下晶体滑移示意图
(a) 滑移前;(b) 滑移后

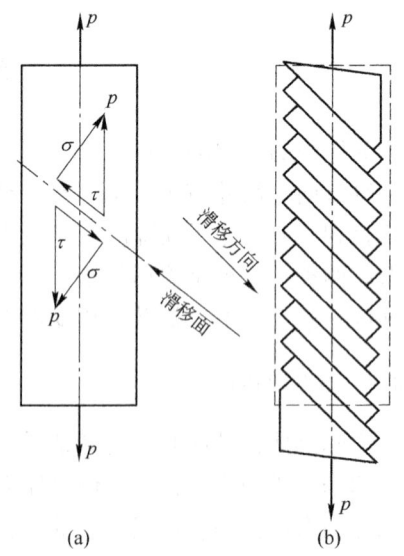

图 3-14 单晶试棒在拉伸应力作用下的变形
(a) 变形前;(b) 变形后

晶体的滑移往往是在最密排晶面（称为**滑移面**）的最密排方向（称为**滑移方向**）上进行的。这是因为，在晶体中，越是密排的晶面，面间距越大，晶面间原子结合力越小；越是密排的晶向，滑移的矢量越小，滑移就越容易进行。一个滑移面和该面上一个确定的滑移方向，构成一个**滑移系**，以 $(hkl)[uvw]$ 来表示，晶体中滑移系越多，在外力作用下，晶体越容易产生滑移。面心立方金属，如铜、金、银具有 12 个滑移系，易滑移而产生塑性变形。离子晶体滑移系较少，常表现出脆性。

3.4.2.2 孪生

晶体塑性变形的另一种机制是**孪生**，即在外力作用下，晶体的一部分相对于另一部分，沿着一定的晶面与晶向发生切变，切变之后，两部分晶体的位向以切变面为镜面呈对称关系。发生切变的晶面和方向分别叫**孪晶面**和**孪生方向**。变形后发生切变的部分和与其呈镜面对称的部分构成**孪晶**，其界面构成共格界面，如图 3-15 所示。

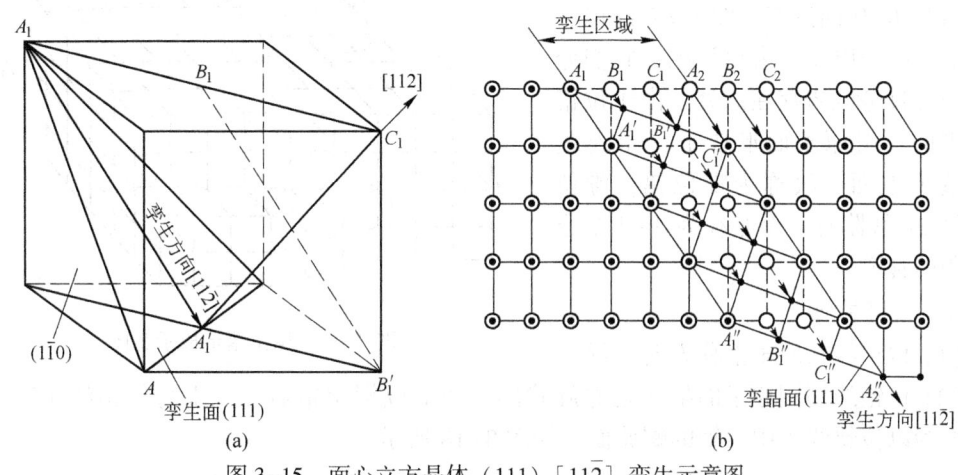

(a)   (b)

图 3-15　面心立方晶体 $(111)[11\bar{2}]$ 孪生示意图

（a）孪生面、孪生方向的方位；（b）$(1\bar{1}0)$ 晶面：孪生过程中 (111) 晶面的移动情况

3.4.3　位错的基本类型

晶体在不同的应力状态下，其滑移方式不同。根据原子的滑移方向和位错线取向的几何特征不同，位错分为**刃位错、螺位错**和**混合位错**。

3.4.3.1　刃位错

A　刃位错的产生

晶体在大于屈服值的切应力 τ 作用下，以 $ABCD$ 面为滑移面发生滑移如图 3-16 所示。$EFGH$ 左侧已发生了相对滑移，右侧尚未滑移。$EFGH$ 面相当于终止于晶体内部的半个原子面，其下边 EF 线是晶体已滑移部分与未滑移部分的交线，此即位错。由于 EF 线犹如砍入晶体的一把刀的刀刃，故称之为刃位错（或棱位错）。实际上，位错线不只是一列原子，而是以 EF 线为

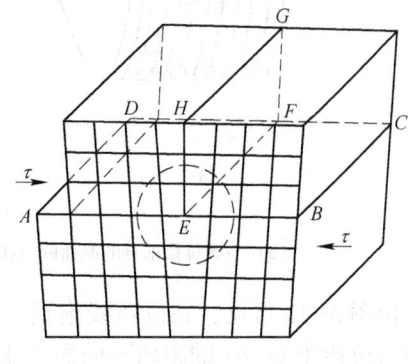

图 3-16　刃位错示意图

中心的一个管道，其直径一般为3~4个原子间距，在此范围内，原子位置有较大畸变。

　　B　几何特征

　　（1）刃位错的几何特征是位错线与原子滑移方向（即伯氏矢量 **b**）相垂直。

　　（2）滑移面上部位错线周围原子受压应力作用，原子间距小于正常晶格间距。

　　（3）滑移面下部位错线周围原子受张应力作用，原子间距大于正常晶格间距。

　　如果半个原子面在滑移面上方，称为正刃位错，以符号"⊥"表示；反之称为负刃位错，以符号"⊤"表示。符号中水平线代表滑移面，垂直线代表半个原子面。

3.4.3.2　螺位错

　　A　螺位错的产生

　　如图3-17所示，晶体在外加切应力 τ 作用下（施力方式与刃位错中不同），沿 $ABCD$ 面滑移，图中 EF 线以右为已滑移区，以左为未滑移区，它们分界的地方就是位错存在之处。由于位错线周围的一组原子面形成了一个连续的螺旋形坡面，故称为螺位错。螺位错也是 EF 线附近一个半径为3~4个原子间距的管道。

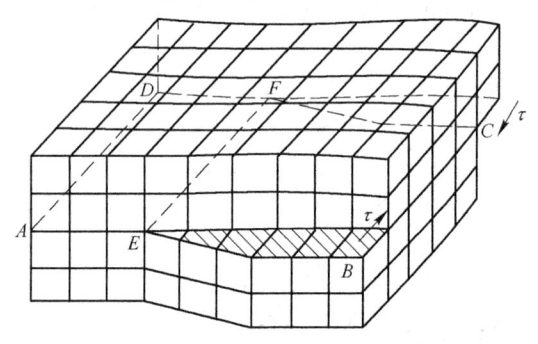

图3-17　螺位错形成示意图

　　B　几何特征

　　（1）位错线与原子滑移方向平行。

　　（2）位错线周围原子的配置是螺旋状的，即形成螺位错后，原来与位错线垂直的晶面，变为以位错线为中心轴的螺旋面，如图3-18所示。

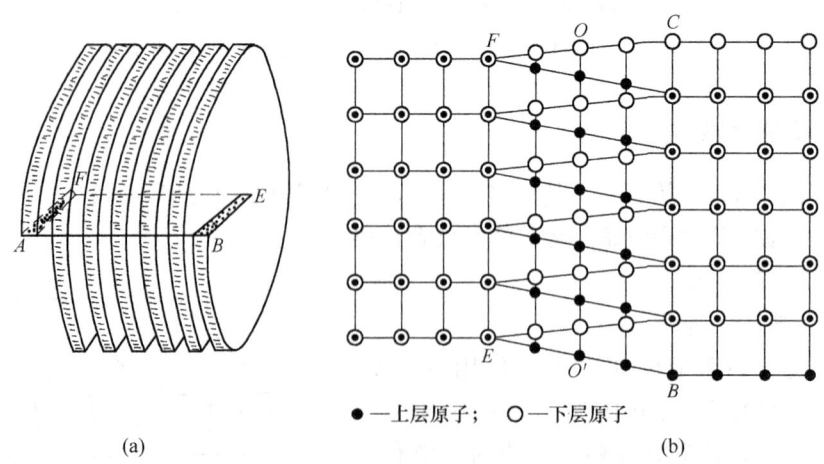

|　　　　　　（a）　　　　　　|　　　　　　（b）　　　　　　|

●—上层原子；　○—下层原子

图3-18　螺位错

（a）与螺位错垂直的晶面的形状；（b）螺位错滑移面两侧晶面上原子的滑移情况

　　由图3-18可见，在位错线附近，滑移面上下两个原子面上的原子相对滑移的距离，随着与位错中心 OO' 的距离不同而变化，如图3-18（b）所示。距离位错中心大约3~4个原子间距的地方，原子从一个平衡位置移动到另一个平衡位置。此范围以外，原子位于正常格点上。

螺位错有左、右旋之分，当螺旋线旋转前进符合左手定则的为左型螺位错，用符号"$\widehat{\bullet}$"表示，符合右手定则的为右型螺位错，用符号"$\widehat{\bullet}$"表示。

3.4.3.3 混合位错

如果在外力 τ 作用下，两部分之间发生相对滑移，在晶体内部已滑移部分和未滑移部分的交线既不垂直也不平行滑移方向（伯氏矢量 b），这样的位错称为混合位错，如图 3-19 所示。位错线上任一点，经矢量分解后，可分解为刃位错与螺位错分量。

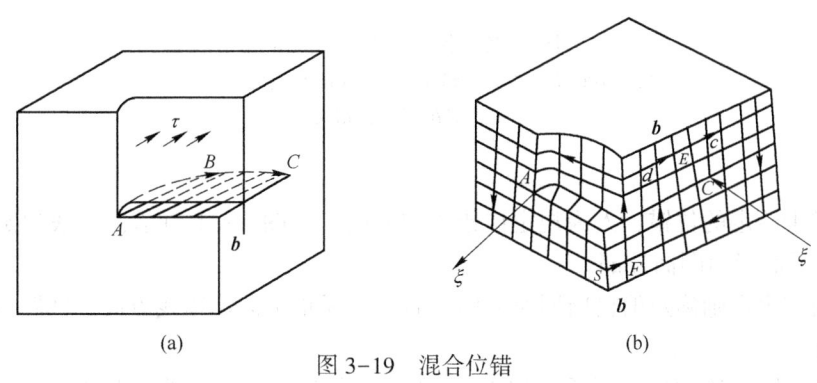

图 3-19　混合位错

（a）混合位错的形成；（b）混合位错分解为刃位错与螺位错示意图

3.4.4　位错的伯格斯矢量

位错线在几何上有两个特征：一是位错线的方向 ξ，它表明给定点上位错线的取向，由人们的观察方位来决定，是人为规定的；二是位错线的伯格斯矢量（Bargres Vector）b，它表明晶体中有位错存在时，滑移面一侧质点相对于另一侧质点的相对位移或畸变，由伯格斯于 1939 年首先提出，故称为伯格斯矢量，简称为**伯氏矢量**。伯氏矢量 b 的大小表征了位错的单位滑移距离，其方向与滑移方向一致，由伯格斯回路来确定。

3.4.4.1　位错线与伯格斯矢量的关系

伯氏矢量与位错线的取向关系标志着位错的性质或类型。

A　刃位错

刃位错的伯氏矢量与位错线垂直，即 $b \cdot \xi = 0$。由此可以推断，刃位错可以是任意形状，但与刃位错相联系的半个原子面一定是平面，或者说一根刃位错线一定在同一平面上。如图 3-20 所示。

B　螺位错

螺位错的伯格斯矢量与位错线平行，故螺位错线是一条直线，并且，$b \cdot \xi = b$ 时为右型螺位错；$b \cdot \xi = -b$ 时为左型螺位错。而混合位错的伯氏矢量既不平行也不垂直于位错线，故混合位错是由刃位错与螺位错叠加而成。

3.4.4.2　伯格斯矢量的确定及表示

A　确定伯格斯矢量的步骤

伯格斯最早拟定了用点阵回路确定位错的伯格斯矢量的方法，这个点阵回路即为伯格斯回路。即在晶体中包围位错线的某个晶面上，按照一定的规律所走的一个回路。具体步

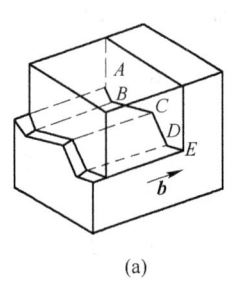 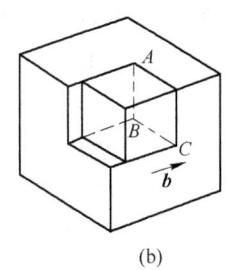 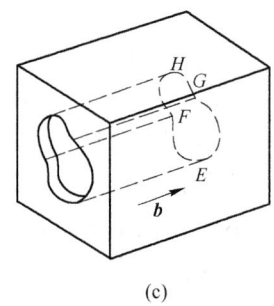

　　　　　　　　（a）　　　　　　　　　　　　（b）　　　　　　　　　　　　（c）

图 3-20　各种形状的刃位错

（a）*ABCDE* 折线是位错线；（b）*ABC* 折线是位错线；

（c）*EFHG* 环是位错线

骤如下：

　　（1）对于给定的位错，人为规定位错线的方向。如图 3-21 所示，一般规定位错线的方向为垂直纸面指向图面外部。

　　（2）用右手定则确定伯格斯回路方向。右手大拇指指向位错线方向，回路方向按右手螺旋方向确定。

　　（3）从实际晶体中任一原子（如 *M* 为起点）出发，避开位错附近的严重畸变区作一闭合回路 *MNOPQ*，回路每一步连接相邻原子，按同样方法在完整晶体中做同样的回路，步数、方向与上述回路一致，这时终点 *Q* 与起点 *M* 不重合，由终点 *Q* 到起点 *M* 引一条矢量 *QM* 即为伯氏矢量 *b*。伯氏矢量与起点选择无关，也与路径无关。图 3-21 示出了刃位错的伯氏矢量的确定方法与过程。

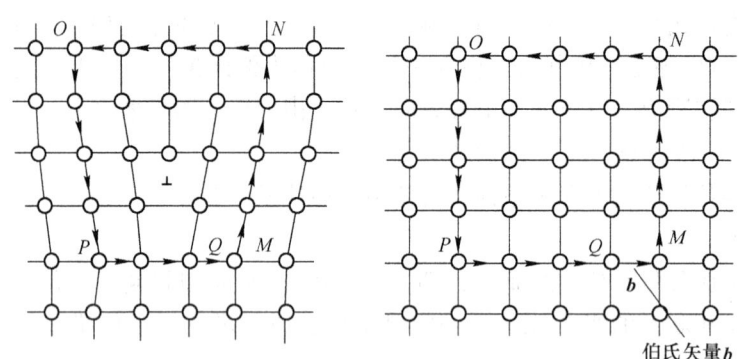

图 3-21　简单立方结构中围绕刃位错的伯格斯回路

　　B　伯氏矢量的表示办法

　　位错的伯氏矢量，即位错的单位滑移矢量。滑移矢量是指晶体滑移过程中，在滑移面的滑移方向上，任一原子从一个位置指向另一个位置所引出的矢量。

　　伯氏矢量的大小和方向可以用它在晶轴上的分量，即用点阵矢量 *a*、*b*、*c* 来表示，对于立方晶系的晶体，一定的伯氏矢量，可以用一个特定的符号 $\boldsymbol{b} = \dfrac{a}{n}[uvw]$ 来表示。其中 n 为正整数，$[uvw]$ 表示矢量的方向，它与表示晶体滑移方向的晶向符号相同。

3.4.4.3 伯氏矢量的守恒性

用伯格斯回路确定位错的伯氏矢量时，无论所作回路的大小、形状、位置如何变化，只要它没有包围其他的位错线，则所得伯氏矢量是一定的。即对一条位错线而言，其伯氏矢量是固定不变的，此即位错的伯氏矢量守恒性。由此可引出两条推论：

(1) 一条位错线只有一个伯氏矢量。

(2) 如果几条位错线在晶体内部相交（交点称为节点），则其中任一位错的伯氏矢量，等于其他各位错的伯氏矢量之和。

3.4.4.4 位错线的连续性及位错密度

A 位错线的连续性

位错线不可能中断于晶体内部。在晶体内部，位错线要么自成环状回路，要么与其他位错相交于节点，要么穿过晶体终止于晶界或晶体表面。此性质称为**位错线的连续性**。

B 位错密度

位错密度是衡量晶体中位错的多少、单晶质量的好坏、晶体变形性大小的一个物理量。定义单位体积内位错线的总长度为位错密度 ρ（单位为 cm^{-2}），即：

$$\rho = \frac{L}{V} \tag{3-50}$$

式中，L 为位错线总长度；V 为晶体体积。

若位错线是直线，而且是平行的从晶体一面到另一面，则位错密度等于垂直于位错线的单位截面积中穿过的位错线的数目，即：

$$\rho = \frac{nl}{Sl} = \frac{n}{S} \tag{3-51}$$

式中，l 为晶体长度；n 为位错线数目；S 为晶体截面面积。

晶体中的位错密度可以通过透射电镜、X 射线、金相显微镜或其他方法测得。一般退火金属晶体中 ρ 为 $10^4 \sim 10^8 cm^{-2}$ 数量级，经剧烈冷加工的金属晶体中，ρ 为 $10^{12} \sim 10^{14} cm^{-2}$。

3.4.5 位错的运动

晶体在外力作用下变形的过程，可以说是位错滑移区不断扩大的过程。这个过程是通过位错线的相应运动完成的。位错的运动包括位错的滑移和位错的攀移。

3.4.5.1 位错的滑移

位错滑移是指在外力作用下，位错线在其滑移面（即位错线和伯氏矢量 b 构成的晶面）上的运动，结果导致晶体永久变形。滑移是位错运动的主要方式。

A 位错滑移的机理

位错的滑移是通过位错线上的原子在外力作用下发生移动实现的。位错周围晶格畸变大，原子偏离平衡位置，在外力作用下很容易发生移动，这一性质称为**位错的易动性**。

a 刃位错的滑移

如图 3-22 所示，对含有刃位错的晶体施加切应力 τ，切应力方向平行于伯氏矢量。位错周围原子只要移动一个很小距离，就可使位错从位置 Q 移动到位置 Q'。如果外力继续作用，位错将继续向前移动。这个模型，把滑移面上下两层晶面上原子的相对平移，简化为上下两列原子的相互平移。这样，位错在滑移时，并不像完整晶体的滑移一样，需要整排（代表整个晶面）的原子一起顺着外力方向移动一个原子间距，而是通过位错线或位错附近的原子逐个移动很小的距离完成。显然，推动一列原子比同时推动许多原子所需要的外力小得多；另外，推动一个位错线上的原子比推动一个处于平衡位置上的原子所需要的外力要小得多。使位错移动所需要的分切应力为：

$$\tau_c \approx \frac{2Gb}{L} \tag{3-52}$$

式中，G 为剪切模量；b 为伯氏矢量；L 为位错线的长度。

位错的滑移模型揭示了晶体的实际切变应力与晶体的理论切变强度相差悬殊的原因。

b 螺位错的滑移

螺位错在外力作用下的滑移过程如图 3-23 所示，在外力 τ 作用下，原子从虚线位置移动到实线位置，位错线从 EF 移动到 $E'F'$，完成了一步滑移。外力继续作用，位错线逐步向左移动，直到位错线到达晶体表面为止。

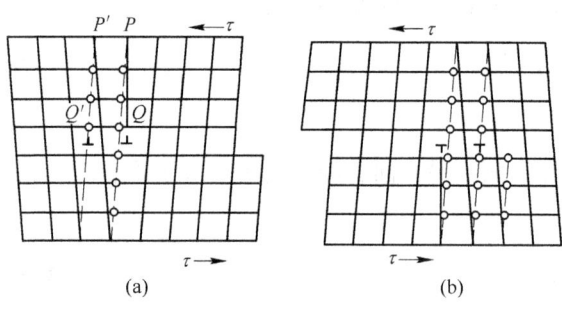

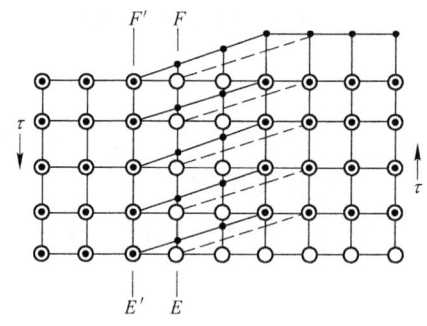

图 3-22 刃位错的滑移

（a）正刃位错滑移方向与外力方向相同；
（b）负刃位错滑移方向与外力方向相反

图 3-23 螺位错的滑移

斜虚线—滑移前；斜实线—滑移后；
◉—上层原子位置；○—下层原子位置

B 位 错 的 滑 移 特 点

a 位错滑移面与晶体滑移面的关系

位错滑移是在其滑移面上进行的。位错线与其伯氏矢量构成的晶面称为该**位错的滑移面**，也称为**可滑移面**。**晶体的滑移面**通常是指晶体中的原子密排面。在密排晶面上，位错的滑移容易进行。所以，晶体的滑移面又叫位错的易滑移面。位错的可滑移面与晶体的滑移面是有区别的，因为晶体中的位错线并不一定刚好在晶体的滑移面上。

刃位错的位错线与其伯氏矢量 b 垂直，它们只能构成一个晶面，因此，对于给定的刃位错，只有一个确定的可滑移面。如果这个可滑移面正好与晶体的滑移面重合，则滑移在很小的外力作用下便很容易进行；如果可滑移面不是晶体的滑移面，则需要较大的外力推动才能进行滑移。

螺位错的位错线与其伯氏矢量 b 平行，因此，由它们构成的位错的可滑移面有无限多个。但对于给定晶体，这些可滑移面中易滑移面仍是有限的，因此螺位错也只能在有限的晶面上滑移。

混合位错的滑移面就是位错线所在的晶面，即刃位错分量的可滑移面。

b 位错的滑移方向

不同类型的位错在外力作用下的滑移方向如图 3-24 所示。由图可见，位错线的滑移方向总是该位错的法线方向，即与位错线的切线垂直的方向；位错的伯氏矢量 b 总是平行于外力方向。

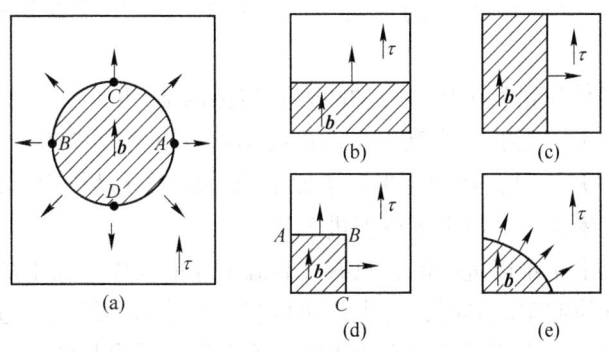

图 3-24 不同类型位错的滑移方向

（a）位错环；（b）正刃位错；（c）左螺形位错；（d）折线位错；（e）混合位错

综上所述，位错的滑移特征见表 3-4。

表 3-4 位错的滑移特征

类 型	伯氏矢量	位错线运动方向	晶体滑移方向	切应力方向	滑移面个数
刃位错	垂直于位错线	垂直于位错线本身	与 b 一致	与 b 一致	唯一
螺位错	平行于位错线	垂直于位错线本身	与 b 一致	与 b 一致	多个
混合位错	与位错线成一定角度	垂直于位错线本身	与 b 一致	与 b 一致	

3.4.5.2 位错的攀移

位错的攀移是指在热缺陷或外力作用下，位错线在垂直其滑移方向上的运动，结果导致晶体中空位或间隙质点的增殖或减少。刃位错除了滑移外，还可进行攀移运动。攀移的实质是多余半原子面的伸长或缩短。螺位错无多余半原子面，故无攀移运动。如图 3-25 所示，为位错的攀移情况。

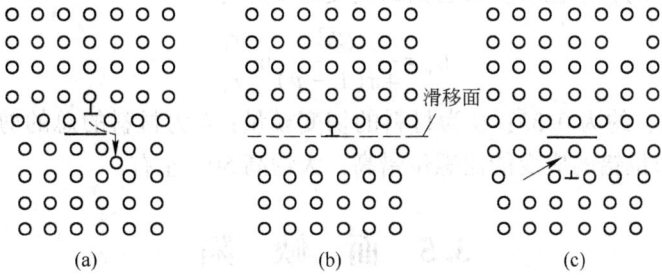

图 3-25 刃位错攀移示意图

（a）正攀移（半原子面缩短）；（b）未攀移；（c）负攀移（半原子面伸长）

位错攀移是靠原子或空位的转移来实现的。当原子从多余半原子面下端移到别处去，或空位从别处转移到半原子面下端时，位错线便向上攀移，即正攀移；反之，当原子从别处转移到多余半原子面下端，或空位从这里转移到别处去时，位错线就向下攀移，即负攀移。攀移矢量大小等于滑移面的面间距。

由于攀移是通过原子扩散而完成的，因此，不可能整条位错线同时攀移，只能一段一段（或者一个、几个原子）的逐段进行。这样，位错线在攀移过程中就会变成折线。

位错的攀移力（使位错发生攀移运动的力）包括两部分：

（1）化学攀移力 F_s，是指不平衡空位浓度施加给位错攀移的驱动力。

（2）弹性攀移力 F_c，是指作用于半原子面上的正应力分量作用下，刃位错所受的力。其中压应力能促进正攀移，拉应力则可促进负攀移。

位错攀移在低温下是难以进行的，只有在高温下才能发生。在单晶生长中常利用位错攀移来消灭空位。如拉制单晶硅时，首先高速拉制，使单晶中的空位过饱和，然后使生长的单晶逐渐变细，则多余半原子面与空位不断交换而逐渐退出晶体。

3.4.6 位错的能量

位错线周围的原子偏离了平衡位置，处于较高的能量状态，高出的能量称为**位错能**（或位错的应变能）。位错的能量是很高的，这就决定了位错在晶体中十分活跃，在降低体系自由能的驱动力作用下，将与其他位错、点缺陷等发生交互作用。从而对晶体性能产生重要影响。

位错周围原子偏离平衡位置的位移量很小，由此而引起的晶格应变属弹性应变，因此可用弹性力学的基本公式估算位错的应变能，但必须对晶体作如下简化：第一，忽略晶体的点阵模型，把晶体视为均匀的连续介质，内部没有间隙，晶体中应力、应变等参量变化是连续的，不成任何周期性；第二，把晶体看成各向同性，弹性模量不随方向而变化。根据以上假设，可推导出单位长度螺位错的应变能 U_S。

$$U_S = \frac{Gb^2}{4\pi}\ln\frac{r_1}{r_0} \qquad (3-53)$$

对于刃位错，其周围的应变情况比较复杂，应变能的估算比螺位错麻烦，不过，其结果与螺位错大致相同，单位长度刃位错的应变能 U_E 为：

$$U_E = \frac{Gb^2}{4\pi(1-\nu)}\ln\frac{r_1}{r_0} \qquad (3-54)$$

式中，ν 为泊松比，约为 0.33；G 为材料的切变模量；b 为材料的总的剪切变形量。由两式的比较可见，刃位错的应变能比螺位错高，大约高 50% 左右。

3.5 面 缺 陷

面缺陷（surface defects）是将材料分成若干区域的边界，每个区域内具有相同的晶体结构，区域之间有不同的走向，如表面、晶界、层错、孪晶面、相界面等。

3.5.1 晶界

晶界（grain boundary）也称为**位错界面**，晶界是化学与相组成相同，但取向不同的晶粒之间的界面。根据区域间取向的几何关系不同，界面分为位错界面、孪晶界面和平移界面。根据界面上质点排列情况不同有共格、半共格和非共格界面。

位错界面包括亚晶界和小角度晶界等。界面两侧的晶体取向差很小，可以通过相应的点阵旋转而相互重合。

3.5.1.1 小角度晶界

晶界的结构与性质与相邻晶粒的取向差有关，当取向差 $\theta < \theta_0$（$10° \le \theta_0 \le 15°$）时，称为**小角度晶界**；$\theta > \theta_0$（$10° \le \theta_0 \le 15°$）时称为**大角度晶界**。多晶材料中常存在大角度晶界，但晶粒内部的亚晶粒（单晶材料中取向差很小的晶粒称为**亚晶粒**，晶粒间的界面称为**亚晶界**，其 θ 通常为 $1°\sim5°$）之间则是小角度晶界。根据形成晶界时的操作不同，晶界分为**倾斜晶界**和**扭转晶界**。如图 3-26 所示。

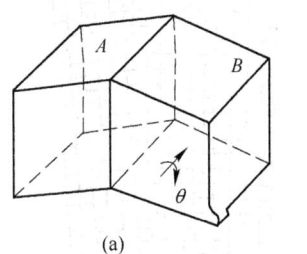 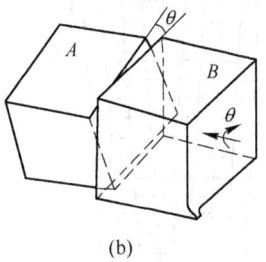

(a)   (b)

图 3-26 倾斜晶界与扭转晶界示意图

（a）倾斜晶界；（b）扭转晶界

小角度晶界的结构如下。

A 倾斜晶界的结构

（1）对称倾斜晶界。最简单的小角度晶界是对称倾斜晶界，如图 3-27 所示是简单立方结构晶体中界面为（100）面的倾斜晶界在（001）面上的投影，其两侧晶体的位向差为 θ，相当于相邻晶粒绕 [001] 轴反向各自旋转 $\theta/2$ 而成。这时晶界只有一个参数 θ，其几何特征是相邻两晶粒相对于晶界作旋转，转轴在晶界内并与位错线平行。为了填补相邻两个晶粒取向之间的偏差，使原子的排列尽可能接近原来的完整晶格，每隔几行就插入一片原子。因此，这种晶界的结构是由一系列平行等距离排列的同号刃位错所构成。位错间距离 D、伯氏矢量 $\boldsymbol{b}$ 与位向差 θ 之间满足下列关系：

$$\sin\frac{\theta}{2} = \frac{\dfrac{\boldsymbol{b}}{2}}{D}; \quad D = \frac{\boldsymbol{b}}{2\sin\dfrac{\theta}{2}} \approx \frac{\boldsymbol{b}}{\theta} \tag{3-55}$$

由上式可知，当 θ 小时，位错间距较大，若 $\boldsymbol{b} = 0.25\text{nm}$，$\theta = 1°$，则 $D = 14\text{nm}$；若 $\theta > 10°$，则位错间距太近，位错模型不再适应。

在高温下生长或充分退火的晶体中常存在倾斜晶界，倾斜晶界是位错滑移和攀移运动所形成的一种平衡组态。在其形成过程中，由于位错的长程应力场相互抵消，是一个能量降低的过程，因此倾斜晶界形成后很难消除。

（2）不对称倾斜晶界。如果倾斜晶界的界面不是（100）面，而是绕〔001〕轴旋转角度 φ 的任意面，如图3-27（b）所示，这时相邻两晶粒的取向差仍是很小的 θ 角，但界面两侧晶粒是不对称的，界面与左侧晶粒 $[\bar{1}00]$ 轴向夹角为 $\left(\varphi - \dfrac{\theta}{2}\right)$，与右侧晶粒的 $[100]$ 成 $\left(\varphi + \dfrac{\theta}{2}\right)$，因此要由 φ、θ 两个参数来规定。此时晶界的结构由两组相互垂直的刃位错所组成。

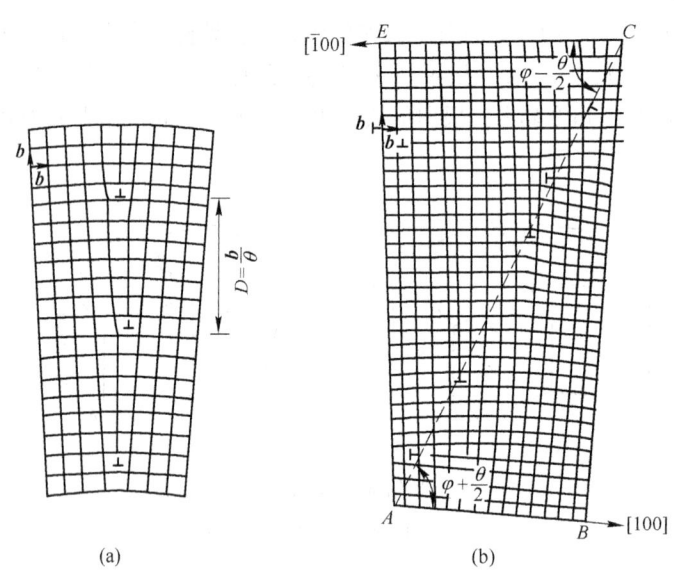

图3-27　倾斜晶界的结构
（a）对称倾斜晶界；（b）不对称倾斜晶界

B　扭转晶界的结构

如果晶粒 B 绕垂直于界面的旋转轴相对于晶粒 A 旋转 θ 角，便形成扭转晶界，如图3-26（b）所示，此时晶界只有一个参数 θ。简单立方晶粒之间的扭转晶界如图3-28所示。图中（001）晶面是共同的晶面，这种晶界是由两组相互垂直的螺位错构成的网络，是一种低能量的位错组态。当晶粒在某晶面上发生扭转后，为了降低原子错排引起的能量增加，晶面内的原子会适当位移以确保尽可能多的原子恢复到平衡位置（此即结构弛豫），最后形成两组相互垂直分布的螺位错。两组螺位错相交处（即严重错排区）就是扭转晶界所在处。网络的间距 D 也满足关系式：$D = \dfrac{\boldsymbol{b}}{\theta}$。

单纯的倾斜晶界和扭转晶界是小角度晶界的两种简单形式，对于一般的小角度晶界，其旋转轴和界面可以有任意的取向关系，因此可以推想它将由刃位错、螺位错或混合位错组成的二维位错网络所组成。

3.5.1.2　大角度晶界

实验研究（如场离子显微观察）表明，大角度晶界两侧晶粒的取向差较大，但其过

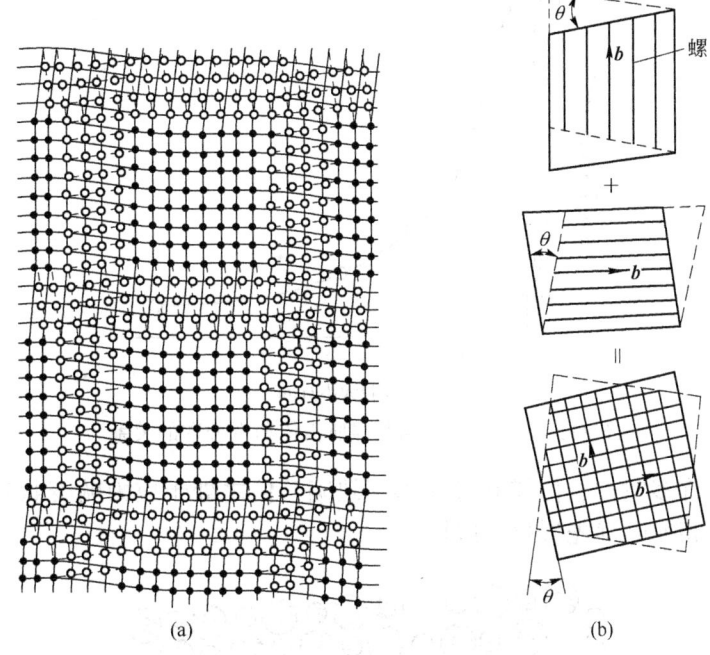

图 3-28 扭转晶界的结构

(a) 简单立方晶体扭转晶界的结构;(b) 螺位错组成的扭转晶界

渡区却很窄(仅有几个原子间距),其中原子排列在多数情况下很不规则,少数情况下有一定的规律性,因此很难用位错模型来描述。有人曾认为它是由某些原子排列规则的配位区和排列杂乱的失配区所构成,但一直未能提出清晰的结构模型。一般大角度晶界的界面能大致在 $0.5 \sim 0.6 J/m^2$,与相邻晶粒的取向差无关,但也有一些特殊取向的大角度晶界的界面能比其他任意取向的大角度晶界的界面能低。

3.5.1.3 晶界特点及在材料研发中的意义

无机非金属材料是由微细粉料烧结而成。在烧结时,众多的微细粉料形成大量的结晶中心,当它们发育成晶粒并逐渐长大到相遇时就形成晶界。因而无机非金属材料是由形状不规则和取向不同的晶粒构成的多晶体,多晶体的性质不仅由晶粒内部结构和它们的缺陷结构所决定,而且还与晶界结构、数量等因素有关。尤其在高新技术领域内,要求材料具有细晶交织的多晶结构以提高机电性能,此时晶界在材料中所起的作用就更为突出。如图 3-29 所示为多晶体中晶粒尺寸与晶界所占多晶体中体积百分数的关系。由图可见,当多晶体中晶粒的平均尺寸为 $1\mu m$ 时,晶界占多晶体总体积的 $1/2$。显然在细晶材料中,晶界对材料的机、电、热、光等性质都有着不可忽视的作用。

由于晶界上两个晶粒的质点排列取向有一定的差异,两者都力图使晶界上的质点排列符合于自己的取向。当达到平衡时,晶界上的原子就形成某种过渡的排列,其方式如图 3-30 所示。显然,晶界上由于原子排列不规则而造成结构比较疏松,因而也使晶界具有一些不同于晶粒的特性。(1)晶界上原子排列较晶粒内疏松,因而晶界易受腐蚀;(2)由于晶界上结构疏松,在多晶体中,晶界是原子(或离子)快速扩散的通道,并容易引起杂质原子(或离子)偏聚,同时也使晶界处熔点低于晶粒;(3)晶界上原子

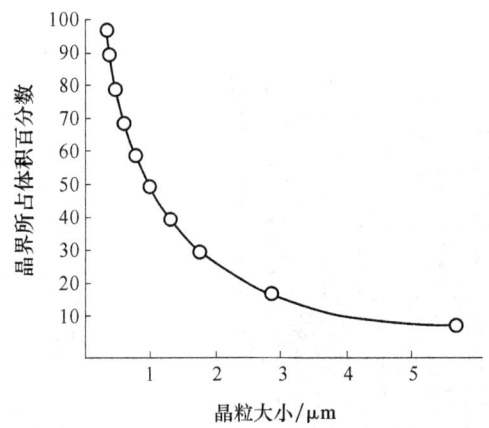

图 3-29　晶粒大小与晶界所占体积百分数的关系

排列混乱，存在许多空位、位错和键变形等缺陷，使之处于应力畸变状态，能阶较高，使晶界成为固态相变时优先形核的区域。

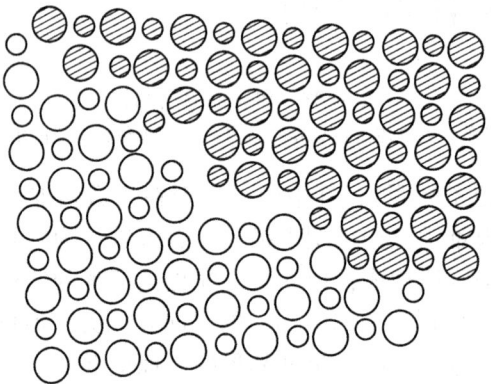

图 3-30　晶界结构示意图

　　总之，晶界是晶体中的面缺陷，具有高的能量，在化学介质中不稳定，易产生晶界腐蚀。晶界对材料的生产与性能的影响是多方面的，首先对制品烧结、气孔排除、晶粒生长、相变、成核等过程有影响。另外，对制品的力学性能、电性能也有深刻的影响。在材料制造中，往往利用晶界的一系列特性，通过控制晶界组成、结构和相态等来制造新型无机材料。

3.5.2　堆积层错

　　从形式上看，任何一个晶体都可以看成是一层层原子按一定方式堆积而成，密排面内原子间的键合较强，相邻密排面间原子的键合一般较弱。事实上，晶体的生长是按密排面来堆垛，而晶体内部的相对滑移也是发生在密排面之间。

　　面心立方和密排六方结构是两种最简单的密堆结构，前者的密排面是｛111｝面，后者是（0001）面。**堆垛层错**（以下简称层错）就是指正常堆垛顺序中引入不正常顺序堆垛的原子面而产生的一类面缺陷。以面心立方结构为例，当正常层序中抽走一原子层，如图3-31（a）所示，相应位置出现一个逆顺序堆垛层ABCACABC…，即△△△▽△△△…；如果正常层序中插入一原子层，如图3-31（b）所示，相应位置出现两个逆顺序堆积层，前者称**抽出型**（或内嵌）层错，后者称**插入型**（或外嵌）层错，是层错的两种基本类型。

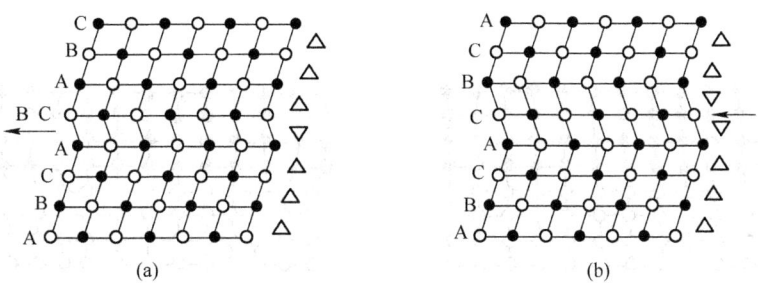

(a)　　　　　　　　　　　　(b)

图3-31　面心立方晶体中的抽出型层错和插入型层错

（a）抽出型层错；（b）插入型层错

显然，层错处的一薄层晶体是由面心立方结构变为密排六方结构，同样在密排六方结构的晶体中层错处的一薄层晶体也变为面心立方结构。这种结构变化，并不改变层错处原子最邻近的关系（包括配位数、键长、键角），只改变次邻近关系，几乎不产生畸变，所引起的畸变能很小。但是，由于层错破坏了晶体中的正常周期场，使传导电子产生反常的衍射效应，这种电子能的增加构成了层错能的主要部分，总的来说，这是相当低的，因而，层错是一种低能量的界面。

3.5.3　反映孪晶面

面心立方结构的晶体中的正常堆垛方式是立方密排面作△△△△△△△△…的完全顺顺序堆垛（或与此等价，作▽▽▽▽▽▽▽▽…完全逆顺序堆垛）。在正常堆垛顺序中出现一层或相继两层的逆顺序堆垛，则产生抽出型或插入型层错。如果从某一层起全部变为逆顺序堆垛，例如△△△△▽▽▽▽…，那么这一原子面显然成为一个反映面，两侧晶体以此面成镜面对称，如图3-32所示。那么这两部分晶体成孪晶关系，由于两者具有反映关系，故称反映孪晶，该晶面称**孪晶界面**。

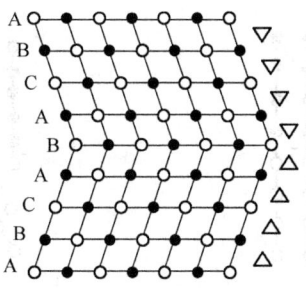

图3-32　面心立方晶体中 {111} 面反映孪晶的 (110) 投影面

由图3-32可见，沿着孪晶界面，孪晶的两部分完全密合，最邻近关系不发生任何改变，只有次邻近关系才有变化，引入的原子错排很小，这种孪晶面称**共格孪晶界面**。

3.5.4　相界

　　固体材料中,具有不同结构的两相之间的界面,称为相界面,简称**相界**。根据相界处质点与两晶体的点阵匹配情况可分为**共格相界**、**半共格相界**与**非共格相界**。如图 3-33所示。

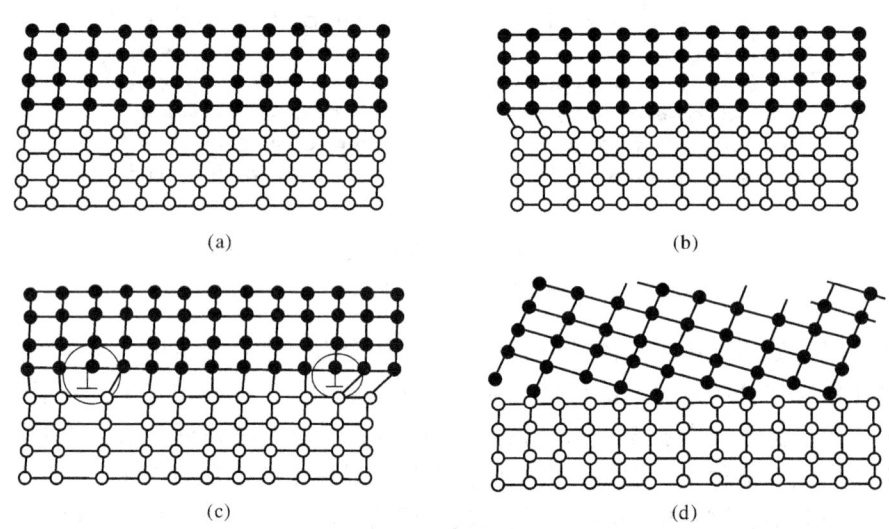

(a)　　　　　　　　　　　　　　　　(b)

(c)　　　　　　　　　　　　　　　　(d)

图 3-33　三种相界示意图

（a）具有完全共格关系的相界；（b）具有弹性畸变的共格相界；（c）半共格相界；（d）非共格相界

　　所谓共格相界,是指界面上所有质点同时位于两相晶格的阵点上,即两相晶格的质点在界面处相吻合。共格相界又分为理想共格与非理想共格相界两种情况。理想共格相界根据相界两侧质点的排列情况又分为点阵相同与点阵不同两种,如图 3-34 所示。非理想共格相界是指相界两侧晶体点阵中质点排列有轻微错配,如图 3-35 所示。

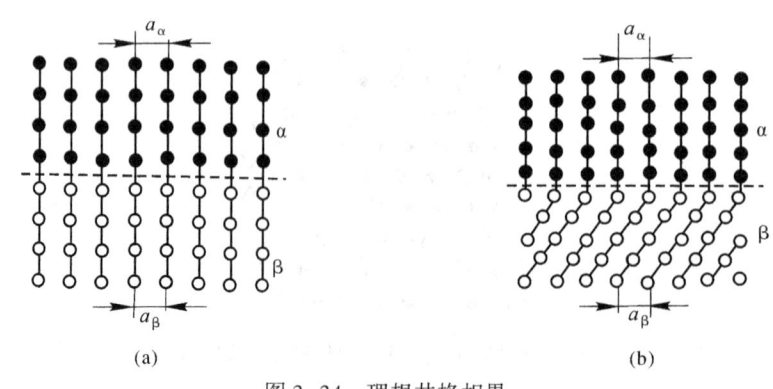

(a)　　　　　　　　　　　　　　　(b)

图 3-34　理想共格相界

（a）相界两侧点阵相同；（b）相界两侧点阵不同

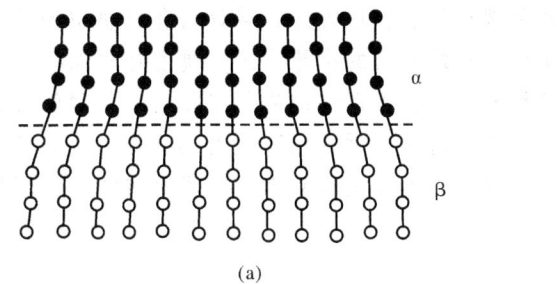 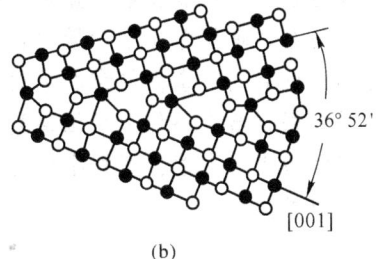

图 3-35 非理想共格相界

（a）有轻微错配的共格相界；（b）MgO 中（310）孪生面形成的取向差为 36.8°的共格晶界

所谓半共格相界，是指界面上只有部分质点位于两相晶格的阵点上。点阵错配度（失配度）δ 为：

$$\delta = \frac{a_\beta - a_\alpha}{a_\beta} \tag{3-56}$$

式中，$a_\beta > a_\alpha$，a_α 和 a_β 是两相的点阵常数。位错间距 D 由两相在界面处的失配度 δ 确定，如图 3-36（a）和式（3-57）所示。

$$D = \frac{a_\beta}{\delta} \tag{3-57}$$

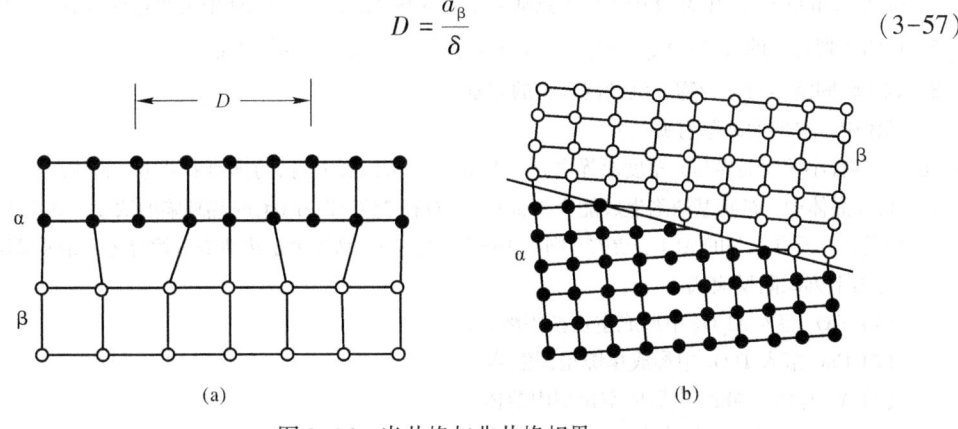

图 3-36 半共格与非共格相界

（a）半共格相界的位错间距；（b）非共格相界上质点排列情况

所谓非共格相界，是指完全没有匹配关系的相界，即：界面两侧晶体结构和质点间距相差很大，界面上质点排列混乱无序，不相吻合，与大角度晶界类似，如图 3-36（b）所示。也有学者认为非共格相界是质点不规则排列的过渡层。

─── **本章小结** ───

通过"点缺陷"内容的学习，读者们可理解缺陷在材料制备中的意义，掌握点缺陷的类型，掌握肖特基缺陷与弗仑克尔缺陷的形成过程与特点；掌握热缺陷浓度的计算以及缺陷反应方程式的写法。通过对"固溶体"内容的介绍，读者们可掌握固溶体的概念与类型，组分缺陷的概念与类型，掌握影响置换型固溶体固溶度大小的因素，理解固溶体知识在材料研发中的应用；通过非化学计量化合物内容的介绍，读者们可理解非化学计量化合物的形成过程，掌握非化学计量化合物的类型与特点，理解非化学计量化合物中的缺陷浓度与气氛关系。理解非化学计量化合物知识对研发材料的指导意义。通过对"线缺陷"内容的介绍，读者们可掌握位错的类型及其形成过程，掌握位错的伯格斯矢量，理解位错的运动。具备根据给定条件判断位错类型的能力。通过"面缺陷"内容的介绍，读者们可理解面缺陷的特点与类型，理解小角度晶界中倾斜晶界与扭转晶界的原子分布特点，理解相界的概念与类型。

习题与思考题

3-1　解释下列概念：弗仑克尔缺陷；肖特基缺陷；固溶体；非化学计量化合物；位错；位错滑移；位错攀移。

3-2　试述位错的基本类型及其特点。

3-3　非化学计量化合物有何特点？

3-4　影响置换型固溶体与间隙型固溶体形成的因素有哪些？

3-5　试分析形成固溶体后对晶体性质的影响，并简要列举固溶体在材料研发中的应用。

3-6　MgO（NaCl 型结构）和 Li_2O（反萤石型结构）均以氧的立方紧密堆积为基础，而且阳离子都在这种排列的间隙中，但在 MgO 中主要的点缺陷是肖特基缺陷，而在 Li_2O 中是弗仑克尔型，请解释原因。

3-7　说明下列符号的含义：V_{Na}，V'_{Na}，$V^{\cdot}_{Cl}$，$(V'_{Na}V^{\cdot}_{Cl})$，$Ca^{\cdot}_K$，$Ca^{\cdot\cdot}_i$，Ca_{Ca}。

3-8　试比较固溶体与化合物、机械混合物的差别。

3-9　晶体中常见的面缺陷有哪些？

3-10　晶界有小角度晶界与大角度晶界之分，大角度晶界能否用位错的排列来描述，为什么？

3-11　CaO 晶体中，肖特基缺陷生成能为 5.5eV，计算在 25℃和 1600℃时热缺陷的浓度。如果在 CaO 晶体中引入百万分之一的 Al_2O_3 杂质，则在 1600℃时，CaO 晶体中是热缺陷占优势还是杂质缺陷占优势？

3-12　写出下列缺陷反应式：

(1) TiO_2 溶入 Al_2O_3 中形成空位型固溶体；

(2) CaO 溶入 ThO_2 中形成填隙型固溶体；

(3) Y_2O_3 溶入 MgO 中形成空位型固溶体；

(4) NaCl 形成肖特基缺陷；

(5) AgI 形成弗仑克尔缺陷（Ag^+ 进入间隙）。

3-13　高温结构材料 Al_2O_3 可以用 ZrO_2 来实现增韧，也可以用 MgO 来促进 Al_2O_3 的烧结，试回答以下问题：

(1) 如加入 0.2mol% ZrO_2，试写出缺陷反应式和固溶分子式。

(2) 如加入 0.3mol% ZrO_2 和 $x$mol% MgO 对 Al_2O_3 进行复合取代，试写出缺陷反应式、固溶分子式及求出 x 值。

3-14　对于 MgO、Al_2O_3 和 Cr_2O_3，其正负离子半径比分别为 0.47、0.36 和 0.40。Al_2O_3 和 Cr_2O_3 形成连续固溶体。试分析这一结果是否可能，为什么？试预计，在 MgO-Cr_2O_3 系统中的固溶度是有限的还是连续的，为什么？

3-15　ZnO 是六方晶系，晶胞参数 $a=0.3242$nm，$c=0.5195$nm，每个晶胞中含有两个 ZnO 分子，测得晶体密度分别为 5.47g/cm^3、5.606g/cm^3，求这两种情况下各产生什么形式的固溶体。

3-16　非化学计量化合物 Fe_xO 中，$Fe^{3+}/Fe^{2+}=0.1$，求 Fe_xO 中空位浓度及 x 值。

3-17　试写出下列两种情况下，各生成什么缺陷，缺陷浓度是多少？并写出相应的缺陷反应方程。

(1) 在 Al_2O_3 中，添加 0.01mol% 的 Cr_2O_3，生成淡红宝石。

（2）在 Al_2O_3 中，添加 0.5mol% 的 NiO，生成黄宝石。

3-18　用 0.2mol YF_3 加入 CaF_2 中形成固溶体，实验测得固溶体的晶胞参数 $a=0.55nm$，测得固溶体密度 $\rho=3.64g/cm^3$，试计算说明固溶体的类型？（元素的相对原子质量：Y = 88.90；Ca = 40.08；F = 19.00）

3-19　MgO 晶体的缺陷测定生成能为 84kJ/mol，计算该晶体在 1000K 和 1500K 时的缺陷浓度。

3-20　在 CaF_2 晶体中，弗仑克尔缺陷生成能为 2.8eV，而肖特基缺陷生成能为 5.5eV。

（1）请写出 CaF_2 中形成肖特基缺陷与弗仑克尔缺陷的缺陷方程式。（假设 F^- 进入间隙）

（2）请计算 25℃ 和 1600℃ 时，CaF_2 晶体中这两种缺陷的浓度各是多少？

（3）如果在 CaF_2 晶体中，含有百万分之一的 YF_3 杂质，则在 1600℃ 时，CaF_2 晶体中热缺陷与杂质缺陷何者占优势，为什么？

4 熔融体与玻璃体的结构与性质

内容提要： 本章首先明确了固体物质除了有晶态以外，还有非晶态的存在形式。介绍了硅酸盐熔体结构的聚合物理论。讨论了熔体的两个基本性质——黏度和表面张力，侧重讨论这些性质对材料生产的影响。介绍了玻璃的四个通性；玻璃形成的结晶化学条件与动力学条件。讨论了占主流地位的两个玻璃结构学说——微晶子学说和无规则网络结构学说；最后，简要介绍了常见玻璃的类型。这些基本知识对控制无机材料的制造过程和改善无机材料的性能具有重要的意义。

自然界中，物质通常以气态、液态和固态三种聚集状态存在。这些物质状态在空间的有限部分称为气体、液体和固体。其中固体又有晶体与非晶体两种形式。晶体的结构特点是构成晶体的质点在三维空间作有规则的周期性排列，即呈现远程有序。非晶态固体又包括玻璃体与高聚体（如橡胶、沥青等）。无机玻璃是脆性材料而橡胶则有很大的弹性，两者在宏观性质上差异很大，但微观结构上都呈现出远程无序的结构特征。

现代玻璃包括用熔体过冷而制备的传统玻璃和用非熔融法（如气相沉积、真空蒸发和溅射、离子注入、凝胶热处理、激光处理等）所获得的新型玻璃。其中，用熔融法制备的无机玻璃（典型的如硅酸盐玻璃、硼酸盐玻璃、磷酸盐玻璃、氟化物玻璃等）是现代玻璃中的重要一类。

4.1 熔体的结构

4.1.1 对熔体结构的一般认识

熔体或液体是介于气体和固体（晶体）之间的一种物质状态。液体具有流动性和各向同性，和气体相似；液体又具有较大的凝聚能力和很小的压缩性，则又与固体相似。过去长期曾把液体看作是更接近于气体的状态，即看作是被压缩了的气体，内部质点排列也认为是无秩序的，只是质点间距离较短。后来的研究表明，只有在较高的温度下（接近气化）和压力不大的情况下，上述看法才是对的。相反，很多事实证明，当液体冷却到接近于结晶温度时，液体与晶体相似。

（1）晶体与液体的体积密度相近。当晶体融化为液体时，体积变化较小，一般不超过10%，相当于质点间平均距离增加30%左右，而液体气化时，体积要增大数百至数千倍，例如水增大1240倍。由此可见，液体中质点间的平均距离与固体十分接近，而和气体差别较大。

（2）晶体的熔解热不大，比液体的汽化热小得多。例如 Na 晶体的熔化热为 2.51kJ/mol，Zn 晶体的熔化热为 6.70kJ/mol，冰的溶解热为 6.03kJ/mol，而水的汽化热为 40.46kJ/mol，这说明晶体与液体内能差别不大，质点在固体和液体中的相互作用力是接近的。

（3）固液态热容量相近。表 4-1 所示为几种金属固、液态时的热容值。这些数据说明质点在液体中的热运动性质和固体中差别不大，基本上仍是在平衡位置附近作简谐振动。

表 4-1　几种金属固、液态时的热容值

物质名称	Pb	Cu	Sb	Mn
液体热容/kJ·mol^{-1}	28.47	31.40	29.94	46.06
固体热容/kJ·mol^{-1}	27.30	31.11	29.81	46.47

（4）X射线衍射图相似。这是最具有说服力的实验。图 4-1 所示为同一物质不同聚集状态的 X 射线衍射强度与衍射角度 $\frac{\sin\theta}{\lambda}$ 的关系。由图 4-1 可见，气体的特点是当衍射角度 θ 小的时候，衍射强度很大（小角度衍射），随着 θ 值增大，衍射强度逐渐减弱；晶体的特点是衍射强度时强时弱，在不同 θ 处出现尖锐的衍射峰，这些峰的中心位置位于该物质相应晶体对应衍射峰所在的区域中；玻璃的 X 射线衍射图与液体近似。

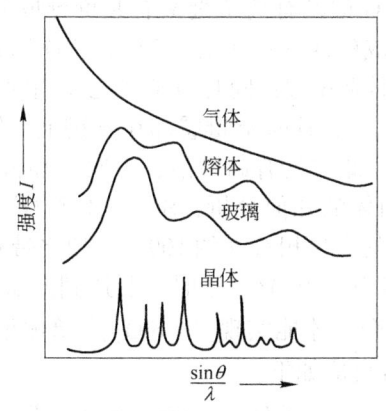

图 4-1　不同聚集状态物质的 X 射线衍射图

　　液体衍射峰最高点的位置与晶体相近，这表明液体中某一质点最邻近的几个质点的排列形式和间距与晶体中的相似。液体衍射图中的衍射峰都很宽阔，这是和液体质点的有规则排列区域的高度分散有关，由此可以认为，在高于熔点不太多的温度下，液体内部质点的排列并不是像气体那样杂乱无章，而是具有某种程度的规律性，这体现了液体结构中近程有序和远程无序的特征。

　　通过以上比较可见，液体是介于固体与气体的中间相，液体结构在气化点和凝固点之间变化很大，在高温接近气化点时与气体接近，在稍高于熔点时与晶体接近。由于通常接触的熔体均是离熔点温度不太远的液体，故认为熔体的结构与晶体接近更具有实际意义。这是因为当物质处于晶体状态时，晶格中质点的分布是按照一定规律周期性重复排列的，使其结构表现出远程有序的特点。当把晶体加热到熔点并熔化成熔体时，晶体的晶格受到破坏，而使其不再远程有序。但由于晶体熔化后质点的间距、相互作用力及热运动状态变化不大，因而在有些质点周围仍然围绕着一定数量的有规则排列的质点。而在远离中心质点处，这种有规则排列逐渐消失，使之具有在小范围内质点有序排列的近程有序特点。

4.1.2 硅酸盐熔体结构

一般盐类的熔体结构质点是简单的分子、原子或离子。但硅酸盐熔体的结构要复杂得多，这是因为硅酸盐晶体结构中的 Si—O 键或 Al—O 键之间的结合力强，在转变成熔体时难以破坏造成的。因此，硅酸盐熔体中质点不可能全部以简单的离子形式存在。硅酸盐熔体具有黏度大的特点，说明熔体中存在较大的难活动的质点或质点组合体。实验表明，硅酸盐熔体与玻璃体的结构很相似，它们的结构中都存在着近程有序的区域。

在 20 世纪 70 年代贝尔泰（P. Balta）等提出了熔体聚合物理论。之后，随着结构测试方法、研究手段及计算技术的改进与发展，对硅酸盐熔体结构的认识进展很大。熔体的聚合物理论正日趋完善，并能很好地解释熔体的结构及结构与组成、性能之间的关系。

4.1.2.1 聚合物的形成

在硅酸盐熔体中，最基本的离子是硅、氧和碱金属或碱土金属离子。SiO_2、B_2O_3、P_2O_5、GeO_2 等称为网络形成体。Si^{4+} 电价高、半径小，根据鲍林电负性计算，Si—O 间电负性差值 $\Delta X = 1.7$，所以 Si—O 键既有离子键又有共价键成分（其中 50% 为共价键）。Si 原子位于 4 个 sp^3 杂化轨道构成的四面体中心。当 Si 与 O 结合时，可与 O 原子形成 sp^3、sp^2、sp 三种杂化轨道，从而形成 σ 键；同时 O 原子已充满的 p 轨道可以作为施主与 Si 原子全空着的 d 轨道形成 d_π—p_π 键，这时 π 键叠加在 σ 键上，使 Si—O 键增强和距离缩短。Si—O 键有这样的键合方式，因此它具有高键能、方向性和低配位等特点。由于 Si—O 键中的离子键性，根据配位多面体的几何分析，Si^{4+} 与 4 个 O^{2-} 配位，而其共价键性，又使 Si—O 键形成的键角和四面体的夹角相符（约109°），使之带有方向性，故 Si^{4+} 有着很强的形成硅氧四面体 ［SiO_4］ 的能力。当 O/Si 小时，要达到硅氧四面体的形成，只能通过共用氧（桥氧），即四面体的聚合，才能实现。［SiO_4］$^{4-}$ **单体**聚合为 **"二聚体"** ［Si_2O_7］$^{6-}$、**"三聚体"** ［Si_3O_{10}］$^{8-}$ 等的聚合反应如下：

$$［SiO_4］^{4-} + ［SiO_4］^{4-} === ［Si_2O_7］^{6-} + O^{2-}$$
$$［SiO_4］^{4-} + ［Si_2O_7］^{6-} === ［Si_3O_{10}］^{8-} + O^{2-}$$
$$［SiO_4］^{4-} + ［Si_nO_{3n+1}］^{(2n+2)-} === ［Si_{n+1}O_{3n+4}］^{(2n+4)-} + O^{2-}$$

核磁共振光谱等实验结果表明，硅酸盐熔体中存在许多聚合程度不等的硅氧负离子团，负离子团的种类、大小和复杂程度随熔体的组成和温度不同而变化。

R_2O（碱金属氧化物）、RO（碱土金属氧化物）称为网络改变体。熔体中 R—O 键（R 指金属或碱土金属）的键型是以离子键为主，比 Si—O 键弱得多。当 R_2O、RO 引入硅酸盐熔体中时，Si^{4+} 将把 R—O 键上的 O^{2-} 拉向自己一边，结果使熔体中与两个 Si^{4+} 相连的桥氧断裂，如图 4-2 所示。从而导致 Si—O 键的键强、键长、键角都发生变化，同时熔体中硅氧阴离子团的聚合程度也发生变化，亦即 R_2O、RO 起到了提供游离氧的作用。

例如，熔融石英中，O/Si 比为 2∶1，［SiO_4］连接成架状，若在熔融石英中加入 Na_2O，则使 O/Si 比例升高，随 Na_2O 加入量增加，O/Si 比由原来的 2∶1 逐渐升高到 4∶1，

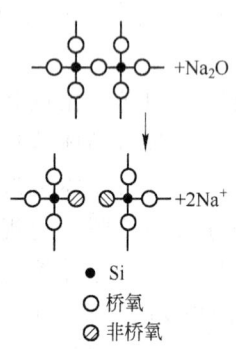

● Si
○ 桥氧
◎ 非桥氧

图 4-2 Na_2O 和 Si—O
网络反应示意图

此时［SiO_4］四面体连接方式可向架状、层状、链状、环状逐渐变化，最后桥氧全部断裂形成［SiO_4］四面体孤岛状。因此，R_2O、RO 的作用就像提供 O^{2-}，同时，剩下的 R^+、R^{2+} 则以一定方式分布在网络之间。由此产生的聚合物不是一成不变的，它们可相互作用形成级次较高的聚合物，同时释放出部分 Na_2O，这一过程称为缩聚，如：

$$［SiO_4］Na_4 + ［Si_2O_7］Na_6 =\!=\!= ［Si_3O_{10}］Na_8 + Na_2O$$
$$2［Si_3O_{10}］Na_8 =\!=\!= ［SiO_3］_6Na_{12} + 2Na_2O$$

由此释放出的 Na_2O 又能使硅氧聚合体解体分化出低聚物，如此循环，直到体系出现分化＝缩聚平衡为止。这样，在熔体中就有各种聚合程度不同的聚合阴离子团同时存在。

4.1.2.2 影响聚合物聚合程度的因素

硅酸盐熔体中各种聚合程度不同的聚合物数量受温度与组成两个因素的影响：

(1) 温度。在熔体组成不变时，各级聚合物的数量与温度有关，熔体中存在聚合⇌解聚平衡。如图 4-3 所示，随温度升高，低聚物浓度增加，反之，低聚物浓度降低。

(2) 组成。如图 4-4 所示，当熔体温度不变时，聚合物的种类、数量与组成有关。如用 R 表示熔体的 O/Si，R 高表示碱性氧化物含量上升，非桥氧由于分化作用而增加，低聚物也随之增多。

综上所述，硅酸盐熔体中聚合物的形成可分为三个阶段：1) 初期。主要是石英颗粒分化。2) 中期。缩聚并伴随变形。3) 后期。在一定时间和温度下，聚合＝解聚达到平衡。最后得到的熔体是不同聚合程度的各种聚合体的混合物，构成硅酸盐熔体。聚合物的种类、数量、大小随熔体的组成和温度而变化。这就是**硅酸盐熔体结构的聚合物理论**。

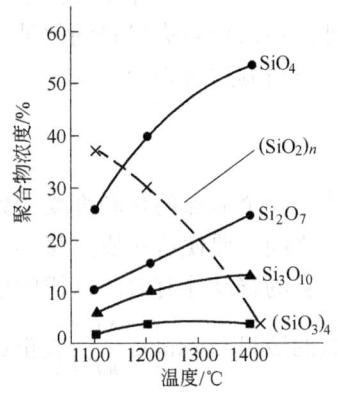

图 4-3　某硼硅酸盐熔体中聚合物的
分布随温度的变化

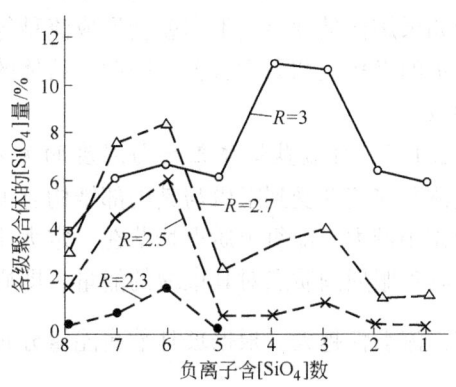

图 4-4　［SiO_4］四面体在各种聚合物中
的分布与 R 的关系

4.2　熔体的性质

4.2.1　熔体的黏度

4.2.1.1　黏度的定义

黏度是液体的一种性质，表示液体一部分对另一部分作相对移动的阻力。**黏度**的定义为：面积为 S 的两平行液体，在流动时，一层液体将受到另一层液体的牵制，即一层对另一层有作用力 F（称为内摩擦力），F 的大小与 S 及垂直流动方向的速度梯度 $\dfrac{\mathrm{d}v}{\mathrm{d}x}$ 成正比，即：

$$F = \eta S \frac{\mathrm{d}v}{\mathrm{d}x} \tag{4-1}$$

式中，S 为两层液体间的接触面积；$\dfrac{\mathrm{d}v}{\mathrm{d}x}$ 为垂直流动方向的速度梯度；η 为比例系数，称为黏滞系数，简称黏度。

由以上讨论可见，黏度用符号 η 表示，其物理意义是指单位接触面积、单位速度梯度下两层液体之间的内摩擦力。其单位为帕·秒（Pa·s）或 g/cm·s，换算成以前使用的单位"泊"（符号为 P）时，有如下换算关系：

$$1\mathrm{Pa \cdot s} = 10^5 \mathrm{dyn \cdot s} \times 10^{-4}\mathrm{cm}^2 = 10\mathrm{P}$$

或 $$1\mathrm{dPa \cdot s} = 1\mathrm{P}$$

黏度的倒数 $\varphi = \dfrac{1}{\eta}$ 称为**液体流动度**。

黏度在无机材料生产工艺上很重要。玻璃生产的各个阶段，从熔制、澄清、均化、成型、加工直到退火的每一工序等都与黏度密切相关。如熔制玻璃时，黏度小，熔体内气泡容易逸出，在玻璃成型和退火方面黏度起控制性作用，玻璃制品的加工范围和加工方法的选择取决于熔体的黏度及其随温度变化的速率；黏度也是水泥、陶瓷、耐火材料烧成速率快慢的重要因素，降低黏度对促进烧结有利，但黏度过低，又增加了坯体变形的能力；在瓷釉中如果熔体黏度控制不当就会形成流釉等缺陷。此外，熔渣对耐火材料的侵蚀，对高炉和锅炉的操作也和黏度有关。因此，熔体的黏度是无机材料制造过程中需要控制的一个重要参数。

4.2.1.2　硅酸盐熔体黏度与温度的关系

液体黏滞流动受到阻碍与其内部结构有关。由于熔体中每个质点的移动都要受到周围质点的作用键力，即每个质点均落在一定大小的势垒 ΔU 之间，要使这些质点移动，只有获得足以克服周围质点对其束缚的能量，即质点活化后，它的移动才有效。这样的活化质点越多，流动性越大。根据玻耳兹曼能量分布，活化质点的数目与 $\exp\left(-\dfrac{\Delta U}{kT}\right)$ 成正比，即流动度：

$$\varphi = \varphi_0 \exp\left(-\frac{\Delta U}{kT}\right) \tag{4-2}$$

故有： $$\eta = \frac{1}{\varphi} = \eta_0 \exp\left(\frac{\Delta U}{kT}\right) \tag{4-3}$$

式中，ΔU 为质点移动活化能；η_0 为与熔体组成有关的常数；k 为玻耳兹曼常数；T 为绝对温度。

当式（4-3）中的质点移动活化能 ΔU 为常数时，将式（4-3）取对数可得：

$$\lg\eta = A + \frac{B}{T} \tag{4-4}$$

式中，A、B 为常数，由以上关系可见，熔体的黏度随温度升高而下降。若以 $\lg\eta$ 与 T^{-1} 作图时应得到一条直线，从直线的斜率可计算出活化能 ΔU。但通常 $\lg\eta$ 与 T^{-1} 的关系并非简单的直线关系，如图 4-5 所示，在高温区域 ab 段与低温区域 cd 段都近似直线，而中温区域 bc 段则不呈直线。

B 作为黏滞活化能，不仅与熔体的组成有关，还与熔体中分子的缔合程度有关。温度较高时，熔体基本上不发生缔合，低温时，缔合已趋向完成，故 B 为常数，ab 段与 cd 段都成线性关系。但在中间的某一温度范围，对黏度起重要作用的阴离子团不断发生缔合，即在中间温度范围内，熔体结构发生变化，黏滞活化能也要改变，故 B 不是常数。

硅酸盐熔体在不同温度下的黏度相差很大，如图 4-6 所示，黏度可从 10^{-2} 变化到 10^{-5} Pa·s，组成不同的熔体在同一温度下的黏度也有很大差别。

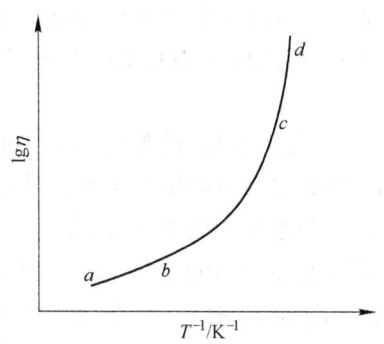

图 4-5　$\lg\eta$ 与 T^{-1} 的关系曲线图

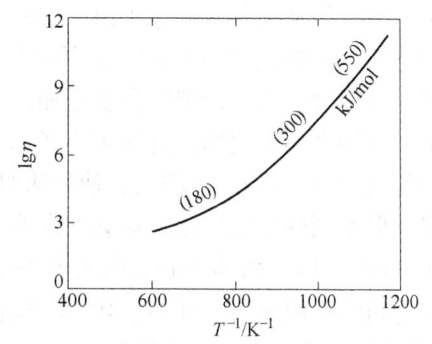

图 4-6　钠硅酸盐玻璃熔体的 $\lg\eta - \dfrac{1}{T}$ 关系曲线

硅酸盐熔体的黏度随温度的变化是玻璃加工工艺的基础，在熔融温度范围内，硅酸盐熔体黏度约为 $50\sim500\mathrm{dPa\cdot s}$。由于温度对玻璃熔体黏度影响很大，在玻璃形成与退火工艺中，温度稍有变化就会造成黏度的较大变化，导致控制上的困难。为此提出了用特定黏度所对应的温度来反映玻璃熔体性质的差异。如图 4-7 所示为硅酸盐玻璃的黏度-温度曲线。图中的**应变点**是指黏度相当于 $4\times10^{13}\,\mathrm{Pa\cdot s}$ 时对应的温度，在该温度，黏性流动实际上已不复

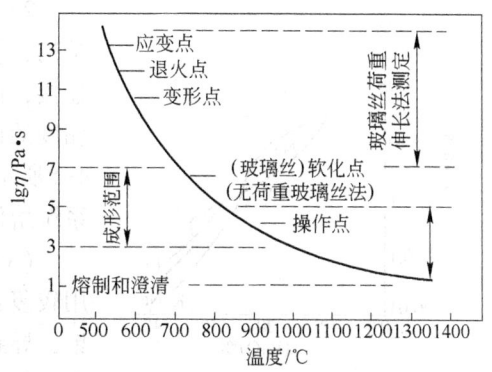

图 4-7　硅酸盐玻璃的黏度-温度曲线

存在，玻璃在该温度退火时不能除去应力。**退火点**是指黏度相当于 $10^{12}\mathrm{Pa\cdot s}$ 时的温度，该温度是消除玻璃中应力的上限温度，在此温度应力可在 15min 内除去。**软化点**是指用直径为 $0.55\sim0.75\mathrm{mm}$，长为 23cm 纤维在特制炉中以 $5\,℃/\mathrm{min}$ 速率加热，在自重下达到每分钟伸长 1mm 时的温度。**流动点**是指黏度相当于 $10^4\mathrm{Pa\cdot s}$ 时的温度，也是玻璃成形的温度。

4.2.1.3　无机氧化物的熔体黏度与组成的关系

大多数无机氧化物的熔体黏度与组成有直接关系。组成通过改变熔体结构而影响黏

度，组成不同，质点间作用力不等，影响黏度的活化能有差别。硅酸盐熔体的黏度主要取决于［SiO₄］四面体的连接程度，其随 O/Si 比的上升而下降，如表 4-2 所示。故可以从［SiO₄］四面体的连接程度与组成的关系来讨论黏度与组成的关系。

表 4-2　在 1400℃时 Na₂O-SiO₂ 系统玻璃黏度表

分 子 式	O/Si	［SiO₄］连接程度	黏度/Pa·s
SiO₂	2/1	骨　架	10^9
Na₂O·2SiO₂	5/2	层　状	28
Na₂O·SiO₂	3/1	链　状	0.16
2Na₂O·SiO₂	4/1	岛　状	<1

（1）引入网络形成体 SiO₂、ThO₂、ZrO₂ 等氧化物时，由于这些阳离子电价高，半径小，作用力大，可以代替 SiO₂ 起补网的作用。熔体总是倾向形成巨大而复杂的阴离子团，使黏滞活化能增大，从而使熔体黏度增加。

（2）一价碱金属氧化物，这些阳离子由于电荷少、半径大，和 O²⁻ 的作用力小，提供了系统中的自由氧，使 O/Si 增加，使原来硅氧负离子团解聚成简单的结构单元，从而使黏度下降。但不同碱金属氧化物对黏度影响程度的大小，还与熔体中的 O/Si 比有关。

1）O/Si 比低时，熔体中硅氧阴离子团较大，对黏度起主要作用的是［SiO₄］四面体内 Si—O 之间的作用键力。此时，R⁺ 离子除提供游离氧打断硅氧网络外，在网络中还对［SiO₄］四面体中的 Si—O 键有削弱作用：Si—O…R⁺，O…R⁺ 间的键能越大，这种削弱作用就越强，Si—O 键越易断裂，由于 Li⁺ 的离子势 Z/r 最大，故 Li⁺ 降低黏度的作用最大。这样，降低黏度的作用次序是：Li⁺> Na⁺> K⁺> Rb⁺> Cs⁺。

2）O/Si 比高时，由于硅氧阴离子团接近孤岛状结构，［SiO₄］四面体间主要靠 R⁺ 与 O²⁻ 的作用键力连接，键强最大的连接作用最强，黏度最大，故降低黏度的作用次序为：Li⁺< Na⁺< K⁺< Rb⁺< Cs⁺。如图 4-8 所示为 1400℃时碱金属氧化物含量对 R₂O-SiO₂ 系统熔体黏度影响。

（3）碱土金属氧化物 RO 对硅酸盐熔体的黏度作用较复杂。一方面，与碱金属一样，使阴离子团解聚，导致黏度减小；另一方面，由于 R²⁺ 键强较大，有可能夺取硅氧阴离子团中的氧来包围自己，使阴离子团"缔合"而增大黏度。综合考虑，降低黏度的顺序为：Ba²⁺> Sr²⁺> Ca²⁺> Mg²⁺。此外，离子间的相互极化对黏度也有显著影响，阳离子的极化力大，对硅氧键中的氧离子极化，使离子变形，共价键成分增加，这样就减弱 Si—O 键力，使黏度下降。故具有 18 电子层的离子如 Zn²⁺、Pb²⁺、Cd²⁺ 等的玻璃熔体比含 8 电子层的碱土金属离子具有更低的黏度，图 4-9 所示为二价阳离子对硅酸盐熔体黏度的影响。

（4）三价阳离子氧化物 B₂O₃ 的作用由于硼氧之间的连接方式不同而有不同的影响。在钠

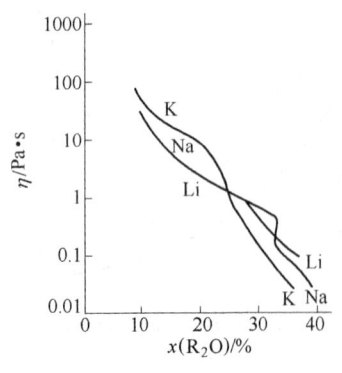

图 4-8　R₂O-SiO₂ 系统玻璃在 1400℃时的黏度变化

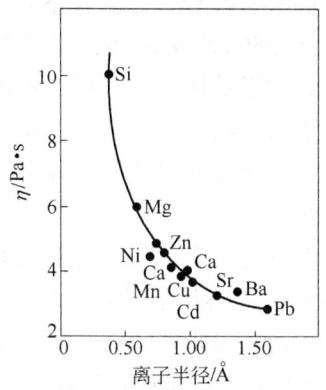

图 4-9　二价阳离子对硅酸盐熔体黏度的影响

(1Å = 0.1nm)

硼硅酸盐玻璃中，B_2O_3 含量较少时，硼离子处于 $[BO_4]$ 四面体状态，使熔体的网络结构紧密，黏度随 B_2O_3 含量升高而升高；但当 B_2O_3 含量和 Na_2O 含量比例为 1∶1 时，黏度达到最高点，随后随 B_2O_3 含量升高逐渐下降，原因是较多 B_2O_3 的引入，使部分 $[BO_4]$ 四面体变为 $[BO_3]$ 三角体，结构趋向疏松，黏度下降。图 4-10 所示为 $16Na_2O \cdot xB_2O_3 \cdot (84-x)SiO_2$ 系统玻璃的黏度随 B_2O_3 含量的变化规律，在 $B_2O_3/Na_2O>1$ 后，增加的 B^{3+} 开始处于 $[BO_3]$ 三角体中，使结构疏松，黏度下降。这种由于 B^{3+} 离子配位数变化引起性能曲线上出现转折的现象称为"硼反常现象"。

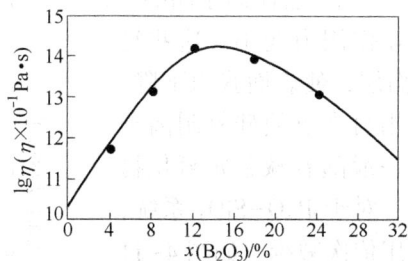

图 4-10　$16Na_2O \cdot xB_2O_3 \cdot (84-x)SiO_2$ 系统玻璃中 560℃时的黏度变化

（5）Al_2O_3 对黏度的影响较为复杂。Al^{3+} 配位数在熔体中不固定，可为 4 或 6，一般以 $[AlO_6]$ 八面体存在，但有碱金属或碱土金属氧化物存在时，Al_2O_3 可呈 $[AlO_4]$ 四面体配位而与 $[SiO_4]$ 四面体连成复杂的铝硅氧阴离子团而使黏度迅速增加，但 $[AlO_4]$ 四面体形成取决于 RO、R_2O 提供的"自由氧"。

4.2.2　熔体的表面张力与表面能

将熔体与另一相接触的相分界面（一般另一相指空气）在恒温恒容条件下增加一个单位新表面积时所做的功，称为**比表面能**，简称**表面能**，单位是 J/m^2；表面张力是扩张表面单位长度所需的力，单位是 N/m。液体的表面张力与表面能在数值上相等，但物理意义不同。

与其他液体一样，熔体表面的质点受到内部质点的作用而趋向于熔体的内部，使表面有收缩的趋势，故熔体表面质点间亦存在作用力。硅酸盐熔体的表面张力比一般液体高，它随组成而变化，一般波动于 $220 \sim 380 mN/m$ 之间，比水的表面张力大 $3 \sim 4$ 倍。

熔体的表面张力对于玻璃的熔制以及加工工序有重要作用。在玻璃熔制过程中，表面张力在一定程度上决定了玻璃液中气泡的长大和排除。在硅酸盐材料中，熔体表面张力的大小会影响液、固表面润湿程度以及陶瓷材料坯釉结合程度。

4.2.2.1　表面张力与温度的关系

一般硅酸盐熔体表面张力随温度升高而下降，两者几乎成直线关系。原因是随温度升高，质点运动加剧，质点间距离增大，相互作用力减弱，因此，液-气界面上的质点在界面两侧所受的力场差异也随之减少，表面张力降低。在高温时，熔体的表面张力受温度变化的影响不大，一般温度每增加 $100℃$，表面张力约减少 $(4 \sim 10) \times 10^{-3} N/m$。当熔体温度降到其软化温度范围时，其表面张力会显著增加，这是因为此时体积突然收缩，质点间作用力显著加大而致。

但某些系统，如 $Pb-SiO_2$，会出现反常现象，即表面张力随着温度升高而变大，具有正的表面张力系数，这可能与 Pb^{2+} 具有较大的极化率有关。一般含有表面活性物质的系统均有类似现象。

4.2.2.2　表面张力与组成和结构的关系

由于表面张力是排列在表面层的质点受力不均衡引起的，则这个力场相差越大，表面张力也越大，因此凡是影响熔体质点间相互作用力的因素，都将直接影响到表面张力的大小。硅酸盐熔体随组成变化，其复合阴离子团的大小，形状和作用力矩 Z/r 大小发生变化（Z 为复合阴离子团所带电荷，r 为复合阴离子团的半径）。一般 O/Si 越小，复合阴离子团越大，因其 Z/r 值变小，相互作用力变小。这些复合阴离子团被排挤到熔体表面层，使表面张力下降。如碱金属氧化物在熔体中析出自由氧使硅氧阴离子团解聚而增加表面张力，故一般随着碱金属氧化物含量的增多，表面张力变大。对于 R_2O-SiO_2 系统，随着 R^+ 半径的增大，这种作用依次减少，如图4-11所示。

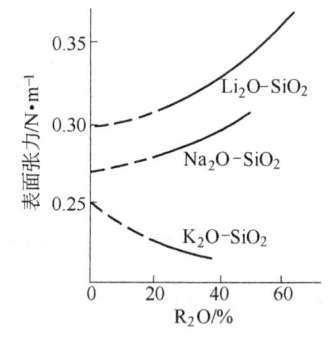

图4-11　300℃时，R_2O-SiO_2 系统表面张力与组成的关系

各种氧化物添加剂对硅酸盐熔体表面张力的影响不同，Al_2O_3、CaO、MgO、SiO_2、Li_2O、Na_2O 等无表面活性，能增加表面张力，称为表面惰性物质；而 K_2O、PbO、B_2O_3、Sb_2O_3、P_2O_5 等加入量较大时，能显著降低熔体表面张力；V_2O_5、MoO_3、WO_3、Cr_2O_3 等，即使引入量较少，也可剧烈地降低熔体的表面张力，称为表面活性物质，它们总是趋于自动聚集在表面以降低体系表面能。

熔体内原子（离子或分子）的化学键型对表面张力有较大影响，其规律是：具有金属键的熔体，表面张力最大，共价键次之，离子键再次之，分子键最小。二元硅酸盐熔体表面张力处于离子键与共价键之间，表明熔体中两种类型键都存在。

从能量观点看，当一种组分加入另一种组分中时，其分布总是要使系统的表面张力最小。这是因为两种熔体混合时，表面张力不具有加和性，其中表面张力较小的熔体被排挤到表面富集，混合熔体的表面张力以较小的熔体为主。因此，极少量低表面张力的物质加入到熔体中，这些物质总会自动聚集在表面使熔体的表面张力下降。相反，表面张力大的物质加入到熔体中，这些物质则分布在熔体内部，而把原来表面张力小的组分挤到表面上，这样常常会导致熔体表面的组成与内部组成之间的差异。

4.3 玻璃的形成

玻璃是由熔体过冷而形成的一种无定形固体，因此在结构上与熔体有相似之处。玻璃是无机非晶态固体中最重要的一族。

传统玻璃一般通过熔融法，即玻璃原料经加热、熔融、过冷来制取。随着近代科学技术的发展，现在也可由非熔融法，如气相的化学和电沉积、液相的水解和沉积、真空蒸发和射频溅射、高能射线辐照、离子注入、冲击波等方法来获得以结构无序为主要特征的玻璃态（通常称为非晶态）。无论用何种方法得到的玻璃，其基本性质是相同的。

4.3.1 玻璃的通性

一般无机玻璃的宏观特征是在常温下能保持一定的外形，具有较高的硬度、较大的脆性，对可见光具有一定的透明度，破碎时具有贝壳及蜡状断裂面。玻璃的通性可以归纳为以下四点。

4.3.1.1 各向同性

无应力存在的均质玻璃体其各个方向的性质，如折射率、硬度、弹性模量、线膨胀系数等性能都是相同的。这与非等轴晶系晶体的各向异性有显著不同，而与液体相似。玻璃的各向同性是其内部质点无序排列而呈现统计均质结果的宏观表现。

但玻璃存在内应力时，结构均匀性就遭受破坏，显示出各向异性，如出现明显的光程差等。

4.3.1.2 介稳性

在一定的热力学条件下，系统虽未处于最低能量状态，却处于一种可以较长时间存在的状态，称为处于**介稳态**。当熔体冷却成玻璃体时，其状态不是处于最低的能量状态。它能较长时间在低温下保留高温时的结构而不变化，因而为介稳态或具有介稳的性质，含有过剩的内能。图4-12 所示为熔体冷却过程中物质内能与体积的变化。在结晶情况下，内能与体积随温度变化如折线 abcd 所示，而过冷却形成玻璃时的情况如折线 abefh 所示的过程变化。由图可见，形成玻璃体时，其内能大于晶态。从热力学观点看，玻璃态是一种高能量状态，它必然有向低能量状态转化的趋势，即有析晶的可能，然而从动力学观点看，由于常温下玻璃黏度很大，

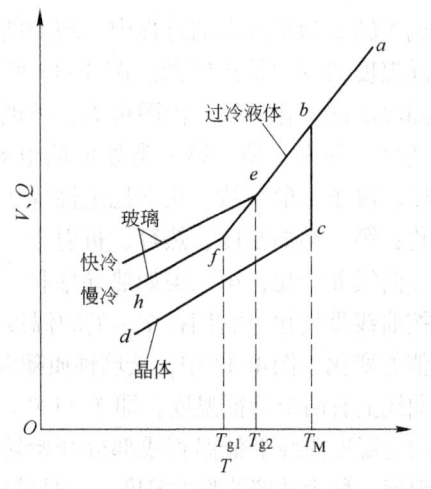

图 4-12 物质内能与体积随温度的变化

由玻璃态自发转变为晶态的速率很小，因此它又是稳定的。

4.3.1.3   由熔融态向玻璃态转变是可逆的与渐变的

熔融体冷却时，若是结晶过程，则由于出现新相，在熔点 T_M 处内能、体积及其他一些性能都发生突变（内能、体积突然下降与黏度的剧烈上升），如图 4-12 中由 b 到 c 的变化，整个曲线在 T_M 处出现不连续。若是向玻璃转变，当熔体冷却到 T_M 时，体积、内能不发生异常变化，而是沿着 be 变为过冷液体，当达到 f 点时（对应温度 T_{g1}），熔体开始固化，这时的温度称为玻璃转变温度或称为**脆性温度**，对应黏度为 $10^{12}Pa \cdot s$，继续冷却，曲线出现弯曲，fh 一段的斜率比以前小了一些，但整个曲线是连续变化的。通常把黏度为 $10^8 Pa \cdot s$ 对应的温度 T_f 称为**玻璃软化温度**，玻璃加热到此温度即软化，高于此温度玻璃就呈现液态的一般性质，$T_g \sim T_f$ 的温度范围称为**玻璃转变范围**或称反常间距，它是玻璃转变特有的过渡温度范围。显然向玻璃体转变过程是在较宽广范围内完成的，随着温度下降，熔体的黏度越来越大，最后形成固态的玻璃，其间没有新相出现。相反，由玻璃加热转变为熔体的过程也是渐变的，因此具有可逆性。玻璃体没有固定的熔点，只有一个从软化温度到脆性温度的范围，在这个范围内玻璃由塑性变形转为弹性变形。值得提出的是，不同玻璃成分用同一冷却速率，T_g 一般会有差别，各种玻璃的转变温度随成分而变化。如石英玻璃在 1150℃ 左右，而钠硅酸盐玻璃在 500~550℃；同一种玻璃，以不同冷却速率冷却得到的 T_g 也会不同，如图 4-12 中 T_{g1} 和 T_{g2} 就属于此种情况。但不管转变温度 T_g 如何变化，对应的黏度值却是不变的，均为 $10^{12}Pa \cdot s$。

一些非熔融法制得的新型玻璃如气相沉积方法制备的 Si 无定型薄膜或急冷淬火形成的无定形金属膜，在再次加热到液态前就会产生析晶的相变。虽然它们在结构上也属于玻璃态，但在宏观特性上与传统玻璃有一定差别，故而通常称这类物质为无定形物。

4.3.1.4   由熔融态向玻璃态转化时物理、化学性质随温度变化的连续性

玻璃体由熔融状态冷却转变为玻璃态或加热从玻璃态转变为熔融态的过程中，玻璃的物理化学性质随温度的变化是连续的。图 4-13 所示为玻璃性质随温度的变化曲线。由图可见，玻璃的性质随温度变化可分为三类。第一类如玻璃电导、比热容、黏度、离子扩散系数、化学稳定性等按图中曲线 I 变化；第二类如密度、热容、折射率、线膨胀系数等按曲线 II 变化，第三类如热导率和一些机械性质等按曲线 III 变化，它们在 $T_g \sim T_f$ 的温度范围内有极大值的变化。图 4-13 中，玻璃性质随温度逐渐变化的曲线上有两个特征温度，即 T_g 与 T_f。T_g 温度相应性质与温度曲线上低温直线部分开始转向弯曲部分

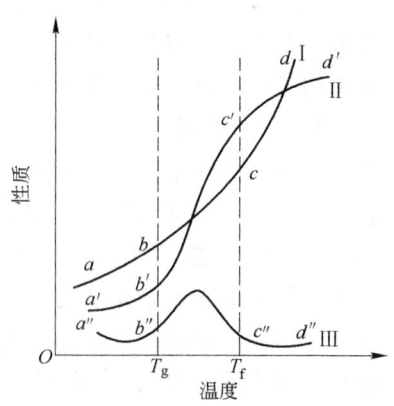

图 4-13   玻璃性质随温度的变化

的温度，称为玻璃的脆性温度，它是玻璃出现脆性的最高温度，相应的黏度为 $10^{12}Pa \cdot s$，由于在这个温度下可以消除玻璃制品因不均匀冷却而产生的内应力，也称为退火温度上限（退火点）。

T_f 温度相应于曲线部分开始转向高温直线部分的温度，又称为玻璃的软化温度，为玻璃

开始出现液体状态典型性质的温度，相应的黏度为 $10^8 Pa \cdot s$，是玻璃拉制成丝的最低温度。

由图可见，性质–温度曲线 T_g 以下的低温段和 T_f 以上的高温段，其变化几乎成直线关系，这是因为前者的玻璃为固体状态，而后者则为熔体状态，它们的结构随温度是逐渐变化的。而在 $T_g \sim T_f$ 温度范围内是固态玻璃向玻璃熔体转变的区域，由于结构随温度急速地变化，因而性质变化虽然有连续性，但变化剧烈，并不呈直线关系。由此可见，$T_g \sim T_f$ 对于控制玻璃的性质有着重要意义。

以上四个特性是玻璃态物质所特有的。因此，任何物质不论其化学组成如何，只要具有上述四个特性都称为玻璃。

4.3.2 玻璃形成的方法与物质

4.3.2.1 玻璃形成方法

目前制备玻璃态物质的方法很多。除传统的熔体冷却法外，还可通过气相析出法、气相凝聚法和晶体能量泵入法等手段制备玻璃态物质。

A 熔体冷却法

将玻璃原料加热、熔融、冷却而形成玻璃态物质。在熔体冷却到常温的过程中能否保持其远程无序的结构取决于熔点以下熔体过冷而不引起成核与结晶的能力。传统玻璃通常在常规条件下冷却，不需要复杂的冷却设备，目前玻璃工业中普遍采用这种方法，世界上绝大多数玻璃产品都是这种方法生产的。但对于一些易析晶的玻璃体系，如金属玻璃，常规的冷却速率尚无法保证冷却过程中不析晶，故目前发展了一些超快速冷却方法。如喷枪法是在一个冲击喷管中通以高压氦气把一小滴熔融金属喷射到冷却的铜衬底上而形成玻璃态薄箔。轧辊急冷法是在两个高速旋转的旋转轮之间滴入熔液轧平并急冷成均匀的长试样，可获得玻璃态的连续带材。此外，等离子溅射法、滚筒急冷法、激光自旋熔化和自由落下冷却法等都可达到 $10^6 K/s$ 的冷却速率。

B 液相析出法

溶胶–凝胶技术是近十多年来发展非常迅速的一种低温制备玻璃态物质的新方法。这种方法将含有组成玻璃所必需的金属和非金属原子的液体有机物（通常为金属醇盐），用乙醇等作溶剂，加水后通过水解–缩聚过程形成透明凝胶，再经过远低于熔融温度的热处理而形成单元或多元系统玻璃。用该方法不仅能在较低的温度下制备出难熔玻璃（包括熔点温度高和高温下易挥发组分的系统）和高温下不稳定玻璃，还能制备出熔融法难以获得的玻璃制品。同时，该方法除了能制备块状体玻璃外，也能很方便地制备粉体、薄膜与纤维。由于是在低温下制备玻璃态物质，一些具有特殊光、电性能的有机物可以均匀地与凝胶玻璃混合，制备出性能优异的有机/无机复合光、电功能材料。

此外，通过处理化学反应得到的沉淀物获得玻璃态物质、利用电解质溶液的电解反应并在阳极上析出非晶态单质或氧化物薄膜以及利用电解中氧离子给出阳极电子而析出氧气并与阳极反应生成氧化物无定形薄膜等方法，也可获得一些特定的玻璃态物质。

C 气相凝聚法

化学气相沉积（CVD）法已被广泛应用于制备各种薄膜与涂层，如半导体薄膜、介电薄膜、光波导薄膜、太阳能转换薄膜等，是现代材料科学技术中不可或缺的薄膜制备技术。CVD 法除了用于制备晶态薄膜外，现也被广泛用于非晶态薄膜的制备。如在半导体工业中应用的玻璃态电绝缘材料 Si_3N_4 和导电的 Si_3N_4-C、Si_3N_4-SiN 等复合玻璃态材料以及非晶硅太阳能电池等。

此外，热蒸发技术（真空镀膜技术）、辉光放电技术、磁控溅射技术等也是制备非晶态薄膜的有效手段。

D　晶体能量泵入法

用高速中子束或 α 粒子束轰击晶体材料使其无定形化（辐照法），将晶体用爆炸法或放在夹板中施加瞬时冲击波，在极大压力和随之而来的高温作用下形成玻璃态（冲击波法）以及用离子束轰击晶体表面，使晶体表面非晶化（离子注入法）等技术，也可制备出一些特殊的玻璃态物质。

4.3.2.2　形成玻璃的物质

由于技术条件限制，不是任何物质都可形成玻璃。对于氧化物玻璃系统而言，能形成玻璃的氧化物可分成两类：一类是能单独形成玻璃的氧化物，如 SiO_2、B_2O_3。另一类是本身不能形成玻璃，但能与另一些氧化物一起形成玻璃，如 MoO_3、Al_2O_3、V_2O_3，另外还有硫系玻璃，卤化物玻璃等。

对于 A_xB_y 型化合物形成的玻璃，Stanworth 从离子半径、电负性及化合物的结构等提出了以下几个准则：

（1）阳离子化合价必须大于或等于 3；

（2）玻璃的形成与阳离子尺寸有关，玻璃形成能力随阳离子尺寸减小而增强；

（3）阳离子的电负性最好介于 1.5 与 2.1 之间；

（4）能形成玻璃的化合物应具有足够空旷、以共价键结合的网状结构。原子半径对其电负性值及玻璃形成情况如图 4-14 所示。

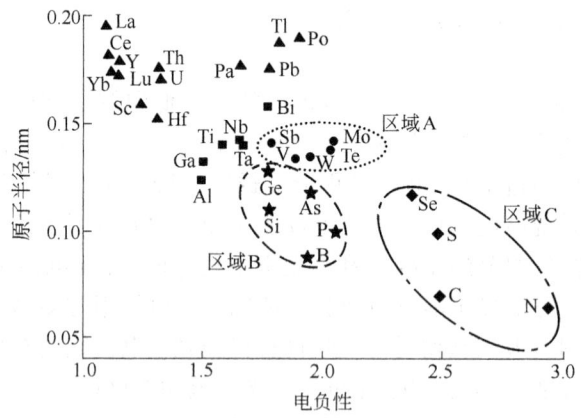

图 4-14　原子半径对电负性图

■—超快速冷却法也不能形成玻璃的氧化物；●—超快速冷却法能形成玻璃的氧化物；
★—典型的能形成玻璃的氧化物；▲—不能形成玻璃的氧化物；
◆—电负性大于 2.1、不能形成玻璃的氧化物

由图 4-14 可得出如下结论：

（1）半径大于 0.15nm 的原子组成的氧化物，不能形成玻璃。

（2）由半径小于 0.13nm 和电负性介于 1.8~2.1 之间的原子（Ge、Si、As、P、B，区域 B）组成的氧化物是典型的玻璃形成物，这些氧化物的晶体结构都具有扩展的四面体三维网络或层状结构。

（3）电负性范围（1.8~2.1）相同，但原子半径比 B 区域内原子稍大的那些原子（Sb、V、W、Mo、Te，区域 A），它们的氧化物从其熔体常规冷却不能形成玻璃，但可用超快速冷却方法形成玻璃。如果添加其他氧化物（如 PbO 或 BaO 等）使稍过大的原子尺寸得到调节，则这些氧化物从其熔体常规冷却时也能形成玻璃。

（4）电负性小于 1.8 的原子组成的氧化物即使用超快速冷却的方法也不能形成玻璃。但这些不能形成玻璃的氧化物与一些合适的非玻璃形成氧化物组成二元或三元系统，则有可能形成玻璃。

（5）电负性大于 2.1（Se、S、C、N，区域 C）的氧化物未发现能形成玻璃，这与这些原子所具有的高电负性相一致，因为在它们的氧化物中，强的共价键产生形成氧化物分子的强烈倾向，而不是形成扩展的三维氧化物。但某些硒化物、硫化物、碳化物和氮化物系统能形成玻璃，如 BeF_2、$ZnCl_2$、GeS_2、As_2S_3，从它们的熔体容易形成玻璃。BeF_2、$ZnCl_2$、GeS_2 具有 SiO_2 的四面体结构，而 As_2S_3 具有层状结构。

4.3.3　形成玻璃的条件

4.3.3.1　形成玻璃的热力学条件

熔体是物质在液相温度以上存在的一种高能量状态。随着温度降低，熔体释放能量大小不同，可以有三种冷却途径：

（1）结晶化，即有序度不断增加，直到释放全部多余能量而使整个熔体晶化为止。

（2）玻璃化，即过冷熔体在转变温度 T_g 硬化为固态玻璃的过程。

（3）分相，即质点迁移使熔体内某些组成偏聚，从而形成互不混溶的组成不同的两个玻璃相。

玻璃化和分相过程均没有释放出全部多余的能量，因此与结晶化相比这两个状态都处于能量的介稳状态。大部分玻璃熔体在过冷时，这三种过程总是程度不等地发生。从热力学观点分析，玻璃态物质总有降低内能向晶态转变的趋势，在一定条件下通过析晶或分相放出能量使其处于低能量稳定状态。如果玻璃与晶体内能差别大，则在不稳定过冷下，晶化倾向大，形成玻璃的倾向小。表 4-3 列出了几种硅酸盐晶体和相应组成玻璃体内能的比较。由表 4-3 可见，玻璃体与晶体两种状态的内能差值不大，故析晶的推动力较小，因此玻璃这种能量的亚稳态实际上能够长时间稳定存在。从表 4-3 中的数据可见这些热力学参数对玻璃的形成并没有直接关系，以此来判断玻璃形成能力是很困难的。所以形成玻璃的条件除了热力学条件外，还有其他更直接的条件。

表 4-3 几种硅酸盐晶体与玻璃体的生成焓

组　　成	状　　态	$-\Delta H/\mathrm{kJ \cdot mol^{-1}}$
Pb$_2$SiO$_4$	晶　态	1309
	玻璃态	1294
SiO$_2$	β-石英	860
	β-鳞石英	854
	β-方石英	858
	玻璃态	848
Na$_2$SiO$_3$	晶　态	1528
	玻璃态	1507

4.3.3.2 形成玻璃的动力学条件

从动力学的角度讲，析晶过程必须克服一定的势垒，包括形成晶核所需建立新界面的界面能以及晶核长大成晶体所需的质点扩散的活化能等。如果这些势垒较大，尤其当熔体冷却速率很快时，黏度增加很快，质点来不及进行有规则排列，晶核形成和晶体长大均难以实现，从而有利于玻璃的形成。

近代研究证实，如果冷却速率足够快时，即使金属也有可能保持其高温的无定形状态；反之，如在低于熔点温度范围内保温足够长的时间，则任何玻璃形成体都能结晶。因此，从动力学观点看，形成玻璃的关键是熔体的冷却速率。在玻璃形成动力学讨论中，探讨熔体冷却以避免产生可以探测到的晶体所需的临界冷却速率（最小冷却速率）对研究玻璃形成规律和制定玻璃形成工艺是非常重要的。

塔曼（Tammann）首先系统地研究了熔体的冷却结晶行为，提出结晶分为晶核生成与晶体长大两个过程。如果是熔体内部自发成核，称为**均匀核化**；如果是由表面、界面效应、杂质或引入晶核剂等各种因素支配的成核过程，称为**非均态核化**。熔体冷却是形成玻璃或是析晶，由晶核生成速率（成核速率 I_v）和晶体生长速率（u）这两个过程的速率所决定。**晶核生成速率**是指单位时间内单位体积熔体中所生成的晶核数目（个/（cm^3·s））；**晶体生长速率**是指单位时间内晶体的线增长速率（cm/s）。I_v 与 u 均与过冷度有关（$\Delta T = T_M - T$，T_M 为熔点）。如图 4-15 所示为晶核生成速率 I_v 与晶体生长速率随过冷度的变化曲线，称为物质的析晶特征曲线。由图可见，I_v 与 u 曲线上都存在极大值。

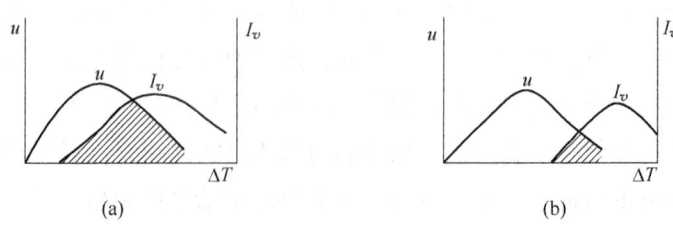

图 4-15 成核速率和生长速率与过冷度的关系

塔曼认为，玻璃的形成，是由于过冷熔体中晶核生成的最大速率对应的温度低于晶体生长最大速率对应的温度所致。因为熔体冷却时，当温度降到晶体生长最大速率时，晶核生成速率很小，只有少量的晶核长大；当熔体继续冷却到晶核生成最大速率时，晶体生长速率则较小，晶核不可能充分长大，最终不能结晶而形成玻璃。因此，晶核生成速率与晶体生长速率的极大值所处的温度相差越小（见图4-15（a）），熔体越易析晶而不易形成玻璃。反之，熔体就不易析晶而易形成玻璃（见图4-15（b））。通常将两曲线重叠的区域（图4-15中画上阴影的区域）称为析晶区域或玻璃不易形成区域。如果熔体在玻璃形成温度（T_g）附近黏度很大，这时晶核产生和晶体生长阻力均很大，这时熔体易形成过冷液体而不易析晶。因此，熔体是析晶还是形成玻璃与过冷度、黏度、成核速率、晶体生长速率均有关。

尤曼（Uhlmann）在1969年将冶金工业中使用的3T图或称T-T-T图（Time-Temperature-Transformation）方法应用于玻璃转变并取得很大成功，目前已成为玻璃形成动力学理论中的重要方法之一。

尤曼认为判断一种物质能否形成玻璃，首先必须确定玻璃中可以检测到的晶体的最小体积，然后再考虑熔体究竟需要多快的冷却速率才能防止这一结晶量的产生从而获得检测上合格的玻璃。实验证明：当晶体混乱地分布在熔体中时，晶体的体积分数（晶体体积/玻璃总体积，V_β/V）为10^{-6}时，刚好为仪器可探测出来的浓度。根据相变动力学理论，通过式（4-5）估计防止一定的体积分数的晶体析出所必需的冷却速率。

$$\frac{V_\beta}{V} \approx \frac{\pi}{3} I_v u^3 t^4 \tag{4-5}$$

式中，V_β为析出晶体体积；V为熔体体积；I_v为成核速率；u为晶体生长速率；t为时间。

如果只考虑均匀成核，为避免得到体积分数为10^{-6}的晶体，可从式（4-5）通过绘制3T曲线来估算必须采用的冷却速率。绘制这种曲线首先选择一个特定的结晶分数，在一系列温度下，计算出成核速率及晶体生长速率，把计算得到的I_v、u代入式（4-5），求出对应的时间t，用过冷度（$\Delta T = T_M - T$）为纵坐标，冷却时间t为横坐标作出3T图。图4-16为这类图的实例。由于结晶驱动力（过冷度）随温度降低而增加，原子迁移率随温度降低而降低，因而造成3T曲线凸面部分为该熔点的物质在一定过冷度下形成晶体的区域，而3T曲线凸面部分外围是一定过冷度下形成玻璃体的区域。3T曲线头部的顶点对应了析出晶体体积分数为10^{-6}时的最短时间。

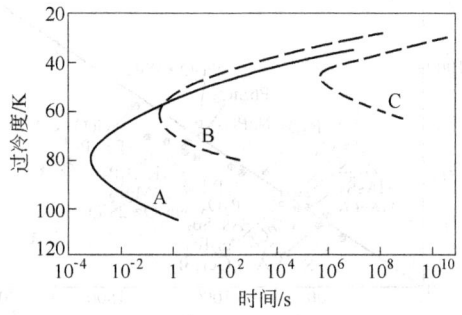

图4-16　结晶体积分数为10^{-6}时具有不同熔点的物质的T-T-T曲线图
A—$T_M = 365.6K$；B—$T_M = 316.6K$；C—$T_M = 276.6K$

为避免形成给定的晶体分数，所需要的冷却速率（即临界冷却速率）可由下式粗略地计算出来：

$$\left(\frac{\mathrm{d}T}{\mathrm{d}t}\right)_c \approx \frac{\Delta T_n}{\tau_n} \qquad (4-6)$$

式中　ΔT_n——3T 曲线头部之点的过冷度；

　　　τ_n——3T 曲线头部之点对应的时间。

由式（4-6）可以看出，3T 曲线上任何温度下的时间仅仅随（V_β/V）的 1/4 次方变化。因此，形成玻璃的临界冷却速率对析晶晶体的体积分数是不甚敏感的。这样有了某熔体的 3T 图，对该熔体求冷却速率才有普遍意义。

形成玻璃的临界冷却速率是随熔体组成而变化的。表 4-4 列举了几种化合物的临界冷却速率和熔融温度时的黏度。

表4-4　几种化合物生成玻璃的性能

性　能	化　合　物									
	SiO_2	GeO_2	B_2O_3	Al_2O_3	As_2O_3	BeF_2	$ZnCl_2$	LiCl	Ni	Se
$T_M/℃$	1710	1115	450	2050	280	540	320	613	1380	225
$\eta_{T_M}/\mathrm{Pa\cdot s}$	10^6	10^4	10^4	0.06	10^4	10^5	3	0.002	0.001	10^2
T_g/T_M	0.74	0.67	0.72	~0.5	0.75	0.67	0.58	0.3	0.3	0.65
$\dfrac{\mathrm{d}T}{\mathrm{d}t}/℃\cdot s^{-1}$	10^{-5}	10^{-2}	10^{-6}	10^3	10^{-5}	10^{-6}	10^{-1}	10^8	10^7	10^{-8}

由表 4-4 可以看出，凡是熔体在熔点时均具有高的黏度，并且黏度随温度降低而剧烈地增高，这就使析晶势垒升高，这类熔体易形成玻璃。而一些在熔点附近黏度很小的熔体如 LiCl、金属 Ni 等则易析晶而不易形成玻璃。$ZnCl_2$ 只有在快速冷却条件下才生成玻璃。

从表 4-4 还可看出，玻璃转变温度 T_g 与熔点之间的相关性（T_g/T_M）也是判断能否形成玻璃的标志。由图 4-17 可见，易形成玻璃的氧化物位于直线上方，而较难形成玻璃的非氧化物，特别是金属合金位于直线下方。当 $T_g/T_M \approx 0.5$ 时，形成玻璃的临界速率约为 $10^{-6}℃/s$。

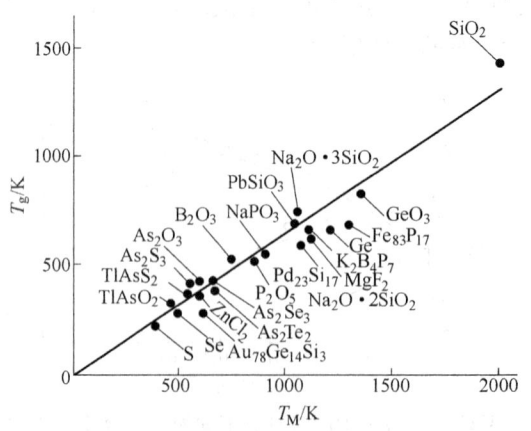

图 4-17　一些氧化物的熔点（T_M）和转变温度（T_g）的关系

黏度与熔点是生成玻璃的重要标志，冷却速率是形成玻璃的重要条件，但这些毕竟是反映玻璃内部结构的外部属性。因此，从物质内部的化学键特性、质点的排列状况等去探求才能得到根本解释。

4.3.3.3 形成玻璃的结晶化学条件

A 聚合阴离子团大小与排列方式

不难设想，从硅酸盐、硼酸盐、磷酸盐等无机熔体转变为玻璃时，熔体的结构含有多种阴离子团，如硅酸盐熔体中的 $[SiO_4]^{4-}$、$[Si_2O_7]^{6-}$、$[Si_6O_{18}]^{12-}$、$[SiO_3]_n^{2n-}$、$[Si_4O_{10}]_n^{4n-}$等，这些阴离子团可能时分时合。随着温度下降，聚合过程渐占优势，而后形成大型阴离子团。这种大型阴离子团可以看做是由数目不等的 $[SiO_4]^{4-}$ 以不同的连接方式扭曲地聚合而成，形成链状或网状结构。

在熔体结构中不同 O/Si 比值对应着一定的聚合阴离子团结构。如当 O/Si 比值为 2 时，熔体中含有扭曲的 $[SiO_2]_n$ 聚合物（即石英玻璃熔体），随着 O/Si 比值的增加，硅氧阴离子团逐渐减小，当 O/Si 比值增至 4 时，硅氧阴离子团全部拆散成为孤岛状的 $[SiO_4]^{4-}$，这就很难形成玻璃。因此，形成玻璃的倾向大小和熔体中阴离子团的聚合程度有关。聚合程度越低，越不易形成玻璃，聚合程度越高，特别当具有三维网络或扭曲链状结构时，越容易形成玻璃。因为这时网络或链错杂交织，质点做空间位置的调整以析出对称性良好、远程有序的晶体就比较困难。

硼酸盐、锗酸盐、磷酸盐等无机熔体中，也可采用类似硅酸盐的方法，根据 O/B、O/Ge、O/P 比值来粗略估计阴离子团的大小。根据实验，形成玻璃的 O/B、O/Ge、O/P 比值有最高限值，如表 4-5 所示。这个限值表明熔体中阴离子团只有以高聚合的扭曲链状或环状方式存在时，才能形成玻璃。

表 4-5 形成硼酸盐、硅酸盐等玻璃的 O/B、O/Si 等比值的最高限值

与不同系统配合加入的氧化物	硼酸盐系统 O/B	硅酸盐系统 O/Si	锗酸盐系统 O/Ge	磷酸盐系统 O/P
Li_2O	1.9	2.55	2.30	3.25
Na_2O	1.8	3.40	2.60	3.25
K_2O	1.8	3.20	3.50	2.90
MgO	1.95	2.70	—	3.25
CaO	1.90	2.30	2.55	3.10
SrO	1.90	2.70	2.65	3.10
BaO	1.85	2.70	2.40	3.20

B 键强

孙光汉于 1947 年提出，氧化物的键强是决定其是否能形成玻璃的重要条件，他认为可以用元素与氧结合的单键强度来判断氧化物能否生成玻璃。在无机氧化物熔体中，$[SiO_4]$、$[BO_3]$ 等这些配位多面体之所以能以阴离子团存在而不分解为相应的个别离子，显然与 B—O、Si—O 键的键强有关。

而熔体在结晶化过程中，原子或离子要进行重排，熔体结构中原子或离子间原有的化学键会连续破坏，并重新组合形成新键。从不规则的熔体变成周期排列的有序晶格是结晶的重要过程。这些键越强，结晶的倾向越小，越容易形成玻璃。通过测定各种化合物（MO_x）的离解能（MO_x 离解为气态原子时所需的总能量），将这个能量除以该种化合物阳

离子 M 的配位数，即可得出 M—O 的单键强度（kJ/mol）。各种氧化物的单键强度数值见表 4-6。

表 4-6 一些氧化物的单键强度与形成玻璃的关系

M_nO_m 中的 M	原子价	配位数	M—O 单键强度 /kJ·mol^{-1}	在结构中的作用
B	3	3	498	网络形成体
Al	3	4	376	
Si	4	4	444	
Ge	4	4	445	
P	5	4	465~369	
V	5	4	469~377	
As	5	4	364~293	
Sb	5	4	356~360	
Zr	4	6	339	
Zn	2	2	302	网络中间体
Pb	2	2	306	
Al	3	6	250	
Be	2	4	264	
Na	1	6	84	网络改变体
K	1	9	54	
Ca	2	8	134	
Mg	2	6	155	
Ba	2	8	136	
Li	1	4	151	
Pb	2	4	152	
Rb	1	10	48	
Cs	1	12	40	

根据单键能的大小，可将不同氧化物分为以下三类：

（1）**玻璃网络形成体**（其中阳离子为网络形成离子），其单键强度大于 335kJ/mol。这类氧化物能单独形成玻璃。

（2）**网络改变体**（阳离子称为网络改变离子），其单键强度小于 250kJ/mol。这类氧化物不能形成玻璃，但能改变网络结构，从而使玻璃性质改变。

（3）**网络中间体**（阳离子称为网络中间离子），其单键强度介于 250~335kJ/mol。这类氧化物的作用介于玻璃形成体与网络改变体两者之间。

由表 4-6 可以看出，网络形成体的键强比网络改变体高得多，在一定温度与组成时，键强越高，熔体中阴离子团也越牢固。因此，键的破坏与重新组合也越困难，成核势垒也越高，故不易析晶而易形成玻璃。

劳森（Rawson）进一步发展了孙氏理论，认为不仅单键强度，就是破坏原有键使之析晶需要的热能也很重要，提出用单键强度除以各种氧化物的熔点的比率来衡量比只用单键强度更能说明玻璃形成的倾向。这样，单键强度越高，熔点越低的氧化物越易于形成玻璃。这个比率在所有氧化物中 B_2O_3 最大，这可以说明为什么 B_2O_3 析晶十分困难。

C 键型

熔体中质点间的化学键的性质对玻璃的形成也有重要作用。一般来说具有极性共价键和半金属共价键的离子才能生成玻璃。

离子键化合物形成的熔体，其结构质点是阴、阳离子，如 NaCl、CaF$_2$ 等，在熔融状态以单独离子存在，流动性很大，在凝固温度靠静电引力迅速组成晶格。离子键作用范围大，又无方向性，并且一般的离子键化合物具有较高的配位数（6、8），离子相遇组成晶格的几率也高。所以一般离子键化合物在凝固点黏度很低，很难形成玻璃。

金属键物质如单质金属与合金，在熔融时失去联系较弱的电子后，以阳离子状态存在。金属键无方向性，并在金属晶格内出现晶体的最高配位数（12），原子相遇组成晶格的几率很大。因此，最不易形成玻璃。

纯粹共价键化合物大都为分子结构，在分子内部，原子间由共价键连接，而作用于分子间的是范德华力。由于范德华键无方向性，一般在冷却过程中质点易进入点阵而构成分子晶格。因此以上三种单纯键型都不易形成玻璃。

当离子键和金属键向共价键过渡时，通过强烈的极化作用，化学键具有方向性和饱和性趋势，在能量上有利于形成一种低配位数（3、4）或一种非等轴式构造。离子向共价键过渡的混合键称为极性共价键，它主要在于有 s-p 电子形成杂化轨道，并构成 σ 键和 π 键。这种混合键既具有共价键的方向性和饱和性，不易改变键长和键角的倾向，促进生成具有固定结构的配位多面体，构成玻璃的近程有序；又具有离子键易改变键角、易形成无对称变形的趋势，促进配位多面体不按一定方向连接的不对称性，构成玻璃远程无序的网络结构。因此极性共价键的物质比较易形成玻璃态。如 SiO$_2$、B$_2$O$_3$ 等网络形成体就具有部分共价键和部分离子键，SiO$_2$ 中 Si—O 键的共价键分数和离子键分数各占 50%，Si 的 sp^3 电子云和 4 个 O 结合的 O—Si—O 键角理论值是 109.4°，而当四面体共顶角时，O—Si—O 键角可以在 131°～180°范围内变化，这种变化可以解释为氧原子从纯 p^2（键角 90°）到 sp（键角 180°）杂化轨道的连续变化。这里基本的配位多面体［SiO$_4$］表现为共价特性，而 O—Si—O 键角能在较大范围内无方向性地连接起来，表现了离子键的特性，氧化物玻璃中其他网络生成体 B$_2$O$_3$、GeO$_2$、P$_2$O$_5$ 等也是主要靠 s-p 电子形成杂化轨道。

同样，金属键向共价键过渡的混合键称为金属共价键，在金属中加入半径小、电荷高的半金属离子（Si^{4+}、P^{5+}、B^{3+}）或加入场强大的过渡元素，它们能对金属原子产生强烈的极化作用，从而形成 spd 或 spdf 杂化轨道，形成金属和加入元素组成的原子团，这种原子团类似于［SiO$_4$］四面体，也可形成金属玻璃的近程有序，但金属键的无方向性和无饱和性则使这些原子团之间可以自由连接，形成无对称变形的趋势，从而产生金属玻璃的远程无序。如阴离子为 S、Se、Te 等的半导体玻璃中阳离子 As^{3+}、Sb^{3+}、Si^{4+}、Ge^{4+} 等极化能力很强，形成金属共价键化合物，能以结构键［—S—S—S—］$_n$、［—Se—Se—Se—］$_n$、［—S—As—S—］$_n$ 的状态存在，它们互相连成层状、链状或架状，因而在熔融时黏度很大。冷却时分子团开始聚集，容易形成无规则的网络结构。用特殊方法（溅射、电沉积等）形成的玻璃，如 Pd-Si、Co-P、Fe-P-C、V-Cu、Ti-Ni 等金属玻璃，有 spd 和 spdf 杂化轨道形成强的极化效应，其中共价键成分依然起主要作用。

综上所述，形成玻璃必须具有离子键或金属键向共价键过渡的混合键型。一般地说，阴、阳离子的电负性差 ΔX 约在 1.5～2.5 之间，其中阳离子具有较强的极化本领，单键强度（M—O）大于 335kJ/mol，成键时出现 s-p 电子形成杂化轨道。这样的键型在能量上有利于形成一种低配位数的阴离子团构造或结构键，易形成无规则网络，因而形成玻璃的倾向很大。

4.4　玻璃结构学说

研究玻璃态物质的结构，不仅可以丰富物质结构理论，而且对于探索玻璃态物质的组成、结构、缺陷和性能之间的关系，进而指导工业生产及制备预计性能的玻璃都具有重要的实际意义。

玻璃结构是指玻璃中质点在空间的几何配置、有序程度及它们彼此间的结合状态。由于玻璃结构具有远程无序的特点以及影响玻璃结构的因素众多，与晶体结构相比，玻璃结构理论发展缓慢，目前，人们还不能直接观察到玻璃的微观结构，关于玻璃结构的信息是通过特定条件下某种性质的测量而间接获得。往往用一种研究方法根据一种性质只能从一个方面得到玻璃结构的局部认识，而且很难把这些局部认识相互联系起来。一般对晶体结构研究十分有效的方法在玻璃结构研究中则显得力不从心。长期以来，人们对玻璃的结构提出了许多假说，如晶子假说、无规则网络假说、高分子学说、凝胶学说、核前群理论、离子配位学说等。由于玻璃结构的复杂性，还没有一种学说能将玻璃的结构完整严密地揭示清楚。到目前为止，在各种学说中最有影响、最为流行的玻璃结构学说是晶子学说和无规则网络学说。

4.4.1　晶子学说

晶子学说由苏联学者列别捷夫（А. А. Лебедев）于1921年提出。他曾经对硅酸盐玻璃进行加热和冷却并分别测定出不同温度下玻璃的折射率。结果如图4-18所示。由图可见，无论是加热还是冷却，玻璃的折射率在573℃左右都会发生急剧变化。而573℃正是α-石英与β-石英的晶型转变温度。上述现象对不同玻璃都有一定的普遍性。因此，他认为玻璃结构中有高分散的玻璃微晶体（即晶子）。

在较低温度范围内，测量玻璃折射率时也会发生若干突变。将SiO_2含量高于70%的$Na_2O \cdot SiO_2$与$K_2O \cdot SiO_2$系统的玻璃，在50~300℃范围内加热并测定折射率时，观察到85~120℃、145~165℃和180~210℃温度范围内折射率有明显变化，如图4-19所示。这些温度恰巧与鳞石英及方石英的多晶转变温度符合，且折射率变化的幅度与玻璃中SiO_2含量有关。根据这些实验数据，进一步证明在玻璃中含有多种"晶子"。以后又有许多学者借助X射线分析法和其他方法为晶子学说取得了新的实验数据。

瓦连可夫（Н. Н. Валенков）和波拉依-柯西茨（Е. А. Лораикошилу）研究了成分递变的钠硅双组分玻璃的X射线散射强度曲线。他们发现第一峰是石英玻璃衍射线的主峰与石英晶体的特征峰相符。第二峰是$Na_2O \cdot SiO_2$玻璃的衍射线主峰与偏硅酸钠晶体的特征峰一致。在钠硅玻璃中上述两个峰均同时出现。随着钠硅玻璃中SiO_2含量增加。第一峰越明显，而第二峰越模糊。他们认为钠硅玻璃中同时存在方石英晶子和偏硅酸钠晶子，这是X射线强度曲线上有两个极大值的原因。他们又研究了升温到 400~800℃ 再淬火、退火和保温几个小时的玻璃。结果表明玻璃 X 射线衍射图不仅与成分有关，而且与玻璃制备条件有关。提高温度，延长加热时间，主峰陡度增加，衍射图也越清晰，如图 4-20 所示。他们认为这是晶子长大所造成的。由实验数据推论，普通石英玻璃中的方石英晶子平均尺寸为 1.0nm。

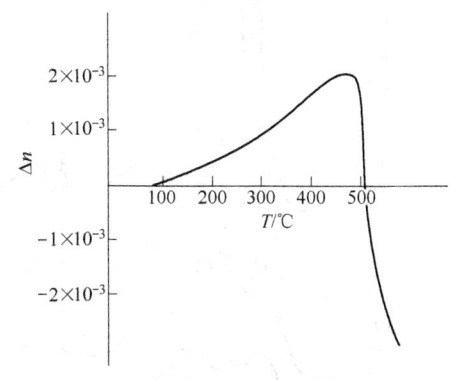

图 4-18　硅酸盐玻璃折射率随温度变化曲线

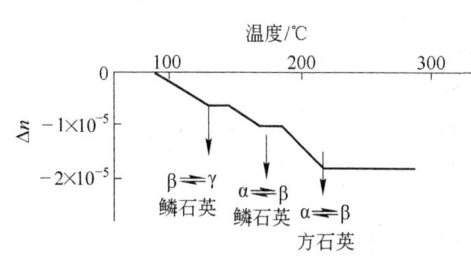

图 4-19　一种钠硅酸盐玻璃的折射率
（SiO$_2$ 含量 76.4% 的折射率随温度的变化曲线）

结晶物质与相应玻璃态物质虽然强度曲线极大值的位置大体相似，但不相一致的地方也是明显的。很多学者认为这是玻璃中晶子点阵图有变形所致，并估计方石英晶子的固定点阵比方石英晶体的固定点阵大 6.6%。

马托西（G. Matassi）等研究了结晶氧化硅和玻璃态氧化硅在 3~26μm 的波长范围内的红外反射光谱。结果表明，玻璃态石英和晶态石英的反射光谱在 12.4μm 处具有同样的最大值。这种现象可以解释为反射物质的结构相同。

弗洛林斯卡娅（B. A. Флорииская）的工作表明，在许多情况下，观察到玻璃和析晶时以初晶析出的晶体的红外反射和吸收光谱极大值是一致的。这就是说，玻璃中有局部不均匀区，该区原子排列与相应晶体的原子排列大体一致。图 4-21 比较了 Na$_2$O-SiO$_2$ 系统在原始玻璃态和析晶态的反射光谱。由研究结果得出结论：结构的不均匀性和有序性是所有硅酸盐玻璃的共性。

根据许多的实验研究得出**晶子学说的要点**为：

（1）玻璃结构是一种不连续的原子集合体，即无数"晶子"分散在无定形介质中。

（2）"晶子"的化学性质与数量取决于玻璃的化学组成，可以是独立的原子团或一定组成的化合物和固溶体等微观多相体，与该玻璃物系的相平衡有关。

（3）"晶子"不同于一般微晶，而是带有晶格极度变形的微小有序区域，在"晶子"中心质点排列较有规律，越远离中心则变形程度越大，从"晶子"部分到无定形部分的过渡是逐步完成的，两者之间无明显界限。

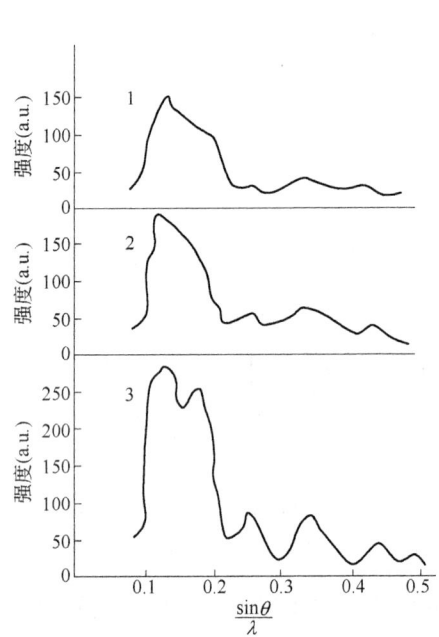

图 4-20　27Na$_2$O · 73SiO$_2$ 玻璃的 X 射线
散射强度曲线

1—未加热；2—在 618℃，保温 1h；

3—在 800℃，保温 10min 和 670℃，保温 20h

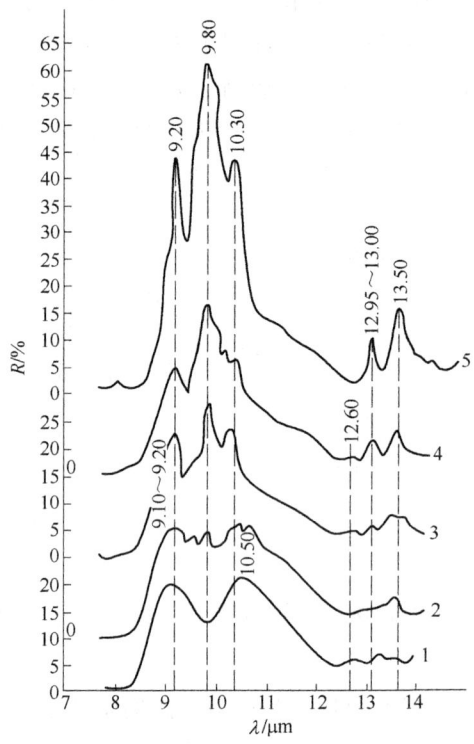

图 4-21　33.3Na$_2$O · 66.7SiO$_2$ 玻璃的反射光谱

1—原始玻璃；2—玻璃表层部分，在 620℃保温 1h；

3—玻璃表面有间断薄雾析晶，保温 3h；4—连续
薄雾析晶，保温 3h；5—析晶玻璃，保温 6h

4.4.2　无规则网络学说

1932 年，德国学者扎哈里阿森（W. H. Zachariasen）基于玻璃与同组成晶体的机械强度的相似性，应用晶体化学的成就，提出了无规则网络学说。以后逐渐发展为玻璃结构理论的一种学派。其**要点**为：

（1）玻璃的结构与相应的晶体结构类似，同样形成一个连续的三维空间网络结构。

（2）玻璃的网络与晶体的网络不同，玻璃的网络是不规则的、非周期性的，因此玻璃的内能比晶体的内能要大。

（3）由于玻璃的强度与晶体的强度属于同一个数量级，玻璃的内能与相应晶体的内能相差并不多，因此它们的结构单元（四面体或三角体）应是相同的，不同之处在于排列的周期性。

如石英玻璃与石英晶体的基本结构单元都是硅氧四面体 ［SiO$_4$］，各硅氧四面体 ［SiO$_4$］ 通过顶点连接成为三维空间网络，但在石英晶体中硅氧四面体 ［SiO$_4$］ 有着严格的规则排列，如图 4-22（a）所示；而在石英玻璃中，硅氧四面体 ［SiO$_4$］ 的排列是无序的，缺乏对称性与周期性的重复，如图 4-22（b）所示。

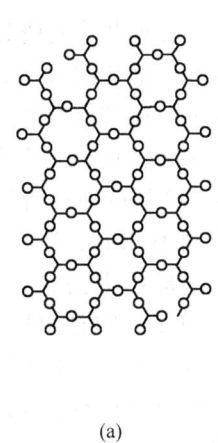
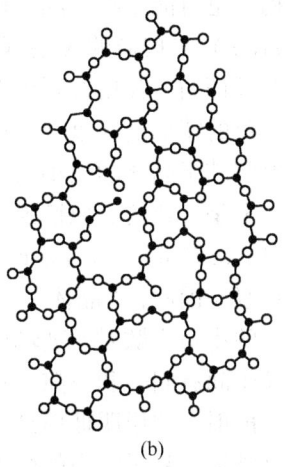

(a)   (b)

图 4-22　石英晶体与石英玻璃结构模型示意图

(a) 石英晶体结构模型；(b) 石英玻璃结构模型

扎哈里阿森还提出氧化物（A_mO_n）形成玻璃时，应具备如下**四个条件**：

（1）网络中每个氧离子最多与两个 A 离子相连。

（2）氧多面体中，A 离子配位数必须是小的，即为 3 或 4。

（3）氧多面体只能共顶而不能共棱或共面连接。

（4）每个氧多面体至少有三个顶角与相邻多面体共有以形成连续的无规则空间结构网络。

根据上述条件可将氧化物划分成三种类型：SiO_2、B_2O_3、P_2O_5、V_2O_5、As_2O_3、Sb_2O_3 等氧化物都能形成四面体配位，成为网络的基本结构单元，属于网络形成体；Na_2O、K_2O、CaO、MgO、BaO 等氧化物，不能满足上述条件，本身不能构成网络形成玻璃，只能作为网络改变体参加玻璃结构；Al_2O_3、TiO_2 等氧化物，配位数有 4 有 6，有时可在一定程度上，满足以上条件形成网络，有时只能处于网络之外，成为网络中间体。

根据此学说，当石英玻璃中引入网络改变体氧化物 R_2O 或 RO 时，他们引入的氧离子，将使部分 Si—O—Si 键断裂，致使原来某些与 2 个 Si^{4+} 键合的桥氧变为仅与 1 个 Si^{4+} 键合的非桥氧，而 R^+ 或 R^{2+} 均匀而无序的分布在四面体骨架的空隙中，以维持网络中局部的电中性。图 4-23 所示为钠硅酸盐玻璃结构模型示意图。显然，[SiO_4] 四面体的结合程度甚至整个网络的结合程度都取决于桥氧离子的百分数。

根据熔体不同组成（不同 O/Si、O/P、O/B 比值等）离子团的聚合程度也不等。而玻璃结构对熔体结构又有继承性，故玻璃中的无规则网络也因玻璃的不同组成和网络被切断的不同程度而异，可以是三维骨架，也可以是二维层状结构或一维链状结构，甚至是

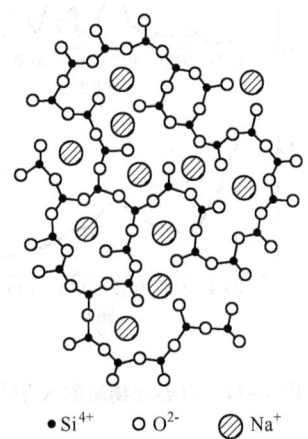

● Si^{4+}　○ O^{2-}　◍ Na^+

图 4-23　钠钙硅玻璃结构示意图

大小不等的环状结构，也可能多种不同结构共存。

　　瓦伦（B. E. Warren）对玻璃的 X 射线衍射光谱的一系列卓越的研究，使扎哈里阿森的理论获得有力的实验证明。瓦伦的石英玻璃、方石英和硅酸盐的 X 射线图示于图 4-24。玻璃的衍射线与方石英的特征谱线重合，这使一些学者把石英玻璃联想为含有极小的方石英晶体，同时将漫射归结于晶体的微小尺寸。然而瓦伦认为这只能说明石英玻璃和方石英中原子间的距离大体上是一致的。他按强度-角度曲线半高处的宽度计算出石英玻璃内如有晶体，其大小也只有0.77nm。这与方石英单位晶胞尺寸 0.70nm 相似。晶体必须是由晶胞在空间有规则的重复，因此，"晶体"此名称在石英玻璃中失去意义。由图 4-24 还可以看到，硅胶有显著的小角度散射而玻璃中没有。这是由于硅胶是由尺寸为 1.0~10.0nm 不连续粒子组成。粒子间有间距和空隙，强烈的散射是由于物质具有不均匀性的缘故。但石英玻璃小角度没有散射，这说明玻璃是一种密实体，其中没有不连续的粒子或粒子之间没有很大的空隙。这结果与晶子学说的微不均匀性又有矛盾。

　　瓦伦又用傅里叶分析法将实验获得的玻璃衍射强度曲线在傅里叶积分公式基础上换算成围绕某一原子的径向分布曲线，再利用该物质的晶体结构数据，即可以得到近距离内原子排列的大致图形。在原子径向分布曲线上第一个极大值是该原子与邻近原子间的距离，而极大值曲线下的面积是该原子的配位数。图 4-25 表示 SiO$_2$ 玻璃径向原子分布曲线。第一个极大值表示出 Si—O 距离为 0.162nm，这与结晶硅酸盐中发现的 SiO$_2$ 平均间距（0.160nm）非常符合。

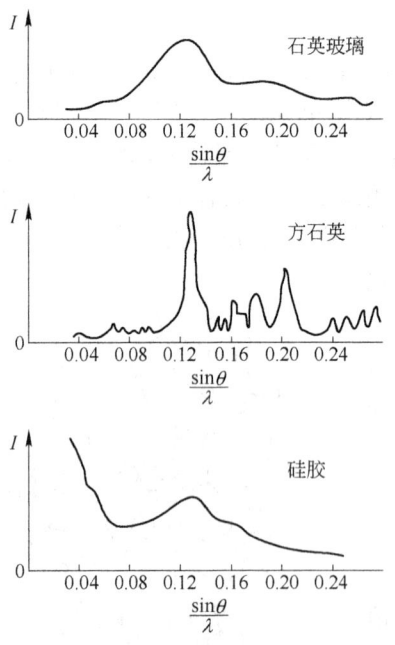

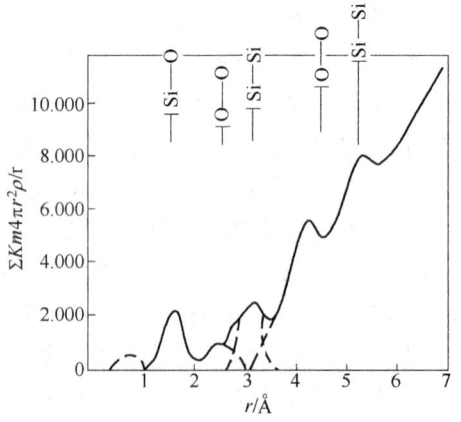

图 4-24　石英等物质的 X 射线衍射图　　　图 4-25　石英玻璃的径向分布曲线

（1Å = 0.1nm）

　　按第一个极大值曲线下的面积计算出配位数为 4.3，接近硅原子配位数 4。因此，X 射线分析的结果直接指出，在石英玻璃中的每一个硅原子，平均约为 4 个氧原子以大致

0.162nm 的距离所围绕。利用傅里叶法，瓦伦研究了 Na_2O-SiO_2、K_2O-SiO_2、Na_2O-B_2O_3、K_2O-B_2O_3 等系统的玻璃结构。随着原子径向距离的增加，分布曲线中极大值逐渐模糊。从瓦伦数据得出，玻璃结构有序部分距离在 1.0~1.2nm 附近，即接近晶胞大小。

综上所述，瓦伦的实验证明：玻璃物质的主要部分不可能以方石英晶体的形式存在，而每个原子的周围原子配位对玻璃和方石英来说都是一样的。

4.4.3 两大学说的比较与发展

晶子学说强调了玻璃结构的不均匀性、不连续性及有序性等方面特征，成功地解释了玻璃折射率在加热过程中的突变现象。尤其是发现微观不均匀性是玻璃结构的普遍现象后，晶子学说得到更为有力的支持。但是至今晶子学说尚有一系列重要的原则问题未得到解决，第一，对玻璃中"晶子"的大小与数量尚有异议。晶子大小根据许多学者估计波动在 0.7~2.0nm 之间，含量仅占 10%~20%。0.7~2.0nm 只相当于 2~4 个多面体作规则排列，而且还有较大的变形，所以不能过分夸大晶子在玻璃中的作用和对性质的影响。第二，晶子的化学成分还没有得到合理的确定。

无规则网络学说强调了玻璃中离子与多面体相互排列的均匀性、连续性及无序性等方面结构特征。这可以说明玻璃的各向同性、内部性质的均匀性与随成分改变时玻璃性质变化的连续性等基本特性。如玻璃的各向同性可以看成是由于网络多面体（如硅氧四面体）的取向不规则导致的，而玻璃之所以没有固定的熔点，是由于多面体的取向不同，结构中的键角大小不一，因此加热时弱键先断裂，然后强键才断裂，结构被连续破坏。宏观上表现出玻璃的逐渐软化，物理化学性质表现出渐变性。因此网络学说能解释一系列玻璃性质的变化，长期以来是玻璃结构的主要学派。近年来，随着实验技术的发展和玻璃结构与性质的深入研究，积累了越来越多的关于玻璃内部不均匀的资料，例如首先在硼硅酸盐玻璃中发现分相与不均匀现象，以后又在光学玻璃和氟化物与磷酸盐玻璃中均发现有分相现象。用电子显微镜观察玻璃时发现在肉眼看来似乎是均匀一致的玻璃，实际上都是由许多从 0.01~0.1μm 的各不相同的微观区域构成。所以现代玻璃结构理论必须能够反映出玻璃内部结构的另一方面，即近程有序和化学上微不均匀性。

随着对玻璃性质及其结构研究的日趋深入，这两大学说都力图克服本身的局限，彼此在不断的争论与辩论过程中得到进一步的充实与发展。晶子学说代表者逐渐认识到玻璃结构中除了有极度变形的较有规则排列的晶子外，尚有无定形中间层存在，最规则结构大约在晶子中心部分，通过有序程度的逐渐降低，相邻两个晶子将熔融在无定形介质中。由于晶子外沿边界完全不确定，讨论晶子占据玻璃总体积的份额也就毫无意义，因此将晶子的概念转变成有序性最大的区域；无规则网络学说也意识到阳离子在玻璃结构网络中所处的位置不是任意的，而是有一定配位关系。多面体的排列也有一定的规律，并且在玻璃中可能不只存在一种网络（骨架）。因而承认了玻璃结构的近程有序和微不均匀性，把玻璃作为无序网络描述仅是平均统计性的表现。目前两大学说都比较一致认为：具有近程有序和远程无序是玻璃态物质的结构特点。玻璃是具有近程有序区域的无定形物质。但目前双方对于无序与有序区大小、比例和结构等仍有分歧。

事实上，从辩证的观点来看，玻璃结构的远程无序性与近程有序性、连续性与不连续性、均匀性与不均匀性并不是绝对的，在一定条件下可以相互转化。玻璃态是一种复杂多变的热力学不稳定态，玻璃的成分、形成条件和热历史过程都会对其结构产生影响，不能以局部的、特定条件下的结构来代表所有玻璃在任何条件下的结构状态。要把玻璃结构揭示清楚还必须做深入研究，才能运用玻璃结构理论指导生产实践，合成具有预期性能的玻璃，并为这类非晶态固体材料的应用开拓更广泛的领域。

4.5　常见玻璃类型

通过桥氧形成网络结构的玻璃称为氧化物玻璃。这类玻璃在实际运用和理论研究上均很重要，本节简述在无机材料中应用研究最广泛的硅酸盐玻璃与硼酸盐玻璃，并简要介绍磷酸盐玻璃、锗酸盐玻璃等其他玻璃类型。

4.5.1　硅酸盐玻璃

硅酸盐玻璃由于资源广泛、价格低廉、对常见试剂和气体介质化学稳定性好、硬度高和生产方法简单等优点而成为实用价值最大的一类玻璃。

石英玻璃是由硅氧四面体 $[SiO_4]$ 以顶角相连而组成的三维无规则网络结构。这些网络没有像石英晶体那样远程有序。石英玻璃是其他二元、三元、多元硅酸盐玻璃结构的基础。

熔融石英玻璃与晶体石英在两硅氧四面体之间键角的差别，如图 4-26 所示，图中 θ 为键角，ρ 为不同键角的分布分数。石英玻璃中 Si—O 键角分布在 120°~180° 的范围内，中心在 145°。与石英晶体相比，石英玻璃 Si—O—Si 键角范围比晶体中宽。而 Si—O 和 O—O 距离在玻璃中的均匀性几乎同在相应的晶体中一样。由于 Si—O—Si 键角变动范围大，使石英玻璃中的硅氧四面体 $[SiO_4]$ 排列成无规则网络结构，而不像方石英晶体中四面体有良好的对称性。这样的一个无规则网络不一定是均匀一致的，在密度与结构上会有局部起伏。

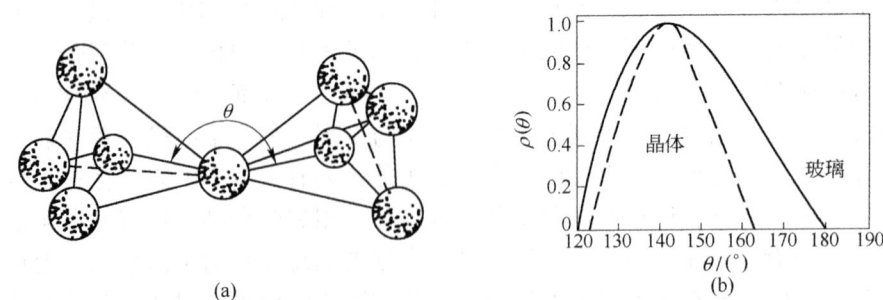

图 4-26　熔融石英玻璃与晶体石英在两硅氧四面体之间键角的差别

(a) 硅氧四面体中 Si—O—Si 键角（θ）；(b) 石英玻璃与方石英晶体中 Si—O—Si 键角分布曲线

SiO$_2$ 是硅酸盐玻璃中的主体氧化物，它在玻璃中的结构状态对硅酸盐玻璃的性质起决定性的影响。当 R$_2$O 或 RO 等氧化物加入到石英玻璃中，形成二元、三元甚至多元硅酸盐玻璃时，由于增加了 O/Si 比，使原来 O/Si 比值为 2 的三维架状结构被破坏，随之玻璃性质也发生变化。硅氧四面体的每一种连接方式的改变都会伴随物理性质的变化，尤其从连续三个方向发展的硅氧骨架结构向两个方向层状结构变化，以及由层状结构向只有一个方向发展的硅氧链状结构变化时，性质变化更大。硅酸盐玻璃中硅氧四面体［SiO₄］的网络结构与加入 R⁺ 或 R²⁺ 金属阳离子本性与数量有关。石英玻璃中的 Si—O 化学键随着 R⁺ 离子极化能力增强而减弱。尤其是使用半径小的离子时，Si—O 键发生松弛。图 4-27 表明随连接在四面体上的 R⁺ 原子数的增加而使 Si—O—Si 键变弱，同时 Si—O$_{nb}$（O$_{nb}$ 为非桥氧，O$_b$ 为桥氧）键变得更为松弛（相应距离增加）。随着 R₂O 或 RO 加入量增加，连续网状 SiO₂ 骨架可以从松弛一个顶角发展到 2 个甚至 4 个。Si—O—Si 键合情况的变化，明显影响到玻璃黏度和其他性质的变化。在 Na₂O-SiO₂ 系统中，当 O/Si 比值由 2 增加到 2.5 时，玻璃黏度降低 8 个数量级。

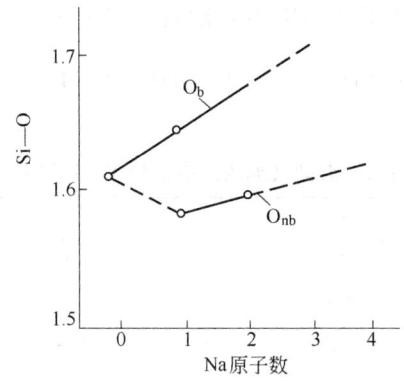

图 4-27　Si—O 距离随连接于四面体的钠原子数的变化曲线

为了表示硅酸盐网络结构特征和便于比较玻璃的物理性质，有必要引入**玻璃的 4 个基本参数**：

X——每个多面体中平均非桥氧数；

Y——每个多面体中平均桥氧数；

Z——包围一种网络形成阳离子的氧离子数目，即网络形成阳离子的氧配位数；

R——玻璃中氧离子摩尔总数与网络形成阳离子摩尔总数之比。

这些参数之间存在两个简单的关系：

$$X + Y = Z \quad \text{和} \quad X + \frac{1}{2}Y = R$$

即：
$$X = 2R - Z \qquad Y = 2Z - 2R \tag{4-7}$$

网络形成阳离子的氧配位数 Z 一般是已知的（在硅酸盐和磷酸盐玻璃中 $Z=4$、硼酸盐玻璃中 $Z=3$），R 即为通常所说的氧硅比，用它来描述硅酸盐玻璃的网络连接特点是很方便的，R 通常可以从摩尔组成计算出来。因此确定 X 和 Y 就很简单。

结构参数的计算如下：

（1）SiO₂ 石英玻璃：Si⁴⁺ 的配位数 $Z=4$，氧与网络形成离子的比例 $R=2$，则 $X=2R-4=4-4=0$，$Y=8-2R=8-4=4$，说明所有的氧离子都是桥氧，四面体的所有顶角都是共有的，玻璃网络强度为最大值。

（2）Na₂O·SiO₂ 玻璃：$Z=4$，$R=3/1=3$，$X=2R-4=6-4=2$，$Y=8-2R=8-6=2$，在一个四面体中只有两个氧是桥氧，其余两个氧是非桥氧、断开的。结构网络强度就比石英玻璃差。

（3）$x(\mathrm{Na_2O})\ 10\% \cdot x(\mathrm{CaO})\ 18\% \cdot x(\mathrm{SiO_2})\ 72\%$ 玻璃：$Z=4$；$R=\dfrac{10+18+72\times 2}{72}=2.39$；$X=2R-4=2\times 2.39-4=0.78$；$Y=4-X=4-0.78=3.22$。

但是，并非所有玻璃都能简单地计算 4 个参数。实际玻璃中出现的离子不一定是典型的网络形成离子或网络改变离子，例如 $\mathrm{Al^{3+}}$ 属于所谓中间离子，这时就不能准确地确定 R 值。在硅酸盐玻璃中，若组成中当 $\dfrac{\mathrm{R_2O+RO}}{\mathrm{Al_2O_3}}\geqslant 1$ 时，则 $\mathrm{Al^{3+}}$ 被认为是占据 $[\mathrm{AlO_4}]$ 四面体的中心位置，$\mathrm{Al^{3+}}$ 作为网络形成离子计算。因此添加 $\mathrm{Al_2O_3}$ 引入氧的原子数目是每个网络形成阳离子引入 1.5 个氧，结果使结构中非桥氧转变为桥氧。若 $\dfrac{\mathrm{R_2O+RO}}{\mathrm{Al_2O_3}}<1$，则把 $\mathrm{Al^{3+}}$ 作为网络改变离子计算。但这样计算出来的 Y 值比真正的 Y 值要小。一些玻璃的网络参数如表 4-7 所示。

表 4-7　典型玻璃的网络参数 X、Y 和 R 值

组　成	R	X	Y
$\mathrm{SiO_2}$	2	0	4
$\mathrm{Na_2O \cdot 2SiO_2}$	2.5	1	3
$\mathrm{Na_2O \cdot \frac{1}{3}Al_2O_3 \cdot 2SiO_2}$	2.25	0.5	3.5
$\mathrm{Na_2O \cdot Al_2O_3 \cdot 2SiO_2}$	2	0	4
$\mathrm{Na_2O \cdot SiO_2}$	3	2	2
$\mathrm{P_2O_5}$	2.5	1	3

过渡离子 $\mathrm{Co^{2+}}$、$\mathrm{Ni^{2+}}$、$\mathrm{Pb^{2+}}$ 等一般也不能精确确定 R 值，实际计算中列入网络改变剂，计算的 Y 值要比实际的 Y 值小。

结构参数 Y 对玻璃性质有重要意义。比较上述的 $\mathrm{SiO_2}$ 玻璃与 $\mathrm{Na_2O \cdot SiO_2}$ 玻璃，Y 越大，网络连接越紧密，强度越大；反之，Y 越小，网络空间上的聚集也越小，结构也变得松弛，并随之出现较大的空隙，结果使网络改变离子的运动，不论在本身位置振动或从一个位置通过网络的间隙跃迁到另一个位置都比较容易。因此，随 Y 值递减，出现热膨胀系数增大、电导增加和黏度减小等变化。对硅酸盐玻璃来说，$Y<2$ 时不可能构成三维网络，因为四面体间的桥氧数少于 2 时，结构多半是不同长度的四面体链。从表 4-8 则可以看出 Y 对玻璃一些性质的影响。表中每一对玻璃的两种化学组成完全不同，但它们都具有相同的 Y 值，因而具有几乎相同的物理性质。

表 4-8　Y 对玻璃性质的影响

组　成	Y	熔融温度/℃	膨胀系数 $\alpha/\mathrm{K^{-1}}$
$\mathrm{Na_2O \cdot 2SiO_2}$	3	1523	146×10^{-7}
$\mathrm{P_2O_5}$	3	1573	140×10^{-7}
$\mathrm{Na_2O \cdot SiO_2}$	2	1323	220×10^{-7}
$\mathrm{Na_2O \cdot P_2O_5}$	2	1373	220×10^{-7}

当玻璃中含有较大比例的过渡离子，如加 PbO 可加到 80mol%，它和正常玻璃相反，$Y<2$ 时，结构的连贯性并没有降低，反而在一定程度上加固了玻璃的结构。这是因为 Pb^{2+} 不仅只是通常认为的网络改变离子，由于其可极化性很大，在高铅玻璃中，Pb^{2+} 还能让 SiO_2 以分立的 $[SiO_4]$ 聚合离子团沉浸在它的电子云中间，通过非桥氧与 Pb^{2+} 间的静电引力在三度空间无限连接而形成玻璃，这种玻璃称为"逆性玻璃"或"反向玻璃"。"逆性玻璃"的提出，使连续网络结构理论得到了补充与发展。

在多种釉和搪瓷中氧和网络形成体之比一般在 2.25~2.75。通常钠钙硅玻璃中 Y 值约为 2.4。硅酸盐玻璃与硅酸盐晶体随 O/Si 比值由 2 增加到 4，从结构上均由三维网络骨架而变为孤岛状四面体。无论是结晶态还是玻璃态，四面体中的 Si^{4+} 都可以被半径相近的离子置换而不破坏骨架除 Si^{4+} 和 O^{2-} 以外的其他离子，相互位置也有一定的配位原则。

4.5.2　硼酸盐玻璃

硼酸盐玻璃具有的某些优异性能使其成为不可取代的一种玻璃材料。例如，硼酐是唯一能用以创造有效吸收慢中子的氧化物玻璃。硼酸盐玻璃对 X 射线透过率高，电绝缘性能比硅酸盐玻璃优越。

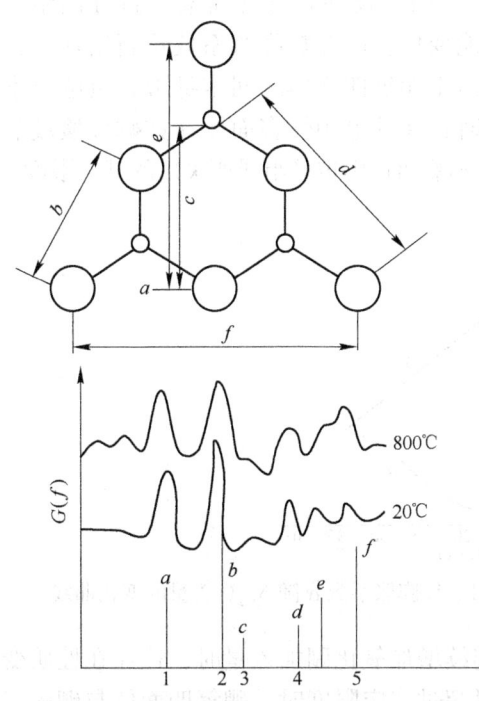

图4-28　X射线谱数据证明存在硼氧环

B_2O_3 是典型的玻璃网络形成体，和 SiO_2 一样，B_2O_3 也能单独形成氧化硼玻璃。以 $[BO_3]$ 三角体作为基本结构单元，$Z=3$，$R=\dfrac{3}{2}=1.5$，其他两个结构参数 $X=2R-3=3-3=0$，$Y=2Z-2R=6-3=3$。因此在 B_2O_3 玻璃中，$[BO_3]$ 三角体的顶角也是共有的。图 4-28 是将 B_2O_3 玻璃的径向分布曲线对硼氧组环中的距离作图，f 为原子间距离，G 为散射强度。横坐标上的竖线长度正比于散射强度，字母表示相应模型中原子间距离。其中 c 和 e 的最大峰值分别在 0.26nm 和 0.042nm 处。这证明了氧化硼玻璃中存在着硼氧三元环。按无规则网络学说，纯氧化硼玻璃的结构可以看成是由硼氧三角体无序的相连接而组成的向两度空间发展的网络，虽然硼氧键能略大于硅氧键能，但因为 B_2O_3 玻璃的层状或链状结构的特性，即其同一层内 B—O 键很强，而层与层之间却由分子引力相连，这是一种弱键，所以 B_2O_3 玻璃的一些性能比 SiO_2 玻璃要差。例如 B_2O_3 玻璃软化温度低（约 450℃），化学稳定性差（易在空气中潮解）、热膨胀系数高，因而纯 B_2O_3 玻璃实用价值小。它只有与 R_2O、RO 等氧化物组合才能制成稳定的有实用价值的硼酸盐玻璃。

瓦伦研究了 Na_2O-B_2O_3 玻璃的径向分布曲线，发现当 Na_2O 含量（摩尔分数）由

10.3%增至30.8%时，B—O间距由0.137nm增至0.148nm。B原子配位数随Na_2O含量增加而由3配位数转为4配位数。瓦伦这个观点又得到红外光谱和核磁共振数据的证实。实验证明当数量不多的碱金属氧化物同B_2O_3一起熔融时，碱金属所提供的氧不像熔融SiO_2玻璃中作为非桥氧出现在结构中，而是使硼氧三角体转变为由桥氧组成的硼氧四面体，致使B_2O_3玻璃从原来两度空间的层状结构部分转变为三度空间的架状结构，从而加强了网络结构，并使玻璃的各种物理性能变好。这与相同条件下的硅酸盐玻璃相比，其性能随碱金属或碱土金属加入量的变化规律相反，所以称之为**硼反常现象**。

图4-29所示为Na_2O-B_2O_3的二元玻璃中平均桥氧数Y、热膨胀系数α随Na_2O含量的变化。由图可见，随Na_2O含量的增加，Na_2O引入的"游离"氧使一部分硼变成$[BO_4]$，Y逐渐增大，热膨胀系数α逐渐下降。当Na_2O含量（摩尔分数）达到15%～16%时，Y又开始减少，热膨胀系数α重新上升，这说明Na_2O含量为15%～16%时结构发生变化。这是由于硼氧四面体$[BO_4]$带有负电，四面体间不能直接相连，必须通过不带电的三角体$[BO_3]$连接，才能使结构稳定。当全部B的1/5成为四面体配位，4/5的B保留于三角体配位时就达饱和，这时热膨胀系数α最小，$Y=\dfrac{1}{5}\times 4+\dfrac{4}{5}\times 3=3.2$为最大。再增加$Na_2O$时，不能增加$[BO_4]$数，反而将破坏桥氧，打开网络，形成非桥氧，从而使结构网络连接减弱，导致性能变坏，因此热膨胀系数重新增加。其他性质的转折变化也与它类似。实验数据证明，由于硼氧四面体之间本身带有负电荷不能直接相连，而通常是由硼氧三角体或另一种同时存在的电中性多面体（如硼硅酸玻璃中的$[SiO_4]$）来相隔，因此，四配位硼原子的数目不能超过由玻璃组成所决定的某一限度。

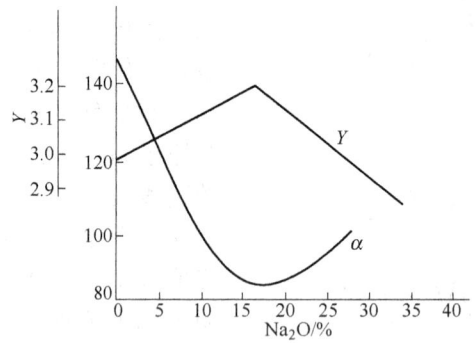

图4-29　Na_2O-B_2O_3的二元玻璃中平均桥氧数Y、线膨胀系数α随Na_2O含量的变化曲线

硼反常现象也可以出现在硼硅酸盐玻璃中连续增加氧化硼加入量时，往往在性质变化曲线上出现极大值与极小值。这是由于硼加入量超过一定限度时，硼氧四面体与硼氧三角体相对含量变化而导致结构与性质发生逆转现象。

硼硅酸盐玻璃的形成中常发生分相现象，这往往是由于硼氧三角体的相对数量较大，并进一步富集成一定区域而造成的。一般是分成互不相溶的富硅氧相和富碱硼酸盐相。B_2O_3含量越高，分相倾向越大。通过一定的热处理可使分相加剧。典型的例子是硼硅酸玻璃（$75SiO_2 \cdot 20B_2O_3 \cdot NaO$，质量分数/%），在500～600℃热处理后，明显地分成两相。一相富含SiO_2，另一相富含Na_2O和B_2O_3。如将它在适当温度下用酸浸取，结果留下蜂巢

般的富含 SiO_2（96%）的骨架，其内分布着无数 4~15nm 的相互贯穿孔道，形成网络。再加热到 900~1000℃进行烧结，即得到类似熔融 SiO_2 的透明玻璃，即高硅氧玻璃。

4.5.3 磷酸盐玻璃

磷酸盐玻璃常用于制造光学玻璃、透紫外线玻璃、吸热玻璃和耐氢氟酸玻璃等。磷的氧化物 P_2O_3、P_2O_4、P_2O_5 中，只有 P_2O_5 能形成玻璃。与硅酸盐玻璃类似，磷酸盐玻璃中，磷氧四面体 $[PO_4]^{3-}$ 是玻璃结构网络的基本构成单位，但 P 是 5 价离子。故 $[PO_4]$ 四面体中有一个键是双键，如图 4-30 所示。结构中 P—O 键长约 0.16nm，P—O—P 键角约 115°，$[PO_4]$ 四面体以顶角相连成网络。由于 $[PO_4]$ 四面体有一个双键，这一双键无法与其他四面体产生键合，故每个 $[PO_4]$ 四面体最多只能与其他三个四面体连接，这导致了磷酸盐玻璃软化温度与化学稳定性低。

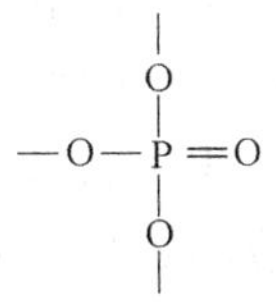

图 4-30　$[PO_4]$ 四面体结构示意图

与硅酸盐玻璃和硼酸盐玻璃相比，对磷酸盐玻璃的研究还很不够。通常将 P_2O_5 玻璃看成是层状结构，层与层之间由范德华力联系在一起。但也有观点认为 P_2O_5 玻璃是由许多链互相交织而成的链状结构。在 P_2O_5 玻璃中添加其他氧化物时，可能使层状与交织的链状结构趋向架状结构，也可能使层状与链状结构继续断裂。前者使磷酸盐玻璃的一系列性能改善，如化学稳定性能提高，热膨胀系数下降等，后者则正好相反。

正磷酸铝（$Al_2O_3 \cdot P_2O_5$）和正磷酸硼（$B_2O_3 \cdot P_2O_5$）中的 $[Al(P)O_4]$ 和 $[B(P)O_4]$ 结构与 $[SiO_4]$ 结构类似。因此，引入一定量的 Al_2O_3 或 B_2O_3，将在磷酸盐玻璃中形成 $[Al(P)O_4]$ 或 $[B(P)O_4]$ 组团，使 P_2O_5 玻璃中链状结构转变为架状结构，导致磷酸盐玻璃的一系列性能获得改善。但正磷酸铝和正磷酸硼都不能单独形成玻璃，只有 $AlPO_4$-BPO_4-SiO_2 系统才能制成玻璃。

几乎所有的磷酸盐玻璃都有一些严重的缺陷，如析晶倾向大、化学稳定性差、熔制时强烈挥发，成本高等。但由于磷酸盐系统可制备出折射率高、阿贝数也比较高的光学玻璃。在折射率相同的情况下，磷酸盐玻璃比硅酸盐玻璃和硼酸盐玻璃有更低的平均色散和相应更高的色散系数。氟磷酸盐玻璃是一类重要的激光基质玻璃，它除了色散系数大外，还具有较特殊（即短波方向）的相对部分色散，故可作为消除二级光谱的特殊色散玻璃用，代替 CaF_2 晶体，同时它在光谱的红外部分也有较好的透过性能。

4.5.4 锗酸盐玻璃

锗酸盐系统玻璃具有很高的红外透射性能，透过极限大部分在 7~8μm 左右。透过率较其他红外玻璃高。这种玻璃还具有较好的化学稳定性，较高的机械强度和较高的软化温度。但这种玻璃黏度太大，不易澄清，熔制困难，并由于锗稀少而价格昂贵，使其应用受到限制。

与石英玻璃类似，GeO_2 玻璃也是由 $[GeO_4]$ 四面体构成不规则网络。Ge—O 键比 Si—O 键长约 8%。中子衍射获得 GeO_2 玻璃中的 GeO 键长为 0.173nm，平均配位数为 3.9，O—O 键长为 0.283nm，Ge—Ge 键长 0.345nm。Ge—O—Ge 平均键角为 133°，并且键角的分布范围很小。由于 [GeO$_4$] 四面体以 4 个顶角相互连接，故其结构较 B$_2$O$_3$ 玻璃牢固，但 Ge—O 键比 Si—O 键弱，故 GeO$_2$ 玻璃比 SiO$_2$ 玻璃性能稍差。

锗酸盐玻璃中，Ge^{4+}有时会产生配位数的变化。例如 GeO$_2$ 玻璃中加入碱金属氧化物 R$_2$O 后，由于有"自由氧"，锗的配位数可由 4 变为 6，形成 [GeO$_6$] 八面体。由于 [GeO$_6$] 八面体带负电，其在锗酸盐玻璃中是不稳定的，它需要 [GeO$_4$] 四面体隔离，当 R$_2$O/GeO$_2$ 比达到一定量（R$_2$O/GeO$_2 \approx 0.2$）后，将不再形成 [GeO$_6$] 八面体，继续增加 R$_2$O 提供的"自由氧"将使 O≡GeOGe≡O 键断裂，而使网络完整性降低。因此，锗酸盐玻璃性质变化的规律类似于硼酸盐玻璃。当锗酸盐玻璃中含有 Al$_2$O$_3$、B$_2$O$_3$、BeO 时，Al^{3+}、B^{2+} 或 Be^{2+} 将优先于 Ge^{4+} 夺取"自由氧"而形成四面体，使锗配位不再向 [GeO$_6$] 八面体转变。

—— 本章小结 ——

通过此部分内容的学习，读者们可认识熔体的结构，理解熔体、玻璃体与晶体的区别，掌握硅酸盐熔体的形成过程与结构特点，掌握影响硅酸盐熔体结构的因素；掌握熔体的两个基本性质，掌握影响熔体黏度的因素，理解熔体表面张力的概念与应用；掌握玻璃的通性，了解两种玻璃结构学说的内容与应用；了解常见玻璃的类型。

习题与思考题

4-1 解释下列概念：桥氧与非桥氧；网络形成体；网络中间体；网络变性体；硼反常现象。

4-2 试用实验方法鉴别晶体 SiO$_2$、SiO$_2$ 玻璃、硅胶和 SiO$_2$ 熔体。它们的结构有什么不同？

4-3 试解释硅酸盐熔体聚合物结构形成的过程与特点。

4-4 影响熔体黏度的因素有哪些？试分析一价碱金属氧化物降低熔体黏度的原因。

4-5 试述玻璃的通性。

4-6 在玻璃性质随温度变化的曲线上有两个特征温度 T_g 和 T_f，试说明这两个特征温度的含义及其相对应的黏度。

4-7 以下三种物质，哪个最容易形成玻璃，哪个最不易形成玻璃，为什么？

      Na$_2$O·2SiO$_2$ Na$_2$O·SiO$_2$ NaCl

4-8 影响玻璃形成过程中的动力学因素是什么？结晶化学因素是什么？试简要叙述之。

4-9 简述晶子学说与无规则网络学说的主要观点，并比较这两种学说在解释玻璃结构上的相同点与不同点。

4-10 试比较硅酸盐玻璃与硼酸盐玻璃在结构与性能上的差异。

5 固体的表面与界面

内容提要： 材料制备及使用过程中发生的种种物理化学变化，都是由材料表面向内部逐渐进行的，这些过程的进行都依赖于材料的表面结构与性质。以此为基础，本章首先讨论了固体的表面力场、表面类型与表面能。描述了离子晶体在表面力场作用下，离子的极化与重排的过程，介绍了表面微裂纹与表面粗糙度对材料性能的影响。

介绍了弯曲表面效应及其在材料研发中的应用。从界面能变化和界面张力的角度，讨论了润湿与黏附的类型及对材料生产的影响。讨论了多晶材料中的晶界构形及对材料显微组织结构的影响。介绍了黏土颗粒带电与水化等一系列由表面效应而引起的胶体化学性质如扩散双电层的形成、ζ-电位对泥浆流动性的影响、泥浆的流动性和触变性、泥团的可塑性等。通过以上内容的介绍，为了解和运用表面科学知识解决无机材料相关科学与工程问题奠定必要的理论基础。

材料制备及使用过程中发生的种种物理化学变化，都是由材料表面向材料内部逐渐进行的，这些过程的进行都依赖于材料的表面结构与性质。人们平时遇到和使用的各种材料，其体积大小都是有限的，即材料总有表面暴露在与其相接触的介质内。相互接触的界面上会或快或慢地发生一系列物理化学作用。产生表面现象的根本原因在于材料表面质点排列不同于材料内部，材料表面的质点由于质点排列的周期重复性中断，其受力不均衡而处于较高的能量状态。随着材料科学的发展，固体表面结构和性能的研究日益受到科学界的重视。随着近年来表面微区分析、超高真空技术以及低能电子衍射等研究手段的发展，使固体表面的组态、构型、能量和特性等方面的研究逐渐发展和深入，并逐渐形成一门独立的学科——表面化学和表面物理。

5.1 固体的表面及其结构

固体间的接触界面一般可分为表面、界面。

（1）表面：**表面**是指固体与真空（或其本身的蒸汽相）接触的分界面。表面问题在材料制备与使用过程中显得十分重要，例如固体物料间的化学反应、溶质的浸润以及吸附等现象都在表面进行。

（2）界面：一个相与结构不同的另一个相接触的分界面称为**界面**。如固相与固相的界面（S/S），固相与液相的界面（S/L），固相与气相的界面（S/V）等。

5.1.1　固体的表面特征

5.1.1.1　固体表面的不均匀性

绝大多数晶体是各向异性的，因而同一个晶体可以有许多性能不同的表面。同一种固体物质，制备或加工条件不同，也会使其有不同的表面性质。实际晶体表面由于存在晶格缺陷、空位或位错而造成表面的不均匀性。另外，只要固体暴露在空气中，其表面由于被外来物质所污染，被吸附的外来原子可占据不同的表面位置，形成有序或无序的排列，也造成固体表面的不均匀性。实际固体表面无论如何加工，从原子尺度衡量，即使宏观看来很光滑的表面，实际上也是凹凸不平的。

总之，实际固体表面的不均匀性，使固体表面的性质悬殊较大，从而增加了固体表面结构和性质研究的难度。

5.1.1.2　固体的表面力场

固体中每个质点周围都存在一个力场，在固体内部，质点力场是对称的。但在固体表面，质点排列的周期重复性中断，使处于表面边界上的质点力场对称性破坏，表现出剩余的键力，这就是固体表面力。这种剩余的键力是导致固体表面吸引气体分子、液体分子或固体质点（如黏附）的原因。由于被吸附表面也有力场，因此，确切的说，固体表面上的吸引作用，是固体的表面力场和被吸引质点的力场相互作用所产生的，这种相互作用力称为固体表面力。依性质不同，表面力可分为化学力和分子引力两部分。

A　化学力

化学力本质上是静电力，主要来自表面质点的不饱和键，并可以用表面能的数值来估计。当固体吸附剂利用表面质点的不饱和价键将吸附物吸附到表面之后，各吸附物与吸附剂分子之间发生电子转移时，就产生了化学力。实质上，就是形成了表面化合物。吸附剂可能把它的电子完全给予吸附物，使吸附物变成负离子（如吸附于大多数金属表面上的氧气）；也可能反过来，吸附物把其电子完全给予吸附剂，而变成吸附在固体表面上的正离子（如吸附在钨上的钠蒸气）。在大多数情况下吸附是介于上述两个极端情况之间，即在固体吸附剂和吸附物之间共有电子，并且通常是不对称的。对于离子晶体，表面主要取决于晶格能和极化作用。

B　分子引力

分子引力也称**范德华力**，一般是指固体表面与被吸附质点（例如气体分子）之间相互作用力。它是固体表面产生物理吸附和气体凝聚的原因，并与液体的内压、表面张力、蒸汽压、蒸发热等性质密切相关。分子间引力主要来源于三种不同效应。

a　定向作用

定向作用主要发生在极性分子（离子）之间。每个极性分子（离子）都有一个固有电偶极矩（μ）。相邻两个电偶极矩因极性不同而相互作用的力称**定向作用力**。这种力本质上也是静电力，可以从经典静电学求得两极性分子间的定向作用的平均位能 E_0：

$$E_0 = -\frac{2\mu^4}{3r^6kT} \qquad (5-1)$$

b　诱导作用

诱导作用发生在极性分子与非极性分子之间。**诱导**是指在极性分子作用下非极性分子被极化诱导出一个瞬时的电偶极矩，随后与原来的极性分子产生定向作用。显然，诱导作用将随极性分子的电偶极矩（μ）和非极性分子的极化率（α）的增大而加剧，随分子间距离（r）增大而减弱。用经典静电学方法求得诱导作用引起的位能 E_i：

$$E_i = -\frac{2\mu^2\alpha}{r^6} \tag{5-2}$$

c　分散作用

分散作用主要发生在非极性分子之间。非极性分子（离子）是指核外电子云呈球形对称而不显示固有电偶极矩的分子，也就是指电子在核外周围出现几率相等，因而在某一时间内电偶极矩平均值为零的分子。但是就在电子绕核运动的某一瞬间，在空间各个位置上，电子分布并非严格相同的，这样就将呈现出瞬间的极化电矩。许多瞬间电偶极矩之间以及它对相邻分子的诱导作用都会引起相互作用效应，这称为分散作用或色散力。应用量子力学的微扰理论可以近似地求出分散作用引起的位能 E_D：

$$E_D = -\frac{3\alpha^2}{r^6}h\nu \tag{5-3}$$

式中　ν——分子内的振动频率；

　　　h——普朗克常数。

注意：对于不同的物质，上述三种作用并非是均等的。

5.1.2　固体的表面类型

固体表面的结构与性质在很多方面都与体内完全不同。例如，晶体内部的三线平移对称性在晶体表面消失了。因此，一般将固体表面称为晶体三维周期结构和真空之间的过渡区域。这种表面实际上是理想表面，此外还有清洁表面、吸附表面等。

5.1.2.1　理想表面

如果所讨论的固体是没有杂质的单晶，则作为零级近似可将清洁表面定义为一个**理想表面**。这是一种理论上的结构完整的二维点阵平面，如图 5-1 所示。这种理想表面忽略了晶体内部周期性势场在晶体表面中断的影响，忽略了表面原子的热运动、热扩散和热缺陷等，忽略了外界对表面的物理化学作用等。因此，实际上，这种理想表面是不存在的。

5.1.2.2　清洁表面

清洁表面是指不存在任何吸附、催化反应、杂质扩散等物理化学效应的表面。这种清洁表面的化学组成与体内相同，但周期结构可以不同于体内。根据表面原子的排列，清洁表面可分为台阶表面、弛豫表面、重构表面等。

A　台阶表面

台阶表面不是一个平面，它由有规则的或不规则的台阶的表面所组成。如图 5-2 所示。台阶的平面是一种晶面，台阶的立面是另一种晶面，二者之间由第三种晶体取向的原子所组成。近年来，应用场离子显微镜和低能电子衍射研究晶体表面的结果证实很多晶体的邻位面是台阶化的。

B　弛豫表面

由于固体体相的三维周期性在固体表面处突然中断，表面上原子的配位情况发生变化，相应的表面原子附近的电荷分布将有所改变，表面原子所处的力场与体相内原子也不相同。为使体系能量尽可能降低，表面上的原子常常会产生相对于正常位置的上、下位移，结果表面相中原子层的间距偏离体相内原子层的间距，产生压缩或膨胀。表面上原子的这种位移称为**表面弛豫**。即**弛豫**是指表面层之间以及表面和体内原子层之间的垂直间距 d 和体内原子层间距 d_0 相比有所膨胀和压缩的现象，如图 5-3 所示。

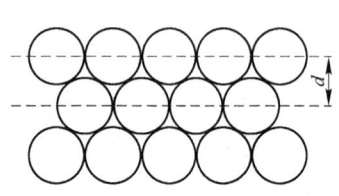

图 5-1　理想表面结构示意图

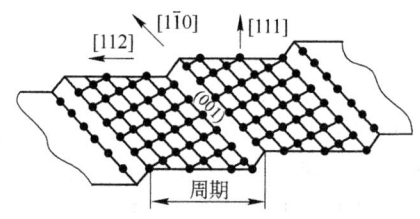

图 5-2　Pt(557)有序原子台阶表面示意图

C　重构表面

重构是指表面原子层在水平方向上的周期性不同于体内，但垂直方向的层间距离与体内相同。如图 5-4 所示是六方密堆晶体的重构表面示意图。同一种材料的不同晶面以及相同晶面经不同加热处理后也可能出现不同的重构结构。

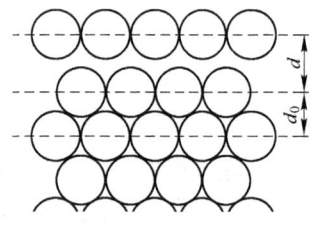

图 5-3　弛豫表面示意图

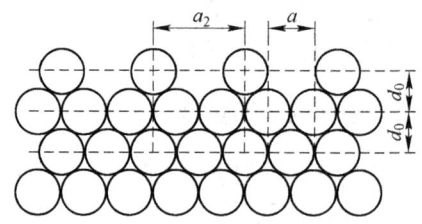

图 5-4　重构表面示意图

5.1.2.3　吸附表面

吸附表面有时也称为**界面**。它是在清洁表面上有来自体内扩散到表面的杂质和来自表面周围空间吸附在表面上的质点所构成的表面。根据原子在基底上的吸附位置，一般可分为四种吸附情况，即顶吸附、桥吸附、填充吸附和中心吸附等。

5.1.3　固体的表面结构

5.1.3.1　离子晶体的表面

固体表面结构可以从**微观质点的排列状态**和**表面几何状态**两方面来描述。前者属于原子尺寸范围的超细结构；后者属于一般的显微结构。

表面力的存在使固体表面处于较高的能量状态。液体总是力图形成球形表面来降低系统的表面能，而晶体由于质点不能自由流动，只能借助于极化、变形、重排并引起晶格畸变来降低表面能，这样就造成表面层与内部结构的差异，对于不同结构的物质，其表面力的大小和影响不同，因而表面结构状态也不相同。威尔等人基于结晶化学原理，研究了晶体表面结构，认为晶体质点间的相互作用，键强是影响表面结构的重要因素。

离子晶体（MX 型）在表面力作用下，离子的极化与重排过程如图 5-5 所示。处于表面层的负离子（X⁻）只受到上下和内侧正离子（M⁺）的作用，如图 5-5（a）所示，而外侧是不饱和的，电子云将被拉向内侧的正离子一方而发生极化变形，该负离子诱导成偶极子，如图 5-5（b）所示，表面质点通过电子云极化变形来降低表面能的这一过程称为松弛。松弛在瞬间即可完成，其结果是改变了表面层。接着是发生离子重排的过程。从晶格点阵排列的稳定性考虑，作用力较大、极化率较小的正离子应处于稳定的晶格位置。为降低表面能，各离子周围作用能应尽量趋于对称，因而 M^+ 在内部质点作用下向晶体内部靠拢，而易极化的 X^- 受诱导极化偶极子排斥而被推向外侧。从而形成表面双电层，如图 5-5（c）所示。随着重排过程的进行，表面层中离子间键性逐渐过渡为共价键性，固体表面好像被一层负离子所屏蔽，并导致表面层在组成上为非化学计量的，重排的结果使晶体表面上能量趋于稳定。

图 5-6 是威尔以氯化钠晶体为例所作的计算结果。由图可见在 NaCl 晶体表面，最外层和次层质点面网之间 Na^+ 距离为 0.266nm，而 Cl^- 离子间的距离为 0.286nm，因而形成一个厚度为 0.020nm 的**表面双电层**。这种现象也可出现在金属氧化物如 Al_2O_3、SiO_2、ZrO_2 表面上。

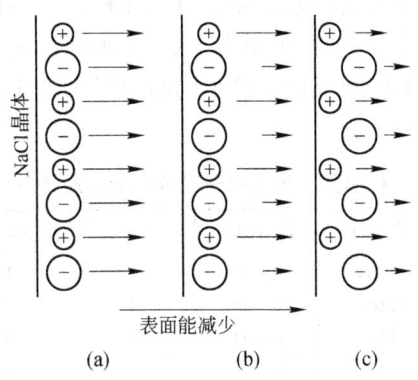

图 5-5　离子晶体表面的电子云变形和离子重排

（a）原始状态；（b）电子云变化；（c）离子重排

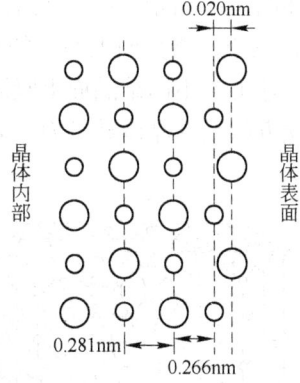

图 5-6　氯化钠晶体的表面双电层

当晶体表面最外层形成双电层后，它将对次内层发生作用，并引起内层离子的极化与重排，这种作用随着向晶体的纵深推移而逐步衰减，表面效应所能达到的深度，与阴阳离子的半径差有关，如像 NaCl 那样半径差大时，大约延伸到第五层，半径差小者，大约到 2~3 层。可以预期，对于其他由半径大的负离子离子与半径小的正离子组成的化合物，特别是金属氧化物，如 Al_2O_3、SiO_2 等也会有相同效应。也就是说，在这些氧化物的表面，可能大部分由氧离子组成，正离子则被氧离子所屏蔽。而产生这些变化的程度主要取决于离子极化性能。由表 5-1 所列化合物的表面能与硬度数据可知，PbI_2 的表面能与硬度最小，PbF_2 次之，CaF_2 最大。这是因为 Pb^{2+} 与 I^- 都具有大的极化性能，双电层增厚导致表面能和硬度都降低，当用极化性能较小的 Ca^{2+} 与 F^- 依次置换 PbI_2 中的 Pb^{2+} 与 I^- 离子时，则相应的表面能与硬度迅速增加，可以预料相应的表面双电层厚度将减小。

表 5-1　某些晶体中离子极化性能与表面能的关系

化合物	表面能/J·m⁻²	硬度	化合物	表面能/J·m⁻²	硬度
PbI_2	0.130	很小	$BaSO_4$	1.250	2.5~3.5
Ag_2CrO_4	0.575	2	$SrSO_4$	1.400	3~3.5
PbF_2	0.900	2	CaF_2	2.500	4

5.1.3.2　粉体表面结构

粉体一般是指微细的固体粒子的集合体，它具有极大的比表面积，因此表面结构状态对粉体性质有着决定性的影响。在硅酸盐材料生产中，通常把原料加工成微细颗粒以便于成型和高温反应的进行。粉体在制备过程中，由于反复的破碎，所以不断形成新的表面。而表面层离子的极化变形和重排使表面晶格畸变，有序性降低。因此，随着粒子的微细化，比表面增大，表面结构的有序程度受到愈来愈强烈的扰乱并不断向颗粒深部扩展，最后使粉体表面结构趋于无定形化。关于粉体的表面结构，一种认为粉体表面层是无定形结构，另一种认为粉体表面层是粒度极小的微晶结构，这两种观点都得到了一定的实验证实。

5.1.3.3　晶体表面的几何结构

如图 5-7 所示是一个具有面心立方结构的晶体表面构造，描述了（100）、（110）、（111）三个低指数面上原子的分布。由图可见，随着结晶面的不同，表面上原子的密度也不同，这也是不同结晶面上吸附性、晶体生长、溶解度及反应活性不同的原因。表 5-2 所示为立方晶系的晶体结晶面、表面原子密度及邻近原子数。

表 5-2　结晶面、表面原子密度及邻近原子数

构　造	结晶面	表面密度	最邻近原子	次邻近原子
简单立方	（100）	0.785	4	1
	（110）	0.555	2	2
	（111）	0.453	0	3
体心立方	（110）	0.833	4	2
	（100）	0.589	0	4
	（111）	0.340	0	4
面心立方	（111）	0.907	6	3
	（100）	0.785	4	4
	（110）	0.555	2	5

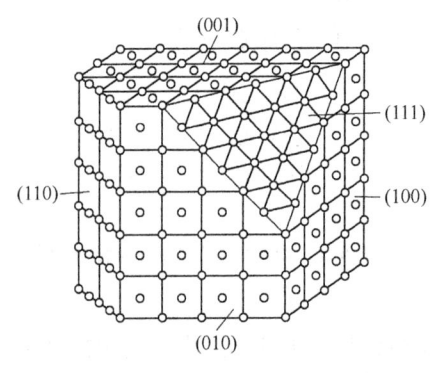

图 5-7　面心立方晶格的低指数面

5.1.3.4　表面粗糙度和表面微裂纹对晶体性质的影响

实验观测表明，固体实际表面通常是不平坦的。应用精密干涉仪检查发现，即使是完整解理的云母表面也存在着从 2~100nm，甚至达到 200nm 的不同高度的台阶。从原子尺度看，这无疑是很粗糙的。因此，固体实际表面是不规则和粗糙的，存在着无数的台阶、裂缝和凹凸不平的山峰谷。这些不同的几何状态必然会对表面性质产生影响，其中最重要的是表面粗糙度和微裂纹。

表面粗糙度会引起表面力场的变化，进而影响其表面结构。从色散力的本质可见，位于凹谷深处的质点，其色散力最大，凹谷面上和平面上次之，位于峰顶处则最小；反之，对于静电力，则位于孤立峰顶处应最大，而凹谷深处最小。由此可见，表面粗糙度将使表面力场变得不均匀，其活性和其他表面性质也随之发生变化。其次，粗糙度还直接影响固体比表面积，内外表面积的比值以及与之相关的属性，如强度、密度、润湿、气孔率和孔隙结构、透气性等。此外，粗糙度还关系到两种材料间的封接和结合界面的啮合与结合强度。

　　表面微裂纹由晶体缺陷或外力而产生。微裂纹同样会强烈的影响表面性质，对于脆性材料的强度，这种影响尤为重要。计算表明，脆性材料的理论强度为实际强度的几百倍。这正是因为存在于固体表面的微裂纹在材料中起着应力倍增器的作用，使位于裂纹尖端的实际应力远大于所施加的应力。基于这个观点，格里菲斯（Griffith）建立了著名的玻璃断裂理论，并导出了材料实际断裂应力（σ_c）与微裂纹长度（c）的关系式：

$$\sigma_c = \sqrt{\frac{2E\gamma}{\pi c}} \tag{5-4}$$

式中　E——弹性模量；

　　　γ——表面能。

　　由式（5-4）可见，对于高强度材料而言，E 和 γ 大而裂纹尺寸小。格里菲斯用刚拉制的玻璃棒做实验，弯曲强度为 $6 \times 10^9 \text{Pa}$，该棒在空气中放置几小时后强度下降为 $4 \times 10^8 \text{Pa}$，他发现强度下降的原因是由于大气腐蚀而形成表面微裂纹。由此可见，控制表面裂纹的大小、数目和扩展，就能更充分地利用材料固有的强度。例如，玻璃的钢化和预应力混凝土制品的增强原理就是使外层通过表面处理而处于压应力状态，从而闭合表面微裂纹。

5.1.4　固体的表面能

5.1.4.1　固体表面能

　　表面能是指每增加单位表面积时，体系自由焓的增量。**表面张力**是扩张表面单位长度所需要的力。

　　对于液体，由于在液体中原子或原子团易于移动，拉伸表面时，液体原子间距离并不改变，附加原子几乎立即迁移到表面，所以，与最初状态相比，表面结构保持不变，表面张力与表面能在数值上是相等的。上述两个量只是同一事物从不同角度提出的物理量。在考虑界面性质的热力学问题时，用表面能恰当，而在分析各种界面间的相互作用以及它们的平衡关系时，则采用表面张力较方便。在液体中这两个概念常交替使用。然而，对于固体，仅仅当缓慢的扩散过程引起表面或界面积发生变化时，例如晶粒生长过程中晶界运动时，这两个量在数值上才相等。如果引起表面变形过程比原子迁移率快得多，则表面结构受拉伸或压缩而与正常结构不同，在这种情况下，表面张力与表面能在数值上不相等。

　　要形成一个新表面，外界必须对体系做功，因此表面粒子的能量高于体系内部粒子的能量，高出部分的能量通常称为表面过剩能，简称表面能。由于固体表面不像液体表面那样平滑，无论怎样加工，仍存在一定的粗糙度或台阶式的表面，即固体表面是凹凸不平的，因而固体表面上各处的表面能不一定相等。另一方面，对于各向异性的晶体，由于各个方向上的晶体面网密度不同，其表面能也随方向而变化。

　　固体的表面能可以通过实验测定或理论计算法来确定。较普遍采用的实验方法是将固体熔化，测定液态表面张力与温度的关系，作图外推到凝固点以下来估算液体的表面张力。理论计算较复杂，下面介绍两种近似的计算方法。

5.1.4.2　共价键晶体的表面能

　　共价键晶体不必考虑长程力的作用，表面能（u_s）即是破坏单位面积上的全部键所需能量的一半。

$$u_s = \frac{1}{2} u_b \qquad (5-5)$$

式中，u_b 为破坏化学键所需的能量。

以金刚石的表面能计算为例，若解理面平行于（111）面，可计算出每平方米上有 1.83×10^{19} 个键，若取键能为 376.6kJ/mol，则可计算出表面能为：

$$u_s = \frac{1}{2} \times 1.83 \times 10^{19} \times \frac{376.6 \times 10^3}{6.022 \times 10^{23}} = 5.72 \text{J/m}^2$$

5.1.4.3 离子晶体的表面能

每一个晶体的自由能都是由两部分组成：体积自由能和一个附加的过剩界面自由能。为了计算固体的表面自由能，取真空中绝对零度下一个晶体的表面模型，并计算晶体中一个原子（离子）移到晶体表面时自由能的变化。在 0K 时，这个变化等于一个原子在这两种状态下内能之差 $(\Delta U)_{S,V}$。以 u_{ib} 和 u_{is} 分别表示第 i 个原子（离子）在晶体内部与在晶体表面上时，和最邻近的原子（离子）的作用能，用 n_{ib} 和 n_{is} 分别表示第 i 个原子在晶体体积内和表面上时，最邻近的原子（离子）的数目（配位数）。无论从体积内或从表面上拆除第 i 个原子都必须切断与最邻近原子的键。对于晶体中每取走一个原子所需能量为 $u_{ib} \cdot n_{ib}/2$，在晶体表面则为 $u_{is} \cdot n_{is}/2$。这里除以 2 是因为每一根键是同时属于两个原子的。因为 $n_{ib} > n_{is}$，而 $u_{ib} \approx u_{is}$，所以，从晶体内取走一个原子比从晶体表面取走一个原子所需能量大。这表明表面原子具有较高能量。由 $u_{ib} \approx u_{is}$，得到第 i 个原子在体积内和表面上两个不同状态下内能之差为：

$$(\Delta U)_{S,V} = \left(\frac{n_{ib} u_{ib}}{2} - \frac{u_{is} n_{is}}{2} \right) = \frac{n_{ib} u_{ib}}{2} \left(1 - \frac{n_{is}}{n_{ib}} \right) = \frac{U_0}{N_A} \left(1 - \frac{n_{is}}{n_{ib}} \right) \qquad (5-6)$$

式中　U_0——晶格能；

　　　N_A——阿伏伽德罗常数。

如果用 L_s 表示 1m^2 表面上的原子数，则由上式可得：

$$\frac{L_s U_0}{N_A} \left(1 - \frac{n_{is}}{n_{ib}} \right) = (\Delta U)_{S,V} L_s = \gamma_0 \qquad (5-7)$$

式中　γ_0——0K 时的固体表面能。

晶格能为将晶体结构中两个原子分开所需做的功，也称为**结合能**。结合能越大，原子结合越稳定。由于结合能数据是利用测定固体的蒸发热而得到的，故又称为结合键能。

在推导式（5-7）时，我们没有考虑表面层结构与晶体内部结构之间的差别。为了估计这些因素的作用，我们计算 MgO 的（100）面的 γ_0 并与实验测得的 γ 进行比较。

MgO 晶体 $U_0 = 3.93 \times 10^3$ J/mol，$L_S = 2.26 \times 10^{19}$/m^2，$N_A = 6.022 \times 10^{23}$/mol 和 $n_{ib}/n_{is} = 5/6$。由式（5-7）计算得 $\gamma_0 = 24.5$J/m^2。在 77K 下，真空中测得 MgO 的 γ 为 1.28J/m^2。由此可见，计算值约是实验值的 20 倍。

实测表面能的值比理想表面能的值低的原因之一，可能是表面层的结构与晶体内部相比发生了改变。包含有大阴离子与小阳离子的 MgO 晶体与 NaCl 类似，Mg^{2+} 从表面向内缩进，表面将由可极化的氧离子所屏蔽，实际上等于减少了表面上的原子数。根据式（5-7）这就导致了 γ_0 降低。另一个原因可能是自由表面不是理想平面，而是由许多原子尺度的阶梯构成，这在计算中没有考虑。这样使实验数据中的真实面积实际上比理论计算所考虑的面积大，这也使计算 γ_0 偏大。

固体和液体的表面能与周围环境条件，如温度、气压、第二相的性质等条件有关。一般随温度上升，表面能是下降的。

【例 5-1】 具有面心立方晶格的不同晶面（110）、（100）、（111）上，原子密度不同，试回答，哪一个晶面上固-气表面能将是最低的，为什么？

解：根据表面能公式（5-7）$\gamma_0 = \dfrac{L_s U_0}{N_A}\left(1 - \dfrac{n_{is}}{n_{ib}}\right)$，在面心立方晶体中（表 5-2）：$n_{ib} = 12$，$n_{is}$ 在（111）面上为 6；在（100）面上为 4；在（110）面上为 2，在（110）面上表面原子密度为 0.555，在（100）面上表面原子密度为 0.785，在（111）面上表面原子密度为 0.907。将上述数据代入公式：

$$\gamma_{(111)} = 0.907 \frac{U_0}{N}\left(1 - \frac{6}{12}\right) = 0.45\frac{U_0}{N} \qquad \gamma_{(110)} = 0.555\frac{U_0}{N}\left(1 - \frac{2}{12}\right) = 0.46\frac{U_0}{N}$$

$$\gamma_{(100)} = 0.785\frac{U_0}{N}\left(1 - \frac{4}{12}\right) = 0.53\frac{U_0}{N}$$

由此可见：$\gamma_{(100)} > \gamma_{(110)} > \gamma_{(111)}$。

由解答可知：晶体中不同晶面的表面能数值不同，原子密排面上表面能最低。这是由于表面能的本质是表面原子的不饱和键，而不同晶面上的原子密度不同，密排面的原子密度最大，则该面上任一原子与相邻晶面原子的作用键数最少，故以密排面作为表面时不饱和键数最少，表面能量低。

5.2　固体的界面行为

固体的界面总是与气相、液相或其他固相接触的，在表面力的作用下，接触界面上将发生一系列物理或化学过程。界面化学是以多相体系为研究对象，研究在相界面发生的各种物理化学过程的一门学科。在无机材料制造的技术领域，有许多涉及相界面间的物理变化和化学变化问题。如果运用界面化学的规律就可以改变界面的物性，改善工艺条件和开拓新的技术领域。

5.2.1　弯曲表面效应

5.2.1.1　弯曲表面附加压力的产生

由于表面张力的存在，使弯曲液面上产生一个附加压力。如果设平面的压力为 p_0，弯曲表面产生的压力差为 Δp，则总压力为：$p = p_0 + \Delta p$。其中 Δp 有正有负，它的符号取决于 r（曲面的曲率半径）。凸面时，r 为正值，凹面时，r 为负值，图 5-8 表示不同曲率表面的情况，如果液面取小面积 AB，AB 面上受表面张力的作用，力的方向与表面相切。如果是平面，沿四周表面张力相互抵消，液体表面内外压力相等。如果液面是弯曲的，凸面的表面张力合力指向液体内部，与外压力 p_0 方向相同，因此凸面上所受到的压力比外部压力 p_0 大，$p = p_0 + \Delta p$，这个附加压力 Δp 是正的。在凹面时，表面张力的合力指向液体表面的外部，与外压力 p_0 方向相反，这个附加压力 Δp 有把液面往外拉的趋势，凹面上所受到的压力 p 比平面的 p_0 小，$p=p_0-\Delta p$。由此可见，弯曲表面的附加压力 Δp 总是指向曲面的曲率中心，当曲面为凸面时，Δp 为正值；当曲面为凹面时，Δp 为负值。

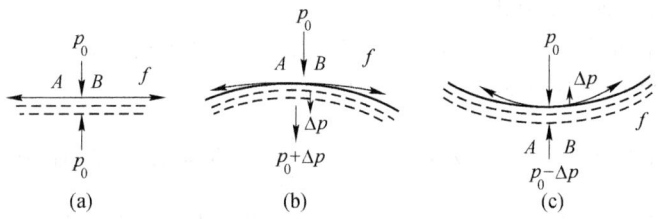

图 5-8　弯曲表面附加压力的产生

5.2.1.2　附加压力与表面张力的关系推导

将一根毛细管插入表面张力为 γ 的液体中，在管中加上一定的压力 $P_气$，使管端形成半径为 R 的气泡，如图 5-9 所示。

如果压力增加 dp，气泡半径就增大 dR，气泡体积就增大 dV，气泡面积增大 dA。如果液体密度是均匀的，不计重力作用，那么阻碍气泡体积增加的唯一阻力是由于扩大表面积所需要的总表面能。为了克服表面张力，环境所做的功为 $(P-P_0)\mathrm{d}V$，平衡时这个功应等于系统表面能的增加：

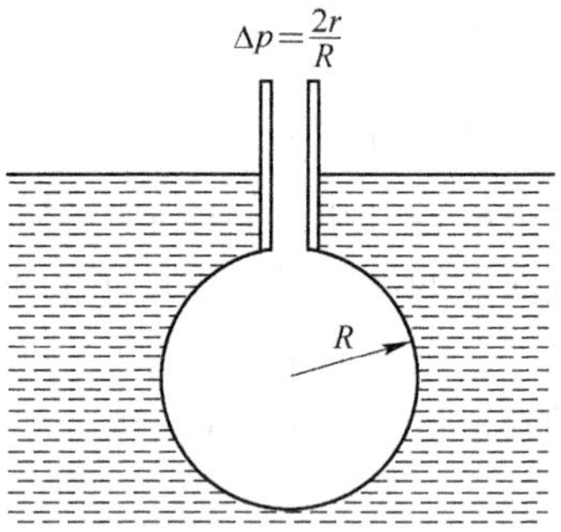

$$(p - p_0)\,\mathrm{d}V = \gamma\mathrm{d}A \qquad (5\text{-}8)$$

即

$$\Delta p\mathrm{d}V=\gamma\mathrm{d}A$$

因为

$$\mathrm{d}V=4\pi R^2\mathrm{d}R,\quad \mathrm{d}A=8\pi R\mathrm{d}R \qquad (5\text{-}9)$$

则

$$\Delta p=\frac{2\gamma}{R} \qquad (5\text{-}10)$$

图 5-9　液体中气泡的形成

对于非球面的曲面可导出：

$$\Delta p = \gamma\left(\frac{1}{r_1} + \frac{1}{r_2}\right) \qquad (5\text{-}11)$$

式中，r_1 和 r_2 分别为曲面的主曲率半径，当 $r_1=r_2$ 时，以上两式相等。

式（5-10）、式（5-11）即为著名的拉普拉斯公式，该公式说明，跨过一个平表面不存在压力差，而跨过曲面必然存在压力差 Δp，上式对固体表面也适用。由上式可见，附加压力 Δp 与曲率半径成反比，当 r 很小时（$r<10\mu m$），由于表面张力引起的压力差可达 1~10MPa。

将毛细管插入液体中，如果液体能润湿管壁，它就呈凹液面，并在曲面压力下沿管壁上升；如果不能润湿管壁，它就呈凸液面，并在曲面压力下下降到管外液面下，这称为**毛细现象**，这时附加压力称为**毛细管力**。表面张力的存在是弯曲表面产生附加压力的根本原因，而毛细管现象则是弯曲液面具有附加压力的必然结果。

毛细管力在材料领域应用十分广泛，如对于陶瓷的可塑成型来说，毛细管力与其塑性强弱关系较大，成型的颗粒越细，比表面越大，由颗粒堆积而形成的毛细管半径越小，产生的毛细管力越大，则其可塑性越高。许多重要的表面与界面现象，均与弯曲表面的压力差有关，如在高炉炼铁时，当铁水和熔渣能润湿多孔的炉衬时，它们便能沿毛细管孔向内部渗透，加速炉衬的损毁，使用不被润湿的碳砖，可延长炉衬的使用寿命。

【例 5-2】 在石英玻璃熔体下 20cm 处形成半径为 5×10^{-8} m 的气泡，熔体密度为 $\rho = 2200$ kg/m³，表面张力 $\gamma = 0.29$ N/m，大气压力为 1.01×10^5 Pa，求形成此气泡所需的最低内压力。

解： p_1(熔体柱静压力) $= h\rho g = 0.2 \times 2200 \times 9.81 = 4316.4$ N/m² $= 4316.4$ Pa

附加压力 $$\Delta p = \frac{2\gamma}{r} = \frac{2 \times 0.29}{5 \times 10^{-8}} = 1.16 \times 10^7 \text{Pa}$$

故形成此气泡所需压力最少为：

$$p = p_1 + \Delta p + p_{\text{大气}} = 4316.4 + 1.16 \times 10^7 + 1.01 \times 10^5 = 117.04 \times 10^5 \text{Pa}$$

由此可见，形成此气泡所需的压力主要来自于附加压力，曲率半径越小，在弯曲界面产生的附加压力越大。在材料制备中，需要注意附加压力对材料生产的影响。

5.2.1.3 开尔文公式

在一定的温度和外压下，纯液态物质有一定的饱和蒸气压，这只是对平液面而言，它没有考虑到液体的分散度对饱和蒸气压的影响，实验表明，微小液滴的饱和蒸气压，不仅与物质的本性、温度及外压有关，而且还与液滴的大小有关。其定量关系推导如下。

恒温下，将 1mol 液体（平液面）分散为半径为 r 的小液滴，可按两条途径进行：

$$1\text{mol：饱和蒸气}(p) \xrightarrow[\Delta G_2]{(2)} \text{饱和蒸气}(p_r)$$

$$(1) \Big\uparrow \Delta G_1 \qquad T \text{一定} \qquad \Delta G_3 \Big\downarrow (3)$$

$$1\text{mol：液体}(p，平面) \xrightarrow[b]{\Delta G_b} \text{小液滴}(p_r + \Delta p，r)$$

途径 a 分为三步：

（1）为 1mol 的平面液体，在恒温恒压下可逆蒸发为饱和蒸气，p 为平面液体的饱和蒸气压，$\Delta G_1 = 0$。

（2）为恒温变压过程；设蒸汽为理想气体，压力由 p 变至半径为 r 的小液滴的饱和蒸气压，此过程的吉布斯焓变：

$$\Delta G_2 = \int_p^{p_r} V_m \mathrm{d}p = RT\ln\left(\frac{p_r}{p}\right) \tag{5-12}$$

（3）为恒温恒压可逆相变过程：压力为 p_r 的饱和蒸气变为 1mol 半径为 r 的小液滴，此过程的 $\Delta G_3 = 0$。

途径 b 为直接一步：

1mol 压力为 p 的平面液体，直接分散成半径为 r 的小液滴，由于附加压力的作用，此过程实为恒温变压过程，小液滴内的液体承受的压力为 $(p_r + \Delta p)$，附加压力 $\Delta p = \dfrac{2\gamma}{r}$。若忽略压力对液体体积的影响，则：

$$\Delta G_b = \int_p^{p+\Delta p} V_m(l) \mathrm{d}p = V_m(l) \cdot \Delta p = \frac{2\gamma V_m(l)}{r} \tag{5-13}$$

上式中 $V_m(l)$ 为液体的摩尔体积。若已知液体的密度 ρ 及摩尔质量 M，则 $V_m(l) = M/\rho$。故：

$$\Delta G_b = 2\gamma M/(\rho r) \tag{5-14}$$

因始末状态相同，故 $\Delta G_a = \Delta G_1 + \Delta G_2 + \Delta G_3 = \Delta G_b$，所以：

$$RT\ln\frac{p_r}{p} = \frac{2\gamma M}{\rho r} \tag{5-15}$$

式（5-15）称为开尔文公式。对于在一定温度下的某液体物质而言，式中的 T、M、γ 及 ρ 皆为定值，可见 p_r 只是 r 的函数。

讨论：

（1）对于凸液面：如小液滴，$r>0$，$\ln(p_r/p)>0$，则 $p_r>p$，即小液滴（或凸液面）的饱和蒸气压大于平液面的饱和蒸气压；

（2）对于凹液面：例如气泡内，$r<0$，则 $p_r<p$，即凹液面的饱和蒸气压恒小于平液面的饱和蒸气压。因此，开尔文公式的结论是凸面蒸气压>平面蒸气压>凹面蒸气压。

运用开尔文公式可以说明许多表面效应。例如在毛细管内，某液体若能润湿管壁，管内液面将呈弯月面，在某温度下。蒸气对平液面尚未达到饱和，但对在毛细管内的凹液面来讲，可能已经达到过饱和状态，这时蒸气在毛细管内将凝结成液体，这种现象称为**毛细管凝结**。

开尔文公式也可用于晶体物质，即微小晶体的饱和蒸气压恒大于普通晶体的饱和蒸气压，在一定温度下，晶体溶解度大小与其饱和蒸气压有密切关系，由此可导出类似的关系：

$$\ln\frac{C}{C_0} = \frac{2\gamma_{LS}M}{dRTr} \tag{5-16}$$

式中，C、C_0 分别为半径为 r 的小晶体与大晶体的溶解度；γ_{LS} 为固液界面张力；d 为固体密度。由式（5-16）可见，微小晶粒的溶解度大于普通晶粒的溶解度。

由以上讨论可见，表面曲率对其蒸气压、溶解度和熔化温度等物理性质有着重要影响。固体颗粒越小，表面曲率越大，则其蒸气压和溶解度增高而熔化温度降低。弯曲表面的这些效应在以微细粉体作原料的无机材料工业，将会影响一系列工艺过程和最终产品的性能。

5.2.2 润湿与黏附

润湿是固液界面上的重要行为，是近代很多工业技术的基础。例如，机械的润滑、注水采油、金属焊接、金属与陶瓷的封接等工艺与理论都与润湿行为有密切关系。

润湿是一种流体从固体表面置换另一种流体的过程，最常见的润湿现象是一种液体从固体表面置换空气。如水在玻璃表面置换空气而展开。从热力学的角度可将润湿定义为：固体与液体接触后，体系（固体+液体）的吉布斯自由焓降低时，称为**润湿**。

由热力学第二定律可知，两相之间的界面若要稳定存在，其必要条件为形成界面的吉布斯自由焓变化为正值。假如形成界面的吉布斯自由焓变化为负值，这意味着两相之间接触界面越大，体系能量越低，即当两相接触时，一相便自发地扩展到另一相中。

根据润湿程度不同，可将润湿分为**附着润湿**、**铺展润湿**、**浸渍润湿**三种，如图 5-10 所示。

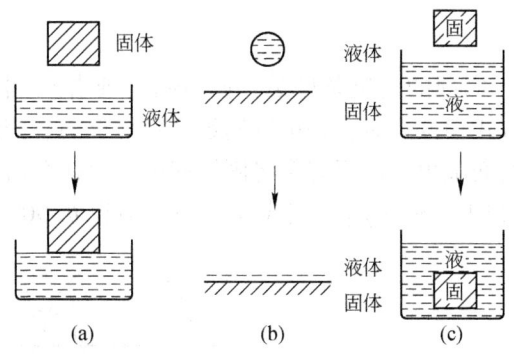

图 5-10 润湿的三种形式

（a）附着润湿；（b）铺展润湿；（c）浸渍润湿

5.2.2.1 附着润湿

液体和固体接触后，变液-气界面和固-气界面为固-液界面，如图 5-11 所示，即 $\gamma_{SV} + \gamma_{LV} \rightarrow \gamma_{SL}$。设这三种界面的面积均为单位值（如 1cm^2），比表面吉布斯自由焓分别为 γ_{SV}、γ_{LV}、γ_{SL}，则上述过程的吉布斯自由焓变化为：

$$\Delta G_1 = \gamma_{SL} - (\gamma_{SV} + \gamma_{LV}) \tag{5-17}$$

这种润湿的逆过程为：

$$\Delta G_2 = (\gamma_{SV} + \gamma_{LV}) - \gamma_{SL} \tag{5-18}$$

此时外界对体系所作的功为 W，如图 5-12 所示。

$$W = (\gamma_{SV} + \gamma_{LV}) - \gamma_{SL} \tag{5-19}$$

W 称为附着功或**黏附功**，它表示将单位截面积的固液界面拉开所作的功，显然，此值越大表示固液界面结合越牢，即附着润湿越强。根据润湿的热力学定义，可用黏附功来衡量润湿的程度。由于固液界面张力总是小于它们各自的表面张力之和，这说明固-液接触时，其黏附功总是大于零。

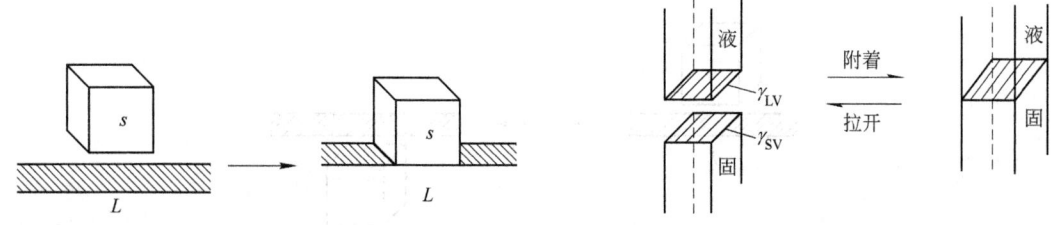

图 5-11 附着润湿示意图   图 5-12 附着功示意图

5.2.2.2 铺展润湿

从热力学观点看，一液滴落在清洁平滑的固体表面上，当忽略液体的重力和黏度的影响时，则液滴在固体表面上的铺展是由固-气、固-液和液-气三个界面张力所决定的，其平衡关系可由图 5-13、图 5-14 和式（5-20）来确定。

$$\gamma_{SV} = \gamma_{SL} + \gamma_{LV}\cos\theta, \quad 即：F = \gamma_{LV}\cos\theta = \gamma_{SV} - \gamma_{SL} \tag{5-20}$$

则：

$$\cos\theta = \frac{\gamma_{SV} - \gamma_{SL}}{\gamma_{LV}} \tag{5-21}$$

式中　θ——润湿角；

$\quad\quad$ F——润湿张力。

由式（5-21）可见，润湿的先决条件是，$\gamma_{SV}>\gamma_{SL}$，或者 γ_{SL} 十分微小。当固-液两相的化学性能或化学结合方式很接近时，是可以满足这一要求的。因此，硅酸盐熔质在氧化物固体上一般会形成小的润湿角，甚至完全将固体润湿。而在金属熔质与氧化物之间，由于结构不同，界面能 γ_{SL} 很大，$\gamma_{SV}<\gamma_{SL}$，按式（5-21）算得 $\theta>90°$。

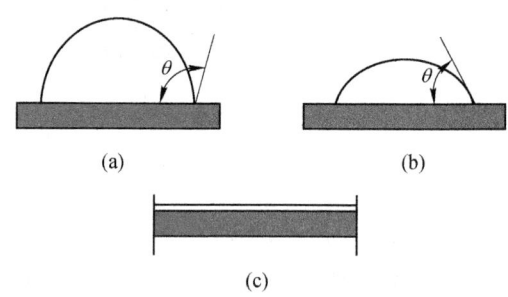

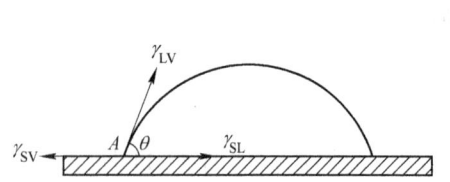

图 5-13　液滴在固体表面润湿力的平衡图

图 5-14　润湿与液滴的形状
(a) 不润湿；(b) 润湿；(c) 完全润湿（液体铺展）

从式（5-21）还可以看到 γ_{LV} 的作用是多方面的，在润湿的系统中（$\gamma_{SV}>\gamma_{SL}$），γ_{LV} 减小会使 θ 减小，而在不润湿的系统中（$\gamma_{SV}<\gamma_{SL}$），γ_{LV} 减小会使 θ 增大。

5.2.2.3　浸渍润湿

指固体浸入液体中的过程。在此过程中，固-气界面为固-液界面所代替，而液体表面没有变化，如图 5-15 所示。一种固体浸入到液体中的自由焓变化可由下式来表示：

$$\Delta G = \gamma_{SL} - \gamma_{SV} \tag{5-22}$$

若 $\gamma_{SV}>\gamma_{SL}$，$\Delta G<0$，于是浸渍过程将自发进行。若 $\gamma_{SV}<\gamma_{SL}$，则 $\Delta G>0$，要将固体浸入液体之中必须做功。

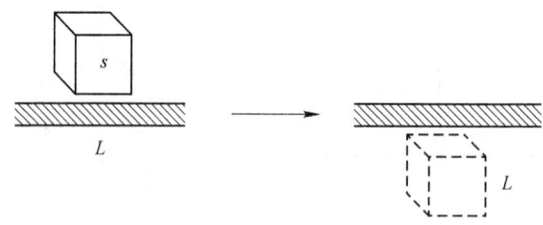

图 5-15　浸渍过程

由以上讨论可知，以上三种润湿的共同点是：液体将气体从固体表面排挤开，使原有的固-气（或液-气）界面消失，而代之以固液界面。铺展是润湿的最高标准，能铺展必能附着和浸渍。

润湿是人们生产实践和日常生活经常遇到的现象。很多工业技术中要求改善固-液界面的润湿性，但也有很多场合要求固-液界面不润湿。如矿物浮选，要求分离去的杂质为水润湿，而有用的矿石不为水所润湿。又如防水布、防水涂层等。如何改变固-液润湿性以适应生产技术的要求呢？下面讨论影响润湿的因素。

5.2.2.4 影响润湿的因素

当液相铺展在固相上时，真实固体表面是粗糙的和被污染的，这些因素对润湿过程会发生重要影响。从热力学角度考虑，当系统处于平衡时，界面位置的少许移动所产生的界面能净变化应等于零。

假设界面在固体表面上从图5-16（a）中A点推进到B点。这时固液界面积扩大δ_S，而固体表面减少了δ_S，液气界面积则增加了$\delta_S\cos\theta$，平衡时有：

$$\gamma_{SL}\delta_S + \gamma_{LV}\delta_S\cos\theta - \gamma_{SV}\delta_S = 0 \qquad (5-23)$$

$$\cos\theta = \frac{\gamma_{SV} - \gamma_{SL}}{\gamma_{LV}} \qquad (5-24)$$

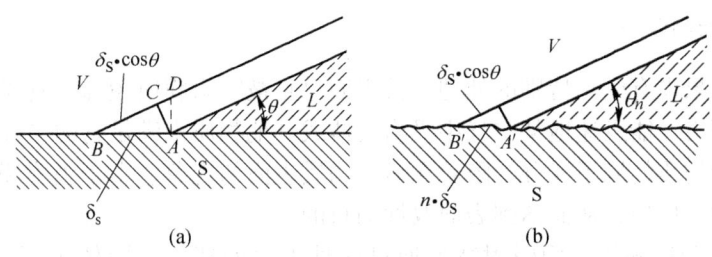

图5-16 表面粗糙度对润湿的影响

而实际固体表面则具有一定的粗糙度。如图5-16（b）所示，因此真正面积较表观面积大（设大n倍），界面位置同样由A'点移至B'点，使固液界面的表观面积仍增大δ_S，但此时真实面积增大了$n\delta_S$，固气界面实际上也减少了$n\delta_S$，而液气界面积则净增大了$\delta_S\cos\theta_n$，于是：

$$\gamma_{SL}n\delta_S + \gamma_{LV}\delta_S\cos\theta_n - \gamma_{SV}n\delta_S = 0 \qquad (5-25)$$

$$\cos\theta_n = \frac{n(\gamma_{SV} - \gamma_{SL})}{\gamma_{LV}} = n\cos\theta \qquad (5-26)$$

$$\frac{\cos\theta_n}{\cos\theta} = n$$

式中　n——表面粗糙度系数；

θ_n——对粗糙表面的表观接触角。

由于$n>1$，故θ和θ_n的相对关系将按图5-17所示的余弦曲线变化。

即：$\theta<90°$，$\theta>\theta_n$；$\theta=90°$，$\theta=\theta_n$；$\theta>90°$，$\theta<\theta_n$，由此可得出以下结论：

（1）当真实接触角$\theta<90°$时，粗糙度愈大，表观接触角愈小，越容易润湿。

（2）当$\theta>90°$时，则粗糙度越大，越不利于润湿。

粗糙度对改善润湿与黏附强度的实例生活中随时可见，如水泥与混凝土之间，表面越粗糙，润湿性越好；而陶瓷元件表面被银，必须先将瓷件表面磨平并抛光，才能提高瓷件与银层之间润湿性。

γ_{SV}严格意义上是指固体置于蒸气或真空中的表面张力，而真实固体表面都有吸附膜，吸附是降低表面能的，故γ_{SV}降低，对润湿不利。在生产应用中，比如在陶瓷生坯上釉前

160

和金属与陶瓷封接等工艺中，均要使坯体或工件保持清洁，目的在于去除吸附膜，提高 γ_{SV} 以改善润湿性。归纳起来，改善润湿性的方法有以下几种：（1）降低 γ_{SL}；（2）去除固体表面吸附膜，提高 γ_{SV}；（3）改变表面粗糙度。

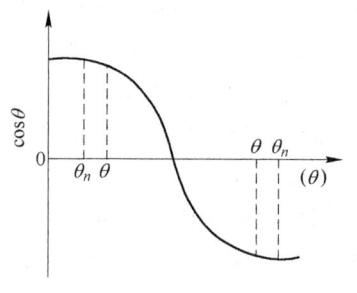

润湿现象的实际情况比理论分析要复杂得多，有些固相与液相之间在润湿的同时还有溶解现象，这样就造成相组成在润湿过程中逐渐改变，随之出现界面张力的变化，如果固液之间还发生化学反应，就远超出润湿所讨论的范围。

图 5-17　θ 和 θ_n 的相对关系示意图

5.2.3　吸附与表面改性

固体表面如果没有受到特别的处理，其表面总是被吸附膜所覆盖。这是因为新鲜表面具有较强的表面力，能迅速地从空气中吸附气体或其他物质来满足它的结合要求。

吸附是一种物质的原子或分子附着在另一物质表面的现象。由于吸附膜的形成改变了表面原来的结构与性质，从而达到表面改性的目的。

表面改性是利用固体表面吸附特性通过各种表面处理改变固体表面的结构与性质，以适应各种预期的要求。例如，在用无机填料制备复合材料时，经过表面改性，使无机填料由原来的亲水性改为疏水性和亲油性。这样就可以提高该物质对有机物质的润湿性和结合强度，从而改善复合材料的各种理化性能。因此，表面改性对材料的制造工艺和材料性能都有很重要的作用。

表面改性的技术途径很多，可采用涂料涂层、化学处理、辐射处理以及机械方法等。各种表面改性处理实际上是通过改变固体表面结构状态和官能团来实现的。其中最常用的方法之一是采用各种有机表面活性物质（表面活性剂）。

能够降低体系的表面（或界面）张力的物质称为**表面活性物质**。表面活性剂必须指明对象，而不是对任何表面都适用的。如钠皂是水的表面活性剂，对液态铁就不是；反之，硫、碳对液态铁是表面活性剂，对水就不是。一般来说，非特别指明，表面活性剂都对水而言，表面活性剂分子由两部分组成：一端是具有亲水性的极性基，如—OH、—COOH、—SO$_3$Na 等基团；另一端具有憎水基（亦称亲油性）的非极性基，如碳氢基团、烷基丙烯基等。适当地选择表面活性剂的这两个原子团的比例就可以控制其油溶性和水溶性的程度，制得符合要求的表面活性剂。

表面活性剂具有润湿、乳化、分散、增溶、发泡、洗涤和减磨等多种作用。所有这些作用的机理都是由于表面活性剂同时具有亲水和憎水两种基团，能在界面上选择定向排列，促使两个不同极性和互相不亲和的表面桥联和键合，并降低其表面张力的结果。例如玻璃钢生产中，由于玻璃纤维表面常存在着极性较强的 ≡ Si—OH 或 ≡ Al—OH 基团，有较强的亲水性，使之与树脂的黏着恶化。为改善玻璃纤维与树脂之间的结合强度以及改善材料的机电性能，生产上常采用有机硅烷系列等表面活性剂进行表面处理，以使玻璃纤维表面的极性由亲水性变为亲油性，从而达到树脂和玻璃纤维牢固结合的目的。

无机非金属材料的生产过程中也经常遇到各种表面改性的问题。在陶瓷工业中为改善瓷料的成型性能，广泛使用各种表面活性剂作为稳定剂、增塑剂和黏结剂。例如，氧化铝瓷在热压成型时用石蜡作定型剂，但应尽可能减少石蜡用量，以降低坯体的收缩。从瓷料表面性能看，Al_2O_3 粉表面是亲水的，而石蜡是亲油的，两者不易吸附，为解决这个问题，生产中常加入表面活性剂，如加入 0.2%~0.5% 的油酸，使 Al_2O_3 粉表面由亲水性变为亲油性，油酸分子为 $CH_3—(CH_2)_7—CH=CH—(CH_2)_7—COOH$，其亲水基向着 Al_2O_3 表面，而憎水基团向着石蜡。通过油酸的桥梁作用，使 Al_2O_3 粉与石蜡间接地吸附在一起，从而显著地降低石蜡的用量并有效地改善了浆料的流动性，使成型性能得到改善。又如水泥工业中，为了提高混凝土的力学性能，在新拌和混凝土中要加入减水剂。目前常用的减水剂是阴离子型表面活性物质，在水泥加水搅拌及凝结硬化时，由于水化过程中水泥矿物（C_3A、C_4AF、C_3S、C_2S）所带电荷不同，引起静电吸引或由于水泥颗粒某些边棱角互相碰撞吸附、范得瓦尔斯力作用等均会引起絮凝状结构，如图5-18（a）所示。这些絮凝状结构中，包裹着很多拌合水，因而降低了新拌混凝土的和易性。

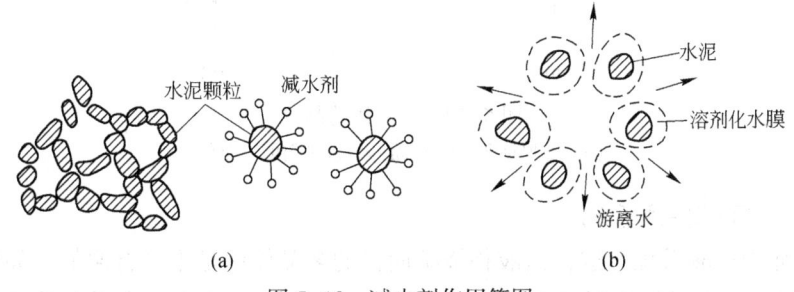

(a)   (b)

图5-18　减水剂作用简图

　　如果用再增加用水量来保持所需的和易性，结果使水泥石结构中形成过多的孔隙而降低强度。加入减水剂的作用是将包裹在絮凝物中的水释放出来，如图5-18（b）所示。减水剂憎水基团定向吸附于水泥质点表面，亲水基团指向水溶液，组成单分子吸附膜，由于表面活性分子的定向吸附使水泥质点表面上带有相同电荷，在静电斥力作用下，水泥-水体系处于稳定的悬浮状态，水泥加水初期形成的絮凝结构瓦解，游离水释放，从而达到既减水又保持所需和易性的目的，提高混凝土的密实性和强度。通过紫外光谱分析及抽滤分析可测得减水剂在混合 5min 内，已有 80% 被水泥表面吸附，因此可以认为由于吸附引起的分散是减水的主要机理。

　　目前表面活性剂的应用已很广泛，常用的有油酸、硬脂酸钠等，但如何选择合理的表面活性剂尚不能从理论上解决，还要通过多次反复试验以确定。

5.3　固体的界面

5.3.1　多晶体的晶界构形

　　在无机非金属材料中，多晶体的组织变化发生在晶粒接触界面即晶界上，晶界形状是由表面张力的相互关系决定的，晶界在多晶体中的形状、构造和分布称为**晶界构形**。

5.3.1.1　固-固-气界面

为了讨论简单起见，我们仅仅分析二维的多晶截面，并假定晶界能是各相同性的。如果两个颗粒间的界面在高温下经过充分的时间使原子迁移或气相传质而达到平衡，形成了固-固-气界面，如图5-19（a）所示，根据界面张力平衡关系：

$$\gamma_{SS} = 2\gamma_{SV}\cos\frac{\psi}{2} \tag{5-27}$$

经过抛光的陶瓷表面在高温下进行热处理，在界面能的作用下，就符合上式的平衡关系，式中ψ角称为槽角。

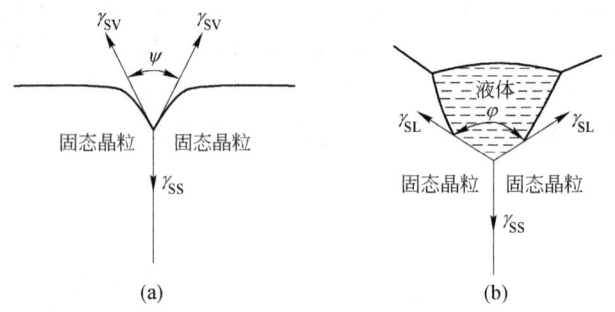

图5-19　多晶体的晶界

（a）热腐蚀角；（b）固-固-液平衡的二面角

5.3.1.2　固-固-液系统

如果是固-固-液系统，这在由液相烧结而得的多晶体中是十分普遍的。如传统长石质瓷，镁质瓷等，这时晶界构形可由图5-19（b）表示；此时界面张力平衡关系可以写成：

$$\cos\frac{\varphi}{2} = \frac{1}{2}\frac{\gamma_{SS}}{\gamma_{SL}} \tag{5-28}$$

由式（5-28）可见，二面角φ大小取决于γ_{SS}（固-固界面张力）和γ_{SL}（固-液界面张力）的相对大小。

（1）$\gamma_{SS}/\gamma_{SL} \geq 2$，则$\varphi = 0$，液相穿过晶界，晶粒完全被液相浸润，液相分布见图5-20（a）和图5-21（d），这种情况称为**全润湿**。

（2）$\gamma_{SS}/\gamma_{SL} < 1$，$\varphi$大于120°，这时三晶粒处形成孤岛状液滴，见图5-20（d）和图5-21（a），这种情况为**不润湿**。

（3）$\gamma_{SS}/\gamma_{SL} > \sqrt{3}$，$\varphi < 60°$，这时液相将沿晶界渗开，见图5-21（c），这种情况为**润湿**。

（4）$1 < \gamma_{SS}/\gamma_{SL} < \sqrt{3}$，$60° < \varphi < 120°$，液相将**局部润湿**固相，见图5-21（b）。

在实际材料烧结时，晶界构型不仅与γ_{SS}/γ_{SL}之比有关，除了固液之间润湿性外，高温下固-液相之间还会发生溶解过程与化学反应，固-固之间也发生固相反应。溶解与反应过程改变了固液比例和固液相的界面张力，因此多晶体组织的形成是一个很复杂的过程。图5-21示出了由于这些因素影响而形成的多相组织的复杂性。

一般硅酸盐熔体对硅酸盐晶体或氧化物晶粒的润湿性很好，玻璃相伸展到整个材料中，图5-21（b）表示两个不同组成和结构的固相与硅质玻璃共存，这两种固相是由固相反应形成的（例如由原来化合物热分解形成等），而硅质玻璃相是在较高温度下由 A、B 相生成的液态低共熔体，在很多玻璃相含量少的陶瓷材料中都有这样的结构，如镁质瓷和高铝瓷。图 5-21 (c) 示出由于固体或熔体过饱和而导致第二相析出时的结构。晶粒是由主晶相 A 及在其中析出的 B 晶相所组成。例如 FeO 固溶在 MgO 中，通过 $MgFe_2O_4$ 的析出其晶粒就形成这种组织形态。在许多陶瓷中次级晶相 B 的形成是从过饱和富硅熔体中结晶的结果，如图 5-21 (d) 所示。如传统长石质瓷中次级晶相 B 是针状莫来石晶体。

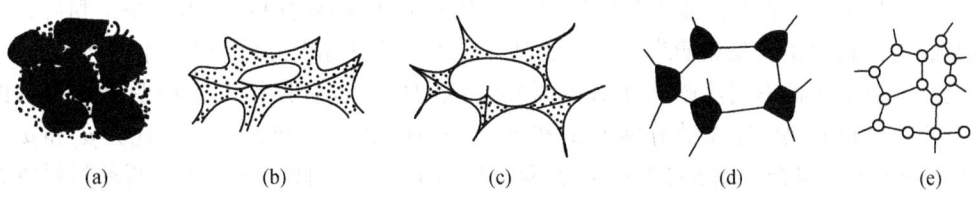

图 5-20 不同二面角时第二相的分布

(a) $\varphi = 0°$（抛光断面）；(b) $\varphi = 15°$；(c) $\varphi = 90°$；(d) $\varphi = 135°$；(e) $\varphi = 135°$（抛光断面）

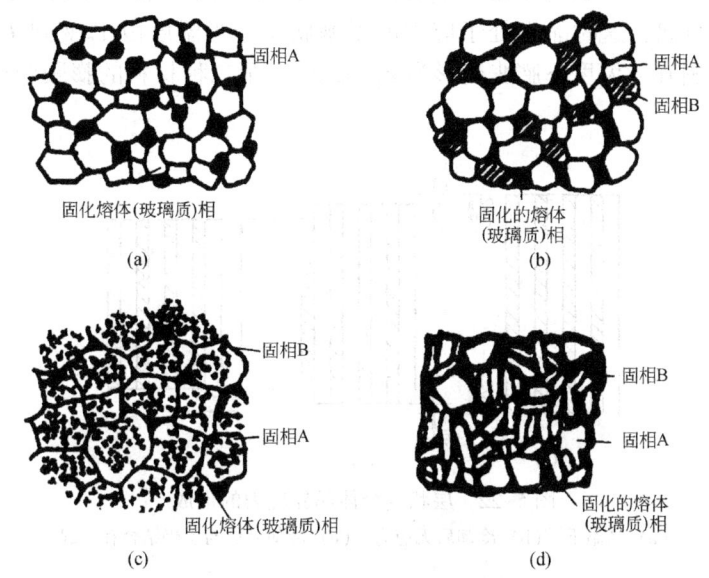

图 5-21 热处理时形成的多相组织

【例 5-3】 表面张力为 550mN/m 的某液态硅酸盐与某种多晶氧化物表面相接触，接触角 $\theta = 50°$；若与此氧化物相混合，则在三晶粒交界处，形成液态小球，二面角 φ 平均为 108°，已知此氧化物的表面张力为 1000mN/m，试计算氧化物-氧化物界面的界面张力是多少？

解： 由题意可知：$\gamma_{SV} = \gamma_{SL} + \gamma_{LV} \cdot \cos\theta$

其中，$\gamma_{SV} = 1000mN/m$，$\gamma_{LV} = 550mN/m$，$\theta = 50°$，所以

$$\gamma_{SL} = \gamma_{SV} - \gamma_{LV} \cdot \cos\theta = 1000 - 550 \cdot \cos 50° = 646.47mN/m$$

由公式： $\gamma_{SS} = 2\gamma_{SL} \cdot \cos\dfrac{\varphi}{2} = 2 \times 646.47 \cdot \cos\left(\dfrac{108°}{2}\right) = 759.97mN/m$

总结： 解答本题的关键在于根据题意正确写出各个界面张力，明确要求的界面张力，

并能带入到界面张力表达式（5-21）和晶界构形表达式（5-27）中。

5.3.2　晶界应力

在多晶材料中，如果有两种不同线膨胀系数的晶相组成，在高温烧结时，这两个相之间完全密合接触处于一种无应力状态，但当它们冷却至室温时，有可能在晶界上出现裂纹，甚至使多晶体破裂。对于单相材料，如石英、氧化铝、石墨等，由于不同结晶方向上的热膨胀系数不同，也会产生类似的现象。石英岩是制玻璃的原料，为了易于粉碎，先将其高温煅烧，利用相变及热膨胀而产生的晶界应力，使其晶粒之间裂开而便于粉碎。

现以一个由两种不同热膨胀系数的材料组成的层状复合体模型来说明晶界应力的产生。设两种材料的热膨胀系数分别为 α_1 和 α_2；弹性模量为 E_1 和 E_2；泊松比为 μ_1 和 μ_2。按图5-22所示模型组合，图5-22（a）表示在高温 T_0 下的一种状态，此时两种材料密合长短相同。假设此时是一种无应力状态，冷却后，有两种情况：图5-22（b）表示在低于 T_0 的某个温度 T 下，两个相自由收缩到各自的平衡状态，成为一个无应力状态，晶界发生完全分离；图5-22（c）表示同样低于 T_0 的某个温度下，两个相都发生收缩，但晶界应力不足以使晶界发生分离，这时晶界处于应力的平衡状态。当温度由 T_0 变到 T，温差为 $\Delta T = T - T_0$，第一种材料在此温度下膨胀变形为 $\varepsilon_1 = \alpha_1 \Delta T$，第二种材料的膨胀变形为 $\varepsilon_2 = \alpha_2 \Delta T$，而 $\varepsilon_1 \neq \varepsilon_2$。

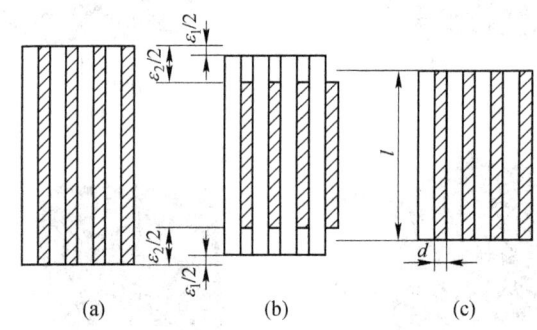

图5-22　层状复合体晶界应力的形成

（a）高温下；（b）冷却后无应力；（c）冷却后层与层仍结合在一起

因此，如果不发生分离，即处于图5-22（c）状态，复合体必须取一个处于中间膨胀的数值，在复合体中一种材料的净压力等于另一种材料的净拉力，二者平衡，设 σ_1 和 σ_2 为两个相的线膨胀而引起的应力，v_1 和 v_2 为体积分数（等于截面积分数）。如果 $E_1 = E_2$，$\mu_1 = \mu_2$，而 $\Delta\alpha = \alpha_1 - \alpha_2$，则两种材料的热应变差为：

$$\varepsilon_2 - \varepsilon_1 = \Delta\varepsilon \cdot \Delta T \tag{5-29}$$

第一相的应力为 $\sigma_1 = \left(\dfrac{E}{1 - \mu}\right) v_2 \Delta\alpha \Delta T$。

上述应力是令合力（等于每相应力乘以每相的截面积之和）等于零而算得的，因为在个别材料中正力和负力是平衡的。这种力可经过晶界传给一个单层的力 $\sigma_1 A_1 = -\sigma_2 A_2$，式中 A_1、A_2 分别为第一、二层的晶界面积。合力 $\sigma_1 A_1 + (-\sigma_2 A_2)$ 产生一个平均晶界剪切应力（$\tau_{\text{平均}}$）。

$$\tau_{\text{平均}} = \frac{(\sigma_1 A_1)_{\text{平均}}}{\text{局部的晶界面积}} \tag{5-30}$$

层状复合体的晶界面积与 V/d 成正比，层状复合体的剪切应力为：

$$\tau = \frac{\dfrac{v_1 E_1}{1-\mu_1} \dfrac{V_2 E_2}{1-\mu_2}}{\dfrac{E_1 V_1}{1-\mu_1} \dfrac{E_2 v_2}{1-\mu_2}} \Delta\alpha \cdot \Delta T \frac{d}{l} \tag{5-31}$$

式中，d 为箔片的厚度；V 为箔片的体积；l 为层状物的长度，如图 5-22（c）所示。因为对于具体系统，E、μ、V 是一定的，上式可改写为：

$$\tau = \frac{K\Delta\alpha\Delta T d}{l} \tag{5-32}$$

由式（5-32）可见，晶界应力与热膨胀系数差、温度变化及厚度成正比。如果晶体热膨胀是各向同性的，$\Delta\alpha = 0$，晶界应力不会发生。如果产生晶界应力，则复合层愈厚，应力也愈大。所以在多晶材料中，晶粒越粗大，材料强度差，抗冲击性也越差，反之，则强度与抗冲击性好，这与晶界应力的存在有关。

复合材料是目前很有发展前途的一种多相材料，其性能优于其中任一组元材料的单独性能。但在生产制备过程中，很重要的一条就是避免产生过大的晶界应力。复合材料可以有颗粒增强和纤维增强等方式。颗粒增强的复合材料结构是由基体和在基体中均匀分布的直径为 $0.01\sim0.1\mu m$、含量为 $1\%\sim15\%$ 的很细的等径颗粒组成，如图 5-23（a）所示。由 ZrO_2 增韧 Al_2O_3 的材料就属于此类。复合材料中的纤维有连续纤维、短纤维和晶须等，其中晶须的最短长度和最大直径之比等于或大于 10：1（即式（5-32）中 $l/d \geqslant 10$），纤维的直径一般在不到 $1\mu m$ 至数百微米之间波动。纤维增强复合材料有平行取向（一维增强），如图 5-23（b）所示；有紊乱取向，如图 5-23（c）所示，以及二维增强和三维增强等。复合材料基体可以是高分子材料、金属材料或无机材料等，常用的纤维为碳纤维、氧化铝纤维、玻璃纤维、SiC 纤维、硼纤维等。这些材料具有很好的力学性能，它们掺和到复合材料中还能充分保持其原有性能。

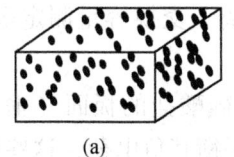 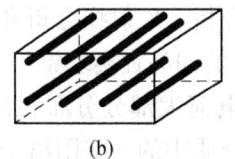 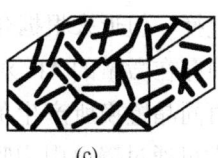

　　　　　(a)　　　　　　　　　　　(b)　　　　　　　　　　　(c)

图 5-23　多相复合材料的几种类型

5.4　黏土-水系统胶体化学

胶体是一个相（分散相）以一定细度分散于另一个相（分散介质）中形成的多相体系，由于胶粒尺寸极小，该体系的界面非常大，因而其能量极高，是热力学不稳定体系。

黏土是具有层状结构的硅酸盐矿物，主要有高岭石、蒙脱石、伊利石三大类。由于黏土具有层状结构，其层间的作用力较弱，很易发生层与层之间的片状解理，所以黏土的粒度一般很小，大约在 $0.1 \sim 10\mu m$ 范围内，它具有很大的比表面积，高岭石约在 $20m^2/g$，蒙脱石在 $100m^2/g$，因而它们表现出一系列的表面化学性质。黏土又具有荷电和水化等性质，黏土粒子分散在水介质中形成的泥浆系统是介于溶胶-悬浮液-粗分散体系之间的一种特殊状态。泥浆在适量电解质的作用下具有溶胶稳定的特性，而泥浆中黏土粒度分布范围宽，细分散粒子有聚结降低表面能的趋势，粗颗粒有重力沉降的作用。因此，聚结不稳定性（聚沉）是泥浆存放后的必然结果。分散与聚沉这两方面除了与黏土本性有关外，还与电解质数量及种类、温度、泥浆浓度等因素有关，这就构成了黏土-水系统胶体化学性质的复杂性。这些性质是无机材料制备工艺的重要理论基础。

5.4.1 黏土的荷电性

1809 年卢斯发现分散在水中的黏土粒子可以在电流的影响下向阳极移动，可见黏土粒子是带负电荷的。其原因有以下几点。

5.4.1.1 同晶置换

黏土所带负电荷主要是由于黏土晶格内离子的同晶置换产生的。在黏土结构中，硅氧四面体层中的 Si^{4+} 可能被 Al^{3+} 置换，或者铝氧八面体层中 Al^{3+} 被 Mg^{2+}、Fe^{2+} 等取代，就产生了过剩的负电荷，这种电荷的数量取决于晶格内同晶置换的多少。

研究表明，同晶置换是蒙脱石和伊利石具有荷电性的主要原因。蒙脱石所带的负电荷主要是由铝氧八面体中 Al^{3+} 被 Mg^{2+} 等二价阳离子取代而引起的。除此以外，还有总负电荷的 5% 是由 Al^{3+} 置换硅氧四面体中的 Si^{4+} 而产生的。蒙脱石的负电荷除部分由内部补偿（包括其他层片中所产生的置换以及八面体中 O^{2-} 被 OH 基的取代）外，每单位晶胞还约有 0.66 个剩余负电荷。

伊利石中由于硅氧四面体中的 Si^{4+} 约有 1/6 被 Al^{3+} 所取代，使单位晶胞中约有 $1.3 \sim 1.5$ 个剩余负电荷。这些负电荷大部分被层间非交换的 K^+ 和部分 Ca^{2+}、H^+ 等所平衡，只有少部分负电荷对外表现出来，因此伊利石所带的负电荷较蒙脱石少。

根据化学组成推算高岭石的构造式，其晶胞内电荷是平衡的。一般认为高岭石内不存在类质同晶置换。但近来根据化学分析、X 射线分析和阳离子交换容量测定等综合分析，证明高岭石中存在微量的 Al^{3+} 对 Si^{4+} 的同晶置换现象。

黏土内由同晶置换所产生的负电荷大部分分布在层状硅酸盐的板面（垂直于 c 轴的面）上，通常可通过静电引力吸引介质中的一些阳离子以平衡其负电荷，这些被吸引的阳离子称为吸附阳离子。

通常在黏土层状结构中，解理面（垂直于 c 轴的面）称之为**板面**，而平行于 c 轴的断裂面称之为**边面**。由于黏土粒子总有一定的尺寸，破碎时，除沿层间解理暴露出板面外，也可能平行于 c 轴断裂，此断裂面即为边面。黏土荷电的第二个原因即是断键。

5.4.1.2 断键

断键带电是指平行于 c 轴方向，使层状结构断裂，暴露出边面而带电。当黏土粒子在边面上断裂时，其周期性排列被中断，断面上质点的电价不能饱和，从而带电。

一般认为高岭石中不存在同晶置换现象，故其板面一般不带电荷。1942 年西森

（Thiessen）在电子显微镜中看到带负电荷的胶体金粒子被片状高岭石的棱边吸附，这证明了高岭石边面上带有正电荷。近来不少学者应用化学或物理化学的方法证明高岭石的边面在酸性条件下，由于从介质中接受质子而使边面带正电荷。

黏土粒子断键后，其边面上所带电荷的性质通常与介质中的酸碱度有关。高岭石在酸性介质中，边面上暴露出两个 O^{2-} 和一个 OH^-，其中与 Si^{4+} 相连的一个 O^{2-} 由于吸附了一个质子而使其电价平衡，而与 Si^{4+} 和 Al^{3+} 同时相连的一个 O^{2-} 接受一个质子后使原来带有 $1/2$ 个负电荷变成了带有 $1/2$ 个正电荷，这样就使边面共带有一个正电荷，如图 5-24（a）所示。

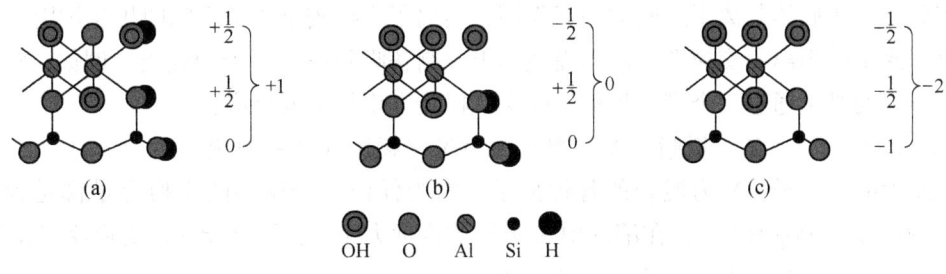

图 5-24 高岭石边面上的电荷
（a）pH<6；（b）pH=7；（c）pH>8

高岭石在中性或极弱的酸性条件下，边面上硅氧四面体中的两个 O^{2-} 各与一个质子相连接，由于其中一个 O 同时以半个键与 Al^{3+} 相连，所以这个 O 带有 $1/2$ 个正电荷，与 Al^{3+} 相连的 OH 则带有 $1/2$ 个负电荷，这样边面上表现出电中性，如图 5-24（b）所示。

高岭石在强碱性条件下，由于与 Si^{4+} 连接的两个 O 吸附的质子被解离，而使其边面带有负电荷。与 Si^{4+} 相连的 O 带有一个负电荷，与 Si^{4+} 和 Al^{3+} 同时相连的 O 带有 $1/2$ 个负电荷，与 Al^{3+} 相连的 OH 带有 $1/2$ 个负电荷，这样边面上共带有 2 个负电荷。这也就是高岭石所带电荷可随介质 pH 值而变化的原因。蒙脱石和伊利石的边面也可能出现正电荷。由于高岭石中同晶置换现象较少，因此，高岭石结晶结构断裂而呈现的活性边表面上的断键是高岭石带电的主要原因，如图 5-24（c）所示。

5.4.1.3 吸附有机质

黏土表面通常吸附了一些腐烂的有机质，由于这些有机质中的羧基（—COOH）和羟基（—OH）的 H 解离而可能使黏土表面带负电，由此产生的负电荷的数量与介质的 pH 值有关。pH 值越大，即碱性越强，越有利于 H^+ 解离，产生的负电荷越多。

总之，黏土表面由于同晶置换、断键和吸附有机质的解离而带有电荷，由于黏土所带的负电荷远大于正电荷，故黏土所带净电荷（正电荷与负电荷的代数和）一般总是负的。

黏土胶粒的电荷是黏土–水系统具有一系列胶体化学性质的主要原因。

5.4.2 黏土的离子吸附与交换

5.4.2.1 离子交换与吸附

由于黏土表面带有电荷，因此，它就会吸附介质中的异号离子以平衡其过剩的电价。如蒙脱石板面上通常带负电，一些水化的正离子如 Ca^{2+}、Na^+、H^+ 就可能吸附在其板面上。

当溶液中存在其他浓度大或价数高的阳离子时，这些被吸附的离子就可能被交换出来，这就是**黏土的阳离子交换性质**。这种黏土的离子交换反应具有同号离子相互交换、离子以等电量交换、交换和吸附是可逆过程和离子交换并不影响黏土本身结构等特点。

离子吸附与交换是一个反应中同时进行的两个不同过程，例如一个交换反应如下：

$$2Na - 黏土 + Ca^{2+} \longrightarrow Ca - 黏土 + 2Na^+$$

在这个反应中，为满足黏土与离子之间的电中性，必须一个 Ca^{2+} 交换两个 Na^+。而对 Ca^{2+} 而言是由溶液转移到胶体上，这是离子的吸附过程。但对被黏土吸附的 Na^+ 转入溶液而言，则是解吸过程。吸附与解吸的结果，使 Ca^{2+}、Na^+ 相互换位即进行交换。由此可见，离子吸附是黏土胶体与离子之间的相互作用，而离子交换则是离子之间的相互作用。

利用黏土的阳离子交换性质可以提纯黏土及制备吸附单一离子的黏土。例如，将带有各种阳离子的黏土通过一个带一种离子的交换树脂发生如下的反应：

$$X - 树脂 + Y - 黏土 \longrightarrow Y - 树脂 + X - 黏土$$

式中，X 为单一离子；Y 为混合的各种离子。因为任何一个树脂的交换容量都是很高的（250~500mmol/100g 树脂），在溶液中 X 离子浓度远大于 Y，因此能保证交换反应完全。

5.4.2.2 阳离子交换容量及影响因素

黏土的阳离子交换容量（cation exchange capacity，简称 cec）是黏土荷电多少、吸附量大小的表征，一般用 100g 干黏土所吸附离子的毫摩尔数来表示。黏土荷电越多、吸附量越大，则交换容量就愈大。影响黏土阳离子交换容量的因素有如下几点：

（1）矿物组成。不同类型的黏土矿物其交换容量相差很大。在蒙脱石中同晶置换的数量较多（约占 80%），晶格层间结合疏松，遇水易膨胀而分裂成细片，颗粒分散度高，因而交换容量大，约为 75~150mmol/100g 土。在伊利石中层状晶胞间结合很牢固，遇水不易膨胀，颗粒分散度较蒙脱石小，晶格中同晶置换只有 Al^{3+} 取代 Si^{4+}，结构中 K^+ 位于破裂面时，才成为可交换阳离子的一部分，所以其交换容量比蒙脱石小，为 10~40mmol/100g 土。高岭石中同晶置换极少，只有断键是吸附交换阳离子的主要原因，因此，其交换容量最小，为 3~15mmol/100g 土。

（2）黏土的分散度。不同矿物组成的黏土，分散度对交换容量的影响程度不同。如蒙脱石交换容量的 80% 是由同晶置换引起的，分散度对其交换容量的影响不是很大；而高岭石和伊利石的交换容量主要是靠断键或将层间的 K^+ 暴露而引起，故分散度愈高，颗粒愈细，阳离子交换容量愈大。

（3）黏土内有机质的含量。黏土内有机质带有大量负电荷，约每 100g 腐殖质的阳离子交换容量为 200~500mmol，因此，有机质含量愈高，阳离子交换容量愈大。

（4）介质的 pH 值。介质中 pH 值升高，碱性增强，净负电荷增加，阳离子交换容量增大。

总之，同一种矿物组成的黏土其交换容量也不是固定在一个数值，而是在一定的范围内波动。黏土的阳离子交换容量通常代表黏土在一定的 pH 值条件下的净负电荷数，由于各种黏土矿物的交换容量数值差距较大，因此测定黏土的阳离子交换容量也是定性鉴定黏土矿物组成的方法之一。

5.4.2.3 阳离子交换序列

为什么有的离子可将已吸附在黏土上的离子交换下来，有的则不能呢？这主要取决于黏土与吸附阳离子之间作用力的大小。作用力大的，吸附牢固，从而能将吸附不牢固即作用力小的离子交换下来。当环境条件相同时，这种作用力的大小取决于以下两个因素：

（1）黏土吸附阳离子的电荷数。黏土吸附阳离子的价数愈高，则与黏土之间吸引力愈强。黏土对不同价阳离子的吸附能力次序为 $M^{3+}>M^{2+}>M^+$ （M 为阳离子）。如果 M^{3+} 被黏土吸附，则在相同浓度下 M^{2+}、M^+ 不能将它交换下来；而 M^{3+} 能把已被黏土吸附的 M^{2+}、M^+ 交换出来。H^+ 是特殊的，由于它的体积小，电荷密度高，黏土对它吸力最强。

（2）离子的水化半径。离子的水化半径增大，与黏土间的静电引力减弱，吸附能力亦减弱。同价离子间，离子半径愈小，其对水分子偶极子所表现的电场强度越大，其水化膜愈厚，水化半径就愈大，此时与黏土表面的距离增大，根据库仑定律它们之间吸附能力就减弱。如一价阳离子的离子半径 $K^+>Na^+>Li^+$，则水化半径 $Li^+>Na^+>K^+$，故吸附能力为 $K^+>Na^+>Li^+$。

对于不同价离子，情况就较复杂。一般高价离子的水化分子数大于低价离子，但由于高价离子具有较高的表面电荷密度，它的电场强度将比低价离子大，此时高价离子与黏土颗粒表面的静电引力的影响可以超过水化膜厚度的影响。

根据离子价效应及离子水化半径，在离子浓度相同的条件下，可将黏土的阳离子交换序排列如下：$H^+>Al^{3+}>Ba^{2+}>Sr^{2+}>Ca^{2+}>Mg^{2+}>NH_4^+>K^+>Na^+>Li^+$。

H^+ 离子由于离子半径小，电荷密度大，占据交换吸附序首位。在离子浓度相等的水溶液里，位于序列前面的离子能交换出序列后面的离子。离子浓度不等时，一般浓度高的离子可以交换浓度低的离子。

5.4.3 黏土胶体的电动性质

5.4.3.1 黏土与水的作用

通过对黏土的热分析表明，黏土中的水有两种：结合水（吸附水）和结构水。**结合水**吸附在黏土矿物层间，约在 $100\sim200℃$ 的较低温度下即可脱去。**结构水**以—OH 形式存在于黏土晶格内，其脱水温度约 $400\sim600℃$，随黏土种类不同而不同。

对于黏土-水系统，结合水往往更为重要。黏土带有结合水的原因为：黏土的同晶置换，使其电价不平衡而吸附阳离子，这些被吸附的阳离子又是水化的，从而使得黏土粒子带有结合水；黏土粒子表面或层间的氧、—OH 可与靠近表面的水分子通过氢键而键合；此外，黏土粒子表面带电，存在一个静电场，使得极性水分子在黏土表面上发生定向排列。由于以上三个原因，黏土表面总含有一部分结合水。即黏土的表面上吸附着一层层定向排列的水分子层，极性分子依次重叠，直至水分子的热运动足以克服上述引力作用时，水分子逐渐过渡到不规则的排列。

黏土表面的结合水根据水与黏土胶粒之间结合力的强弱而分成牢固结合水、疏松结合水和自由水，如图 5-25 所示。紧靠黏土颗粒、束缚很紧的一层完全定向的水分子层称为**牢固结合水**（又称吸附水膜），其厚度为 $3\sim10$ 个水分子层。这部分水与黏土颗粒形成一个整体，在介质中一起移动。在牢固结合水周围一部分定向程度较差的水称为**松结合水**

（又称扩散水膜）。在松结合水以外的水为**自由水**。

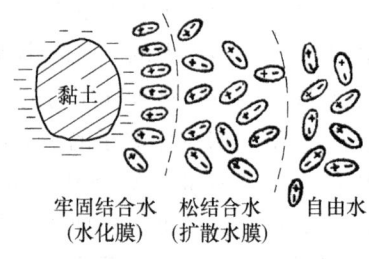

图 5-25　黏土颗粒与水的结合示意图

　　由于结合水（包括牢固结合水与松结合水）在电场作用下发生定向排列，其在物理性质上与自由水有所不同，如密度大、比热容小、介电常数小、冰点低等。

　　影响黏土结合水量的因素有黏土矿物组成、黏土分散度、黏土吸附阳离子种类等。黏土的结合水量一般与黏土阳离子交换容量成正比。一般黏土阳离子交换容量大的，结合水量也大。对于含同一种交换性阳离子的黏土，蒙脱石的结合水量要比高岭石大。高岭石结合水量随粒度减小而增高，这是因为高岭石细度减小后，吸附离子量增加，结合水量也增加，而蒙脱石与蛭石的结合水量则与颗粒细度无关。此外，吸附离子种类不同时，结合水量也不同。关于黏土吸附不同价阳离子后的结合水量通过实验证明，黏土与一价阳离子结合的水量>其与二价阳离子结合的水量>其与三价阳离子结合的水量。同价离子与黏土结合水量是随着离子半径的增大，结合水量减少，如 Li-黏土结合水量>Na-黏土结合水量>K-黏土结合水量。

　　黏土与水结合的数量可以用测量润湿热来判断。黏土与这三种水结合的状态与数量将会影响黏土-水系统的工艺性能。如塑性泥料要求达到松结合水状态，而流动泥浆则要求有自由水存在。

5.4.3.2　黏土胶体的电动电位

　　胶体化学中已经指出，胶体体系处于一种介稳状态，是一个热力学不稳定而动力学稳定的体系。许多胶体能长期稳定存在而不发生聚沉是因为胶体中微粒表面带有相同的电荷，或者说胶体颗粒外存在着"扩散双电层"使得胶体微粒在相互接近或碰撞时产生斥力，而保持体系的稳定性。

　　"扩散双电层"指若固体表面带电，当其分散到液相中时，在它的周围就会分布着与固相表面电性相反、电荷相等的离子，由于离子的热运动，使得这些等量异号的离子扩散地分布在固体颗粒周围。其中部分紧靠固体表面被牢固吸附的异号离子层叫做吸附层，其余形成一个异号离子浓度减小的扩散层，扩散层一直到固体表面的电荷全部被中和为止。

　　黏土粒子表面一般带有负电荷，因此，当黏土粒子分散在水溶液中时，其颗粒表面也会形成类似的扩散双电层，如图 5-26 所示。黏土颗粒（又称**胶核**）表面吸附着完全定向的水分子层和水化阳离子，这部分吸附层与胶核形成一个整体，一起在介质中移动（称为**胶粒**）；吸附层外由于吸附力较弱，被吸附的阳离子将依次减少，形成离子浓度逐渐减小的扩散层（胶粒+扩散层称为**胶团**），这样围绕黏土粒子就形成了扩散双电层。在电场或其他力场作用下，带电黏土与双电层的运动部分之间发生剪切运动而表现出来的电学性质称为电动性质。

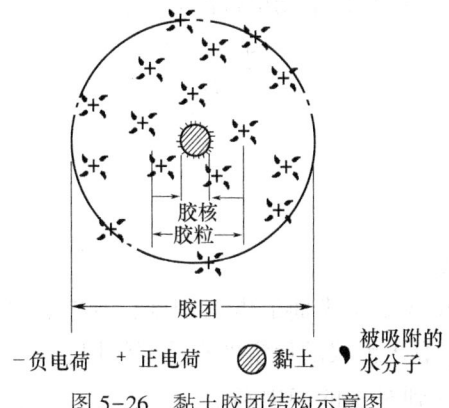

图 5-26 黏土胶团结构示意图

−负电荷 +正电荷 ◎黏土 ✦被吸附的水分子

黏土胶粒分散在水中时，黏土颗粒对水化阳离子的吸附随着黏土与阳离子之间距离的增大而减弱，又由于水化阳离子本身的热运动，因此黏土表面阳离子的吸附不可能整齐地排列在一个面上，而是随着与黏土表面距离的增大，阳离子分布由多到少，如图 5-27 所示。到达 P 点平衡了黏土表面全部的负电荷，P 点与黏土质点距离的大小则决定于介质中离子的浓度、离子的电价及离子热运动的强弱等。在外电场作用下，黏土质点与一部分吸附牢固的水化阳离子（如 AB 面以内）随黏土质点向正极移动，这一层称为**吸附层**，而另一部分水化阳离子不随黏土质点移动，却向负极移动，这层称为**扩散层**（由 AB 面至 P 点）。因为吸附层与扩散层各带有相反的电荷，所以相对移动时两者之间就存在着电位差，这个电位差称电动电位或 ζ-**电位**。

黏土质点表面与扩散层之间的总电位差称为**热力学电位差**，用 ψ 表示，ζ-电位则是吸附层与扩散层之间的电位差。显然，$\psi > \zeta$，如图 5-28 所示。

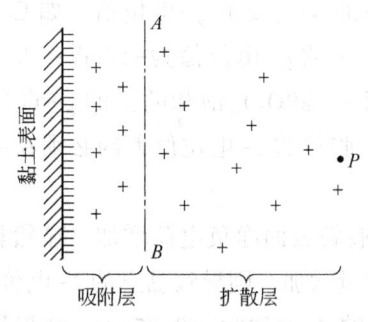

图 5-27 黏土表面的吸附层与扩散层

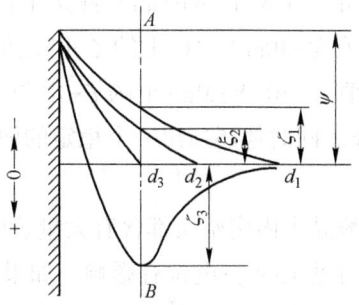

图 5-28 黏土的电动电位

ζ-电位的高低与阳离子的电价和浓度有关。如图 5-28 中，ζ-电位随扩散层的增厚而增高，如 $\zeta_1 > \zeta_2$，$d_1 > d_2$。这是由于溶液中离子浓度较低，阳离子容易扩散而使扩散层增厚。当离子浓度增加，致使扩散层压缩，即 P 点向黏土表面靠近，ζ-电位也随之下降。当阳离子浓度进一步增加直至扩散层中的阳离子全部压缩至吸附层内，此时 P 点与 AB 面重合，ζ-电位等于零，即等电态。如果阳离子浓度进一步增加，甚至达到改变 ζ-电位符号，如图 5-28 中的 ζ_3 与 ζ_1、ζ_2 符号相反。一般有高价阳离子或某些大的有机阳离子存在时，往往会出现 ζ-电位改变符号的现象。

根据静电学基本原理可以推导出电动电位的公式：

$$\zeta = \frac{4\pi\sigma \cdot d}{D} \tag{5-33}$$

式中　ζ——电动电位；

　　　σ——表面电荷密度；

　　　d——双电层厚度；

　　　D——介质的介电常数。

由式（5-33）可见，ζ-电位与黏土表面的电荷密度、双电层厚度成正比，与介质的介电常数成反比。ζ-电位数值对黏土泥浆的稳定性有重要作用。

黏土胶体的电动电位受到黏土的静电荷和电动电荷的控制，因此，凡是影响黏土这些带电性能的因素都会对电动电位产生作用。

溶液中阳离子浓度较低时，扩散较容易，则扩散双电层较厚，ζ-电位上升。黏土吸附了不同阳离子后对 ζ-电位的影响可由图 5-29 看出，由不同阳离子所饱和的黏土，其 ζ-电位值与阳离子半径、阳离子电价有关。用不同价阳离子饱和的黏土其 ζ-电位次序为：M^+-土 > M^{2+}-土 > M^{3+}-土（其中吸附 H_3O^+

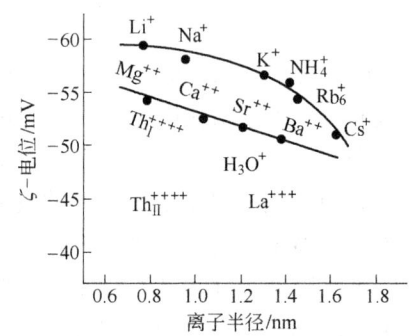

图 5-29　由不同阳离子所饱和的黏土的 ζ-电位

例外）。而同价离子饱和的黏土，其 ζ-电位次序随着离子半径的增大，ζ-电位降低。这些规律主要与离子水化度及离子同黏土吸引力强弱有关。

瓦雷尔（W. E. Worrall）测定了各种阳离子所饱和的高岭土的 ζ-电位值，如 Ca-土的 ζ-电位值为 -10mV；H-土的 ζ-电位值为 -20mV；Na-土的 ζ-电位值为 -80mV；天然土的 ζ-电位值为 -30mV；Mg-土的 ζ-电位值为 -40mV；用（$NaPO_3$)$_6$ 饱和的土的 ζ-电位值为 -135mV。同时他还指出一个稳定的泥浆悬浮液，黏土胶粒的 ζ-电位值大约必须在 -50mV 以上。

一般黏土内腐殖质都含有大量负电荷，使得黏土胶粒表面净负电荷增加。显然黏土内有机质对黏土的 ζ-电位有影响。如果黏土内有机质含量增加，则导致黏土的 ζ-电位升高。例如河北省唐山紫木节土含有机质 1.53%，测定原土的 ζ-电位为 -53.75mV。如果用适当方法去除有机质后测得 ζ-电位为 -47.30mV。

影响黏土 ζ-电位值的因素还有：黏土矿物组成、电解质阴离子的作用、黏土胶粒形状和大小、表面光滑程度等。

ζ-电位的高低对黏土泥浆的一系列工艺性质，如稳定性、流动性等都有很大的影响。一般来说，ζ-电位越高，泥浆越稳定，流动性也越好。

5.4.4　黏土–水系统的胶体性质

5.4.4.1　泥浆的流动性与稳定性

在无机材料的制造过程中，为了适应工艺的需要，希望获得含水量低，又同时具有良好的流动性（流动度 $= 1/\eta$）、稳定性的泥浆（如黏土加水、水泥拌水）。为了达到此要求，一般都在泥浆中加入适量的稀释剂（或称减水剂），如水玻璃、纯碱、纸浆废液、木质素磺酸钠等。图 5-30 和图 5-31 为泥浆加入减水剂后的流变曲线和泥浆稀释曲线。这是生产与科研中经常用于表示泥浆流动性变化的曲线。

图 5-30 描述了剪切应力改变时，剪切速率的变化来描述泥浆流动状况。泥浆未加碱（曲线 1）显示出高的屈服值。随着加入碱量的增加，流动曲线是平行于曲线 1 向着屈服值降低的方向移动，得到曲线 2、3。同时泥浆黏度下降，尤其以曲线 3 为最低，当在泥浆中加入 $Ca(OH)_2$ 时曲线又向着屈服值增加的方向移动（曲线 5、6）。

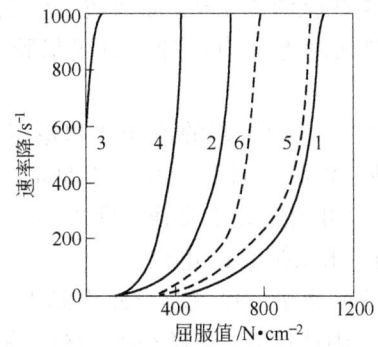

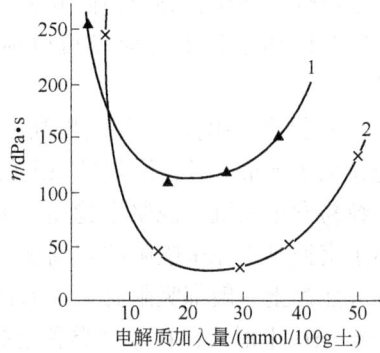

图 5-30　H–高岭土的流变曲线
1—未加碱；2—0.002mol/L NaOH；3—0.02mol/L NaOH；
4—0.2mol/L NaOH；5—0.002mol/L $Ca(OH)_2$；6—0.02mol/L $Ca(OH)_2$

图 5-31　黏土泥浆稀释曲线
1—高岭土+NaOH；2—高岭土+Na_2SiO_3

图 5-31 表示黏土在加水量相同时，随电解质加入量的增加而引起泥浆黏度的变化。从图中可见，当电解质加入量为 0.015~0.025mol/100g 土时泥浆黏度显著下降，黏土在水介质中充分分散，这种现象称为**泥浆的胶溶或泥浆稀释**。继续增加电解质，泥浆内黏土粒子相互聚集，黏度增加，此时称为**泥浆的絮凝或泥浆增稠**。

如前所述，黏土分散在水中形成可以流动的泥浆时，其体系与其他胶体体系一样，是一个热力学不稳定体系，具有聚结不稳定性。由于片状黏土颗粒表面是带静电荷的，通常，黏土板面上始终带电，而黏土的边面随介质 pH 值的变化既能带负电，又能带正电。因此，黏土片状颗粒在介质中，由于板面、边面带同号或异号电荷而必然产生如图 5-32 所示的几种结合方式。

很显然这几种结合方式只有面–面排列能使泥浆黏度降低，而边面或边边结合方式在泥浆内形成了一定的结构使流动阻力增加，屈服值提高，且易发生聚沉。所以泥浆胶溶过程实际上是拆开泥浆的内部结构，使边–边、边–面结合转变成面–面排列的过程。这种转变进行得越彻底，泥浆越稳定，黏度降低也越显著。从拆开泥浆内部结构来考虑，泥浆胶溶必须具备如下几个条件：

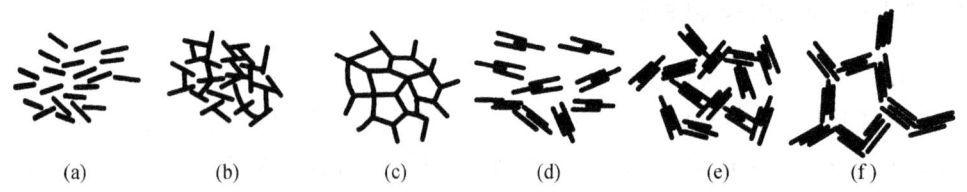

图5-32　黏土颗粒在介质中的聚集方式

(a)，(d) 面-面；(b)，(e) 边-面；(c)，(f) 边-边

（1）介质呈碱性。欲使黏土泥浆内边-面、边-边结构拆开必须首先消除边-面、边-边结合的力。黏土在酸性介质中边面带正电，因而引起黏土边面与带负电的板面之间强烈的静电吸引而结合成边-面或边-边结构。黏土在自然条件下或多或少带少量边面正电荷，尤其是高岭土在酸性介质中成矿，断键又是高岭土带电的主要原因，因此在高岭土中边-面或边-边吸引更为显著。

在碱性介质中，黏土边面和板面均带负电，这样就消除了边-面或边-边的静电吸引力，同时增加了黏土表面净负电荷，使黏土颗粒间静电斥力增加，为泥浆胶溶创造了条件。

（2）提高ζ-电位。凡是提高ζ-电位的因素均可改善泥浆的流动性和稳定性。通常ζ-电位大于50mV时，泥浆是稳定的，黏土颗粒成悬浮状，而ζ-电位小于50mV时，则黏土颗粒易发生聚沉，泥浆不稳定。要提高ζ-电位，可通过离子交换，即采用一价碱金属阳离子交换黏土原来吸附的阳离子，从而提高黏土-水系统的ζ-电位。

天然黏土一般都吸附有大量Ca^{2+}、Mg^{2+}、H^+等阳离子，也就是自然界黏土以Ca-土、Mg-土、H-土形式存在。这类黏土的ζ-电位较低。因此用Na^+交换Ca^{2+}、Mg^{2+}等使之转变为ζ-电位高及扩散层厚的Na-土。这样的Na-土具备了溶胶稳定的条件。

（3）阴离子的作用。不同阴离子的钠盐电解质对黏土的胶溶效果是不相同的。阴离子的作用概括起来有两方面。

1）阴离子与原土上吸附的Ca^{2+}、Mg^{2+}形成不可溶物质或形成稳定的络合物，因而促进了Na^+对Ca^{2+}、Mg^{2+}等离子的交换反应，使之更趋完全。从阳离子交换序列可以知道在相同浓度下Na^+无法交换出Ca^{2+}、Mg^{2+}，用过量的钠盐使交换反应能够进行，但同时会引起泥浆絮凝。如果钠盐中阴离子与Ca^{2+}、Mg^{2+}形成的盐溶解度越小或形成的配合物越稳定，就越能促进Na^+对Ca^{2+}、Mg^{2+}交换反应的进行。例如$NaOH$、Na_2SiO_3与Ca-土交换反应如下：

$$Ca-土+2NaOH \longrightarrow 2Na-土+Ca(OH)_2$$
$$Ca-土+2Na_2SiO_3 \longrightarrow 2Na-土+CaSiO_3 \downarrow$$

由于$CaSiO_3$的溶解度比$Ca(OH)_2$低得多，因此后一反应比前一反应更易进行。

2）聚合阴离子在胶溶过程中的特殊作用。选用10种钠盐电解质（其中阴离子都能与Ca^{2+}、Mg^{2+}形成不同程度的沉淀或配合物），将其适量加入苏州高岭土，并测得其对应的ζ-电位值，如表5-3所示。由表中数据可见仅四种含有聚合阴离子的钠盐能使苏州高岭土的ζ-电位值升至-60mV以上。

表 5-3 苏州高岭土加入 10 种电解质后的 ζ-电位值

编 号	电解质	ζ-电位/mV	编 号	电解质	ζ-电位/mV
0	原土	-39.41	6	NaCl	-50.40
1	NaOH	-55.00	7	NaF	-45.50
2	Na_2SiO_3	-60.60	8	丹宁酸钠盐	-87.60
3	Na_2CO_3	-50.40	9	蛋白质钠盐	-73.90
4	$(NaPO_3)_6$	-79.70	10	CH_3COONa	-43.00
5	$Na_2C_2O_4$	-48.30			

20 世纪末，很多学者用实验证实硅酸盐、磷酸盐和有机阴离子在水中发生聚合，这些聚合阴离子由于几何位置上与黏土边表面相适应，因此被牢固地吸附在边面上或吸附在 OH 面上。当黏土边面带正电时，它能有效地中和边面的正电荷；当黏土边面不带电，它能够物理吸附在边面上，建立新的负电荷位置。这些吸附与交换的结果导致原来黏土颗粒间的边-面、边-边结合转变为面-面排列，原来颗粒间的面-面排列进一步增加颗粒间的斥力，因此泥浆得到充分的胶溶。

目前根据这些原理，在无机材料工业中除采用硅酸钠、丹宁酸钠等作为胶溶剂外，还广泛采用多种有机或无机-有机复合胶溶剂等。取得了泥浆胶溶的良好效果。如采用木质素磺酸钠、聚丙烯酸酯、芳香醛磺酸盐等。

胶溶剂种类的选择和数量的控制对泥浆胶溶有重要的作用。黏土是天然原料，胶溶过程还与黏土的本性（矿物组成、颗粒形状尺寸、结晶完整程度）有关，还与环境因素和操作条件（温度、湿度、模型、陈腐时间）等有关。因此泥浆胶溶是受多种因素影响的复杂过程。所以胶溶剂（稀释剂）种类和数量的确定往往不能单凭理论推测，而应根据具体原料和操作条件通过试验确定。

5.4.4.2 泥浆的触变性

泥浆从稀释流动状态到稠化的凝聚状态之间往往还有一个介于两者之间的中间状态，这就是触变状态。所谓**触变**就是泥浆静止不动时似凝固体，一经扰动或摇动，凝固的泥浆又重新获得流动性，如再静止又重新凝固，这样可以重复无数次。泥浆从流动状态过渡到触变状态是逐渐的、非突变的并伴随着黏度的增高。

在胶体化学中，固态胶质称为凝胶，胶质悬浮液称为溶胶。触变就是一种凝胶与溶胶之间的可逆转化过程。

泥浆具有触变性是与泥浆胶体的结构有关。霍夫曼做了许多试验提出如图 5-33 所示的触变结构示意图，这种结构称为"纸牌结构"或"**卡片结构**"。

触变状态是介于分散与凝聚之间的中间状态。在不完全胶溶的黏土片状颗粒的活性边面上尚残留少量正电荷未被完全中和或边面负电荷还不足以排斥板面负电荷，以致形成局部的边-面或边-边结合，组成三维网状架构，直至充满整个容器，并将大量自由水包裹在网状空隙中，形成疏松而不活动的空间架构，由于结构中仅存在部分边-面

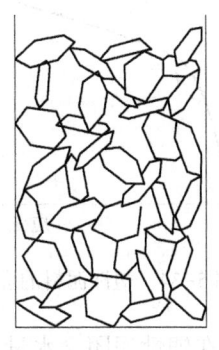

图 5-33 高岭石触变结构示意图

吸引，又有另一部分仍保持边-面排斥的情况，因此结构是不稳定的。只要稍加剪切应力就能破坏这种结构，而使包裹的大量"自由水"释放，泥浆流动性又恢复。但由于存在部分边-面吸引，一旦静止三维网状架构又重新建立。因此，泥浆系统的"卡片结构"是其具有触变性的根本原因。

黏土泥浆只有在一定的条件下才能表现出触变性，它与下列因素有关：

(1) 黏土泥浆含水量。泥浆越稀，黏土胶粒间距离越远，边-面静电引力小，胶粒定向作用弱，不易形成触变结构。

(2) 黏土矿物组成。黏土的触变效应与矿物结构遇水膨胀有关。水化膨胀有两种方式，一种是溶剂分子渗入颗粒间；另一种是溶剂分子渗入单位晶格间。高岭石与伊利石仅有第一种水化，蒙脱石与拜来石两种水化方式都存在，因此蒙脱石比高岭石易具有触变性。

(3) 黏土胶粒大小与形状。黏土颗粒越细，活性边表面越多，越易形成触变结构。呈平板状、条状等不对称形状，形成"卡片结构"所需要的胶粒数目越少，即形成触变结构所需的黏土胶粒浓度越小。

(4) 电解质种类与数量。触变效应与吸附的阳离子及吸附离子的水化密切相关。黏土的吸附阳离子价数越小，或价数相同而离子半径越小者，触变效应越小。如前所述，加入适量电解质可以使泥浆稳定，加入过量电解质又能使泥浆聚沉，而在泥浆稳定到聚沉之间有一个过渡区域，在此区域内触变性由小增大。

(5) 温度的影响。温度升高，质点的热运动加剧，颗粒间联系减弱，触变不易建立。

5.4.4.3　黏土的可塑性

当黏土与适当比例的水混合均匀制成泥团时，该泥团受到高于某一个数值的剪切应力作用后，可以塑造成任何形状，当去除应力后泥团仍能保持其形状，这种性质称为**可塑性**。

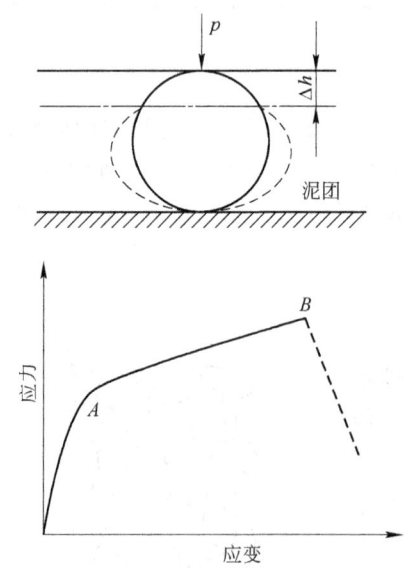

图 5-34　塑性泥料的应力-应变图

塑性泥团在加压过程中的变化如图 5-34 所示。当开始在泥团上施加小于 A 点应力时，泥团仅发生微小的变形，外力撤除后泥团能够恢复原状，这种变形称为弹性变形，此时泥团服从虎克定律。当应力超过 A 点以后直至 B 点，泥团发生明显变形，当应力超过 B 点，泥团出现裂纹。A 点处的应力即为泥团开始塑性变形的最低应力，称为屈服应力。黏土可塑性可用泥团的屈服值乘以最大应变（B 点）来表示。

黏土可塑泥团与黏土泥浆的差别仅在于固液之间的比例不同，由此而引起黏土颗粒之间、颗粒与介质之间作用力的变化。据分析，黏土颗粒之间存在两种力：

(1) 吸引力。主要有范得瓦尔斯力、局部边-面静电引力和毛细管力。吸引力作用约距表面 2nm。毛细管力是塑性泥团中颗粒之间的主要吸引力。在塑性泥团含水量下，堆聚的粒子表面形成一层水膜，在水的表面张力作用下紧紧吸引。

（2）排斥力。由带电黏土表面的离子间引起的静电排斥力。在水介质中这种作用范围约距黏土表面20nm左右。

由于黏土颗粒间存在这两种力，随着黏土中水含量的高低，黏土颗粒之间表现出这两种力的不同作用。塑性泥料中黏土颗粒处于吸引力与排斥力的平衡之中。吸引力主要是毛细管力。粒子间毛细管力越大，相对位移或使泥团变形所加的应力也越大，即泥团的屈服值越高。

毛细管力的数值与介质的表面张力 γ 成正比，而与毛细管半径 r 成反比，计算公式如下：

$$\rho = \frac{2\gamma}{r}\cos\theta \tag{5-34}$$

式中，θ 为润湿角。毛细管直径与毛细管力数值关系如表5-4所示。

表5-4 毛细管力与毛细管直径

毛细管直径/μm	0.25	0.5	1.0	2.0	4.0	8.0
毛细管力/N·m^{-1}	0.420	0.210	0.105	0.52	0.26	0.13

诺顿（Norton）曾测定了H-土与Na-土颗粒间水膜厚度与作用力的关系，结果表明水膜厚度增至一定值，粒子间的作用力等于零，毛细管力随黏土颗粒间距离的增大而显著减弱直至为零。在水膜厚度相同时，H-土颗粒间吸引力大于Na-土。因此，H-土颗粒间相对位移必须施加的力也大于Na-土，结果使H-土屈服值高，可塑性强。如果Na-土与H-土颗粒间作用力相等，那么Na-土水膜厚度小于H-土。也就是说，达到相同程度的可塑性，需要加入的水量H-土比Na-土多。

各种阳离子所饱和的黏土，颗粒间距离仅在一定范围内才显示出粒子间的引力。水量过少，不能维持颗粒间水膜的连续性，在外力作用下颗粒位移到新的位置，由于水膜中断，导致毛细管力下降，斥力增强，此时破坏了力的平衡，泥团就出现裂纹而破坏；如果加水量过多，水膜过厚，致使颗粒间距离过大而无毛细管引力的作用，泥料出现流动状态，塑性破坏。

吸附不同阳离子的黏土塑性的变化主要是由黏土颗粒间的吸引力和黏土颗粒间水膜厚度的改变而引起的。

吸附不同阳离子的黏土颗粒间吸引力大小次序与黏土阳离子交换顺序相同。因此其屈服值和塑性强弱次序也与阳离子交换序相同。

吸附不同阳离子的黏土颗粒之间吸引力的强弱决定了它们之间水膜的厚度。黏土胶体表面阳离子浓度越大，吸附水也越牢。黏土吸附离子半径小、价数高的阳离子（如 Ca^{2+}、H^+）与吸附半径大、价数低的阳离子黏土相比，前者颗粒间水膜厚而后者薄。这是由在一定含水量下颗粒间吸引力所允许的最大间距所决定的。这与胶溶状态含水量时，吸附离子的黏土颗粒水膜情况是不相同的。据测定，在相同含水量下，Na-土屈服值约为70kPa，Ca-土约为490kPa，Ca-土屈服值高于Na-土，这与两种土的塑性泥团中的内部结构有关。

黏土矿物组成不同，由于比表面积的悬殊，如蒙脱石的比表面积约为810m^2/g，而高岭石仅为 $7\sim30$m^2/g，这样导致两种矿物的毛细管力相差甚大，显然，蒙脱石颗粒间的毛细管力大，吸引力增强，因而塑性也高。

黏土仅在相当狭窄的含水量范围（18%～25%）内才显示出可塑性。塑性最高时，每个颗粒周围的水膜厚度有各种不同估计，厚度约为10nm，约30个水分子层。不同黏土的含水量范围，由黏土矿物组成、胶粒数量、吸附离子等情况而定。

影响黏土可塑性的因素除以上一些外，还有黏土内腐殖质含量、介质表面张力、泥料陈腐、添加塑化剂、泥料真空处理等。

5.4.5　瘠性料的悬浮与塑化

黏土是天然原料，由于它在水介质中荷电和水化以及有可塑性，因此它具有使无机材料塑造成各种所需要的形状的良好性能。但天然原料成分波动大，影响材料的性能。因而使用一些瘠性料如氧化物和其他化学试剂来制备材料是提高材料的机、电、热、光性能的必由之路，而解决瘠性料的悬浮与塑化又是获得性能优异的材料的重要方面。

无机材料生产中常遇到的瘠性料有氧化物、氮化物等，由于瘠性料种类繁多，性质各异，有的在酸中不溶解（如 Al_2O_3、ZrO_2），有的会与酸起作用（如 $CaTiO_3$），因此要区别对待。一般常用两种方法使瘠性料泥浆悬浮。一种是控制料浆的 pH 值；另一种是通过有机表面活性物质的吸附，使粉料悬浮。

采用控制料浆 pH 值使泥浆悬浮的方法时，制备料浆所用的粉料一般都属于两性氧化物，如氧化铝、氧化铬、氧化铁等。它们在酸性或碱性介质中均能胶溶，而在中性时反而絮凝。两性氧化物在酸性或碱性介质中，发生以下的离解过程：

$$MOH \rightleftharpoons M^+ + OH^-（酸性介质中）$$

$$MOH \rightleftharpoons MO^- + H^+（碱性介质中）$$

离解程度决定于介质的 pH 值。随介质 pH 值变化的同时又引起胶粒 ζ-电位的增减甚至变号，而 ζ-电位的变化又引起胶粒表面吸引力与排斥力平衡的改变，以致使这些氧化物泥浆胶溶或絮凝。

以 Al_2O_3 料浆为例，由图 5-35 可见，当 pH 值从 1 增至 14 时，料浆 ζ-电位出现两次最大值。pH = 3 时，ζ-电位 = +183mV；pH = 12 时，ζ-电位 = -70.4mV。对应于 ζ-电位最大值时，料浆黏度最低，而且在酸性介质中料浆黏度更低。例如一个密度为 $2.8g/cm^3$ 的 Al_2O_3 浇注泥浆，当介质 pH 值从 4.5 增至 6.5 时，料浆黏度从 0.65dPa·s 增至 30dPa·s。

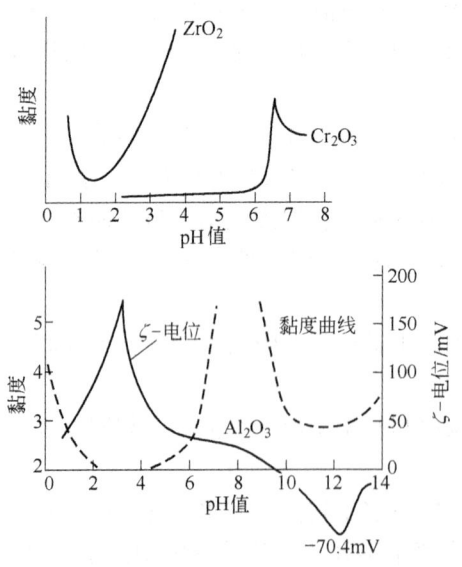

图 5-35　氧化物浆料中 pH 值与黏度和 ζ-电位的关系

在酸性介质中，Al_2O_3 可以呈碱性，其反应如下：

$$Al_2O_3 + 6HCl \longrightarrow 2AlCl_3 + 3H_2O$$

$$AlCl_3 + H_2O \longrightarrow AlCl_2OH + HCl$$

$$AlCl_2OH + H_2O \longrightarrow AlCl(OH)_2 + HCl$$

由于 $AlCl_3$ 是水溶性的，在水中生成 $AlCl_2^+$、$AlCl^{2+}$ 和 OH^- 离子，Al_2O_3 胶粒优先吸附含铝的 $AlCl^{2+}$ 和 $AlCl_2^+$ 离子，使 Al_2O_3 成为一个带正电的胶粒，然后吸附 OH^- 而形成一个庞大的胶团。当 pH 值较低时，即 HCl 浓度增加，液体中 Cl^- 增多而逐渐进入吸附层取代 OH^-。由于 Cl^- 的水化能力比 OH^- 强，Cl^- 水化膜厚，因此 Cl^- 进入吸附层的个数减少而留在扩散层中的数量增加，致使胶粒正电荷升高和扩散层增厚，结果导致胶粒 ζ-电位升高，料浆黏度降低。如果介质 pH 值再降低，大量 Cl^- 压入吸附层，致使胶粒正电荷降低和扩散层变薄，ζ-电位随之下降，料浆黏度升高。

在碱性介质中，例如加入 NaOH，Al_2O_3 呈碱性，其反应如下：

$$Al_2O_3 + 2NaOH \longrightarrow 2NaAlO_2 + H_2O$$

$$NaAlO_2 \longrightarrow Na^+ + AlO_2^-$$

这时 Al_2O_3 胶粒优先吸附 AlO_2^-，使胶粒带负电，然后吸附 Na^+ 形成一个胶团，这个胶团同样随介质 pH 值变化而有 ζ-电位升高或降低，导致料浆黏度的降低和增加。Al_2O_3 陶瓷生产中应用此原理来调节 Al_2O_3 料浆的 pH 值，使之悬浮或聚沉。

有机高分子化合物或表面活性物质，如阿拉伯树胶、明胶、羧甲基纤维素等常用来改变瘠性料的悬浮性能。以 Al_2O_3 料浆为例，在酸洗 Al_2O_3 粉时，为使 Al_2O_3 粒子快速沉降而加入 $0.21\% \sim 0.23\%$ 阿拉伯树胶，而在注浆成型时又加入 $1.0\% \sim 1.5\%$ 阿拉伯树胶以增加料浆的流动性。阿拉伯树胶对 Al_2O_3 料浆黏度的影响如图 5-36 所示。

同一种物质，在用量不同时却起着相反的作用，这是因为阿拉伯树胶是高分子化合物，它呈卷曲链状，长度在 $400 \sim 800\mu m$，而一般胶体粒子是 $0.1 \sim 1\mu m$，相对高分子长链而言是极短小的。当阿拉伯树胶用量少时，分散在水中的 Al_2O_3 胶粒黏附在高分子树胶的某些链节上，如图 5-37（a）所示，由于树胶量少，在一个树胶长链上粘着较多的胶粒 Al_2O_3，引起重力沉降而聚沉。若增加树胶的加入量，由于高分子树脂数量增多，它的线形分子层在水溶液中形成网状结构，使 Al_2O_3 胶粒表面形成一层有机亲水保护膜，Al_2O_3 胶粒要碰撞聚沉就很困难，从而提高了料浆的稳定性，如图 5-37（b）所示。

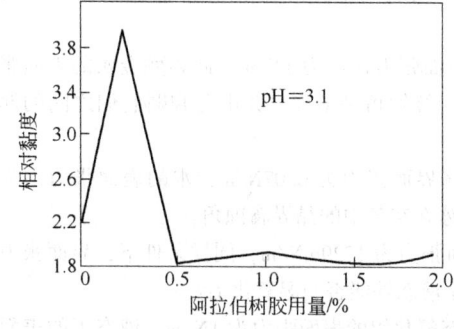

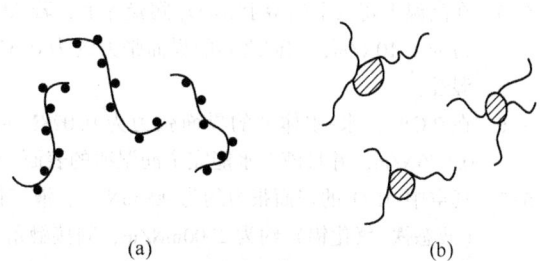

图 5-36　阿拉伯树胶对 Al_2O_3 料浆黏度的影响　　图 5-37　阿拉伯树胶对 Al_2O_3 胶体的聚沉和悬浮

(a) 聚沉；(b) 悬浮

瘠性料塑化一般使用两种加入物，加入天然黏土类矿物或加入有机高分子化合物作为塑化剂。

黏土是廉价的天然塑化剂，但含有较多的杂质，在制品性能要求不太高时广泛采用它作为塑化剂，一般用塑性高的膨润土作为塑化剂。膨润土颗粒细，水化能力大。它遇水后又能分散成很多粒径约零点几微米的胶体颗粒，这样细小的胶体颗粒水化后使胶粒周围带有一层黏稠的水化膜，水化膜外围是松结合水。瘠性料与膨润土构成不连续相，均匀分散在连续介质——水中，同时也均匀分散在黏稠的膨润土胶粒之间。在外力作用下，粒子之间沿连续水膜滑移，当外力去除后，细小膨润土颗粒间的作用力仍能使它维持原状，这时泥团也就呈现出可塑性。

瘠性料塑化常采用的有机塑化剂有聚乙烯醇（PVA）、羧甲基纤维素（CMC）、聚醋酸乙烯酯（PVAC）等。塑化机理主要是表面物理化学吸附，使瘠性料表面改性。

—————— 本章小结 ——————

通过本章内容的学习，读者们可理解固体的表面特征与表面结构类型，掌握离子晶体表面双电层结构的形成过程，了解表面粗糙度与表面微裂纹对固体表面性质的影响，理解固体表面能的概念与计算过程；掌握弯曲表面效应，润湿与黏附、多晶体的晶界构型等界面行为的理论知识，理解开尔文公式、毛细管现象在材料研发中的应用；掌握黏土荷电的机理与因素，掌握黏土的离子吸附与交换过程及影响交换容量的因素；掌握黏土-水分散系统的扩散双电层形成过程及影响因素；理解黏土泥浆的流动性、触变性、可塑性等性质及其在材料制备中的应用。

习题与思考题

5-1　什么叫表面张力和表面能，在固态下和液态下这两者有何差别？

5-2　一般说来，同一种物质，其固体的表面能要比液体的表面能大，试说明原因。

5-3　什么叫吸附与黏附？当用焊锡来焊接铜丝时，用锉刀除去表面层，可使焊接更加牢固，请解释这种现象。

5-4　什么是弯曲表面的附加压力，其正负根据什么划分？设表面张力为 0.9N/m，计算曲率半径为 $0.5\mu m$、$5\mu m$ 的曲面附加压力。

5-5　在高温下将某金属熔于 Al_2O_3 陶瓷片上，若 Al_2O_3 的表面张力估计为 1N/m，此熔融金属的表面张力为 1.10N/m，它们之间的界面张力约为 0.31N/m，问接触角是多少，并由此判断它们之间的润湿性？

5-6　在 0℃时，冰-水体系的界面张力为 0.028N/m，冰-冰界面张力为 0.07N/m，水的表面张力约为 0.076N/m，并且液态水能完全润湿冰的表面。试计算冰在空气中的晶界腐蚀角。

5-7　真空中 Al_2O_3 的表面张力约为 900mN/m，液态铁的表面张力为 1729mN/m，同样条件下，界面张力（液态铁-氧化铝）约为 2300mN/m，问接触角有多大，液态铁能否润湿氧化铝？

5-8　氧化铝瓷件表面上镀银后，当烧至 1000℃时，已知固态氧化铝的表面张力为 1N/m，液态银的表面张力为 0.92N/m，液态银与氧化铝瓷件之间的界面张力为 1.77N/m，试通过计算回答，液态银能否润湿氧化铝瓷件表面？如果不润湿，可以采取哪些措施改善它们之间的润湿性？

5-9　表面张力为 500mN/m 的某液态硅酸盐与某种多晶氧化物表面相接触，接触角 $\theta = 45°$；若与此氧化物相混合，则在三晶粒交界处，形成液态小球，二面角 φ 平均为 90°，假如没有液态硅酸盐时，氧化物-氧化物界面的界面张力为 1000mN/m，试计算氧化物的表面张力。

5-10　MgO-Al_2O_3-SiO_2 系统的低共熔物，放在 Si_3N_4 陶瓷片上，在低共熔温度下，液相的表面张力为

900mN/m，液体与固体的界面张力为 600mN/m，测得接触角为 70.52°。

（1）求 Si_3N_4 的表面张力。

（2）把 Si_3N_4 在低共熔温度下进行热处理，测得其腐蚀的槽角为 123.75°，求 Si_3N_4 晶粒间的界面张力。

（3）如果把 20% 的低共熔物与 Si_3N_4 粉末混合，加热到低共熔温度下，试画出由低共熔物与 Si_3N_4 混合组成的陶瓷显微结构示意图。

5-11　试解释黏土结构水、结合水（牢固结合水、松结合水）、自由水的区别，分析后两种水在胶团中的作用范围及其对泥浆流动性和泥团可塑性的影响。

5-12　什么是黏土的阳离子交换容量，影响其大小的因素有哪些？

5-13　黏土的很多性能与吸附阳离子的种类有关，指出黏土吸附下列不同阳离子后的性能变化规律（以箭头表示小→大）：

H^+　Al^{3+}　Ba^{2+}　Sr^{2+}　Ca^{2+}　Mg^{2+}　NH_4^+　K^+　Na^+　Li^+

（1）离子置换能力；（2）黏土的 ζ-电位；（3）黏土的结合水；（4）泥浆的流动性；（5）泥浆的稳定性；（6）泥浆的触变性；（7）泥团的可塑性。

5-14　影响黏土可塑性的因素有哪些，生产上可以采取哪些措施来提高或降低黏土的可塑性以满足成型工艺的需要？

5-15　泥浆胶溶需具备哪些条件？

5-16　黏土泥浆的触变性与哪些因素有关？

5-17　试说明黏土颗粒分散在水中时扩散双电层的形成过程，ζ-电位值与哪些因素有关？

 **6** 材料系统中的相平衡与相图

内容提要： 本章首先介绍了与相平衡、相图相关的一些基本概念和相平衡的两种主要研究方法。在单元系统相图中，以水的相图为例，讨论了相图是如何通过点、线、面等几何要素描述系统相平衡的；介绍了材料体系中常见的同质多晶转变单元系统。在二元系统相图中，介绍了二元相图的表示办法，杠杆规则与相图类型；分析了不同类型的相图中，物料点的相平衡变化过程，杠杆规则的应用。

在三元系统相图中，介绍了三元相图的构成要素、与浓度三角形相关的等含量规则、重心规则等。描述了三元系统相图的立体状态图与平面投影图的对应关系。叙述了分析复杂三元相图的四条规则。介绍并分析了三元系统相图的类型及物料点的相平衡变化过程。

列举了材料专业领域常见的单元、二元、三元系统相图，并通过案例分析，阐述了相图对材料生产、研发的指导意义。

材料的性能取决于内部的组织结构，而其结构又是由基本的相所组成的。因此，材料的性能就决定于相的种类、数量、尺寸、形状和分布（显微结构）。物质在温度、压力、成分发生变化的时候，其状态可以发生改变。

相平衡主要研究多组分（或单组分）多相体系中的相平衡问题，即多相系统的平衡状态（相的个数、每相的组成、各相的相对含量等）如何随着影响平衡的因素（温度、压力、组分的浓度等）变化而变化的规律。

相图就是表示物质在热力学平衡状态下其状态和温度、压力、成分之间的关系的简明图解，是相平衡的直观表现（又称平衡状态图）。相图是研制、开发、设计新材料的理论基础，也是制定各种材料的制备和加工工艺的重要理论依据。对于一个材料工作者，掌握相平衡的基本原理，能够熟练地判读相图，是一项必须具备的基本功。

6.1 相平衡及其研究方法

为了深入掌握相平衡的知识，首先要对其常用术语有一正确理解。

6.1.1 相平衡的基本概念

6.1.1.1 系统

选择出来作为研究对象的物质集团称为**系统**。系统以外的一切物质都称为环境。当外界条件不变时，如果系统的各种性质不随时间变化，则该系统处于平衡状态。

例如，在隧道窑中烧制陶瓷制品，如果把制品作为研究对象，即制品为系统，窑炉、窑具、气氛等均为环境。如果研究制品与气氛的关系，则制品和气氛为系统，其他为环

境。因此，系统是人们根据实际研究情况而确定的。

6.1.1.2 相

相是指系统中具有相同物理性质和化学性质的均匀部分。也就是说材料中具有同一聚集状态、相同结构和相同性质的部分。

相与相之间有界面隔开（相界），可以用机械的方法将之分离，越过界面时性质发生突变。相可以是固态、液态或气态。材料的性质与各组成相的性质、形态、数量有关。例如，水和水蒸气共存时，它们的组成同为 H_2O，但其物理性质和聚集状态完全不同，是两个不同的相。

有关相的几点说明：

（1）一个相必须在物理与化学性质上都是均匀的，并且在理论上可以机械分离。这里所说的"均匀"要求是严格的，非一般意义上的均匀，而是一种微观尺度的均匀，并不是说一个相中只含有一种物质。

例如，水和乙醇混合溶液，两者能以分子形式按任意比例互溶，混合后成为各部分物理与化学性质完全均匀的系统，虽含有两种物质，但整个系统只是一个液相。

而水和油混合时，两者因不互溶出现分层，油和水之间存在界面，各自保持自身性质，形成二相系统。

（2）一种物质可以有几个相，相与物质的数量多少、是否连续无关。

最常见的水有气、固、液三相。当水中含有许多冰块时，所有冰块的总和为一相（固相），水为一相（液相）。

（3）系统中的气体，因为能够以分子形式按任何比例互相均匀混合，如果在常压下，不论多少种气体都只可能有一个气相。

空气中含有多种气体：氧气、氮气、水蒸气、二氧化碳气等，但它只是一相（气相）。

（4）系统中的液体，纯液体是一个相，混合液体视其互溶程度而定。能完全互溶形成真溶液的为一相；出现液相分层的则不止一相。

硅酸盐高温熔体是组分在高温下熔融形成的，熔体一般视为一相，如果发生液相分层，则在熔体中有两个相。

例如，食盐水溶液，水和食盐可以按任意比例互溶，混合后的各部分物理与化学性质完全均匀，系统中虽然含有两种物质，但它是真溶液，整个系统只是一个液相。

（5）系统中的固体，经常遇到下列情况：

1）形成机械混合物。几种物质形成的机械混合物，不论粉磨得多细，都不能达到相的定义所要求的微观均匀，不能将其视为单相。有几种物质就有几个相。

2）生成化合物。组分间每形成一个化合物，即形成一种新相。

例如，$Al_2O_3 - SiO_2$ 系统中生成的莫来石 A_3S_2，$CaO - SiO_2$ 系统中生成的硅酸二钙（C_2S）等，都是系统中新的相。

3）形成固溶体。由于在固溶体晶格上各组分的化学质点是随机分布的，其物理与化学性质符合相的均匀性要求，几个组分间形成的固溶体算一个相。

4）同质多晶现象。同一物质的不同晶型（变体）虽然化学组成相同，但晶体结构和物理性质不同，因而分别各自成相。有几种变体，即有几个相。

例如，石英的多种变体：方石英、鳞石英、α-石英、β-方石英、γ-鳞石英等均各自成相。

总之，气相只能是一个相，不论多少种气体混合在一起，都一样形成一个气相；液体可以是一个相，也可以是两个相（互溶程度有限时）；固体如果是形成固溶体为一相，其他情况下，一种固体物质为一相。

一个体系中所有相的数目称为**相数**，符号 p。

系统按照相数的不同分为：单相系统（$p=1$）、二相系统（$p=2$）、三相系统（$p=3$）等。$p>2$ 的系统称**多相系统**。

6.1.1.3 组元

系统中能单独分离出来并能独立存在的化学均匀物质称为**组元**，简称**元**。组元是决定各平衡相的成分，并且可以独立变化的组分，可以是纯元素也可以是化合物。例如，NaCl 水溶液中有 NaCl 和 H_2O 两个组元，而 Na^+、Cl^-、OH^-、H^+不是组元。

构成平衡系统的所有各相组成所必需的最少组元称为**独立组元**。其数目称为**独立组元数**，用符号 c 表示。

有几个独立组元的系统就称为**几元系**。按照独立组元数目的不同，可将系统分为单元系（$c=1$）、二元系（$c=2$）、三元系（$c=3$）等，$c>2$ 的称为**多元系**。

有关组元的几点说明：

（1）体系中不发生化学反应时，独立组元数=组元数。

例如砂糖和砂子混在一起，不发生反应，独立组元数=组元数=2。

（2）体系中发生化学反应时，存在反应平衡式，有反应平衡常数 K，独立组元数≠组元数。

例如 n 个组元，存在一个化学平衡，则（$n-1$）个组元的组成是任意的，余下的一个则由反应平衡常数 K 确定，不能任意改变。也就是说，独立组元数=组元数-1。

如果系统中各组分之间存在相互约束关系，例如化学反应等，那么独立组元数便小于组元数，也就是说，在包含有几种元素或化合物的化学反应中，不是所有参加反应的组元都是这个系统的组元。有通式：

$$独立组元数 = 组元数 - 独立化学平衡关系式数$$

例如，由 $CaCO_3$、CaO、CO_2 组成的系统，在高温时三个组元之间发生如下反应：

$$CaCO_3(s) \Longrightarrow CaO(s) + CO_2(g) \uparrow$$

三组元在一定温度、压力下建立平衡关系，有一个化学反应关系式和一个独立的化学反应平衡常数。达到平衡时，只要系统中有两个组元的数量已知，第三个组元的数量就可以通过反应式确定。所以独立组元数为 2，习惯上称为二元系，可在三种物质中任选两种作为独立组元。

（3）对于硅酸盐系统，通常以氧化物作为系统的独立组元。当研究复杂系统局部时，则选择一些化合物作为系统的独立组元。

硅酸盐物质可视为金属碱性氧化物与酸性氧化物 SiO_2 化合而成，生产上也经常采用氧化物（或高温下分解成氧化物的盐类）作为原料。因此，硅酸盐系统常采用氧化物作为系统的组成，例如 SiO_2 一元系统、Al_2O_3-SiO_2 二元系统、MgO-Al_2O_3-SiO_2 三元系统等等。

值得注意的是，硅酸盐物质的化学式常常以氧化物形式表示，如硅酸二钙 $2CaO \cdot SiO_2$（C_2S），它是 CaO-SiO_2 二元系统中 CaO 和 SiO_2 两个组分生成的一个化合物，是一个新相，

研究 C_2S 的晶型转变时，不能把它看成二元系统，而是属于一元系统。同样，$K_2O \cdot Al_2O_3 \cdot 6SiO_2$（钾长石 KAS_6）$-SiO_2$ 系统是二元系统，而不是三元系统。由此可以看出，硅酸盐系统不一定非要以氧化物作为组分，还可根据应用需要选择某一硅酸盐物质作为系统的组分。

6.1.1.4 平衡与稳定

平衡就是不发生变化。它是一个相对概念。既包含了同相内部，一部分与另一部分之间的平衡；也包含异相之间，某一相与其他相之间的平衡。单相平衡态是针对某一相而言，其所有物理化学性质均不随空间坐标变化，又不随时间变化的状态。

稳定与平衡紧密相关，非平衡相必不稳定。

平衡相有两种情况：当某种扰动不足以破坏平衡状态时的平衡称为稳定平衡。另外，在平衡条件下（状态函数一定），某种干扰足以破坏平衡使体系状态发生变化，这种平衡称为亚稳（介稳）平衡。介稳态是热力学不稳定的，它处于高能状态，有转变为稳定状态的趋势，但转变速度极为缓慢。

硅酸盐系统中经常存在介稳态，例如 β-方石英、β-鳞石英虽然是低温下的热力学不稳定态，但由于它们转变为热力学稳定态的速度极慢，实际上可以长期保持自己的形态。α-方石英和 α-鳞石英从高温冷却时，如果冷却速度不是足够慢，由于晶型转变的困难，往往不是转变为低温下稳定的 α-鳞石英、α-石英，而是转变为介稳态的 β-方石英和 β-鳞石英、γ-鳞石英（详见 6.2.4.1 节中 SiO_2 系统相图）。

需要说明的是，介稳态的存在并不一定都是不利的，某些介稳态具有我们所需要的性质，因此，人们有时有意创造条件把它保存下来。如耐火材料中的鳞石英、水泥中的 β-C_2S、玻璃材料等等。在相图中介稳相平衡用虚线表示。

6.1.1.5 相图

多相体系中，随着温度、压力、组成的变化，相的种类、数目、含量都会发生相应的变化，变化的情况可以用几何图形来描绘，这个图形可以反映出该系统在一定组成、温度、压力下，达到平衡所处的状态，称为**相图**。

相图表示在一定条件下，处于热力学平衡状态的物质系统中平衡相之间关系的图形。又称为平衡图、组成图或状态图。相图中的每一点都反映一定条件下，某一成分的材料平衡状态下由什么样的相组成，各相的成分与含量。也就是说，若系统中温度、压力、组成一定时，我们可以通过相图来确定相的种类、个数、每一相的成分。

相图的形式和种类很多，以表示不同的状态。有温度-压力图（$T-p$）、温度-组分图（$T-x$）、温度-压力-组分图（$T-p-x$）、立体图、投影图等等。

需要注意的是：相图仅反映一定条件下系统所处的平衡状态，而不考虑时间，即不管达到平衡状态所需要的时间。硅酸盐系统的高温物理化学过程要达到一定的热力学平衡状态所需的时间比较长，生产上实际进行的过程不一定达到相图所示的平衡状态，它距平衡状态的远近，要视系统的动力学性质及过程所经历的时间两个因素综合判断。

尽管如此，相图所示的平衡状态表示了在一定条件下系统所进行的物理化学变化的本质、方向和限度，对我们从事科学研究和解决实际问题具有十分重要的指导意义。因此，掌握相图对材料研究十分重要，掌握相平衡的基本原理、熟练地判读相图是每一个材料工作者必备的基本功。

6.1.2 材料系统中的吉布斯相律（Gibbs Phase Rule）

吉布斯（W. Gibbs）根据前人的实验，用严谨的热力学作为工具，于 1876 年导出了多相平衡系统的普遍规律——相律。

相律是处于热力学平衡状态下多相平衡系统中自由度、独立组元数、相数和对系统的平衡状态产生影响的外界影响因素之间的关系定律，它是分析和使用相图的重要依据，是相图的数学表达。其数学表达式为：

$$f = c - p + n \tag{6-1}$$

式中 f——自由度，即在温度、压力、组分浓度等可能影响系统平衡状态的变量中，可以在一定范围内任意改变而不会引起旧相消失或新相产生的独立变量的数目；

　　　c——独立组元数，即构成平衡物系所有各相组成所需的最少组元数；

　　　p——相数，即平衡共存的相的数目；

　　　n——影响系统平衡的外界因素。

影响系统平衡的外界因素包括：温度、压力、电场、磁场、重力场等，其数目用 n 表示，不同情况下 n 值不同，视具体情况而定，一般情况下只考虑温度和压力（$n=2$）。则相律表达式为：

$$f = c - p + 2 \tag{6-2}$$

不含气相或气相可以忽略的系统称为**凝聚系统**。通常范围内的压力对凝聚系统的平衡影响很小，故压力这一影响因素可以忽略不计。加之我们通常是在常压下研究体系和应用相图的（$p=1atm$），因而，相律在凝聚系统中具有如下形式：

$$f = c - p + 1 \tag{6-3}$$

大多数硅酸盐物质属难熔化合物，挥发性很小，因此，硅酸盐系统一般均属于凝聚系统，采用上述相律表达式。

由相律知，对于给定的相平衡系统，在保持系统中相的数目和相的状态不发生变化的条件下，并不是温度、压力、独立组元数等所有的变量都可以任意改变。系统中的独立组元数越多，其自由度就越大；相数越多，自由度越小；自由度为 0 时，相数最大；相数最小时，自由度最大。

相律是相图的基本规律之一，任何相图都必须遵从相律。相律既可用于确定系统处于平衡时可能存在的平衡相的最大数目，又可用于判断测绘相图是否正确。

6.1.3 相平衡的研究方法

相图是在实验结果的基础上绘制的。系统在相变过程中，由于物质结构发生变化，必然引起能量或物理化学性质的变化。对于凝聚系统的相平衡，就是利用这一点，通过各种实验方法准确地测出相变时的温度。

凝聚系统相平衡的研究方法有两种：动态法和静态法。

6.1.3.1 动态法

动态法就是通过实验，观察系统中的物质在加热或冷却过程所发生的热效应，从而确定系统状态。系统中发生相变，必然伴随吸热或放热的能量效应，测定此热效应产生的温度，即为相变发生温度。常用的有加热或冷却曲线法和差热分析法。

A 加热或冷却（步冷）曲线法

一定组成的系统，均匀加热完全熔融，或加热完全溶解后使之均匀冷却，测定每一时刻的温度，作出时间-温度曲线，称为加热曲线或步冷曲线。

系统均匀加热或冷却时，如果不发生相变，则温度变化均匀，曲线是光滑的；当有相变发生，因热效应，温度变化不均匀，出现温度转折，曲线必然出现突变和转折，相变热效应大时，曲线上会出现一个平台。图6-1就是采用这种方法测定绘制的具有不一致熔融化合物的二元系统相图。

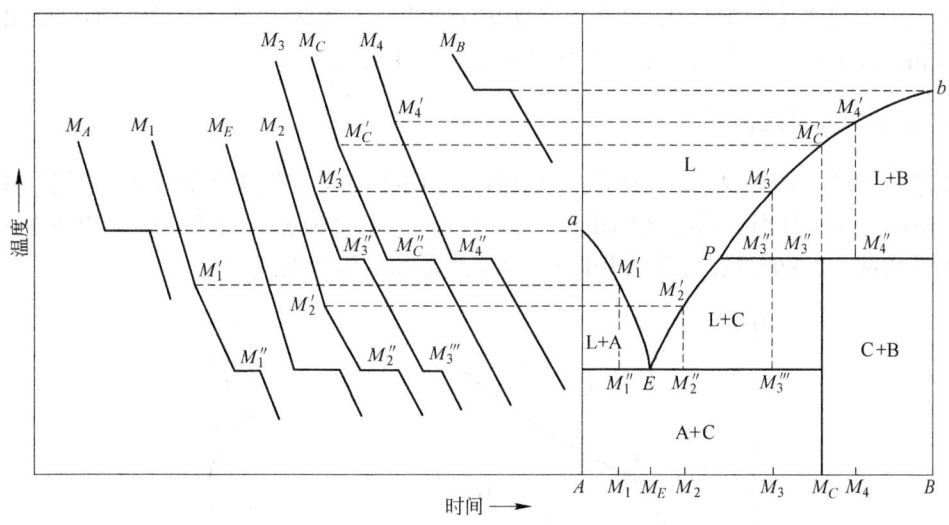

图6-1 具有不一致熔融化合物的二元系统步冷曲线及相图

加热或冷却曲线法方法简单，测定速度快，但缺点是对样品要求高，准确性差。

B 差热分析（DTA）法

利用差热原理，测定试样与参比物的温差和时间的关系曲线。样品无热效应时，曲线平直；有热效应时，曲线有峰（放热峰）和谷（吸热峰）出现，根据峰和谷的位置确定相变发生温度。

差热分析法的优点是可以准确记录加热过程中物质脱水、分解、相变、氧化、还原、升华、熔化等现象。为保证结果的准确性，升温速度要控制适当，还应注意试样的质量和颗粒度。

6.1.3.2 静态法（淬冷法）

静态法的基本出发点是在室温下研究高温相平衡状态。不同组成的试样在一系列预定的温度下长时间加热、保温，使系统在一定温度及压力下达到确定平衡，然后将试样足够快地淬冷至室温，冷却后的试样则保持高温下的平衡状态，进而进行显微镜或X射线物相分析，确定相的数目及各相变温度。

静态法的准确性高，超过动态法，但其工作量大，对试样的要求严格。

6.2　单元系统相图

在单元系统中所研究的对象只有一种纯物质，不存在浓度问题，为充分反映纯物质的各种聚集状态，影响系统平衡的因素只有温度和压力。当独立组元数 $c=1$ 时，根据相律：

$$f = c - p + 2 = 3 - p \tag{6-4}$$

系统中的相数不可能少于一个，故单元系统的最大自由度为 2，表明两个独立变量是温度和压力。如果这两个变量确定了，系统的状态就可以完全确定。因此，单元系统的相图是以温度和压力为坐标的平面图（$T-p$ 图）。相图中的任意点都表示了系统一定的平衡状态，通常将其称为 **"状态点"**。

系统中的自由度最少为 0，在单元系统中平衡共存的相数最多是三个，不可能出现四相或五相共存的状态。在三相平衡共存时系统是无变量的。

6.2.1　水的单元系统相图

水系统相图如图 6-2（a）所示，相图由 3 条曲线构成，把整个相图划分为不同相区，AOB、BOC、COA 分别表示冰（固相）、气（气相）、水（液相）的单相区。相图中 OC 线是水的蒸发曲线，OB 线是冰的升华曲线，OA 线是冰的熔融曲线。

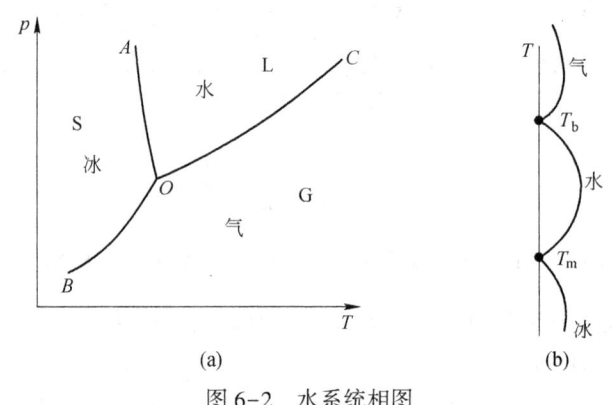

(a)　　　　　　　　　(b)

图 6-2　水系统相图

相图上的任意一点都对应着系统的某一平衡状态，即前述的状态点。

相图用几何语言把一个系统所处的平衡状态直观形象地表示出来。当系统温度、压力一定时，我们可以确定系统的状态点在相图中位置，根据相律，即可方便分析系统中对应点所处的平衡状态（几相、几相共存、变化趋势）。水系统相图各区域状态分析见表 6-1。

表 6-1　水系统相图各区域状态

状态点所处位置		自由度	变化特点
G、S、L	单相区	$f=2$ 双变量系统	p、T 独立变化，保证单相存在
OA、OB、OC	两相共存线	$f=1$ 两相平衡系统	p、T 改变一个，另一个随之变化，保证二相共存状态

状态点所处位置	自由度	变 化 特 点
O　三相共存点	$f=0$ 无变量状态	p、T固定，保证此状态与时间t无关； p、T稍变，平衡状态打破（二相消失，单相存在）

　　冬天，人们滑冰时，刀槽中会有水出现。分析其原因，由图6-2可知，在固相区中某一点，当温度不变，压力增加时，状态点会由单相区移动到固-液两相区或液相区。

　　在水的相图上值得一提的是冰的熔融曲线 OA 向左倾斜，斜率为负值。这意味着压力增大，冰的熔点下降。这是由于冰融化成水时体积收缩而造成的。我们日常生活中冰能漂在水上，冬天自来水管容易冻裂，都是由于结冰时体积膨胀的缘故。OA 的斜率可以根据克劳修斯-克拉贝隆方程计算：$\dfrac{\mathrm{d}p}{\mathrm{d}T}=\dfrac{\Delta H}{T\Delta V}$。冰融化成水时吸热 $\Delta H>0$，而体积收缩 $\Delta V<0$，因而造成 $\dfrac{\mathrm{d}p}{\mathrm{d}T}<0$。像冰这样熔融时体积收缩的物质统称为**水型物质**，但这些物质并不多，铋、镓、锗、三氯化铁等少数物质属于水型物质。大多数物质熔融时体积膨胀，相图中的熔融曲线 OA 向右倾斜。压力增大，熔点升高。这类物质统称**硫型物质**。

　　如果外界保持一个大气压，根据相律，$c=1$，$p=1$ 则 $f=1$，系统中只有一个独立可变的变数，因此单元系相图可以只用一个温度轴来表示，见图6-2（b）。

6.2.2　具有同质多晶转变的单元系统相图

　　图6-3是具有同质多晶转变的单元系统相图的一般形式。图中的实线将相图分为四个单相区，ABF 为低温稳定的晶型Ⅰ的单相区；$FBCE$ 为高温稳定晶型Ⅱ的单相区；ECD 是液相（熔体）区；低压部分的 $ABCD$ 是气相区。两个单相区相交的曲线代表系统中的两相平衡状态，AB 和 BC 分别是晶型Ⅰ和晶型Ⅱ的升华曲线；CD 是液相的蒸发曲线；BF 是晶型Ⅰ和晶型Ⅱ之间的晶型转变曲线；CE 则是晶型Ⅱ的熔融曲线。

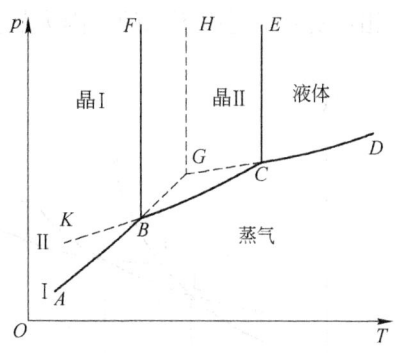

图6-3　具有同质多晶转变的单元相图

　　系统中的三相平衡点有两个，B 点代表晶型Ⅰ、晶型Ⅱ和气相的三相平衡；C 点代表晶型Ⅱ、熔体和气相的三相平衡。

　　图中虚线表示系统中可能出现的各种介稳平衡状态（在一个具体的单元系统中，是否出现介稳状态，出现何种形式的介稳状态，是依据组分的性质而定的）。$FBGH$ 是过热晶型Ⅰ的介稳单相区；$HGCE$ 是过冷熔体的介稳单相区；ABK 和 BCG 是过冷蒸气的介稳单相区；KBF 是过冷晶型Ⅱ的介稳单相区。两个介稳单相区相交的虚线代表系统中相应的介稳两相平衡状态，KB 是过冷晶型Ⅱ的蒸气压曲线；HG 和 GB 分别是过热晶型Ⅰ的熔融曲线和升华曲线；GC 是过冷熔体的蒸气压曲线。介稳三相点 G 代表过热晶型Ⅰ、过冷熔体与气相的三相介稳平衡状态。

6.2.3 具有可逆（双向的）与不可逆（单向的）的多晶转变的相图

多晶转变根据其进行的方向是否可逆，分为可逆的转变和不可逆的转变两种类型。

图 6-3 即为具有可逆（双向的）多晶转变的单元系统相图，为方便分析，将其简化用图 6-4 表示。

图 6-4 中过热晶型 1 的升华曲线与过冷熔体的蒸发曲线的交点对应的温度 T_1 是晶型 1 的熔点，温度 T_2 对应的是晶型 2 的熔点，$T_{转}$ 则是晶型 1 和晶型 2 之间的多晶转变点。忽略压力对熔点和转变点的影响，将晶型 1 加热到 $T_{转}$ 时即转变成晶型 2；从高温冷却时，晶型 2 又可以在 $T_{转}$ 温度转变为晶型 1。如果晶型 1 转变成晶型 2 后，温度继续升高，到达 T_2 时，则晶相消失，全部转变为熔体。这种转变关系可表示为：晶型 1 $\rightleftarrows$ 晶型 2 $\rightleftarrows$ 熔体。

晶型 1 和晶型 2 各自有稳定的温度范围，要判定给定温度下哪个晶型稳定，可根据同一温度下蒸气压的大小来决定，蒸气压较小的晶型是稳定的，蒸气压较大的晶型是介稳的。如图 6-4 所示，温度高于 $T_{转}$ 时晶型 1 是介稳的，低于 $T_{转}$ 时晶型 2 是介稳的，由热力学观点，介稳的晶型要自发转变为稳定的晶型。

具有可逆多晶转变的单元相图的特点是：多晶转变温度低于两种晶型的熔点，并且晶型转变温度点处在稳定相区之内。即在一定的温度范围内都存在一个稳定的晶相，在晶型转变温度时二相可以互相转变，故称为可逆转变。

图 6-5 是具有不可逆多晶转变的单元相图的简化图。图中 T_1 为晶型 1 的熔点，T_2 为晶型 2 的熔点，$T_{转}$ 是晶型 1 和晶型 2 的升华曲线延长线的交点，为多晶转变点，但这个三相点实际上是得不到的，因为晶体不能过热而超过其熔点。

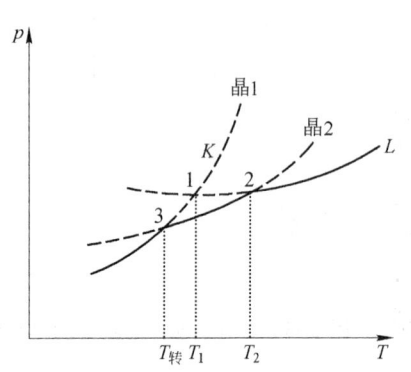 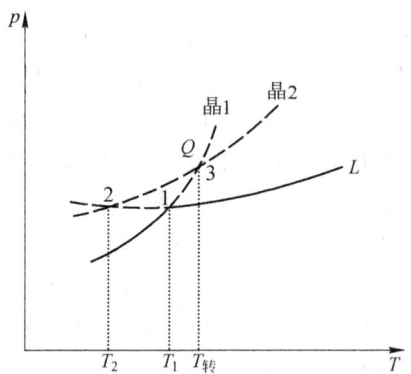

图 6-4 具有可逆多晶转变的单元系统相图   图 6-5 具有不可逆多晶转变的单元系统相图

由于晶型 2 的蒸气压不论在高温还是低温阶段都比晶型 1 高，所以晶型 2 始终处于介稳状态，随时都有向晶型 1 转变的倾向。

当系统温度低于晶型转变温度时，晶型 2 总有转变为晶型 1 的自发趋势，晶型 2 是不稳定的。当熔体慢慢冷却时，不能析出晶型 2，而是析出晶型 1；要想获得晶型 2，必须将晶型 1 熔融，然后使熔体过冷，而不能直接加热晶型 1 获得。所以在一般情况下，晶型 2 可以转变为晶型 1，但晶型 1 不能直接转变为晶型 2，即是不可逆转变过程。这种转变关系可表示为：

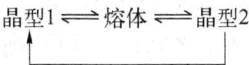

具有不可逆多晶转变的单元相图的特点是：多晶转变温度高于两种晶型的熔点。

6.2.4 单元系统专业相图

6.2.4.1 SiO₂ 系统相图

SiO_2 是具有多晶转变的典型氧化物，在自然界中分布极广。它的存在形态很多，以原生态存在的有水晶、脉英石、玛瑙，以次生态存在的有砂岩、蛋白石，有变质作用的产物石英岩等。

SiO_2 在工业上应用极为广泛。石英砂是玻璃、陶瓷、耐火材料工业的基本原料，石英玻璃可做光学仪器，以鳞石英为主晶相的硅砖是一种重要的耐火材料，β-石英可做压电晶体用于各种换能器等等。

A　SiO₂ 的多晶转变

SiO_2 在加热或冷却过程中具有复杂的多晶转变，实验证明，在常压和有矿化剂（或杂质）存在的条件下，SiO_2 有 7 种晶型，可分为三个系列，即石英、鳞石英、方石英系列。每个系列中又有高温变体和低温变体，即 α、β-石英，α、β、γ-鳞石英，α、β-方石英。各种变体的转变关系见 2.4.6.1 节。

图 6-6 所示的 SiO_2 系统相图给出了 SiO_2 各种变体的稳定范围以及它们之间的晶型转化关系。SiO_2 各变体及熔体的饱和蒸气压极小（2000K 时仅 10^{-7}MPa），相图上的纵坐标是故意放大的，以便于表示各界线上的压力随温度的变化趋势。

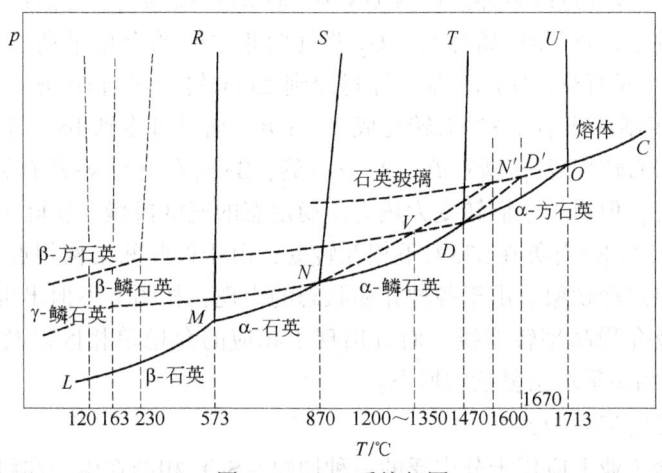

图 6-6　SiO₂ 系统相图

图中的实线部分将相图分成 6 个单相区，分别表示 β-石英、α-石英、α-鳞石英、α-方石英、SiO_2 高温熔体和 SiO_2 蒸气。每两个相区之间的界线表示系统中的二相平衡状态。如 *LM* 代表了 β-石英与 SiO_2 蒸气之间的二相平衡，实际上是 β-石英的饱和蒸气压曲线。*OC* 代表了 SiO_2 熔体与 SiO_2 蒸气之间的二相平衡，实际上是 SiO_2 高温熔体的饱和蒸气压曲线。*MR*、*NS*、*DT* 是晶型转变线，反映了相应的两种变体之间的平衡共存。如 *MR*

线表示出了 β-石英和 α-石英之间相互转变的温度随压力的变化。OU 线则是 α-方石英的熔融曲线，表示 α-方石英与 SiO_2 熔体之间的二相平衡。三个相区交汇的点都是三相点，图中有四个三相点。如 M 点是代表 β-石英、α-石英与 SiO_2 蒸气三相平衡共存的三相点。O 点则是 α-方石英、SiO_2 熔体与 SiO_2 蒸气三相平衡共存的三相点。

根据多晶转变的速度和转变时晶体结构发生变化的不同，可将 SiO_2 变体之间的转变分为两类：

（1）一级变体间的转变。不同系列如石英、鳞石英、方石英和熔体之间的相互转变，这种转变是各高温形态的相互转变。由于各变体的晶体结构上的差异较大，转变时要破坏原有结构，形成新结构，即发生重建性的转变，转变速度非常缓慢。通常要在转变温度下保持相当长时间才能实现，若要转变加快，必须加入矿化剂。

（2）二级变体间的转变。同系列中的 α、β、γ 形态之间的转变，也称高低温型转变。各变体在结构上差异不大，转变迅速，而且是可逆的。

B　SiO_2 的相平衡

当加热或冷却不是非常缓慢的平衡加热或冷却，则往往会产生一系列介稳状态，这些可能发生的介稳态都用虚线表示在相图上，见图 6-6。如 α-石英加热到 870℃ 时应转变为 α-鳞石英，如果加热速率不是足够慢，则可能成 α-石英的过热晶体，这种处于介稳态的 α-石英可能一直保持到 1600℃（N' 点）直接熔融为过冷的 SiO_2 熔体。因此 NN' 实际上是过热 α-石英的饱和蒸气压曲线，反映了过热 α-石英与 SiO_2 蒸气两相之间的介稳平衡状态。DD' 则是过热 α-鳞石英的饱和蒸气压曲线，这种过热的 α-鳞石英可以保持到 1670℃（D' 点）直接熔融为过冷 SiO_2 熔体。在不平衡冷却中，高温 SiO_2 熔体可能不在 1713℃ 结晶出 α-方石英，而成为过冷熔体。虚线 ON' 在 CO 的延长线上，是过冷 SiO_2 熔体的饱和蒸气压曲线，反映了过冷 SiO_2 熔体与 SiO_2 蒸气两相之间的介稳平衡。α-方石英冷却到 1470℃ 时转变为 α-鳞石英，实际上却往往过冷到 230℃ 转变成与 α-方石英结构相近的 β-方石英。α-鳞石英则往往不在 870℃ 转变成 α-石英，而是过冷到 163℃ 转变为 β-鳞石英，β-鳞石英又在 120℃ 转变成 γ-鳞石英。β-方石英、β-鳞石英与 γ-鳞石英虽然都是低温下的热力学不稳定态，但由于它们转变为热力学稳定态的速度极慢，实际上可以长期保持自己的形态。α-石英与 β-石英在 573℃ 下相互转变，由于彼此间结构相近，转变速度很快，一般不会出现过热过冷现象。由于各种介稳状态的出现，相图上不但出现了这些介稳态的饱和蒸气压曲线及介稳晶型转变线，而且出现了相应的介稳单相区以及介稳三相点（如 N'、D'），从而使相图呈现出复杂的形态。

C　SiO_2 相图的实际应用

石英是硅酸盐工业上应用十分广泛的一种原料，SiO_2 相图在生产和科学研究中有重要价值，硅质耐火材料的生产和使用就是一例。

硅砖是由天然石英（β-石英）作原料经高温煅烧而成。因为在石英、鳞石英、方石英三种变体的高低温型转变中，方石英体积变化最大（2.8%），石英次之（0.82%），而鳞石英最小（0.2%）。因此，为了获得稳定的致密硅砖制品，希望硅砖中有尽可能多的鳞石英，而方石英越少越好。这也是硅砖烧成过程的实质所在。根据相图可确定以此为目的的合理烧成温度和烧成制度。为了防止制品"爆裂"，在接近 β-石英转变为 α-石英的温度范围（573℃）和 α-石英在转变为介稳方石英的温度范围（1200~1350℃），都必须谨慎控制升温和降温速度。此外，为了缓解由于 α-石英转变介稳方石英时伴随的较大体积效应所产生的应力，故在硅砖生产中往往加入少量矿化剂（杂质），如氧化铁和氧化钙。这些氧化物在 1000℃ 左右可以产生一定量的液相，并可促进 α-石英转变为 α-鳞石英。这是因为，方石英在易熔的铁硅酸盐中的溶解度比鳞石英大，在硅砖烧成过程中石英和方石英不断溶解，鳞石英不断从液相中析出。

尽管生产中采取各种措施促使鳞石英的生成，但事实上最后必定还会有一部分未转变的方石英残留于制品中。因此，在硅砖使用时，必须根据 SiO_2 相图制订合理的升温制度，防止残留的方石英发生多晶转变时将窑炉砌砖炸裂。

6.2.4.2 ZrO_2 系统相图

ZrO_2 相图图形（图6-7）比 SiO_2 相图要简单得多。这是由于 ZrO_2 系统中出现的多晶转变和介稳状态不像 SiO_2 系统那样复杂。

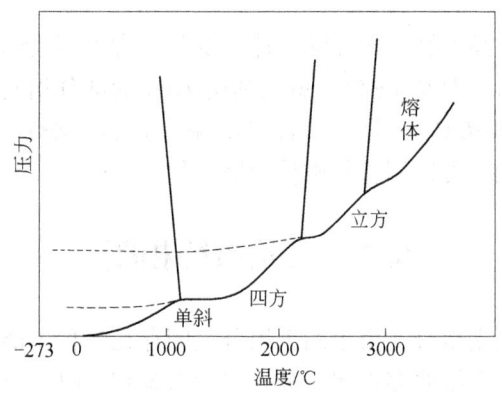

图6-7 ZrO_2 系统相图

ZrO_2 有三种晶型：常温下稳定的单斜 ZrO_2，高温稳定的立方 ZrO_2，还有四方 ZrO_2。它们之间具有如下的转变关系：

$$单斜\ ZrO_2 \underset{约1000℃}{\overset{约1200℃}{\rightleftharpoons}} 四方\ ZrO_2 \overset{约2370℃}{\rightleftharpoons} 立方\ ZrO_2$$

单斜 ZrO_2 加热到 1200℃ 时转变为四方 ZrO_2，这个转变速度很快，并伴随 7%~9% 的体积收缩。但在冷却过程中，四方 ZrO_2 往往不在 1200℃ 转变成单斜 ZrO_2，而是在 1000℃ 左右转变，即相图上虚线表示的介稳的四方 ZrO_2 转变成稳定的单斜 ZrO_2（图6-7），这种滞后现象在多晶转变中是经常可以观察到的。

ZrO_2 是特种陶瓷的重要原料。ZrO_2 的差热曲线见图6-8。由于其单斜型与四方型之间的晶型转变伴有显著的体积变化（图6-9），造成 ZrO_2 制品在烧成过程中容易开裂，生产上需采取稳定措施。通常是加入适量 CaO 或 Y_2O_3。在 1500℃ 以上四方 ZrO_2 可以与这些稳定剂形成立方晶型的固溶体。冷却过程中，这种固溶体不会发生晶型转变，没有体积效应，因而可以避免 ZrO_2 制品的开裂。这种经稳定处理的 ZrO_2 称为稳定化立方 ZrO_2。

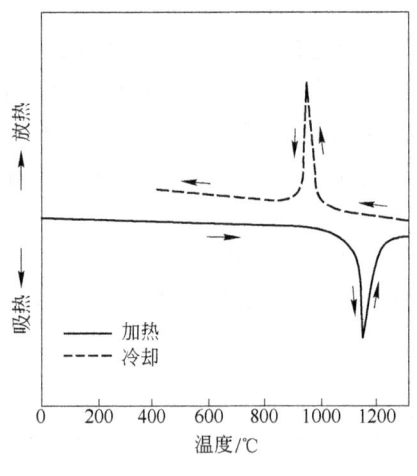

图 6-8　ZrO_2 的差热曲线

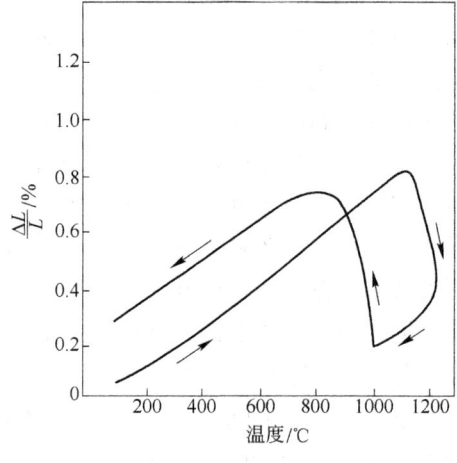

图 6-9　ZrO_2 的热膨胀曲线

近年来的研究发现，晶型转变所伴随的体积变化还有可利用的一面。文献中经常提到的部分稳定二氧化锆材料（简称 PSZ），就是利用 ZrO_2 的部分相变来起到增韧作用。

ZrO_2 的熔点很高（2680℃），是一种优良的耐火材料。ZrO_2 又是一种高温固体电解质，利用其导氧导电性能，可以制备氧敏传感器元件。

6.3　二元系统相图

二元系统存在两种独立组分，由于两个组分之间存在各种可能的物理化学作用，故二元系统相图的类型比单元系统要多得多。分析二元系统相图时，重要的是弄清楚相图所表示的系统中所发生的物理化学过程的性质和相图如何通过不同的几何要素（点、线、面）表达系统不同的平衡状态。

根据相律，对于二元凝聚系统（$c=2$）有：

$$f = c - p + 1 = 3 - p \tag{6-5}$$

当 $f=0$ 时，$p=3$，即二元凝聚系统中可能存在的平衡共存的相数最多为三个。当 $p=1$ 时，$f=2$，即系统的最大自由度数为 2。由于凝聚系统不考虑压力的影响，这两个自由度显然是指温度和浓度。二元凝聚系统相图仍然采用二维平面图形描述，是以温度 T（纵坐标）和系统中任一组分的浓度 x（横坐标）为坐标轴的温度-组成图表示。

6.3.1　二元系统相图的表示方法及杠杆规则

6.3.1.1　相图的表示方法

二元系统相图中横坐标表示系统的组成，又称组成轴，是一个线段，两个端点分别表示两个纯组元，中间任意一点表示由这两个组元组成的一个二元系统。组成轴被分为 100 等份，从 A 点到 B 点，B 的含量由 0% 增加到 100%，A 的含量由 100% 减少到 0%，AB 之间任意点都是由 AB 组成的二元系统，如图 6-10 所示，图中 M 点是由 A 和 B 组成的二元系统。相图中组成可以用质量分数（wt%）表示，也可以用摩尔百分数（mol%）或摩尔分数（x）表示，分析相图时应注意。

6.3.1.2 杠杆规则

杠杆规则是分析相图的一个重要规则，它可以计算在一定条件下，系统中平衡各相的数量关系，杠杆规则示意图见图6-11。

假设由 A 和 B 组成的原始混合物（或熔体）的组成为 M，在一定温度下分解成两个新相，组成分别为 M_1 和 M_2（见图6-11）。若原始混合物含 B 为 $b\%$，质量为 G；新相 M_1 含 B 为 $b_1\%$，质量为 G_1；新相 M_2 含 B 为 $b_2\%$，质量为 G_2。根据质量守恒定律，分解前后的总量不变，即

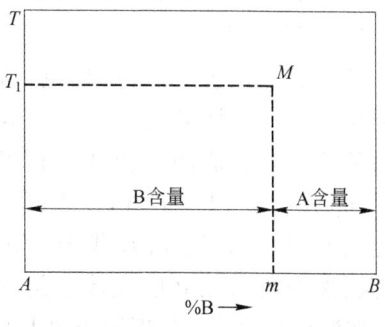

图 6-10　二元系统的温度-组成坐标图

$$G = G_1 + G_2 \tag{6-6}$$

其中 B 的含量满足： $$Gb\% = G_1b_1\% + G_2b_2\% \tag{6-7}$$

可以得出： $$\frac{G_1}{G_2} = \frac{b_2 - b}{b - b_1} = \frac{MM_2}{MM_1} \tag{6-8}$$

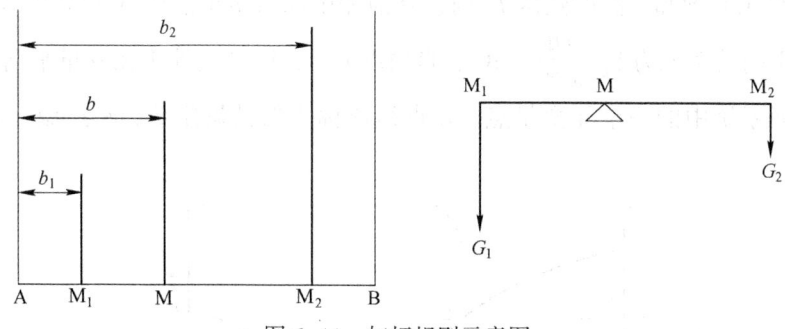

图 6-11　杠杆规则示意图

两个新相 M_1 和 M_2 在系统中的含量分别为

$$\frac{G_1}{G} = \frac{MM_2}{M_1M_2} \qquad \frac{G_2}{G} = \frac{MM_1}{M_1M_2} \tag{6-9}$$

式（6-9）表明：如果一个相分解成两个相，则生成的两个相的数量与原始相的组成点到两个新生成相的组成点之间的线段成反比。实际上，系统中平衡共存的两相的含量与两相状态点到系统总状态点的距离成反比。即含量越多的相，其状态点到系统总状态点的距离越近。使用杠杆规则的关键是要分清系统总状态点和平衡两相的状态点，即这三者在某一温度下各自在相图中的位置。

6.3.2　二元系统相图的基本类型

6.3.2.1　具有一个低共熔点的二元系统相图

这类系统的特点是：两个组元在液态时能以任意比例互溶，形成单相溶液；固相则完全不互溶，两个组元各自从液相中分别结晶；组元间不生成新的化合物。

虽然具有一个低共熔点的二元系统相图（如图6-12所示）比较简单，但它是学习其

他类型二元系统相图的重要基础，因此，对其加以详尽讨论。

A 相图分析

图中 a 点是纯组元 A 的熔点，b 点是纯组元 B 的熔点。aE 线和 bE 线为液相线，GH 为固相线。E 点是组元 A 和组元 B 的二元低共熔点（二元无变量点）。相图被固相线和两条液相线分成四个相区。液相线 aE 和 bE 以上的 L（液）相区是高温熔体的单相区，固相线 GH 以下的 A+B 相区是由晶体 A 和晶体 B 组成的二相区。液相线与固相线之间的两个相区，aEG 代表液相与组元 A 的晶体平衡共存的二相区（L+A），bEH 则代表液相与组元 B 的晶体平衡共存的二相区（L+B）。

掌握相图的关键是理解相图中的一些关键点、线和区域的性质。图 6-12 为具有一个低共熔点的二元系统相图，该图中重要的是理解两条液相线 aE 和 bE，以及低共熔点 E 的性质。aE 线是组成不同的高温熔体在冷却过程中开始析出晶体 A 的温度的连线，在这条线上，液相和 A 晶相两相平衡共存。实质上 aE 线是一条饱和曲线（又称熔度曲线），任何富 A 的高温熔体冷却到 aE 线上对应的温度，即开始对组元 A 饱和而析出 A 的晶体；同样，bE 线是组元 B 的饱和曲线，任何富 B 的高温熔体冷却到 bE 线上对应的温度，即开始对组元 B 饱和而析出 B 的晶体。E 点是两条饱和曲线的交点，意味着 E 点组成的液相同时对组元 A 和组元 B 饱和，温度到达 T_E 时，从液相中同时析出晶体 A 和晶体 B。此时系统三相平衡（平衡关系式为 $L_E \underset{\text{加热}}{\overset{\text{冷却}}{\rightleftharpoons}} A+B$），自由度 $f=0$，即系统处于无变量平衡状态。低共熔点 E 是二元系统中的一个无变量点，E 点组成称为低共熔组成，E 点温度称为低共熔温度。

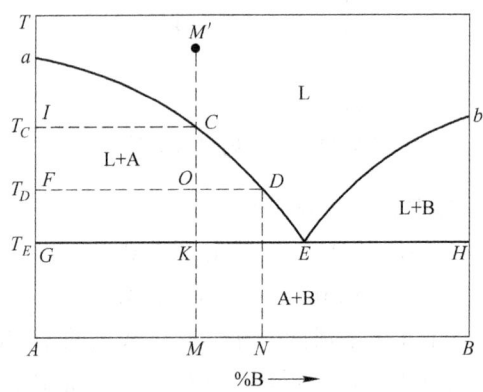

图 6-12 具有一个低共熔点的二元系统相图

B 熔体的冷却析晶过程

所谓熔体的冷却析晶过程是指将一定组成的二元混合物加热熔化后再将其平衡冷却而析晶的过程。通过对熔体冷却析晶过程的分析可以看出系统的平衡状态随着温度改变而变化的规律。

组成为 M 的混合物加热到高温的 M' 点，将此高温熔体进行平衡冷却。熔体在平衡冷却结晶过程中固、液相组成的变化如下：

（1）当温度 $T>T_C$ 时，$f=2$，系统为双变量，说明在系统组成确定的情况下，改变系统的温度不会有新相出现，只存在单相的高温熔体。由于系统组成已定，当温度逐渐降低时，系统状态点只能沿组成线 MM' 变化。

（2）温度处于 T_C 和 T_E 之间时，当系统冷却到 T_C 时，液相开始对组元 A 饱和，A 晶相开始析出，系统从单相平衡状态进入二相平衡状态，此时系统 $f=1$，就是说为了保持这种二相平衡状态，温度和液相组成二者之间只有一个是独立变量。由于 A 相的析出，使液相组成开始变化，当温度从 T_C 逐渐冷却至 T_E 时，A 相的量逐渐增多，同时液相组成必定沿着 A 晶体的饱和曲线 aE 从 C 点向 E 点变化，并且液相量逐渐减少。

（3）当系统冷却到低共熔温度 T_E 时，液相组成点到达低共熔点 E 点，此时，液相同时对晶相 A 和晶相 B 饱和，同时析出晶体 A 与晶体 B，系统从二相平衡状态进入三相平衡状态，由相律知 $f=0$，系统是无变量的，系统温度保持在 T_E 不变，液相组成也只能保持在 E 点的低共熔组成不变。与此同时，从 E 点液相中不断按 E 点的组成中 A 与 B 的比例析出晶体 A 和晶体 B，固相组成点从 A 点向 M 点变化，直到液相全部析出，固相组成到达 M 点，结晶过程结束。

（4）当最后一滴低共熔组成的液相析出晶相 A 和晶相 B 后，液相消失，系统从三相平衡状态回到二相平衡状态，此时 $f=1$，系统变为单变量，温度可继续下降。

（5）$T<T_E$ 以后，系统保持晶相 A 和晶相 B 二相状态。

上述析晶过程中固相和液相的变化途径可用下列表达式表示：

液相点
$$M' \xrightarrow[f=2]{\text{L}} C \xrightarrow[f=1]{\text{L}\rightarrow\text{A}} E(\text{L}_E \xrightarrow[f=0]{} \text{A}+\text{B})$$

固相点
$$I \xrightarrow{\text{A}} G \xrightarrow{\text{A}+\text{B}} K$$

平衡加热过程为上述平衡冷却析晶过程的逆过程。若将组元 A 和组元 B 的配料 M 加热，当系统温度升高到 T_E 时出现液相，液相的组成为 E，由于三相平衡，系统温度保持不变，随着低共熔过程的进行，A 和 B 两晶相的量不断减少，E 点组成的液相量不断增加。当固相点从 K 点到达 G 点后，意味着 B 晶相已全部熔融，系统处于二相平衡状态，成为单变量，温度可继续升高，此时 A 晶体继续熔入液相，它的量仍不断减少，液相点沿液相线从 E 点向 C 点变化。系统温度升高到 T_C 温度，液相点到达 C 点，与系统组成点重合，意味着 A 晶体完全熔融，A 晶体与 B 晶体全部从固相成为液相，系统全部为熔体，液相组成回到原始配料组成。

熔体 M' 的冷却析晶过程具有普遍性，其他的配料组成点可按此分析，如果熔体组成点在 B 点和 E 点之间时，冷却首先析出的应是 B 晶相。

C 冷却析晶过程中各相含量的计算

通过对熔体的析晶过程分析可以发现，对于给定组成的系统，利用相图可以确定其开始析出晶体和析晶结束的温度。反之，也可确定系统开始出现液相和完全熔融的温度。此外，利用相图还能够确定在指定的状态下，系统达到平衡时存在哪些相，以及各相的组成等。

如图 6-12 所示相图中，当熔体冷却到 T_D 时，系统中平衡共存的两相是 A 晶相和液相，此时，系统的总状态点（即此时系统组成点）在 O 点，A 晶相的状态点在 F 点，液相在 D 点。F 点和 D 点位于 O 点的两侧，以系统组成点为杠杆支点，运用杠杆规则可方便地计算出处于 T_D 温度平衡的两相的数量：

$$\frac{固相（A）量}{液相量}=\frac{OD}{OF} \tag{6-10}$$

系统中固相和液相的含量分别为：

$$\frac{固相量}{固液总量（原始配料量）}=\frac{OD}{FD}$$

$$\frac{液相量}{固液总量（原始配料量）}=\frac{OF}{FD} \tag{6-11}$$

运用杠杆规则时，要分清系统组成点、液相点、固相点的概念。系统组成点（系统点）取决于系统的总组成，由原始配料组成决定，在整个过程中，不论组元 A 和组元 B 在固相与液相之间如何转移，系统的总组成始终是不变的。对于 M 配料，系统点在 MM' 线上变化。系统中的液相组成和固相组成是随着温度改变而不断变化的，因此，液相点和固相点的位置也随温度而不断变化。

从上述结果可知，如果一个相分解为两个相，则生成的两个相的数量与原始相的组成点到两个新生相的组成点之间的线段成反比。杠杆规则不仅适用于一个相分解为两相的情况，同样适用于两相合二为一的情况。

我们可以应用相图确定配料组成一定的制品，在不同的状态下所具有的相组成及其相对含量，以此预测和估计产品的性能。这对指导生产和研制新产品具有重要的意义。

6.3.2.2　生成化合物的二元系统相图

A　生成一个一致熔融化合物的二元系统相图

一致熔融化合物是一种稳定的化合物，它与正常的纯物质一样具有固定熔点，熔融时，所产生的液相组成与化合物组成相同，故称一致熔融。生成一个一致熔融化合物的二元系统相图，见图 6-13。组分 A 与组分 B 生成一个一致熔融化合物 A_mB_n，M 点是该化合物的熔点。aE_1 线和 bE_2 线分别是组分 A 和组分 B 的液相线，E_1ME_2 则为化合物 A_mB_n 的液相线。一致熔融化合物在相图中的特点是，化合物组成点位于其液相线的组成范围内，即表示化合物晶相的 A_mB_n-M 线直接与其液相线相交，交点 M（化合物熔点）是液相线的温度最高点，因此 A_mB_n-M 线将相图划分成两个简单的分二元系统相图（具有一个低共熔点的相图）。E_1 是 A-A_mB_n 分二元相图的低共熔点，E_2 是 A_mB_n-B 分二元相图的低共熔点。每个分二元系统讨论任一配料的结晶过程与前述具有一个低共熔点的简单二元系统的结晶过程完全相同。若原始配料点在 A-A_mB_n 范围，最终产物是 A 和 A_mB_n 两个晶相；原始配料在 A_mB_n-B 范围的，最终产物就是 B 和 A_mB_n 两个晶相。

B　生成一个不一致熔融化合物的二元系统相图

不一致熔融化合物是一种不稳定化合物，这种化合物加热到某一温度就发生分解，分解产物是一种液相和一种晶相，两种分解产物的组成与原化合物的组成皆不相同，故称不一致熔融。这类二元系统相图如图 6-14 所示，加热化合物 C（A_mB_n）到分解温度 T_P，化合物即分解为 P 点组成的液相和 B 组元的晶体。在分解过程中，系统处于三相（C 晶相、液相和 B 晶相）平衡的无变量状态（$f=0$），因而 P 点是一个无变量点，称为转熔点（又称回吸点或反应点）。

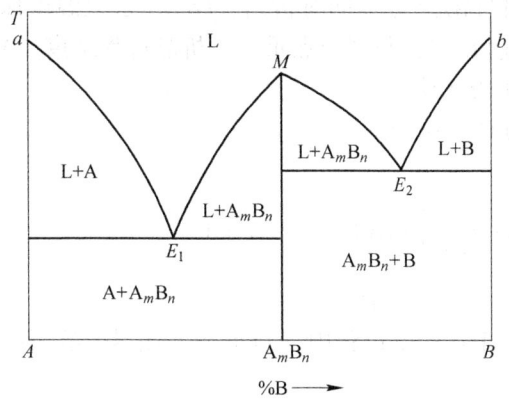
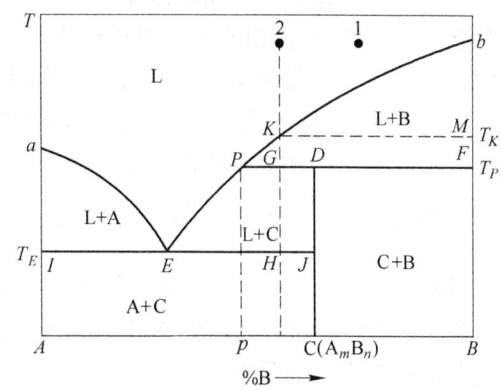

图 6-13 生成一个一致熔融化合物的二元系统相图　　图 6-14 生成一个不一致熔融化合物的二元系统相图

相图中 aE 线是与晶相 A 平衡的液相线，EP 是与晶相 C（A_mB_n）平衡的液相线，bP 是与晶相 B 平衡的液相线。无变量点 E 是三相低共熔点，在 E 点发生如下相变化：$L_E \underset{\text{加热}}{\overset{\text{冷却}}{\rightleftharpoons}}$ A+C。无变量 P 点是转熔点，在 P 点发生的相变化是：$L_P + B \underset{\text{加热}}{\overset{\text{冷却}}{\rightleftharpoons}}$ C。冷却过程中，系统析出晶相 C，而原先析出的晶相 B 重新溶解回液相（即被回吸），此时，系统处于三相平衡共存状态，其温度恒定不变，这种过程称为转熔过程，这时的温度称转熔温度，即化合物的分解温度。

不一致熔融化合物在相图中的特点是，化合物 C 的组成点位于其液相线 PE 的组成范围之外，即 CD 线偏在 PE 线的一侧，而不与其直接相交（转熔点 P 位于与 p 点液相平衡的两个晶相 C 和 B 的组成点 D、F 同一侧）。因此，表示化合物的 CD 线不能将整个相图划分为两个分二元系统。

现以图中熔体 2 为例分析析晶过程：

（1）$T > T_K$：系统为双变量，温度变化不产生新相，只存在单相的高温熔体。

（2）温度处于 $T_K > T > T_P$ 之间时，当系统冷却到 T_K 温度，从液相中开始析出晶相 B，系统从单相平衡状态进入二相平衡状态，此时系统 $f = 1$，随着温度进一步下降，液相点沿液相线由 K 点向 P 点变化，从液相中不断析出晶相 B，固相点则从 M 点向 F 点变化。

（3）当系统冷却到转熔温度 T_P 时，液相组成点到达转熔点 P 点（温度刚到 T_P 时，固相量：液相量 $= PG : GF$），发生 $L_P + B \rightarrow C$ 的转熔过程，即原先析出的晶相 B 重新熔入液相（被液相回吸，本质上是与液相起反应）而结晶出化合物 C。系统此时三相共存，$f = 0$，即转熔过程进行时，温度保持 T_P 不变，液相组成点保持在 P 点不动，但液相量和晶相 B 不断减少，化合物 C 不断增加，固相点离开 F 点向 D 点移动，当固相点到达 D 点时，晶相 B 全部转熔完，转熔过程结束。

（4）$T_E < T < T_P$：固相组成到达 D 点，转熔过程结束，此时仍有多余液相，固相量：液相量 $= PG : DG$，系统从三相平衡回复到液相和化合物 C 二相平衡状态，系统 $f = 1$，温度可以继续下降，析出化合物 C，在此过程中，液相点沿液相线从 P 点向 E 点变化，固相点从 D 点向 J 点变化。

（5）系统冷却到低共熔温度 T_E 时，A 晶相与化合物 C 同时析出，$f=0$，系统温度保持在 T_E 不变，直到液相消失，固相点从 J 点到达 H 点，与系统点重合，析晶过程结束。A 晶相与化合物 C 的量可从 E、H、J 三点的相对位置计算。

（6）$T < T_E$ 以后，系统保持晶相 A 和化合物 C 二相状态。

上述析晶过程可用下列表达式表示：

液相点 $2 \xrightarrow[f=2]{L} K \xrightarrow[f=1]{L \to B} P(L_P + B \xrightarrow[f=0]{} C) \xrightarrow[f=1]{L \to C} E(L_E \xrightarrow[f=0]{} A + C)$

固相点 $M \xrightarrow{B} F \xrightarrow{B+C} D \xrightarrow{C} J \xrightarrow{C+A} H$

熔体 1 的析晶过程与熔体 2 的有所不同，由于在转熔过程中 P 点液相先耗尽，故析晶终点不是在 E 点，而是在 P 点。

对于生成一个不一致熔融化合物的二元系统相图，析晶终点是低共熔点还是转熔点，要根据系统的组成而定，对于图中组成在 CB 之间的熔体（包括 C 点），在 P 点析晶结束；而组成在 pC 之间的熔体（包括 p 点，但不包括 C 点），则是在 E 点析晶结束。

C   有化合物生成与分解的二元系统相图

化合物 A_mB_n（C）加热到低共熔温度 T_E 以下的 T_D 温度即分解为组元 A 和组元 B，没有液相生成，如图 6-15（a）所示。相图上没有与化合物平衡的液相线，说明从液相中不能直接析出 C。C 只能通过 A 晶体和 B 晶体之间的固相反应生成。由于固态物质间的反应速度很慢，故达到平衡状态需要很长的时间，如果反应时间不是充分长，要想获得 A+C，或 C+B 是很困难的，系统往往处于 A、B、C 三种晶体同时存在的非平衡状态。若化合物只在某个温度区间存在，即在低温下也要分解，其相图如图 6-15（b）所示。

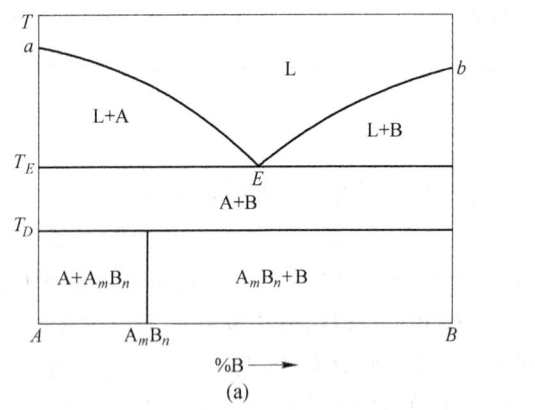
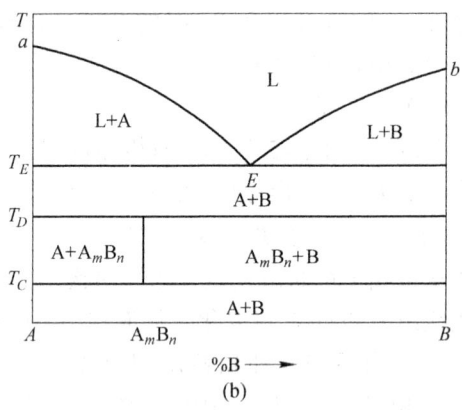

(a)   (b)

图 6-15   生成固相分解的化合物的二元系统相图

6.3.2.3　具有多晶转变的二元系统相图

同质多晶现象在无机材料系统中十分普遍。当二元系统中的组元或化合物有多晶转变时，在相图上就会出现一些补充线，把同一物质各个晶型的稳定区分开。根据晶型转变温度 T_P 相对于低共熔点 T_E 的高低，具有多晶转变的二元系统相图可分成两类：

（1）$T_P < T_E$：多晶转变温度发生在低共熔点以下，即 A_α 与 A_β 之间的多晶转变在固相中发生，如图 6-16 所示。图中的 P 点为组元 A 的多晶转变点，通过转变点 P 的水平线，称为多晶转变等温线。在 A-B 二元系统中的纯 A 晶体在温度 T_P 下都会发生 A_α 与 A_β 之间

的晶型转变，在多晶转变等温线以上相区，A 晶体以 α 形态存在，等温线以下相区，A 晶体以 β 形态存在。

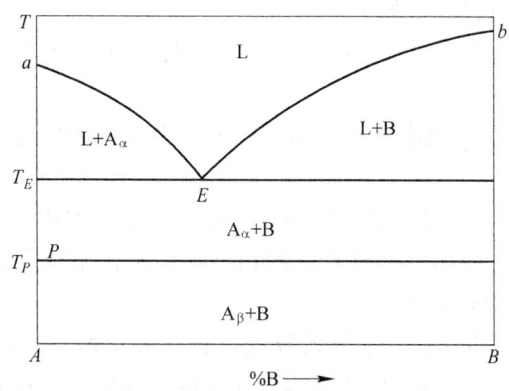

图 6-16 在低共熔温度以下有多晶转变的二元系统相图

（2）$T_P > T_E$：多晶转变温度高于低共熔温度，即 $A_α$ 与 $A_β$ 之间的晶型转变在系统带有 P 点组成液相的条件下发生，此时系统为三相平衡共存，$f = 0$，故二元多晶转变点 P，亦是无变量点。如图 6-17 所示。

6.3.2.4 形成固溶体的二元系统相图

A 形成连续固溶体的二元系统相图

对于能够形成连续固溶体的二元系统，组元 A 和组元 B 在固态和液态下都能够以任意比例互溶而不形成化合物，因而在相图中没有低共熔点也没有最高点，液相线和固相线都是平滑的，其相图形式如图 6-18 所示。

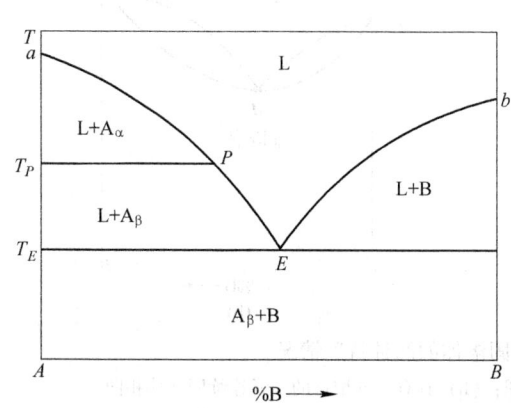

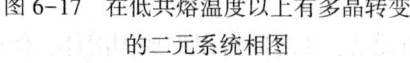

图 6-17 在低共熔温度以上有多晶转变的二元系统相图

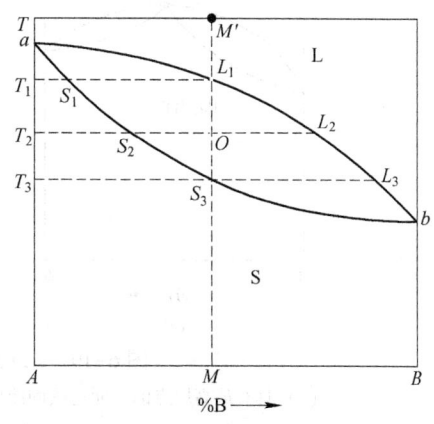

图 6-18 形成连续固溶体的二元系统相图

整个相图由两条曲线（液相线 aL_1b、固相线 aS_3b）构成，把相图分成三个相区，液相线 aL_1b 以上的相区为高温熔体单相区，固相线 aS_3b 以下的相区是固溶体单相区，处于液相线与固相线之间的相区则是液态溶液与固态溶液平衡的固液二相区。二相区内的结线 L_1S_1、L_2S_2、L_3S_3 分别表示不同温度（T_1、T_2、T_3）下互相平衡的固液二相的组成。该相图的特点是没有一般二元相图中常常出现的二元无变量点，因为该系统内只存在液态溶液和固态溶液两个相，不会出现三相平衡状态。

相图中 M' 点的析晶过程分析如下：

（1） $T>T_1$ 时，改变系统的温度不会有新相出现，只存在单相的高温熔体。随着温度下降，液相点沿 $M'M$ 产生变化。

（2）高温熔体冷却至 T_1 温度时，开始析出组成为 S_1 的固溶体，此时系统 $f=1$，温度可以继续下降。

（3） $T_3<T<T_1$ 时，液相组成沿液相线从 L_1 向 L_3 变化，固相组成则沿固相线从 S_1 向 S_3 变化。冷却到 T_2 温度时，液相点到达 L_2，固相点到达 S_2，系统点在 O 点，根据杠杆规则，此时，液相量∶固相量 $=OS_2∶OL_2$。

（4）冷却到 T_3 温度，固相点 S_3 与系统点重合，表示最后一滴液相在 L_3 消失，结晶过程结束。原始配料中的组元 A、B 从高温熔体全部转入低温的单相固溶体。

在液相从 L_1 到 L_3 的析晶过程中，固溶体的组成从原先析出的 S_1 相应变化到最终与 L_3 平衡的 S_3，即在析晶过程中固溶体需时时调整组成以便与液相保持平衡。固溶体是晶体，原子的扩散速度相对较慢，不像液态溶液那么容易调节组成，所以冷却速度不是足够慢时，不平衡析晶是很容易发生的，会产生偏析现象。

在连续固溶体的相图中还有两种特殊情况：具有最高熔点和最低熔点的系统，见图 6-19。这两种系统可以看成是由两个简单连续固溶体二元系统相图构成的。系统中的平衡关系可由分相图分析，也可以把相图中的最高熔点（图 6-19（a）中的 C 点）和最低熔点（图 6-19（b）中的 M 点）看成是同成分熔点。

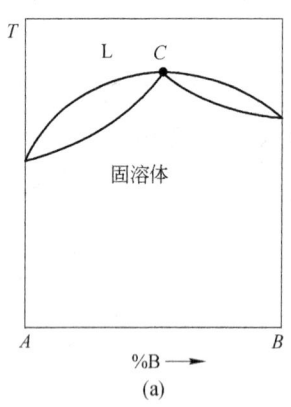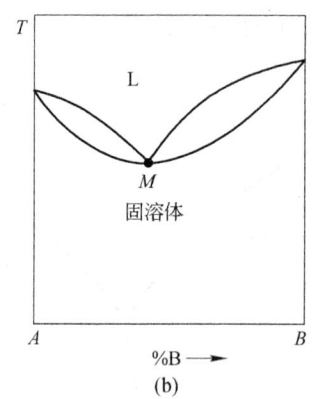

图 6-19 二元连续固溶体的两种特殊情况

（a）具有最高熔点的二元连续固溶体相图；（b）具有最低熔点的二元连续固溶体相图

B 形成有限固溶体的二元系统相图

有限固溶体又称部分互溶固溶体，系统中组元 A、B 之间可以形成固溶体，但相互之间的溶解度是有限的，不能以任意比例互溶。通常以 $S_{A(B)}$ 表示组分 B（溶质）溶解在 A 晶体（溶剂）中形成的固溶体，$S_{B(A)}$ 表示组分 A（溶质）溶解在 B 晶体（溶剂）中形成的固溶体。

图 6-20 所示为形成有限固溶体并具有低共熔点的二元系统相图。aE 线是与固溶体 $S_{A(B)}$ 平衡的液相线，bE 线是与固溶体 $S_{B(A)}$ 平衡的液相线，从液相线上的液相中析出的固

溶体的组成可以通过等温结线在相应的固相线 aC 和 bD 上找到，如结线 L_1S_1 表示从 L_1 液相中析出的固溶体 $S_{B(A)}$ 的组成是 S_1。E 点为低共熔点，从 E 点液相中将同时析出组成为 C 的 $S_{A(B)}$ 和组成为 D 的 $S_{B(A)}$ 固溶体。C 点表示组元 B 在组元 A 中的最大固溶度，D 点则表示组元 A 在组元 B 中的最大固溶度。CF 线是固溶体 $S_{A(B)}$ 的溶解度曲线，DG 是固溶体 $S_{B(A)}$ 的溶解度曲线。根据两条溶解度曲线的走向可知，组元 A、B 在固态互溶的溶解度是随着温度的下降而下降的。相图分为六个相区，各自的平衡相在相图中已标出。

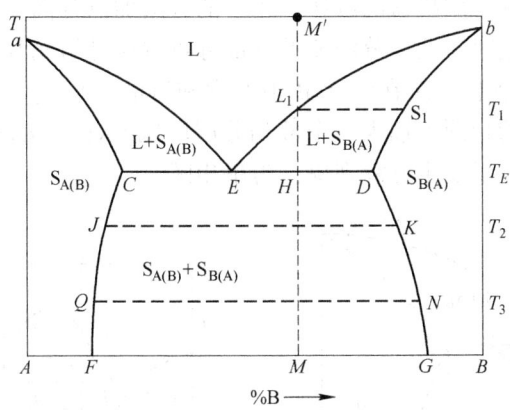

图 6-20 形成具有低共熔点的有限固溶体的二元系统相图

相图中 M' 点的析晶过程为：

（1）$T > T_1$ 时，系统只存在单相的高温熔体。随着温度下降，液相点沿 $M'M$ 产生变化。

（2）高温熔体冷却至 T_1 温度时，开始析出组成为 S_1 的固溶体 $S_{B(A)}$，此时系统 $f = 1$，温度可以继续下降。

（3）$T_E < T < T_1$，系统析出固溶体 $S_{B(A)}$，随着温度从 T_1 向 T_E 变化，液相点沿液相线从 L_1 向 E 变化，固相点从 S_1 沿固相线向 D 变化。同时其液固含量也不断变化，可用杠杆规则计算。

（4）温度冷却到 T_E 时，E 点为低共熔点，系统同时析出组成为 C 的固溶体 $S_{A(B)}$ 和组成为 D 的固溶体 $S_{B(A)}$，$f = 0$，此时温度保持不变，但液相量不断减少，固溶体 $S_{A(B)}$ 和 $S_{B(A)}$ 的量逐渐增加，液相组成保持在 E 点不变，固相总组成点由 D 点向 H 点移动，当液相全部耗尽，固相组成点与系统点在 H 重合。析晶结束，产物为 $S_{A(B)}$ 和 $S_{B(A)}$ 两种固溶体。

（5）$T < T_E$，系统 $f = 1$，温度可继续下降，固溶体 $S_{A(B)}$ 和 $S_{B(A)}$ 的组成不断变化，其中 $S_{A(B)}$ 的组成沿 CF 线从 C 向 J 及 Q 变化，$S_{B(A)}$ 的组成沿 DG 线从 D 向 K 及 N 变化，但总组成仍保持在 M。

上述析晶过程可用下列表达式表示：

液相点 $$M' \xrightarrow[f=2]{L} L_1 \xrightarrow[f=1]{L \rightarrow S_{B(A)}} E (L_E \xrightarrow[f=0]{} S_{B(A)} + S_{A(B)})$$

固相点 $$S_1 \xrightarrow{S_{B(A)}} D \xrightarrow{S_{B(A)} + S_{A(B)}} H$$

图 6-21 为形成有限固溶体并具有转熔点的二元系统相图，$S_{A(B)}$ 与 $S_{B(A)}$ 之间没有低共熔点，而有一转熔点 P，当温度冷却到 T_P 时，相应的液相组成变化到 P 点，此时发生转

熔过程：$L_P + D(S_{B(A)}) \rightarrow C(S_{A(B)})$。系统 $f = 0$，温度保持在 T_P 不变。只有当一相消失之后，系统才能继续降温。至于哪一相消失，取决于该温度下反应物的相对含量，量少者先消失。转熔结束后的析晶过程与前述情况相同，读者可以自己分析。

6.3.2.5 具有液相分层的二元系统相图

前面所讨论的二元系统中两个组元在液相都是完全互溶的，但在某些实际系统中，两个组元在液相时并不完全互溶，只能有限互溶。系统中的液相在一定温度范围内会分离成组成不同的两个部分，并可用机械的或物理化学的方法加以分离。硅酸盐系统常常出现液相分层的现象。液相分层时，两部分液相的一部分可看作是组元 B 在组元 A 中的饱和溶液（L_1），另一部分可看作是组元 A 在组元 B 中的饱和溶液（L_2）。见图 6-22，这类相图可看作是在具有低共熔点的相图上插入一个液相分层区域 CKD（又称帽形区），其他的液相区域的液相汇溶为一相，不发生分液现象，为单相区。

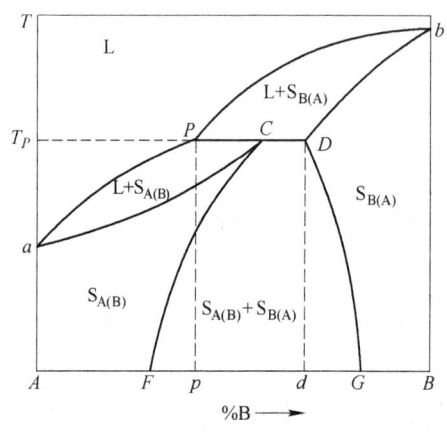

图 6-21 形成具有转熔点的有限固
溶体的二元系统相图

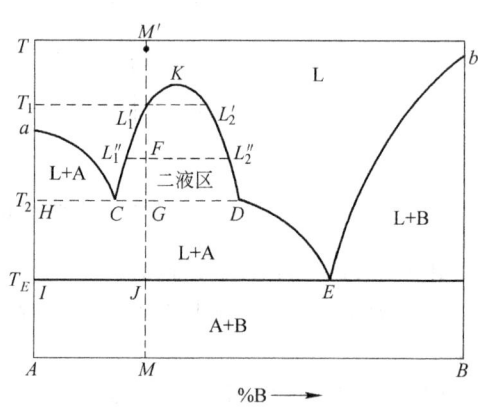

图 6-22 具有液相分层的二元系统相图

相图中 CKD 曲线是液相分层分界线（又称汇溶线），K 点是分层消失临界点。等温结线 $L_1'L_2'$、$L_1''L_2''$ 表示不同温度下相互平衡的两个液相的组成。温度升高，两层液相的溶解度都增大，因而其组成越来越接近，到达帽形区最高点 K，两层液相的组成完全一致，分层现象消失。K 点温度为临界温度。此外，aC 线和 DE 线是与 A 晶相平衡的液相线，bE 线是与 B 晶相平衡的液相线，E 为低共熔点。系统中还有一个无变量点 D，在 D 点的相转变是 $L_C \underset{\text{加热}}{\overset{\text{冷却}}{\rightleftharpoons}} L_D + A$，即冷却时从 C 组成液相中析出晶体 A，而液相 L_C 转变为含 A 低的 L_D 液相。

组成为 M 的熔体析晶过程如下：

（1）$T > T_1$ 时，系统无相变发生，只存在单相的高温熔体。随着温度下降，液相点沿 $M'M$ 变化。

（2）冷却到 T_1 温度，液相开始分层，第一滴具有 L_2 组成的第二液相出现，此时系统 $f = 1$，温度可以继续下降。

（3）在 $T_2 < T < T_1$ 温度区间，随着温度降低，L_1 液相沿 KC 线向 C 点变化，L_2 液相则沿 KD 线向 D 点变化。

（4）冷却到 T_2 温度时，开始析出晶相 A，它是由 L_C 液相不断分解为 L_D 液相和晶相

A 得到的（因 L_C 中含组元 A 较多），即发生 $L_C \rightarrow L_D + A$，此时系统三相共存，$f = 0$，温度保持 T_2 不变。直到 L_C 耗尽，分层消失，液相为单相 L_D，系统又变成单变量，温度可以继续下降。

（5）在 $T_E < T < T_2$ 温度区间，系统中有晶相 A 析出，液相组成从 D 沿液相线 DE 到达 E 点。

（6）冷却到 T_E 温度，E 点是低共熔点，同时析出晶相 A 和晶相 B，此时 $f = 0$，温度恒定 T_E，直至液相全部消失，析晶结束。

上述析晶过程可用下列表达式表示：

液相点
$$M \xrightarrow[f=2]{L} \begin{cases} L_1' \xrightarrow{L_1} C \\ L_2' \xrightarrow[f=1]{L_2} D \left(\underset{f=0, \ L_C \text{消失}}{L_C \rightarrow L_D + A} \right) \xrightarrow[f=1]{L \rightarrow A} E \left(\underset{f=0, \ L \text{消失}}{L_E \rightarrow A + B} \right) \end{cases}$$

固相点
$$H \xrightarrow{A} I \xrightarrow{A+B} J$$

6.3.3　二元系统专业相图

6.3.3.1　CaO-SiO$_2$ 系统

CaO-SiO$_2$ 系统中一些化合物是硅酸盐水泥的重要矿物成分，在高炉矿渣、石灰质耐火材料中也含有本系统的某些化合物。因此，本系统所涉及的范围比较广泛，其相图对硅酸盐水泥生产、高炉矿渣的利用、石灰质耐火材料以及含 CaO 高的玻璃的生产都有指导意义。图 6-23 为 CaO-SiO$_2$ 系统相图。

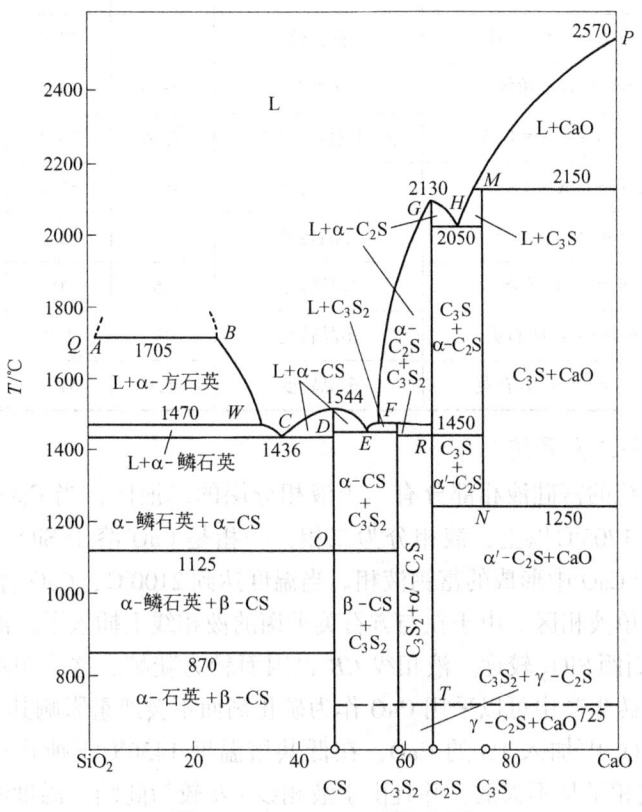

图 6-23　CaO-SiO$_2$ 系统相图

　　该系统有四个化合物，其中硅灰石 CS（CaO·SiO$_2$）和硅酸二钙（又称贝利特）C$_2$S（2CaO·SiO$_2$）是一致熔融化合物，熔点分别为 1544℃ 和 2130℃。硅钙石 C$_3$S$_2$（3CaO·2SiO$_2$）和硅酸三钙（又称阿利特）C$_3$S（3CaO·SiO$_2$）为不一致熔融化合物。分解温度分别为 1464℃ 和 2150℃。可将相图划分成 SiO$_2$-CS，CS-C$_2$S 及 C$_2$S-CaO 三个分二元系统。系统中无变量点的性质列于表 6-2。

表 6-2　CaO-SiO$_2$ 系统中无变量点的性质

图中点	相平衡关系	平衡性质	组成/%		平衡温度/℃
			CaO	SiO$_2$	
P	CaO ⇌ 熔体	熔化	100	0	2570
Q	SiO$_2$ ⇌ 熔体	熔化	0	100	1723
A	α-方石英 + 熔体$_B$ ⇌ 熔体$_A$	熔化分层	0.6	99.4	1705
B	α-方石英 + 熔体$_B$ ⇌ 熔体$_A$	熔化分层	28	72	1705
C	α-CS + 鳞石英 ⇌ 熔体	低共熔点	37	63	1436
D	α-CS ⇌ 熔体	熔化	48.2	51.8	1554
E	α-CS + C$_3$S$_2$ ⇌ 熔体	低共熔点	54.5	45.5	1460
F	C$_3$S$_2$ ⇌ α-C$_2$S + 熔体	转熔	55.5	44.5	1464
G	α-C$_2$S ⇌ 熔体	熔化	65	35	2130
H	α-C$_2$S + C$_3$S ⇌ 熔体	低共熔	67.5	32.5	2050
M	C$_3$S ⇌ CaO + 熔体	转熔	73.6	26.4	2150
N	α'-C$_2$S + CaO ⇌ C$_3$S	固相反应（化合）	73.6	26.4	1250
O	β-CS ⇌ α-CS	多晶转变	48.2	51.8	1125
R	α'-C$_2$S ⇌ α-C$_2$S	多晶转变	65	35	1450
T	γ-C$_2$S ⇌ α'-C$_2$S	多晶转变	65	35	725
S	α-石英 ⇌ α-鳞石英	多晶转变	0	100	870
W	α-鳞石英 ⇌ α-方石英	多晶转变	35.6	64.4	1470

A　SiO$_2$-CS 分二元系统

　　在此分二元系统的富硅液相部分有一个液相分层的二液区，当 CaO 在 0.6%~28% 组成范围内，温度在 1705℃ 以上，液相分为二相，一相是 CaO 溶于 SiO$_2$ 形成的富硅液相，另一相是 SiO$_2$ 溶于 CaO 中形成的富钙液相。当温度达到 2100℃，CaO 含量为 10% 左右时，两液相消失，成为单液相区。由于在与方石英平衡的液相线上插入了二液区，使 C 点的位置偏向 CS 一侧，而距 SiO$_2$ 较远。液相线 CB 也因而较为陡峭。这一相图上的特点常常被用来解释为何在硅砖生产中可以采用 CaO 作为矿化剂而不会严重影响其耐火度。用杠杆规则计算，如果向 SiO$_2$ 中加入 1% 的 CaO，在低共熔温度 1436℃ 下所产生的液相量为 1：37=2.7%。这个液相量是不大的，并且由于液相线 CB 较为陡峭，温度继续升高时，液相量的增加不会很多，就保证了硅砖高的耐火度。

B CS-C$_2$S 分二元系统

在此分二元系统中有一个不一致熔融化合物 C$_3$S$_2$，在自然界中以硅钙石形式存在，并常出现在各种高炉矿渣内。C$_3$S$_2$ 在 1464℃分解为 α-C$_2$S 和液相，C$_3$S$_2$ 和 α-CS 在 1460℃形成低共熔物，低共熔点为 E，CS 具有 α 和 β 两种晶型，转变温度是 1125℃。

C C$_2$S-CaO 分二元系统

在此分系统中有硅酸盐水泥的重要矿物 C$_2$S 和 C$_3$S。C$_3$S 是一个不一致熔融化合物，仅能稳定存在于 1250～2150℃之间，在 2150℃分解成组成为 M 的液相和 CaO；在 1250℃时分解为 α′-C$_2$S 和 CaO，这时的分解只在靠近 1250℃小范围内才会很快进行，在较低温度时的分解几乎可忽略不计，故 C$_3$S 能在很长的时间内以介稳的状态存在于常温下，这种介稳状态的 C$_3$S 具有较高的内能，活性大，所以 C$_3$S 有高度水化能力，硅酸盐水泥中 C$_3$S 是保证水泥具有高度水硬活性的重要矿物成分。故需要把水泥熟料在冷却机中急冷，以缩短 C$_3$S 在 1250℃附近的停留时间，尽量使 C$_3$S 减少分解。

C$_2$S 是一致熔融化合物，具有 α、β、γ、α′ 复杂的晶型转变，β-C$_2$S 向 γ-C$_2$S 的晶型转变伴随有 9% 的体积膨胀，可以造成水泥熟料的粉化。由于 β-C$_2$S 是一种热力学非平衡态，没有能稳定存在的温度区间，故在相图中没有 β-C$_2$S 的相区。

6.3.3.2 Al$_2$O$_3$-SiO$_2$ 系统

图 6-24 为 Al$_2$O$_3$-SiO$_2$ 系统相图。在该二元系统中，只有一个化合物 3Al$_2$O$_3$·2SiO$_2$（莫来石，A$_3$S$_2$）。其质量组成是 72% Al$_2$O$_3$ 和 28% SiO$_2$，摩尔组成是 60% Al$_2$O$_3$ 和 40% SiO$_2$。A$_3$S$_2$ 中可以固溶少量的 Al$_2$O$_3$，固溶体中 Al$_2$O$_3$ 含量在 60mol% 到 63mol% 之间。莫来石是普通陶瓷、黏土质耐火材料的重要组成部分。几种常见耐火材料的制备和使用，都与该相图有关。

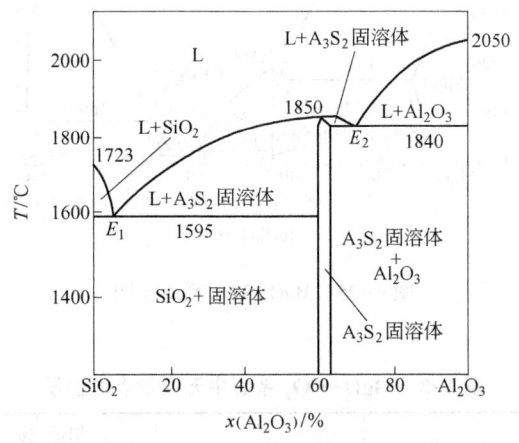

图 6-24 Al$_2$O$_3$-SiO$_2$ 系统相图

以 A$_3$S$_2$ 为界，可将 Al$_2$O$_3$-SiO$_2$ 系统相图划分成两个分二元系统。在 SiO$_2$-A$_3$S$_2$ 分二元系统中，纯 SiO$_2$ 的熔点为 1723℃，二元低共熔点为 E$_1$，E$_1$ 距 SiO$_2$ 一侧很近，液相线很陡，故 Al$_2$O$_3$ 加入到 SiO$_2$ 后，熔点将急剧下降。根据杠杆规则，加入 1wt% Al$_2$O$_3$，在 1595℃下会产生 1∶5.5＝18.2% 的液相量，这样会使硅砖的耐火度大大降低。因此，当生产被广泛用于炉顶及要求在高温时具有高强度的硅砖（含 0.2%～1.0% Al$_2$O$_3$）时，应严

格防止原料中混入 Al_2O_3。同样道理，硅砖在使用时也要避免与这类物质接触。另外，因液相线的陡峭，Al_2O_3 的加入必然造成硅砖的熔化温度急剧下降。因此，对硅砖来说，Al_2O_3 是非常有害的杂质，其他氧化物的影响都没有像 Al_2O_3 这样大。所以，在硅砖的制造和使用过程中，要严防 Al_2O_3 混入。

相图中莫来石的液相线在 1595~1700℃ 的温度区间比较陡，而在 1700~1850℃ 的温度区间较平坦，说明当温度变化时，液相数量变化有两种不同情况。如普通黏土质耐火砖（黏土砖：含 Al_2O_3 35%~55%），在 1700℃ 以下，液相线很陡，故温度变化时，液相量增加不多，超过 1700℃ 后，液相线变平坦，温度略有升高，液相量就增加很多，使黏土砖软化而不能完全使用。这一点，是使用化学组成处于这一范围，以莫来石和石英为主要晶相的黏土质和高铝质耐火材料时需要引起注意的。当 Al_2O_3 超过 72%，耐火材料中的主要晶相是莫来石与刚玉，其耐火性得到显著改善，在 1840℃ 以下不出现液相，若 Al_2O_3 含量更高，则耐火性更好。

在 A_3S_2-SiO_2 分二元系统中，A_3S_2 的熔点（1850℃）Al_2O_3 的熔点（2050℃）以及低共熔点 E_2（1840℃）都很高，故莫来石质及刚玉质耐火砖都是性能优异的耐火材料。

6.3.3.3 MgO-SiO₂ 系统

MgO-SiO_2 系统与镁质耐火材料（如方镁石砖、镁橄榄石砖）以及镁质陶瓷生产有密切关系。MgO-SiO_2 系统相图如图 6-25 所示，各无变量点性质列于表 6-3。

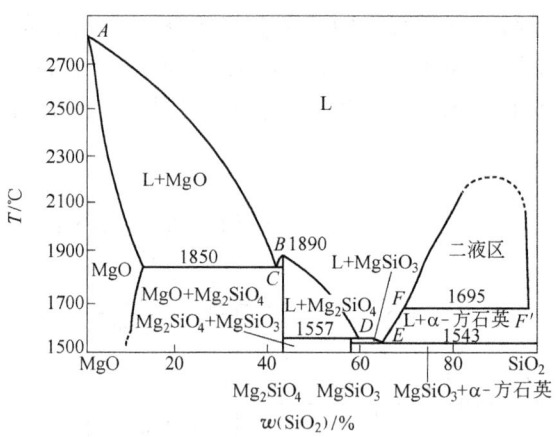

图 6-25 MgO-SiO₂ 系统相图

表 6-3 MgO-SiO₂ 系统中无变量点的性质

图中点	相平衡关系	平衡性质	组成/%		平衡温度/℃
			MgO	SiO₂	
A	MgO ⇌ 熔体	熔化	100	0	2800
B	M_2S ⇌ 熔体	熔化	57.2	42.8	1890
C	MgO_{SS}+M_2S ⇌ 熔体	低共熔点	约 57.7	约 42.3	1850
D	MS ⇌ M_2S + 熔体 A	转熔点	约 38.5	约 61.5	1557

图中点	相平衡关系	平衡性质	组成/%		平衡温度/℃
			MgO	SiO₂	
E	MS + α-方石英 $\rightleftharpoons$ 熔体	低共熔点	约35.5	约64.5	1543
F	α-方石英 + 熔体 F $\rightleftharpoons$ 熔体 F′	熔化分层	30	70	1695
F'	α-方石英 + 熔体 F $\rightleftharpoons$ 熔体 F′	熔化分层	0.8	99.2	1695

系统中有一个一致熔融化合物 M_2S（$2MgO \cdot SiO_2$ 或 Mg_2SiO_4，镁橄榄石）和一个不一致熔融化合物 MS（$MgO \cdot SiO_2$ 或 $MgSiO_3$，顽火辉石）。M_2S 的熔点很高，达 1890℃；MS 则在 1557℃分解为 M_2S 和组成为 D 的液相。

在 MgO-M_2S 分二元系统中，有一个熔有少量 SiO_2 的 MgO 有限固溶体单相区，此固溶体与 M_2S 形成低共熔点 C，低共熔温度 1850℃。

在 M_2S-SiO_2 分二元系统中，有一个低共熔点 E 和一个转熔点 D，在富硅的液相部分出现液相分层。这种现象在其他碱金属和碱土金属氧化物与 SiO_2 形成的二元系统中普遍存在。MS 有几种结构较接近的晶型，低温下稳定的晶型是顽火辉石，1260℃转变为高温稳定的原顽火辉石。将原顽火辉石冷却时，如果不加入矿化剂，它将不转化为顽火辉石而介稳存在，或在 700℃以下转化为斜顽火辉石，伴随 2.6%的体积收缩。原顽火辉石是滑石瓷中的主要晶相，如果制品中发生向斜顽火辉石的晶型转变，将会导致制品气孔率增加，机械强度下降，故在生产中要采取稳定措施予以预防。

相图中，MgO-M_2S 分二元系统中的液相线温度很高（在低共熔温度以上），而 M_2S-SiO_2 分二元系统中液相线温度要低得多。因此镁质耐火材料配料中 MgO 含量应大于 M_2S 中的 MgO 含量，否则配料点进入 M_2S-SiO_2 分二元系统，开始出现液相温度和熔化温度急剧下降，造成耐火度大大降低。据此可以推测，镁砖和硅砖不能在炼钢炉上或其他工业窑炉上一起使用。因为在冶炼温度附近，硅砖中的 SiO_2 和镁砖中的 MgO 反应生成熔点更低的化合物并产生大量液相，使材料耐火性能变坏。

6.3.3.4 MgO-Al₂O₃ 系统

MgO-Al_2O_3 系统相图对于生产镁铝制品、合成镁铝尖晶石制品及透明氧化铝陶瓷具有重要意义，如图 6-26 所示。

本系统中形成一个化合物镁铝尖晶石 MA（$MgO \cdot Al_2O_3$），组成含 71.8%（质量分数）Al_2O_3（即摩尔分数为 50% Al_2O_3），由于 MgO、Al_2O_3 及 MA 之间都有一定的互溶性，MA 又与 MgO、Al_2O_3 形成固溶体（MA_{ss}）。整个系统被划分成 MgO-MA 和 MA-Al_2O_3 两个具有低共熔点的分系统，两个低共熔温度分别为 E_1（1995℃）和 E_2（1925℃）。两个低共熔点温度均接近 2000℃，说明方镁石 MgO、刚玉 Al_2O_3 和尖晶石 MA 都是高级耐火材料。用 MA 作为方镁石的陶瓷结合相，可显著改善镁质制品的热震稳定性，制得性能优良的镁铝制品。

由图 6-26 可以看出温度对彼此溶解度的影响，即温度升高溶解度增加，各在其低共熔温度溶解度最大。图 6-27 表示的 MgO-MA 系统中，在 1995℃时，以方镁石为主的固溶体中含 18%（质量分数）Al_2O_3，以尖晶石为主的固溶体中含 9%（质量分数）MgO。温度下降时，互溶度降低，1700℃时方镁石中约固溶 3%（质量分数）Al_2O_3，至 1500℃时，

MgO 与 MA 二者完全脱溶。同样可知 MA-Al_2O_3 系统中在 1800~1925℃变化时，尖晶石中的 Al_2O_3 含量波动在 72%~92%（质量分数）之间。

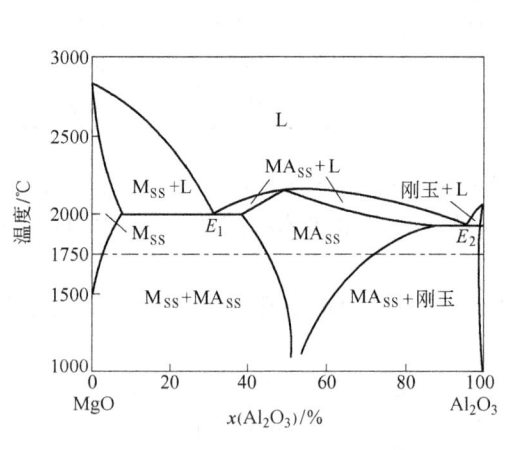

图 6-26　MgO-Al_2O_3 系统相图

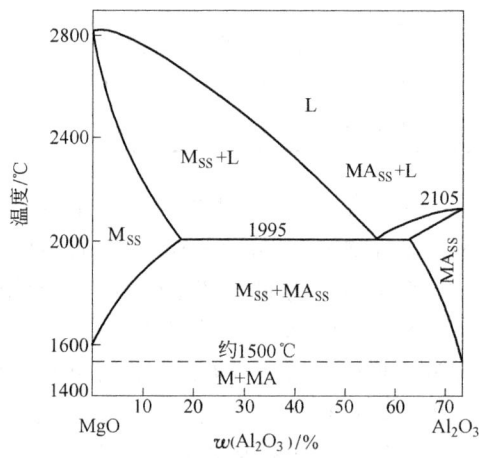

图 6-27　MgO-MA 系统相图

由于 MA 有较高的熔点（2105℃）及其低共熔点，在尖晶石类矿物中与镁铬尖晶石（熔点约 2350℃）相似，具有许多优良性质，高温下又能与 MgO 等形成有限互溶固溶体，所以 MA 是一种很有价值的高温相组成。由图 6-27 可知，从提高耐火度出发，镁铝制品的配料组成应偏于 MgO 侧。在该侧 Al_2O_3 部分固溶于 MgO，组成物开始熔融的温度较高。例如，物系组成中的 Al_2O_3 含量为 5% 或 10%（均为质量分数）时，开始熔融温度为 2500℃或 2250℃左右，比其共熔温度约高 500℃或 250℃，其完全熔融温度可高达 2780℃和 2750℃左右。

6.4　三元系统相图

对于三元凝聚系统 $f=c-p+1=4-p$，当 $f=0$，$p=4$，即三元凝聚系统中最多可以是四相平衡共存。当 $p=1$ 时，$f=3$，即系统的最大自由度数为 3。这 3 个独立变量是温度和三个组元中的任意两个的浓度。由于要描述三元系统的状态，需要三个独立变量，用平面图形无法表示，所以三元系统相图采用是立体图表示——三方棱柱体。三棱柱的底面三角形表示系统的组成，三棱柱的高代表温度坐标，但这样的立体图应用很不方便，我们实际使用的是它的平面投影图。

6.4.1　三元系统组成表示方法

三元系统与二元系统一样，可以用质量分数表示，也可以用浓度分数表示组成。由于增加了一个组元，其组成就不能用线段表示，三元系统中任意两个组成确定后，第三个组成便随之确定，相图上只需要用两个坐标表示组成的变化，两个坐标轴之间的夹角无任何限定，通常是使用一个每条边被均分为 100 等份的等边三角形（也称**浓度三角形**）来表示，见图 6-28。浓度三角形的三个顶点代表三个纯组元（一元系统）A、B 和 C，含量为

100%，三条边分别表示三个二元系统 A–B、B–C、C–A 的组成，三角形内的任意一点都表示含有 A、B 和 C 三个组元的某个三元系统的组成。

如果已知某个三元系统在浓度三角形中的组成点位置，其组成可以通过双线法确定：过图 6-29 中 M 点，做三角形任意两边的平行线，由它们在第三条边上的截线表示。同样，若要确定某一给定组成的三元系统在浓度三角形中的位置，也可以采用双线法。

由浓度三角形的表示方法不难看出，三元系统组成点越靠近某一角，该角所代表的组元的百分含量越高。需要注意的是，不能在一个相图中同时使用两种不同的浓度单位。

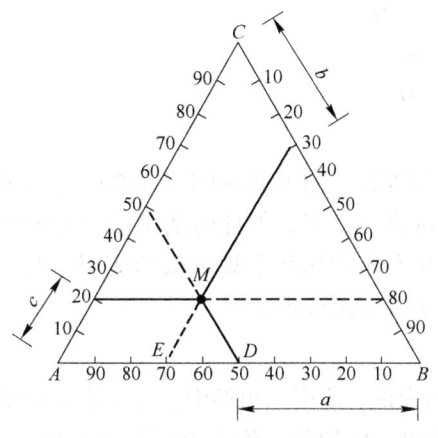
图 6-28　浓度三角形

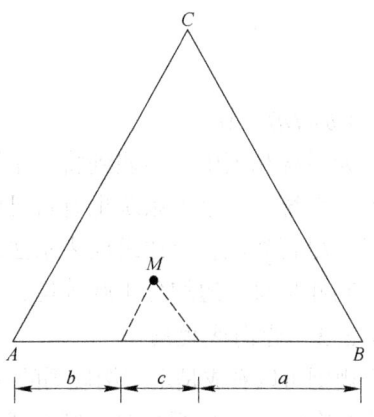
图 6-29　双线法确定三元组成

6.4.2　浓度三角形的性质

在浓度三角形内，下面几条规则对我们分析实际问题是有帮助的，需要很好掌握并加以应用。

6.4.2.1　等含量规则

浓度三角形中，平行于某一边的直线上的所有各点的组成中含对面顶点组元的含量相等。如图 6-30 中的 MN 线，MN 平行 AB，则 MN 线上任一点中组元 C 的含量不变。

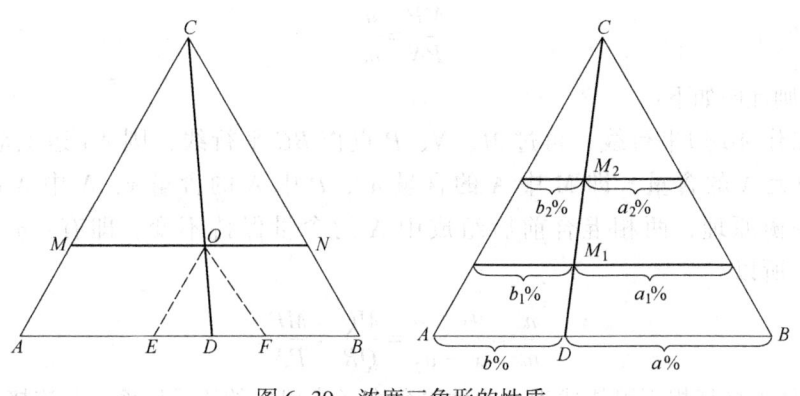
图 6-30　浓度三角形的性质

6.4.2.2 定比例规则

从浓度三角形某个顶点向其对边作射线，线上所有各点的组成中含其他两个组元的量的比例不变。如图6-30所示，由顶点 C 作射线 CD，则 CD 连线上任一点处，组元A与组元B含量的比例不变，即 $a:b=DB:AD$。证明过程如下：

证明：经 CD 连线上任一点 O，作 $MN /\!/ AB$，$OE /\!/ AC$，$OF /\!/ BC$，则对 O 点表示的系统来说，截线 BF 表示其中A组元的含量 a，截线 AE 表示B组元的含量 b，则 $a:b=BF:AE$。

因为 $BF=ON$，$AE=MO$。故有 $a:b=ON:MO$。

又因为

$$\frac{CO}{CD}=\frac{ON}{DB}=\frac{MO}{AD}$$

即

$$\frac{ON}{MO}=\frac{DB}{AD}$$

故 $a:b=DB:AD$。

在三元系统相图中，会遇到将一个原来是用等边三角形表示的三元相图分解成两个或多个三元子系统，每个子系统也有自己的一个浓度三角形，但此时的浓度三角形不再是等边三角形。尽管如此，上述组成表示法及等含量和定比例两个规则依然适用。对于不等边三角形，同样将每一边均分100等份，用双线法确定组成点。

6.4.2.3 背向线规则

这个规则可以看成是定比例规则的一个自然推论。浓度三角形中，如果原始物系 M（如熔体）中只有纯组元 C 析晶时，则组成点 M 将沿 CM 的延长线并背离顶点 C 的方向移动，如图6-31所示。

6.4.2.4 杠杆规则

二元系统的杠杆规则在三元系统中同样适用，它是讨论三元相图十分重要的一条规则，三元系统的杠杆规则包含两层含义：（1）在三元系统中，由两个相（或混合物）合成一个新相（或新的混合物）时，新相的组成点必在原来两相组成点的连线上；（2）新相组成点与原来两相组成点的距离和两相的量成反比。

如图6-32所示，设有两相组成分别为 M 和 N，其质量为 m、n，混合后新相组成点 P 一定落在 MN 连线上，且有：

$$\frac{MP}{PN}=\frac{n}{m}$$

杠杆规则证明如下：

过 M 点作 AB 边平行线，再过 M、N、P 点作 BC 平行线，则 AB 边上对应的截线为各相中组元A的含量，即M中A的含量 a_1，P中A的含量 x，N中A的含量 a_2，根据物料平衡原理，两相混合前后组成中A的含量保持不变，即有：$a_1 m + a_2 n = x(m+n)$，所以

$$\frac{n}{m}=\frac{a_1-x}{x-a_2}=\frac{MQ}{QR}=\frac{MP}{PN}$$

三元系统的杠杆规则可描述为：两种混合物（或相）的质量比例，与连接两混合物组成点至新（总）混合物组成点线段长度成反比。

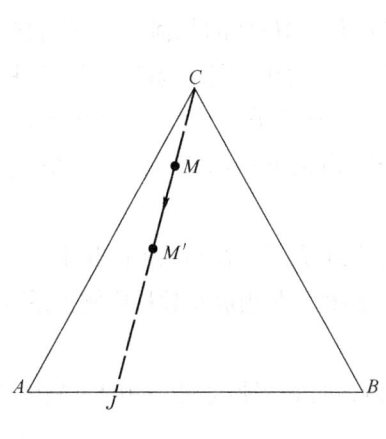

图 6-31 背向线规则   图 6-32 三元系统的杠杆规则

由杠杆规则可以得出两个推论：

（1）在三元系统中，由一相分解为两相时，两相的组成点必分布于原来的组成点的两侧，且三点共线，两相的含量由它们的组成点所确定。

（2）如果已知新相的组成点 P 和原来其中一相的组成点 M，则原来另一相的组成点 N 必在 PM 的延长线上。

6.4.2.5 重心规则

三元系统中最多平衡共存相是四个，处理四相平衡问题时，重心规则十分有用。二相的混合与分解可直接用杠杆原理，但三相混合形成新相的组成，须用杠杆规则分两步来确定。

如图 6-33 所示，处于平衡的四相组成设为 M、N、P、Q，其中 M、N、Q 为原来三个组元，P 为新形成组元，四个相点的相对位置可能存在三种配置方式。

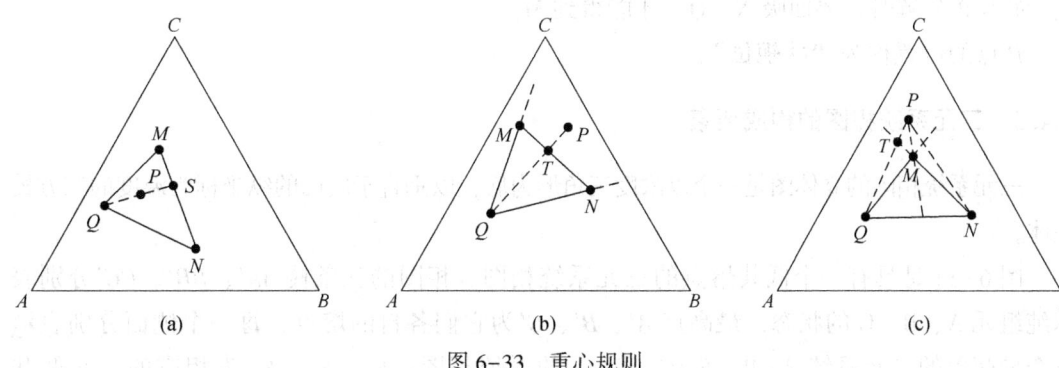

(a)   (b)   (c)

图 6-33 重心规则
(a) 重心位；(b) 交叉位；(c) 共轭位

（1）P 点位于△MNQ 内部。

根据杠杆规则 M 与 N 可以合成得到 S 相，而 S 相与 Q 相可以合成出 P 相，可见 P 相组成点必然落在△MNQ 内部。由 M+N=S，Q+S=P 可以得出 M+N+Q=P。表明 P 相可以通过 M、N、Q 三相合成得到；反之 P 相也可分解出另外的三个相 M、N、Q。

P 点在 $\triangle MNQ$ 内，这种位置称为 **"重心位"**。

应该注意的是，$\triangle MNQ$ 的重心位（组成点 P）与 $\triangle MNQ$ 的几何重心是有区别的。组成三角形的重心位取决于各原物系的组成及相对数量。由于各原物系的重量往往是不相等的，它不像均匀薄板的重心那样与其几何重心重合。即不在三个中线的交点处（几何重心），而是靠近重量大的原物系组成点。只有三个原物系重量都相等时，组成点三角形的重心才与几何重心重合。

应用重心规则可以判断：若有一原物系（如某液相组成点）在某三个晶相组元构成的三角形内，则该物系可以分解（或析晶）出这三个组元的晶相，其组成及数量比例关系可用重心规则确定。

（2）P 点位于 $\triangle MNQ$ 某条边（如 MN）的外侧，且在另两条边（MQ、NQ）的延长线范围内。

根据杠杆规则 P+Q=T，M+N=T，可以得出 P+Q=M+N，即从 P、Q 两相可以合成出 M 和 N 两相；反之，从 M、N 两相也可以合成 P 和 Q 两相。

上式可改写成 P=M+N-Q，表明为了得到 P 组成，必须从 M 和 N 两个组成中取出一定量的 Q 才能得到，这类似二元系统中的转熔，即当 P 分解时需要部分 Q 回吸以形成 M 和 N，即 P+Q=M+N。

P 点的位置称为 **"交叉位"**。

（3）P 点位于 $\triangle MNQ$ 某一顶角（如 M）的外侧，且在形成此角的两条边（MQ、MN）的延长线范围内。

根据杠杆规则 T+N=M，P+Q=T，可以得出 N+Q+P=M，即从 P、Q、N 三相可以合成出 M 相。

上式可改写成 P=M-（N+Q），表明为了得到 P 组成，必须从 M 中取出一定量的 Q 和 N。而当 P 分解时，要回吸 N、Q，才能得到 M。

P 点的位置称为 **"共轭位"**。

6.4.3　三元系统相图的构成要素

三元系统相图的立体图是一个以浓度三角形为底，以垂直于底面的纵坐标为温度的三方棱柱体。

图 6-34 是具有一个低共熔点的三元系统相图。相图的三条棱 AA'、BB'、CC' 分别表示纯组元 A、B、C 的状态，最高点 A'、B'、C' 为它们各自的熔点；每一个侧面分别表示三个最简单的二元系统 A-B、B-C、C-A 的系统相图；E_1、E_2、E_3 为相应的二元低共熔点。

A　液相面

连接所有三元组成恰好完全熔融的温度（固液平衡温度），可得到由三个向下弯曲如花瓣状的曲面（分别为 $A'E_1E'E_3$、$B'E_1E'E_2$ 和 $C'E_2E'E_3$），它们是相图的液相面。液相面上各点表示与一种晶相处于两相平衡的三元液体的状态点，因而液相面上 $f=2$，液相状态

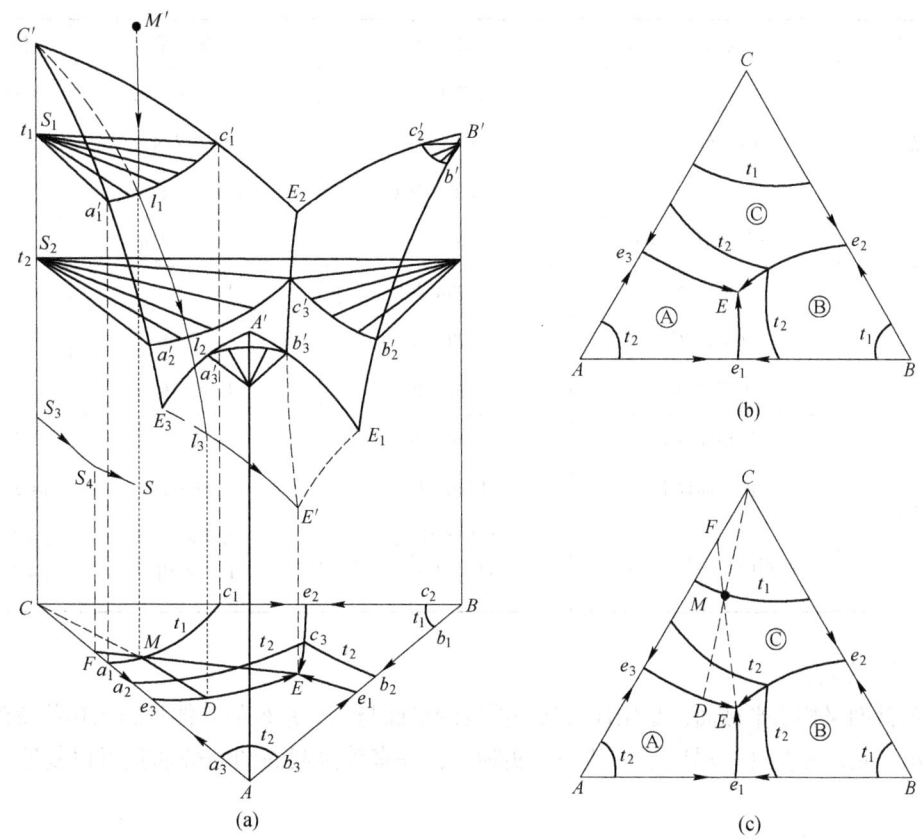

图 6-34　具有一个低共熔点的三元系统相图

（a）立体状态图；（b）平面投影图；（c）析晶路程

可沿着曲面朝任意方向移动。液相面上每一点的温度表示开始析出晶体的温度，当组成处于该液相面与某一纯固相物质 A 之间时，将析出 A，由该液相面包围的区域就称为 A 的初晶相（同理有 B 初晶相和 C 初晶相）。在液相曲面以上，只有熔体单相。

B　界线

三个液相面中任意两个液相面的交界线 E_1E'、E_2E'、E_3E'，称为界限曲线（或界线），在界线上的各点表示与两个晶相平衡共存的三元液体的状态点，即在界线上液相同时对两种组元晶相达到饱和，冷却时有两种晶相同时析出，为三相共存。界线上 $f=1$，液相状态只能沿着界线移动。

C　三元无变量点

三条界线交汇于 E' 点，它是液相面和界线上的最低温度点，即为三元系统的低共熔点。此时，液相对 A、B、C 三组元的晶相都达到饱和，冷却时有三种晶相同时析出，在 E' 点上液相与三个晶相处于平衡状态，是四相共存，$f=0$，故三元低共熔点又称三元无变量点。只有等到一相消失后，三元系统的状态才能改变。

三元立体相图上点、线、面、体等几何要素的意义列于表 6-4。

表 6-4　三元立体相图上几何要素的意义

分 类	图中符号（部位）	名 称	平衡关系	相 率
点	A'、B'、C'	纯组元熔点	L $\rightleftharpoons$ 单固相	单元
	E_1、E_2、E_3	二元低共熔点	L $\rightleftharpoons$ 双固相	二元
	E'	三元低共熔点	L $\rightleftharpoons$ A+B+C	$p=4$, $f=0$
线	E_1E'、E_2E'、E_3E'	界线	L $\rightleftharpoons$ 双固相	$p=3$, $f=1$
面	$A'E_1E'E_3$	A 初晶相	L $\rightleftharpoons$ A	$p=2$, $f=2$
	$B'E_1E'E_2$	B 初晶相	L $\rightleftharpoons$ B	$p=2$, $f=2$
	$C'E_2E'E_3$	C 初晶相	L $\rightleftharpoons$ C	$p=2$, $f=2$
体（空间）	液相面以上	液相空间	L	$p=1$, $f=3$
	液相面以下	固相空间	(A+B+C)	$p=3$, $f=1$
	液相面与固相面之间	单固相空间	L 单固相	$p=2$, $f=2$
		双固相空间	L 双固相	$p=3$, $f=1$

D　等温截面

等温截面又称水平截面，是用代表某一温度的平面与三元系统的立体状态图相截得到的图形，表示三元系统在这一温度下的状态。实际上，许多等温截面图的叠加就可以复原立体状态图。

E　平面投影图

三元系统的立体状态图反映了三元系统相图的整体情况，但不便于实际应用。为方便应用，通常将三维立体图投影到平面上，即将立体图上所有点、线、面均垂直投影到浓度三角形底面上，平面投影图中用三角形坐标标出组成，温度用等温线（常省略），界线上温度下降方向用箭头表示，如图 6-34 所示。

在平面投影图上，立体图上的空间曲面（液相面）投影为初晶区 A、B、C，空间界线投影为平面界线 e_1E、e_2E、e_3E，e_1、e_2、e_3 分别为三个二元低共熔点 E_1、E_2、E_3 在平面上的投影，E 是三元低共熔点 E' 的投影。

为了能在平面投影图上表示温度，采取截取等温线的方法（类似地图上的等高线）。在立体图上每隔一定温度间隔作平行于浓度三角形底面的等温截面，这些等温截面与液相面相交即得到许多等温线，然后将其投影到底面并在投影线上标上相应的温度值。

图 6-34（a）中底面上的 a_1c_1 是空间等温线 $a_1'c_1'$ 的投影，其温度为 t_1，a_2c_3 是空间等温线 $a_2'c_3'$ 的投影，其温度为 t_2。所有组成在 a_1c_1 上的高温熔体冷却到 t_1 时开始析出 C 晶体，而组成在 $a_2'c_3'$ 上的高温熔体则要冷却到比 t_1 温度低的 t_2 温度时才开始析出 C 晶体。由于等温线使相图图面变得复杂，故在一些相图上等温线往往被省略不画。

除了等温线，三元相图上的一元、二元、三元无变量点温度也直接在图上无变量点附近注明（或另列表说明）。二元液相线或三元界线的温度下降方向则用箭头在线上表示。

6.4.4 判读三元系统相图的几条重要规则

一个复杂的三元系统相图上往往有许多界线和无变量点，只有首先判断这些界线和无变量点的性质，才有可能讨论系统中任一配料在加热和冷却过程中发生的相变化。

6.4.4.1 连线规则

连线规则是用来判断界线的温度走向。

"将一条界线（或其延长线）与相应的连线（或其延长线）相交，其交点是该界线上的温度最高点。"

所谓"界线"是指三元系统两个晶相的初晶区相交的界线，"相应的连线"是指与对应界线上的液相平衡的两晶相组成点的连接直线。

三元系统中常见的连线与界线相交情况有三种，如图 6-35 所示。图中 C 和 S 表示两个相的组成点，CS 为组成点的连线。ⓒ和ⓢ表示 C 和 S 的初晶区，12 曲线表示相区界线，箭头表示温度下降方向。图 6-35（a）中连线与界线相交，图 6-35（b）中连线的延长线与界线相交。这两种情况下，界线上的交点为温度最高点，界线上的温度由此交点向两侧下降。图 6-35（c）中界线的延长线与连线相交，这种情况下，温度由 1 向 2 下降。含一致熔融化合物的相图中会出现图 6-35（a）的情况，而含不一致熔融化合物的相图中则会出现图 6-35（b）或（c）的情况。

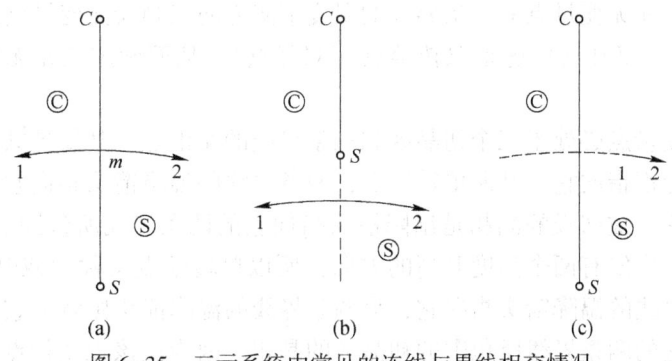

图 6-35 三元系统中常见的连线与界线相交情况

6.4.4.2 切线规则

切线规则用于判断界线的性质。

"将界线上某一点所作的切线与相应的连线相交，如交点在连线上，则表示界线上该处具有共熔性质；如交点在连线的延长线上，则表示界线上该处具有转熔性质，其中远离交点的晶相被回吸"。

界线上任一点的切线与相应连线的交点实际上表示了该点液相的瞬时析晶组成，即指液相冷却到该点温度，从该点组成的液相中所析出的晶相的组成。有时，一条界线性质会发生变化，其中一段为共熔，另一段为转熔。

图 6-36 中 pP 线是 A、B 两个初晶区之间的界线，相

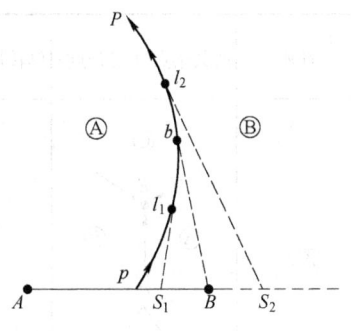

图 6-36 切线规则

应两晶相的连线为 AB 线。通过 l_1 点作界线的切线，切线与 AB 连线的交点在 S_1 点。故液相在 l_1 点进行的是共熔过程：$L_{l_1} \rightarrow A+B$，S_1 是液相在 l_1 点时的瞬时析晶成分。通过 l_2 点做界线的切线，切线与连线 AB 的延长线相交于 S_2 点，液相在 l_2 点进行的是转熔过程：$L_{l_2}+A \rightarrow B$，即析出组成为 S_2 的固相时有一部分 A 被回吸。通过 b 点做界线的切线，切线刚好与 B 点重合，那么在 b 点的液相只析出 B 晶相，$L_b \rightarrow B$。因此，这是一条性质发生变化的界线，高温 pb 段具有共熔性质而低温 bP 段具有转熔性质，界线性质转变点为 b 点。为了区分界线的性质，三元相图中，共熔性质的界线用单箭头 $\longrightarrow$ 表示温度下降方向，转熔性质的界线用双箭头 $\longrightarrow\!\!\!\!\rightarrow$ 表示温度下降方向。

6.4.4.3 重心规则

重心规则用于判断无变量点的性质。

"如无变量点处于其相应的副三角形的重心位，则该无变量点为低共熔点；如无变量点处于其相应的副三角形的交叉位，则该无变量点为单转熔点，并且是远离该点的那个组分被转熔；如无变量点处于其相应的副三角形的共轭位，则该无变量点为双转熔点，并且是远离该点的那两个组分被转熔。"详见图 6-33。

所谓"相应的副三角形"是指与该无变量点处液相平衡的三个晶相的组成点连成的三角形。

判断无变量点的性质除了根据三元无变量点与对应的副三角形的位置关系确定外，还可以根据交汇于三元无变量点的三条界线的温度下降方向来判断无变量点是低共熔点（三升点）、单转熔点（双升点）还是双转熔点（双降点），从而确定三元无变量点上的相平衡关系。

任何一个无变量点必处于三个初晶区和三条界线的交汇点。凡属低共熔点，则三条界线的温降箭头一定都指向它。凡属单转熔点，两条界线的温降箭头指向它，另一条界线的温降箭头则背向它，被回吸的晶相是温降箭头指向它的两条界线所包围的初晶区的晶相。因为从该无变量点出发有两个温度升高的方向，所以单转熔点又称"双升点"。凡属双转熔点，只有一条界线的温降箭头指向它，另两条界线的温降箭头则背向它，所析出的晶体是温降箭头背向它的两条界线所包围的初晶区的晶相。因为从该无变量点出发，有两个温度下降的方向，所以双转熔点又称"双降点"。三元无变量点的类型和判别方法见表 6-5。

表 6-5　三元无变量点的类型和判别方法

性质	低共熔点（三升点）	单转熔点（双升点）	双转熔点（双降点）	过渡点（化合物分解或形成）	
				双升点形式	双降点形式
图例					

续表 6-5

性质	低共熔点（三升点）	单转熔点（双升点）	双转熔点（双降点）	过渡点（化合物分解或形成）	
				双升点形式	双降点形式
相平衡关系	$L_{(E)} \rightleftharpoons A+B+C$ 三固相共析晶或共熔	$L_{(P)}+A \rightleftharpoons D+C$ 远离 P 点的晶相（A）被转熔	$L_{(R)}+A+B \rightleftharpoons S$ 远离 R 点的两晶相（A + B）被转熔	$A_mB_n \xrightleftharpoons[L\geqslant T_P,\ T\leqslant T_R]{(L)\ T\leqslant T_P,\ T\geqslant T_R} mA+nB$ 化合物 A_mB_n(D) 的分解或形成	
判别方法	E 点在对应副三角形之内构成重心位置关系	P 点在对应副三角形之外构成交叉位置关系	R 点在对应副三角形之外构成共轭位置关系	过渡点无对应三角形，相平衡的三晶相组成点在一条直线上	
是否结晶终点	是	视物系组成点位置而定	视物系组成点位置而定	否（只是结晶过程经过点）	

6.4.4.4　三角形规则

三角形规则用于确定结晶产物和结晶终点。

"原始熔体组成点所在副三角形的三个顶点表示的物质即为其结晶产物；与这三个物质相应的初晶区所包围的三元无变量点是其结晶结束点。"

把复杂三元系统划分为若干个仅含一个三元无变量点的简单三元系统，此简单三元系统称为**副三角形**（或分三角形）。划分副三角形对于分析、使用复杂的三元系统相图是非常重要的。若要划分出有意义的副三角形，则其划分出的副三角形应有相对应的三元无变量点。将与无变量点周围三个初晶区相应的晶相组成点连接起来，即可获得与该三元无变量点相对应的副三角形。与副三角形相对应的无变量点可在三角形内，也可在三角形外。后者出现于有不一致熔融化合物的系统中。

很明显，通过划分副三角形，再由三角形规则，就可判断结晶产物及结晶结束点，即可判断哪些物质可同时获得，哪些不能同时获得。

6.4.5　三元系统相图的基本类型

6.4.5.1　具有一个低共熔点的三元系统相图

这种系统的特点是三组元在液相时完全互溶，在固相时完全不互溶，三个组元各自从液相中分别析晶，不形成固溶体，不生成化合物，液相无分层现象，只有一个三元低共熔点，是三元系统中最简单的类型。

具有一个低共熔点的三元系统相图（图 6-37）其立体状态图和平面投影图在三元系统相图的构成要素（6.4.3 节）中已有叙述，今后我们实际应用的都是平面投影图，即利用平面投影图讨论冷却过程中液相组成点和固相组成点的变化路线以及最终的析晶产物。下面以系统中组成点 M（图 6-37）为例，分析其析晶过程：

（1）M 位于 C 初晶区，并处于 t_1 等温线上，完全熔融后，系统状态点由图 6-34（a）中的 M' 点表示。

（2）冷却到 t_1 温度时，系统状态点沿 MM' 线变化到液相面 $C'E_2'E_3'$ 上的 l_1 点，此时，晶相 C 开始析出，由于没有晶相 A 和晶相 B 析出，则液相中 A 与 B 的比例保持不变，根据定比例规则，投影图上液相组成沿 CM 射线向离开 C 的方向变化，同时不断析出 C 晶相。此时系统 $f=2$，由于受到液相中 A 与 B 比例不变限制，系统表现为单变量性质，投影图上，液相组成沿 MD（CM 延长线）由 M 点到 D 点，固相组成始终在 C 点（立体图中液相状态点从液相面上 l_1 点向 l_3 点变化，固相是从 S_1 点向 S_3 点变化）。

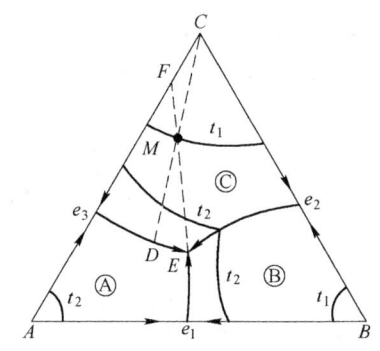

图 6-37 具有一个低共熔点的三元系统相图中组成点 M 的析晶路线

（3）当结晶过程到达立体图中界线 $E'E_3$ 上的 l_3 点，即投影图上界线 e_3E 上的 D 点时，液相对晶相 A 与晶相 C 都饱和，晶相 A 与晶相 C 同时析出，系统处于三相平衡共存，$f=1$，温度继续下降时，在投影图上，液相组成点由 D 点沿界线 DE 向 E 变化，由于固相中有晶相 A 和晶相 C，故其组成点只能在 C-A 二元系统上，从 C 向 F 点变化，当液相组成刚变化到 E 点时，相应的固相组成点到达 F 点（E、M、F 三点共线）（立体图中液相状态点从界线 $E'E_3$ 上从 l_3 点向 E' 点变化，固相是从 S_3 点向 S_4 点变化）。

（4）当结晶过程到达三元低共熔点 E'，即投影图上的 E 点时，晶体 C、A、B 同时析出，此时四相共存，系统 $f=0$，为无变量状态，温度保持不变，此过程中，液相组成在 E 点不变，但液相量不断减少，相应的固相组成从 F 点沿 FME 向 M 点变化，直到液相全部变成固相。固相组成到达 M 点（即原始组成点）时析晶过程结束，析晶产物为晶相 A、晶相 B 和晶相 C。因此时系统 $f=1$，温度可继续下降。

上述析晶过程可用下列表达式表示：

液相点
$$M \xrightarrow[f=2]{L \to C} D \xrightarrow[f=1]{L \to C+A} E(L_E \xrightarrow[f=0]{} C+A+B)$$

固相点
$$C \xrightarrow{C+A} F \xrightarrow{C+A+B} M$$

熔体 M 析晶过程的冷却曲线如图 6-38 所示。

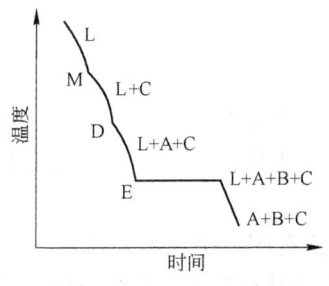

图 6-38 熔体 M 析晶过程的冷却曲线

根据以上对 M 点结晶过程的分析，可得出以下结论：

（1）根据原始组成点的位置可判断最初晶相产物，根据浓度三角形性质，可决定初晶区析晶后液相组成变化的方向。

（2）结晶过程中，总组成点在投影图上的位置不动，由杠杆规则，结晶过程中原始组成点、液相组成点和固相组成点三点必定在一条直线上，此杠杆随着液相组成点而变化，以原始组成点为支点进行旋转。相应的固相组成点，若只有一种晶相，必在三角形顶点上；有两种晶相，则在三角形的一条边上；有三种晶相时，则在三角形内。

（3）系统中由重心规则，不论原始组成在三角形 ABC 内哪个位置，其最终产物必定是三个组元 A、B、C 的晶相，只是比例不同。析晶结束点必定在三个组元初晶相相交的无变量点上。

结晶过程中各相量的计算：

根据杠杆规则，在三元系统投影图上，可以确定析晶过程中某一时刻成平衡状态的液相组成和固相组成，并可以计算系统中各相的相对含量。以前述的 M 点为例：

（1）在晶体 C 的析晶过程结束时，即当液相组成点刚到 D 点时，系统中存在组成为 D 的液相和晶体 C 这两个相。根据杠杆规则，它们的相对含量为：

$$\frac{固相（C）量}{液相量}=\frac{MD}{CM}$$

$$固相（C）量（质量分数）=\frac{MD}{CD}\times 100\%$$

$$液相量（质量分数）=\frac{CM}{CD}\times 100\%$$

（2）当 A、C 共同析晶过程结束，即液相组成点刚到 E 点时，系统中有液相和固相（晶体 A 和晶体 C），则

$$\frac{固相（C+A）量}{液相量}=\frac{ME}{FM}$$

$$固相（C+A）量（质量分数）=\frac{ME}{FE}\times 100\%$$

$$液相量（质量分数）=\frac{FM}{FE}\times 100\%$$

而

$$\frac{固相（A）量}{固相（C）量}=\frac{CF}{AF}$$

则有：

$$固相（A）量（质量分数）=\frac{ME}{FE}\times\frac{CF}{AC}\times 100\%$$

$$固相（C）量（质量分数）=\frac{ME}{FE}\times\frac{AF}{AC}\times 100\%$$

（3）析晶结束，系统中只有 A、B、C 三种晶相，固相组成回到原始组成点 M，应用双线法即可得到它们的相对含量。

6.4.5.2　具有一个一致熔融二元化合物的三元系统相图

在三元系统中某两个组元间生成的化合物称为二元化合物，因此二元化合物的组成点在浓度三角形的某一条边上。具有一个一致熔融二元化合物的三元系统相图如图 6-39 所示，相图下方点划线部分是与 AB 对应的具有一致熔融化合物的二元系统相图。

图 6-39 中在 A-B 二元系统中形成一个一致熔融二元化合物 S（A_mB_n），S 点相当于化合物液相曲线温度最高点，它不仅是化合物的组成点，也代表化合物的熔点；e_1、e_2 为 A-S 和 B-S 两个分二元系统的低共熔点。S 具有自己的初晶区 $e_1E_1E_2e_2$，组成点位于其初晶区内，这是所有一致熔融化合物在相图上的特点。如果将化合物 S 看作为一个纯组元，则连接 C-S 就可构成一个独立的二元系统，CS 与 E_1E_2 的交点 m 是该二元系统的低共熔点。由此可见，连线 CS 把相图分成两个副三角形：$\triangle ASC$ 和 $\triangle SBC$，每个副三角形相当于

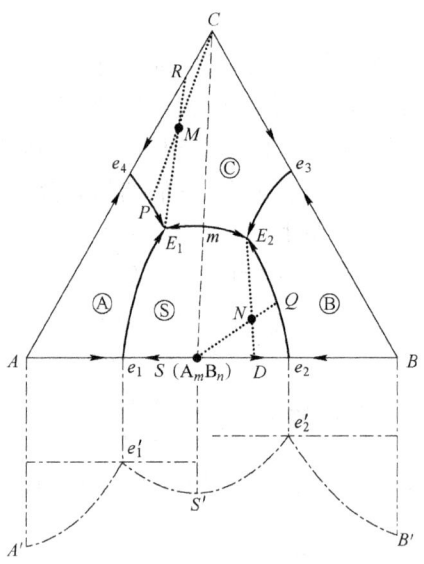

图 6-39   具有一个一致熔融二元化合物的三元系统相图

一个具有一个低共熔点的简单三元系统相图，图中 E_1 和 E_2 分别是这两个三元系统的低共熔点，其中温度较低者为该系统的最低共熔点。

具有一个一致熔融二元化合物的三元系统相图共有四个初晶区、五条界线、两个三元无变量点。

相图中的 m 点有其特殊性。m 点是 C-S 二元系统的低共熔点，即是 CS 线上的温度最低点；而从 E_1E_2 界线上看，其温度下降方向由 m 点分别指向 E_1 和 E_2，所以 m 点又是界线 E_1E_2 上的温度最高点，故称 m 点为鞍形点（范雷恩点）。

图 6-39 中组成点 M 和 N 的析晶过程可用下列表达式表示：

液相点 $\qquad M \xrightarrow[f=2]{\text{L}\to\text{C}} P \xrightarrow[f=1]{\text{L}\to\text{C}+\text{A}} E_1(\text{L}_{E_1} \xrightarrow[f=0]{} \text{A}+\text{S}+\text{C})$

固相点 $\qquad\qquad\qquad C \xrightarrow{\text{C}+\text{A}} R \xrightarrow{\text{C}+\text{A}+\text{S}} M$

液相点 $\qquad N \xrightarrow[f=2]{\text{L}\to\text{S}} Q \xrightarrow[f=1]{\text{L}\to\text{S}+\text{B}} E_2(\text{L}_{E_2} \xrightarrow[f=0]{} \text{S}+\text{B}+\text{C})$

固相点 $\qquad\qquad\qquad S \xrightarrow{\text{S}+\text{B}} D \xrightarrow{\text{S}+\text{B}+\text{C}} N$

由此可见，析晶过程的起点和终点有以下规律：物系组成点在哪个初晶区，则先析出那种晶相；它在哪个副三角形内，则在该副三角形对应的无变量点析晶结束；最终析晶产物是副三角形三个顶点代表的晶相（即在无变量点平衡共存的三个固相）。

6.4.5.3   具有一个不一致熔融二元化合物的三元系统相图

图 6-40 是具有一个不一致熔融二元化合物的三元系统相图，下方的点划线表示与 AB 对应的具有一个不一致熔融化合物的二元系统相图。A、B 组元间生成一个不一致熔融化合物 S，在二元相图中，$e_1'p'$ 是与 S 平衡的液相线，化合物 S 的组成点不在 $e_1'p'$ 的组成范围内。液相线 $e_1'p'$ 在三元立体状态图中发展为液相面，其在平面投影图中即为 S 初晶区。显然，在三元相图中不一致熔融二元化合物 S 的组成点不在其初晶区内，这是所有不一致熔融化合物

在相图中的特点。

由于 S 是一个高温分解的不稳定化合物，在 A–B 二元系统中，它不能和组元 A、B 形成分二元系统，在 A–B–C 三元系统中自然不能和组元 C 构成二元系统。因此这里的 *CS* 连线与图 6-39 中的 *CS* 连线不同，它不代表一个真正的二元系统，不能把 A–B–C 三元系统划分成两个分三元系统。

具有一个不一致熔融二元化合物的三元系统相图共有四个初晶区，五条界线和两个三元无变量点。由于化合物性质的变化，图 6-40 中的一些无变量点、连线及界线的分布与性质也产生了变化：

（1）无变量点 E 位于△*ASC* 的"重心位"，E 是三元低共熔点，冷却时在 E 点发生的低共熔过程：$L_E \rightarrow A+S+C$，即系统同时析出晶相 A、晶相 S 和晶相 C；无变量点 P 则位于△*BSC* 的"交叉位"，P 为转熔点，冷却时在 P 点进行的转熔过程：$L_P+B \rightarrow C+S$，即冷却时，晶相 C 与晶相 S 结晶析出，而原先已析出的晶相 B 将溶解（被回吸），由于一种晶相被转熔，P 点称单转熔点。

（2）界线 e_1E、e_2P、e_3E 是共熔性质，冷却时在 e_1E 线上进行的是共熔过程：$L \rightarrow A+S$，即系统同时析出晶相 A 和晶相 S。而界线 pP 是转熔性质，在 pP 线上进行的是转熔过程：$L+B \rightarrow S$，即冷却时，晶相 S 结晶析出，而原先已析出的晶相 B 将溶解（被回吸）。

将图 6-40 所示相图的局部区域放大，见图 6-41，配料组成 1、2、3 点的析晶过程分析如下。

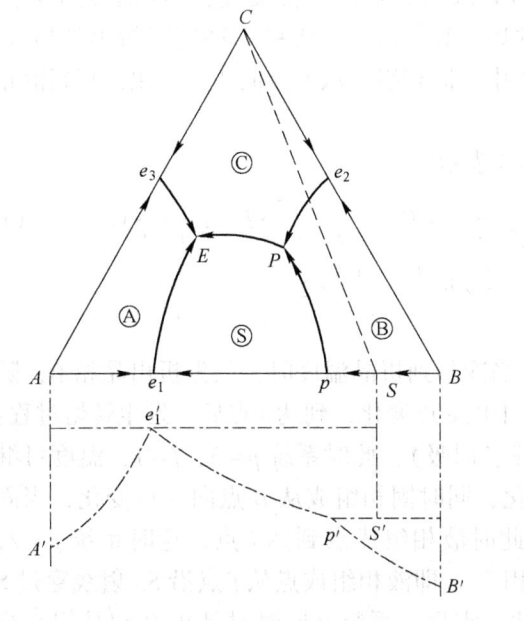

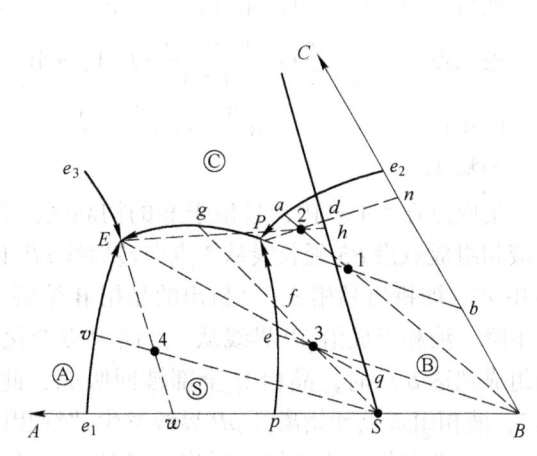

图 6-40　具有一个不一致熔融二元　　　　图 6-41　图 6-40 所示相图的局部放大
化合物的三元系统相图

配料 1：

组成点在△*BSC* 内，故结晶产物必为 B、S、C，析晶结束在无变量点 P 点。因组成点位于 B 初晶区，当冷却到析晶温度时，先析出 B，随后液相组成点沿 *B1* 延长线从1点向共熔界线e_2P上的a点变化，到a点后，液相同时对晶相C和晶相B饱和，除了晶相B之外，晶相C也开始析出，此时系统$p=3$，$f=1$，温度可继续下降，液相组成点沿e_2P线逐渐向P点变化，相应的固相组成沿BC线从B点向b点变化。系统温度下降到T_P，液相组成到达P点，固相组成到达b点，由于P为转熔点，故液相到P点后，发生转熔过程：L_P+B→C+S，此时系统四相平衡共存，$f=0$，温度保持不变，液相组成也不变化，但液相量逐渐减少。随着转熔的进行，固相组成沿$b1$线从b点向1点移动，直至液相消失，固相组成到达1点，转熔结束，析晶过程结束，获得B、S、C三种晶体。

配料1高温熔体的析晶过程可用下列表达式表示：

液相点　　　　$1 \xrightarrow[f=2]{L \to B} a \xrightarrow[f=1]{L \to B+C} P(L_P + B \xrightarrow[f=0]{} S + C)$

固相点　　　　　　　　$B \xrightarrow{B+C} b \xrightarrow{B+C+S} 1$

配料2：

组成点在△ASC内，故结晶产物必为A、S、C，析晶结束在无变量点E点。因组成点位于B初晶区，当冷却到析晶温度时，晶相B析出，液相组成从2点沿$B2$延长线向a点变化，到达a点后，晶相C和晶相B同时析出，液相组成沿e_2P线从a点向P点变化，固相组成从B点向n点变化。液相组成点到P点后，发生转熔过程：L_P+B→C+S，随着转熔过程的进行，固相组成从n点向2点变化，当晶相B全部回吸完后，固相组成到达SC线上的d点。转熔结束，但仍有多余液相存在，析晶并未结束，此时$p=3$，$f=1$，温度可继续下降，液相组成沿PE线从P点向E点变化，固相组成从d点向h点变化。液相组成到达E点后，发生低共熔过程：L_E→A+S+C，即同时析出晶相A、S和C，此时，系统四相平衡，$f=0$，在该过程中，固相组成从h点向2点变化，直到液相消失。

配料2高温熔体的析晶过程可用下列表达式表示：

液相点　　$2 \xrightarrow[f=2]{L \to B} a \xrightarrow[f=1]{L \to B+C} P(L_P + B \xrightarrow[f=0]{} S + C) \xrightarrow[f=1]{L \to C+S} E(L_E \xrightarrow[f=0]{} C + S + A)$

固相点　　　　$B \xrightarrow{B+C} n \xrightarrow{B+C+S} d \xrightarrow{C+S} h \xrightarrow{C+S+A} 2$

配料3：

组成点在△ASC内，且位于B的初晶区，当冷却到析晶温度时，仍先析出晶相B，随后液相组成点沿$B3$延长线从3点向转熔线pP上的e点变化，到达e点后，发生转熔过程：L+B→S，即析出晶相S，已析出的晶相B熔解（回吸），此时系统$p=3$，$f=1$，温度可继续下降，液相组成沿pP界线从e点向P点变化，同时固相组成从B点向S点变化，当固相组成到达S点时，晶相B全部被回吸完，此时液相组成点到达f点，这时系统$p=2$，$f=2$，液相组成点开始离开pP界线发生"穿相区"，即液相组成点从f点沿$S3$射线穿过S相区向g点变化，从液相中析出S晶体，到达g点后，系统又同时对晶相C和晶相S饱和，故同时析出晶相C和晶相S，此时系统$p=3$，$f=1$，液相组成点沿PE线从g点向E点变化，固相组成点从S点向q点变化，液相组成到达低共熔点E点后，产生低共熔过程：L_E→A+S+C，系统四相平衡共存，$f=0$，即A、S、C同时析出，固相组成点从q点向3点变化，直到液相消失，析晶结束。

配料3高温熔体的析晶过程可用下列表达式表示：

液相点 $\quad 3 \xrightarrow[f=2]{L \to B} e \xrightarrow[f=1]{L+B \to S} f \xrightarrow[f=2]{L \to S} g \xrightarrow[f=1]{L \to S+C} E(L_E \xrightarrow[f=0]{} S+C+A)$

固相点 $\qquad\qquad\qquad B \xrightarrow{B+S} S \xrightarrow{S+C} q \xrightarrow{S+C+A} 3$

从以上析晶过程的分析可以得到以下结论：

（1）熔体的结晶过程，一定在与熔体组成点所在副三角形相对应的无变量点析晶结束，与此无变量点是否在该三角形内无关。

（2）低共熔点一定是析晶结束点，转熔点可以是析晶结束点，也可以不是。前述单转熔点 P 是否是析晶结束点，取决于进行的转熔过程中，被转熔的晶相和液相谁先耗尽消失。

1）液相先消失，B 晶相有剩余，析晶过程在 P 点结束，析晶产物为 B、S、C 三种晶体。凡是组成在 $\triangle BSC$ 内的熔体都属于这种情况，如熔体 1。

2）晶相 B 先消失，液相有剩余，转熔过程结束，析晶未结束，液相组成点要继续沿着界线降低温度，析出晶体。凡是组成在 $\triangle PSC$ 内的熔体都属于这种情况，如熔体 2。

3）还有液相和晶相 B 同时消失的情况，此时转熔过程与结晶过程同时结束，析晶产物为 S、C 两种晶体。凡组成点在 CS 连线上的熔体都属于这种情况。

（3）在转熔线上的析晶过程，有时会出现液相组成点离开界线进入初晶区的现象，称为"穿相区"。"穿相区"一定发生在界线转熔过程中。当被回吸的晶相被回吸完时，系统只剩下液相和一种晶相两相平衡共存，系统 f=1 变为 f=2 才会发生。对图 6-40 所示系统而言，凡组成点在 PpS 区域内的熔体冷却时都会出现这种情况。

上面讨论的是平衡析晶过程，平衡加热过程是上述过程的逆过程。从高温平衡冷却和从低温平衡加热到同一温度，系统所处的状态应是完全一样的。我们以配料 4 为例说明平衡加热过程。

配料 4：

组成点在 $\triangle ASC$ 内，熔体平衡析晶终点是 E 点，因而配料中开始出现液相的温度应是 T_E。假设系统中的 B 组分在低于低共熔温度 T_E 时已通过固相反应按 $S(A_mB_n)$ 中的比例完全与组分 A 化合形成了 S。则加热到低共熔点 T_E 时开始出现组成为 E 的液相，并进行四相平衡无变量的低共熔过程：$A+S+C \to L_E$。当一种晶相消失时，因为 $p=3$，$f=1$，系统温度可继续升高，液相组成将离开 E 点到界线上。若是两种晶相同时消失，因为 $p=2$，$f=2$，液相组成将到初晶区去。作 E4 连线并延长与 AS 连线交于 w 点，说明上述的低共熔过程将以 C 晶相的消失而结束，系统自由度由 0 变为 1，液相组成点由 E 点沿 e_1E 界线向 e_1 变化，进行单变量的低共熔过程：$A+S \to L$，同时，固相组成点由 w 点沿 AS 连线向 S 点变化，当液相组成到达 V 点时，固相组成点到达 S 点，表明系统中晶相 A 已熔完，此时 $f=2$，液相组成沿 V4 线向 4 点变化，到达 4 点时晶相 S 消失，至此配料 4 的混合物全部熔融。

配料 4 的混合物加热熔融过程可用下列表达式表示：

液相点 $\qquad\qquad\qquad\qquad E \longrightarrow v \longrightarrow 4$

固相点 $\qquad 4 \xrightarrow[f=0]{S+A+C \to L} w \xrightarrow[f=1]{A+S \to L} S \xrightarrow[f=2]{S \to L} S$ 消失

6.4.5.4　具有一个高温分解、低温稳定存在的二元化合物的三元系统相图

图 6-42 中，A、B 组元间生成一个固相分解的化合物 $S(A_mB_n)$，其分解温度低于 A、B 两组元的低共熔点 e_3，因而不可能从 A、B 两组元的液相线 $A'e_3'$ 及 $B'e_3'$ 直接析出 S 晶体。但在含有第三元组元 C 的液相中，液相面温度是下降的，若温度降低到化合物 S 的分解温度 T_R 以下，则有可能从液相中直接析出化合物 S，故这种二元化合物 S 要从三元系统溶液中或二元系统固相反应中才能获得。反映在三元相图中，化合物 S 的组成点在浓度三角形的 AB 边上，但其初晶区进入相图内部，不与任何边接触，故其组成点不在其相应的相区内。

具有一个高温分解、低温稳定存在的二元化合物的三元系统相图的特点是：系统有三个三元无变量点 P、E 和 R，但只能划分出与 P（双升点）和 E（低共熔点）两点相对应的两个副三角形 $\triangle ASC$ 和 $\triangle BSC$，R 点周围的三个初晶区是 A、S、B，对应的组成点 A、S、B 在一条直线上，不能形成一个副三角形。在 R 点系统处于四相平衡共存，$f=0$，实质上进行的是化合物 S 的形成（或分解）过程，即 $A+B \underset{L}{\rightleftharpoons} S(A_mB_n)$。液相仅起介质作用，液相的量不发生变化，故 R 点称为双降点形式的过渡点。

组成为 M 点的熔体析晶过程为：

$$液相点 M \xrightarrow[f=2]{L \to A} a \xrightarrow[f=1]{L \to A+B} R(L_R + A + B \xrightarrow[f=0]{} S) \xrightarrow[f=1]{L \to S+B} E(L_E \xrightarrow[f=0]{} B+S+C)$$

$$固相点 \qquad\qquad A \xrightarrow{A+B} D \xrightarrow{B+S} G \xrightarrow{B+S+C} M$$

当温度冷却到 T_R 时，液相组成刚到 R 点，固相组成在 AB 上的 D 点，此时，液相量：固相量$_{(A+B)} = DM : MR$，固相量$_{(A)}$：固相量$_{(B)} = DB : AD$。而在液相到达 R 点后，进行双转熔过程：$mA+nB \to S(A_mB_n)$，也就是化合物 S 的形成过程。因 $AD > AS$，$DB < SB$，故双转熔过程以 A 相先消失而结束，此时 $f=1$，液相组成点离开 R 点，沿 RE 线向 E 点变化。

液相开始离开 R 点之前，固相组成仍在 D 点，液相与固相的含量之比仍为 $DM : MR$，但固相组成却从 A+B 变成了 S+B。

因此，在 R 点这种三元无变量点，化合物形成过程中液相量不变，仅起介质作用，故称为过渡点，这样的过渡点一定不是析晶结束点，与该三元无变量点相对应的不是三角形，而是一条直线。

6.4.5.5　具有一个低温分解、高温稳定存在的二元化合物的三元系统相图

图 6-43 中，在 A-B 二元系统中形成一个二元化合物 $S(A_mB_n)$，在高于 t_m' 温度时稳定存在，低于该温度时分解为 A、B 两种晶相。化合物 S 有自己的初晶区，与 A-B 二元边相连接。图中 t_m 点是 S 相区的最低温度点，即是化合物 S 分解（冷却时）或形成（加热时）的温度点。t_m 点同样没有对应的副三角形，不能成为析晶结束点，因此也是一个过渡点。由于它如同双升点，称为双升点形式的过渡点。在 t_m 点的相平衡关系为 $S(A_mB_n) \underset{L}{\rightleftharpoons} A+B$，同样是化合物的分解过程。该点的液相不参与化合物的分解反应，只作为介质存在，当无液相时，化合物的分解仍然进行。

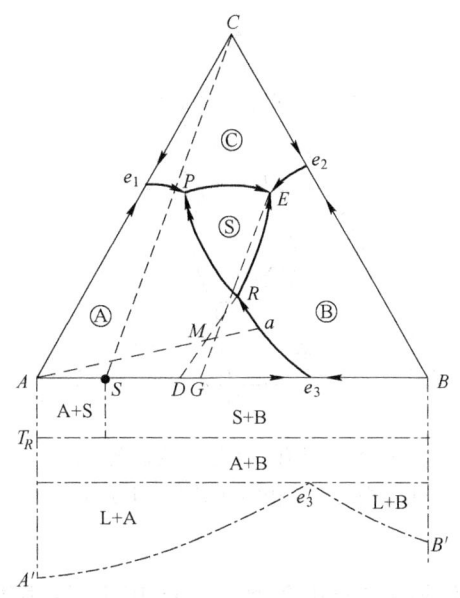

图 6-42 具有一个高温分解、低温稳定
存在的二元化合物的三元系统相图

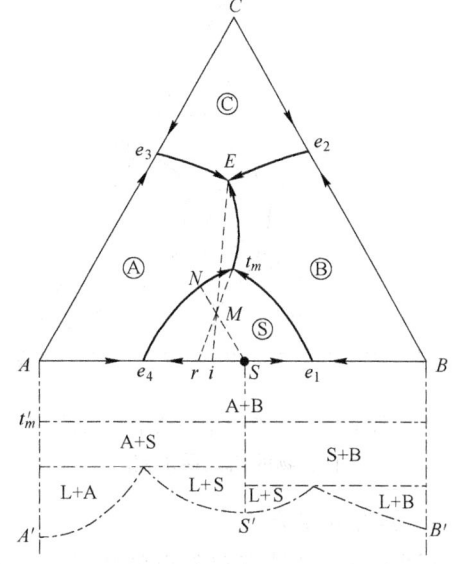

图 6-43 具有一个低温分解、高温稳定
存在的二元化合物的三元系统相图

冷却时在 t_m 点产生的平衡过程为：$(L)+A_mB_n \rightarrow mA+nB+(L)$。

6.4.5.6 具有一个一致熔融三元化合物的三元系统相图

如图 6-44 所示。系统中有一个一致熔融三元化合物 $S(A_mB_nC_q)$，三元化合物 S 的组成点落在它自己的初晶相区内，S 点是三元化合物液相面的最高点。

相图共有 4 个初晶区：A、B、C、S；6 条界线：e_1E_1、e_2E_2、e_3E_3、E_1E_2、E_2E_3、E_1E_3；3 个三元低共熔点 E_1、E_2、E_3。连线：AS、BS、CS 都代表一个真正的二元系统，m_1、m_2、m_3 分别是对应的二元低共熔点，三点都是鞍形点。

根据副三角形划分规则，可将相图划分成三个副三角形 $\triangle ACS$、$\triangle ASB$ 和 $\triangle BSC$。实际上每一个副三角形都相当于一个最简单三元系统（具有一个低共熔点）。

6.4.5.7 具有一个不一致熔融三元化合物的三元相图

图 6-45 和图 6-46 中的两个系统中都有一个化合物，该化合物的组成点 S 位于浓度三角形内且都在自己的初晶区之外，因此都是不一致熔融的三元化合物 $S(A_mB_nC_q)$。根据其中无变量点性质的不同，这类相图又可分成两类：一类是有双升点的，另一类为有双降点的。

A 具有双升点

这类相图如图 6-45 所示。系统有三个无变量点，可将相图划分为 3 个副三角形，E_1 和 E_2 分别在 $\triangle ASC$ 和 $\triangle BSC$ 内，是低共熔点，而 P 处于 $\triangle ASB$ 交叉位，是双升点（单转熔点），其相平衡关系为：$L_p+A \rightleftharpoons S+B$。

根据连线规则判断界线的温度变化趋势，界线的性质用切线规则判断，可以看出 E_1p 界线性质比较复杂。延长 AS 交 PE_1 于 m_1 点，则 m_1 点是该界线上的温度最高点，线上的温度由 m_1 点分别向 P 和 E_1 下降。m_1P 段为转熔线，线上进行的过程是 $L+A \rightleftharpoons S$；m_1E_1 段的性质有变，其中 m_1F 段为转熔性质，即 $L+A \rightleftharpoons S$，FE_1 段为共熔性质，即 $L \rightleftharpoons A+S$，F 为界线性质转变点。

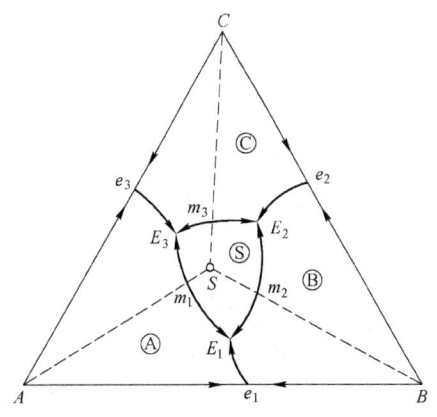

图 6-44　具有一个一致熔融三元
化合物的三元系统相图

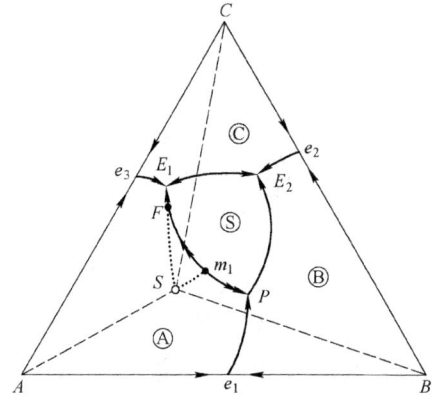

图 6-45　具有一个不一致熔融三元
化合物的三元相图（具有双升点的）

B　具有双降点

如图 6-46 是具有双降点的生成一个不一致熔融三元化合物的三元相图，图中界线 E_1E_2 为共熔性质，E_2R 为转熔性质，而 E_1R 是条性质发生变化的界线，靠近 R 点的一端 nR 是转熔性质，靠近 E_1 点的一端 nE_1 是共熔性质，n 为界线性质的转变点。无变量点 E_1、E_2 在各自对应的副三角形内，是低共熔点；无变量点 R 在对应的 $\triangle ASB$ 外，处于共轭位，是双转熔点，又称双降点。

本系统熔体的冷却析晶过程因配料点的位置不同而出现多种变化，特别是在转熔点附近区域内。下面以组成为 M_1 和 M_2 的熔体为例，分析其冷却析晶过程。

图 6-47 是图 6-46 富 A 部分的放大图。熔体 M_1 和 M_2 都在 $\triangle CSB$ 中，且都在 A 的初晶区内，故冷却过程中都是首先析出 A 晶相，最后在 E_1 点析晶结束，析晶产物为 C、S 和 B，仔细分析发现二者析晶路径并不相同。

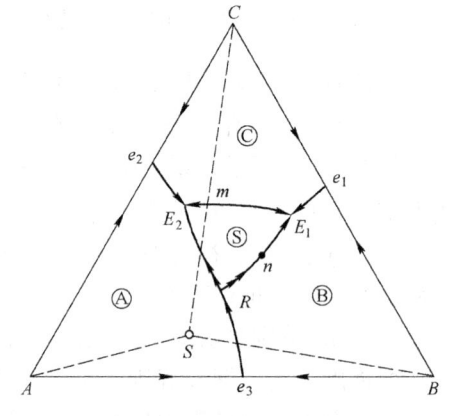

图 6-46　具有双降点的生成一个不一致
熔融三元化合物的三元相图

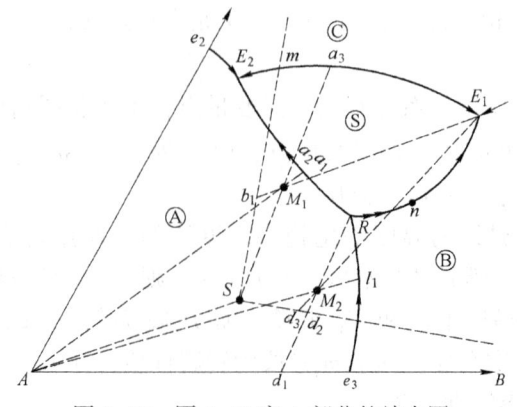

图 6-47　图 6-46 富 A 部分的放大图

组成为 M_1 点和 M_2 点的熔体析晶过程为：

液相点　　　$M_1 \xrightarrow[f=2]{L \to A} a_1 \xrightarrow[f=1]{L+A \to S} a_2 \xrightarrow[f=2]{L \to S} a_3 \xrightarrow[f=1]{L \to S+C} E_1(L_{E_1} \xrightarrow[f=0]{} B+S+C)$

固相点　　　　　　　　　$A \xrightarrow{A+S} S \xrightarrow{S+C} b_1 \xrightarrow{S+C+B} M_1$

液相点

$M_2 \xrightarrow[f=2]{L \to A} l_1 \xrightarrow[f=1]{L \to A+B} R(L_R+A+B \xrightarrow[f=0]{} S) \xrightarrow[f=1]{L+B \to S} n \xrightarrow[f=1]{L \to S+B} E_1(L_{E_1} \xrightarrow[f=0]{} S+B+C)$

固相点　　　　　　　$A \xrightarrow{A+B} d_1 \xrightarrow{A+B+S} d_2 \xrightarrow{S+B} d_3 \xrightarrow{S+B+C} M_2$

6.4.5.8　具有多晶转变的三元系统相图

当二元系统中某组元有多晶转变时，有两种形式：（1）转变温度高于低共熔温度，如图 6-48（a）中的 A-C 系统。（2）转变温度低于低共熔温度，如图 6-48（b）中的 A-C 系统。

在最简单的三元系统中，A 组元有多晶转变且转变温度（t_n）高于三元低共熔点时，分为下列三种情况：

（1）如图 6-48（a）所示，由图知 $t_n>e_1$，$t_n>e_3$。图中 p_1p_2 为等温线，线上任一点都代表 α 型和 β 型之间的转变温度，也称转变曲线。组元 A 的液相面被 p_1p_2 分成 A_α 和 A_β 两个相区。

（2）如图 6-48（b）所示，由图知 $t_n<e_1$，$t_n>e_3$。由于 $t_n<e_1$，故图中 pP 线与 e_1E 界线相交，交点 P 是三元系统内的多晶转变点。在 P 点进行的是无变量的四相（A_α、A_β、C 相和液相）平衡过程，若熔体冷却析晶经过 P 点时，须等到全部 A_α 转变为 A_β 后，系统温度才能继续下降，液相组成点才离开 P 点，沿 PE 向 E 点方向变化。由于在 P 点进行晶型转变的过程中，液相量没有变化，故三元多晶转变点一定不是析晶结束点，相图中也没有与 P 点对应的副三角形。

（3）如图 6-48（c）所示，由图知 $t_n<e_1$，$t_n<e_3$。

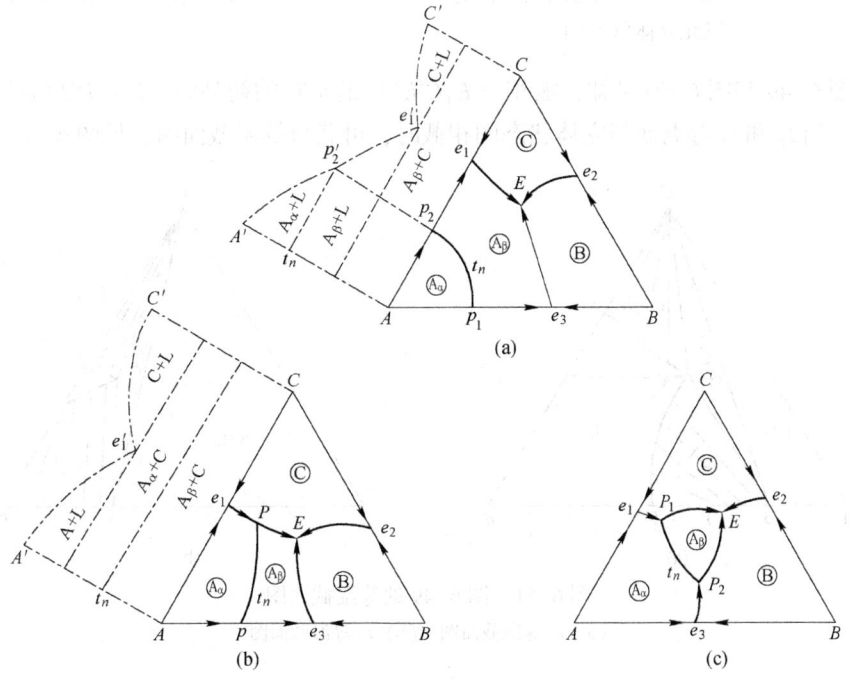

图 6-48　具有多晶转变的三元系统相图

在固相有多晶转变的三元相图中要区分转变曲线与一般曲线，可根据相区中的标注决定。若同一组元由不同晶型相区所共有，则为转变曲线。转变曲线与界线的交点则为三元系统中的多晶转变点。

6.4.5.9　形成一个二元连续固溶体的三元相图

在 A-B-C 三元系统中，A-B 两组元间形成二元连续固溶体 S_{AB}，而 A-C 和 B-C 则为两个最简单的二元系统。这类相图如图 6-49 所示，图 6-50 为其投影图。投影图中只有一条界线 E_1E_2，两个初晶区 S_{AB} 和 C，没有四相平衡共存的三元无变量点，这是这类相图的特点。

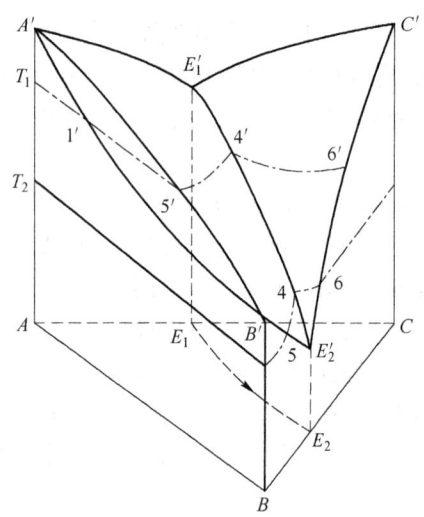

图 6-49　形成一个二元连续固溶体的
三元立体状态图

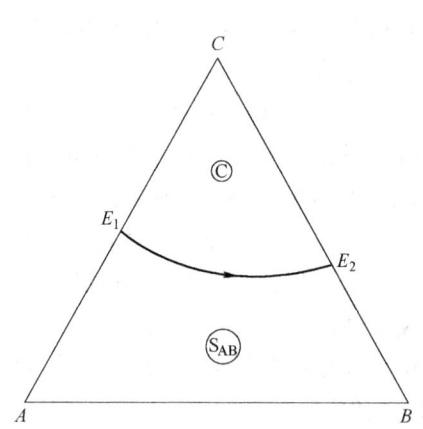

图 6-50　图 6-49 的投影图

根据图 6-49 和图 6-50 可知，液相面 $E'_1C'E'_2$ 是组元 C 的初晶面，$E'_1A'B'E'_2$ 是固溶体 S_{AB} 的初晶面。当 t_1 和 t_2 等温面与立体状态图相截时，可获得等温截面图，见图 6-51。

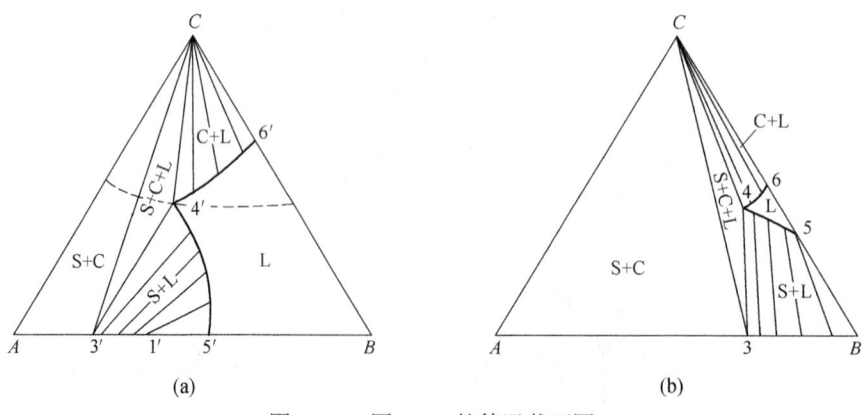

(a)　　　　　　　　(b)

图 6-51　图 6-49 的等温截面图
（a）t_1 等温截面图；（b）t_2 等温截面图

关于这类相图的析晶过程，如果组成点在 C 初晶区内，析晶路程可按一定几何规则判断。如果组成点在固溶体初晶区内，析晶路程必须由试验来确定。共熔线 $E_1' E_2'$（图 6-50）上各点表示固溶体 S_{AB}、固相 C 和液相平衡共存。在共熔线上的析晶路程只沿一个方向变化直到液相消失，析晶结束。

以图 6-52 中 M_1 熔体为例，组成点位于 C 初晶区内，冷却时从熔体首先析出 C 晶相，随后液相组成则根据背向线规则沿 CM_1 射线向背离 C 的方向移动，液相中不断地析出 C 晶体，当液相点变化到达界线上的 l_1 点时，从液相中同时析出 C 晶相和组成为 S_1 的固溶体。系统三相平衡共存，$f=1$，当液相组成点随温度下降沿界线变化 l_2 点时，固溶体组成点到 S_2，固相总组成点在 $l_2'M_1$ 的延长线与 CS_2 连线的交点 N。当固溶体组成点到 S_n 点，C、M_1 和 S_n 三点共线，液相在 l_n 消失，析晶结束。

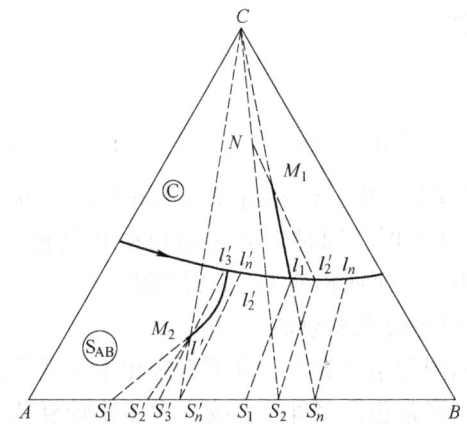

图 6-52 形成一个二元连续固溶体的三元相图的析晶过程

6.4.5.10 具有液相分层的三元相图

图 6-53 所示的是具有二液分层区的三元系统立体图。分层是由二元系统 AB 的分层区开始的，在三元系统中该分层区的界线是一条封闭的曲线 $F'K'G'$。从空间上看两个液相共存的区域是一个体积，它的上方是一个经过二元系统二液区 $F'K''G'$ 的曲面。

曲线 $F'K'G'$ 是由于三元系统的分层区和组分 A 的液相面相交而得到。该曲线在 K' 点处有一最低点，K' 点是三元系统内部溶解度的临界点，曲线的两段支线 $F'K'$ 和 $K'G'$ 彼此是共轭的，它们表示两个成平衡的液体的组成。$K''K'$ 则为临界混溶曲线。

图 6-54 是图 6-53 在浓度三角形上的投影图。液相面上曲线 $F'K'G'$ 投影为 FKG。临界点 K 是曲线上的温度最低点，在 K 点两个液体层的组成一致。结线 n_1m_1、n_2m_2、n_3m_3 等各以其两端表示各种温度下相互平衡的两个液体层的组成。

组成点 M 点的结晶过程如下：

组成点处于组分 A 的初晶区内，首先析出组分 A 的晶相。继续冷却，液相的组成点将沿 AM 的延长线移动。随着 A 晶相的不断析出，液相中 A 的量在减少，那么富 A 的液相（L_n）要转变为富 B 的液相（L_m）。当液相组成到达 FK 线上的 n_1 点时，液相开始分层，此时 L_m 很少，随着温度的降低，液相的总组成点沿 AM 的延长线移动，相应的两个分层液相各自从 n_1 和 m_1 两点沿 FK 和 GK 向 K 点方向变化。当液相的总

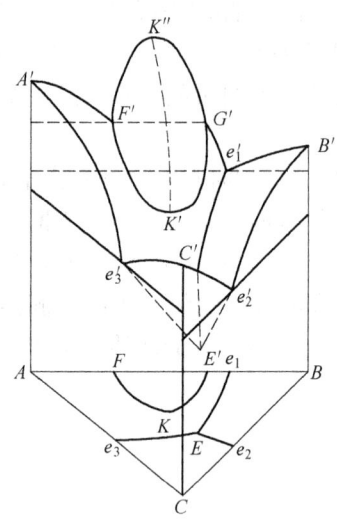

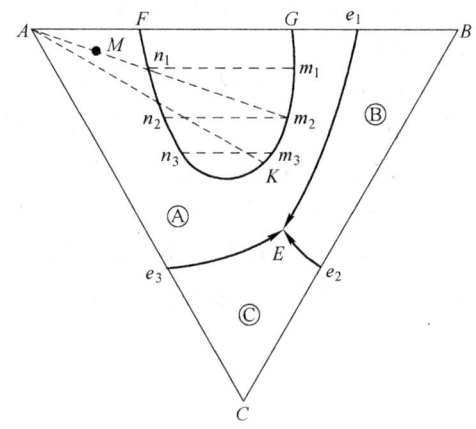

图 6-53   具有液相分层的三元立体状态图   图 6-54   图 6-53 的投影图

组成点变化到 m_2 点时分层现象消失，液相组成点离开分层区继续析晶。当液相组成点变化到 AM 延长线与界线 Ee_1 相交时，同时析出 A 晶相和 B 晶相。液相组成点变化到 E 点，则同时析出 A、B 和 C 晶相，直至液相消失，析晶结束。

6.4.5.11   分析复杂相图的主要步骤

以上介绍了三元系统相图的基本类型、分析方法和主要规律，它们是分析复杂相图的基础。三元系统的专业相图经常包含多种化合物，大多比较复杂，相图中的初晶区、界线和无变量点大量增多。只要掌握了判读和分析相图的基本规则和方法，便能达到读懂和应用专业相图的目的。下面将分析复杂相图的主要步骤如下：

（1）判断化合物的性质。遇到一个复杂的相图，首先要了解系统中有哪些化合物，其组成点和初晶区的位置，然后根据化合物组成点是否落在其初晶区内，判断化合物性质属一致熔融还是不一致熔融；另外，若化合物组成点落在浓度三角形内为三元化合物，若落在浓度三角形的三条边上则为二元化合物。

（2）划分副三角形。根据副三角形划分原则和方法，将复杂的三元系统相图划分为若干个分三元系统，使复杂相图简单化。

（3）判断界线的温度走向。根据连线规则判断界线的温度下降方向，并用箭头标出。

（4）判断界线的性质。应用切线规则判断界线是共熔性质的界线（单箭头表示）还是转熔性质的界线（双箭头表示），确定相平衡关系。

（5）确定无变量点的性质。根据重心规则或者根据交汇于无变量点的三条界线上的温度下降方向，来确定无变量点是低共熔点（三升点）、单转熔点（双升点）还是双转熔点（双降点），确定无变量点上的相平衡关系。

（6）分析冷却析晶过程或加热熔融过程。按照冷却或加热过程的相变规律，选择一些组成点分析析晶（或熔融）过程，用杠杆规则计算冷却或加热过程中平衡共存的各相的含量。

6.4.6　三元系统专业相图

6.4.6.1　CaO-Al$_2$O$_3$-SiO$_2$系统

CaO-Al$_2$O$_3$-SiO$_2$系统是无机非金属材料的重要系统，包括许多重要硅酸盐制品、高炉矿渣和一些矿物岩石，各种材料组成范围见图6-55。

A　相图介绍

CaO-Al$_2$O$_3$-SiO$_2$系统相图如图6-56所示。本系统共有15个化合物，其中3个纯组分，即CaO、Al$_2$O$_3$和SiO$_2$，它们的熔点分别为2575℃、2045℃和1723℃。10个二元化合物中硅灰石CS、硅酸二钙C$_2$S、七铝酸十二钙C$_{12}$A$_7$、莫来石A$_3$S$_2$为一致熔融化合物；二硅酸三钙C$_3$S$_2$、铝酸三钙C$_3$A、铝酸钙CA、二铝酸钙CA$_2$、六铝酸钙CA$_6$、硅酸三钙C$_3$S为不一致熔融化合物。还有两个一致熔融三元化合物：钙斜长石CAS$_2$和铝方柱石C$_2$AS。这15个化合物都有各自对应的初晶区，SiO$_2$的初晶区被1470℃的多晶转变等温线分成方石英和鳞石英两个相区，并且在靠近SiO$_2$处有一个液相分层的二液区。

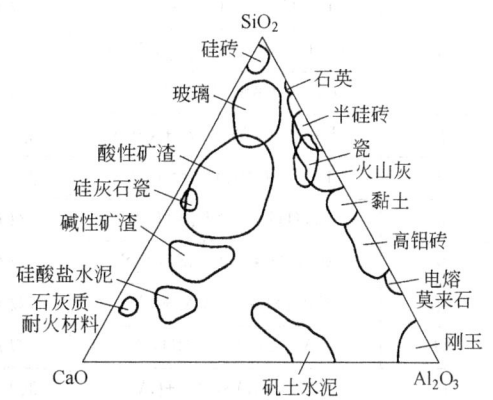

图6-55　CaO-Al$_2$O$_3$-SiO$_2$系统中各种材料组成范围示意图

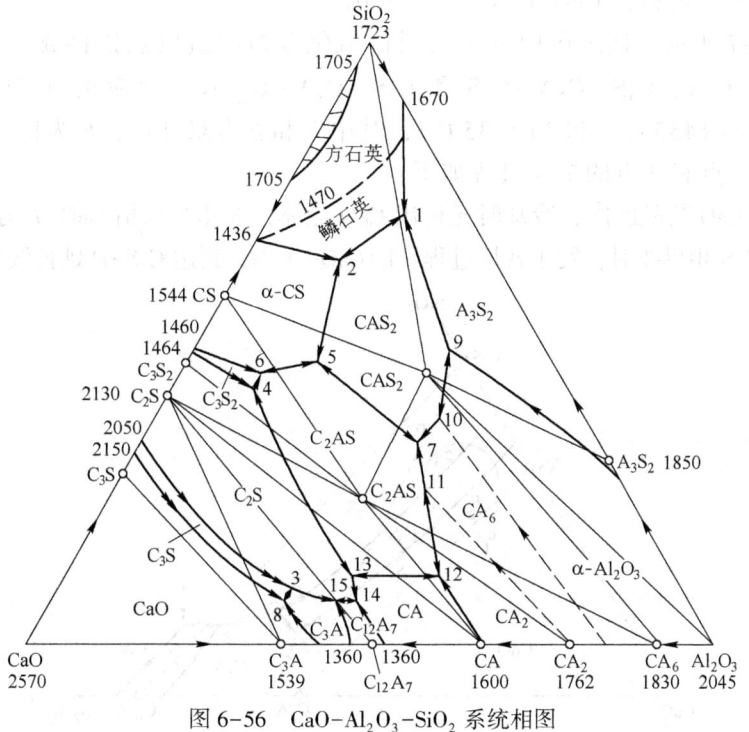

图6-56　CaO-Al$_2$O$_3$-SiO$_2$系统相图

该相图可划分15个副三角形，与此对应的15个三元无变量点列于表6-6。

表 6-6　CaO-Al$_2$O$_3$-SiO$_2$ 系统中的无变量点及其性质

图中点	相平衡关系	平衡性质	组成/%			平衡温度/℃
			CaO	Al$_2$O$_3$	SiO$_2$	
1	L ⇌ 鳞石英+CAS$_2$+A$_3$S$_2$	低共熔点	9.8	19.8	70.4	1345
2	L ⇌ 鳞石英+CAS$_2$+α-CS	低共熔点	23.3	14.7	62.0	1170
3	C$_3$S+L ⇌ C$_3$A+α-C$_2$S	双升点	58.3	33.0	8.7	1455
4	α'-C$_2$S+L ⇌ C$_3$S$_2$+C$_2$AS	双升点	48.2	11.9	39.9	1315
5	L ⇌ CAS$_2$+C$_2$AS+α-CS	低共熔点	38.0	20.0	42.0	1265
6	L ⇌ C$_2$AS+C$_3$S$_2$+α-CS	低共熔点	47.2	11.8	41.0	1310
7	L ⇌ CAS$_2$+C$_2$AS+CA$_6$	低共熔点	29.2	39.0	31.8	1380
8	CaO+L ⇌ C$_3$A+C$_3$S	双升点	59.7	32.8	7.5	1470
9	Al$_2$O$_3$+L ⇌ CAS$_2$+A$_3$S$_2$	双升点	15.6	36.5	47.9	1512
10	Al$_2$O$_3$+L ⇌ CA$_6$+CAS$_2$	双升点	23.0	41.0	36.0	1495
11	CA$_2$+L ⇌ C$_2$AS+CA$_6$	双升点	31.2	44.5	24.3	1475
12	L ⇌ CAS$_2$+CA+CA$_2$	低共熔点	37.5	53.2	9.3	1500
13	CAS$_2$+L ⇌ α'-C$_2$S+CA	双升点	48.3	42.0	9.7	1380
14	L ⇌ α'-C$_2$S+CA+C$_{12}$A$_7$	低共熔点	49.5	43.7	6.8	1335
15	L ⇌ α'-C$_2$S+C$_3$A+C$_{12}$A$_7$	低共熔点	52.0	41.2	6.8	1335

B　相图中的高钙区 CaO-C$_2$S-C$_{12}$A$_7$ 系统

如图 6-57 所示，该区域中可按共同析出化合物的组成点连接成三个副三角形，即 CaO-C$_3$S-C$_3$A、C$_3$S-C$_3$A-C$_2$S 和 C$_2$S-C$_3$A-C$_{12}$A$_7$，相应的无变量点分别为 h(1470℃)、k(1455℃) 和 F(1335℃)，其中 h 和 k 为双升点，F 为低共熔点。图中 P 点、1 点、2 点和 3 点的析晶过程如下：

P 点位于 CaO 初晶区内，冷却时先析出 CaO 晶体，液相组成沿 CaO-P 连线方向变化，当到达 CaO-C$_3$S 相界线时，发生转熔过程：L+CaO→C$_3$S，到达 C$_3$S-P 延长线与 CaO-C$_3$S 相

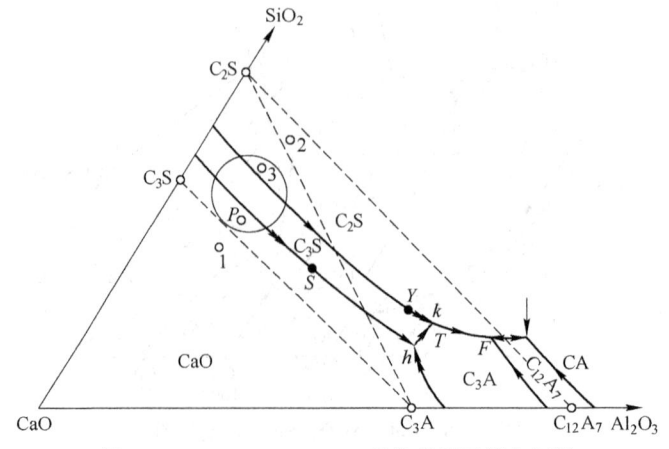

图 6-57　CaO-Al$_2$O$_3$-SiO$_2$ 系统高钙区部分相图

界线的交点 S 时，CaO 完全被回吸，此时，液相与 C_3S 晶体两相共存，液相组成点开始越区进入 C_3S 初晶区内，沿 C_3S-P-S 延长线方向变化，直至与界线 hk 相交于 T 点，这时发生析晶过程：$L \to C_3S + C_3A$，液相组成点继续沿 Tk 线变化，当到达双升点 k 时发生转熔过程：$L + C_3S \to C_3A + C_2S$，直至液相消失，析晶在 k 点结束。此时，固相组成点与原始组成点 P 点重合，析晶产物为 C_3S、C_3A 和 C_2S 三个晶相。

3 点是大多数硅酸盐水泥熟料的组成点，此点在 C_2S 初晶区内，首先析出 C_2S，液相组成沿 C_2S-3 连线方向变化，到达 C_2S-C_3S 相界线时，产生析晶过程：$L \to C_3S + C_2S$，液相组成点沿界线向 k 点变化，到达 Y 点后，界线性质从一致熔融转变为不一致熔融，发生转熔：$L + C_2S \to C_3S$，液相组成点到达 k 点时，进行的析晶过程：$L + C_3S \to C_3A + C_2S$，直至液相消失，析晶过程结束，析晶产物为 C_3S、C_3A 和 C_2S 三个晶相。

2 点位于 $\triangle C_2S$-C_3A-$C_{12}A_7$ 内，故其析晶产物为 C_2S、C_3A 和 $C_{12}A_7$，析晶结束点为该三角形对应的无变量点 F。

1 点位于 $\triangle CaO$-C_3S-C_3A 内，故其析晶产物为 CaO、C_3S 和 C_3A，析晶结束点为该三角形对应的无变量点 h。

硅酸盐水泥中含有 C_3S、C_2S、C_3A 和 C_4AF 四种矿物，相应的氧化物为 CaO、Al_2O_3、SiO_2 和 Fe_2O_3，因为 Fe_2O_3 的含量较低（2%~5%），可以并入 Al_2O_3 一起考虑，因此可应用 CaO、Al_2O_3、SiO_2 系统相图。

a 硅酸盐水泥的配料

根据三角形规则，配料点落在哪个副三角形，最终析晶产物就是这个副三角形三个顶角所表示的三种晶相，图中 1 点配料处于 $\triangle CaO$-C_3S-C_3A 中，平衡析晶中有游离 CaO；2 点配料处于 $\triangle C_2S$-C_3A-$C_{12}A_7$ 内，平衡析晶产物将有 $C_{12}A_7$，而没有 C_3S，由于 $C_{12}A_7$ 的水硬活性很差，而 C_3S 是水泥中最重要的水硬矿物。因此，这两种配料都不符合硅酸盐水泥矿物组成的要求。硅酸盐水泥生产中熟料的实际组成是 CaO 含量 62%~67%，SiO_2 含量 20%~24%，（$Al_2O_3 + Fe_2O_3$）含量 6.5%~13%，即在 $\triangle C_3S$-C_2S-C_3A 内的小圆圈内波动，这样产生的析晶矿物都是水硬性能良好的胶凝矿物。

b 硅酸盐水泥的烧成

硅酸盐水泥的烧成过程并不是将配料加热至完全熔融，然后平衡冷却析晶，实际上是采用部分熔融的烧结法生产熟料。因此，熟料矿物的形成并不是完全来自液相析晶，固态组元之间的固相反应起着更为重要的作用。为了加速固相反应，液相开始出现的温度及液相量是非常重要的。如果是非常缓慢的平衡加热，则加热熔融过程应是缓慢冷却平衡析晶的逆过程，且在同一温度下，应具有完全相同的平衡状态。以配料 3 为例，其结晶终点是 k 点，则平衡加热时应在 k 点出现与 C_3S、C_2S、C_3A 平衡的 L_k 液相。但很难通过纯固相反应生成 C_3S，在 1200℃ 以下组分通过固相反应生成的是反应速度较快的 $C_{12}A_7$、C_3A、C_2S。因此，液相出现的温度不是 k 点的 1445℃，而是与这三个晶相平衡的 F 点温度 1335℃。F 点是一个低共熔点，加热时 $C_2S + C_2A + C_{12}A_7 \to L_F$。当 $C_{12}A_7$ 熔融后，液相组成沿 Fk 界线变化，升温过程中，C_2S 和 C_3A 继续熔入液相中，液相量随温度升高不断增加。而系统中一旦形成液相，生成 C_3S 的固相反应 $C_2S + CaO \to C_3S$ 的反应速度大大增加。从某种意义看，水泥熟料烧成的主要问题是创造条件促进 C_3S 的大量形成。

c　水泥生产工艺中的冷却

水泥配料达到烧成温度时所获得的液相量约为 20%～30%。在随后的降温过程中，为防止 C_3S 分解及 α-C_2S 发生晶型转变，工艺上采用快速冷却措施，而不是缓慢冷却，故冷却过程中也是不平衡的。这种不平衡过程可有两种方式：

（1）急冷：此时冷却速度超过熔体的临界冷却速度，液相完全失去析晶能力，全部转变为低温下的玻璃体。

（2）液相独立析晶：如果冷却速度不是快到使液相完全失去析晶能力，但也不是慢到足以使它能够和系统中其他晶相保持相平衡关系，则此时液相如同一个原始配料高温熔体那样独立析晶，重新建立一个新的平衡体系，不受系统中已存在的其他晶相的约束。这种现象特别容易发生在转熔点上的液相。如在 k 点：$L_k + C_3S \rightarrow C_2S + C_3A$，生成的 C_2S 和 C_3A 往往包裹在表面，阻止了 L_k 与 C_3S 的进一步反应，此时液相将作为一个原始熔体开始独立析晶，沿 kF 界线析出 C_2S 和 C_3A，到 F 点后又有 $C_{12}A_7$ 析出。由于 k 点在 $\triangle C_2S$-C_3A-$C_{12}A_7$ 内，独立析晶的终点必在无变量点 F。因此，发生独立析晶时，尽管原始配料点处于 $\triangle C_3S$-C_2S-C_3A 内，但最终获得的产物中可能有四个晶相，除 C_3S、C_2S、C_3A 外，还可能有 $C_{12}A_7$。由于冷却时在 k 点发生 $L_k + C_3S \rightarrow C_2S + C_3A$ 的转熔过程，要消耗 C_3S，如在 k 点发生液相独立析晶或急冷成玻璃，就可阻止这一转熔过程。

C　相图中的高铝质耐火材料区

高铝质耐火材料的工艺组成范围靠近 Al_2O_3-SiO_2 二元边，如图 6-58 所示的斜线区域，处于 Al_2O_3-CAS_2-SiO_2 系统内，跨越两个副三角形。若配料组成点在 $\triangle SiO_2$-CAS_2-A_3S_2 内，制品的矿物组成主要是莫来石

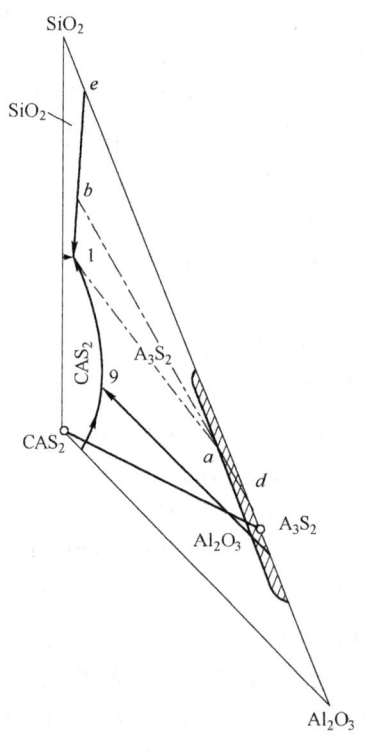

图 6-58　CaO-Al_2O_3-SiO_2 系统的高铝区部分相图

和石英，开始出现液相的理论温度是 1345℃（1 点）；当配料组成点在 $\triangle Al_2O_3$-CAS_2-A_3S_2 内，制品的矿物组成主要是莫来石和刚玉，开始出现液相的理论温度是 1512℃（9 点）。由于其他杂质的存在，实际出现液相的温度要低于理论温度（高铝制品一般在 1100～1300℃开始出现液相）。

组成点 a 点的加热过程：

组成点在 $\triangle SiO_2$-CAS_2-A_3S_2 内，加热到 1 点时出现液相，随温度升高，液相组成沿 $1e$ 界线从 1 点向 e 点变化，同时固相组成从 d 点向 A_3S_2 点变化。当液相组成到达 b 点后，相应的固相组成到 A_3S_2 点。由杠杆规则，此时固相中的石英已全部熔为液相而趋近于零，即成为液相和莫来石平衡共存。再继续升高温度，液相组成沿 ba 线由 b 向 a 变化，而固相组成仍在 A_3S_2 不变。b 点的温度约为 1430℃。该温度已很接近一般高铝制品的烧成温度（约 1450℃左右）。从相图可以理解，在这个温度下进行烧成和保温，有利于莫来石形成，制品中可望获得较多的莫来石相。b 点温度时固液相之间的数量关系为：

$$L_{(b)} = \frac{a - A_3S_2}{b - A_3S_2} \times 100\% \approx 13.5\% \qquad (6-12)$$

$$A_3S_2 = \frac{a - b}{b - A_3S_2} \times 100\% \approx 86.5\% \qquad (6-13)$$

6.4.6.2　K_2O-Al_2O_3-SiO_2 系统

K_2O-Al_2O_3-SiO_2 系统中有五个二元化合物和四个三元化合物，四个三元化合物的组成中 K_2O 含量与 Al_2O_3 含量的比值是相同的，它们的组成点都在 SiO_2-$K_2O \cdot Al_2O_3$ 的连线上，分别为钾长石 KAS_6、白榴石 KAS_4、钾霞石 KAS_2 和化合物 KAS（其性质迄今未明，初晶相的范围也未确定），其中 KAS_4 和 KAS_2 是一致熔融化合物，熔点分别为 1686℃ 和 1800℃；KAS_6 为不一致熔融化合物，在 1150℃ 分解为 KAS_4 和富硅液相。由于 K_2O 高温下易于挥发等实验上的困难，本系统的相图仅能给出 K_2O 含量在 50% 以下部分的相图，如图 6-59 所示。

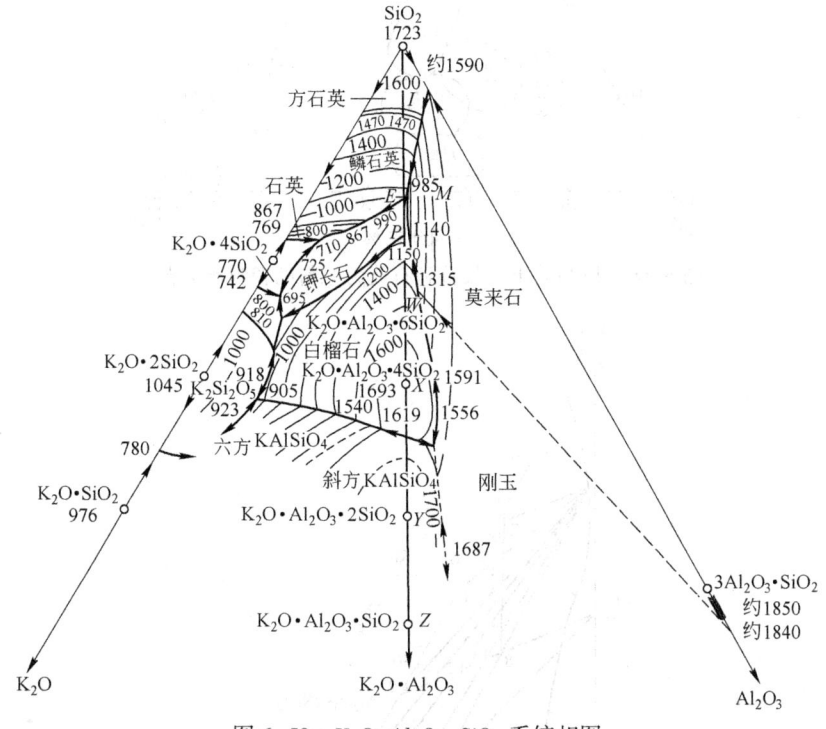

图 6-59　K_2O-Al_2O_3-SiO_2 系统相图

图 6-59 中的 M 点和 E 点是两个不同的无变量点。M 点处于莫来石、鳞石英和钾长石三个初晶区的交点，是三元无变量点，且是一个低共熔点（985℃）。E 点是鳞石英和钾长石初晶区界线与相应连线 SiO_2-W 的交点，是该界线上的温度最高点，也是鳞石英和钾长石的低共熔点（990℃）。该系统与日用陶瓷及普通电瓷的生产密切相关。日用陶瓷及普通电瓷一般用黏土（高岭土）、长石和石英配料。高岭土主要矿物组成是高岭石 $Al_2O_3 \cdot 2SiO_2 \cdot 2H_2O$，煅烧脱水后的化学组成为 $Al_2O_3 \cdot 2SiO_2$，称为偏高岭土。图 6-60 是以高岭土、长石和石英为原料的瓷料配方范围。

图 6-61 中的 D 点即为偏高岭土的组成点。D 点不是相图上原有的二元化合物组成点，

而是一个附加的辅助点，用以表示配料中的一种原料组成。用高岭土、长石和石英三种原料配制的陶瓷坯料组成点处于△QWD（常称配料三角形）内，见图6-60，而在相图上则是处于副三角形△QWm（常称为产物三角形）内。配料经过平衡析晶（或平衡加热）后在制品中获得的晶相为莫来石、石英和长石。

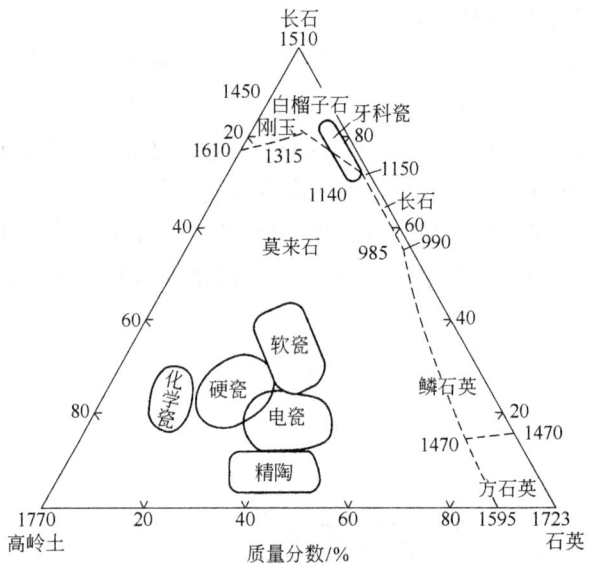

图 6-60　以高岭土、长石和石英为原料的瓷料配方范围

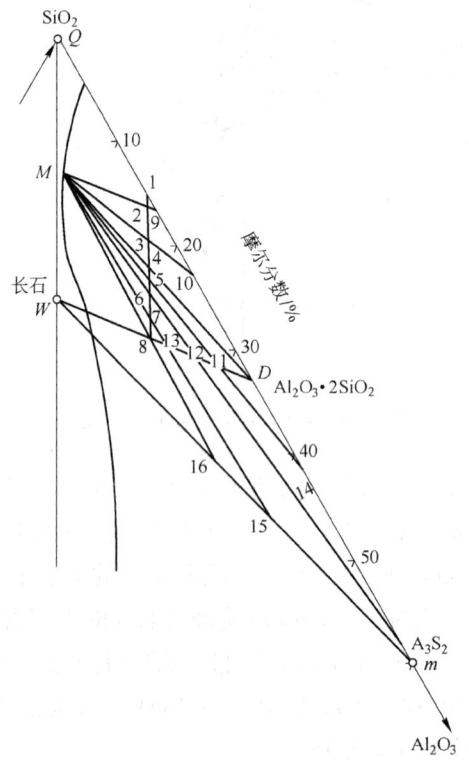

图 6-61　配料三角形与产物三角形

在配料 △QWD 中，1~8 线平行于 QW 边，根据等含量规则，所有处于该线上的配料中偏高岭土的含量是相等的。而在产物 △QWm 中，1~8 线平行于 QW 边，意味着在平衡析晶（或平衡加热）时从 1~8 线上各配料所获得的产品中莫来石量是相等的。故产品中莫来石量取决于配料中的黏土量。

配料 3 的冷却析晶过程：

如将配料 3 加热到高温完全熔融，平衡析晶时，首先析出莫来石，液相点沿 A_3S_2-3 连线延长线方向变化到石英与莫来石初晶区的界线后（参阅图 6-59），从液相中同时析出莫来石与石英，液相沿此界线到达 985℃的低共熔点 M 后，同时析出莫来石、石英与长石，析晶过程在 M 点结束。

配料 3 的平衡加热过程：

将配料 3 平衡加热，长石、石英及通过固相反应生成的莫来石将在 985℃下低共熔生成 M 组成液相，即 A_3S_2+KAS_6+S→L_M。此时系统处于四相平衡，$f=0$，液相点保持在 M 点不变，固相点则从 M 点沿 M-3 连线延长线方向变化，当固相点到达 Qm 边上的 10 点（图 6-61），固相中的 KAS_6 首先熔完，固相中保留下来的晶相是莫来石和石英。系统可继续升温，液相沿着与莫来石和石英平衡的界线向温度升高方向移动，莫来石与石英继续熔入液相，固相点则相应从 10 点沿 Qm 边向 A_3S_2 移动。由于 M 点附近界线上的等温线很紧密，说明此阶段液相组成及液相量随温度升高变化并不急剧，日用瓷的烧成温度大致处于这一区间。当固相点到达 A_3S_2，固相中的石英完全熔入液相。此后液相组成将离开与莫来石、石英平衡的界线沿 A_3S_2-3 连线的延长线进入莫来石初晶区，当液相点回到配料点 3，最后一粒莫来石晶体熔完。

配料在 985℃下低共熔过程结束时首先消失的晶相取决于配料点的位置。如配料 7，因 M-7 连线的延长线交 Wm 边的 15 点，则首先熔解完的晶相是石英，固相中保留的是莫来石和长石。

日用瓷的实际烧成温度在 1250~1450℃，系统中要求形成适宜数量的液相，以保证坯体的良好烧结，液相量不能过小，也不能过大。由于 M 点附近等温线密集，液相量随温度变化不敏感，使这类瓷的烧成温度范围较宽，工艺上易于控制。此外，因 M 点和近邻的界线均接近 SiO_2 顶角，熔体中 SiO_2 的含量较高，液相黏度大，结晶困难，在冷却时系统中的液相往往形成玻璃相，从而使瓷质呈半透明状。

6.4.6.3 MgO-Al_2O_3-SiO_2 系统

MgO-Al_2O_3-SiO_2 系统中某些无机材料的组成分布和相图，如图 6-62 和图 6-63 所示。该系统与陶瓷和耐火材料的生产和使用密切相关，它包含有两大类常用制品的组成：一类是高级耐火材料，如镁砖、尖晶石砖、镁橄榄石砖等；另一类是镁质陶瓷，包括滑石瓷（A 区）、低损耗滑石瓷（B 区）、堇青石瓷（C 区）、镁橄榄石瓷（D 区）等。由于近代新材料的发展，与本系统有关的，在高强度、高绝缘性方面具有独特优点的微晶玻璃受到重视。

系统中共有 4 个二元化合物和 2 个三元化合物，化合物的性质见表 6-7。

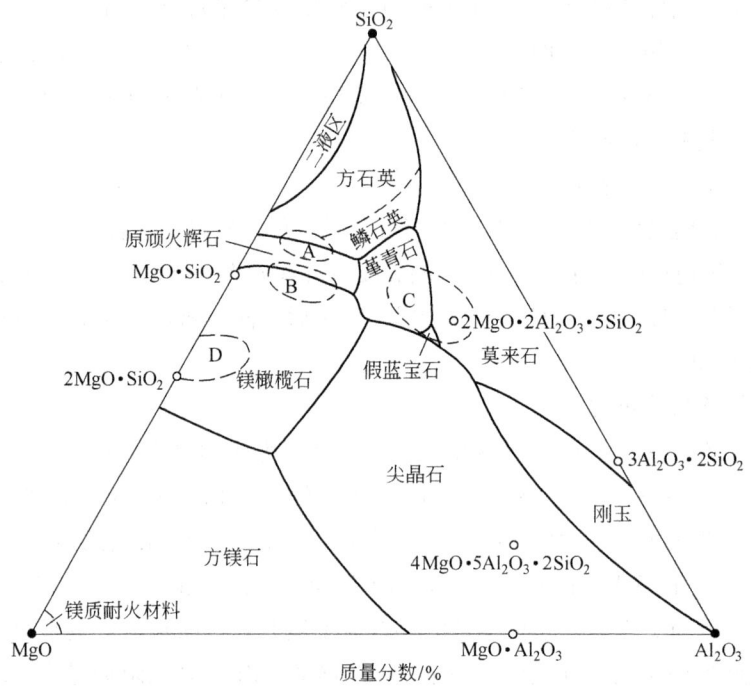

图 6-62   MgO-Al$_2$O$_3$-SiO$_2$ 系统中某些无机材料的组成分布

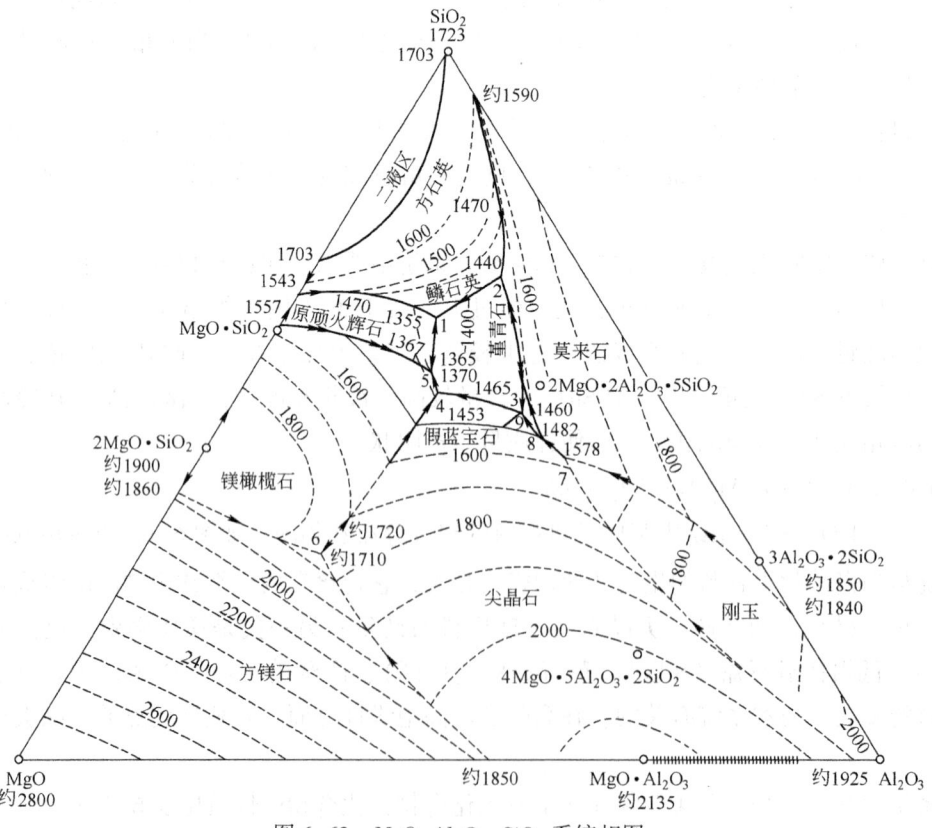

图 6-63   MgO-Al$_2$O$_3$-SiO$_2$ 系统相图

表 6-7 MgO-Al$_2$O$_3$-SiO$_2$ 系统的化合物

化 合 物	性 质	熔点/℃
2MgO·SiO$_2$（M$_2$S，镁橄榄石）	一致熔融	1890
MgO·Al$_2$O$_3$（MA，尖晶石）	一致熔融	2135
3Al$_2$O$_3$·2SiO$_2$（A$_3$S$_2$，莫来石）	一致熔融	1850
化 合 物	性 质	分解温度/℃
MgO·SiO$_2$（MS，原顽火辉石）	不一致熔融	1557
2MgO·2Al$_2$O$_3$·5SiO$_2$（M$_2$A$_2$S$_5$，堇青石）	不一致熔融	1465
4MgO·5Al$_2$O$_3$·2SiO$_2$（M$_4$A$_5$S$_2$，假蓝宝石）	不一致熔融	1482

系统中共有 9 个无变量点，见表 6-8，将相图划分为九个副三角形。

表 6-8 MgO-Al$_2$O$_3$-SiO$_2$ 系统的三元无变量点

图中点	相间平衡	平衡性质	组成/%			平衡温度/℃
			MgO	Al$_2$O$_3$	SiO$_2$	
1	L ⇌ MS+S+M$_2$A$_2$S$_5$	低共熔点	20.5	17.5	62	1355
2	A$_3$S$_2$+L ⇌ M$_2$A$_2$S$_5$+S	双升点	9.5	22.5	68	1440
3	A$_3$S$_2$+L ⇌ M$_2$A$_2$S$_5$+M$_4$A$_5$S$_2$	双升点	16.5	34.5	49	1460
4	MA+L ⇌ M$_2$A$_2$S$_5$+M$_2$S	双升点	26	23	51	1370
5	L ⇌ M$_2$A$_2$S$_5$+M$_2$S+MS	低共熔点	25	21	54	1365
6	L ⇌ M$_2$S+MA+M	低共熔点	51.5	20	28.5	约1710
7	A+L ⇌ MA+A$_3$S$_2$	双升点	15	42	43	1578
8	MA+A$_3$S$_2$+L ⇌ M$_4$A$_5$S$_2$	双降点	17	37	46	1482
9	M$_4$A$_5$S$_2$+L ⇌ M$_2$A$_2$S$_5$+MA	双升点	17.5	33.5	49	1453
10	方石英 ⇌ 鳞石英	多晶转变	5.5	18	76.5	1470
11	方石英 ⇌ 鳞石英	多晶转变	28.5	2.5	65	1470

系统内各组元氧化物和多数二元化合物熔点都很高，可制成优质耐火材料，如氧化镁、镁橄榄石、莫来石等。但三元混合物就失去这个性质，三元无变量点的温度大大下降，三元混合物的最低共熔点为 1358℃，因此，不同二元系列的耐火材料不应混合使用，否则会降低液相出现的温度和材料的耐火度。

相图中每个化合物都有自己的初晶区，SiO$_2$ 由于多晶转变，它的相区又分为鳞石英相区和方石英相区，靠近 SiO$_2$ 处还有液相分层的二液区。假蓝宝石的初晶区很小，其组成点在尖晶石的初晶区内。堇青石的热膨胀系数很小（2.3×10^{-6}/℃），其热稳定性好，有三种晶型（α、β 和 μ 型）。该相图中富硅部分见图 6-64。

副三角形 SiO$_2$-MS-MA$_2$S$_5$ 与镁质陶瓷生产关系密切，镁质陶瓷是一种用于电子工业的高频瓷料，也用于航空及汽车发动机的火花塞，其热膨胀系数低，介电损失也小，具有良好的介电性和热稳定性。镁质陶瓷以滑石和黏土配料，可分为堇青石瓷和滑石瓷。

图 6-64 示出了经煅烧脱水后的偏高岭土及偏滑石的组成点位置，镁质陶瓷配料点大致在这两点连线上或其附近区域。L、M、N 各配料以滑石为主，仅加入少量黏土，故称为滑石瓷。其配料点接近 MS（顽火辉石）化学组成点位置，制品中的主要晶相是顽火辉石和鳞石英。如果在配料中增加黏土含量，即把配料点拉向靠近 $M_2A_2S_5$ 一侧（有时在配料中还加入 Al_2O_3 粉），制品中以堇青石为主晶相，称为堇青石瓷。在滑石瓷配料中加入 MgO，把配料点移向接近顽火辉石和镁橄榄石初晶区的界线（如图中 P 点），可改善瓷料的电学性能，制成低损耗滑石瓷。如果加入的 MgO 足够多，使坯料组成点到达 M_2S 组成点附近，则可制得以镁橄榄石为主晶相的镁橄榄石瓷。

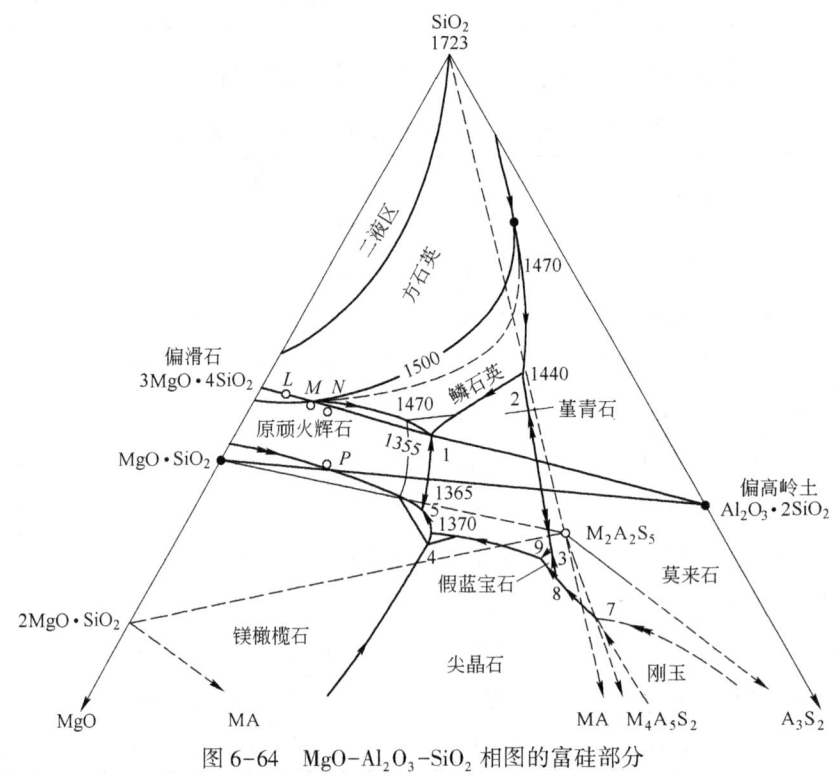

图 6-64　$MgO-Al_2O_3-SiO_2$ 相图的富硅部分

滑石瓷的烧成温度范围狭窄，见图 6-64，滑石瓷配料点处于 $\triangle SiO_2-MS-MA_2S_5$ 内，对应的无变量点 1 是一个低共熔点，平衡加热时，滑石瓷坯料在 1 点的 1355℃时出现液相，系统四相平衡共存。升温时，在 1 点首先完全熔融的是 MA_2S_5，随后液相组成点将离开 1 点沿 SiO_2 和 MS 界线继续向升温的方向变化，相应的固相组成点则可在 SiO_2-MS 边上找到。利用杠杆规则，可计算出任一温度下系统出现的液相量。在 SiO_2 和 MS 初晶区的界线上画出了 1440℃、1470℃、1500℃ 三条等温线，这些等温线分布宽疏，表明温度升高时，液相点位置变化迅速，液相量将随温度升高迅速增加。对滑石瓷来说，出现 35% 的液相就足以使瓷坯玻化，出现 45% 的液相便过烧变形，所以，液相量应控制在 35%~45% 之间。根据杠杆规则计算：L 配料含偏高岭土 5%，在 1460℃ 玻化（出现 35% 液相量），1490℃ 过烧（出现 45% 液相量），烧成温度范围 30℃；M 配料含偏高岭土 10%，在 1390℃ 玻化，1430℃ 过烧，烧成温度范围 40℃；N 配料含偏高岭土 15%，在 1335℃ 已经形成 45% 的液相量。因此，在滑石瓷中一般限制黏土（以偏高岭土计）用量在10%以下。30~40℃的烧成温度范围给制品的烧成带来很大困难，研究表明，在瓷料中加入长石可大大增大烧成温度范围。在低损耗滑石瓷及堇青石瓷配料中用类似的方法计算液相量随温度的变化，发现它们的烧成温度范围都很窄，工艺上常需要加入助烧结剂以改善烧结性能。

由 $MgO-Al_2O_3-SiO_2$ 系统得到的玻璃，其组成大多靠近原顽火辉石、堇青石、石英三相低共熔处，因此要到1355℃才能出现液相。这种玻璃的熔制温度要比 $Na_2O-CaO-SiO_2$ 系统玻璃高，其黏度在一定温度范围内发生急剧变化（料性短）。由于这种玻璃的析晶倾向大，当中加入 TiO_2、ZrO_2 等成核剂时，能制备出性能优异的微晶玻璃，其中主要晶相是堇青石，这种微晶玻璃具有较低的膨胀系数，也可用于电子技术和特种工程上。

6.5 四 元 系 统

四元凝聚系统的相律为：$f=c-p+1=5-p$。$f=0$ 时，$p=5$，即在无变量点共有五相共存（四个晶相和一个液相）；$p=1$ 时，$f=4$，即系统最大自由度为4（温度与三个组分浓度）。四元相图已无法在平面上表示，必须是空间立体图。

6.5.1 四元系统组成的表示方法

四元系统的组成通常用图6-65所示正四面体（浓度四面体）表示。四面体的四个顶角 A、

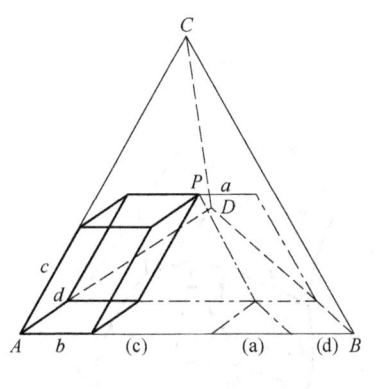

图6-65 浓度四面体

B、C、D 分别表示四个纯组元，六条棱边 AB、BC、CA、AD、BD、CD 分别表示六个相应的二元系统，四个正三角形侧面 ABC、ABD、BCD、ADC 分别表示相应的四个三元系统，四面体内任一点表示四元系统的组成。

将浓度四面体 $ABCD$ 的各棱边均分为100等份，四面体内任一点 P 的组成可以通过向四面体各面做平行平面的方法确定，具体计算如下：

过 P 点作三个平面分别平行于四面体的三个面（如 ACD、ABD 及 ABC），这三个平面在各自对应的棱上（如 AB、AC、AD）截取的线段 b、c、d，就表示三个组元 B、C、D 的含量，第四个组元 A 的含量 a 为：

$a\%=1-b\%-c\%-d\%$。图6-65为浓度四面体。

6.5.2 浓度四面体的性质

与浓度三角形相似，浓度四面体中某些面和线上的点所表示的组成之间存在着等量关系，有助于分析四元系统相图中熔体的析晶过程。

（1）在四面体中任意一个平行于某个底面的平面上所有各组成点中，对面顶点组元的含量均相等。图6-66（a）中，平面 $A'B'C'$ 平行于底面 ABC，在平面 $A'B'C'$ 上所有各点中 D 组元的含量均相等，即都等于 $d\%$。

（2）通过浓度四面体的某条棱所作的平面上所有各组成点中，其他两个组元的含量之比相等。如图6-66（b）中，通过 AD 棱作一个平面 ADF，面上所有各点中 B、C 两组元含量的比例都相等，且都等于 F 点中 BC 的含量之比。

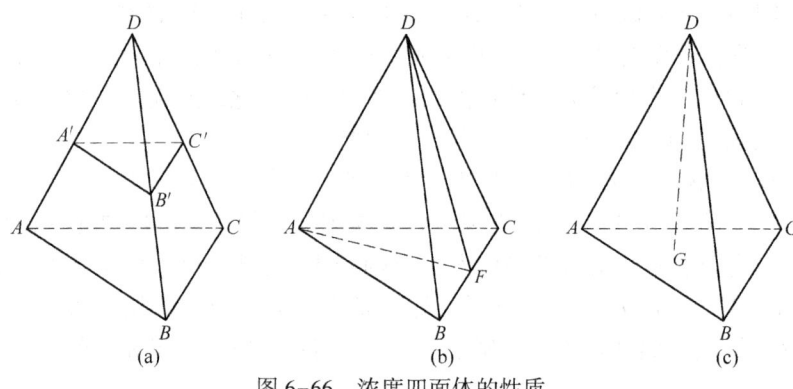

图 6-66　浓度四面体的性质

（3）通过浓度四面体某个顶点所作的直线上所有各组成点中，其余三组元含量的比例相等，且沿此线背离顶点的方向是顶点组元含量减少的方向。如图 6-66（c）中，通过顶点 D 所做的直线 DG 上的所有各点 A、B、C 三组元含量的比例相等，且均等于 G 点中 A、B、C 三组元的含量之比。

（4）浓度四面体内，三元系统的杠杆规则和重心规则同样适用。

6.5.3　具有一个低共熔点的四元系统相图

6.5.3.1　相图的构成

四元系统相图类型繁多而复杂，具有一个低共熔点的四元系统相图是最简单的一种类型。在这种类型中，A、B、C、D 四个组元液态时完全互溶，固态时完全不互溶，且不生成任何化合物，不形成固溶体。

图 6-67 所示为具有低共熔点的最简单四元系统相图，四面体的四个顶角 A、B、C、D 分别表示四个纯组元；六条棱边分别表示六个二元系统，e_1、e_2、$\cdots$、e_6 为相应二元系统的二元低共熔点；四个等边三角形分别表示四个三元系统，E_1、E_2、E_3、E_4 为相应三元系统的三元低共熔点；四面体内部表示 ABCD 四元系统，E 为四元系统的低共熔点。

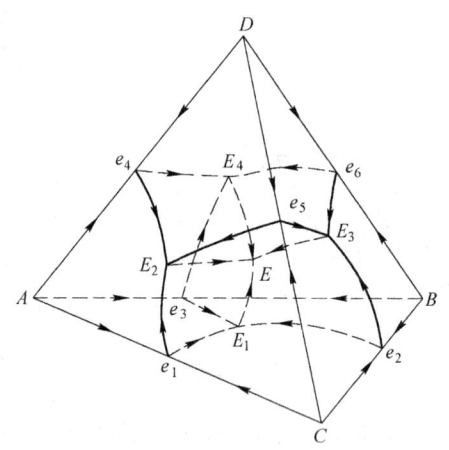

图 6-67　具有低共熔点的最简单四元系统相图

整个四面体可分割为四个初晶空间。如图 6-68 所示，分别称为 A、B、C、D 的初晶空间，组成点落在某一初晶空间内，则首先析出该初晶空间的晶相。初晶空间分别由三个平面和三个曲面所围成，如 A 初晶空间由三个平面 $Ae_3E_1e_1$、$Ae_4E_2e_1$、$Ae_4E_4e_3$ 与三个曲面 $e_1E_1EE_2$、$e_3E_1EE_4$、$e_4E_2EE_4$ 所围成。在初晶空间内液相与初晶相两相平衡共存。

分割两个初晶空间的曲面称为界面，界面上的液相与相邻两个初晶空间所代表的晶相处于三相平衡状态。如 D 与 A 初晶空间的界面为曲面 $e_4E_2EE_4$（D-A 界面）。相图中共有 6

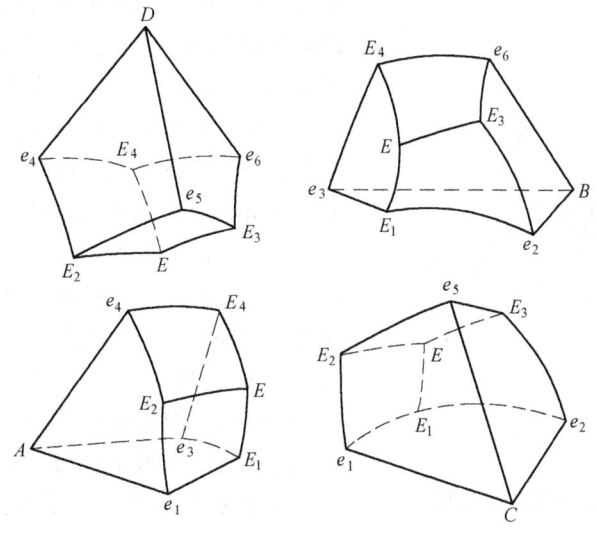

图 6-68　初晶空间分割图

个界面。

　　相邻 3 个初晶空间交界处的曲线称为界线，界线上的液相与这 3 个初晶空间所代表的晶相处于四相平衡。如 D-A 界面（曲面 $e_4E_2EE_4$）与 A-C 界面（曲面 $e_1E_1EE_2$）相交，获得 EE_2 界线，称为 D-A-C 界线。相图中共有 4 条界线。

　　4 个初晶空间、4 条界线交于一点，E 点为系统的四元低共熔点。在 E 点上液相与四个固相平衡共存，冷却时从 E 点液相中同时析出 A、B、C、D 四晶相，系统处于五相平衡状态，$f=0$。

　　四面体中无温度轴，在四元相图的界线上，用箭头表示温度下降方向。三元系统的连线规则仍然适用，只是作了推广，由界线推广到界面。

　　界面上温度最高点的判断方法是：使界面（或其延长部分）与对应的两个固相组成点（或其延长部分）相交，则此交点即为界面上的温度最高点。如图 6-68 中 D-A 界面与 DA 连线交于 e_4 点，e_4 点即为 D-A 界面上的温度最高点。

　　界线上温度最高点的判断方法是：使界线（或其延长线）与其对应的三个固相组成点所决定的平面（或其延长部分）相交，则此交点即为该界线上的温度最高点。如图 6-68 中 EE_2 界线（即 D-A-C 界线）与 A、C、D 三点所决定的平面相交于 E_2 点，E_2 点即为 EE_2 界线上的温度最高点。

　　在四元系统的浓度四面体内已无法安置温度坐标，通常是采用每隔一定温度间隔作一个等温曲面的方法来表示温度。但为了相图清晰起见一般不画等温面。

6.5.3.2　冷却结晶过程

　　如图 6-69 所示，组成点 M 位于 A 初晶空间，当温度下降到析晶温度 T_M 时，首先析出晶相 A，温度继续下降，晶相 A 不断析出，液相中 A 的量不断减少，但液相中 B、C、D 的含量不变，故液相组成点沿 AM 延长线变化，从 M 点逐渐移向 P 点，当液相组成点到达 D-A 界面上的 P 点后，开始析出晶相 D，此时在 P 点上是液相与 A、D 两相平衡共存。温度继续下降，液相组成点从 P 点沿 PQ 线逐渐移向 Q 点，同时固相组成从 A 点逐渐沿

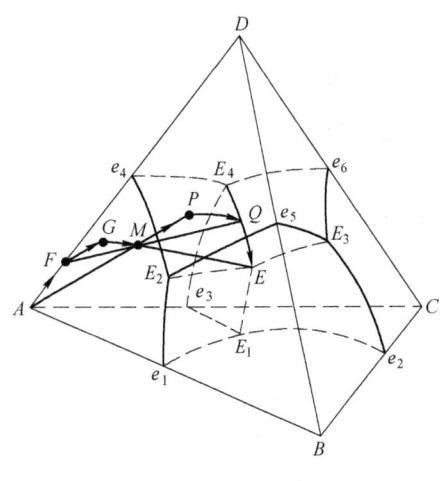

图 6-69　组成点 M 的析晶过程

AD 移向 F 点，且固相组成点 F、原始组成点 M、液相组成点 Q 三点共线，可利用杠杆规则进行定量计算。此时，界面上的相平衡关系为：L→A+D。PQ 线是液相组成点在 A-D 面上移动的路线，它是通过 AD 棱边与 M 点所定的平面与 A-D 界面两者相交而得到的。当液相组成到达界线 E_4E 上的 Q 点时，液相中同时析出晶相 A、D、C，随温度继续下降，液相组成从 Q 点沿界线 E_4E 移向 E 点。固相组成从 F 点逐渐移向 △ADC 面上的 G 点，在界线上的相平衡关系为：L→A+D+C。液相组成到达 E 点时，原始组成点 M、固相组成点 G 和液相组成点 E 处于同一直线上。在 E 点的相平衡关系为：L→A+B+C+D，同时析出 A、B、C、D，$f=0$。直到液相全部消失，析晶结束，固相组成从 G 点移到 M 点。

6.5.4　生成化合物的四元系统相图

简单四元系统内组元之间不生成任何化合物，因而其界面、界线、无变量点都是共熔性质的。若组元之间生成化合物，则情况就要复杂得多。化合物有一致熔融化合物和不一致熔融化合物，在生成不一致熔融化合物时，四元系统相图上的界面、界线、无变量点不仅有共熔性质，还有转熔性质，而转熔又分为一次转熔、二次转熔、三次转熔等。因此，要分析四元系统相图首先必须判断清楚界面、界线、无变量点的性质。

6.5.4.1　界面、界线、无变量点性质的判别

A　界面性质的判别方法

四元系统相图中界面上是液相和两种晶相平衡共存，因而界面可以是共熔界面，即冷却时从界面液相中同时析出两种晶相；也可以是转熔界面，即冷却时界面液相回吸一种晶体，析出另一种晶相。判断界面上某点的析晶性质以及转熔时哪种晶相被回吸，可根据三元系统中的切线规则来确定。

界面上的结晶过程为低共熔时如图 6-70（a）所示。AB 是两个固相组成的连线。点 l 是连线与 A-B 界面的交点，为界面上的温度最高点，连线上的最低温度点，也是四元系统内两个化合物所形成的最简单二元系统的二元低共熔点。熔体 M 的原始组成点位于组元 A 的初晶空间内，到达界面之前析出的是晶相 A，液相组成沿 AM 射线方向从 M 点向 L 点变化，到 L 点后，产生三相平衡过程，液相组成沿 ABM 平面与 A-B 界面相交的曲线 LL_n 从 L 点向 L_n 点变化，在 L 点处作切线交在 AB 连线上，故在 L 点进行的是共熔过程，从液相中同时析出晶相 A 和晶相 B，即 L→A+B。

界面上的结晶过程为转熔时如图 6-70（b）所示。组元 A 的组成点在其初晶空间之外，而位于 B 的初晶空间内，是一个不一致熔融化合物。熔体 M 的原始组成点位于组分 B 的初晶空间内，冷却时，首先析出晶相 B，然后液相组成沿 BM 射线方向变化，到达 A-B 界面上的 L 点。在 A-B 界面上液相组成沿曲线 LL_n 变化，通过曲线上任一点作切线，与 BA 连线的延长线相交，故在这一段曲线上进行的是转熔过程（曲线 LL_n 以双箭头表示），

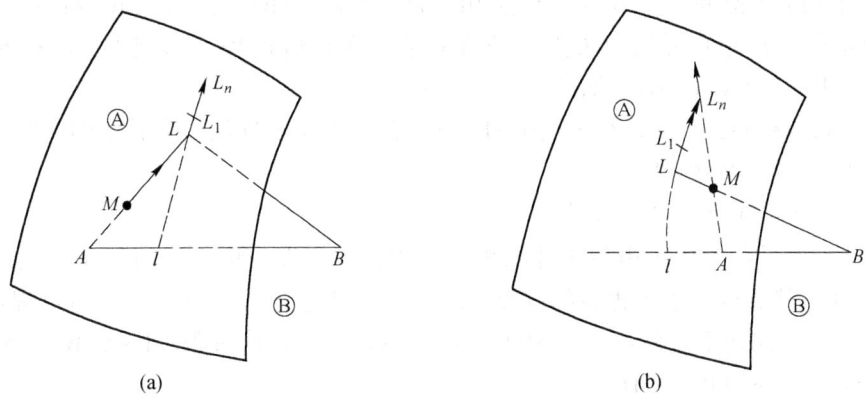

图 6-70　界面性质的判别方法

（a）界面上的结晶过程为低共熔；（b）界面上的结晶过程为转熔

液相组成到达 L 点后，原先析出的晶相 B 被转熔而析出晶相 A，当液相组成到达 L_n 后，固相组成变化到 A 点，说明晶相 B 已全部被回吸，此时，液相组成脱离相区界面，沿原始组成点与 A 组成点连线的延长线方向穿入 A 的初晶空间。

B　界线性质的判别方法

界线上是液相和 3 种晶相平衡共存。假设界线上与液相平衡的三种晶相是 A、B、C，则界线上进行的过程有以下 3 种可能的情况：（1）共熔过程：L→A+B+C；（2）一次转熔过程：L+A→B+C；（3）二次转熔过程：L+A+B→C。

判断界线上任一点的性质，可以综合运用切线规则和重心规则。

图 6-71（a）中界线 L_1L_n 是 A、B、C 三个初晶空间的界线。通过界线上任意一点 L 做界线的切线，切线与相应的三晶相组成点所形成的△ABC 所在的平面相交，交点 l 在△ABC 内重心位置，因此，液相在界线上 L 点处进行的是从液相中同时析出 A、B、C 三种晶相的低共熔过程，即：L→A+B+C。

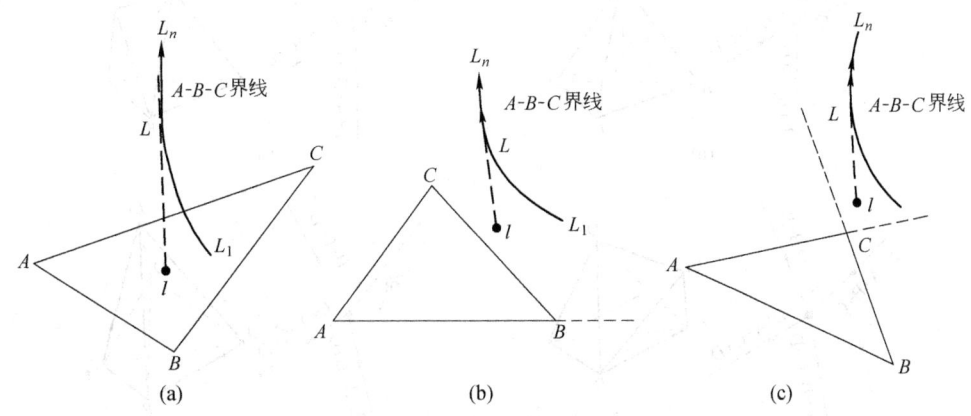

图 6-71　界线性质的判别方法

（a）共熔过程；（b）一次转熔过程；（c）二次转熔过程

图 6-71（b）和（c）中，在界线 L_1L_n 上通过 L 点所作的切线与平面的交点 l 均落在了相应的三角形外。落在交叉位的，液相在界线上进行的是一次转熔过程，回吸

与交点 l 相对的 A 晶相，析出 B、C 晶相，即：L+A→B+C，如图 6-71（b）所示。落在共轭位的，液相在界线上 L 点处进行的是二次转熔过程，与交点 l 相对的两种晶相被回吸，即：L+A+B→C，如图 6-71（c）所示。

　　与三元系统相同，四元系统相图中的界线有的也会出现性质发生转变的情况，即一段为共熔性质，一段为转熔性质。

　　C　无变量点性质的判别方法

　　在四元无变量点上是液相与 4 种晶相平衡共存，假设与该相平衡的 4 种晶相分别为 A、B、C、D，则无变量点上进行的过程有以下四种可能情况：（1）低共熔过程：L→A+B+C+D；（2）一次转熔过程：L+A→B+C+D；（3）二次转熔过程：L+A+B→C+D；（4）三次转熔过程：L+A+B+C→D。

　　判断四元无变量点性质的方法与判断三元无变量点性质的方法类似。首先找出每个四元无变量点所对应的分四面体，然后根据无变量点与对应的四面体的相对位置关系来判断无变量点的性质。分四面体的划分方法是把四元无变量点上与液相平衡的 4 种晶相组成点连接起来即可。

　　四元无变量点处于 4 条界线的交点，也可以根据相交于无变量点的 4 条界线上的温度下降方向来判断四元无变量点的性质。若 4 条界线上的箭头都指向它，该点便是低共熔点；若 4 条界线中 3 条箭头指向它，一条箭头离开它，该点是一次转熔点；若 4 条界线中 2 条箭头指向它，2 条箭头离开它，该点是二次转熔点；若 4 条界线中 1 条箭头指向它，3 条箭头离开它，则该点是三次转熔点。

　　图 6-72 示出了判断无变量点性质的两种方法。图中无变量点处的液相组成为 L_1，包围无变量点 L_1 的 4 个初晶空间是 A、B、C、D 的初晶空间，与无变量点对应的四面体是四面体 $ABCD$。图 6-72（a）中 L_1 点在四面体 $ABCD$ 内，L_1 点是四元低共熔点。该点进行

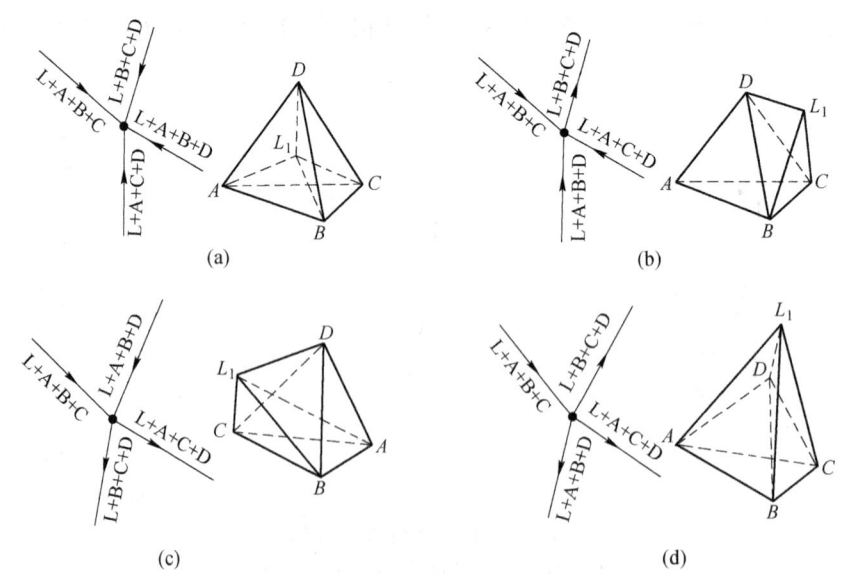

(a)　　　　　　　　　　　　　(b)

(c)　　　　　　　　　　　　　(d)

图 6-72　四元无变量点性质的判别

（a）共熔点；（b）一次转熔点；（c）二次转熔点；（d）三次转熔点

的相平衡过程：L→A+B+C+D。图 6-72（b）中 L_1 点在四面体 ABCD 外，且在 BCD 侧面的一侧，L_1 点是一次转熔点，被回吸的晶相是与 L_1 相对的 A 晶相，析出的是 B、C、D 晶相，即 L+A→B+C+D。图 6-72（c）中 L_1 点在四面体 ABCD 外，一条棱的一侧，L_1 点是二次转熔点，被回吸的是与 L_1 相对的 A、B 晶相，析出的是 C、D 晶相，即 L+A+B→C+D。在图 6-72（d）中 L_1 点位于四面体 ABCD 的顶点 D 的一侧，L_1 点是三次转熔点，被回吸的是与 L_1 相对的 A、B、C 晶相而析出 D 晶体，即 L+A+B+C→D。图中每个四面体左侧都标出了无变量点周围四条界线上的温度下降方向及界线上平衡共存的相。从每一条箭头离开无变量点的界线上所标示的平衡相可以判断被该无变量点液相回吸的晶相。如图 6-72（b）中的一次转熔点，箭头离开该无变量点的界线上标示的平衡四相是 L、B、C、D，则被回吸的晶相是 A。

根据划分出的分四面体还可以确定不同组成熔体的析晶结束点和最终析晶产物。原始熔体组成点所在的四面体所对应的无变量点是其析晶的结束点，四面体 4 个顶点所代表的物质是其析晶产物。这与三元系统中的三角形规则相似。

6.5.4.2 生成一致熔融二元化合物的四元系统相图

在图 6-73 所示的四元系统 A–B–C–D 中，组元 A、B 之间生成一个二元化合物 F。化合物组成点位于其初晶空间内，是一个一致熔融二元化合物。相图上有 5 个初晶空间，9 个界面，7 条界线和 2 个四元无变量点 E_1 和 E_2。

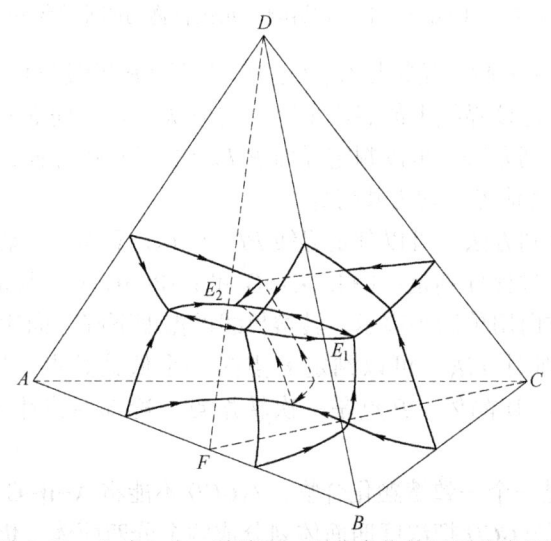

图 6-73　生成一个一致熔融二元化合物的四元系统相图

根据连线规则，可以标出各条界线的温度下降方向。运用界面、界线性质的判别方法可以判定本系统相图上所有界面、界线都是共熔性质的。

与无变量点 E_1 平衡的晶相是 B、C、D、F。E_1 点位于相应的四面体 BCDF 内，是一个低共熔点。无变量点 E_2 位于其相应的四面体 AFCD 内，也是一个低共熔点。因此，以 △FCD 为界，A–B–C–D 四元系统被划分为两个简单分四元系统。组成在四面体 BCDF 内的高温熔体在 E_1 点结束析晶，析晶产物是 B、C、D、F；组成在四面体 AFCD 内的高温熔体则在 E_2 点结束析晶，析晶产物为 A、F、C、D。

6.5.4.3 生成不一致熔融二元化合物的四元系统

图6-74所示的四元系统中A、B组元间生成一个二元化合物G。化合物组成点不在其初晶空间内，是一个不一致熔融二元化合物。相图上有5个初晶空间、9个界面、7条界线和2个无变量点 E 和 P。

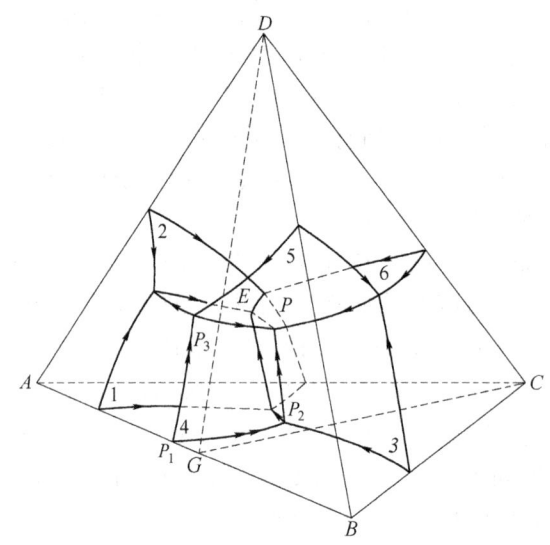

图6-74 生成一个不一致熔融二元化合物的四元系统相图

与 EP 界线上的液相平衡的晶相是 G、C、D。延长 EP 界线与相应的 $\triangle GCD$ 平面相交，根据交点位置，可以判定该界线上的温度下降方向应从 P 点指向 E 点。

根据界面性质的判别方法，可以判定界面 $P_1P_2PP_3$ 是转熔界面，冷却时在界面上发生 L+B→G 的转熔过程。其他界面均为共熔界面。

根据界线性质的判别方法，可以判定界线 PP_3 和 P_2P 具有一次转熔性质。冷却时，在界线上发生的一次转熔过程分别是：L+B→D+G 和 L+B→G+C。其他界线均为共熔界线。共熔界线的温度下降方向用单箭头表示，转熔界线的温度下降方向用双箭头表示。

根据无变点性质判别方法，可以判定 E 点是一个低共熔点。冷却时，从 E 点液相中同时析出 A、G、C、D 晶体。P 点是一次转熔点，冷却时发生 L_p+B→G+C+D 的一次转熔过程。

由于化合物 G 不是一个一致熔融化合物，$\triangle GCD$ 不能将 A-B-C-D 四元系统划分成两个简单分四元系统。但 $\triangle GCD$ 把浓度四面体划分成两个分四面体，仍可判断析晶产物和析晶终点。任何组成点位于分四面体 AGCD 内的熔体，其最终析晶产物是 A、G、C、D 四种晶体，析晶终点是无变量点 E；任何组成点位于分四面体 BCDG 内的熔体，其最终析晶产物是 B、C、D、G 晶体，析晶终点是无变量点 P。

6.5.4.4 CaO-C$_2$S-C$_{12}$A$_7$-C$_4$AF 系统相图

A 相图概况

该系统是 CaO-Al$_2$O$_3$-Fe$_2$O$_3$-SiO$_2$ 四元系统富钙部分的一个分四元系统，如图6-75所示。由于硅酸盐水泥配料主要使用 CaO、SiO$_2$、Al$_2$O$_3$、Fe$_2$O$_3$ 这四种氧化物，而水泥熟料中四种主要矿物组成：C$_2$S、C$_3$S、C$_3$A 和 C$_4$AF 均包含在 CaO-C$_2$S-C$_{12}$A$_7$-C$_4$AF 系统中，

因此本系统与硅酸盐水泥的生产密切相关。

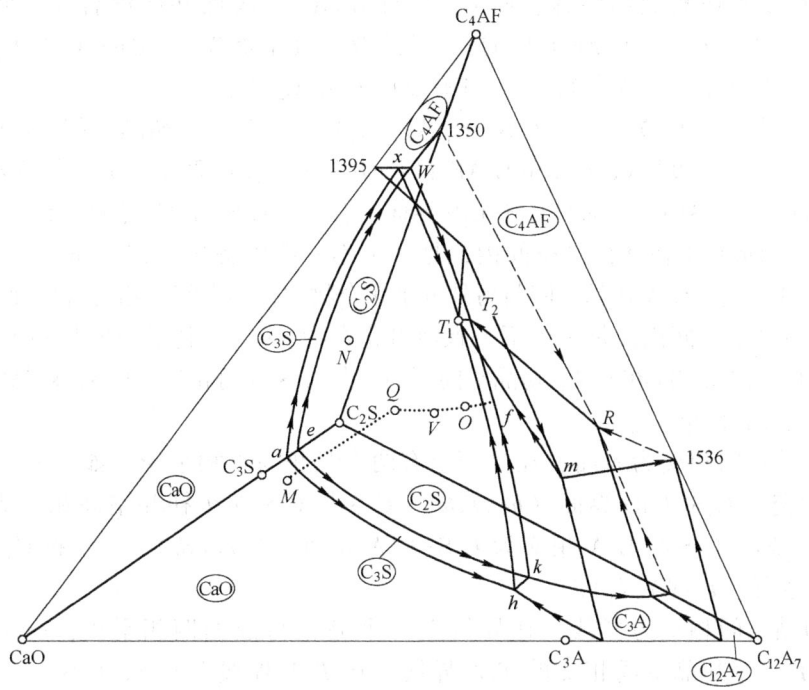

图 6-75　CaO-C₂S-C₁₂A₇-C₄AF 系统相图

图 6-75 中，四面体的四个面分别代表四个三元系统，其中 CaO-C₂S-C₁₂A₇，在三元系统的相图中已经介绍，其余的三个三元系统分别如图 6-76 所示。

图 6-76（a）所示的 CaO-C₂S-C₄AF 系统中，有一不一致熔融化合物 C₃S。相图可划分为两个分三角形。△CaO-C₃S-C₄AF 对应的无变量点 x（1347℃）是一个低共熔点：L→CaO+C₃S+C₄AF。△C₃S-C₂S-C₄AF 对应的无变量点 W（1348℃）是一个单转熔点：L+C₂S→C₃S+C₄AF。

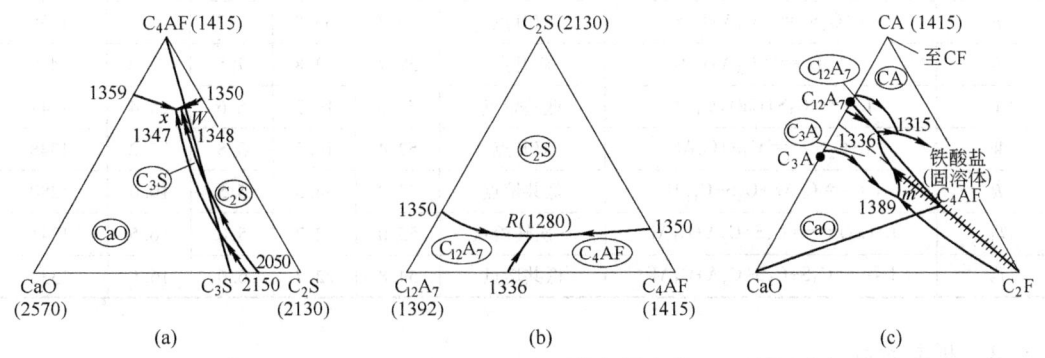

图 6-76　CaO-C₂S-C₁₂A₇-C₄AF 系统相图中的三元系统相图

（a）CaO-C₂S-C₄AF 系统；（b）C₁₂A₇-C₄AF-C₂S 系统；（c）CaO-C₄AF-C₁₂A₇ 系统

图 6-76（b）所示的 C₂S-C₁₂A₇-C₄AF 系统中，三组元形成一个低共熔点 R，温度为 1280℃。

图 6-76（c）所示的 $CaO-C_4AF-C_{12}A_7$ 系统是 $CaO-Al_2O_3-Fe_2O_3$ 系统的一部分，其中 C_4AF 与 C_2F 形成铁酸盐固溶体，而 C_4AF 与 $C_{12}A_7$ 形成低共熔混合物，低共熔点为 1336℃。它与 $C_3A-C_{12}A_7-C_4AF$ 相应的三元低共熔点几乎重合。△$CaO-C_3A-C_4AF$ 相应的无变量点为 1389℃，是一个单转熔点：$L+CaO \rightarrow C_3A+C_4AF$。

四元系统中，有 CaO、C_3S、C_2S、$C_{12}A_7$、C_3A、C_4AF 六个初晶空间。C_3S 初晶空间是一个长窄空间，两边与 $CaO-C_2S-C_4AF$ 和 $CaO-C_2S-C_{12}A_7$ 两个三元系统面相交，该空间前面是 $CaO-C_3S$ 界面，后面是 C_3S-C_2S 界面，右上为 C_3S-C_4AF 界面，右下为 C_3S-C_3A 界面。C_3S 的组成点不在其初晶空间内，是一个不一致熔融化合物。CaO 的初晶空间最大，靠近 CaO 顶角。C_3A 初晶空间与另外五个化合物的初晶空间均相交有界面，C_3A 的组成点也不在其初晶空间内，是一个不一致熔融化合物。$C_{12}A_7$ 初晶空间呈菱形，与 $C_{12}A_7$ 顶角相连。C_2S 初晶空间在 C_4AF 初晶空间下面，与 C_2S 顶角相连。C_4AF 初晶空间在四面体上角，与 C_4AF 顶角相连。

两个初晶空间相交为界面，在界面上有两个晶相与液相平衡，如 C_3S 与 CaO 两个初晶空间相交为 C_3S-CaO 界面（$haxT_1h$），C_3S 与 C_2S 两个初晶空间相交为 C_3S-C_2S 界面（$keWT_2k$），C_3S 与 C_3A 相交为 C_3S-C_3A 界面（hkT_2T_1h），C_3S 和 C_4AF 相交为 C_3S-C_4AF 界面（$T_1xWT_2T_1$）。

三个初晶空间相交为界线，在界线上三个晶相与液相四相平衡，$f=1$。如 C_3S、C_2S 与 C_4AF 三个初晶空间相交的 T_2W 界线，在 T_2W 界线上 C_3S、C_2S、C_4AF 与液相四相平衡。T_2k 界线为 C_3S、C_2S、C_3A 和液相平衡。

四个初晶空间相交为无变量点，在无变量点上四个晶相与液相呈五相平衡共存，$f=0$。如 T_2 点为 C_3S、C_2S、C_3A、C_4AF 与液相平衡共存。表 6-9 列出了 $CaO-C_2S-C_{12}A_7-C_4AF$ 四元系统各无变量点的性质。

表 6-9 $CaO-C_2S-C_{12}A_7-C_4AF$ 四元系统中无变量点的性质

无变量点	相间平衡	平衡性质	化学组成/%				温度/℃
			CaO	Al_2O_3	SiO_2	Fe_2O_3	
k	$L+C_3S \rightleftharpoons C_3A+C_2S$	双升点	58.3	33.0	8.7		1455
h	$L+CaO \rightleftharpoons C_3A+C_3S$	双升点	59.7	32.8	7.5		1470
x	$L \rightleftharpoons C_3S+CaO+C_4AF$	低共熔点	52.8	16.2	5.6	25.4	1347
W	$L+C_2S \rightleftharpoons C_3S+C_4AF$	双升点	52.4	16.3	5.8	25.2	1348
R	$L \rightleftharpoons C_4AF+C_2S+C_{12}A_7$	低共熔点	50.0	34.5	5.5	10.0	1280
T_1	$L+CaO \rightleftharpoons C_3S+C_3A+C_4AF$	一次转熔点	55.0	22.7	5.8	16.5	1341
T_2	$L \rightleftharpoons C_3S+C_2S+C_3A+C_4AF$	低共熔点	54.8	22.7	6.0	16.5	1338

B 析晶过程

在 $CaO-C_2S-C_{12}A_7-C_4AF$ 四元系统中，硅酸盐水泥熟料的组成点在 $C_3S-C_2S-C_3A-C_4AF$ 四面体内，大部分水泥熟料的实际组成都在靠近 C_3S-C_2S 连线稍离底面分三角形 $C_3S-C_3A-C_2S$ 的小空间内，如图 6-75 中的 M 点，由于处于 $C_3S-C_2S-C_3A-C_4AF$ 四面体内，则析晶产物为 C_3S、C_2S、C_3A、C_4AF，析晶结束点为该四面体对应的无变量点 T_2。

M 点在 CaO 初晶空间,冷却过程中,先析出 CaO,液相组成点沿 CaO-M 连线延长线向 CaO-C_3S 界面方向移动。当到达 CaO-C_3S 界面的交点 Q 时,产生转熔过程 L+CaO→C_3S,见图 6-77(a),即析出 C_3S 晶相,而原先析出的 CaO 晶相被回吸。随后液相组成沿 CaO-C_3S-M 平面与 CaO-C_3S 界面的交线 QV 变化,到达 V 点,CaO 回吸完,由 V 点开始穿晶相进入 C_3S 初晶空间,沿 VO 线析出 C_3S。当到达 C_3S-C_2S 界面上的 O 点时,见图 6-77(b)同时析出 C_2S,发生 L→C_3S+C_2S。液相组成从 O 点向 f 点变化,固相组成从 C_3S 向 C_2S 变化。此后液相组成点又转向不一致熔融的 kT_2 线(与 kT_2 线交于 f 点),在 kT_2 线上 C_3S 被回吸,同时到 f 点后对 C_3A 饱和,在 fT_2 上发生转熔过程:L+C_3S→C_2S+C_3A,液相组成点从 f 变化到 T_2 后,开始析出 C_4AF,直到液相在 T_2 消失,固相组成点与原始组成点 M 点重合,最后产物为 C_3S、C_2S、C_3A、C_4AF。

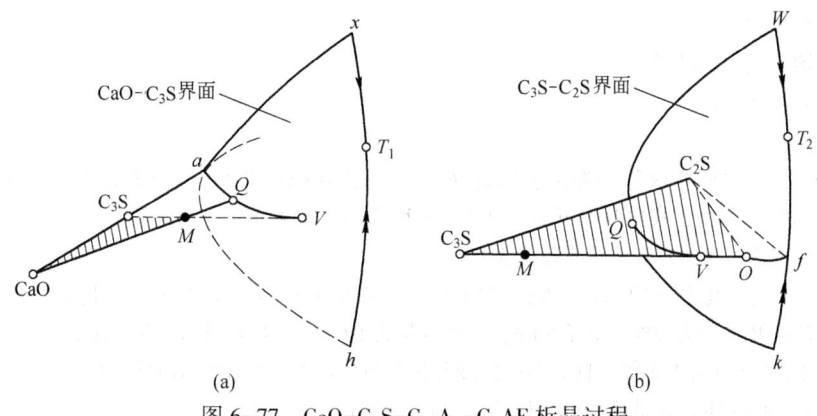

图 6-77   CaO-C_2S-$C_{12}A_7$-C_4AF 析晶过程

———— 本章小结 ————

通过"相平衡及其研究方法"内容的学习,读者们可理解相图知识在材料研发中的地位与作用,掌握系统、环境、组成、吉布斯相律等相平衡的相关概念,理解相图的实验研究方法。通过"单元系统相图"内容的学习,读者们可掌握单元系统相图的吉布斯相律形式、相图的构成要素,理解材料中同质多晶转变现象的相图表达,理解 SiO_2 等专业单元系统相图及其在材料研发中的应用。

通过"二元系统相图"内容的学习,读者们可掌握二元系统相图的表示办法、吉布斯相律、二元系统相图中的杠杆规则等基础知识;认识二元系统相图的基本类型,理解常用的材料专业二元系统相图形式及其应用。

通过三元系统相图知识的学习,读者们可掌握三元系统相图中组成的表示办法,浓度三角形的概念与性质,分析三元系统相图常用的重心规则、杠杆规则、背向性规则等;理解三元系统相图的立体状态图与平面投影图的对应关系;掌握判读三元相图的几条重要规则;掌握常见的三元系统相图基本形式。通过专业三元系统相图知识的学习,读者们可进一步掌握分析复杂三元相图的步骤,具备判读复杂相图的能力,理解常用的专业三元系统相图在材料生产中的地位与作用。

另外，读者们可以通过本书了解四元系统相图的基本构成、类型及材料专业相关的四元系统相图。

习题与思考题

6-1　名词解释：

(1) 凝聚系统；

(2) 一致熔融化合物与不一致熔融化合物；

(3) 自由度；

(4) 介稳平衡；

(5) 低共熔点、单转熔（双升）点与双转熔（双降）点；

(6) 无变量点；

(7) 共熔界线与转熔界线；

(8) 独立组元数；

(9) 相。

6-2　简述 SiO_2 的多晶转变现象，说明为什么在硅酸盐制品中 SiO_2 常以介稳状态存在。

6-3　在 SiO_2 系统相图中，找出两个可逆多晶转变和两个不可逆多晶转变的例子。

6-4　什么是吉布斯相律，它有什么实际意义？

6-5　具有不一致熔融化合物的二元系统（图 6-14），在低共熔点 E 处发生如下析晶过程：$L \rightleftharpoons A + A_mB_n$。$E$ 点 B 含量为 20%，化合物 A_mB_n 含 B 量为 64%。今有 C_1 和 C_2 两种配料，已知 C_1 的 B 含量是 C_2 的 B 含量的 1.5 倍，且高温熔融冷却析晶时，从两配料中析出的初相（抵达低共熔温度前析出的第一种晶体）含量相等。试计算 C_1 和 C_2 的组成。

6-6　根据 Al_2O_3-SiO_2 系统相图说明：

(1) 铝硅质耐火材料，硅砖（含 SiO_2>98%）、黏土砖（含 Al_2O_3 35%～50%）、高铝砖（含 Al_2O_3 60%～90%）、刚玉砖（含 Al_2O_3>90%）内，各有哪些主要的晶相？

(2) 为了保持较高的耐火度，在生产硅砖时应注意什么？

(3) 若耐火材料出现 40% 液相便软化不能使用，试计算含 40mol Al_2O_3 的黏土砖的最高使用温度。

6-7　已知 A 和 B 两组成构成具有低共熔点的有限固溶体的二元系统。试根据下列实验数据绘制粗略相图。已知 A 的熔点为 1000℃，B 的熔点为 700℃，含 B 为 25%（摩尔分数）的试样在 500℃ 完全凝固，其中含 73.3%（摩尔分数）初晶相 $S_{A(B)}$ 和 26.7%（摩尔分数）[$S_{A(B)}$+$S_{B(A)}$] 共生体。含 B 为 50%（摩尔分数）的试样在同一温度下凝固完毕，其中含 40%（摩尔分数）初晶相 $S_{A(B)}$ 和 60%（摩尔分数）[$S_{A(B)}$+$S_{B(A)}$] 共生体，而 $S_{A(B)}$ 相总量占晶相总量的 50%。实验数据均在达到平衡状态时测定。

6-8　在三元系统的浓度三角形上画出下列配料的组成点，并注意其变化规律。

(1) A=10%，B=70%，C=20%；

(2) A=10%，B=20%，C=70%；

(3) A=70%，B=20%，C=10%。

今有（1）配料 3kg、（2）配料 2kg、（3）配料 5kg，将此三配料的混合物加热至完全熔融，试根据杠杆规则用作图的方法求熔体的组成。

6-9　下图为生成两个一致熔融二元化合物的三元系统，试回答下列问题：

(1) 可将其划分为几个简单的三元系统？

(2) 标出图中浓度三角形各边及界线上的温度下降方向。

（3）判断无变量点的性质，并写出其平衡关系式。

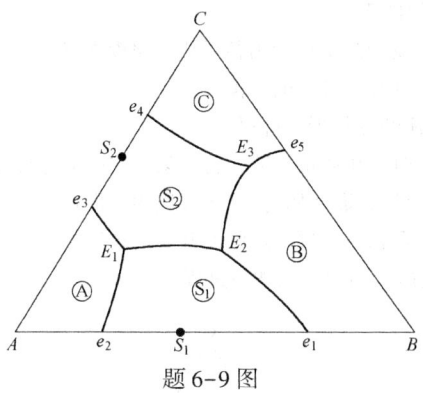

题 6-9 图

6-10 比较各种三元无变量点（低共熔点、双升点、双降点、过渡点和多晶转变点）的特点，写出它们的相平衡关系。

6-11 对本教材中的 $MgO\text{-}Al_2O_3\text{-}SiO_2$ 系统和 $K_2O\text{-}Al_2O_3\text{-}SiO_2$ 系统相图划分副三角形。

6-12 下图是生成一致熔融二元化合物（BC）的三元系统投影图。设有组成为 A 35%、B 35%、C 30% 的熔体，试确定其在图中的位置。冷却时该熔体在何温度下开始析出晶体？

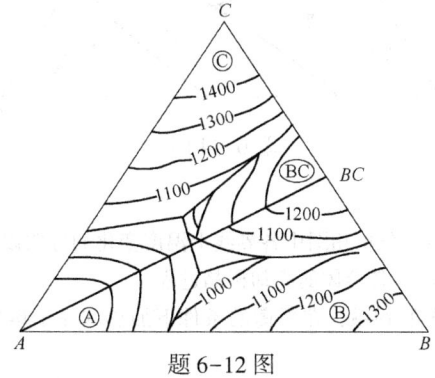

题 6-12 图

6-13 下图所示为 A-B-C 三元系统相图，试根据相图回答以下问题：

（1）判断化合物 $A_m B_n$ 的性质。

（2）标出界线的温度下降方向，并判断界线的性质。

（3）标出图上的无变量点，并写出其相应的相平衡关系式。

（4）分析物料组成点 1、2、3 的平衡冷却析晶过程。

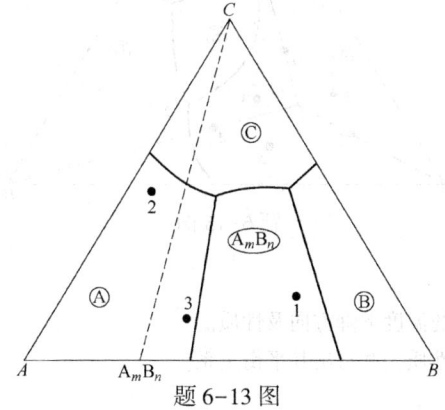

题 6-13 图

6-14 根据下图回答下列问题：

(1) 说明化合物 S_1、S_2 的性质。

(2) 在图中划分副三角形及用箭头指示出各界线的温度下降方向及性质。

(3) 指出各无变点的性质并写出各点的平衡关系。

(4) 写出 1、3 组成的熔体的冷却析晶过程。

(5) 计算熔体 2 析晶结束时各相质量分数，若在第三次析晶过程开始前将其急冷（这时液相凝固成为玻璃相），各相的质量分数又如何？（用线段表示即可）

(6) 加热组成 2 的三元混合物将于哪一点温度开始出现液相？在该温度下生成的最大液相量是多少？在什么温度下完全熔融？写出它的加热过程。

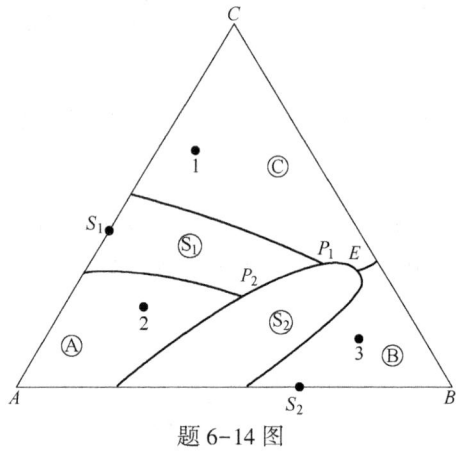

题 6-14 图

6-15 根据下图回答下列问题：

(1) 说明化合物 S 的性质，分析相图中各界线上温度变化的方向以及界线和无变量点的性质。

(2) 分析组成点 1、2、3、4 各熔体的冷却析晶过程。

(3) 分别将组成为 5 和 6 的物系，在平衡的条件下加热到完全熔融，说明其固液相组成的变化途径。

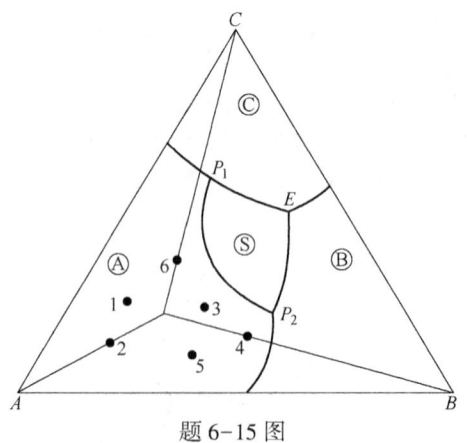

题 6-15 图

6-16 根据下图回答下列问题：

(1) 用箭头标出各界线的温度下降方向及性质。

(2) 指出各无变量点的性质，并写出其平衡关系。

（3）写出熔体 M 的析晶过程，说明液相离开 *R* 点的原因。

（4）画出 A–B 和 B–C 二元系统相图。

6-17 试根据相图回答以下问题：

（1）试标出图中界线的温度下降方向及界线的性质；

（2）试判断化合物 N 的性质；

（3）试判断无变量点的性质并写出相平衡关系式；

（4）试分析配料组成点 1、2 的平衡冷却析晶过程。

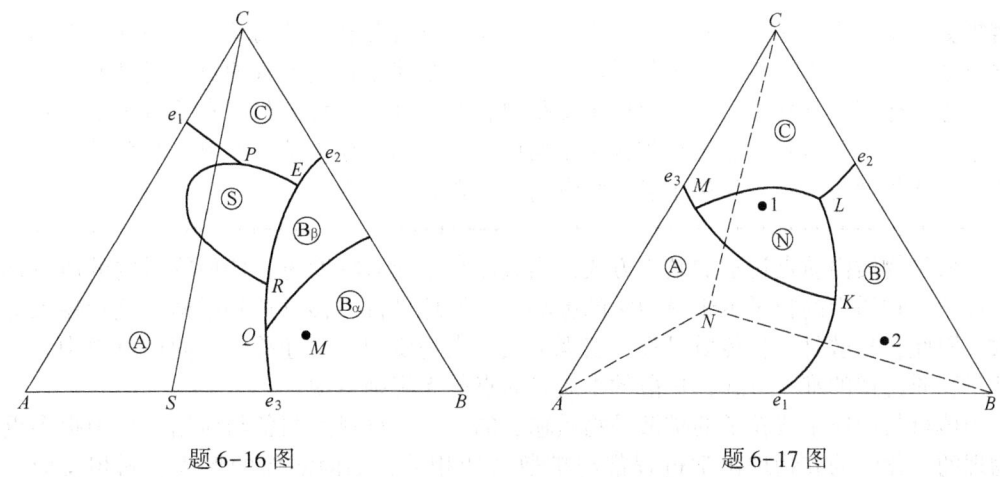

题 6-16 图   题 6-17 图

6-18 参照 $CaO-Al_2O_3-SiO_2$ 系统相图，回答下列问题：

（1）组成为 66%CaO、26%SiO_2、8% Al_2O_3（图中 3 点）的水泥配料将于什么温度开始出现液相？这时生成的最大液相量是多少。

（2）为了得到较高的 C_3S 含量，题（1）组成的水泥烧成后急冷好，还是缓冷让其充分结晶好？

（3）欲得到题（1）组成的水泥，若只用高岭土和石灰石（$Al_2O_3 \cdot 2SiO_2 \cdot 2H_2O$ 和 $CaCO_3$）配料，能否得到该水泥的组成点？为什么？若不能，需要加入何种原料？并计算出所需各种原料的百分含量。

6-19 在陶瓷生产中一般出现 35%液相就足以使瓷坯玻化，当液相达到 45%时，将使瓷坯变形，成为过烧。参照 $MgO-Al_2O_3-SiO_2$ 系统相图计算含 10%偏高岭石、90%偏滑石的配料的烧成温度范围。

6-20 计算含 50%高岭石、30%长石、20%石英的一个瓷器配方在 1250℃烧成达到平衡的相组成及各相的相对量。

6-21 参照 $K_2O-Al_2O_3-SiO_2$ 系统相图，如果要使瓷器中仅含有 40%莫来石晶相及 60%的玻璃相，原料中应含 K_2O 多少，若仅从长石中获得，K_2O 原料中长石的配比应是多少？

6-22 在 $CaO-SiO_2$ 系统与 $Al_2O_3-SiO_2$ 系统中 SiO_2 的液相线都很陡，为什么在硅砖中可掺入约 2%的 CaO 作矿化剂而不会降低硅砖的耐火度，但在硅砖中却要严格防止原料中混入 Al_2O_3，否则会使硅砖的耐火度大大下降？

7 材料中的扩散

内容提要： 本章介绍了固体材料中质点扩散的特点及对材料制备的意义；阐述了菲克第一定律与第二定律的表达式，并比较了其适用范围。描述了扩散系数的物理意义和扩散过程的推动力。介绍了材料中质点扩散的主要微观机制并推导了相应的扩散系数表达式；通过具体案例，讨论了本征与非本征扩散中不同的空位来源。分析了气氛对非化学计量化合物中不同离子扩散的影响。讨论了影响扩散的内在与外在因素。

扩散是物质内质点运动的基本方式，当温度高于绝对零度时，任何物系内的质点都在做热运动。物质中的粒子由于热力学的影响，自发地进行迁移以达到平衡，这种现象称为扩散。因此，扩散是一种传质过程，宏观上表现出物质的定向迁移。在固体材料中，扩散往往是物质传递的唯一方式，扩散的本质是质点的无规则运动。

固体材料中原子或粒子的扩散是物质输运的基础，材料的制备与应用过程中很多重要的物理的、化学的和物理化学过程都与扩散密切相关，如固溶体的形成、固相反应、烧结、相变过程，耐火材料的侵蚀性等。因此研究固体中扩散的基本规律对材料生产、研究和使用都非常重要。

7.1 菲克扩散定律

7.1.1 固体材料中质点扩散的特点

物质在流体（气体或液体）中的传递过程是一个早为人们所认识的自然现象。对于流体，由于质点间相互作用比较弱，并且无一定的结构。故质点的迁移可以完全随机地朝三维空间的任意方向发生，如图 7-1 所示。质点每一步迁移的自由行程（即与其他质点发生碰撞之前所行走的路程）也随机地决定于该方向上最邻近质点的距离。质点密度越低（如在气体中）。质点迁移的自由行程也就越大。因此在流体中发生的扩散传质往往总是具有较大的速率和完全的各向同性。

与流体中的情况不同，质点在固体介质中的扩散远不如在流体中那样显著。固体材料中的扩散有其自身的特点。

（1）固体中明显的质点扩散常开始于较高的温度，但实际上又往往低于固体的熔点与软化点。这是因为构成固体的所有质点均束缚在三维周期性势阱中，质点与质点的相互作用强，故质点的每一步迁移必须从热涨落或外场中获取足够的能量以克服势阱的束缚。

（2）晶体中原子或离子依一定方式所堆积成的结构将以一定的对称性和周期性限制着质点迁移的方向和自由行程。如图 7-2 所示，处于平面点阵内间隙位的原子，只存在四个等同的迁移方向，每一迁移的发生均需获取高于能垒 ΔG 的能量，迁移自由程相当于晶格常数的大小。

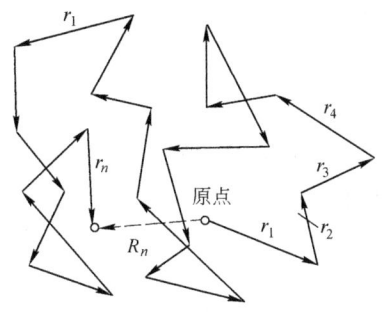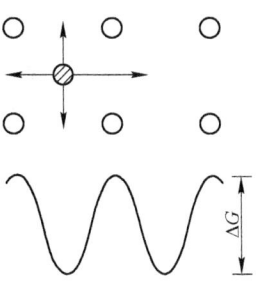

图 7-1　扩散质点的无规则行走轨迹　　　图 7-2　间隙原子扩散势场示意图

（3）晶体中质点的扩散往往为各向异性，其扩散速率也远低于流体质点的扩散速率。

7.1.2　菲克第一定律

尽管流体和固体中质点的迁移方式在微观行为上有着很大差异，但从宏观连续介质的角度出发，它们都遵循着相同的统计规律。1855 年，德国物理学家菲克（A. Fick）参照了傅立叶于 1822 年建立的导热方程，获得了描述物质从高浓度区向低浓度区迁移的定量公式，分别提出了 Fick 第一定律和 Fick 第二定律。

Fick 第一定律认为：在扩散过程中，单位时间内通过单位横截面的质点数目 J 正比于扩散质点的浓度梯度，写成数学表达式的形式为：

$$J = - D\vec{\nabla}C = - D\frac{\partial c}{\partial x} \tag{7-1}$$

式中，J 为扩散通量，表示单位时间内通过单位横截面的粒子数，为矢量，单位为粒子数/$(s \cdot m^2)$，$g/(cm^2 \cdot s)$；D 为扩散系数，量纲为 L^2/T（单位为 cm^2/s）；c 为扩散组分的浓度。

公式中的负号表示扩散在 x 方向由高浓度区向低浓度区进行。如扩散沿三维方向进行，令 i、j、k 表示 x、y、z 方向的单位矢量，菲克第一定律可写为：

$$J = iJ_x + jJ_y + kJ_z = - D\left(i\frac{\partial c}{\partial x} + j\frac{\partial c}{\partial y} + k\frac{\partial c}{\partial z}\right) \tag{7-2}$$

上式是 Fick 第一定律的数学表达式，描述在垂直扩散方向的任意平面上，单位时间内通过该平面单位面积的粒子数一定的稳定扩散过程。

Fick 第一定律是质点扩散定量描述的基本方程，它可以直接用于求解扩散质点浓度分布不随时间变化的稳定扩散问题，但同时又是不稳定扩散（质点浓度分布随时间变化）动力学方程建立的基础。

7.1.3　菲克第二定律

考虑图 7-3 所示的扩散体系中任一体积元 $dxdydz$，在 δt 时间内沿 x 方向扩散流入该体积元 $dxdydz$ 的质点数为：$J_x dydz\delta t$，流出的粒子数为：$\left(J_x + \frac{\partial J_x}{\partial x}dx\right)dydz\delta t$。

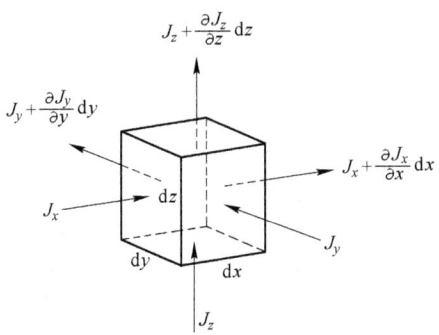

图 7-3   扩散体积元示意图

当忽略了扩散系数与浓度的关系，则在 δt 时间内，该体积元中的物质增量为：

$$\Delta \boldsymbol{J}_x = \boldsymbol{J}_x \mathrm{d}y\mathrm{d}z\delta t - \left(\boldsymbol{J}_x + \frac{\partial \boldsymbol{J}_x}{\partial x}\mathrm{d}x\right)\mathrm{d}y\mathrm{d}z\delta t = -\frac{\partial \boldsymbol{J}_x}{\partial x}\mathrm{d}x\mathrm{d}y\mathrm{d}z\delta t \tag{7-3}$$

同理，在 y，z 方向流进的净物质增量分别为：

$$\Delta \boldsymbol{J}_y = -\frac{\partial \boldsymbol{J}_y}{\partial y}\mathrm{d}x\mathrm{d}y\mathrm{d}z\delta t \tag{7-4}$$

$$\Delta \boldsymbol{J}_z = -\frac{\partial \boldsymbol{J}_z}{\partial z}\mathrm{d}x\mathrm{d}y\mathrm{d}z\delta t \tag{7-5}$$

故在 δt 时间内整个体积元中物质净增量为：

$$\Delta \boldsymbol{J}_x + \Delta \boldsymbol{J}_y + \Delta \boldsymbol{J}_z = -\left(\frac{\partial \boldsymbol{J}_x}{\partial x} + \frac{\partial \boldsymbol{J}_y}{\partial y} + \frac{\partial \boldsymbol{J}_z}{\partial z}\right)\mathrm{d}x\mathrm{d}y\mathrm{d}z\delta t \tag{7-6}$$

若 δt 时间内，体积元中质点浓度平均增量为 δc，则在 $\mathrm{d}x\mathrm{d}y\mathrm{d}z$ 体积元中质点数变化为 $\delta c\mathrm{d}x\mathrm{d}y\mathrm{d}z$，根据物质守恒定律，$\delta c\mathrm{d}x\mathrm{d}y\mathrm{d}z$ 应等于式（7-6），因此有：

$$\frac{\partial c}{\partial t} = -\left(\frac{\partial \boldsymbol{J}_x}{\partial x} + \frac{\partial \boldsymbol{J}_y}{\partial y} + \frac{\partial \boldsymbol{J}_z}{\partial z}\right) \tag{7-7}$$

与式（7-1）组合得：

$$\frac{\partial c}{\partial t} = -\vec{\nabla} \cdot \vec{\boldsymbol{J}} = \vec{\nabla} \cdot (D\vec{\nabla}C) \tag{7-8}$$

或

$$\frac{\partial c_{(x, y, z, t)}}{\partial t} = D\left(\frac{\partial^2 c}{\partial x^2} + \frac{\partial^2 c}{\partial y^2} + \frac{\partial^2 c}{\partial z^2}\right) \tag{7-9}$$

若假设扩散体系具有各向同性，并且扩散系数 D 不随位置坐标变化，则有：

$$\frac{\partial c}{\partial t} = D\left(\frac{\partial^2 c}{\partial x^2} + \frac{\partial^2 c}{\partial y^2} + \frac{\partial^2 c}{\partial z^2}\right) \tag{7-10}$$

对于球对称扩散，上式可变化为球坐标表达式：

$$\frac{\partial c}{\partial t} = D\left(\frac{\partial^2 c}{\partial r^2} + \frac{2}{r}\frac{\partial c}{\partial r}\right) \tag{7-11}$$

式中，r 为球半径。

式（7-8）与式（7-9）是扩散过程的 Fick 第二定律的数学表达式。描述在不稳定扩散条件下，在介质中各点作为时间函数的扩散物质聚集的过程。各种具体条件下物质浓度随时间、位置变化的规律可依据不同的边界条件对式（7-9）求解。

7.1.4 菲克定律的应用

7.1.4.1 稳定扩散

所谓稳定扩散是指扩散过程中扩散物质的浓度分布不随时间变化的扩散过程，这类问题可直接用 Fick 第一定律求解。

以氢通过金属膜的扩散为例说明 Fick 第一定律在一维稳定扩散中的应用。如图 7-4 所示，金属膜的厚度为 δ，取 x 轴垂直于膜面。金属膜两边抽气与供气同时进行，一面保持高而稳定的压力 p_2，另一面保持低而恒定的压力 p_1。扩散一定时间后，金属膜中建立起稳定的浓度分布。

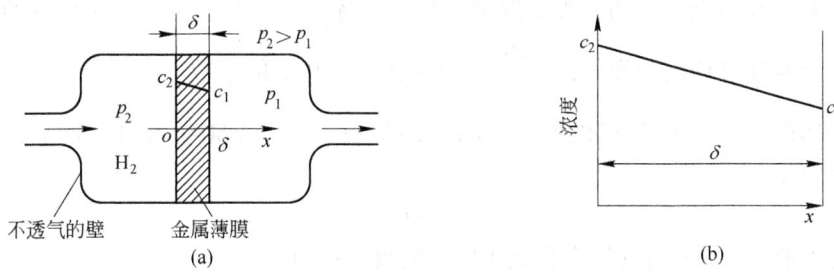

图 7-4　氢对金属膜的一维稳定扩散

氢的扩散包括氢气吸附于金属膜表面，氢分子分解为原子、离子，以及氢离子在金属膜中的扩散等过程，扩散达到稳定时的边界条件为：

$$\begin{cases} c\big|_{x=0} = c_2 \\ c\big|_{x=\delta} = c_1 \end{cases}$$

浓度 c_1、c_2 可由热分解反应 $H_2 \rightleftharpoons H+H$ 中的平衡常数 K 决定。设氢原子的浓度为 c，则有：

$$K = \frac{c \cdot c}{p} = \frac{c^2}{p}$$

即：

$$c = \sqrt{Kp} = S\sqrt{p} \tag{7-12}$$

式（7-12）中，S 为西佛特（Sievert）定律常数，其物理意义为：当空间压力 $p = 0.1\text{MPa}$ 时金属表面的溶解浓度。因此，边界条件可改写为：

$$\begin{cases} c\big|_{x=0} = S\sqrt{p_2} \\ c\big|_{x=\delta} = S\sqrt{p_1} \end{cases} \tag{7-13}$$

对稳定扩散，有：

$$\frac{\partial c}{\partial t} = D\frac{\partial}{\partial x}\left(\frac{\partial c}{\partial x}\right) = 0$$

所以

$$\frac{\partial c}{\partial x} = \text{const} = a$$

积分得：

$$c = ax + b \tag{7-14}$$

上式表明金属膜中氢原子的浓度为直线分布，其中积分常数 a、b 可由边界条件式（7-13）确定：

$$a = \frac{c_1 - c_2}{\delta} = \frac{S}{\delta}(\sqrt{p_1} - \sqrt{p_2})$$

$$b = c_2 = S\sqrt{p_2}$$

代入式（7-14）可得：

$$c(x) = \frac{S}{\delta}(\sqrt{p_1} - \sqrt{p_2})x + S\sqrt{p_2} \qquad (7-15)$$

单位时间透过面积为 A 的金属膜的氢气量为：

$$\frac{\mathrm{d}m}{\mathrm{d}t} = JA = -DA\frac{\mathrm{d}c}{\mathrm{d}x} = -DAa = -DA\frac{S}{\delta}(\sqrt{p_1} - \sqrt{p_2}) \qquad (7-16)$$

由此可知，在本例所示的一维扩散中，只要保持 p_1、p_2 恒定，膜中任意点的浓度就会保持不变，而且通过任何截面的流量 $\frac{\mathrm{d}m}{\mathrm{d}t}$、通量 J 均为相等的常数。

引入金属的透气率 P 表示单位厚度金属在单位压差（以 MPa 为单位）下，单位面积透过的气体流量：

$$P = DS \qquad (7-17)$$

式中，D 为扩散系数；S 为气体在金属中的溶解度，则有：

$$J = -\frac{P}{\delta}(\sqrt{p_1} - \sqrt{p_2}) \qquad (7-18)$$

在实际应用中，为了减少氢气的渗漏现象，多采用球形容器，选用氢的扩散系数以及溶解度较小的金属，尽量增加容器壁厚等。

考虑到高压氧气球罐的氧气泄漏问题。设氧气球罐内外直径分别为 r_1 和 r_2，如图 7-5

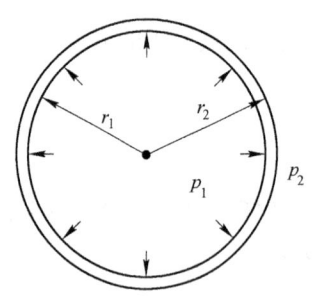

所示，罐中氧气压力为 p_1，罐外氧气压力为大气中氧分压 p_2。由于氧气泄漏量非常小，因此可以认为 p_1 不随时间变化，即在达到稳定状态时氧气以一恒定速率泄漏。

由 Fick 第一定律可知，单位时间内氧气泄漏量为：

$$\frac{\mathrm{d}G}{\mathrm{d}t} = -4\pi Dr^2\frac{\mathrm{d}c}{\mathrm{d}r} \qquad (7-19)$$

图 7-5　氧气通过球罐壁扩散泄漏示意图

式中，D 为氧分子在球罐壁内的扩散系数；$\frac{\mathrm{d}c}{\mathrm{d}r}$ 为氧分子在球罐壁内的浓度梯度，对式（7-19）积分得：

$$\frac{\mathrm{d}G}{\mathrm{d}t} = -4\pi D\frac{c_2 - c_1}{\frac{1}{r_1} - \frac{1}{r_2}} = -4\pi Dr_1r_2\frac{c_2 - c_1}{r_2 - r_1} \qquad (7-20)$$

式中，c_1 和 c_2 分别为氧气分子在球罐内壁和外壁表面的溶解浓度。根据西佛特（Sievert）定律：双原子分子气体在固体中的溶解度通常与压力的平方根成正比 $C = K\sqrt{p}$。得单位时间内氧气泄漏量为：

$$\frac{\mathrm{d}G}{\mathrm{d}t} = -4\pi Dr_1 r_2 K \frac{\sqrt{p_2} - \sqrt{p_1}}{r_2 - r_1} \qquad (7-21)$$

在实际应用中，为了减少气体的渗漏现象，多采用球形容器，选用氧的扩散系数及溶解度较小的金属，以及尽量增加容器壁厚等。

7.1.4.2 不稳定扩散

不稳定扩散中典型的边界条件可分成两种情况：第一种情况是在整个扩散过程中扩散质点在晶体表面的浓度 C_0 保持不变，例如在气相扩散的情形，晶体处于扩散物质的恒定蒸气压下。第二种情况为一定量的扩散质 Q 由晶体表面向内部扩散。属于这种扩散的实例如陶瓷试样表面镀银，银向试样内部扩散，半导体硅片中硼和磷的扩散等。以一维扩散为例，讨论两种边界条件下，扩散动力学方程的解。对第一类情况，如图 7-6 所示，可归结为如下边界条件的不稳定扩散求解问题：

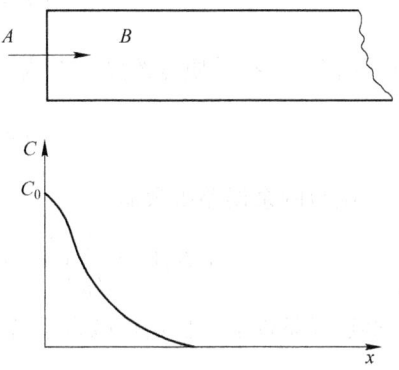

图 7-6　晶体表面处于扩散质恒定蒸气压下（C_0 = 常数），扩散质于晶体内部浓度分布曲线

$$\begin{cases} \dfrac{\partial C}{\partial t} = D \dfrac{\partial^2 C}{\partial x^2} \\ t = 0;\ x \geqslant 0,\ C(x,\ t) = 0 \\ t > 0,\ C(0,\ t) = C_0 \end{cases}$$

$$(7-22)$$

详细求解过程如下：引入新变量 $u = \dfrac{x}{\sqrt{t}}$，则有：

$$\frac{\partial C}{\partial t} = \frac{\partial C}{\partial u} \cdot \frac{\partial u}{\partial t} = -\frac{\partial C}{\partial u} \cdot \frac{x}{2t - \frac{3}{2}} - \frac{\mathrm{d}C}{\mathrm{d}u} \cdot \frac{u}{2t} \qquad (7-23\mathrm{a})$$

$$\frac{\partial^2 C}{\partial x^2} = \frac{\partial^2 C}{\partial u^2}\left(\frac{\partial u}{\partial x}\right)^2 + \frac{\partial C}{\partial u}\left(\frac{\partial^2 u}{\partial x^2}\right) = \frac{1}{t}\frac{\mathrm{d}^2 C}{\mathrm{d}u^2} \qquad (7-23\mathrm{b})$$

将式（7-23）代入式（7-22）并整理得二阶线性微分方程：

$$2D\frac{\mathrm{d}^2 C}{\mathrm{d}u^2} + u\frac{\mathrm{d}C}{\mathrm{d}u} = 0 \qquad (7-24)$$

令 $\dfrac{\mathrm{d}C}{\mathrm{d}u} = z$，则式（7-24）容易解得：

$$C(x,\ t) = A\int e^{-\frac{u^2}{4D}}\mathrm{d}u + B \qquad (7-25)$$

令 $\beta = \dfrac{u}{2\sqrt{D}} = \dfrac{x}{2\sqrt{Dt}}$，则上式可写成：

$$C(x,\ t) = A\int_0^\beta e^{-\xi^2}\mathrm{d}\xi + B \tag{7-26}$$

考虑边界条件确定积分常数：

当 $x\to\infty\Rightarrow\beta\to0$、$C(\infty,\ t) = A\dfrac{\sqrt{\pi}}{2} + B = 0$

当 $x=0\Rightarrow\beta=0$、$C(0,\ t) = B = C_0$

故得积分常数：

$$A = -C_0\frac{2}{\sqrt{\pi}};\ \ B = C_0$$

于是任意时刻 t，扩散质点浓度分布为：

$$C(x,\ t) = C_0\left(1 - \frac{2}{\sqrt{\pi}}\right)\int_0^\beta e^{-\xi^2}\mathrm{d}\xi \tag{7-27a}$$

引入误差函数的余误差函数概念：

$$erf(\beta) = \frac{2}{\sqrt{\pi}}\int_0^\beta e^{-\xi^2}\mathrm{d}\xi;\ \ erfc(\beta) = 1 - \frac{2}{\sqrt{\pi}}\int_0^\beta e^{-\xi^2}\mathrm{d}\xi$$

得第一类边界条件下不稳定扩散数学解为：

$$C(x,\ t) = C_0 \cdot erfc\left(\frac{x}{2\sqrt{Dt}}\right) \tag{7-27b}$$

因此，在处理实际问题时，利用误差函数表可以很方便地得到扩散体系中任何时刻 t，任何位置 x 处扩散质点的浓度 $C(x,\ t)$；反之，若从实验中测得 $C(x,\ t)$，便可求得扩散深度 x 与时间 t 的近似关系：

$$x = erfc^{-1}\left[\frac{C(x,\ t)}{C_0}\right] \cdot \sqrt{Dt} = K\sqrt{Dt} \tag{7-28}$$

由式（7-28）可知，x 与 $t^{1/2}$ 成正比。所以在一指定浓度 C 时，增加一倍扩散深度则需延长四倍的扩散时间。这一关系对晶体管或集成电路生产中的控制扩散（结深）有着重要的作用。

不稳定扩散中的第二类边界条件如图7-7所示。

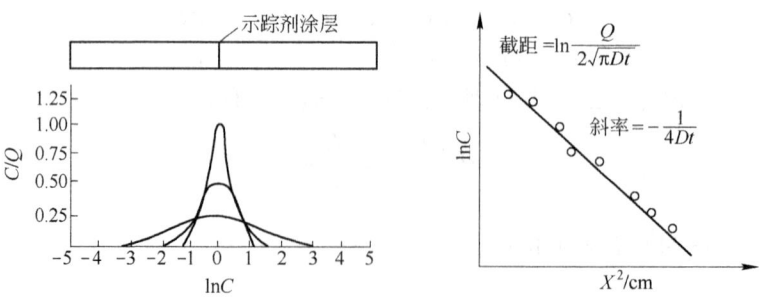

图7-7　定量扩散质点 Q 由晶体表面（$x=0$）向内部扩散的过程

当 $t=0$，$|x|>0$，$C(x, 0) = 0$；而当 $t>0$ 时，扩散到晶体内部的质点总数不变为 Q，即

$\int_{-\infty}^{\infty} C(x)\mathrm{d}x = Q$，此时扩散动力学方程（7-9）的一维解为：

$$C(x,\ t) = \frac{Q}{2\sqrt{Dt\pi}}\exp\left(-\frac{x^2}{4Dt}\right) \tag{7-29}$$

这一边界条件下的解常用于扩散系数的测定。将一定量放射性示踪剂涂于固体长棒的一个端面上。测量经历一段时间后，从表面到不同深度处放射性原子的浓度，便可利用式（7-29）求得扩散系数 D，其数据处理步骤如下：

将式（7-29）两边取对数：

$$\ln C(x,\ t) = \ln\frac{Q}{2\sqrt{\pi Dt}} - \frac{x^2}{4Dt} \tag{7-30}$$

用 $\ln C(x,\ t) \sim x^2$ 作图得一直线，其斜率为 $-\dfrac{1}{4Dt}$，截距为 $\ln\dfrac{Q}{2\sqrt{\pi Dt}}$，由此即可求出扩散系数 D。

7.2 扩散系数与扩散推动力

7.2.1 扩散系数的物理意义

Fick 第一、第二定律定量描述了质点扩散的宏观行为，在人们认识和掌握扩散规律过程中起到了重要作用。然而 Fick 定律仅仅是一种现象的描述，它将除浓度以外的一切影响扩散的因素都包括在扩散系数中，而又未能赋予其明确的物理意义。像气体、液体一样，固体中的粒子也因热运动而不断发生混合，不同的是固体粒子间很大的内聚力使粒子迁移时必须克服一定势垒，使得迁移与混合过程极为缓慢，然而迁移仍然是可能的。对于晶体，根据晶格振动概念，晶体中的粒子都是处于晶格平衡位置附近作微振动，其振幅取决于热运动动能，对于大多数晶体，平均振幅为 0.01nm 左右，即不到原子间距的 1/10，因而不会脱离平衡位置。但是由于存在热起伏，粒子的能量状态符合玻耳兹曼分布定律，当温度一定时，热起伏将使一部分粒子能够获得从一个晶格的平衡位置跳跃势垒迁移到另一个平衡位置的能量，使扩散得以进行。温度越高，粒子热运动动能越大，能脱离平衡位置而迁移的数目也越多。

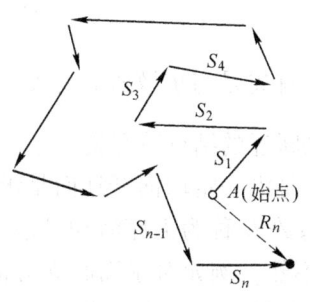

图 7-8　扩散粒子在 t 时间内经几次
无序跃迁后的净位移示意图

如果原子无序地向任意方向跃迁，并且每次跃迁和前一次跃迁无关，则扩散原子经几次跃迁后净位移 R_n 就相当于图 7-8 中各跃迁 S_1、S_2、S_3…的矢量和。

$$R_n = S_1 + S_2 + \cdots + S_n \tag{7-31}$$

$$R_n^2 = R_n \cdot R_n = \sum_{j=1}^{n} S_j^2 + 2\sum_{j=1}^{n-1} \cdot \sum_{k=j+1}^{n} S_j S_k \tag{7-32}$$

若各个跃迁矢量相等而方向是无序的，即：

$$|S_1| = |S_2| = \cdots = |S_j| = S$$

则式（7-32）中第二项为零，因为 S_j 和 S_k 平均值的正值与负值是大致相等的，因此

$$R_n^2 = nS^2 \tag{7-33}$$

如图 7-9 所示，设沿 x 方向存在浓度梯度 $\dfrac{\mathrm{d}c}{\mathrm{d}x}$，在参考平面两侧各取宽度为 R_n 的两个区域，其截面积为 $1\mathrm{m}^2$。若 I 区单位容积中平均粒子数为 C，则总粒子数目为 $R_n C$。如果粒子同时沿三个坐标轴方向均匀扩散，则沿 x、y、z 各个方向分别为 $\dfrac{1}{3}R_n C$。而在 x 方向应有 $\dfrac{1}{6}R_n C$ 粒子扩散到 $-x$ 方向；$\dfrac{1}{6}R_n C$ 扩散到 $+x$ 方向。于是，在时间 t 内，从 I 区通过参考平

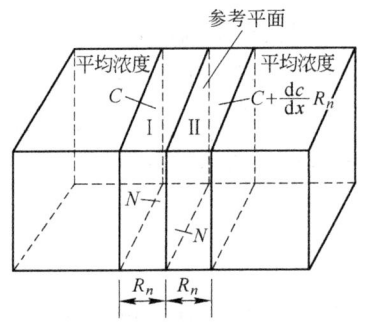

图 7-9 　存在 $\mathrm{d}c/\mathrm{d}x$ 浓度梯度的介质中，粒子通过参考平面相互反向扩散的数目示意图

面跃迁的粒子数 $\overline{N} = \dfrac{1}{6}R_n C$。与此同时，由于在 II 区的粒子数平均浓度为 $C + \dfrac{\mathrm{d}c}{\mathrm{d}x}R_n$，故自 II 区反向通过参考平面跃迁的粒子数 $\overline{N} = \dfrac{1}{6}R_n C + \dfrac{1}{6}\dfrac{\mathrm{d}c}{\mathrm{d}x}R_n^2$。故单位时间、单位截面积上的净扩散粒子数为：

$$J = \frac{N_{净}}{t} = -\frac{R_n^2}{6t}\frac{\mathrm{d}c}{\mathrm{d}x} = -\frac{nS^2}{6t}\frac{\mathrm{d}c}{\mathrm{d}x} \tag{7-34}$$

与菲克第一定律比较，得到扩散系数 D_r 为：

$$D_r = \frac{nS^2}{6t} \tag{7-35}$$

式中，$\dfrac{n}{t}$ 是单位时间内原子跃迁次数。它与若干因素有关，首先是与扩散机制有关，其次是与原子跃迁到邻近空位的跃迁频率以及和原子相邻的可供跃迁的结点数有关。

上述推导过程中假设系统不存在定向推动力，即粒子不是沿一定取向跃迁而是无序的游动扩散过程，每一次跃迁都和先前一次无关，这种扩散系数 D_r 称为无序游动扩散系数。一般晶体中的空位扩散符合这种条件，但对于原子扩散则不然。例如对于面心立方晶体，其中每个空位都可以向周围 12 个原子中任一个易位，跃迁方向是无序的。然而对一个给定的原子要跃迁到该空位，则只有 $\dfrac{1}{12}$ 的机会。其周围还有其他 11 个原子也可能跃迁。而且该原子的每次跃迁和先前跃迁有关，因为它可能跳回空位而恢复原来状态。因此，在同一系统中对这个原子扩散来说，须考虑一个相关因子 f，即有

$$D = fD_r$$

此扩散系数 D 称为自扩散系数，它也是基于无序游动扩散过程的，但必须考虑相关因子 f。对于面心立方结构 $f = 0.78$。

【例 7-1】设有一种由等直径的 A、B 原子组成的置换型固溶体。该固溶体具有简单

立方的晶体结构，点阵常数 $a = 0.3\text{nm}$ 且 A 原子在固溶体中分布成直线变化，在 0.12mm 距离内原子百分数由 0.15 增至 0.63。又设 A 原子跃迁频率 $\Gamma = 10^{-6}\text{s}^{-1}$，试求每秒内通过单位截面的 A 原子数。

解：由题意，已知原子跃迁频率 $\Gamma = 10^{-6}\text{s}^{-1}$；$r = a = 0.3\text{nm}$，$\gamma = 1/6$；求扩散通量 J。

$$D = \gamma r^2 \Gamma = \frac{1}{6} \times (0.3 \times 10^{-7})^2 \times 10^{-6} = 1.5 \times 10^{-22}\text{cm}^2/\text{s}$$

每 1cm^3 固溶体内所含原子数为：

$$\frac{1}{(0.3 \times 10^{-7})^3} = 3.7 \times 10^{22} \text{个}/\text{cm}^3$$

$$\frac{dc}{dx} = \frac{0.15 - 0.63}{0.012} \times 3.7 \times 10^{22} = -1.48 \times 10^{24} \text{个}/\text{cm}^4$$

$$J = -D\frac{dc}{dx} = 1.5 \times 10^{-22} \times 1.48 \times 10^{24} = 2.2 \times 10^2 \text{个}/(\text{s} \cdot \text{cm}^2)$$

7.2.2 扩散过程的推动力

由上述讨论可知，在扩散体系中出现宏观物质流是存在浓度梯度条件下大量扩散质点无规则布朗运动的必然结果。因此很容易认为，浓度梯度是扩散的推动力。然而实际经验告诉我们，即使体系不存在浓度梯度，只要扩散质点受到某一力场的作用就会出现定向物质流。因此，浓度梯度显然不能作为扩散推动力的确切表征。根据广泛适用的热力学理论，扩散过程的发生与否将与体系中化学位有密切关系。物质从高化学位流向低化学位是一普遍规律。因此表征扩散推动力的应是化学位梯度。一切影响扩散的外场（电场、磁场、应力场等）都可统一于化学位梯度中，并且仅当化学位梯度为零，系统扩散方可达到平衡。下面就以化学位梯度的概念建立扩散系数的热力学关系。

设一多组分体系中，i 组分的质点沿 x 方向扩散所受到的力应等于该组分化学位（μ_i）在 x 方向上梯度的负值：

$$\boldsymbol{F}_i = -\frac{\partial u_i}{\partial x} \tag{7-36}$$

相应的质点运动平均速度 $\boldsymbol{v}_i$ 正比于作用力 $\boldsymbol{F}_i$：

$$\boldsymbol{v}_i = B_i \boldsymbol{F}_i = -B_i\frac{\partial u_i}{\partial x} \tag{7-37}$$

式中，比例系数 B_i 为单位力作用下，组分 i 质点的平均速率或称淌度。显然，此时组分 i 的扩散通量 $\boldsymbol{J}_i$ 等于单位体积中该组成质点数 C_i 和质点移动平均速度的乘积：

$$\boldsymbol{J}_i = C_i \boldsymbol{v}_i \tag{7-38}$$

将式（7-37）代入式（7-38），便可用化学位梯度描述扩散的一般方程式：

$$J_i = -C_i B_i\frac{\partial u_i}{\partial x} \tag{7-39}$$

如果所研究的体系不受外场作用，则化学位是体系组成浓度和温度的函数，式（7-39）可写成：

$$J_i = -C_i B_i \frac{\partial u_i}{\partial C_i} \cdot \frac{\partial C_i}{\partial x} \tag{7-40}$$

将上式与菲克第一定律比较得扩散系数 D_i：

$$D_i = C_i B_i \frac{\partial u_i}{\partial C_i} = B_i \frac{\partial u_i}{\partial \ln C_i}$$

由于

$$\frac{C_i}{C} = N_i, \quad \mathrm{d}\ln C_i = \mathrm{d}\ln N_i$$

因此：

$$D_i = B_i \cdot \frac{\partial u_i}{\partial \ln N_i} \tag{7-41}$$

又由于：

$$u_i = u_i^{\ominus}(T, \ P) + RT\ln\alpha_i = u_i^{\ominus} + RT(\ln N_i + \ln\gamma_i)$$

则：

$$\frac{\partial u_i}{\partial \ln N_i} = RT\left(1 + \frac{\partial \ln\gamma_i}{\partial \ln N_i}\right) \tag{7-42}$$

将式（7-42）代入式（7-41），即可得扩散系数的一般热力学关系：

$$D_i = RTB_i\left(1 + \frac{\partial \ln\gamma_i}{\partial \ln N_i}\right) \tag{7-43}$$

式中，$\left(1 + \frac{\partial \ln\gamma_i}{\partial \ln N_i}\right)$ 称为扩散系数的热力学关系。

对于理想混合体系，活度系数 $\gamma_i = 1$，此时 $D_i = D_i^* = RTB_i$，通常称 D_i^* 为自扩散系数，D_i 为本征扩散系数。对于非理想混合体系，存在以下两种情况：

（1）当 $\left(1 + \frac{\partial \ln\gamma_i}{\partial \ln N_i}\right) > 0$，此时 $D_i > 0$，称为正常扩散，即物质流将从高浓度处流向低浓度处，扩散的结果使溶质趋于均匀化。

（2）当 $\left(1 + \frac{\partial \ln\gamma_i}{\partial \ln N_i}\right) < 0$，则 $D_i < 0$，称为反常扩散或逆扩散，扩散的结果使溶质偏聚或分相，如固溶体中的有序、无序相变，玻璃在旋节区分相和晶界上选择性吸附过程等。

7.3　扩散的微观机制

扩散的宏观规律与微观机制之间有着密切的关系，为了深入研究扩散规律，人们提出了五种不同的扩散微观机制，如图 7-10 所示。图 7-10 中 a 和 b 分别是空位机制和间隙机制，是迄今为止已为人们所认识的晶体中原子或离子的主要迁移机制。图 7-10 中 c 称为亚间隙机制，是指位于间隙位的原子 A 通过热振动将格点位上原子 B 弹入间隙位 C，而原子 A 进入 B 晶格位，晶格的变形程度介于空位机制与间隙机制之间。如 AgBr 晶体中 Ag⁺ 以及具有萤石结

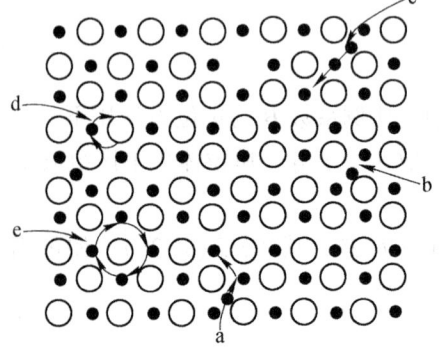

图 7-10　晶体中质点的扩散微观机制

构的 UO_{2+x} 晶体中 O^{2-} 的扩散就是按照该机制进行的。图 7-10 中 d 和 e 分别称为直接易位机制和环转易位机制，是指处于对等位置上的两个或两个以上的结点原子同时跳动进行位置交换，该扩散机制虽然在无点缺陷晶体结构中可能发生，但至今还未在实验中得到证实。

7.3.1　空位扩散机制

空位扩散机制的原子或离子迁移过程如图 7-10 中 a 所示，晶体中由于本征热缺陷或杂质离子不等价取代而存在空位，于是空位周围格点上的原子或离子就可能跳入空位，此时空位与跳入空位的原子分别作了相反方向的迁移。因此在晶体结构中，空位的移动意味着结构中原子或离子的相反方向的移动。这种以空位迁移作为媒介的质点扩散方式就称为空位机制。无论金属体系或离子化合物体系，空位机制是固体材料中质点扩散的主要机制。在一般情况下离子晶体可由离子半径不同的阴阳离子构成晶格，而较大离子的扩散多半是通过空位机制进行的。

扩散按空位机制进行时，式（7-35）中的 $\dfrac{n}{t}$ 为：

$$\frac{n}{t} = ZN_V v$$

式中，Z 是与原子相邻的可供跃迁的结点数；N_V 是晶体中空位的浓度；v 是原子跃迁到邻近空位的跃迁频率。

对于晶体，式（7-35）中的 S 可用晶格常数 a_0 表示。当晶体为体心立方晶体，有 $S = a_0 \dfrac{\sqrt{3}}{2}$，$Z=8$，代入式（7-35）得：

$$D_r = a_0^2 N_V v \tag{7-44}$$

对于不同的晶体结构则有：

$$D_r = \alpha a_0^2 N_V v \tag{7-45}$$

式中，α 是决定晶体结构的几何因子，体心和面心立方晶体的 $\alpha = 1$。

如果空位来源于晶体结构中本征热缺陷（如 Schottkey 缺陷），则空位浓度为：

$$N_V = \exp\left(-\frac{\Delta G_f}{2RT}\right)$$

其中 ΔG_f 为空位形成能。原子跃迁到邻近空位的跃迁频率 v 是指在给定温度下，单位时间内每一个晶体中的原子成功地跳跃势垒的跃迁次数为：

$$\nu = \nu_0 \exp\left(-\frac{\Delta G_M}{RT}\right)$$

式中，ΔG_M 为原子发生跃迁所需克服的势垒；ν_0 是格点原子振动频率（约 $10^{13}/s$）。空位跃迁距离 S 与晶格常数的关系为 $S = ka_0$。将所有关系式代入式（7-35），有：

$$D = fD_r = \frac{1}{6} fZk^2 a_0^2 \nu_0 \exp\left(-\frac{\Delta G_M}{RT}\right) \exp\left(-\frac{\Delta G_f}{2RT}\right) = \gamma a_0^2 \nu_0 \exp\left(-\frac{\Delta G_M}{RT}\right) \exp\left(-\frac{\Delta G_f}{2RT}\right) \tag{7-46}$$

式中，γ 是常数，与晶体结构有关，常称为几何因子。

考虑热力学关系式 $\Delta G = \Delta H - T\Delta S$，则式（7-46）可改写为：

$$D = \gamma a_0^2 \nu_0 \exp\left(\frac{\dfrac{\Delta S_f}{2} + \Delta S_M}{R}\right) \exp\left(-\frac{\dfrac{\Delta H_f}{2} + \Delta H_M}{RT}\right) \tag{7-47}$$

上述讨论以空位来源于本征热缺陷为前提，因此扩散系数称为本征扩散系数或自扩散系数。

7.3.2 间隙扩散机制

质点通过间隙机制扩散的过程如图 7-10 中 b 所示。在此情况下，处于间隙位置的质点从一间隙位移入另一邻近间隙位的过程必然引起其周围晶格的变形。与空位机制相比，间隙机制引起的晶格变形大。因此间隙原子相对晶格位上原子尺寸越小，越容易发生；反之间隙原子越大，间隙机制越难发生。

以间隙机制扩散时，一般晶体中间隙原子浓度都很小，因此实际上间隙原子所有邻近的间隙位置都是空着的，可供间隙原子跃迁的位置概率近似地看成 1。与空位扩散机制推导相同，间隙机制的扩散系数可写为：

$$D = \gamma \alpha_0^2 \nu_0 \exp\left(\frac{\Delta S_M}{R}\right) \exp\left(-\frac{\Delta H_M}{RT}\right) \tag{7-48}$$

式（7-48）与式（7-47）具有相同的形式，为方便起见，习惯上将各种晶体结构中以空位和间隙机制扩散的扩散系数表达式统一为：

$$D = D_0 \exp\left(-\frac{Q}{RT}\right) \tag{7-49}$$

式中，D_0 为式（7-48）、式（7-47）中非温度显函数项，称为频率因子。Q 称为扩散活化能，当以空位机制扩散时，扩散活化能由空位形成能和空位迁移能两部分组成，而以间隙机制扩散时，扩散活化能只有间隙原子迁移能。

7.3.3 杂质离子固溶引起的空位扩散

对于实际晶体材料结构中空位的来源，除热缺陷提供的以外还往往包括杂质离子固溶所引入的空位。例如在 KCl 晶体中引入 $CaCl_2$ 将发生如下取代关系：

$$CaCl_2 \xrightarrow{KCl} Ca_K^{\cdot} + V_K' + 2Cl_{Cl}$$

此时，空位机构扩散系数中应考虑晶体结构中总空位浓度 $N_V = N_V' + N_I$。其中 N_V' 和 N_I 分别为本征空位浓度和杂质空位浓度。此时扩散系数应由下式表示：

$$D = \gamma \alpha_0^2 \nu_0 (N_V' + N_I) \exp\left(\frac{\Delta S_M}{R}\right) \exp\left(-\frac{\Delta H_M}{RT}\right) \tag{7-50}$$

在温度足够高的情况下，结构中来自于本征缺陷的空位浓度 N_V' 可远大于 N_I，此时扩散为本征缺陷所控制，式（7-50）完全等价于式（7-47），扩散活化能 Q 和频率因子 D_0 分别等于：

$$\begin{cases} Q = \dfrac{\Delta H_f}{2} + \Delta H_M \\[3mm] D_0 = \gamma \alpha_0^2 \nu_0 \exp\left(\dfrac{\dfrac{\Delta S_f}{2} + \Delta S_M}{R}\right) \end{cases}$$

当温度足够低时，结构中本征缺陷提供的空位浓度 N_V' 可远小于 N_1，从而式（7-50）变为：

$$D = \gamma a_0^2 \nu_0 N_1 \exp\left(\frac{\Delta S_M}{R}\right) \exp\left(-\frac{\Delta H_M}{RT}\right)$$

因扩散受固溶引入的杂质离子的电价和浓度等外界因素所控制，因此称之为非本征扩散。相应的 D 则称为非本征扩散系数，此时扩散活化能 Q 与频率因子 D_0 分别为：

$$\begin{cases} Q = \Delta H_M \\ D_0 = \gamma \alpha_0^2 \nu_0 N_1 \exp\left(\frac{\Delta S_M}{R}\right) \end{cases}$$

在低温与高温两种条件下，缺陷的种类与扩散机理会有所不同。一般而言，在低温条件下，热缺陷数量较少，晶体结构中的杂质缺陷为主要缺陷类型，其浓度更多地依赖于杂质的含量，受温度的影响相对较小。此时，扩散活化能为杂质缺陷（如间隙离子或空位）克服势垒束缚，发生迁移运动的能量。相反，高温时热缺陷为主要缺陷类型，因此扩散活化能包括热缺陷产生和热缺陷迁移两部分能量。就高低温均为空位扩散机制控制的过程而言，在扩散系数与温度倒数的双对数图上，可以观察到一条有转折点的折线，转折点的两侧分别为高温区与低温区的两条斜率不同的直线，由斜率差值即可求出空位形成能。

图 7-11 所示为含微量 $CaCl_2$ 的 NaCl 晶体中 Na^+ 的自扩散系数 D 与温度 T 的关系。在高温区活化能较大的应为本征扩散，在低温区活化能较小的则相应为非本征扩散。Patterson 等人测量了单晶 Na^+ 和 Cl^- 离子两者的本征扩散系数，并得到了活化能数据如表 7-1 所示。

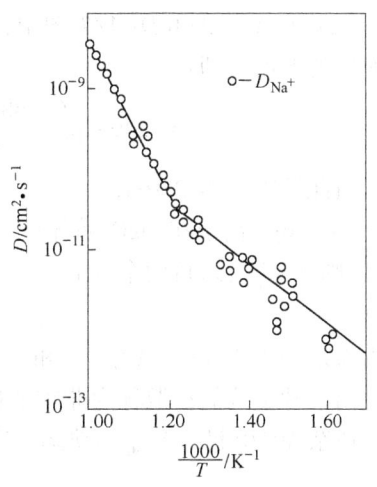

图 7-11 NaCl 单晶中 Na^+ 的自扩散系数

表 7-1 NaCl 晶体中自扩散活化能

离　子	活化能/$kJ \cdot mol^{-1}$		
	$\Delta H_M + \Delta H_f/2$	ΔH_M	ΔH_f
Na^+	174	74	199
Cl^-	261	161	199

【例 7-2】已知 MgO 多晶材料中 Mg^{2+} 本征扩散系数（D_{in}）和非本征扩散系数（D_{ex}）由下式给出：$D_{in} = 0.249 \exp\left(-\dfrac{486000}{RT}\right) cm^2/s$；$D_{ex} = 1.2 \times 10^{-5} \exp\left(-\dfrac{254500}{RT}\right) cm^2/s$。

（1）分别求出 25℃ 和 1000℃ 时，Mg^{2+} 的 D_{in} 和 D_{ex}；

（2）试求在 Mg^{2+} 的 $\ln D \sim 1/T$ 图中，由非本征扩散转为本征扩散的转折点温度（计算中假设 MgO 是纯净的多晶体）？

（3）欲使 MgO 晶体中 Mg^{2+} 直至 2800℃仍为非本征扩散，引入三价杂质离子 M^{3+}，试求三价杂质离子的浓度 $[M^{3+}]$（已知 MgO 晶体中肖特基缺陷形成能为 5.5eV）。

解：（1）温度 $T_1 = 25℃ + 273 = 298K$ 时，

$$D_{in} = 0.249\exp\left(-\frac{486000}{RT}\right) = 0.249\exp\left(-\frac{486000}{8.314 \times 298}\right) = 1.60 \times 10^{-86} \text{cm}^2/\text{s}$$

$$D_{ex} = 1.2 \times 10^{-5}\exp\left(-\frac{254500}{RT}\right) = 1.2 \times 10^{-5}\exp\left(-\frac{254500}{8.314 \times 298}\right) = 2.94 \times 10^{-50} \text{cm}^2/\text{s}$$

温度 $T_2 = 1000℃ + 273 = 1273K$ 时，

$$D_{in} = 0.249\exp\left(-\frac{486000}{RT}\right) = 0.249\exp\left(-\frac{486000}{8.314 \times 1273}\right) = 2.84 \times 10^{-21} \text{cm}^2/\text{s}$$

$$D_{ex} = 1.2 \times 10^{-5}\exp\left(-\frac{254500}{RT}\right) = 1.2 \times 10^{-5}\exp\left(-\frac{254500}{8.314 \times 1273}\right) = 4.33 \times 10^{-16} \text{cm}^2/\text{s}$$

（2）在 Mg^{2+} 的 $\ln D \sim 1/T$ 图中，由非本征扩散转为本征扩散的转折点温度为 $D_{in} = D_{ex}$ 时所对应的温度，即：

$$0.249\exp\left(-\frac{486000}{RT}\right) = 1.2 \times 10^{-5}\exp\left(-\frac{254500}{RT}\right)$$

由此解得：$T = 2801K$。

（3）Mg^{2+} 离子在 MgO 晶体中以空位机构扩散，在 MgO 晶体若掺杂有三价杂质离子 M^{3+}，则 $[V''_{Mg}]$ 来自两个方面：

$$[V''_{Mg}] = [V''_{Mg}]_{肖} + [V''_{Mg}]_{杂质}$$

即由掺杂 M^{3+} 引起的 $[V''_{Mg}]_{杂质}$ 和由本征热缺陷——肖特基缺陷引起的 $[V''_{Mg}]_{肖}$。Mg^{2+} 离子通过前一种空位的扩散称为非本征扩散，通过后一种空位的扩散称为本征扩散。

掺杂 M^{3+} 引起的 V''_{Mg} 的缺陷反应如下：

$$M_2O_3 \xrightarrow{MgO} 2M^{\cdot}_{Mg} + V''_{Mg} + 3O_O$$

由上述反应产生的 $[V''_{Mg}]$ 即为 $[V''_{Mg}]_{杂质}$，当 MgO 晶体在熔点时，晶体内肖特基缺陷浓度为：

$$[V''_{Mg}]_{肖} = \exp\left(-\frac{\Delta G_f}{2kT}\right) = \exp\left(-\frac{5.5 \times 1.602 \times 10^{-19}}{2 \times 1.38 \times 10^{-23} \times 3073}\right) = 3.08 \times 10^{-5}$$

在上面的缺陷反应方程中，$[M^{\cdot}_{Mg}] = 2[V''_{Mg}]_{杂}$，因此欲使 MgO 晶体中直至 2800℃仍为非本征扩散，$[M^{3+}]$ 浓度为：

$$[M^{3+}] = [M^{\cdot}_{Mg}] = 2[V''_{Mg}]_{杂质} > 2[V''_{Mg}]_{肖}$$

即：

$$[M^{3+}] > 2 \times 3.08 \times 10^{-5} = 6.16 \times 10^{-5}$$

总结：这道题的综合性很强，分别考查了扩散系数的计算，本征与非本征扩散系数的概念，热缺陷浓度计算和缺陷反应方程式的书写。第（1）、（2）小题要求大家有很好的计算能力；第（3）小题解答的关键则在于能正确理解本征与非本征扩散的内涵。

【例 7-3】 在某种材料中，某种粒子的晶界扩散系数与体积扩散系数分别为 $D_{gb} = 2.00 \times 10^{-10}\exp(-191000/RT)$ cm²/s 和 $D_V = 1.00 \times 10^{-4}\exp(-382000/RT)$ cm²/s，试求晶界扩散系数和体积扩散系数分别在什么温度范围内占优势？

解：由题意，当晶界扩散系数等于体积扩散系数时，有：

$$D_{gb} = 2.00 \times 10^{-10} \exp\left(-\frac{191000}{RT}\right) cm^2/s \qquad D_V = 1.00 \times 10^{-4} \exp\left(-\frac{382000}{RT}\right) cm^2/s$$

当 $D_{gb} = D_V$ 时，$2.00 \times 10^{-10} \exp\left(-\frac{191000}{RT}\right) = 1.00 \times 10^{-4} \exp\left(-\frac{382000}{RT}\right)$

解得：$T = 1750.7K$。

因此，可以判断，当温度低于 1750.7K 时，晶界扩散系数占优势，当温度高于 1750.7K 时，体积扩散系数占优势。

7.3.4 非化学计量氧化物中的扩散

除掺杂点缺陷引起非本征扩散外，非本征扩散亦发生于一些非化学计量氧化物晶体材料中，特别是过渡金属元素氧化物，如 FeO、NiO、CoO 和 MnO 等。在这些氧化物晶体中，金属离子的价态常因环境中的气氛变化而改变，从而引起结构中出现阳离子空位或阴离子空位并导致扩散系数明显的依赖于环境中的气氛。在这类氧化物中典型的非化学计量空位形成可分成如下两类情况。

7.3.4.1 阳离子缺位型氧化物中的阳离子空位扩散

过渡金属氧化物的阳离子是可变价的，常会形成缺金属型的非化学计量化合物，其中存在有金属离子空位，如 $Fe_{1-x}O$ 中的铁离子空位浓度 $5\% \sim 15\%$。以氧化钴为例，其缺陷反应如下：

$$2Co_{Co} + \frac{1}{2}O_2(g) = O_O + V''_{Co} + 2Co^{\cdot}_{Co} \qquad (7-51)$$

式中，$Co^{\cdot}_{Co}$ 表示一个电子空穴存在于该阳离子的位置，相当于 Co^{3+} 占据 Co^{2+} 位置。式（7-51）相当于是氧溶解于 CoO 内，其溶解度是由平衡时的溶液自由焓 ΔG_0 决定的。设 K_0 为平衡常数，而 $[Co^{\cdot}_{Co}] = 2[V''_{Co}]$ 得：

$$K_0 = \frac{4[V''_{Co}]^3}{p_{O_2}^{1/2}} = \exp\left(-\frac{\Delta G_0}{RT}\right) \qquad (7-52)$$

$$[V''_{Co}] = \left(\frac{1}{4}\right)^{1/3} p_{O_2}^{1/6} \exp\left(-\frac{\Delta G_0}{3RT}\right) \qquad (7-53)$$

将式（7-53）代入式（7-50）空位浓度项，则得非化学计量空位对金属离子空位扩散系数的贡献：

$$D_{Co} = \left(\frac{1}{4}\right)^3 \gamma \alpha_0^2 \nu_0 p_{O_2}^{1/6} \exp\left(\frac{\Delta S_M + \Delta S_0/3}{R}\right) \exp\left(-\frac{\Delta H_M + \Delta H_0/3}{RT}\right) \qquad (7-54)$$

显然若温度不变，根据式（7-54）用 $\ln D$ 与 $\ln p_{O_2}$ 作图所得直线斜率为 1/6，若氧分压 p_{O_2} 不变，$\ln D \sim 1/T$ 直线斜率负值为 $(\Delta H_M + \Delta H_0/3)/R$。图 7-12 为氧分压对 CoO 内的 Co 的示踪扩散系数的实验数据与预计曲线。由图 7-12 可见，理论分析与实测结果一致。

7.3.4.2 阴离子缺位型氧化物中氧空位扩散

以 ZrO_2 为例说明氧离子空位型，在高温下氧分压的降低会导致如下缺陷反应：

$$O_O = \frac{1}{2}O_2(g) + V_O^{\cdot\cdot} + 2e' \qquad (7-55)$$

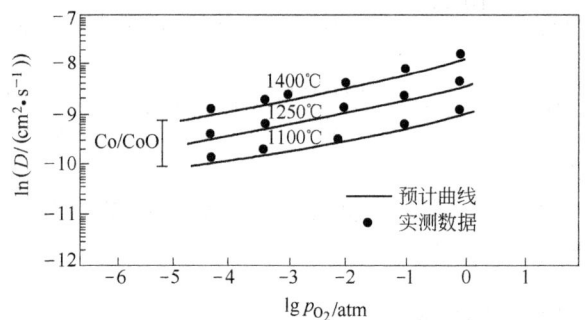

图 7-12   氧分压对 Co 在 CoO 中的示踪扩散系数的影响

反应平衡常数：

$$K_p = p_{O_2}^{1/2}[V_O^{\bullet\bullet}][e']^2 = \exp\left(-\frac{\Delta G_0}{RT}\right)$$

平衡时 $[e'] = 2[V_O^{\bullet\bullet}]$，则：

$$[V_O^{\bullet\bullet}] = \left(\frac{1}{4}\right)^{-\frac{1}{3}} p_{O_2}^{-\frac{1}{6}}\exp\left(-\frac{\Delta G_0}{3RT}\right) \tag{7-56}$$

因此非化学计量空位对氧离子的空位扩散系数贡献为：

$$D_O = \left(\frac{1}{4}\right)^{-1/3}\gamma\alpha_0^2\nu_0 p_{O_2}^{-1/6}\exp\left(\frac{\Delta S_M + \Delta S_0/3}{R}\right)\exp\left(-\frac{\Delta H_M + \Delta H_0/3}{RT}\right) \tag{7-57}$$

比较式（7-57）和式（7-54）可以看出，对过渡金属非化学计量氧化物，氧分压的增加将有利于金属离子的扩散而不利于氧离子的扩散。

但无论是金属离子或氧离子空位型，其扩散系数和温度的关系都是 $\frac{\Delta H_M + \Delta H_0/3}{R}$，表现在 $\ln D \sim 1/T$ 直线中具有相同的斜率。倘若在非化学计量氧化物中同时考虑本征缺陷空位、杂质缺陷空位以及由于气氛改变所引起的非化学计量空位对扩散系数的贡献，则 $\ln D \sim 1/T$ 图由含两个转折点的直线段所构成。高温段与低温段分别为本征空位和杂质空位所致，而中温段则由非化学计量空位所致，如图7-13所示。

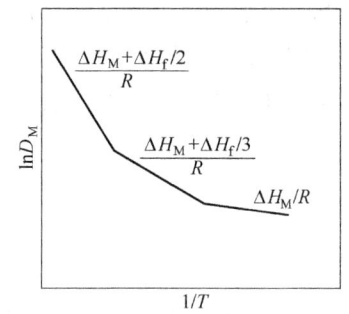

图 7-13   在非化学计量氧化物中，扩散
与温度关系示意图

7.4   影响扩散系数的因素

扩散是一个基本的动力学过程，对材料的制备、加工中的性能变化、显微结构形成以及材料使用过程中性能衰减起着决定性的作用。对相应过程的控制，往往从影响扩散速度的因素入手来控制，因此，掌握影响扩散的因素对深入理解扩散理论以及应用扩散理论解决实际问题具有重要的意义。

扩散系数是决定扩散速度的重要参量，讨论影响扩散系数因素的基础常基于式（7-49）：

$$D = D_0 \exp\left(-\frac{Q}{RT}\right)$$

从数学关系上看，扩散系数主要决定于温度与活化能，显含于函数关系中，其他一些因素则隐含于 D_0 与 Q 中，这些因素可分为内在因素与外在因素两大类。

7.4.1 扩散系数的内在影响因素

7.4.1.1 扩散物质性质的影响

一般而言，扩散质点性质与扩散介质性质差异越大，扩散系数也越大。这是因为当扩散介质附近的应力场发生畸变时，较易形成空位和降低扩散活化能而有利于扩散。故扩散原子与介质原子间性质差异越大，引起应力场的畸变也越强烈，扩散系数也就越大。表7-2所示为若干金属原子在金属铅中的扩散系数，由表中数据可见，当扩散元素与铅所属的周期表第Ⅳ族相隔越远，相应的扩散活化能越低。

表 7-2 不同金属原子在铅中的扩散系数

扩散元素	原子半径/nm	在铅中的溶解度极限（原子比）/%	扩散元素的熔化温度/℃	扩散系数/cm² · s⁻¹
Au	0.144	0.05	1063	4.6×10^{-5}
Ti	0.171	79	303	3.6×10^{-10}
Pb（自扩散）	0.174	100	327	7×10^{-11}
Bi	0.182	35	271	4.4×10^{-10}
Ag	0.144	0.12	960	9.1×10^{-8}
Cd	0.152	1.7	321	2×10^{-9}
Sn	0.158	2.9	232	1.6×10^{-10}
Sb	0.161	3.5	630	6.4×10^{-10}

A 原子键力的影响

由扩散的微观机制可知，原子迁移到新位置上去时，必须挤开通路上的原子引起局部的点阵畸变，也就是说要部分破坏原子结合键才能通过。因此，原子结合键越强，扩散活化能 Q 值越高，相应地扩散系数越低。相比较而言，以共价键结合的晶体，其原子结合键高于以金属键和离子键结合的晶体，并且，由于共价键具有方向性与饱和性，对质点的迁移具有制约作用。例如，虽然 Ag 和 Ge 的熔点仅相差几度，但 Ge 的自扩散活化能为289kJ/mol，而金属 Ag 的自扩散活化能却只有184kJ/mol，显然，这与两种晶体的原子结合强度有关。

B 晶体结构的影响

晶体结构反映了原子在空间的排列情况，原子排列越紧密，原子间的结合力越强，扩散激活能越高，而扩散系数越小。通常扩散介质结构越紧密，扩散越困难，反之亦然。例如面心立方点阵比体心立方点阵紧密，铁在面心立方点阵中的自扩散系数 $D_{\gamma\text{-Fe}}$ 与在体心立方点阵的 $D_{\alpha\text{-Fe}}$ 相比，二者在910℃相差了两个数量级，$D_{\alpha\text{-Fe}} \approx 300 D_{\gamma\text{-Fe}}$。同样，间隙原子碳在体心立方的铁中的扩散速率也远大于在面心立方的铁中，在同一温度下前者约是后者的100倍。

276

7.4.1.2 结构缺陷的影响

多晶材料是由不同取向的晶粒相结合而构成，于是晶粒与晶粒之间存在原子排列非常紊乱，结构非常开放的晶界区域。实验表明在金属材料、离子晶体中，原子或离子在晶界

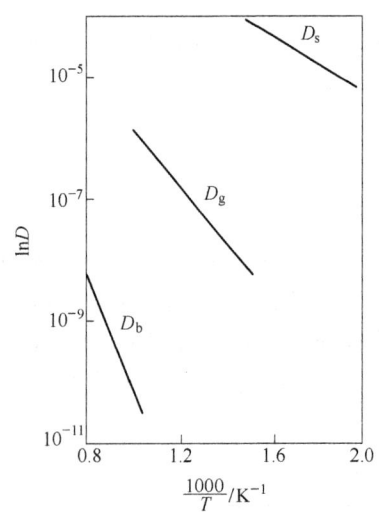

上的扩散远比在晶粒内部扩散快。有实验证明，在某些氧化物晶体材料中的晶界对离子的扩散有选择性的增强作用。例如在 Fe_2O_3、CoO、$SrTiO_3$ 材料中晶界或位错有增强 O^{2-} 的扩散作用；而在 BeO、UO_2、Cu_2O、$(ZrCa)O_2$ 等材料中则无此效应。这种晶界对离子扩散的选择性增强作用与晶界区域内电荷分布密切相关。

图 7-14 所示为金属银中 Ag 原子在晶粒内部扩散系数 D_b、晶界区域扩散系数 D_g 和表面区域的扩散系数 D_s 的比较。其扩散活化能数值大小分别为 193kJ/mol、85kJ/mol 和 43kJ/mol。显然扩散活化能的差异与结构缺陷之间的差别是相对应的。在离子型化合物中，一般规律为：

图 7-14 Ag 自扩散系数 D_b、晶界扩散系数 D_g 和表面扩散系数 D_s

$$Q_s = 0.5Q_b；\quad Q_g = (0.6 \sim 0.7)Q_b\ （Q_s、Q_g 和 Q_b 分别为表面扩散、晶界扩散和晶格内扩散的活化能），$$

相应地，扩散系数数量级大小的比值为：

$$D_b : D_g : D_s = 10^{-14} : 10^{-10} : 10^{-7}$$

除晶界以外，晶粒内存在的各种位错也往往是原子容易移动的途径。结构中位错密度越高，位错对原子（或离子）扩散的贡献越大。

7.4.2 扩散系数的外在影响因素

7.4.2.1 温度的影响

晶体中的扩散属于热振动激活过程，一般包括各种缺陷的产生和缺陷的迁移运动两部分，在其他条件一定时，扩散系数 D 与温度 T 的关系都服从式（7-49）所示的指数规律，可见温度对扩散系数的影响之大。$\ln D$ 与 $\frac{1}{T}$ 呈线性关系，直线与纵坐标的截距为 $\ln D_0$，直线的斜率为 $-\frac{Q}{R}$。一些离子在各种氧化物中的扩散系数与温度的关系如图 7-15 所示，结合式（7-49）即可求出相应的活化能。

因为扩散活化能 Q 是正值，所以温度越高，扩散系数越大，扩散速率也越大。这一点不难理解，温度升高，一方面增加了热缺陷的数目，另一方面使得更多的质点具有高的热振动能量，可以克服势垒的束缚而发生迁移运动。因此，在实验研究与生产中，各种受扩散控制的过程都必须严格考虑温度的影响。

扩散系数对温度是非常敏感的，在固相线附近对于置换型固溶体 D 为 $10^{-8} \sim 10^{-9} cm^2/s$，间隙型固溶体 D 为 $10^{-5} \sim 10^{-6} cm^2/s$；而在室温时分别为 $10^{-20} \sim 10^{-50} cm^2/s$ 及 $10^{-10} \sim 10^{-30} cm^2/s$

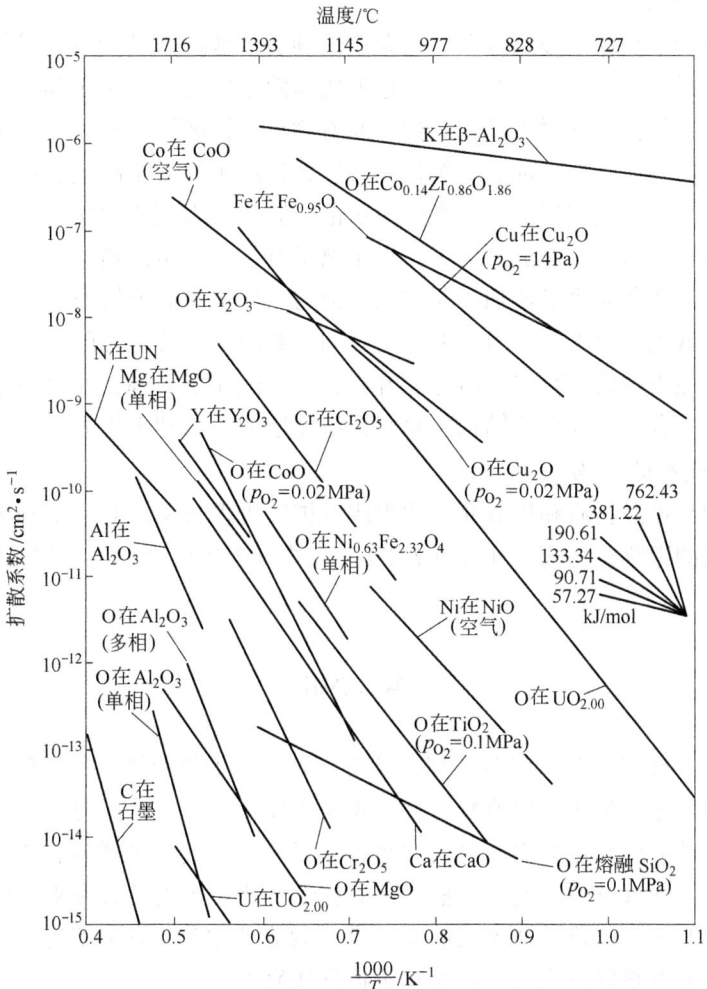

图 7-15 扩散系数与温度的关系

数量级，因此，实际扩散过程中，特别是置换型固溶体的扩散过程，只能在高温下进行，在室温下是很难进行的。表 7-3 所示为一些常见元素不同温度下在铁中的扩散系数 D。

表 7-3 不同温度时的各元素在铁中的扩散系数

扩散元素	扩散温度/℃	$D \times 10^5/(cm^2/24h)$	扩散元素	扩散温度/℃	$D \times 10^5/(cm^2/24h)$
C	925	1205	Cr	1150	5.9
	1000	3100		1200	15~70
	1100	8640		1300	190~460
Al	900	33	Mo	1200	20~130
	1150	170	W	1280	3.2
Si	960	65		1330	21
	1150	125	Mn	960	2.6
Ni	1200	0.8		1400	830

7.4.2.2 杂质的影响

杂质对扩散的影响作用较为复杂，与杂质的种类、数量以及杂质在晶体结构中的分布状况等有密切关系。半径较小的杂质，往往形成间隙型固溶体。位于间隙位置杂质的扩散以间隙扩散方式进行，因此对主晶相结构中原有质点的扩散影响不大。如果杂质与主晶相形成有限置换型固溶体，加上部分不等价的杂质替代产生的大量缺陷，则对主晶相原有质点的扩散有相当大的影响作用。利用杂质对扩散的影响是人们改善扩散的主要途径。一般而言，高价阳离子的引入可造成晶格中出现阳离子空位并产生晶格畸变，从而使阳离子扩散系数增大。并且随杂质含量增加，非本征扩散与本征扩散温度转折点升高，这表明在较高温度时杂质扩散仍超过本征扩散。但是，必须注意的是，若引入的杂质与扩散介质形成化合物，或发生淀析则将导致扩散活化能升高，使扩散速率下降，反之当杂质原子与结构中部分空位发生缔合，往往会使结构中总空位浓度增加而有利于扩散。

7.4.2.3 气氛的影响

气氛的影响与扩散物质和扩散介质的组成及扩散机理有关，对于不同类型的非化学计量氧化物，气氛的影响也不同，如式（7-54）与式（7-57）所示，氧分压对扩散的影响就不一样。

——— 本章小结 ———

通过"菲克扩散定律"内容的介绍，读者们可掌握扩散的概念，理解扩散现象与材料生产的联系；理解菲克扩散定律的数学表达式并掌握其适用范围；理解扩散系数的物理意义，掌握扩散推动力的相应知识。通过"扩散微观机制"内容的学习，读者们可认识扩散的五种微观机制，掌握空位与间隙扩散机制的扩散系数表达式及其应用，掌握本征与非本征扩散的概念及其应用。通过"影响扩散因素"内容的学习，读者们可掌握影响扩散的内在与外在因素，具备根据给定条件判断粒子扩散性的能力。

习题与思考题

7-1 名词解释：（1）本征扩散；（2）非本征扩散；（3）稳定扩散；（4）不稳定扩散。

7-2 欲使 Ca^{2+} 在 CaO 中的扩散直至 CaO 的熔点（2600℃）都是非本征扩散，要求三价杂质离子有什么样的浓度？（已知 CaO 晶体肖特基缺陷形成能为 6eV）

7-3 Fe^{2+} 离子在 FeO 中的扩散系数：在 600℃ 时为 5×10^{-10} cm²/s，在 900℃ 时为 1.5×10^{-8} cm²/s，试求 Fe^{2+} 的扩散活化能 Q 和 Fe^{2+} 在 FeO 中的频率因子 D_0 值。

7-4 已知 Al^{3+} 在 Al_2O_3 中的频率因子 D_0 值为 $D_0(Al^{3+}) = 2.8 \times 10^{-3}$ cm²/s，扩散活化能为 447kJ/mol，而 O^{2-} 在 Al_2O_3 中的频率因子 D_0 值为 $D_0(O^{2-}) = 0.19$ cm²/s，扩散活化能为 636kJ/mol。试求：

（1）分别计算 Al^{3+} 和 O^{2-} 在 2000K 温度下的扩散系数 D；

（2）试解释它们扩散系数不同的原因。

7-5 碳在 α-Ti 中的几个扩散数据列于下表，试求：

（1）碳的扩散活化能 Q 和频率因子 D_0；

（2）在 500℃ 时碳在 α-Ti 中的扩散系数。

温度/℃	736	782	835
$D/m^2 \cdot s^{-1}$	2×10^{-13}	4.75×10^{-13}	1.3×10^{-12}

7-6 试推测在贫铁的 Fe_3O_4 中氧分压和铁离子扩散的关系；试推测在铁过剩的 Fe_3O_4 中氧分压和氧扩散的关系。

7-7 试分析离子晶体中，阴离子扩散系数一般小于阳离子扩散系数的原因。

7-8 假定碳在 α-Fe（体心立方）和 γ-Fe（面心立方）中的扩散系数分别为：

$D_\alpha = 0.0079\exp(-83600/RT)\,cm^2/s$

$D_\gamma = 0.21\exp(-141284/RT)\,cm^2/s$

计算 800℃ 时各自的扩散系数并解释其差别。

7-9 Zn^{2+} 在 ZnS 中扩散时，563℃ 时的扩散系数为 $3\times10^{-14}\,cm^2/s$；450℃ 时的扩散系数为 $1.0\times10^{-14}\,cm^2/s$，求：

(1) Zn^{2+} 的扩散的活化能和 D_0；

(2) Zn^{2+} 在 750℃ 时的扩散系数。

7-10 已知银的自扩散系数的频率因子 $D_{0(V)} = 7.2\times10^{-5}\,m^2/s$，$Q_V = 190\times10^3\,J/mol$；晶界扩散系数的频率因子 $D_{0(gb)} = 1.4\times10^{-5}\,m^2/s$，$Q_{gb} = 90\times10^3\,J/mol$。试求银在 927℃ 及 727℃ 时 D_{gb} 和 D_V 的比值。

7-11 实验测得不同温度下碳在钛中的扩散系数分别为：$2\times10^{-9}\,cm^2/s$（736℃）、$5\times10^{-9}\,cm^2/s$（782℃）、$1.3\times10^{-8}\,cm^2/s$（838℃）。

(1) 请判断该实验结果是否符合 $D = D_0\exp\left(-\dfrac{Q}{RT}\right)$；

(2) 试计算碳的扩散活化能 ΔG，并求出在 500℃ 时碳的扩散系数。

7-12 设体积扩散与晶界扩散活化能间关系为 $Q_{gb} = 1/2\,Q_V$（Q_{gb}、Q_V 分别为晶界扩散与体积扩散活化能），试画出 $\ln D - 1/T$ 曲线，并分析在哪个温度范围内，晶界扩散超过体积扩散？

7-13 影响扩散的因素有哪些？

7-14 碳、氮、氢在体心立方的铁中的活化能分别为 84kJ/mol、75kJ/mol 和 13kJ/mol，试对此差异进行解释。

7-15 在氧化物 MO 中掺入微量的 R_2O 后，M^{2+} 的扩散增强，试问 M^{2+} 通过何种缺陷发生扩散？可采取哪些措施抑制 M^{2+} 的扩散，为什么？

8 材料中的固相反应

内容提要： 本章首先介绍了固相反应的特点、分类及在材料生产、研发中的意义。通过一个典型的固相反应过程，分析了固相反应机理，强调了一个固相反应过程包含若干步骤的观点。介绍了固相反应的一般动力学关系，由化学反应速率所控制的固相反应动力学关系。

在由扩散速率所控制的固相反应动力学方程中，分别以不同的固相反应模型，推导了抛物线型速率方程、杨德尔方程与金斯特林格方程，并比较了它们的优缺点与各自的适用范围。讨论了影响固相反应的因素。

在固相反应热力学部分，通过案例分析，主要介绍了经典热力学理论在材料研发、生产中的指导意义。

固相反应在无机非金属材料的高温过程中是一个普遍的物理化学现象，它是一系列材料（包括各种传统的、新型的金属材料和无机非金属材料）制备所涉及到的基本过程之一。广义地讲，凡是有固相参与的化学反应都可称为**固相反应**。例如固体的热分解、氧化及固体与固体、固体与液体之间的化学反应等都属于此范畴之内。但在狭义上，固相反应常指固体与固体之间发生化学反应生成新的固体产物的过程。

固相反应是材料的制备、加工及应用过程中的基础反应，它直接影响材料的生产过程、产品质量及材料的使用寿命。与一般的气、液相反应相比，固相反应在反应机理、反应动力学与热力学方面均有自己的特点，本章将着重讨论固相反应的反应机理、动力学关系及热力学理论在固相反应中的应用。

8.1 固相反应概述

8.1.1 固相反应特征

较早时期，对固相反应的研究侧重于单纯的固相反应体系。研究发现，固相质点在较低温度下也会扩散，但因扩散速度很小，所以其反应过程也无法观测；随着反应温度升高，扩散速率以指数规律增大，并在某些特定条件下，出现了明显的化学反应现象。泰曼最早研究了 CaO、MgO、PbO 和 CuO 与 WO_3 的反应。他分别让两种氧化物的晶面彼此接触并加热，发现在接触界面上生成着色的钨酸盐化合物，其厚度 x 与反应时间 t 成对数关系（$x = K\ln t + C$）确认纯固态物质之间可直接进行反应，并对反应进行了详细研究，总结出以下主要结论：

（1）固态物质之间的反应是直接进行的，没有液相、气相参与或基本不起重要作用。

（2）固相反应的开始温度比反应物的熔融温度或系统低共熔温度要低得多。通常与一种反应物呈现明显扩散作用的温度相接近，此温度称为泰曼温度或烧结温度。不同物质的

泰曼温度与其熔点 T_m 之间存在一定关系，如对于金属为 $(0.3 \sim 0.4)T_m$，盐类和硅酸盐则分别约为 $0.57T_m$ 和 $(0.8 \sim 0.9)T_m$。

（3）当反应物之一存在有多晶转变时，则转变温度通常也是反应开始明显进行的温度，这一规律称为**海德华定律**。

以上结论主要建立在对单纯固相反应体系研究基础上。后来，金斯特林格等人揭示了不同的反应规律。他们通过研究多元复杂体系发现：在进行固相反应的高温条件下，部分固相物质与液相或气相物质之间存在相平衡，导致某一反应物可转变为气相或液相，然后通过颗粒外部扩散到另一固相的非接触表面上，完成固相反应过程。因此，液相或气相也可作为固相反应的一部分参与反应过程，并对固相反应过程起重要作用。金斯特林格等人的研究工作拓展了固相反应的理论。

从反应体系的特征分析，通常的液相、气相反应是均相反应体系，研究所进行化学反应时主要考虑热力学条件与反应动力学速度；而固相反应是一种非均相的反应过程，反应进行过程明显不同于均相反应。除了对其反应热力学和动力学理论进行研究外，结合固相反应在反应条件、反应机理、反应过程、反应速度和反应产物等方面的研究，固相反应有以下共同特点：

首先，固体质点（原子、离子或分子）间具有很大的作用键力，故固态物质的反应活性通常较低，速度较慢。并且，固相反应总是发生在两组分界面上的非均相反应。对于粒状物料，反应首先是通过颗粒之间的接触点和面进行，随后是反应物通过产物层进行扩散迁移，使反应得以继续。因此，固相反应一般包括相界面上的反应和物质迁移两个过程。

其次，在低温时，固体在化学上一般是不活泼的，因而固相反应通常需在高温下进行。而且由于固相反应属非均相反应体系，因而，传热与传质过程都对反应速度有重要影响。伴随反应的进行，反应物和产物的物理化学性质将会发生变化，导致固体内温度和反应物浓度分布及其物性变化，这都可能对传热、传质和化学反应过程产生重要影响。

8.1.2 固相反应分类

固相反应的反应物系涉及两个或两个以上的物相种类，其反应类型包括化学合成、分解、熔化、升华与结晶等，反应过程又包括化学反应、扩散传质等过程。根据分类依据的不同，固相反应可以有如下不同的分类：

（1）根据参与反应物质的状态划分。可以将固相反应分为：纯固态反应，即没有液相与气相参与的固相反应，如 $A(s)+B(s) \rightarrow AB(s)$；有液相参与的固相反应，如反应物熔化、两反应物生成低共熔物、反应物与产物生成低共熔物；有气相参与的反应，如反应物升华、反应物分解生成气体产物。

（2）根据固相反应性质划分。可以将固相反应划分为合成反应、分解反应、置换反应、氧化还原反应等类型。

（3）按生成物的位置划分。可以将固相反应分为（界面）成层反应，即通过产物层进行传输得到层状产物层，如 $MgO-Al_2O_3$ 系统的反应；（体相）非成层反应，即既有通过产物层的物质传输，又有其他的物质传输，如 $Al_2O_3-TiO_2$ 系统的反应。

（4）根据反应机理划分。可以将固相反应分为化学反应速率控制的固相反应、扩散控制的固相反应、升华控制的固相反应等类型。

8.2　固相反应机理

固相反应一般由相界面上的化学反应和固相内的物质迁移两个过程构成。但不同类型的反应既表现出一些共性规律，也存在差异与特点。

8.2.1　相界面上化学反应机理

傅梯格（Hlütting）研究了 ZnO 和 Fe_2O_3 合成铁锌尖晶石反应的过程。图 8-1 为合成反应过程示意图。综合各种性质随反应温度的变化规律，可以把整个反应过程划分为 6 个阶段。

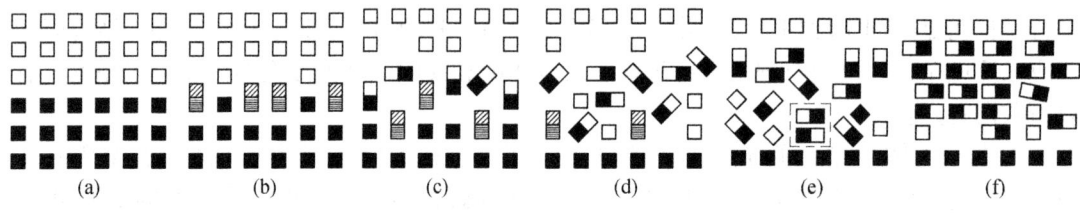

□反应物A　▨"吸附型"化合物　■反应物B　▣反应物AB

图 8-1　固相物质 A 和 B 合成 AB 化学反应过程示意图

第一阶段是隐蔽期，如图 8-1(a) 所示，约低于 300℃。此阶段内吸附色剂能力降低，说明反应物混合时已经相互接触，随温度升高离子活化能力增大，使反应物接触更紧密，在界面上质点间形成了某些弱的键，但晶格和物相基本上没有变化。在这阶段中，熔点较低的反应物"掩蔽"了另一反应物的性质。

第二阶段是第一活化期，如图 8-1(b) 所示。所处的温度范围为 300~450℃。在此阶段，随着温度升高，质点的可动性增大，在接触表面某些有利的地方，形成吸附中心，开始互相反应形成"吸附型"化合物。吸附型化合物不具有化学计量产物的晶格结构，缺陷严重呈现出极大的活性，密度增加，但 X 射线衍射强度没有明显变化，无新相生成。

第三阶段为第一脱活期，如图 8-1(c) 所示。所处的温度范围为 400~500℃之间。由于反应物表面上质点扩散加强，使局部进一步反应形成化学计量产物，但尚未形成正常的晶格结构。反应产物层的逐渐增厚，在一定程度上对质点的扩散起着阻碍作用，因此这一阶段催化能力与吸附能力都有所降低。

第四阶段为二次活化期，如图 8-1(d) 所示。所处温度范围为 550~620℃。该阶段特征是混合物催化能力第二次提高，X 射线衍射仍未显示出新相谱线，但 ZnO 谱线呈弥散现象，说明 Fe_2O_3 渗入 ZnO 晶格，反应在颗粒内部进行。常常伴随着颗粒表面的进一步疏松与活化。反应物的分散性在这一阶段还是非常高的，此时虽未出现新化合物，但是可以认为新相的晶核已经形成。

第五阶段为二次脱活期或晶体形成期，所处温度范围为 620~750℃，如图 8-1(e) 所示。此时催化活性再次降低，X 射线谱开始出现 ZnO·Fe_2O_3 谱线，并由弱到强，密度逐渐增大，说明晶核逐渐成长，但结构上仍是不完整的。

第六阶段为反应产物晶格校正期，所处温度范围为 $T>750℃$，如图 8-1(f) 所示。X 射线谱上 ZnO·Fe$_2$O$_3$ 谱线强度增强并接近于正常晶格的图谱。说明反应产物的结构缺陷得到校正、调整而趋于热力学稳定状态。

图 8-1 描述了两种固相反应物进行化学反应生成固态产物的反应历程，可见，固相反应过程非常复杂，以上的六个阶段在反应过程中也不是截然分开的，而是连续地相互交错进行的。对不同反应系统，并不一定都能划分成上述六个阶段，但都包括以下三个过程：

(1) 反应物颗粒之间的混合接触；

(2) 在接触表面发生化学反应形成细薄并且包含大量结构缺陷的新相；

(3) 产物新相的结构调整与晶体生长。

当在两反应物颗粒间所形成的产物层达到一定厚度时，进一步的反应将依赖于一种或几种反应物通过产物层的扩散而得以进行，这种物质的传输过程可能通过晶体内部、表面、晶界、位错或晶体裂缝进行。当然，对于广义的固相反应，由于反应体系存在气相或液相，故而进一步反应所需要的传质过程往往可在气相或液相中进行，此时，气相或液相的存在可能对固相反应起到重要作用。

8.2.2 相界面上反应与离子扩散的关系

尖晶石是一类重要的铁氧体晶体，如各种铁氧体材料是电子工业中控制和电路元件，而镁铝尖晶石（MgAl$_2$O$_4$）、镁铬尖晶石（MgCr$_2$O$_4$）更是优质的耐火材料，被广泛应用于钢铁工业等。因此，尖晶石的生成反应是已被充分研究过的一类固相反应，在此，以合成 MgAl$_2$O$_4$ 尖晶石反应为例说明。以 MgO 和 Al$_2$O$_3$ 为原料合成镁铝尖晶石的反应可以用以下反应式来描述：

$$MgO + Al_2O_3 \longrightarrow MgAl_2O_4 \tag{8-1}$$

该反应属于合成反应的范畴。根据瓦格聂耳（Wagner）理论，离子晶体中的扩散，主要是离子和电子的迁移。在晶格中，各种离子的迁移速率不同，在绝大多数情况下，阴离子的迁移率和阳离子比较起来非常小，因此，在这类固相反应中的扩散往往是由阳离子的迁移来实现。Wagner 通过长期研究认为尖晶石形成是由两种阳离子逆向经过两种氧化物界面扩散所决定，氧离子则不参与扩散迁移过程。按此观点，在尖晶石的形成过程中，离子的扩散如图 8-2 所示。

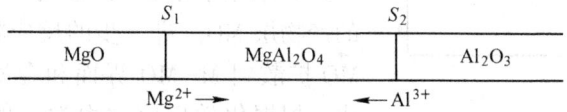

图 8-2 由 MgO 和 Al$_2$O$_3$ 为原料形成镁铝尖晶石示意图

在界面 S_1 上由于 Al^{3+} 扩散过来必有如下反应：

$$2Al^{3+} + 4MgO = MgAl_2O_4 + 3Mg^{2+} \tag{8-2}$$

在界面 S_2 上由于 Mg^{2+} 扩散通过 S$_2$ 反应如下：

$$3Mg^{2+} + 4Al_2O_3 = 3MgAl_2O_4 + 2Al^{3+} \tag{8-3}$$

为了保持电中性，从左至右扩散的正电荷数目应等于从右至左扩散的正电荷数目，这样每向右扩散 3 个 Mg^{2+}，必有 2 个 Al^{3+} 从右向左扩散。而这种离子或电子的迁移，一般是通过同类的离子空位和电子空穴迁移来实现的，因此，在以上扩散过程中，必然伴随着一个空位从 Al_2O_3 扩散至 MgO 晶粒。显然，反应物离子的扩散需要穿过相界面以及穿过产物的物相。反应产物中间层形成以后，反应物离子在其中的扩散便成为这类尖晶石型反应的控制速度的因素。当 $MgAl_2O_4$ 的产物层厚度增大时，它对离子扩散的阻力将大于相的界面阻力。最后，当相界面的阻力小到可以忽略时，相界面上就达到了局域的热力学平衡，这使实验测得的反应速率遵守抛物线规律。因为决定反应速度的是扩散的粒子流，其扩散通量 J 与产物层的厚度 x 成反比，又与产物层厚度的瞬时增长速度 $\dfrac{dx}{dt}$ 成正比，所以有：

$$J \propto \frac{1}{x} \propto \frac{dx}{dt} \tag{8-4}$$

对此式积分便得到抛物线增长定律，在固相反应动力学中将对此进行详细讨论。

8.3 固相反应动力学

固相反应动力学旨在通过对反应机理的研究，提供有关反应体系、反应随时间变化的规律性信息。由于固相反应的种类与机理是多样的，对不同反应过程，乃至同一反应过程的不同阶段，其动力学关系也往往不同，因此，在实际研究中应注意加以判断与区别。

8.3.1 固相反应的一般动力学关系

上节已经指出，固相反应通常由若干简单的物理和化学过程，如化学反应、扩散、结晶、熔融和升华等步骤综合而成，因此，整个反应的速度将受到其所涉及的各动力学阶段所进行速度的影响。显然所有环节中速度最慢的一环，将对整体反应速度有着决定性的影响。

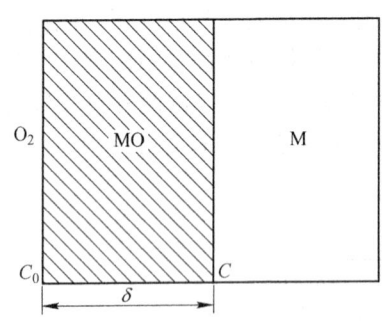

图 8-3 金属氧化反应模型

现以金属氧化过程为例，建立整体反应速度与各阶段反应速度间的定量关系。设反应按图 8-3 所示模式进行，其反应方程式为：

$$M(s) + \frac{1}{2}O_2(g) \longrightarrow MO(s) \tag{8-5}$$

经过 t 时间的反应后，金属 M 表面已形成厚度为 δ 的产物层 MO。进一步的反应将由氧气通过产物层 MO 扩散到 M-MO 界面和金属氧化两个过程所组成。根据化学反应动力学一般原理和菲克第一定律，单位面积界面上金属氧化速度 V_R 和氧气扩散速度 V_D 分别为：

$$V_R = \frac{dC_R}{dt} = KC \tag{8-6}$$

$$V_D = \frac{dC_D}{dt} = -D\frac{dC}{dx} = D\frac{C_0 - C}{\delta} \tag{8-7}$$

式中　$\dfrac{dC_R}{dt}$——单位时间内反应的氧气量；

$\dfrac{dC_D}{dt}$——单位时间内扩散到 M-MO 界面的氧气量；

C_0，C——金属介质和 M-MO 界面上的氧气浓度；

K——化学反应速率常数；

D——O_2 在产物层中的扩散系数。

对于任何固相反应，经过一段时间后，只可能出现如下三种情况：

（1）化学反应速度等于扩散速度，$V_R = V_D$。此时，反应量应等于扩散量，在反应界面上反应物浓度保持不变。

（2）化学反应速度远远大于扩散速度，反应物扩散到反应界面上就立刻被反应掉，这样在反应界面上，就有 $C = 0$。

（3）扩散速度远远大于反应速度，最终会使反应界面上的浓度 C 趋于 C_0。

一般，当化学反应速度与扩散速度大致相当时，反应可以达到一个平衡状态。因为，若 $V_R \geqslant V_D$，则 C 逐渐减少，到一定程度后，$C_0 - C$ 增加，V_D 增加，最终使得 $V_R = V_D$；反之，若 $V_R \leqslant V_D$，则 C 逐渐增加，到一定程度后，$C_0 - C$ 减少，V_D 减少，使得 $V_R = V_D$。当整个反应过程达到平衡，即反应量等于扩散量时，有如下关系：

$$V_R = V_D$$

即

$$KC = D\frac{C_0 - C}{\delta} \tag{8-8}$$

由此可求得界面处氧气浓度为：

$$C = C_0 \frac{1}{1 + \dfrac{K\delta}{D}} \tag{8-9}$$

即

$$V = KC = \frac{1}{\dfrac{1}{KC_0} + \dfrac{\delta}{DC_0}} \tag{8-10}$$

分析式（8-10）可见：

（1）当扩散速度远大于化学反应速度时，即 $K \ll \dfrac{D}{\delta}$，则 $V = KC_0 = V_{Rmax}$（式中 $C_0 = C$），此时，整个固相反应过程速度由界面上的化学反应速度控制，称为化学反应动力学范围。

（2）当扩散速度远小于化学反应速度时，即 $K \gg \dfrac{D}{\delta}$，则 $C = 0$，$V = D\dfrac{C_0 - C}{\delta} = D\dfrac{C_0}{\delta} = V_{D最大}$，此时，整个固相反应速度由通过产物层的扩散速度控制，称为由扩散速度控制的动力学范围。

（3）当扩散速度和化学反应速度可相比拟时，则过程速度由式（8-10）确定，称为过渡范围，即：

$$V = \frac{1}{\dfrac{1}{KC_0} + \dfrac{\delta}{DC_0}} = \frac{1}{\dfrac{1}{V_{Rmax}} + \dfrac{1}{V_{Dmax}}} \tag{8-11}$$

因此，对于由许多物理或化学步骤综合而成的固相反应过程的一般动力学关系可写成：

$$V = \cfrac{1}{\cfrac{1}{V_{1\max}} + \cfrac{1}{V_{2\max}} + \cfrac{1}{V_{3\max}} + \cdots + \cfrac{1}{V_{n\max}}} \tag{8-12}$$

式中，$V_{1\max}$、$V_{2\max}$、$V_{3\max}$、$\cdots$、$V_{n\max}$ 分别为相应于扩散、化学反应、结晶、熔化、升华等步骤的最大可能速度。若将反应速率的倒数理解成反应的阻力，则式（8-12）具有与串联电路的欧姆定律所完全类似的内容：反应的总阻力等于各环节分阻力之和，而其中速率最小的环节将对整个固相反应速率起控制作用。

8.3.2　由化学反应所控制的动力学关系

如果在某一固相反应中，扩散、升华等过程的速度非常快，而界面上的反应速度很慢，则此时的整个固相反应速度主要由接触界面上的化学反应速度所控制，称为化学反应动力学范围。

化学反应是固相反应过程的基本环节，由物理化学知识，对于均相二元反应系统，如化学反应依反应式 $mA+nB \rightarrow pC$ 进行，则化学反应速率的一般表达式为：

$$V_R = \frac{dC_C}{dt} = KC_A^m C_B^n \tag{8-13}$$

式中，C_A、C_B、C_C 分别为反应物 A、B 和 C 的浓度；K 为反应速率常数，它与温度间存在阿累尼乌斯关系：$K = K_0 \exp\left(-\dfrac{\Delta G_R}{RT}\right)$，式中，$K_0$ 为常数；ΔG_R 为反应活化能。

然而，由于多数固相反应都是在界面上进行的，对于非均相反应，式（8-13）不能直接用于描述反应动力学关系，而应该同时考虑反应颗粒之间的接触面积。对于二元系统的非均相反应，考虑接触面积 F 后化学反应速率表达式可写为：$V = KFC_A^m C_B^n$，式中的接触面积 F 将随反应进程的进行而不断的变化。

材料制备过程中所用的原料大多为颗粒状，大小不一，形状复杂，其结构的简要示意图如图 8-4 所示。随着反应的进行，反应物的接触面积也将不断变化，所以要准确求出接触面积及其随反应过程的变化是很困难的。

为简化起见，设反应物颗粒是半径为 R 的球形颗粒，经反应时间 t 后，每个颗粒表面形成的产物层厚度为 x，反应物与反应产物数量的变化用质量分数（%）表示。假设反应物与反应产物间体积密度相近，则反应物与反应产物数量的质量变化可以用体积变化（体积分数）来表示，并定义转化率 G 为：

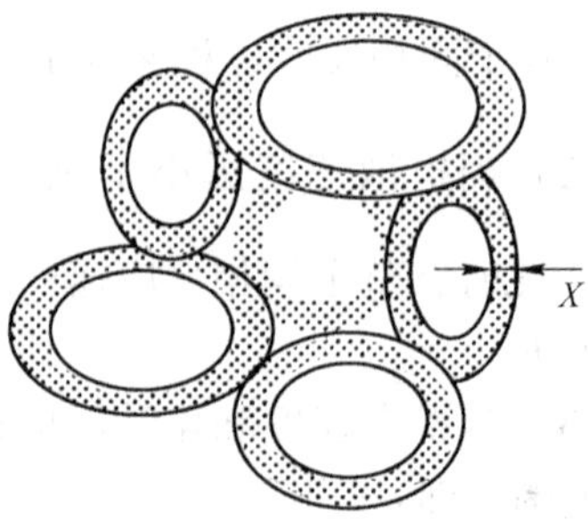

$$G = \frac{反应产物量}{反应物总量}$$

图 8-4　粉料混合中，颗粒表面反应产物层示意图

则有：

$$G = \frac{V - V_1}{V} = \frac{\frac{4}{3}\pi R^3 - \frac{4}{3}\pi(R-x)^3}{\frac{4}{3}\pi R^3} = \frac{R^3 - (R-x)^3}{R^3} \qquad (8\text{-}14)$$

式中，V 为反应物总体积；V_1 为反应后残余体积。由方程（8-14）得：

$$R - x = R(1-G)^{\frac{1}{3}}, \quad 即：x = R\left[1-(1-G)^{\frac{1}{3}}\right] \qquad (8\text{-}15)$$

根据式（8-13）的含义，固相化学反应中动力学一般方程可写成：

$$\frac{dG}{dt} = KF(1-G)^n \qquad (8\text{-}16)$$

式中，n 为反应级数；F 为反应截面。对于半径为 R 的球形反应物颗粒，反应截面 F 与转化率 G 的关系为：$F = 4\pi R^2 (1-G)^{\frac{2}{3}}$。

不难看出，式（8-16）与式（8-13）具有完全相似的形式与含义。在式（8-13）中浓度 C 既反映了反应物的多寡又反映了反应物之间接触或碰撞的频率。而这两个因素在式（8-16）中则用反应截面 F 和剩余转化率 $(1-G)$ 得到了充分反映。考虑反应为一级反应，由式（8-16）可得动力学方程为：

$$\frac{dG}{dt} = KF(1-G) \qquad (8\text{-}17)$$

带入球形颗粒的反应截面 F 与转化率 G 的关系，则有：

$$\frac{dG}{dt} = 4K\pi R^2 (1-G)^{\frac{2}{3}}(1-G) = K_1(1-G)^{\frac{5}{3}} \qquad (8\text{-}18a)$$

若反应截面在反应过程中不变（例如金属平板的氧化过程），则有：

$$\frac{dG}{dt} = K_1'(1-G) \qquad (8\text{-}18b)$$

积分式（8-18a）、式（8-18b），并考虑初始条件：$t=0$，$G=0$ 得：

$$F_1(G) = (1-G)^{-\frac{2}{3}} - 1 = K_1 t \qquad (8\text{-}19a)$$

$$F_1(G) = \ln(1-G) = -K_1' t \qquad (8\text{-}19b)$$

式（8-19a）、式（8-19b）便是反应截面分别依球体模型与平板模型变化时，由化学反应速度控制的固相反应转化率与时间的函数关系。

上式已被一些固相反应的实验结果所证实。例如，碳酸钠（Na_2CO_3）与二氧化硅（SiO_2）按摩尔比 1:1 进行固相反应：

$$Na_2CO_3(s) + SiO_2(s) \longrightarrow Na_2O \cdot SiO_2(s) + CO_2(g)$$

当 Na_2CO_3 的颗粒半径 $R = 0.036mm$，并加入少量 NaCl 作溶剂时，实验证实整个反应动力学过程完全符合式（8-19a）的关系，如图 8-5 所示。这说明该固相反应体系在此反应条件下，由于反应物颗粒足够细，并加入少量 NaCl 作溶剂，使过程的扩散阻力大为减

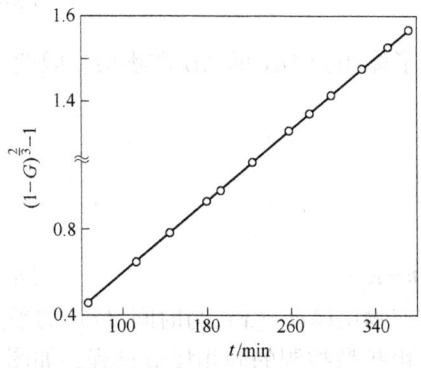

图 8-5　在 NaCl 参与下，$Na_2CO_3 + SiO_2 \rightarrow Na_2O \cdot SiO_2 + CO_2$ 的反应动力学曲线（$T = 740℃$）

小，反应总速率为化学反应动力学过程所控制，并且该反应属于一级化学反应。

8.3.3　由扩散所控制的动力学关系

固相反应中一般都伴随有物质的迁移，与化学反应速率相比，由于固相质点的扩散速率通常较为缓慢，尤其是反应进行一段时间后，反应产物层逐渐增厚，扩散阻力增大，使扩散速率减慢。因此，在许多情况下，通过反应产物层的扩散过程往往在固相反应中起控制作用。

菲克第一、第二定律是描述扩散动力学的基础，由于缺陷的扩散速率较快，因此固体材料中的扩散，通常是通过缺陷进行的，所以凡是能够影响晶体缺陷状态的因素，如晶体中的本征缺陷状态、界面特性、物料分散度、颗粒形状等因素都对扩散速率有本质上的影响。从材料科学的角度，对由扩散速率控制的固相反应动力学问题已进行过较多研究。理论上，往往先建立不同的扩散结构模型，并根据不同的前提假设，推导出多种扩散动力学方程，下面对几种较为经典的扩散模型和动力学方程进行讨论。

8.3.3.1　抛物线型速率方程

此方程可由平板扩散模型导出。如图 8-6 所示，设平板状 A 物质与 B 物质相互接触和扩散并生成厚度为 x 的 AB 产物层。随后 A 质点扩散通过 AB 层扩散到 AB-B 界面继续反应。若界面处的化学反应速率远大于 A 物质通过 AB 产物层的扩散速率，则此固相反应的速率由扩散过程控制。

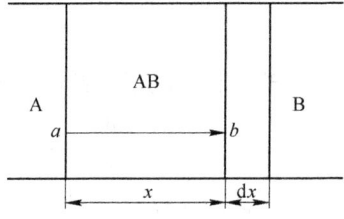

图 8-6　平板扩散模型

如图所示，设经过时间 dt 后通过 AB 层迁移的 A 物质量为 dm，设平板间接触面积为 S，扩散浓度梯度为 $\dfrac{dC}{dx}$，设扩散为稳定扩散，根据菲克第一定律，则：

$$\frac{dm}{dt} = DS\frac{dC}{dx} \tag{8-20}$$

由图 8-6 可知，a 点处 A 物质浓度为 100%，b 点处 A 物质浓度为 0，则式（8-20）可写成：

$$\frac{dm}{dt} = DS\frac{1}{x} \tag{8-21}$$

考虑到 dm 物质流扩散到 AB-B 界面后，形成了体积为 Sdx 的 AB 产物层，因此 A 物质迁移量 dm 正比于 Sdx，故有：

$$\frac{dx}{dt} = \frac{K_p'D}{x}$$

式中，K_p' 为一常数，积分得：

$$F_p(G) = x^2 = 2K_p'Dt = K_p t \tag{8-22}$$

上式即为抛物线速率方程的积分式。说明反应产物层厚度（x）与时间（t）的平方根成比例。这是一个重要的基本关系，可以描述一些由扩散控制的固相反应过程，如图 8-7 所示的金属镍氧化时的增重曲线就是一个例证。但是，该方程假设了平板间的接触面积（S）是一个常数，忽略了反应物间接触面积随时间变化的因素，使方程的准确性和适用性受到了限制。

8.3.3.2 杨德尔方程

许多无机材料的生产中通常采用粉状物料作原料。这时，反应过程中颗粒间的接触面积往往是不断变化的。因此，用简单的平板模型来分析大量粉状颗粒上反应层厚度变化是很困难的。为此，杨德尔在抛物线方程的基础上采用了"球体模型"，推导出了改进的动力学方程。其采用的扩散结构模型如图8-8所示。杨德尔在推导时做了如下的假设：

（1）反应物B是半径为R_0的球形颗粒。

（2）反应物A是扩散相，并且A组分总是包围着B颗粒，并且A、B组分与产物C完全接触，反应自表面向中心进行。

（3）A在产物层中的浓度梯度是线性的，并且扩散截面积一定。

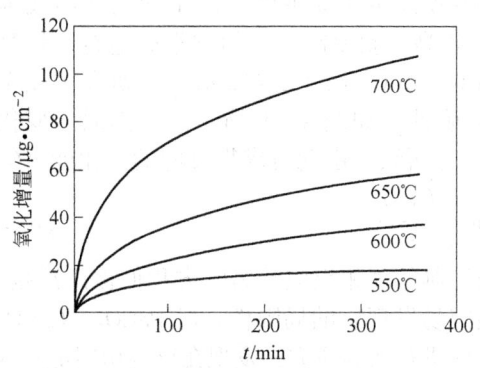

图8-7 金属镍的氧化增重曲线

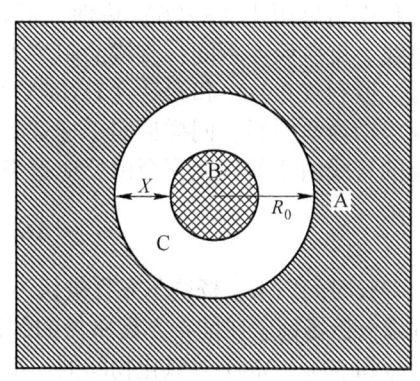

图8-8 杨德尔方程的扩散模型

根据以上假设，可以得到如下的各种参数：

反应物颗粒的初始体积为：
$$V_1 = \frac{4}{3}\pi R_0^3$$

未反应部分的体积为：
$$V_2 = \frac{4}{3}\pi (R_0 - x)^3$$

产物体积：
$$V = \frac{4}{3}\pi [R_0^3 - (R_0 - x)^3]$$

式中，x为产物层厚度。

令以B物质为基准的转化程度为G，则：
$$G = \frac{V}{V_1} = \frac{R_0^3 - (R_0 - x)^3}{R_0^3} = 1 - \left(1 - \frac{x}{R_0}\right)^3 \tag{8-23}$$

由此可得：
$$\frac{x}{R_0} = 1 - (1 - G)^{\frac{1}{3}}$$

即：
$$x = R_0[1 - (1 - G)^{\frac{1}{3}}] \tag{8-24}$$

带入抛物线方程（8-22）得：
$$x^2 = R_0^2[1 - (1 - G)^{\frac{1}{3}}]^2 = K_p t \tag{8-25}$$

则：
$$F_y(G) = [1 - (1 - G)^{\frac{1}{3}}]^2 = \frac{K_p}{R_0^2}t = K_y t \tag{8-26}$$

式中，K_y 为杨德尔速率常数，$K_y = \dfrac{K_p}{R_0^2} = K\exp\left(-\dfrac{\Delta G_R}{RT}\right)$，其中 ΔG_R 为反应活化能。

将式（8-26）微分，可得杨德尔方程的微分表达式为：

$$\frac{\mathrm{d}G}{\mathrm{d}t} = \frac{K_y'(1-G)^{\frac{2}{3}}}{1-(1-G)^{\frac{1}{3}}} \tag{8-27}$$

式中，$K_y' = \dfrac{3}{2}K_y$。

为了验证方程的正确性，杨德尔对 $BaCO_3$、$CaCO_3$ 等碳酸盐和 SiO_2、MoO_3 等氧化物间的一系列固相反应进行了研究。为使反应条件接近于上述假设，让半径为 R_0 的碳酸盐颗粒（B）充分地分散在过量的 SiO_2 粉体中。以反应 $BaCO_3 + SiO_2 \rightarrow BaSiO_3 + CO_2$ 为例，其反应物的转化率结果用式（8-26）整理，得到如图 8-9 所示的关系曲线。图中的关系曲线为一条直线。反应温度不同，直线的斜率不同，温度越高，斜率越大，但都很好地符合杨德尔方程。波利（Pole）和泰勒（Taylor）采用 $Na_2CO_3 : SiO_2 = 1 : 2$（摩尔比）研究了该系统的反应动力学关系，同样证实了杨德尔方程的正确性，如图 8-10 所示。显然温度变化所引起的直线斜率的变化完全由反应速率常数 K_y 变化所致，由此可求得反应的活化能 ΔG_R：

$$\Delta G_R = \frac{RT_1T_2}{T_2-T_1}\ln\frac{K_y(T_2)}{K_y(T_1)} \tag{8-28}$$

较长时间以来，杨德尔方程被认为是一个较经典的固相反应动力学方程而被广泛接受，但仔细分析杨德尔在推导方程所做的假设，就很容易发现它的局限性。对 $BaCO_3$、$CaCO_3$ 等碳酸盐和 SiO_2、MoO_3 等氧化物间的一系列固相反应进行实验研究，发现在反应初期都基本符合杨德尔方程（8-26），而随着反应时间延长，偏差越来越大。这是由于杨德尔方程推导时虽然采用了球体模型，在计算产物厚度时考虑了接触界面的变化，即采用反应前后体积之差算出产物层厚度 x，但在将 x 值代入抛物线方程时实质上又保留了扩散面积恒定的假设，这是导致其局限性的主要原因。在反应初期，即 $\dfrac{x}{R}$ 比值很小的情况下，扩散面积变化也很小，可以接近杨德尔方程的计算结果。但当 $\dfrac{x}{R}$ 比值较大时，扩散面积缩小得较多，计算结果与实验数据当然偏差越来越大。

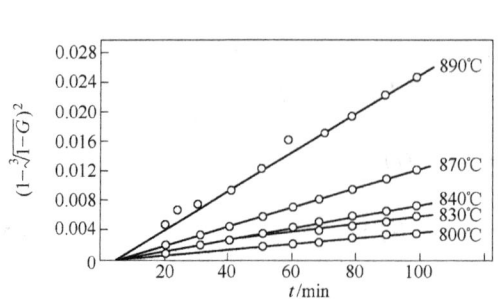

图 8-9　不同温度下，$BaCO_3 + SiO_2$ 的
反应动力学

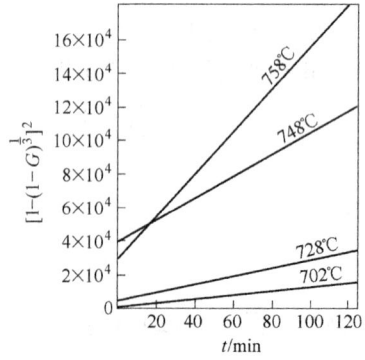

图 8-10　不同温度下 Na_2CO_3 与 SiO_2 的
反应动力学

8.3.3.3 金斯特林格方程

前面已指出，抛物线速度方程是以反应过程中扩散截面积不变作为前提的。而对于球形颗粒的反应，随着固相反应的进行，扩散界面相应减少。杨德尔采用了球状反应模型但却保留了扩散截面恒定的不合理假设，这是导致其局限性的重要原因之一。为此，金斯特林格针对杨德尔方程的缺陷进行了修正。他认为实际反应开始后生成产物层是一球面，而不是平面，放弃了杨德尔方程扩散截面积不变的假设，从而导出了更有普遍性的扩散动力学方程。金斯特林格采用的扩散模型示意图如图 8-11 所示。

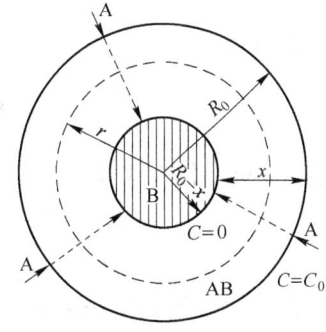

图 8-11 金斯特林格方程模型

如图 8-11 所示，设反应物 A 为扩散相，B 是平均半径为 R_0 的球形颗粒；反应沿整个球表面同时进行，首先 A 和 B 形成产物 AB，其厚度 x 随反应进行不断增厚；若 A 扩散到 A-AB 界面上 A 的阻力远小于通过 AB 层的阻力，则 A-AB 界面上 A 的浓度可视为不变，即等于 C_0；因反应由扩散控制，故 A 在 B-AB 界面上的浓度为零。根据体积 $dx \cdot S$（S 为界面面积）中 A 的原子数目应该等于时间 dt 中扩散经过面积为 S 的界面的原子数，有：

$$dx \cdot S \cdot \varepsilon = J \cdot S \cdot dt$$

即：

$$\frac{dx}{dt} = \frac{J}{\varepsilon} = \frac{D}{\varepsilon}\left(\frac{\partial C}{\partial r}\right)_{r=R_0-x}$$

式中，$\varepsilon = \dfrac{\rho n}{\mu}$ 是比例常数，其中 ρ 和 μ 分别是产物 AB 的密度和分子量，n 是反应的化学计量常数，即和一个分子 B 化合所需的 A 的分子数；D 是反应物 A 在产物 AB 中的扩散系数。

由于反应物颗粒为球形，产物两侧界面 A 的浓度不变，故随着产物层厚度增加，A 在产物层内的浓度分布是半径 r 和时间 t 的函数，即反应过程是一个不稳定扩散问题，可以用球面坐标情况下的菲克第二定律来描述：

$$\frac{\partial C(r,\ t)}{\partial t} = D\left[\frac{\partial^2 C}{\partial r^2} + \frac{2}{r}\left(\frac{\partial C}{\partial r}\right)\right] \tag{8-29}$$

根据初始及边界条件：

$$r = R_0, \qquad\qquad t>0,\ C_{(R_0,t)} = C_0$$

$$r = R_0 - x, \qquad t>0,\ C_{(R_0-x,t)} = 0$$

$$\frac{dx}{dt} = \frac{D}{\varepsilon}\left(\frac{\partial C}{\partial r}\right)_{r=R_0-x} \qquad t=0,\ x=0 \tag{8-30}$$

为了简化求解，可以近似地把不稳定扩散问题的解，归结为一个等效的稳定扩散问题的解。在等效稳定扩散条件下，球表面处 A 的浓度为 C_0。在产物 AB 层厚度为任意 x 时，单位时间通过产物层的 A 物质质量不随时间变化，而仅仅与 x 有关。则：

$$D\frac{\partial C}{\partial r}4\pi r^2 = M(x) = 常数 \tag{8-31}$$

即：

$$\frac{\partial C}{\partial r} = \frac{M(x)}{4\pi r^2 D} \qquad (8-32)$$

将式（8-32）在 $r=R_0-x$ 和 $r=R_0$ 范围内积分，得：

$$C_0 = -\frac{M(x)}{4\pi D} \frac{1}{r}\bigg|_{R_0-x}^{R_0} = \frac{M(x)}{4\pi D} \frac{x}{R_0(R_0-x)} \qquad (8-33)$$

由此可求得：

$$M(x) = \frac{C_0 R_0(R_0-x)\cdot 4\pi D}{x} \qquad (8-34)$$

将式（8-34）代入式（8-32）得：

$$\frac{\partial C}{\partial r} = \frac{C_0 R_0(R_0-x)}{xr^2} = \frac{C_0 R_0(R_0-x)}{x(R_0-x)^2} = \frac{C_0 R_0}{x(R_0-x)} \qquad (8-35)$$

将式（8-35）代入式（8-30）即可得到反应物颗粒 B 为球形时，产物层增厚速度为：

$$\frac{dx}{dt} = K_{K'}\frac{R_0}{x(R_0-x)} \qquad (8-36)$$

式中，$K_{K'} = \frac{D}{\varepsilon}C_0$。

对式（8-36）积分得：

$$x^2\left(1-\frac{2}{3}\frac{x}{R_0}\right) = K_K t \qquad (8-37)$$

式中，$K_K = 2K_{K'}$。而产物层厚度 x 与转化率 G 之间存在如下关系：$x=R_0\left[1-(1-G)^{\frac{1}{3}}\right]$，将此关系代入式（8-36）、式（8-37）得：

$$\frac{dG}{dt} = K_K \frac{(1-G)^{\frac{1}{3}}}{1-(1-G)^{\frac{1}{3}}} \qquad (8-38)$$

积分后可得：

$$F_K(G) = 1-\frac{2}{3}G-(1-G)^{\frac{2}{3}} = K_K t \qquad (8-39)$$

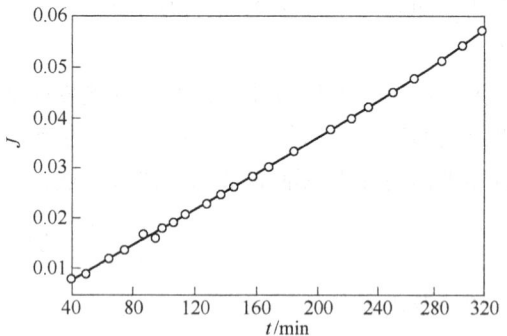

图 8-12　碳酸钠与二氧化硅的反应动力学

（$[SiO_2]$ ：$[Na_2CO_3]=1$，$r=0.036\text{mm}$，$T=820℃$）

许多实验研究证明，金斯特林格方程具有更好的普遍性。图 8-12 所示为碳酸钠与二氧化硅在 820℃ 下的固相反应，用金斯特林格方程拟合实验数据，在转化率从 0.246 变到 0.616 区间内，$F_K(G)$ 关于 t 有相当好的线性关系，其速率常数 K_K 恒等于 1.83。但若以杨德尔方程处理实验结果，$F_J(G)$ 与 t 线性很差，K_K 值从 1.81 偏离到 2.25。

此外，金斯特林格方程具有较好的普遍性还可以从方程本身得到说明。令 $i=\frac{x}{R}$，代入式（8-36）得：

$$\frac{\mathrm{d}x}{\mathrm{d}t} = K_{K'} \frac{R_0}{x(R_0 - x)} = \frac{K_{K'}}{R_0} \frac{1}{i(1 - i)} = \frac{K}{i(1 - i)} \quad (8\text{-}40)$$

以 $i \sim \frac{1}{K}\frac{\mathrm{d}x}{\mathrm{d}t}$ 作图 8-13 可见，产物层增厚速率 $\frac{\mathrm{d}x}{\mathrm{d}t}$ 随 $\frac{x}{R_0}$ 而变化，并于 $i \approx 0.5$ 处出现极小值。当 i 很小，即转化程度很小时，$\frac{\mathrm{d}x}{\mathrm{d}t} \approx \frac{K_{K'}}{x}$，方程可转化为抛物线速度方程。当 $i = 0$ 或 $i = 1$ 时，$\frac{\mathrm{d}x}{\mathrm{d}t} \to \infty$，这说明反应不受扩散控制而转入化学反应动力学范围了。

对杨德尔方程和金斯特林格方程进行比较也可说明这一问题。比较式（8-27）和式（8-38）得：

令
$$Q = \frac{\left(\dfrac{\mathrm{d}G}{\mathrm{d}t}\right)_{\mathrm{K}}}{\left(\dfrac{\mathrm{d}G}{\mathrm{d}t}\right)_{\mathrm{y}}} = \frac{K_{\mathrm{K}}(1 - G)^{\frac{1}{3}}}{K_{\mathrm{y}}(1 - G)^{\frac{2}{3}}} = K(1 - G)^{-\frac{1}{3}} \quad (8\text{-}41)$$

根据式（8-41），作 Q-G 的关系图，如图 8-14 所示。由图可见，当转化率 G 值较小即转化程度很低时，$Q \approx 1$，说明两方程基本一致；随着反应进行，G 逐渐增加，Q 值不断增大，尤其到反应后期 Q 值随 G 值陡然上升，这意味着两方程偏差越来越大。这进一步说明，杨德尔方程只是在转化程度较小时适用，而金斯特林格方程则在一定程度上克服了杨德尔方程的局限性，可以适用于转化率较大的情况。

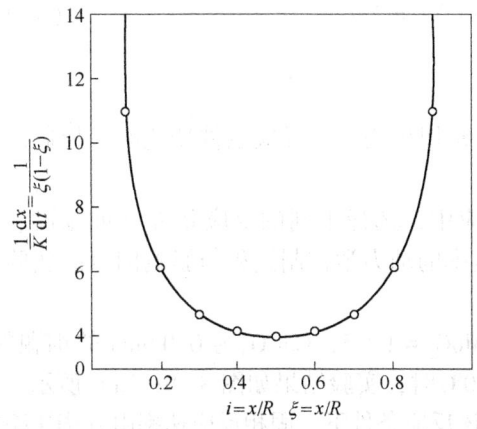
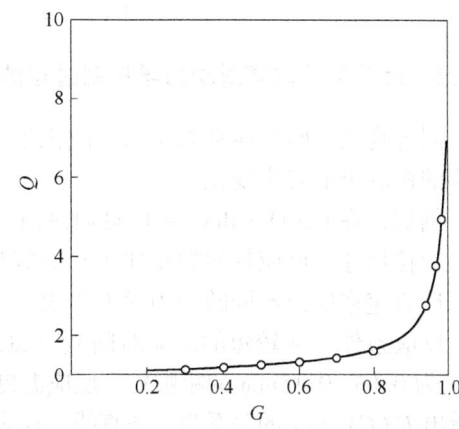

图 8-13　反应产物层增厚速率与 ξ 的关系图　　图 8-14　金斯特林格方程与杨德尔方程比较

然而，金斯特林格方程并非对所有扩散控制的固相反应都能适用。从以上推导可以看出，杨德尔方程和金斯特林格方程均以稳定扩散为基本假设，他们之间所不同的仅在于其几何模型的差别。此外，金斯特林格方程没有考虑反应物与生成物密度不同所带来的体积效应。实际上由于反应物与生成物密度差异，扩散相 A 在产物层中的扩散路径并非由 $R_0 \to r$，而是 $r_0 \to r$（此处 $r_0 \neq R_0$，为未反应的 B 加上产物层厚度的临时半径），并且 $|R_0 - r_0|$ 随着反应进一步进行而增大。为此，卡特（Carter）对金斯特林格方程进行了修正，得到卡特动力学方程为：

$$F_{Ca}(G) = \left[1 + (Z-1)G\right]^{\frac{2}{3}} + (Z-1)(1-G)^{\frac{2}{3}} = Z + 2(1-Z)Kt \qquad (8-42)$$

式中，Z 为消耗单位体积 B 组分所生成产物
C 组分的体积。

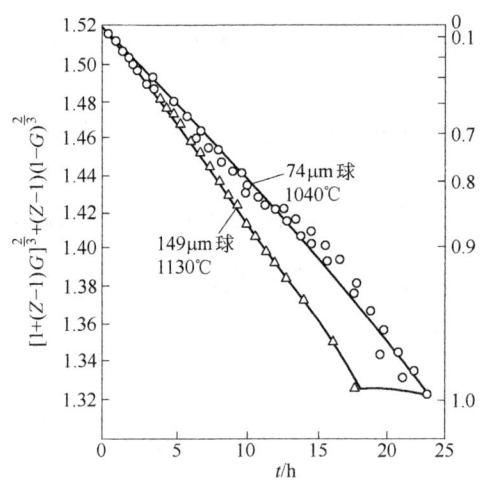

　　卡特方程的特点是考虑了反应面积的
变化及产物与反应物间密度的变化，因此，
比杨德尔方程具有更好的适用性。卡特将
镍球的氧化过程用该方程式处理，发现一
直到 100% 的转化率为止，仍能符合得很
好，如图 8-15 所示。而用杨德尔方程，则
在转化率 $G>0.5$ 时就不相符了。

8.3.4　由升华速率控制的动力学关系

图 8-15　在空气中镍球氧化的动力学关系

　　以上讨论的均是纯固态物质的固相反
应过程。对某一涉及升华过程的固相反应，
若化学反应速率与扩散速率均较快，而反
应物之一的升华速率较慢，则该反应过程由反应物升华速率所控制，其动力学方程为：

$$\frac{dG}{dt} = K_s(1-G)^{\frac{1}{3}} \qquad (8-43)$$

式中，K_s 为反应常数。对上式积分后可得：

$$F_s(G) = 1 - (1-G)^{\frac{2}{3}} = K_s t \qquad (8-44)$$

8.3.5　反应条件改变对动力学控制过程的影响

　　固态物质之间反应动力学与反应机理和条件密切相关，当反应条件变化时，控制反应
速率的机制可能发生变化。

　　例如，在 $CaCO_3 + MoO_3 = CaMoO_4 + CO_2$ 的反应中，选择不同的反应条件（如温度、反
应物颗粒尺寸、反应物间数量比等）研究反应速率的动力学控制过程与影响因素。实验发
现，反应速率应由不同的动力学方程表示。

　　反应条件一（较短的反应时间）：$CaCO_3 : MoO_3 = 1 : 5$，$CaCO_3$ 为 0.03mm 的细颗粒，
MoO_3 为 0.05~0.15mm 的粗颗粒，反应温度在 620℃时，实验结果如图 8-16（a）所示，可
以看出 $F_s(G)$ 与 t 的关系为一条直线。这表明在该反应条件下，固相反应速率由升华速率控
制。这与反应时间较短，扩散层很薄有关：这时的扩散阻力小，而升华阻力大，因此固相反
应速率主要由升华速率所决定。

　　反应条件二（较长的反应时间）：$CaCO_3 : MoO_3 = 1 : 1$，MoO_3 为 0.036mm 的细颗粒，
$CaCO_3$ 为 0.13~0.15mm 的粗颗粒，反应温度选择在 600℃时，实验结果如图 8-16（b）所
示。可以看出 $F_K(G)$ 与 t 的关系为一条直线，这表明在该反应条件下，固相反应速率由扩
散速率控制。

8.3.6　过渡范围

　　当整个反应过程中各种过程的速度都可相比拟而不能忽略时，情况就比较复杂。这时

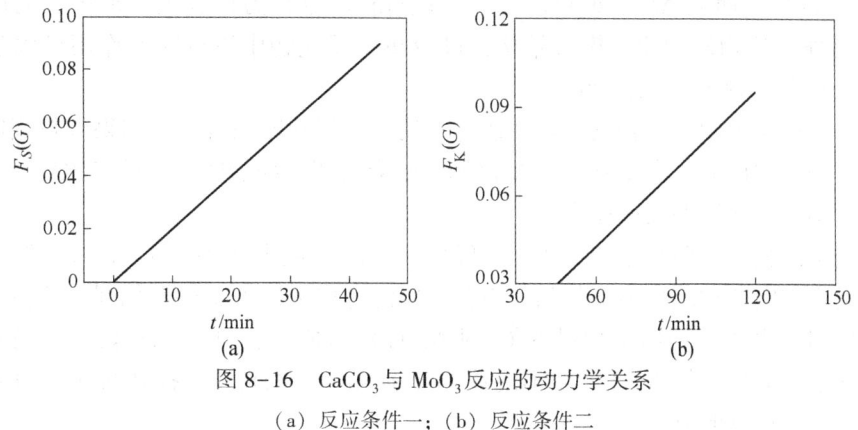

图 8-16 $CaCO_3$ 与 MoO_3 反应的动力学关系

(a) 反应条件一；(b) 反应条件二

很难用一个简单的方程对反应过程进行描述，只能根据不同的情况，用一些近似式来表示。

如当化学反应速率和扩散速率都不能忽略时，可用下面的经验公式估计：

$$\frac{\mathrm{d}x}{\mathrm{d}t} = K_G t \tag{8-45}$$

积分后得：

$$x = K_G \ln t \tag{8-46}$$

在许多情况下，随着反应条件的改变，某一固相反应可能从一个速率控制范围转变到由另一个速率控制范围。如果用速率或速率常数对固相反应温度倒数 $(1/T)$ 作图，所得的直线若在某处出现转折，则此转折就意味着控制速率的机制发生改变。相应地，某段直线对应区间属于某一种特定的动力学速率控制范围。

8.4 影响固相反应的因素

固相反应是一种非均相体系的化学反应与物理变化过程，为了有效调控固态反应物质间反应的进行，除掌握其反应过程和动力学方程相关的基础理论外，还应进一步了解影响固态物质间反应的各种因素。

影响固相反应的因素很多，也很复杂。根据以上讨论，由于固相反应过程主要包括相界面的化学反应和固相物质内部的物质传递两个步骤。因此，凡是能够影响化学反应的因素，包括最常见即基本的温度、压力、反应时间等反应参数，以及反应物化学组成、特性和结构状态等因素，都会影响固相反应进行的方向与程度。另一方面，从扩散过程考虑，凡是能活化晶格，促进物质的内外扩散作用的因素都会对固相反应进行的程度与速度等起明显的作用。常见的反应类型，如多晶转变、脱水、分解、固溶体形成等过程中常伴随反应产物的晶格活化，一般地，这些都会对固相反应有一定的促进作用。

8.4.1 反应物化学组成的影响

化学组成是影响固相反应的内因，是决定反应方向和速率的重要条件。从热力学角度看，在一定的温度、压力条件下，反应可能进行的方向是反应自由能减少的方向

（$\Delta G<0$）的过程。而且 ΔG 的绝对值越大，该过程的推动力也越大，沿该方向反应的几率也大。另外，从物质的原子键合结构角度分析，反应物中质点间的作用键强越大，则可动性与反应能力越小，反之亦然。

在同一反应系统中，固相反应速率还与各反应物间的比例有关。如果颗粒相同的反应物 A 与 B 形成产物 AB，若改变 A 与 B 比例，则会改变产物层厚度、反应物表面积和扩散截面积的大小，从而影响反应速率。

矿化剂是固相反应中常用的物质。一般地，将在反应过程中起到加速或减缓反应速率或者控制反应方向的物质称为矿化剂。当在反应混合物中加入少量矿化剂，常会对反应产生特殊的作用。表 8-1 列出了少量 NaCl 对 Na_2CO_3 与 Fe_2O_3 反应的加速作用。实验表明，在一定温度下，添加少量 NaCl 可使不同颗粒尺寸 Na_2CO_3 的转化率提高约 0.5~0.6 倍，并且颗粒越大，作用越明显。

表 8-1　NaCl 对 $Na_2CO_3+Fe_2O_3$ 反应的作用

NaCl 添加量（相对于 Na_2CO_3 的质量分数）	不同颗粒尺寸的 Na_2CO_3 转化率/%		
	0.06~0.088mm	0.27~0.35mm	0.6~2mm
0	53.2	18.9	9.2
0.8	88.6	36.8	22.5
2.2	88.6	73.8	60.1

矿化剂对固相反应影响的作用机理有以下几种可能性：

（1）与反应物形成固溶体，使其晶格活化。

（2）与反应物形成低共熔物，使物系在较低温度下出现液相，加速扩散和对固相的溶解作用。

（3）与反应物形成某种活性中间体而处于活化状态。

（4）通过矿化剂离子对反应物离子的极化作用，促使其晶格畸变和活化。

8.4.2　反应物颗粒尺寸及均匀性的影响

固相反应一般是非均相反应体系，扩散过程是其中非常关键的步骤。因此，能够影响扩散过程的颗粒尺寸大小也会对固相反应产生较大影响。

（1）物料颗粒尺寸越小，比表面积越大，反应界面与扩散界面增加，反应产物层厚度减小，反应速率越快。

（2）随粒度减小，键强分布曲线变平，弱键比例增加，反应和扩散能力增强。此现象可用威尔表面学说解释。因此，粒径愈小，反应速率愈快，反之亦然。

（3）颗粒尺寸的影响已直接反映在各动力学方程中的速率常数上，杨德尔方程中反应速率常数 K_y 与颗粒半径 R_0 的平方成反比关系，即颗粒半径减少，反应速率常数以平方级关系而增大。例如，当 $CaCO_3$ 与 SiO_2 在 840℃ 进行反应时，SiO_2 颗粒大小对反应速率常数 K_y 的影响如表 8-2 所示。以 K_y 为纵坐标作图为一直线，如图 8-17 所示。

表 8-2 SiO_2 颗粒大小对反应速率常数 K_y 的影响

SiO_2颗粒半径/mm	$1/R_0^2$	K_y
0.153	43	5.7×10^{-6}
0.086	135	16.2×10^{-6}
0.053	357	42.3×10^{-6}
0.036	770	96.0×10^{-6}

研究表明，上述关系只有当颗粒半径小于 0.153mm 时才正确。若 SiO_2 颗粒较粗时，K_y 与 $1/R_0^2$ 的关系就不是一条直线，这表明杨德尔方程应用于细颗粒反应物较准确，而对粗颗粒则较差。由于颗粒大小对反应速率影响极大，故将物料进行细粉碎，以提高比表面积，并使晶粒表面及内部产生严重缺陷，是增加反应活性和扩散能力，促进固相反应的有效途径。

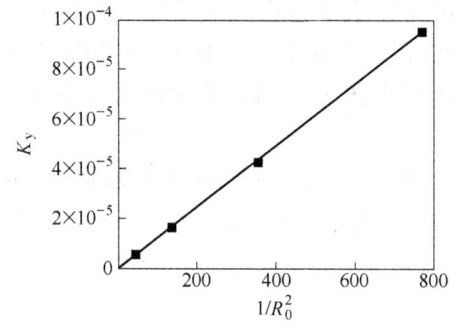

图 8-17 反应速率常数 K_y 与 $1/R_0^2$ 的关系

另一方面，同一反应物系由于物料颗粒尺寸不同，反应速率可能会属于不同动力学范围控制。例如前面讨论过的 $CaCO_3 + MoO_3 = CaMoO_4 + CO_2$ 的反应中，当反应物摩尔比相同并在较高温度（600℃）下反应时，若 $CaCO_3$ 颗粒大于 MoO_3 颗粒，反应速率由扩散控制，并随 $CaCO_3$ 颗粒尺寸的减小而加快。若 $CaCO_3$ 颗粒小于 MoO_3 颗粒，由于产物层厚度变薄，扩散阻力减小，则反应由 MoO_3 的升华过程控制，并随 MoO_3 粒径的减小而加速。

最后，反应物料的颗粒级配，对反应速率也有影响，因颗粒大小对反应速率是平方关系，故少量大尺寸颗粒的存在，能显著延缓反应过程的完成。因此，生产上应将物料颗粒粒径分布控制在较窄的范围内。

8.4.3 反应温度的影响

温度是影响固相反应的重要外部条件。根据控制固相反应机制的不同，固相反应速率常数与温度 T 的关系呈现如下不同的变化规律：

（1）当固相反应过程由化学反应速率控制时，根据阿累尼乌斯方程式，反应速率常数与温度间有如下关系：

$$K_R = A\exp\left(-\frac{Q}{RT}\right) \tag{8-47}$$

式中，碰撞系数 A 为几率因子 ρ 和反应物质点碰撞数目 Z_0 的乘积；Q 为反应活化能。

（2）若固相反应过程由扩散速率控制，由各扩散公式可知，反应速率常数 K 与扩散系数 D 成正比。已知扩散系数 D 与温度 T 之间有如下关系：

$$D = D_0\exp\left(-\frac{Q}{RT}\right) \tag{8-48}$$

式中，Q 为扩散活化能。并且 D_0 正比于 $\alpha\nu a_0^2$，即决定于质点在晶格位置上的本征振动频

率 ν 和质点间平均距离 a_0。故随温度升高，扩散系数 D 增大。

因此，固相反应速率常数与温度的关系可以统一写成：

$$K_s = C\exp\left(-\frac{Q}{RT}\right) \qquad (8-49)$$

式中，常数 C 与 Q 根据反应的控制过程不同而有不同的物理意义及数值。

一般地，活化能越大，表明温度对反应速率的影响越大。通常情况下，扩散活化能比化学反应活化能要小，故由扩散速率控制的反应阶段，温度对反应速率的影响相对较小。

8.4.4　压力和气氛的影响

对于不同的反应类型，压力的影响是不一样的。在一个没有气相或液相参与反应的纯固相反应过程中，增大压力有助于颗粒间接触，增大接触面积，加速物质传递过程，使反应速率增加。但对于有液、气相参与的固相反应，由于传质过程主要不是通过颗粒的接触，故提高压力对传质过程的作用不大，有时甚至会降低反应速率。例如黏土矿物脱水反应和伴随有气相产物的热分解反应以及某些由升华控制的固相反应等，增加压力会使反应速率下降。

除压力外，气氛对某些固相反应也有重要影响。一般地，气氛主要通过改变固体吸附特性而影响其表面反应活性。对于一系列形成非化学计量的化合物，如 ZnO、CuO 等，气氛能直接影响晶体表面缺陷的浓度和扩散机制及速度。

8.4.5　反应物活性的影响

研究证实，同一物质处于不同结构状态时，其反应活性差别很大。通常，晶格能越高、结构越完整和稳定，则其质点可动性小，相应地反应活性越低。故难熔氧化物间的反应或者烧结往往是比较困难的。通常需要采用具有高活性的活性固体作原料。例如由氧化铝和氧化钴反应生成钴铝尖晶石（$Al_2O_3+CoO\rightarrow CoAl_2O_4$）的反应若分别采用轻烧 Al_2O_3 和在较高温度下死烧的 Al_2O_3 作原料，其反应速率可相差近十倍。研究表明轻烧 Al_2O_3 是由于存在有 $\gamma\text{-}Al_2O_3\rightarrow\alpha\text{-}Al_2O_3$ 的转变，而大大提高了 Al_2O_3 的反应高活性。

另外，根据海德华定律，物质在相变温度点附近质点可动性显著增大，晶格松懈、内部结构缺陷增多，故而反应与扩散能力增加。因为发生多晶转变时，晶体由一种结构状态转变为另一种结构类型，原来稳定的结构被破坏，晶格中质点的位置发生重排，此时质点间的结合力大大削弱，处于一种晶格活化状态。因此在生产实践中往往可以利用多晶转变、热分解和脱水反应等过程引起的晶格活化效应来选择反应原料和设计反应工艺条件以达到高的生产效率。

研究表明，反应物的多晶转变温度，往往是反应急剧进行的温度。例如，SiO_2 与 Co_2O_3 的反应中，当温度低于 900℃ 时，反应进行很慢，Co_2O_3 的转化率为 2%；当反应进行到 900℃ 时，由于存在以下多晶转变：

$$\text{石英} \xrightarrow{870℃} \text{鳞石英}$$

使反应速率大大加快，Co_2O_3 的转化率增加 19%。

另外，利用热分解反应和脱水反应，形成具有较大比表面积和晶格缺陷的初生态或无定形物质等措施，可以提高反应活性，这也是促进固相反应进行的一个有效手段。例如，合成铬镁尖晶石时，采用不同的原料，反应速率不同。图8-18所示为分别以不同原料进行反应时，反应速率与温度的变化曲线（图中曲线 1 和 2 分别为以合成或天然的铬铁矿与 $MgCO_3$ 为原料，曲线 3 和 4 分别为以合成或天然的铬铁矿与烧结 MgO 为原料）。由图可见，当与 $MgCO_3$ 反应时，新生态的 MgO

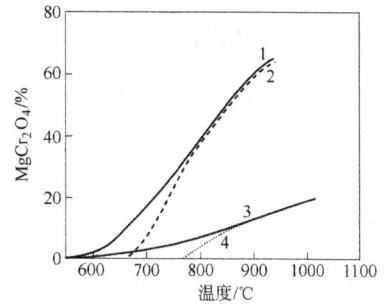

图 8-18　不同原料合成尖晶石时，尖晶石生成量

1—合成 $MgCO_3$ 为原料；2—天然 $MgCO_3$ 为原料；

3—合成 MgO 为原料；4—天然 MgO 为原料

与铬铁矿的反应非常活跃，反应产物（合成尖晶石 $MgCr_2O_4$）量较高，其反应过程按如下两式进行：

$$MgCO_3 \longrightarrow MgO + CO_2$$
$$FeO \cdot Cr_2O_3 + MgO \longrightarrow MgCr_2O_4 + FeO$$

相反地，当选用烧结 MgO 作为原料时，由于 MgO 已结晶良好，晶格活性低，相应地固相反应产物量则大大减少。

8.5　材料系统中的热力学

与气态均相系统反应不同，发生于凝聚态系统的一系列物理化学过程，一般均在固相或液相中进行。由于系统的多相性以及凝聚相中质点扩散速率很小，因而凝聚态系统中所进行的物理化学过程往往难以达到热力学意义上的平衡，过程的产物也常处于亚稳状态。所以将经典热力学理论与方法用于凝聚态系统时，必须充分注意这一理论与方法应用上的特点及其局限性。

化学反应是凝聚态系统常见的物理化学过程之一，根据热力学一般理论可知，在恒温恒压下只做膨胀功的开放体系，化学反应过程可沿吉布斯自由能减少的方向自发进行，即过程自发进行的判据为：

$$\Delta G_{T,p} \leqslant 0$$

对于化学反应：

$$n_A A + n_B B = n_C C + n_D D$$

反应自由能应为：

$$\Delta G_{T,p} = \Delta G_{T,p}^{\ominus} = \sum_i (n_i \Delta G_{iT,p})_{生成物} - \sum_i (n_i \Delta G_{iT,p})_{反应物}$$

如果有气相或液相参与固相反应，在计算反应自由能 $\Delta G_{T,p}$ 时，必须考虑气相或液相中参与反应的有关物质的活度，则反应自由能应为：

$$\Delta G_{T,p} = \Delta G_{T,p}^{\ominus} + RT \ln \frac{\alpha_C^{n_C} \cdot \alpha_D^{n_D}}{\alpha_A^{n_A} \cdot \alpha_B^{n_B}} \tag{8-50}$$

式中，α_i 为与反应有关的第 i 种物质的活度；n_i 为化学反应式中各有关物质的量系数。

8.5.1 热力学应用计算方法

用热力学原理分析无机非金属材料系统在等温等压条件下过程发生的方向或判断过程产物的稳定性，最终将归结到系统自由能变化 ΔG 的计算。根据计算所基于的热力学函数不同，计算方法可分为经典法和 Φ 函数法两种。

8.5.1.1 经典法

经典法计算反应过程 $\Delta G_R^{\ominus}$ 是从基本热力学函数关系出发，运用基本热力学数据而完成的。根据能够取得的热力学基础数据的情况可分为两种情况处理。

当已知在标准条件下反应物与生成物从元素出发的生成热 $\Delta H_{298}^{\ominus}$，生成自由能 $\Delta G_{298}^{\ominus}$ 以及反应物与产物的热容温度关系式 $C_p = a + bT + cT^{-2}$ 中各系数时，则计算任何温度下反应自由能变化可根据吉布斯-赫姆霍兹（Gibbs-Helmhoptz）关系式进行：

$$\left[\frac{\partial\left(\dfrac{\Delta G_R^{\ominus}}{T}\right)}{\partial T}\right]_p = -\frac{\Delta H_R^{\ominus}}{T^2} \tag{8-51}$$

根据基尔霍夫（Kirchoeff）公式：

$$\Delta H_R^{\ominus} = \Delta H_{R,298}^{\ominus} + \int_{298}^{T} \Delta C_p \mathrm{d}T \tag{8-52}$$

考虑反应热容变化关系：

$$\Delta C_p = \Delta a + \Delta bT + \frac{\Delta c}{T^2} \tag{8-53}$$

可积分求得：

$$\Delta H_R^{\ominus} = \Delta H_0 + \Delta aT + \frac{1}{2}\Delta bT^2 - \frac{\Delta c}{T} \tag{8-54a}$$

式中，ΔH_0 为积分常数，依反应于标准状态下进行可确定为：

$$\Delta H_0 = \Delta H_{R,298}^{\ominus} - 298\Delta a - \frac{298^2\Delta b}{2} + \frac{\Delta c}{298} \tag{8-54b}$$

将式（8-52）代入式（8-51）积分，即可求得任何温度下反应自由能变化 $\Delta G_R^{\ominus}$ 的一般计算公式：

$$\begin{cases} \Delta G_R^{\ominus} = \Delta H_0 - \Delta aT\ln T - \dfrac{1}{2}\Delta bT^2 - \dfrac{1}{2}\Delta cT^{-1} + yT \\[2mm] y = \dfrac{\Delta G_{R,298}^{\ominus} - \Delta H_0}{298} + \Delta a\ln 298 + \dfrac{298\Delta b}{2} + \dfrac{\Delta c}{2\times298^2} \end{cases} \tag{8-55}$$

显然，将标准状态下反应热 $\Delta H_{R,298}^{\ominus}$，反应自由能 $\Delta G_{R,298}^{\ominus}$ 和反应等压热容各温度项系数 Δa、Δb、Δc 代入式（8-54b）和式（8-55）中，即可求得反应自由能 $\Delta G_R^{\ominus}$ 与温度的函数关系。

经典法计算反应自由能变化的第二种情况是已知反应物和产物的标准熵 $S_{R,298}^{\ominus}$，这时可首先根据等温等压条件下热力学第二定律计算标况下反应自由能变化 $\Delta G_{R,298}^{\ominus}$：

$$\Delta G_{R,298}^{\ominus} = \Delta H_{R,298}^{\ominus} - 298\Delta S_{R,298}^{\ominus} \tag{8-56}$$

然后再和第一种情况一样，根据式（8-54b）和式（8-55）计算反应 $\Delta G_R^{\ominus}$。由此可见，经典法计算反应 $\Delta G_R^{\ominus}$ 一般遵循如下具体步骤：

（1）由有关热力学数据手册，查取原始热力学基本数据：反应物和生成物的 ΔH_{298}，$\Delta G_{298}^{\ominus}$（或 $S_{298}^{\ominus}$），以及热容关系式中各温度项系数 a、b 和 c。

（2）计算标况下（298K）反应热 $\Delta H_{R,298}^{\ominus}$，反应自由能变化 $\Delta G_{R,298}^{\ominus}$ 或反应熵变 $\Delta S_{R,298}^{\ominus}$，以及反应热容变化 ΔC_p 中的各温度项系数 Δa、Δb、Δc。

（3）将 $\Delta H_{R,298}^{\ominus}$、$\Delta a$、$\Delta b$ 以及 Δc 代入式（8-54b），计算积分常数 ΔH_0。

（4）将 $\Delta G_{R,298}^{\ominus}$、$\Delta a$、$\Delta b$ 以及 Δc 代入式（8-55），计算积分常数 y。

（5）将 ΔH_0、y、Δa、Δb 以及 Δc 代入式（8-55），得到 $\Delta G_{R,T}^{\ominus}$-T 函数关系式。

8.5.1.2 Φ 函数法

Φ 函数法是基于 1955 年 Margrave 提出的热力学势函数 Φ 的概念而建立起来的一种计算方法，热力学势函数是热力学基本函数的一种组合，其定义为：

$$\Phi_T \equiv -\frac{G_T^{\ominus} - H_{T_0}^{\ominus}}{T} \tag{8-57}$$

式中，$G_T^{\ominus}$ 为物质在 T 温度下的标准自由能；$H_{T_0}^{\ominus}$ 为物质在某一参考温度 T_0 下的热焓。若取 $T_0 = 298$K，则上式可写成：

$$\Phi_T' = -\frac{G_T^{\ominus} - H_{298}^{\ominus}}{T} \tag{8-58}$$

由于热力学基本函数 G 和 H 均为状态函数，G 函数在相变点具有连续性。所以 Φ_T' 也是一连续的状态函数，因此对于每种物质均有热力学势函数 $\Delta\Phi_T'$：

$$\Delta\Phi_T' = -\frac{\Delta G_T^{\ominus} - \Delta H_{298}^{\ominus}}{T} \tag{8-59}$$

对于任一反应过程有：

$$\Delta\Phi_{R,T}' = -\frac{\Delta G_{R,T}^{\ominus} - \Delta H_{R,298}^{\ominus}}{T} \tag{8-60}$$

由上式可推得反应自由能变化 $\Delta G_{R,T}^{\ominus}$：

$$\Delta G_{R,T}^{\ominus} = \Delta H_{R,298}^{\ominus} - T\Delta\Phi_{R,T}' \tag{8-61}$$

式中，$\Delta\Phi_{R,T}'$ 为反应势函数的变化。可如同其他反应热力学状态函数变化一样依下式计算：

$$\Delta\Phi_{R,T}' = \sum_i (\Delta\Phi_R')_{生成物} - \sum_i (\Delta\Phi_R')_{反应物} \tag{8-62}$$

若可以方便地取得各种物质在各温度下的 $\Delta\Phi_T'$ 数值，依式（8-61）和式（8-62）计算相应温度下反应自由能变化 $\Delta G_{R,T}^{\ominus}$ 将十分方便。

20 世纪 70 年代末，我国学者叶大伦经过数年努力，已依式（8-58）为基本关系式计算出 1233 种常见无机物热力学势函数在不同温度的数值，为用 Φ 函数法计算反应自由能 $\Delta G_{R,T}^{\ominus}$ 提供了必不可少的数据。由于 Φ 函数本身导出过程未作任何假设，物质势函数计算中所涉及的积分运算用计算机高精度完成，故使用 Φ 函数法计算反应自由能 $\Delta G_{R,T}^{\ominus}$，不仅步骤简单明了，并且计算结果精度较高。

因此，Φ 函数法计算反应自由能 $\Delta G^{\ominus}_{R,T}$ 可依如下步骤进行：

（1）查出与反应有关物质（从元素出发的）标准生成热 $\Delta H^{\ominus}_{298}$，不同温度下物质的 $\Delta \Phi'_T$ 数值。

（2）计算标况下反应 $\Delta H^{\ominus}_{R,298}$，并按式（8-62）计算反应 $\Delta \Phi'_{R,T}$。

（3）按照式（8-61）计算不同温度下反应自由能变化 $\Delta G^{\ominus}_{R,T}$。

8.5.1.3　ΔG 计算法举例

下面根据已知的热力学数据分别用经典法和 Φ 函数法就水泥生产工艺过程中重要的分解反应：

$$CaCO_3(s) \longrightarrow CaO(s) + CO_2(g)$$

作反应自由能 $\Delta G^{\ominus}_R$ 实例计算，并分析其分解温度与分解压力间的关系。

A　经典计算法

（1）由《实用无机物热力学数据手册》，可查得反应中各物质的热力学数据如表 8-3 所示。

表 8-3　参与 $CaCO_3(s)$ 分解反应的各物质的热力学数据

化合物	$\Delta H^{\ominus}_{298}/kJ \cdot mol^{-1}$	$\Delta S^{\ominus}_{298}/J \cdot (mol \cdot K)^{-1}$	$c_p = a + bT + cT^{-2}/J \cdot (mol \cdot K)^{-1}$		
			a	b	c
$CaCO_3(s)$	−1207.53	88.76	104.59	21.94×10^{-3}	-25.96×10^5
$CaO(s)$	−634.74	39.78	49.66	4.52×10^{-3}	-6.95×10^5
$CO_2(g)$	−393.79	213.79	44.21	9.04×10^{-3}	-8.54×10^5

（2）计算 298K 反应的 $\Delta H^{\ominus}_{R,298}$、$\Delta S^{\ominus}_{R,298}$、$\Delta G^{\ominus}_{R,298}$ 及 Δa、Δb 和 Δc。

$$\Delta H^{\ominus}_{R,298} = -634.74 - 393.78 + 1207.53 = 178.99 kJ/mol$$

$$\Delta S^{\ominus}_{R,298} = 39.78 + 213.79 - 88.76 = 164.80 J/(mol \cdot K)$$

$$\Delta a = 49.66 + 44.21 - 104.59 = -10.76$$

$$\Delta b = (4.52 + 9.02 - 21.94) \times 10^{-3} = -8.37 \times 10^{-3}$$

$$\Delta c = (-6.95 - 8.54 + 25.96) \times 10^5 = 10.46 \times 10^5$$

$$\Delta G^{\ominus}_{R,298} = 178.99 - 298 \times 164.8 \times 10^{-3} = 129.88 kJ/mol$$

（3）计算积分常数 ΔH_0 和 y。

$$\Delta H_0 = 178.99 + 3.21 + 0.372 + 3.51 = 186.08 kJ/mol$$

$$y = \frac{129.88 - 186.08}{298} - 10.76 \times 10^{-3} \ln 298 - \frac{2.50 \times 10^{-3}}{2} + \frac{10.46 \times 10^2}{2 \times 298^2} = -0.245$$

（4）建立反应自由能与温度的函数关系。

$$\Delta G^{\ominus}_R = 186.08 + 10.7 \times 10^{-3} T \ln T + 4.187 \times 10^{-6} T^2 - 5.23 \times 10^2 T^{-1} - 0.245T$$

（5）计算 800~1400K 温度区间的 $\Delta G^{\ominus}_R$。

T/K	800	900	1000	1100	1200	1300	1400
$\Delta G^{\ominus}_R/kJ \cdot mol^{-1}$	49.36	33.95	18.72	3.68	−11.20	−25.91	−40.45

（6）用图解法求解 $\Delta G_R^\ominus = 0$ 的温度条件。

如图 8-19 所示，可以求得当 $T = 1123K$（850℃）时，$\Delta G_R^\ominus = 0$，这意味着处于标准状态下的 $CaCO_3$ 分解体系，当温度升至 1123K 时，$CaCO_3$ 开始分解，相应的温度定义为 $CaCO_3$ 分解温度 T_d。

但是，实际上由于空气中 CO_2 分压远低于 100kPa，故与空气接触的 $CaCO_3$ 起始分解温度（当 $CaCO_3$ 分解压与空气中 CO_2 分压相等的温度点）则低于 850℃。

（7）确定 $CaCO_3$ 分解压 p_{CO_2} 与温度的关系。

由于 $CaCO_3$ 分解反应是一有气相参与的固相反应，故实际反应自由能应依式（8-50）计算，因此有：

$$\Delta G_R = \Delta G_R^\ominus + RT\ln p_{CO_2}$$

随着体系温度的升高，实际反应自由能变化逐渐减少。当 $\Delta G_R = 0$ 时，$CaCO_3$ 开始分解，并具有分解压 p_{CO_2}：$\ln p_{CO_2} = -\dfrac{\Delta G_R^\ominus}{RT}$。

带入 ΔG_R–T 关系式，便可得 $CaCO_3$ 分解压 p_{CO_2} 与温度的解析式：

$$\ln p_{CO_2} = -22.38T^{-1} - 1.29 \times 10^{-3}\ln T - 5.0 \times 10^{-7}T + 6.3 \times 10^2 T^{-2} + 29.47$$

由此可算得任何温度下 $CaCO_3$ 的分解压。例如：

$T = 1000K$ 时，$p_{CO_2} = 10.69kPa$；$T = 1200K$ 时，$p_{CO_2} = 310.87kPa$。

可以看出随着温度升高，$CaCO_3$ 的分解压急剧增大。分解压越高，分解反应推动力越大。当分解压 p_{CO_2} 大于 100kPa 时，$CaCO_3$ 可发生激烈分解。实验证明 $CaCO_3$ 分解动力学与热力学分析结果是完全一致的。如图 8-20 所示，曲线 1 表示 $CaCO_3$ 在不同温度下的分解压（或称为不同大气压下分解温度）；曲线 2 表示由实验测定的 $CaCO_3$ 分解速率常数 K_t，两者在整个温度区间达到完全的吻合。

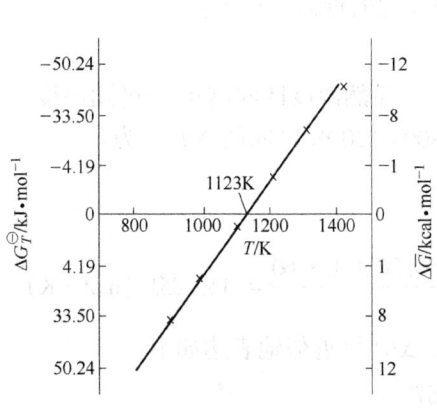

图 8-19　$CaCO_3$ 分解反应的 $\Delta G_T^\ominus$ 与温度（K）的关系

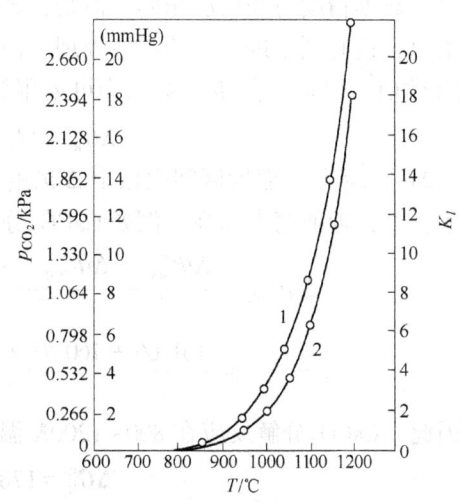

图 8-20　不同温度下 $CaCO_3$ 的分解压与分解速率常数
1—$CaCO_3$ 在不同温度下的分解压；
2—实验测定的 $CaCO_3$ 分解速率常数

B　Φ 函数法计算

（1）由《实用无机物热力学数据手册》查出反应物与产物的 $\Delta H_{298}^\ominus$ 和各温度的 Φ_T'，如表 8-4 所示。

表8-4　参与 $CaCO_3(s)$ 分解反应的各物质的热力学数据

化合物	$\Delta H_{298}^{\ominus}/kJ \cdot mol^{-1}$	T/K	800	900	1000	1100	1200	1300
$CaCO_3(s)$	-1207.53		124.5	132.7	140.3	147.8	155.1	—
$CaO(s)$	-634.74	$\Phi_T'/J \cdot (mol \cdot K)^{-1}$	56.9	60.9	64.3	67.7	70.9	74.1
$CO_2(g)$	-393.79		229.3	232.8	236.2	239.5	242.6	245.5

（2）计算反应热 $\Delta H_{R,298}^{\ominus}$ 及各温度下反应 $\Delta \Phi_{R,T}'$。

$$\Delta H_{R,298}^{\ominus} = -634.75 - 393.79 + 120.75 = 178.99 kJ/mol$$

$$\Delta \Phi_{800}' = 56.86 + 229.32 - 124.52 = 161.66 J/(mol \cdot K)$$

$$\Delta \Phi_{900}' = 60.63 + 232.84 - 132.68 = 160.78 J/(mol \cdot K)$$

$$\Delta \Phi_{1000}' = 64.27 + 236.19 - 140.31 = 160.15 J/(mol \cdot K)$$

$$\Delta \Phi_{1100}' = 67.70 + 239.45 - 147.80 = 159.36 J/(mol \cdot K)$$

$$\Delta \Phi_{1200}' = 70.97 + 242.55 - 154.92 = 158.60 J/(mol \cdot K)$$

（3）依式（8-61）计算各相应温度下 $\Delta G_{R,T}^{\ominus}$，结果列于表中：

T/K	800	900	1000	1100	1200
$\Delta G_{R,T}^{\ominus}/kJ \cdot mol^{-1}$	49.67	34.29	18.84	3.70	-11.13

（4）作 $\Delta G_{R,T}^{\ominus}-T$ 关系图，可求得 $\Delta G_{R,T}^{\ominus}=0$ 时，$T=1126K$（853℃）。此值与经典法计算所得数值（$T=1123K$（850℃））极为接近。

比较经典法与 Φ 函数法计算反应 $\Delta G_R^{\ominus}$ 的计算过程，可以看出：采用 Φ 函数法计算过程简单，数据精度与经典法相同。但是，经典法可将反应自由能 $\Delta G_R^{\ominus}$ 与温度 T 之间的函数关系给出，这有利于进一步的推演处理。而用 Φ 函数法只能用列表的方式给出某些温度下的 $\Delta G_R^{\ominus}$ 数值。但是，在 Φ 函数法中可采用如下 $\Delta G_R^{\ominus}$ 与温度的近似表达式：

$$\Delta G_R^{\ominus} = \Delta H_{R,298}^{\ominus} - T\Delta \Phi_{平均}'$$

式中，$\Delta \Phi_{平均}'$ 是某一温度区间内数个 $\Delta \Phi_T'$ 的算术平均值。显然温度区间越小，Φ_T' 随温度变化越小，上式近似精度越高。例如 $CaCO_3$ 分解反应在 800~1200K 区间的 $\Delta \Phi_{平均}'$ 为：

$$\Delta \Phi_{平均}' = \frac{\Delta \Phi_{800}' + \Delta \Phi_{900}' + \cdots + \Delta \Phi_{1200}'}{5}$$

$$= \frac{161.66 + 160.78 + 160.15 + 159.36 + 158.60}{5} = 159.85 J/(mol \cdot K)$$

因此，$CaCO_3$ 分解反应在 800~1200K 温度区间内，$\Delta G_R^{\ominus}$ 可近似地表达如下：

$$\Delta G_R^{\ominus} = 178.99 - 0.16T$$

令 $\Delta G_R^{\ominus}=0$，得：$T=178.99/0.16=1120K$。

这一求解结果与前面用作图法得到的结果具有相同精度。

8.5.2　材料系统中热力学应用举例

8.5.2.1　纯固相参与的固相反应

从简单的氧化物经过高温煅烧合成所需要的无机化合物是许多无机材料生产的基本环

节之一。根据热力学的基本原理，对材料系统作热力学分析，往往可以加深对材料系统可能出现化合物间热力学关系的了解，从而有助于寻找合理的合成工艺途径与参数。

CaO-SiO$_2$系统中的固相反应是硅酸盐水泥生产和玻璃生产工艺过程中所涉及的重要反应体系。大量研究表明，在CaO-SiO$_2$系统中存在如下化学反应：

(1) $CaO + SiO_2 \Longrightarrow CaO \cdot SiO_2$　（偏硅酸钙）

(2) $3CaO + 2SiO_2 \Longrightarrow 3CaO \cdot 2SiO_2$　（二硅酸三钙）

(3) $2CaO + SiO_2 \Longrightarrow 2CaO \cdot SiO_2$　（硅酸二钙）

(4) $3CaO + SiO_2 \Longrightarrow 3CaO \cdot SiO_2$　（硅酸三钙）

由《实用无机物热力学数据手册》可查得以上化学反应所涉及物质的热力学数据如表8-5所示。采用 Φ 函数法，按式（8-61）、式（8-62）计算各反应的 $\Delta G_R^\ominus(T)$，所得结果列于表8-6及图8-21（a）。

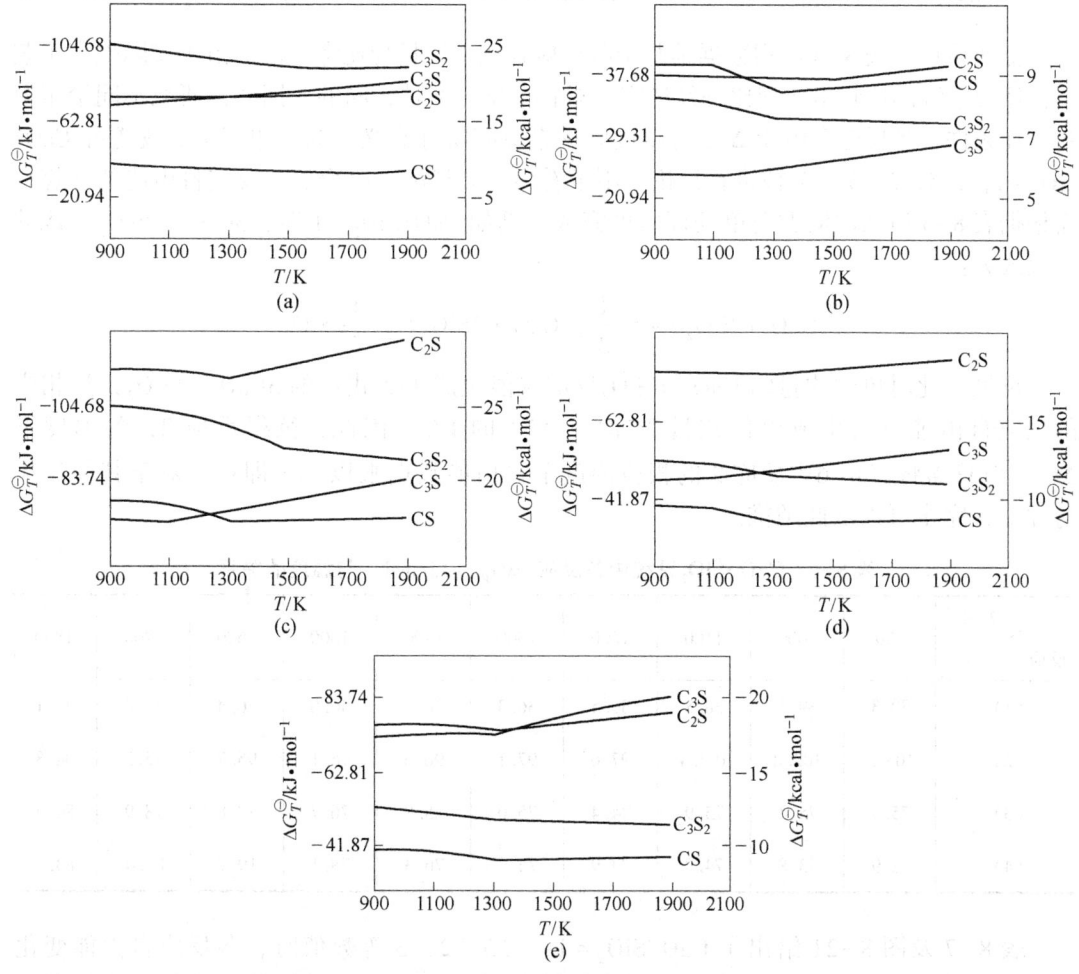

图 8-21　CaO-SiO$_2$系统在 900~1800K 温度区间内 $\Delta G_T^\ominus$-T 关系

（a）CaO/SiO$_2$为化学计量；（b）CaO/SiO$_2$ = 1.0；（c）CaO/SiO$_2$ = 1.5；（d）CaO/SiO$_2$ = 2.0；（e）CaO/SiO$_2$ = 3.0

表 8-5　CaO-SiO$_2$ 系统有关化合物热力学数据

物　　质	$\Delta H_{298}^{\ominus}$/kJ·mol^{-1}	Φ_T'/J·(mol·K)$^{-1}$									
		900K	1000K	1100K	1200K	1300K	1400K	1500K	1600K	1700K	1800K
CaO·SiO$_2$	-1584.2	126.9	135.0	142.7	150.0	157.1	163.8	195.5	176.9	183.2	189.2
3CaO·2SiO$_2$	-3827.0	318.0	337.3	355.8	373.5	390.5	406.8	422.4	437.4	451.9	465.8
2CaO·SiO$_2$	-2256.8	186.8	198.9	210.7	222.0	232.8	243.1	253.0	262.6	271.7	280.7
3CaO·SiO$_2$	-2881.1	256.4	272.0	287.0	301.3	315.0	328.2	340.8	353.0	364.7	376.0
CaO	-634.8	60.6	64.3	67.7	83.5	74.1	77.1	79.9	82.7	85.3	87.8
α-石英	-911.5	66.1	70.7	75.2							
α-鳞石英					81.2	85.1	88.9	92.5	96.0	99.3	102.5

显而易见，表 8-6 所列数据是基于各反应式化学计量配比考虑的。由于实际生产工艺中，反应系统的原料组成配比一经选定，对各个反应都是相同的。因此，研究不同给定原料配比条件下各反应自由能 $\Delta G_R^{\ominus}$ 与温度间关系更有实际意义。为简单起见，现选择 CaO/SiO$_2$=1，1.5，2，3 等数值进行讨论。不难看出，原料配比改变后，反应自由能的计算只需根据表 8-5 所列数据做简单处理即可完成。例如 CaO/SiO$_2$=1 时，3CaO·2SiO$_2$ 生成的反应式为：

$$CaO + SiO_2 \Longrightarrow \frac{1}{3}(3CaO \cdot 2SiO_2) + \frac{1}{3}SiO_2$$

可见，此时单位式量的 CaO 与 SiO$_2$ 反应仅能生成 1/3 式量的 3CaO·2SiO$_2$，故相应的反应自由能仅为生成单位式量 3CaO·2SiO$_2$ 的 1/3。因此，欲得反应 2，各温度下 $\Delta G_R^{\ominus}(T)$ 只需将表 8-6 中反应 2 的相应温度下自由能数据乘以 1/3 即可。对于其他反应与配比，完全可以依此类推。

表 8-6　CaO-SiO$_2$ 系统中各反应-$\Delta G_R^{\ominus}$（kJ/mol）与温度的关系

反应　　　T/K	900	1000	1100	1200	1300	1400	1500	1600	1700	1800
（1）	39.3	39.1	38.8	36.5	36.3	36.1	36.0	36.4	36.8	37.1
（2）	103.3	102.8	102.4	97.6	97.1	96.6	96.1	95.7	95.3	94.8
（3）	75.3	75.4	75.9	74.4	75.0	75.8	76.7	77.8	78.9	80.4
（4）	72.9	73.8	74.9	73.9	75.2	76.3	78.1	19.7	81.4	83.3

表 8-7 及图 8-21 给出了 CaO/SiO$_2$=1，1.5，2，3 等数值时，各反应自由能变化与温度的关系。由此可以看出，当温度足够高时，CaO-SiO$_2$ 系统的四种化合物均有自发形成的热力学可能性。但它们各自形成趋势大小随系统温度以及系统原料配比的变化而改变。

表 8-7　原始配比不同时，CaO–SiO₂ 系统中各反应 $-\Delta G_R^{\ominus}$（kJ/mol）与温度的关系

T/K	900	1000	1100	1200	1300	1400	1500	1600	1700	1800
反应	$CaO/SiO_2=1$									
(1)	39.3	39.1	38.9	36.5	36.3	36.1	36.0	36.6	36.8	37.1
(2)	34.4	34.3	34.2	32.5	32.4	32.2	32.0	31.9	31.8	31.6
(3)	37.6	37.7	37.9	37.2	37.5	37.9	38.4	38.9	39.5	40.2
(4)	24.7	24.6	24.9	35.9	25.1	25.4	26.0	14.0	27.1	27.8
反应	$CaO/SiO_2=1.5$									
(1)	78.5	78.1	77.8	73.1	72.6	72.2	72.1	72.7	73.5	74.1
(2)	103.3	102.8	102.4	106.8	97.1	96.6	96.1	95.6	95.5	94.8
(3)	112.9	113.1	113.9	111.6	112.5	71.9	115.1	116.7	118.4	120.6
(4)	72.9	73.8	74.9	73.9	76.2	76.3	78.1	79.7	81.4	83.3
反应	$CaO/SiO_2=2$									
(1)	39.3	39.1	38.9	36.5	36.3	36.1	36.0	36.4	36.8	37.1
(2)	51.7	51.4	51.2	48.9	48.5	48.3	48.0	47.8	47.6	47.4
(3)	75.3	75.4	75.9	74.4	75.0	75.8	76.7	77.8	78.9	80.4
(4)	47.1	47.6	48.2	49.3	50.1	50.9	52.0	53.1	54.3	55.5
反应	$CaO/SiO_2=3$									
(1)	39.3	39.1	38.9	36.5	36.3	36.1	36.0	36.4	36.8	37.0
(2)	51.7	51.4	51.2	48.8	48.5	48.3	48.0	47.8	47.6	47.4
(3)	75.3	75.4	75.9	74.4	75.0	75.8	76.7	77.8	78.9	80.4
(4)	72.9	73.8	74.6	73.9	75.2	76.3	78.1	79.7	81.4	83.3

　　当系统 $CaO/SiO_2=1$ 时，硅酸二钙、偏硅酸钙在整个温度范围内均表现出较大的形成趋势，其次为二硅酸三钙，而硅酸三钙形成势最低。随着系统 CaO/SiO_2 增加（如 $CaO/SiO_2=1.5$，2 时），硅酸二钙、二硅酸三钙热力学形成势急剧增大，同时硅酸三钙形成势也大幅度增加，致使偏硅酸钙形成势变为最低。尤其值得注意的是，当系统 CaO/SiO_2 比在此范围内变化时，在水泥熟料矿物体系中具有重要意义的硅酸二钙和硅酸三钙在整个温度范围内，前者始终具有较大的稳定性。这意味着在这种情况下，即使具备良好的动力学条件，也不可能通过氧化钙和硅酸二钙直接化合而合成硅酸三钙。

　　当系统 CaO/SiO_2 比增加到 3 时，硅酸二钙、硅酸三钙表现出较大的形成势，而偏硅酸钙形成势最低。比较硅酸二钙与硅酸三钙，随着温度升高，硅酸三钙形成势增长速度比硅酸二钙快得多，并且当温度大于 1300K 后，硅酸三钙形成势超过硅酸二钙。这个结果与 CaO/SiO_2 系统平衡相图的实测结果在性质上是极为吻合的。实验表明当温度低于 1250℃ 时，硅酸三钙为一不稳定化合物，在动力学条件满足的条件下它将分解为硅酸二钙与氧化钙；而当温度高于 1250℃ 直至 2150℃ 时，硅酸三钙为一稳定的化合物。显然热力学计算的结果反映了这两种化合物间的平衡关系。当温度低于 1300K 后，硅酸三钙因稳定性低于硅酸二钙而将发生自发分解，生成硅酸二钙与氧化钙。但是实际上硅酸盐水泥矿物系统中硅酸三钙大量存在并能在水泥水化和强度发展过程中起重要作用。这是由于水泥生产过程中水泥熟料的快速冷却，阻止了硅酸三钙的分解以及常温下硅酸三钙的热力学不稳定性。此外在高温下，硅酸三钙热力学形成势超过硅酸二钙这一计算结果，在理论上表明在良好的动力学条件下，通过固相反应可以合成足够纯的硅酸三钙。

纯固相反应的另一例子是与镁质耐火材料（如方镁石砖、镁橄榄石砖）及镁质陶瓷生产密切相关的 $MgO-SiO_2$ 系统。实验证明该系统存在的固相反应为：

（1）$MgO + SiO_2 \Longrightarrow MgO \cdot SiO_2$　（顽火辉石）

（2）$2MgO + SiO_2 \Longrightarrow 2MgO \cdot SiO_2$　（镁橄榄石）

由《实用无机物热力学数据手册》可查得有关物质热力学数据列于表 8-8 中。

表 8-8　$MgO-SiO_2$ 系统有关化合物热力学数据

物　　质	$\Delta H_{298}^{\ominus}/kJ \cdot mol^{-1}$	$\Phi_T'/J \cdot (mol \cdot K)^{-1}$										
		600K	700K	800K	900K	1000K	1100K	1200K	1300K	1400K	1500K	1600K
$MgO \cdot SiO_2$	-1550.0	85.9	94.1	102.3	110.2	117.8	125.2	132.4	139.2	145.7	152.1	158.2
$2MgO \cdot SiO_2$	-2178.5	121.4	133.9	145.9	157.5	168.7	179.5	189.8	199.6	209.1	218.2	226.9
MgO	-601.7	35.3	38.9	42.6	46.1	49.5	52.8	55.9	58.8	61.6	64.3	66.9
α-石英	-911.5	51.8	56.5	61.3	66.1	70.7	75.2					
α-鳞石英								81.2	85.1	88.9	92.5	96.0

根据式（8-61）、式（8-62）计算得上述两反应的 $\Delta G_R^{\ominus}$ 值如表 8-9 所示。

表 8-9　$MgO-SiO_2$ 系统中各反应 $-\Delta G_R^{\ominus}$ 与温度的关系

反应	$-\Delta G_R^{\ominus}/kJ \cdot mol^{-1}$										
	600K	700K	800K	900K	1000K	1100K	1200K	1300K	1400K	1500K	1600K
（1）	36.1	35.9	35.5	35.0	34.4	33.9	31.3	30.7	30.2	29.7	29.3
（2）	63.4	63.3	63.1	62.8	62.6	62.4	59.5	59.6	59.4	59.2	59.2

考虑 $MgO-SiO_2$ 系统的原料配比为 $MgO/SiO_2 = 1$、2 时，可在表 8-9 的基础上得出原始物料配比不同时，系统化学反应的自由能变化与温度的关系如表 8-10 所示。

表 8-10　原始配比不同时，$MgO-SiO_2$ 系统中各反应 $-\Delta G_R^{\ominus}$（kJ/mol）与温度的关系

T/K	600	700	800	900	1000	1100	1200	1300	1400	1500	1600
反应	$MgO/SiO_2 = 1$										
（1）	36.1	35.9	35.5	35.0	34.4	33.9	31.3	30.7	30.2	29.7	29.3
（2）	31.7	31.7	31.6	31.4	31.3	31.2	30.0	29.8	29.7	29.6	29.6
反应	$MgO/SiO_2 = 2$										
（1）	36.1	35.9	35.5	35.0	34.4	33.9	31.3	30.7	30.2	29.7	29.3
（2）	63.4	63.3	63.1	62.8	62.6	62.4	59.5	59.6	59.4	59.2	59.2

由计算结果可以看出，对于 $MgO-SiO_2$ 系统，系统原料配比在整个温度范围内决定了哪一种化合物的生成为主要的。当原始配料比为 $MgO/SiO_2 = 1$ 时，顽火辉石具有较大的生成趋势。而当 $MgO/SiO_2 = 2$ 时，镁橄榄石生成趋势远大于顽火辉石，因此，欲获得一定比例的镁橄榄石和顽火辉石，选择合适的原始物料配比是非常重要的。从表 8-10 数据中还可发现，升高温度在热力学意义上并不利于顽火辉石和镁橄榄石生成，而仅仅是反应动力学所要求的。所以在合成工艺条件的选择上，寻找合适的反应温度以保证足够的热力学生成势同时又满足反应的动力学条件也具有非常重要的意义。

8.5.2.2　伴有气相参与的固相反应

无机材料的合成工艺过程中，伴有气相参与的固相反应是经常遇到的。如碳酸盐、硫

酸盐分解，化合物、黏土被加热后的脱水等。如前所述，诸如这种伴有气相参与的固相反应，除温度、配料比等因素可影响固相反应进程外，参与反应气相的分压也是影响反应的因素之一。

在水泥的工业生产过程中，提供氧化钙的工业原料往往是方解石（$CaCO_3$）。实验与热力学计算已经表明，纯方解石剧烈分解温度为850℃左右，即当温度高于此值后，方解石将以氧化钙的形式存在。因此，用热力学的方法通过计算，考察在较低温度下（$T <$ 850℃），$CaO\text{-}SiO_2$ 系统能否发生固相反应及其所遵循的规律无疑将有助于了解硅酸盐水泥矿物烧成的全过程。

如同 $CaO\text{-}SiO_2$ 系统一样，在 $CaCO_3\text{-}SiO_2$ 系统中所存在的四种主要反应为：

（1）$CaCO_3 + SiO_2 =\!= CaO \cdot SiO_2 + CO_2$ （偏硅酸钙）

（2）$3CaCO_3 + 2SiO_2 =\!= 3CaO \cdot 2SiO_2 + 3CO_2$ （二硅酸三钙）

（3）$2CaCO_3 + SiO_2 =\!= 2CaO \cdot SiO_2 + 2CO_2$ （硅酸二钙）

（4）$3CaCO_3 + SiO_2 =\!= 3CaO \cdot SiO_2 + 3CO_2$ （硅酸三钙）

以上反应所涉及物质的热力学数据如表 8-11 所示。

表 8-11　$CaCO_3\text{-}SiO_2$ 系统有关化合物热力学数据

物　质	$\Delta H_{298}^{\ominus}/kJ \cdot mol^{-1}$	$\Phi_T'/J \cdot (mol \cdot K)^{-1}$							
		300K	400K	500K	600K	700K	800K	900K	1000K
$CaO \cdot SiO_2$	-1584.2	82.0	85.6	92.8	101.2	109.9	118.5	126.9	135.0
$3CaO \cdot 2SiO_2$	-3827.0	211.0	219.4	236.2	256.6	277.4	298.0	318.0	337.3
$2CaO \cdot SiO_2$	-2256.8	120.6	126.2	136.9	149.2	161.9	174.5	186.8	198.9
$3CaO \cdot SiO_2$	-2881.1	168.7	175.9	189.9	206.4	224.2	240.1	256.4	272.0
CO_2	-393.8	213.9	215.4	218.5	222.0	225.7	229.3	232.8	236.2
$CaCO_3$	-1207.5	88.8	92.4	99.4	107.6	116.1	124.5	132.7	140.6
α-石英	-911.5	41.5	43.4	47.2	51.8	56.5	61.3		
α-鳞石英								66.1	70.7

按式（8-61）、式（8-62）进行反应热力学势函数 $\Delta\Phi_T'$、$\Delta G_{R,T}^{\ominus}$ 计算，所得各值列于表 8-12。当反应系统处于标准状态即 $p_{CO_2} = 101325Pa$ 时，则由表 8-12 所列数据可知，偏硅酸钙、二硅酸三钙以及硅酸二钙均可分别于温度 858K、885K 及 868K 时开始自发生成。与纯方解石分解温度(1123K)比较，可推知各种硅酸钙的生成反应均是在 $CaCO_3$ 分解反应剧烈开始之前就已经开始。显然，这是由于系统中存在 SiO_2，它会与 $CaCO_3$ 分解所产生的新生态 CaO 迅速反应生成硅酸钙，从而促进了 $CaCO_3$ 的加速分解并影响到分解温度的提前。

但是，应该充分注意到，在实际工业生产过程中参与固相反应的 CO_2 并非处于标准状态下。因此，有必要考虑 CO_2 分压对反应的影响。

根据式（8-50）可得反应（1）自由能 $\Delta G_{R,T}^{\ominus}$ 随温度及 CO_2 分压变化关系：

反应 (1)：$\Delta G_{R1} = \Delta G_{R,T}^{\ominus} + RT\ln p_{CO_2}$

$= 140.1 - 0.163T + RT\ln p_{CO_2}$

$= 140.1 - (0.163 - 8.314 \times 10^{-3}\ln p_{CO_2})T$

同理可写出反应(2)、(3) 和（4）相应的自由能与温度、CO_2分压关系式：

反应 (2)：$\Delta G_{R2} = 437.3 - (0.494 - 0.025\ln p_{CO_2})T$

反应 (3)：$\Delta G_{R3} = 282.2 - (0.325 - 0.017\ln p_{CO_2})T$

反应 (4)：$\Delta G_{R4} = 471.7 - (0.497 - 0.025\ln p_{CO_2})T$

由此可见，CO_2分压的改变，可显著地影响 ΔG_R-T 直线的斜率。p_{CO_2}越小，ΔG_R-T 直线的斜率越大，致使在同一温度下反应自由能越小，同时 $\Delta G_R = 0$ 所对应的温度越低。因此，减小反应系统的 CO_2 分压往往是促进反应达到较大的热力学势推动反应进行的有效措施之一。表 8-12、表 8-13 分别为 $CaCO_3$-SiO_2 系统各反应的 $\Delta\Phi_T'$ 和 $\Delta G_{R,T}^{\ominus}$ 计算值。

表 8-12　$CaCO_3$-SiO_2 系统各反应 $\Delta\Phi_T'$

反　应	$\Delta\Phi_T'$/kJ · (mol · K)$^{-1}$								平均 $\Delta\Phi_T'$
	300K	400K	500K	600K	700K	800K	900K	1000K	
(1)	0.166	0.165	0.165	0.164	0.163	0.162	0.161	0.160	0.163
(2)	0.505	0.502	0.499	0.496	0.493	0.490	0.486	0.483	0.494
(3)	0.392	0.329	0.328	0.326	0.325	0.323	0.321	0.319	0.325
(4)	0.502	0.501	0.500	0.498	0.496	0.493	0.491	0.492	0.497

表 8-13　$CaCO_3$-SiO_2 系统各反应的 $\Delta G_{R,T}^{\ominus}$ 计算值

反　应	$\Delta G_{R,T}^{\ominus}$/kJ · mol^{-1}							
	300K	400K	500K	600K	700K	800K	900K	1000K
(1)	90.39	74.0	57.7	41.7	26.0	10.4	-4.8	-19.7
(2)	286.3	236.4	187.6	139.4	92.1	45.4	-0.4	-45.4
(3)	183.4	150.7	118.3	86.4	55.0	24.0	-6.7	-37.1
(4)	321.0	271.0	221.7	172.9	124.7	77.1	-30.0	-16.4

8.5.2.3　伴有熔体参与的固相反应

在无机材料的高温过程中常出现伴有熔体参与的固相反应，如水泥熟料的烧成、耐火材料的烧结或高温熔体与容器材料的化学作用等。在这种情况下，在热力学计算中应考虑熔体中参与反应组成的活度影响。下面以用热力学分析刚玉坩埚熔制纯镍熔体的可能性为例进行说明。

设高温（1800K）镍熔体与刚玉间存在如下反应：

$$\frac{1}{3}Al_2O_3(s) + Ni(1) = NiO(s) + \frac{2}{3}Al(1)$$

由《实用无机物热力学数据手册》得有关物质热力学数据见表 8-14。

表8-14　镍与刚玉反应的热力学数据

热力学数据	Ni(l)	Al₂O₃(s)	NiO(s)	Al(l)
$\Delta H_{298}^{\ominus}/\text{kJ}\cdot\text{mol}^{-1}$	0	-1674.8	-240.8	0
$\Delta\Phi'_{1800}/\text{J}\cdot(\text{mol}\cdot\text{K})^{-1}$	58.60	53.60	90.10	61.05

由式（8-61）计算反应 $\Delta G_{\text{R},T}^{\ominus}$：

$$\Delta G_{1800K}^{\ominus} = \left(-240.8 + \frac{1}{3}\times 1674.8\right) - 1800\times 10^{-3}\times\left(\frac{2}{3}\times 61.05 + 90.1 - 58.6 - \frac{1}{3}\times 53.6\right)$$

$$= 219.67\text{kJ/mol}$$

由式（8-50）：$\Delta G_{1800K} = \Delta G_{1800}^{\ominus} + RT\ln\dfrac{\alpha_{\text{Al}}^{\frac{2}{3}}}{\alpha_{\text{Ni}}}$

考虑实际熔体中：$X_{\text{Al}} + X_{\text{Ni}} = 1$，并有 $X_{\text{Ni}}\approx 1$，故可将熔体当作理想溶液处理：

$$\Delta G_{1800K} = \Delta G_{1800K}^{\ominus} + \frac{2}{3}RT\ln X_{\text{Al}} = 219.67 + 5.54\times 10^{-3}T\ln X_{\text{Al}}$$

当铝被镍还原并熔于镍熔体中达到最大限度（即反应达到平衡）时，$\Delta G_{1800K} = 0$，因此有：

$$(X_{\text{Al}})_{\text{max}} = \exp\left(-\frac{219.67}{5.54\times 10^{-3}\times 1800}\right) = 2.71\times 10^{-10}$$

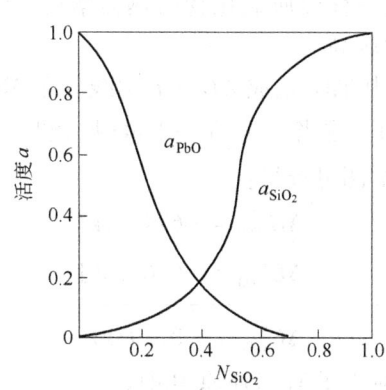

图8-22　PbO-SiO₂系统熔体的活度与
SiO₂含量间的关系

由此可见，当用刚玉坩埚作为熔炼纯镍的容器，于1800K温度下金属铝熔于镍熔体中的最大浓度仅为 $(X_{\text{Al}})_{\text{max}} = 2.71\times 10^{-10}$。显然，肯定可以用刚玉坩埚作为熔融高纯度镍的容器。

在 PbO-SiO₂ 玻璃的熔制过程中，常因存在还原气氛而使铅被还原，致使玻璃失透。现考察 PbO 含量为87%（质量分数）的玻璃在1323K 熔制时，熔炉中不使铅被还原的气氛应怎样控制。

实验表明 PbO-SiO₂ 系统二元熔体中组分活度与组分含量间的关系如图8-22所示。不难算得当玻璃中 PbO 含量为87%（质量分数）时，其摩尔分数 $X_{\text{PbO}} = 0.65$，相应活度值为：$\alpha_{\text{PbO}} = 0.19$。设铅玻璃中铅的还原反应按以下方程式进行：

$$\text{PbO(l)} + \text{CO(g)} =\!=\!= \text{Pb(s)} + \text{CO}_2(\text{g})$$

由《实用无机物热力学数据手册》得有关物质热力学数据见表8-15。

表8-15　PbO 与 CO 反应的热力学数据

热力学数据	PbO(l)	CO(g)	Pb(s)	CO₂(g)
$\Delta H_{298}^{\ominus}/\text{kJ}\cdot\text{mol}^{-1}$	-219.44	-110.62	0	-393.79
$\Delta\Phi'_{1323K}/\text{J}\cdot(\text{mol}\cdot\text{K})^{-1}$	105.39	219.48	89.56	246.20

依式（8-61）计算得：

$$\Delta G_{1323K}^{\ominus} = -63.74 - 1323\times 0.011 = -78.16\text{kJ/mol}$$

由式（8-50）有：

$$\Delta G_{1323K} = \Delta G_{1323K}^{\ominus} + RT\ln \frac{p_{CO_2}}{\alpha_{PbO} \cdot p_{CO}}$$

为使还原反应于1323K温度下不自发进行，应要求 $\Delta G_{1323K} \geqslant 0$，因此有：

$$\frac{p_{CO_2}}{p_{CO}} \geqslant \alpha_{PbO} \cdot \exp\left(-\frac{\Delta G_{1323K}^{\ominus}}{RT}\right) \geqslant 0.19 \times \exp\left(\frac{78.16}{8.314 \times 10^{-3} \times 1323}\right) = 231.05$$

由此可知，为使铅玻璃熔制过程中铅不被还原，需严格控制 $\dfrac{p_{CO_2}}{p_{CO}}$ 比。只有当 $\dfrac{p_{CO_2}}{p_{CO}} \geqslant 231.05$ 时，铅的还原反应才能得到抑制。若考虑熔炉气氛中 $p_{CO_2} = 20265Pa(0.2atm)$，则 p_{CO} 应控制小于 $88.15Pa(8.6 \times 10^{-4}atm)$。

8.5.2.4　金属氧化物的高温稳定性

利用热力学的知识判断各种金属氧化物在不同气氛环境中的稳定性是从事无机材料研制、生产和使用过程中经常遇到的问题。在实际应用中，人们往往将各种金属氧化物的稳定性问题归结为不同的氧化还原反应，并为简单起见，将参与反应的氧以1mol基准来计算反应的 $\Delta G^{\ominus}$，用图线的方式汇集各种氧化物标准生成自由能与温度的函数关系，如图8-23所示。

利用氧化物标准生成 $\Delta G^{\ominus}$-T 图，可以方便地比较各种金属氧化物的热力学稳定性。显然，其标准生成 $\Delta G^{\ominus}$ 负值越大，该金属氧化物稳定性越高。

例如，从 $\Delta G^{\ominus}$-T 图中可以看到，在整个温度范围内 TiO_2 生成 $\Delta G^{\ominus}$-T 图线处于 MnO 的 $\Delta G^{\ominus}$-T 图线下方。这意味着，TiO_2 的稳定性大于 MnO，或当金属 Ti 与 MnO 接触时，Ti 可使 MnO 得到还原。如当温度 $T = 1000℃$ 时，由 $\Delta G^{\ominus}$-T 图可查得：

$$Ti(s) + O_2(g) === TiO_2(s) \qquad\qquad \Delta G_{1000}^{\ominus} = -674.11kJ$$

$$-2Mn(s) + O_2(g) === 2MnO(s) \qquad\qquad \Delta G_{1000}^{\ominus} = -586.18kJ$$

$$Ti(s) + 2MnO(s) === 2Mn(s) + TiO_2(s) \qquad\qquad \Delta G_{1000}^{\ominus} = -87.93kJ$$

此反应的标准自由能变化为 $\Delta G_{1000}^{\ominus} = -87.93kJ$，故纯金属 Ti 可还原 MnO。

同理，比较 TiO_2 和 Al_2O_3 标准生成 $\Delta G^{\ominus}$-T 图线相对位置，可以推得，纯金属 Ti 不能使 Al_2O_3 得到还原。因为 Al_2O_3 生成 $\Delta G^{\ominus}$-T 图线位于 TiO_2 的生成 $\Delta G^{\ominus}$-T 图线下方。如当温度 $T = 1000℃$ 时。

$$Ti(s) + O_2(g) === TiO_2(s) \qquad\qquad \Delta G_{1000}^{\ominus} = -674.11kJ$$

$$-\frac{4}{3}Al(s) + O_2(g) === \frac{2}{3}Al_2O_3(s) \qquad\qquad \Delta G_{1000}^{\ominus} = -845.77kJ$$

$$Ti(s) + \frac{2}{3}Al_2O_3(s) === \frac{4}{3}Al(s) + TiO_2(s) \qquad\qquad \Delta G_{1000}^{\ominus} = 176.67kJ$$

由于 Ti(s) 还原 $Al_2O_3(s)$ 的反应 $\Delta G_{1000}^{\ominus} = 176.67kJ > 0$，故该反应不会发生。但其相应的逆反应 $\Delta G_{1000}^{\ominus} = -176.67kJ < 0$，这意味着，金属 Al 能使 TiO_2 还原为 Ti。因此，在 $T = 1000℃$ 时，TiO_2 的稳定性高于 MnO，但低于 Al_2O_3。

由图8-23可见，CaO 具有最高的热力学稳定性，其次为 MgO 和 Al_2O_3。它们的标准

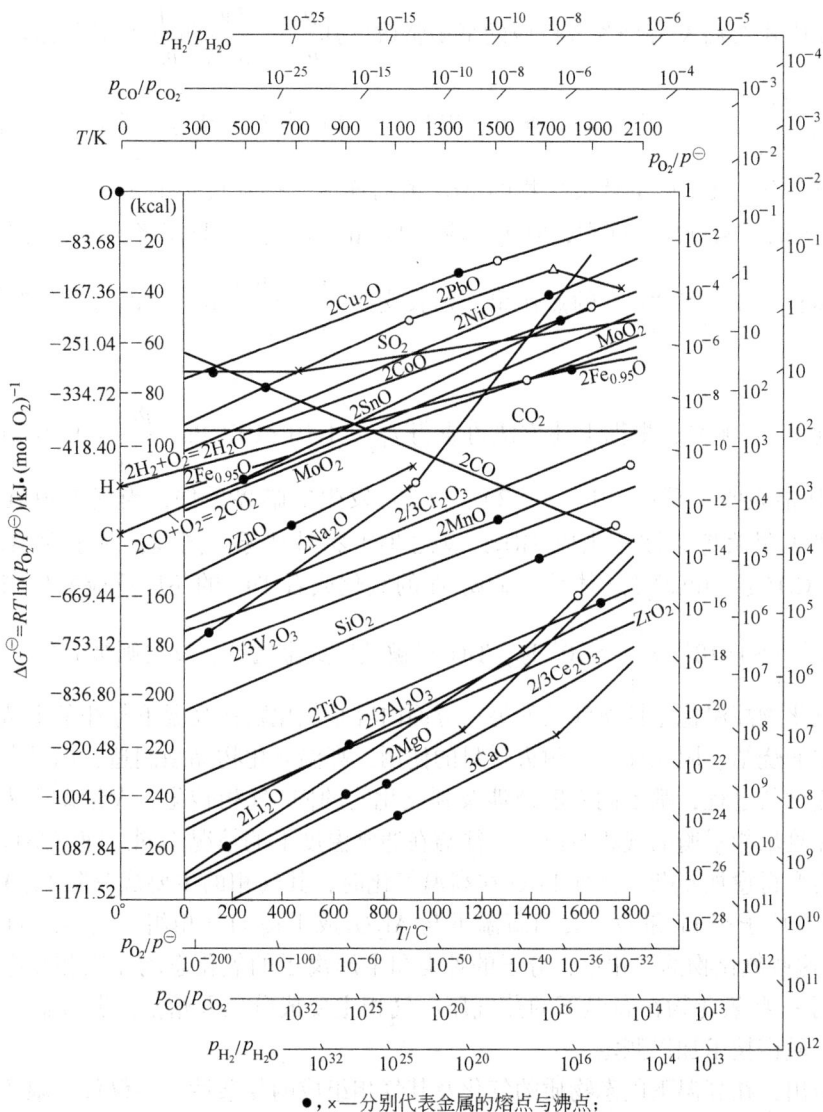

图 8-23　氧化物标准自由能与温度的关系

生成自由能 $\Delta G^{\ominus}$ 负值均在 1045.8kJ 以上。因此它们都是耐高温的稳定氧化物。此外，从图中还可看出，CO 具有特殊的 $\Delta G^{\ominus}$-T 关系，它的热力学稳定性随温度的升高而增加，这说明在足够高度的温度下，任何金属氧化物都可被碳还原。

　　利用氧化物标准生成 $\Delta G^{\ominus}$-T 图，还可以获得在任一温度下纯金属与其氧化物呈平衡时有关气相的知识。在 $\Delta G^{\ominus}$-T 图中考虑三种反应类型，如以钛的反应为例，有：

　　（1）$Ti(s) + 2CO_2(g) = TiO_2(s) + 2CO(g)$　　　　$K = (p_{CO}/p_{CO_2})^2$

　　（2）$Ti(s) + 2H_2O(g) = TiO_2(s) + 2H_2(g)$　　　　$K = (p_{H_2}/p_{H_2O})^2$

　　（3）$Ti(s) + O_2(g) = TiO_2(s)$　　　　　　　　　　$K = 1/p_{O_2}$

上述反应式右端 K 分别为各反应的平衡常数。其 $\dfrac{p_{CO}}{p_{CO_2}}$、$\dfrac{p_{H_2}}{p_{H_2O}}$ 和 $\dfrac{1}{p_{O_2}}$ 值可在 $\Delta G^{\ominus}$-T 图右端和底部 $\dfrac{p_{CO}}{p_{CO_2}}$、$\dfrac{p_{H_2}}{p_{H_2O}}$ 以及 p_{O_2} 坐标轴中查出。以反应（3）为例，其方法为：从左端竖线上标有"O"的点作某温度下钛氧化物的 $\Delta G^{\ominus}$ 值的连线，再延长交于 p_{O_2} 坐标，此交点即为反应（3）氧的平衡分压。同理，对于反应（2）和反应（1）只需将连线的起点分别从左边竖线上标有"H"和"C"的点作出，延长交于 $\dfrac{p_{H_2}}{p_{H_2O}}$ 和 $\dfrac{p_{CO}}{p_{CO_2}}$ 坐标，即得平衡时 $\dfrac{p_{H_2}}{p_{H_2O}}$ 和 $\dfrac{p_{CO}}{p_{CO_2}}$ 比值。

设温度 $T=1600℃$，根据上述方法可查得 $p_{O_2}\approx1.01\times10^{-16}$ Pa，$\dfrac{p_{CO}}{p_{CO_2}}=4\times10^4$ 以及 $\dfrac{p_{H_2}}{p_{H_2O}}=10^4$。这些比值表明了反应（1）、（2）、（3）发生的临界条件，当气氛中氧分压 $p_{O_2}>10^{-16}$Pa，则表明钛将会被氧化成 TiO_2，反之 TiO_2 将被还原。同理，对于含 $H_2O(g)$ 和 $H_2(g)$ 或含 $CO(g)$ 和 $CO_2(g)$ 体系，金属 Ti 的氧化或者 TiO_2 的还原反应发生与否的判据为：气氛中 $\dfrac{p_{CO}}{p_{CO_2}}>4\times10^4$ 或 $\dfrac{p_{H_2}}{p_{H_2O}}>10^4$ 时，TiO_2 可被还原成金属钛，反之则被氧化。

金属氧化物高温稳定性所涉及的另一方面内容是氧化物在高温下气相的形成。在无机材料工业中的烧结、固相反应、耐火材料的使用，高温氧化物晶须制造，以及蒸气镀膜和等离子加热材料过程，都不同程度地涉及到氧化物的固-气相转化。大量研究表明，在高温过程中和凝聚相平衡的气相组成，往往与在通常温度下的情况不同。随着温度升高，气相的组成会变得愈加复杂。例如 Li_2O 在高温气化时，其气相的主要成分除 Li_2O 外，还有 LiO 分子以及原子态 Li 和 O。又如高温下与 Al_2O_3 成平衡的气相组成为 Al、O、Al_2O 和 AlO。显然这些氧化物的气相里，分子的种类和金属离子的氧化态均比固相复杂得多。表 8-13 列出了一些氧化物在高温下的蒸气压、气相主要成分以及熔点。其高温气相成分一般用光谱或质谱技术加以测定。

应该指出，在高温下固态物质的气化及其气相组成的复杂性，不仅仅局限于金属氧化物。事实表明，许多金属的碳化物、硼化物和氮化物均有同样的性质。例如，SiC 高温气化时除分解生成原子态 Si 和 C 外，尚有 SiC_2、Si_2C、Si_2C_2、Si_2C_3 和 Si_4C 等分子。

那么为什么在高温过程中固态氧化物会发生气化，并在气相中有这种异常的分子状态稳定存在呢？从热力学角度理解，主要是在通常温度条件下，$\Delta G=\Delta H-T\Delta S$ 式中第一项 ΔH 的大小对过程的发生与否起决定性作用。但随着温度升高，$T\Delta S$ 项会变得愈加重要，尤其是固态物质气化后，其结构熵变 ΔS 很大。因此在高温时，往往会使 $T\Delta S$ 项远超过 ΔH，从而导致氧化物的高温气化和一些异常分子状态在高温下稳定存在的可能。图 8-24 所示为一些气态氧化物生成自由能随温度的变化关系，图中清楚地表明 Al_2O、AlO、SiO 和 ZrO 在高温时是稳定的。

利用图 8-24 中气态氧化物生成自由能与温度的关系曲线，可计算高温下与固态氧化物达到平衡的气相中有关氧化物的蒸气压。现以 SiO_2 高温气化为例计算 $T=1800$K 时 SiO 的蒸气压 p_{SiO}：

$$SiO_2(s) \Longrightarrow SiO(g) + \frac{1}{2}O_2(g)$$

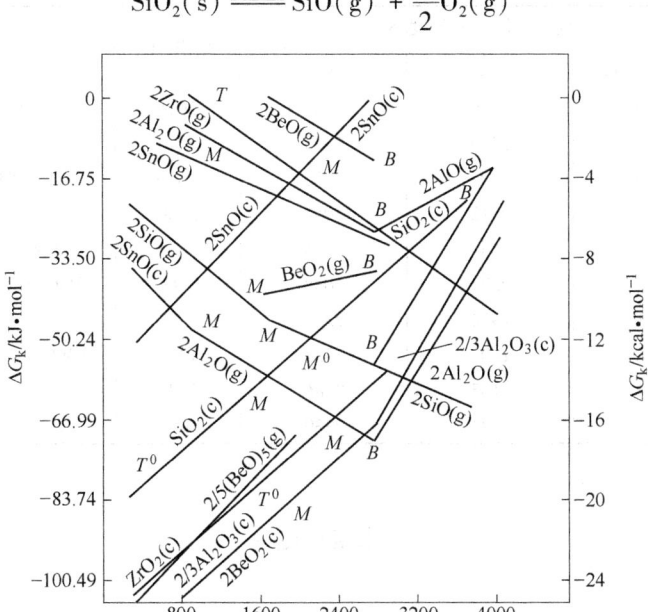

图 8-24　气态氧化物的生成自由能（以 1mol O_2 计算）

c—凝聚相（液或固）；g—气相；B—金属的沸点；M，M^0—金属及氧化物的熔点；T，T^0—金属及氧化物的转变点

为此，构制如下反应过程，并利用图 8-24 中数据可容易算得 SiO_2 高温气化反应标准自由能变化：

$$Si(s) + \frac{1}{2}O_2(g) \Longrightarrow SiO(g) \qquad \Delta G_1^{\ominus} = -237.47kJ$$

$$-Si(s) + O_2(g) \Longrightarrow SiO_2(s) \qquad \Delta G_2^{\ominus} = -569.43kJ$$

$$SiO_2(s) \Longrightarrow SiO(g) + \frac{1}{2}O_2(g) \quad \Delta G_3^{\ominus} = \Delta G_1^{\ominus} - \Delta G_2^{\ominus} = 334.96kJ$$

因反应 $\Delta G^{\ominus} = -RT\ln K_p = -RT\ln(p_{SiO} \cdot p_{O_2}^{1/2})$，并考虑在中性条件下 $p_{SiO} = 2p_{O_2}$，所以有：

$$p_{SiO} = \exp\left[\frac{2\ln\sqrt{2}}{3}\left(1 - \frac{\Delta G_3^{\ominus}}{RT\ln\sqrt{2}}\right)\right]$$

代入 $\Delta G_3^{\ominus}$ 数值得 $T = 1800K$ 时，气相分压为：$p_{SiO} = 4.2\times 10^{-2}Pa$。

一些高温氧化物的蒸气压、熔点和主要气相组成见表 8-16。

表 8-16　一些高温氧化物的蒸气压、熔点和主要气相组成

氧化物	不同蒸气压时的温度/K			熔点/℃	主要气相组成
	$1.33\times10^{-4}Pa$	0.133Pa	133Pa		
Li_2O	1175	1466	1825	1700	Li，Li_2O，LiO
BeO	1862	2300	2950	2530	Be，O，BeO，$(BeO)_n$
MgO	1600	1968	2535	2800	Mg，O，MgO
CaO	1728	2148	2795	2580	Ca，O

续表 8-16

氧化物	不同蒸气压时的温度/K			熔点/℃	主要气相组成
	$1.33×10^{-4}$ Pa	0.133Pa	133Pa		
Al_2O_3	1910	2339	3009	2015	Al，O，Al_2O，AlO
La_2O_3	1820	2239	2754	2315	LaO，O，O_2
TiO_2	1800	2203	2825	1640	TiO_2，TiO，O_2
ZrO_2	2060	2512	3048	2700	ZrO_2
MoO_2	1368	1654	2004	—	MoO_3，MoO_2，$(MoO_3)_2$
MoO_3	762	878	1038	795	$(MoO_3)_3$，$(MoO_3)_4$，$(MoO_3)_5$
WO_2	1641	1954	2317	—	WO_2，WO_3
WO_3	1138	1409	1531	1473	$(WO_3)_3$，$(WO_3)_4$，$(WO_3)_5$
UO_2	1754	2165	2786	2176	UO_2
FeO	1314	1774	2239	1420	Fe，O

——— 本章小结 ———

通过本章内容的学习，读者们可掌握固相反应的概念与特征，理解固相反应的非均相性，掌握固相反应的常见类型与分类方式。通过对"固相反应机理"内容的学习，读者们可理解一个固相反应过程中是包含若干步骤的，理解相界面上的反应离子与扩散的关系。通过对"固相反应动力学"内容的学习，读者们可理解对固相反应起控制作用的步骤是最慢的环节的原因；理解由化学反应速率所控制的动力学关系、由扩散速率所控制的动力学关系的扩散模型建立、推导过程与适用范围；掌握固相反应动力学关系在材料研究中的应用。通过对"影响固相反应因素"内容的介绍，读者们可掌握影响固相反应的内在与外在因素。通过"材料系统中的热力学"内容的学习，读者们可了解热力学函数的典型计算方法，化学计算热力学知识在材料研发领域的应用。

习题与思考题

8-1　试比较杨德尔方程和金斯特林格方程的优缺点及其适用条件。

8-2　影响固相反应的因素有哪些？

8-3　铜片要在500℃时不氧化，氧气分压应控制到什么程度较为合适？1000℃时又应如何控制？

8-4　如果要合成镁铝尖晶石（$MgAl_2O_4$），可供选择的原料为 $MgCO_3$、$Mg(OH)_2$、MgO、$Al_2O_3 \cdot 3H_2O$、$\gamma\text{-}Al_2O_3$、$\alpha\text{-}Al_2O_3$。从提高反应速率的角度出发，选择什么原料较好，为什么？

8-5　观察尖晶石的形成，用过量的 MgO 粉包围 $1\mu m$ 的 Al_2O_3 球形颗粒，在固定温度实验中的第 1h 内有 20% 的 Al_2O_3 反应生成尖晶石。试根据（1）无需球形几何校正时，用杨德尔方程计算完全反应所需的时间？（2）用金斯特林格方程作球形几何校正，计算完全反应所需要的时间？

8-6　由 Al_2O_3 和 SiO_2 粉末形成莫来石反应，由扩散控制并符合杨德尔方程，实验在温度保持不变的条件下，当反应进行 1h 的时候，测知已有 15% 的反应物参加了反应。

（1）将在多少时间内全部反应物都生成产物？

（2）为了加速莫来石的生产应采取什么有效措施？

8-7　镍（Ni）在 10132.5Pa（0.1 大气压）的氧气中氧化，测得其重量增量（$\mu g/cm^2$）如下表：

温度/℃	时间/h				温度/℃	时间/h			
	1	2	3	4		1	2	3	4
550	9	13	15	20	650	29	41	50	65
600	17	23	29	36	700	56	75	88	106

（1）导出合适的反应速度方程；（2）计算反应活化能。

8-8　MoO_3 和 $CaCO_3$ 反应时，反应机理受到 $CaCO_3$ 颗粒大小的影响。当 MoO_3：$CaCO_3 = 1:1$，$r_{MoO_3} = 0.036nm$，$r_{CaCO_3} = 0.13nm$ 时，反应是扩散控制的，当 MoO_3：$CaCO_3 = 1:15$；$r_{CaCO_3} < 0.03nm$ 时，反应由升华控制，试解释这种现象。

8-9　当通过产物层的扩散控制速率时，试考虑从 NiO 和 Cr_2O_3 的球形颗粒形成 $NiCr_2O_4$ 的问题。（1）认真绘出假定的几何形状示意图并推导出反应过程中早期的形成速率关系；（2）在颗粒上形成产物层后，是什么控制着反应？（3）在 1300℃，$NiCr_2O_4$ 中 $D_{Cr} > D_{Ni}$，试问哪一个控制着 $NiCr_2O_4$ 的形成速率？为什么？

8-10　参与菱镁矿分解反应的各化合物热化学数据如下表所示，试用热力学经典计算的方法，计算菱镁矿（$MgCO_3$）的理论分解温度。

化 合 物	$\Delta H_{298}^{\ominus}$/kJ·mol^{-1}	$\Delta G_{298}^{\ominus}$/kJ·mol^{-1}	$c_p = a + bT + cT^{-2}$/J·(mol·K)$^{-1}$		
			a	$b\times10^3$	$c\times10^{-5}$
$MgCO_3$（s）	−1096.21	−1012.68	77.91	57.74	−17.41
MgO（s）	−601.24	−568.98	48.98	3.14	−11.44
CO_2（g）	−393.51	−394.39	44.14	9.04	−8.54

8-11　试用热力学势函数法，求算菱镁矿（$MgCO_3$）理论分解温度。已知 $MgCO_3$ 分解反应的热力学势和温度之间的关系为：$\Delta\Phi_{R,T}' = -22.9\times10^{-3}T + 3362T^{-1} - 1.6\times10^5T^{-2} + 15.2\ln T + 85.5$（J/(mol·K)），$\Delta H_{298,R}^{\ominus} = 101.45kJ/mol$。

8-12　由氧化铝粉与石英粉，以 Al_2O_3：$SiO_2 = 3:2$ 配比混合成原始物料，通过如下反应合成莫来石（$3Al_2O_3\cdot2SiO_2$）：$3Al_2O_3 + 2SiO_2 = 3Al_2O_3\cdot2SiO_2$，若反应以固相反应形式进行，各反应物与生成物的原始热力学数据如下表所示，试用 Φ 函数法求算反应开始温度。

化 合 物	$\Delta H_{298}^{\ominus}$/kJ·mol^{-1}	Φ_T'/J·(mol·K)$^{-1}$				
		800K	1000K	1200K	1400K	1600K
Al_2O_3	−1672.8	86.44	102.67	117.64	132.95	147.54
SiO_2	−910.42	61.22	70.63	79.29	87.15	94.35
$3Al_2O_3\cdot2SiO_2$	−6771.74	421.42	488.96	551.40	610.07	661.67

8-13　硅线石（$Al_2O_3\cdot SiO_2$）、莫来石（$3Al_2O_3\cdot2SiO_2$）和石英（SiO_2）的热力学数据如下表所示：

化 合 物	$-\Delta H_{298}^{\ominus}$/kJ·mol^{-1}	$\Delta S_{298}^{\ominus}$/J·mol^{-1}	$-\Delta G$/kJ·mol^{-1}				
			298K	1000K	1200K	1400K	1600K
$Al_2O_3\cdot SiO_2$	2588.28	96.25	2519.51	2766.34	2829.19	2898.73	2974.22
$3Al_2O_3\cdot2SiO_2$	6823.65	275.07	6905.79	7308.44	7478.97	7667.12	7870.64
SiO_2	908.95	43.42	921.89	982.01	1006.89	1034.14	1063.45

试计算硅线石转化为莫来石的温度，转变反应为：$3(Al_2O_3\cdot SiO_2) = 3Al_2O_3\cdot2SiO_2 + SiO_2$。

8-14　常识告诉我们石灰（CaO）能剧烈反应生成 $Ca(OH)_2$，而且在常温下空气中的水蒸气也完全可以使石灰消解。试从热力学观点计算和讨论于常温下石灰消解在何种条件下进行更为有利？为什么？

8-15　$CaCO_3-Al_2O_3$系统中的固相反应对于高铝水泥熟料的煅烧和制备有着重要意义。据有关文献报道，该系统可以形成以下四个主要的铝酸盐矿物：$3CaO \cdot Al_2O_3$；$12CaO \cdot 7Al_2O_3$；$CaO \cdot Al_2O_3$和$CaO \cdot 2Al_2O_3$等。试用热力学分析方法讨论该系统四种铝酸盐矿物的热力学稳定性以及在不同原料配比的情况下矿物形成的热力学势。

8-16　利用热力学知识分析石灰石（$CaCO_3$）的分解温度与其分解压力之间的关系。

8-17　在硅酸盐水泥的生产工艺中，为获得水硬性能好的矿物相，生产中往往采取急冷的工艺措施，试从热力学的角度分析采取此措施的原因。

8-18　许多金属氧化物、碳化物、硼化物和氮化物在高温下会发生气化，并且其气相组成比固相复杂得多，利用热力学知识分析此现象存在的原因。

9 材料中的相变

内容提要： 本章首先介绍了相变对材料生产的指导意义及其性质，从不同角度进行了相变分类。以成核-生长型相变为例，讨论了相变的条件、晶核的形成条件、晶核的形成速率与晶体生长速率，突出强调了过冷度对这些过程的影响；推导了总的结晶速率动力学关系，讨论了析晶相变过程，分析了影响相变的因素。

介绍了固相-固相转变的特点与常见类型。在液相-液相转变中，介绍了液相的不混溶性（玻璃的分相）及其本质，简介了分相对玻璃性质的影响。

体系中某部分具有同一性质和组成并与其他部分可用物理界限区分的区域称之为"相"。相变过程是指物质从一个相转变为另一个相的过程，是控制固相材料的性质、结构的重要组成部分。通常，相变前后的化学组成不变，即相变是一个物理过程，不涉及化学反应。狭义上的定义，相变仅限于同组成的两个固相之间的结构变化，即限于单元系统，如晶型转变：A［结构 X］→A［结构 Y］。但通常如固相→固相（晶型转变），固相→液相（结晶、熔融或溶解），液相→气相（蒸发、凝聚），固相→气相（升华、冷凝）等都是相变。甚至二元组分或多元组分中的一些反应，如 A［结构 X］→A［结构 Y］+C［结构 Z］，以及不稳定分解等过程也可归于相变。

相变过程中所涉及的基本理论对获得特定性能的材料和确定合理的工艺过程具有极为重要的意义。例如陶瓷的烧结和重结晶，或引入矿化剂控制其晶型转化；玻璃中防止失透或控制结晶来制造微晶玻璃；单晶、多晶和晶须制备中采用的液相或气相外延生长；瓷釉、搪瓷和各种复合材料的熔融与析晶；新型铁电材料中由自发极化产生的压电、热释电、电光效应等都可归于相变过程。

9.1 相变的分类

相变的种类和方式很多，特征各异，很难将其归类，常见的分类方法有按热力学分类、按相变方式分类、按相变时质点迁移情况分类等等。

9.1.1 按热力学分类

热力学中处理相变问题是讨论各个相的能量状态在不同的外界条件下所发生的变化。它不涉及具体的原子间的结合力或相对位置的改变，因而难以解释相变机理，然而热力学的结论却是普遍适用的。

热力学分类把相变分为一级相变和二级相变。

根据热力学理论，系统平衡时总是处于自由能最小的状态。当外界条件（温度、压力、组分等）变化时，系统将向自由能减小的方向变化。当系统由一相变为另一相时，两相的化学势相等但化学势的一阶导数不相等的相变称为**一级相变**。即：

$$\mu_1 = \mu_2$$

$$\left(\frac{\partial \mu_1}{\partial T}\right)_p \neq \left(\frac{\partial \mu_2}{\partial T}\right)_p$$

$$\left(\frac{\partial \mu_1}{\partial p}\right)_T \neq \left(\frac{\partial \mu_2}{\partial p}\right)_T \tag{9-1}$$

而 $\left(\frac{\partial \mu}{\partial T}\right)_p = -S$，$\left(\frac{\partial \mu}{\partial p}\right)_T = V$，则有 $S_1 \neq S_2$，$V_1 \neq V_2$，故一级相变时，会有熵和体积的不连续变化，即 $\Delta S \neq 0$，$\Delta V \neq 0$，如图 9-1 所示。反映在宏观性质上，相变时体系热焓 H 发生突变，热效应较大，即相变时具有相变潜热，有体积膨胀或收缩现象。

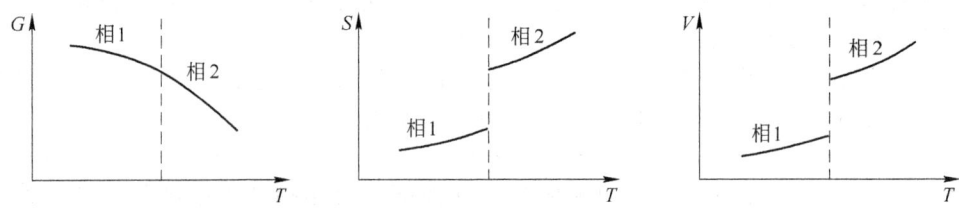

图 9-1　一级相变时两相的自由能、熵及体积的变化

晶体的熔化、升华；液体的凝固、气化；气体的凝聚以及晶体中大多数晶型转变都属一级相变，这是最普遍的相变类型。

相变时，两相的化学势相等，化学势的一阶导数相等但二阶导数不相等的相变称为二级相变。即：

$$\mu_1 = \mu_2, \quad \left(\frac{\partial \mu_1}{\partial T}\right)_p = \left(\frac{\partial \mu_2}{\partial T}\right)_p, \quad \left(\frac{\partial \mu_1}{\partial p}\right)_T = \left(\frac{\partial \mu_2}{\partial p}\right)_T$$

而

$$\left(\frac{\partial^2 \mu_1}{\partial T^2}\right)_p \neq \left(\frac{\partial^2 \mu_2}{\partial T^2}\right)_p, \quad \left(\frac{\partial^2 \mu_1}{\partial p^2}\right)_T \neq \left(\frac{\partial^2 \mu_2}{\partial p^2}\right)_T, \quad \left(\frac{\partial^2 \mu_1}{\partial T \partial p}\right) \neq \left(\frac{\partial^2 \mu_2}{\partial T \partial p}\right) \tag{9-2}$$

由于

$$\left(\frac{\partial^2 \mu_1}{\partial T^2}\right)_p = \left(-\frac{\partial S}{\partial T}\right)_p = -\frac{c_p}{T} \tag{9-3}$$

$$\left(\frac{\partial^2 \mu_1}{\partial p^2}\right)_T = \frac{V}{V}\left(\frac{\partial V}{\partial p}\right)_T = -V\beta \tag{9-4}$$

$$\left(\frac{\partial^2 \mu_1}{\partial T \partial p}\right) = \left(\frac{\partial V}{\partial T}\right)_p = \frac{V}{V}\left(\frac{\partial V}{\partial T}\right)_p = V\alpha \tag{9-5}$$

式中，$\beta = -\frac{1}{V}\left(\frac{\partial V}{\partial p}\right)_T$ 称为材料的压缩系数，$\alpha = \frac{1}{V}\left(\frac{\partial V}{\partial T}\right)_p$，称为材料的热膨胀系数。由式 (9-3)、式 (9-4) 和式 (9-5) 可知，二级相变时，两相化学势、体积及熵均无突变，如图 9-2 所示。但比热 c_p、热膨胀系数 α 和压缩系数 β 均要发生突变。一般合金的有序-无序转变、铁磁体-顺磁体转变、超导体转变等都属于二级相变。

当相变时两相化学势相等，化学势的一阶导数和二阶导数也相等，但三阶导数不相等时称为三级相变。依次类推，化学势的 $(n-1)$ 阶导数相等，n 阶导数不相等时称为 n 级相变，但二级以上的高级相变并不常见。

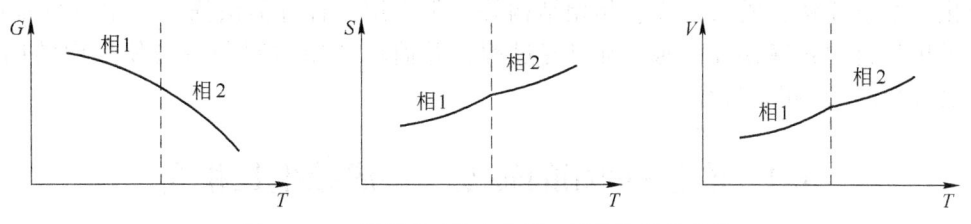

图 9-2 二级相变时的自由能、熵及体积的变化

虽然热力学分类方法比较严格，但并非所有相变形式都能明确划分。例如 $BaTiO_3$ 的相变具有二级相变特征，然而它又有不大的相变潜热。KH_2PO_4 的铁电体相变在理论上是一级相变，但它实际上却符合二级相变的某些特征。在许多一级相变中都重叠有二级相变的特征，因此有些相变实际上是混合型的。

9.1.2 按相变方式分类

吉布斯（Gibbs）将相变过程分为两种不同方式：一种是由程度大但空间范围小的浓度起伏开始相变，初期起伏形成新相核心，然后是新相核心长大，这称为**成核长大型相变**；另一种是由程度小但空间范围广的浓度起伏连续长大形成新相，称为**连续型相变**，如斯宾那多分解（Spinodal），如图 9-3 所示。

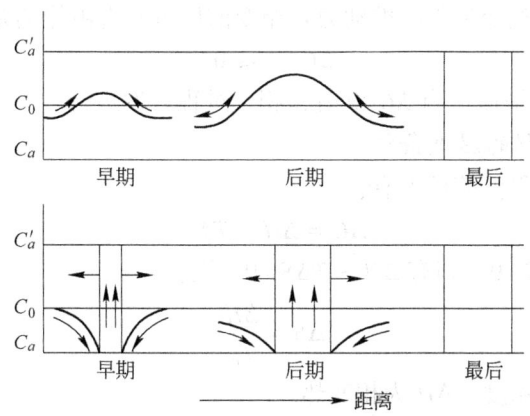

图 9-3 不稳分解（上）与成核生长（下）示意图

9.1.3 按质点迁移特征分类

根据相变过程中质点的迁移情况，可以将相变分为扩散型和无扩散型两类。

相变过程中，相变是依靠原子（或离子）的扩散来进行，称为**扩散型相变**。晶型转变；熔体中的析晶；气-固、液-固相变；有序-无序转变等都属于这类相变。相变过程中不存在原子（或离子）的扩散，或虽存在扩散，但不是相变所必需的或主要过程无扩散，称为**无扩散型相变**。低温下进行的纯金属同素异构转变以及一些合金（如 Fe-C，Fe-Ni，Cu-Al）中的马氏体转变（Martensite）等都属于无扩散型相变。

相变分类方式除以上几种以外，还可根据成核特点而分为均质转变和非均质转变；也可按成分、结构的变化情况而分为重建型转变和位移型转变。由于相变涉及新-旧相能量变化、原子迁移、成核方式、晶相结构等，很难用一种分类法描述。本章将着重介绍在无机材料中普遍存在的液–固相变过程，并简单介绍材料制造与使用中的固–固相变过程与液–液相变过程。

9.2　液相–固相的转变——成核生长相变

根据热力学理论，当熔体温度处于熔点以下时，熔体的自由焓高于稳定的晶相（固相），因此，当熔体冷却到熔点（液相温度）或更低温度时，会产生析晶，最后变成晶粒大小不同的多晶体。但事实上，在熔点时结晶往往并不发生，要产生固相，必须使温度降低到比熔点低的某一温度。该温度至熔点的温度范围为亚稳范围，即液相以亚稳态存在，固相还不能产生，只有越过亚稳范围，结晶才能发生，这表明相变的发生需要一定的条件，相变的发生需要推动力。

只有在一定的条件下，液相才开始析晶，析晶过程通常包括晶核形成（成核）和晶体长大两个步骤。

9.2.1　相变的条件

9.2.1.1　相变过程的推动力
根据热力学理论，相变过程的推动力是相变前后体系自由能的差值：
$$\Delta G_{T,p} \leqslant 0$$
当 $\Delta G=0$ 时，相变达到平衡；当 $\Delta G<0$ 时，相变过程自发进行。

9.2.1.2　相变过程的温度条件
由热力学可知，在等温等压下有：
$$\Delta G = \Delta H - T\Delta S$$
在平衡条件下，$\Delta G=0$，则有 $\Delta H - T\Delta S=0$，则：
$$\Delta S = \frac{\Delta H}{T_0} \tag{9-6}$$
式中，T_0 为相变的平衡温度；ΔH 为相变热。

若在任意一温度 T 的不平衡条件下，则有：
$$\Delta G = \Delta H - T\Delta S \neq 0$$
若 ΔH 与 ΔS 不随温度而变化，将式（9-6）代入上式得：
$$\Delta G = \Delta H - \frac{T\Delta H}{T_0} = \Delta H \frac{T_0 - T}{T_0} = \Delta H \frac{\Delta T}{T_0} \tag{9-7}$$

从式（9-7）可见，相变过程要自发进行，必须有 $\Delta G<0$，则 $\frac{\Delta H\Delta T}{T_0}<0$。若相变过程放热（如凝聚过程、结晶过程等），$\Delta H<0$，要使 $\Delta G<0$，必须有 $\Delta T>0$，即 $\Delta T=T_0-T>0$，即 $T_0>T$，这表明系统必须过冷，即系统实际相变温度比理论相变温度要低，才能使相变过程自发进行。若相变过程吸热（如蒸发、熔融等），$\Delta H>0$，要满足 $\Delta G<0$ 这一条件则必须 $\Delta T<0$，即 $T_0<T$，这表明系统要自发发生相变则必须过热。由此可得：相变驱动力可以表示为过冷度（过热度）的函数，因此相平衡理论温度与系统实际温度之差即为相变过程的

推动力。

9.2.1.3 相变过程的压力和浓度条件

根据热力学理论，在恒温可逆不作有用功，即非体积功为零时：

$$\mathrm{d}G = V\mathrm{d}p$$

对理想气体而言

$$\Delta G = \int_{p_1}^{p_2} V\mathrm{d}p = \int_{p_1}^{p_2} \frac{RT}{p}\mathrm{d}p = RT\ln\frac{p_2}{p_1}$$

当过饱和蒸汽压力为 p 的气相凝聚成液相或固相（其平衡蒸汽压力为 p_0）时，有：

$$\Delta G = RT\ln\frac{p_0}{p} \tag{9-8}$$

要使相变能自发进行，必须有 $\Delta G < 0$，即 $p > p_0$，也即要使凝聚相变自发进行，系统的饱和蒸汽压应大于平衡蒸汽压 p_0。这种过饱和蒸汽压差为凝聚相变过程的推动力。

对溶液而言，可以用浓度 C 代替压力 p，式（9-8）可写成：

$$\Delta G = RT\ln\frac{C_0}{C} \tag{9-9}$$

若是电解质溶液还要考虑电离度 α，即 1mol 能电离出 αmol 离子，则：

$$\Delta G = \alpha RT\ln\frac{C_0}{C} = \alpha RT\ln\left(1 + \frac{\Delta C}{C}\right) \approx \alpha RT \cdot \frac{\Delta C}{C} \tag{9-10}$$

式中　C_0——饱和溶液浓度；

　　　　C——过饱和溶液浓度。

要使相变过程自发进行，应使 $\Delta G < 0$，由于式（9-10）右边 α、R、T 和 C 均为正值，则必须 $\Delta C < 0$，即 $C > C_0$，液相要有过饱和浓度，它们之间的差值 $C - C_0$ 即为这一相变过程的推动力。

综上所述，相变要自发进行，系统必须过冷（过热）或过饱和，此时系统温度、浓度和压力与相平衡时温度、浓度和压力之差即为相变过程的推动力。

9.2.2 晶核形成过程

9.2.2.1 晶核形成的起因

处于过冷状态的液体或熔体，由于热运动将引起组成和结构上的种种起伏，起伏形成后，部分粒子从高的自由能转变为低的自由能而形成新相，使系统的体积自由能 ΔG_V 减少，即 ΔG_V 为负值。同时，形成的新相（固相）和液相之间要产生新的界面，需要做功，使系统的界面自由能 ΔG_S 增加，即 ΔG_S 为正值。对整个系统而言，自由能的变化应为这两项的代数和：

$$\Delta G = V\Delta G_V + S\Delta G_S \tag{9-11}$$

式中　V——形成新相的体积；

　　　　S——新相（固相）和液相之间形成新界面的面积。

当起伏小，形成的颗粒很小时，新界面面积对新相体积的比例很大，$S\Delta G_S$ 项在式（9-11）中占主导地位，结果导致系统总的自由能增加，这种新生相（固相）的饱和蒸汽压和溶解度都很大，会自发地蒸发或溶解而消失于母相（液相）中，这种较小的不能稳定长大成新相的固相颗粒称为**核胚**。随着起伏的增加，新界面面积对新相体积的比例逐渐减少，当起伏达到一定尺寸（临界尺寸）后，$V\Delta G_V$在式（9-11）占主导地位，系统的自由能由正值变为负值，这部分起伏就有可能稳定成长为新相（固相），这种能稳定成长的新相称为**晶核**。

因此，当熔体或液体转变为晶体时，首先是产生晶核，然后是晶核的进一步长大，故析晶过程分两步进行，第一步是形成稳定的晶核（成核过程），第二步是晶核成长为晶体（生长过程）。整个析晶的速率取决于晶核的形成速率和晶体的长大速率。

成核过程又可分为均匀成核和非均匀成核。**均匀成核**是指在均匀的单相介质中进行，在整个介质中的成核几率处处相同的成核过程；**非均匀成核**是指在异相界面上发生，如容器壁、气泡界面、杂质或晶核剂等处形成晶核的过程。

9.2.2.2　晶核形成条件

从液相中形成晶核时，系统从一相变为两相，这使系统的能量出现两个变化，一是系统中一部分原子（或离子）从高自由能状态（液态）转变为低自由能的另一状态（晶态），这使系统的自由能减少ΔG_1，另一是产生新相形成的新界面（固-液界面）需要做功，这使系统的自由能增加ΔG_2，故液固相变系统中的总自由能变化为：

$$\Delta G = \Delta G_1 + \Delta G_2 = V\Delta G_V + S\gamma_{LS} \tag{9-12}$$

式中　V——新相体积；

　　　ΔG_V——单位体积的新相（晶相）和旧相（液相）之间自由能之差$G_{固}-G_{液}$；

　　　S——新相的总表面积；

　　　γ_{LS}——液、固相之间的界面能。

假设形成的新相是半径为r的球体，系统中形成的半径为r的新相数目为n个，当不考虑应变能时，式（9-12）可写成：

$$\Delta G_r = n\frac{4}{3}\pi r^3 \Delta G_V + n4\pi r^2 \gamma_{LS} \tag{9-13}$$

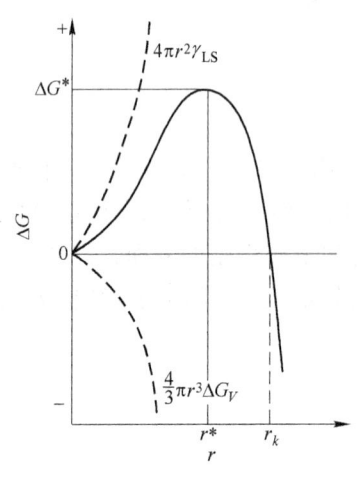

图9-4　球形核胚自由
能随温度的变化

式（9-13）中右边第一项表示液-固相变时自由能的变化，在液相温度以下是负值，核胚越大，自由能减少越多。第二项代表形成液-固界面所需要的能量，始终为正值，核胚越大，形成的表面积越大，表面能增加也越多。这两项的大小与新相晶粒半径的关系如图9-4所示（图中虚线）。

图中实线表示系统自由能总的变化规律。由图可见，晶粒很小的新相，晶粒比表面积对体积的比率大，式（9-13）中第二项占优势，形成新相所需的自由能随这些小晶粒的增大而增加，总自由能变化为正值；对晶粒较大的新相，晶粒比表面积对体积的比率逐渐降低，式（9-13）中第一项逐渐占优势，总自由能变化为负值。显然，必存在一**临界晶核半径**r^*为这两个过程的转折点，临界晶核半径r^*可通过求曲线的极值来确定：

$$\frac{d\Delta G}{dr} = \frac{12}{3}\pi r^2 \Delta G_V + 8\pi r\gamma_{LS} = 0 \qquad (9-14)$$

由此解得：

$$r^* = -\frac{2\gamma_{LS}}{\Delta G_V} \qquad (9-15)$$

由式（9-7），ΔG_V可写为：$\Delta G_V = \Delta H \dfrac{\Delta T}{T_0}$，其中，在此处的推导中，$\Delta H$表示单位体积熔化热，将此关系代入式（9-15）可得：

$$r^* = -\frac{2\gamma_{LS}}{\Delta G_V} = -\frac{2\gamma_{LS}T_0}{\Delta H\Delta T} \qquad (9-16)$$

从式（9-16）可以得出：

（1）r^*是新相可以长大而不消失的最小晶核半径，r^*值越小，表示新相越容易形成。

（2）r^*与温度的关系是系统温度接近相变温度时，$\Delta T \to 0$，则$r^* \to \infty$。析晶相变在熔融温度时，要求r^*无限大，显然在此条件下，析晶过程不可能发生。ΔT越大，则r^*越小，相变越容易进行。

（3）在相变过程中，γ_{LS}和T_0均为正值，析晶相变为放热过程，则$\Delta H < 0$，若要使式（9-16）成立（r^*永远为正值），则$\Delta T > 0$，也即$T_0 > T$，这表明系统要发生相变必须过冷，并且过冷度越大，则r^*值就越小。例如铁，当$\Delta T = 10℃$时，$r^* = 0.04\mu m$，临界晶核由1700万个晶胞所组成。而当$\Delta T = 100℃$时，$r^* = 0.004\mu m$，即由1.7万个晶胞就可以构成一个临界晶核。从熔体中析晶，一般r^*值在10~100nm的范围内。

（4）由式（9-16）可知，影响r^*值的因素有物系本身的性质（如γ和ΔH）以及外界条件（如ΔT）两类，晶核的界面能降低和相变热ΔH增加均可使r^*值变小，有利于新相形成。

【例9-1】已知金属铁的熔点为1866K，单位体积的熔化热为$\Delta H = -1502.75 \text{J/cm}^3$，固-液界面能为$2.04 \times 10^{-5} \text{J/cm}^2$，试求在过冷度为283K、373K时的临界晶核半径大小。并根据计算结果说明过冷度对临界晶核半径的大小有何影响？

解： 由临界晶核半径计算公式：

$$r^* = -\frac{2\gamma_{LS}}{\Delta G_V} = -\frac{2\gamma_{LS}T_0}{\Delta H\Delta T}$$

由题意，$T_0 = 1866K$，$\Delta H = -1502.75 \text{J/cm}^3$，$\gamma_{LS} = 2.04 \times 10^{-5} \text{J/cm}^2$，因此：

当过冷度$\Delta T_1 = 283K$时，临界晶核半径r_1^*为：

$$r_1^* = -\frac{2\gamma_{LS}}{\Delta G_V} = -\frac{2\gamma_{LS}T_0}{\Delta H\Delta T_1} = -\frac{2 \times 2.04 \times 10^{-5} \times 1866}{-1502.75 \times 283} = 1.79 \times 10^{-7}\text{cm}$$

当过冷度$\Delta T_2 = 373K$时，临界晶核半径r_2^*为：

$$r_2^* = -\frac{2\gamma_{LS}}{\Delta G_V} = -\frac{2\gamma_{LS}T_0}{\Delta H\Delta T_2} = -\frac{2 \times 2.04 \times 10^{-5} \times 1866}{-1502.75 \times 373} = 1.36 \times 10^{-7}\text{cm}$$

根据计算结果对比可知，过冷度越大，临界晶核半径越小，越有利于临界晶核的形成。

由图9-4可知，形成临界晶核时，系统自由能变化在过程中要经历极大值，该值称为**临界自由能或成核势垒**，它描述了相变发生时所必须克服的势垒，这一数值越低，相变过程越容易进行。将式（9-16）代入式（9-13）可求得成核势垒的大小：

$$\Delta G_{r^*} = -\frac{32\pi\gamma_{LS}^3}{3(\Delta G_V)^2} + 16\frac{\pi\gamma_{LS}^3}{(\Delta G_V)^2} = \frac{16\pi\gamma_{LS}^3}{3(\Delta G_V)^2} \qquad (9-17)$$

式（9-17）中的第二项可写为：

$$S^* = 4\pi(r^*)^2 = \frac{16\pi\gamma_{LS}^2}{(\Delta G_V)^2} = \frac{16\pi\gamma_{LS}^2 T_0^2}{\Delta H^2 \cdot \Delta T^2} \qquad (9-18)$$

因此可得：

$$\Delta G_{r^*} = \frac{1}{3}S^* \cdot \gamma_{LS} \qquad (9-19)$$

由式（9-19）可见，要形成临界半径大小的新相，则需要对系统做功，其值等于新相界面能的1/3。式（9-19）还表明，液-固相之间的自由能差值只能供给形成临界晶核所需表面能的2/3，而另外的1/3，对于均匀成核而言，则需要依靠系统内部存在的能量起伏来补足。

通常，描述系统的能量均为平均值，从微观角度来看，系统内不同部位由于质点运动的不均衡而存在能量起伏，动能低的质点偶尔会比较集中，这样就会引起系统局部温度的降低，为临界晶核的产生创造了条件，系统内形成临界晶核半径 r^* 的粒子的数目 n^* 可用下式来描述。

$$n^* = n\exp\left(-\frac{\Delta G_{r^*}}{RT}\right) \qquad (9-20)$$

由此式可见，ΔG_{r^*} 越小，具有临界半径 r^* 的粒子数目越多。

9.2.2.3 均匀成核速率

核化过程就是母相（熔体）中的原子扩散并附着到临界晶核上，使新相尺寸大于临界晶核尺寸，这样临界晶核就能成长为晶核，因此核的成长速率取决于单位体积母相中临界晶核的数目以及母相中原子或分子扩散到晶核上的速率，可表示为：

$$I = \nu n_i \cdot n_{r^*} \qquad (9-21)$$

式中，I 为**核化速率**，指单位时间、单位体积中所生成的晶核数目；ν 为单个原子或分子与临界晶核碰撞的频率；n_i 为临界晶核周界上的原子或分子数。

由图9-5可知，原子从母相中迁移到晶核界面需要有活化能 ΔG_m 来克服势垒，一个原子单位时间跃迁到界面的次数还取决于原子的振动频率 ν_0，因此碰撞频率 ν 可表示为：

$$\nu = \nu_0\exp\left(-\frac{\Delta G_m}{RT}\right) \qquad (9-22)$$

结合式（9-20），并考虑到原子或分子从液相中迁移到晶核上的过程就是一扩散过程，成核速率可写成：

$$I = n\exp\left(-\frac{\Delta G_{r^*}}{RT}\right)n_i\nu_0\exp\left(-\frac{\Delta G_m}{RT}\right) = P \cdot D \qquad (9-23)$$

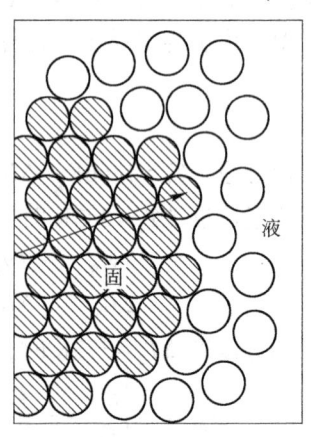

图9-5 液相中原子靠上核胚后的生长示意图

式中 P——受核化势垒影响的成核速率因子；

D——受原子扩散影响的成核速率因子。

式（9-23）表示成核速率随温度的变化关系。当温度降低时，过冷度增大，由于 $\Delta G_{r^*} \propto \dfrac{1}{\Delta T^2}$，因而成核势垒下降，成核速率增大，直至达到最大值。若温度继续下降，液相黏度增加，原子或分子扩散速率下降，扩散活化能 ΔG_m 增加，使 D 因子剧烈下降，致使 I 降低。因此，成核速率 I 应是曲线 P 和 D 的综合结果。如图 9-6 中 I_v 曲线所示。在温度低时，D 项因子抑制了 I 的增长，温度高时，P 项因子抑制了 I 的增长，因此，只有在合适的过冷度下，P 与 D 的综合结果使 I 有最大值。

9.2.2.4 非均匀成核速率

熔体过冷或液体过饱和后不能立即成核的主要障碍是晶核形成固-液界面需要做功。如果晶核依附于已有的界面上，如容器壁、杂质颗粒、内部气泡等处，则高能量的晶核与液体的界面可被低能量的晶核与成核基体之间的界面所取代，这种界面的取代比界面的创生所需要的能量要小，故异相界面的存在可降低成核的界面能。这种核化发生在异相的成核过程称为非均匀成核。多数相变都是通过非均匀成核进行的。

图 9-7 所示为非均匀成核过程示意图，假设：

（1）晶核在和液体相接触的固体界面上形成。

（2）晶核的形状为球体的一部分，其曲率半径为 R，核在固体界面上的半径为 r。

（3）液体-晶核（LX）、晶核-固体（XS）和液体-固体（LS）的界面能分别为 γ_{LX}，γ_{XS}，γ_{LS}。

（4）液体-晶核界面的面积为 A_{LX}。

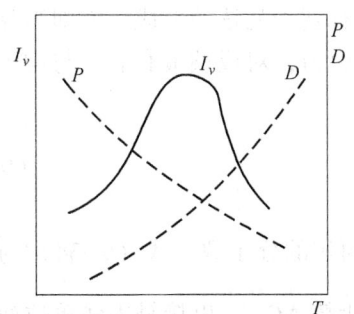

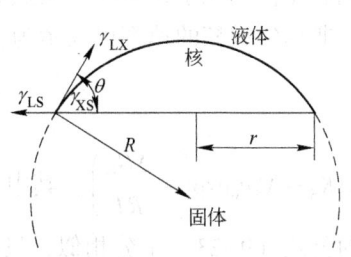

图 9-6 成核速率与温度关系示意图　　　　图 9-7 液体-固体界面非均匀核的生成

则形成新相时界面自由能的变化是：

$$\Delta G_S = \gamma_{LX} A_{LX} + \pi r^2 (\gamma_{XS} - \gamma_{LS}) \tag{9-24}$$

当形成新界面 LX 和 XS 时，液-固界面（LS）减少了 πr^2。假设 $\gamma_{LS} > \gamma_{XS}$，则 $\Delta G_S < \gamma_{LS} A_{LX}$，即在固体上形成晶核所需的总表面能小于均匀成核所需要的能量。由图 9-7 可知：$\gamma_{LS} = \gamma_{LX} \cos\theta + \gamma_{XS}$，即 $\gamma_{XS} - \gamma_{LS} = -\gamma_{LX} \cos\theta$，因此有：

$$\Delta G_S = \gamma_{LX} A_{LX} - \pi r^2 \gamma_{LX} \cos\theta \tag{9-25}$$

由几何关系，图中晶核（球缺）的体积为：

$$V = \pi R^3 \left(\frac{2 - 3\cos\theta + \cos^3\theta}{3} \right) \qquad (9-26)$$

表面积：
$$A_{LX} = 2\pi R^2 (1-\cos\theta) \qquad (9-27)$$

接触面半径：
$$r = R\sin\theta \qquad (9-28)$$

非均匀成核时，系统自由能的变化为：$\Delta G_h = \Delta G_S + V\Delta G_V$，即：

$$\Delta G_h = \gamma_{LX} A_{LX} - \pi r^2 \gamma_{LX} \cos\theta + V\Delta G_V \qquad (9-29)$$

将式（9-26）、式（9-27）和式（9-28）代入并令 $\dfrac{\mathrm{d}(\Delta G_h)}{\mathrm{d}R} = 0$，可得非均匀成核的临界晶核半径为：

$$R^* = - \frac{2\gamma_{LX}}{\Delta G_V} \qquad (9-30)$$

将 R^* 代入式（9-29），有：

$$\Delta G_h^* = \frac{16\pi\gamma_{LX}^3}{3(\Delta G_V)^2} \left[\frac{(2 + \cos\theta)(1 - \cos\theta)^2}{4} \right] \qquad (9-31)$$

令：
$$f(\theta) = \frac{(2 + \cos\theta)(1 - \cos\theta)^2}{4} \qquad (9-32)$$

则：
$$\Delta G_h^* = \Delta G_{r^*} \cdot f(\theta) \qquad (9-33)$$

将式（9-33）与均匀成核的式（9-17）比较，两者只相差一个系数 $f(\theta)$。当接触角 $\theta = 0°$ 时（指在有液相存在时，固体被晶核完全润湿），$\cos\theta = 1$，则 $f(\theta) = 0$，$\Delta G_h^* = 0$，此时不存在成核势垒；当 $\theta = 90°$ 时，$\cos\theta = 0$，$f(\theta) = 1/2$，此时，非均匀成核势垒降低一半；当 $\theta = 180°$，即完全不润湿时，$\cos\theta = -1$，$f(\theta) = 1$，此时式（9-33）与式（9-17）完全等同，异相不起作用，变为均匀成核的情况。

由此可见，当晶核对晶核剂的接触角 θ 越小时，越有利于晶核的形成。亦即当晶核和晶核剂有相似的原子排列时，质点穿过界面有强烈的吸引力，对成核最有利。与均匀成核类似，非均匀成核的速率可表示为：

$$I_S = K_S \exp\left(- \frac{\Delta G_h^*}{RT} \right) \qquad (9-34)$$

式中，$K_S \approx N_S^0 \nu_0 \exp\left(- \dfrac{\Delta G_m}{RT} \right)$，其中 N_S^0 为接触固体单位面积的分子数。式（9-34）与均匀成核的公式（9-23）十分相似，只是在指数中以 ΔG_h^* 代替 ΔG_{r^*}，以接触固体单位面积的分子数 N_S^0 代替液体单位体积中的分子数。

在硅酸盐熔体中引入适当的晶核剂，在整个体积内可观察到大量的内部核化过程，在这些系统中包含着液-液分相。该不连续的相界面提供了形成晶核的有利条件，在微晶玻璃、釉和珐琅中它起着重要的作用。

9.2.3　晶体生长速率

当稳定的晶核形成后，在一定的温度和过饱和条件下，晶体将按一定速率生长，原子或分子加到晶核上的速率取决于熔体和界面条件，即晶体-熔体之间的界面对结晶动力学和结晶形态有决定性的影响。

图 9-8 所示为一致熔融晶体的晶体-熔体界面质点的排列情况，晶体生长类似于扩散过程，它取决于原子或分子从熔体（液相）中分出向界面扩散和其反方向扩散之差。如图 9-9 所示，界面上液体一侧中一个原子或分子的自由能为 G_1，晶体一侧中一个原子或分子的自由能为 G_s，则液体变为晶体的自由能变化为：$G_s - G_1 = V\Delta G_V$，同时，一个原子或分子从液体通过界面移到晶体所需活化能为 ΔG_a。这样，原子或分子从液相向晶相的迁移速率应等于界面的质点数目 N 乘以跃迁频率 ν_0，再乘以具有跃迁所需激活能的原子的分数：

$$\frac{\mathrm{d}n_{1\to s}}{\mathrm{d}t} = fN\nu_0\exp\left(-\frac{\Delta G_a}{RT}\right) \tag{9-35}$$

质点从晶相反向跃迁到液相的速率为：

$$\frac{\mathrm{d}n_{s\to 1}}{\mathrm{d}t} = fN\nu_0\exp\left(-\frac{\Delta G_a + V\,|\,\Delta G_V\,|}{RT}\right) \tag{9-36}$$

式中，f 为附加因子，是指晶体界面能够附着上分子的位置占所有位置的分数。表达式中 ΔG_V 要加上绝对值符号，原因是 ΔG_V 为相变系统中单位体积的固相与液相的吉布斯自由能差值，$\Delta G_V < 0$，而质点从晶相反相跃迁到液相时，体系的吉布斯自由能变化为 $-\Delta G_V$，是大于零的。因此，在进行推导时，表达式中将 $-\Delta G_V$ 统一用 $|\,\Delta G_V\,|$ 表示，目的是为了让大家明确在成核-生长型相变过程中吉布斯自由能的变化情况。

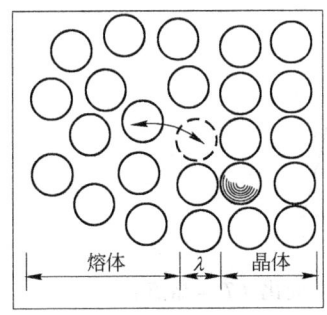

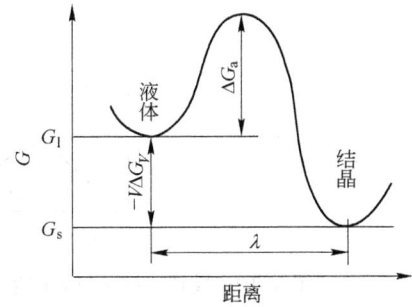

图 9-8　晶体-熔体界面的晶体生长　　　图 9-9　原子通过液-固界面跃迁的自由能变化

因此，从液相到晶相跃迁的净速率为：

$$\frac{\mathrm{d}n}{\mathrm{d}t} = \left(\frac{\mathrm{d}n_{1\to s}}{\mathrm{d}t} - \frac{\mathrm{d}n_{s\to 1}}{\mathrm{d}t}\right) = fN\nu_0\left[\exp\left(-\frac{\Delta G_a}{RT}\right) - \exp\left(-\frac{\Delta G_a + V\,|\,\Delta G_V\,|}{RT}\right)\right]$$

$$= fN\nu_0\exp\left(-\frac{\Delta G_a}{RT}\right)\left[1 - \exp\left(-\frac{V\,|\,\Delta G_V\,|}{RT}\right)\right] \tag{9-37}$$

晶体线性生长速率 U 等于单位时间迁移的原子数目除以界面原子数 N，再乘以原子间距 λ，即：

$$U = \left(\frac{\lambda}{N}\right)fN\nu_0\exp\left(-\frac{\Delta G_a}{RT}\right)\left[1 - \exp\left(-\frac{V\,|\,\Delta G_V\,|}{RT}\right)\right]$$

$$= f\lambda\nu_0\exp\left(-\frac{\Delta G_a}{RT}\right)\left[1 - \exp\left(-\frac{V\,|\,\Delta G_V\,|}{RT}\right)\right] \tag{9-38}$$

在不同的条件下，式（9-38）可以进一步简化。当过冷度很小时，$V\,|\,\Delta G_V\,| \ll RT$，

$\exp\left(-\dfrac{V\,|\,\Delta G_V\,|}{RT}\right)$ 可展开成幂级数并略去高次项，则 $\exp\left(-\dfrac{V\,|\,\Delta G_V\,|}{RT}\right)\approx 1-\dfrac{V\,|\,\Delta G_V\,|}{RT}$，于是晶体生长速率简化为：

$$U=f\lambda\nu_0\left(\dfrac{V\,|\,\Delta G_V\,|}{RT}\right)\exp\left(-\dfrac{\Delta G_a}{RT}\right) \tag{9-39}$$

由式（9-39）可知，由熔点或液相线温度开始降温时，随温度降低，晶体线生长速率增加。

当过冷度很大时，$V\,|\,\Delta G_V\,|\gg RT$，$\exp\left(-\dfrac{V\,|\,\Delta G_V\,|}{RT}\right)\approx 0$，式（9-38）可简化为：

$$U=f\lambda\nu_0\exp\left(-\dfrac{\Delta G_a}{RT}\right)=\dfrac{fD}{\lambda} \tag{9-40}$$

式中，D 为原子通过界面的扩散系数，$D=\lambda^2\nu_0\exp\left(-\dfrac{\Delta G_a}{RT}\right)$。

此时晶体生长速率受原子通过界面的扩散速率所控制。温度降低时，晶体线生长速率下降。结合以上讨论，晶体线生长速率 U 随温度的变化在适当温度出现极大值，如图9-10所示。

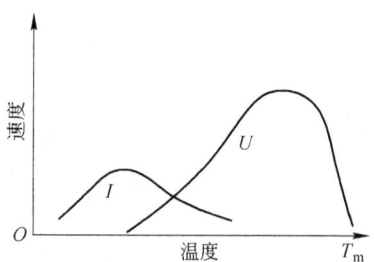

图9-10　成核速率 I 与晶体生长速率 U 随温度的变化（T_m=熔点）

9.2.4　总的结晶速率

结晶过程包括成核和晶体长大两部分，若考虑总的液-固相变速率，则必须将这两个过程结合起来。**总的结晶速率**常用结晶过程中已经结晶出的晶体体积占原来液体体积的分数（x）和结晶时间（t）的关系来表示。设一个体积为 V 的液体很快达到出现新相的温度，并在此温度下保温一定时间 t，用 V^s 表示结晶的液体的体积，V^l 表示残留未结晶的液体体积，则在 dt 时间内形成新相结晶颗粒的数目 N_t 为：

$$N_t=IV^l\mathrm{d}t \tag{9-41}$$

式中，I 为成核速率，即单位时间、单位体积中形成晶核的数目。

若单个晶核界面的晶体生长速率为 U，并假定晶体各个方向生长速率相同，而且晶粒是球形的。经过时间 τ 后，晶体开始生长（在时间 $t<\tau$ 时，系统内只形成晶核，而没有生长）。则在总时间 t 内结晶出一个晶粒的体积为：

$$V_t^s=\dfrac{4\pi}{3}U^3(t-\tau)^3 \tag{9-42}$$

在结晶初期，由于晶核很小并分布在整个母相体积内，则 $V^{l} \approx V$，故在 $\mathrm{d}t$ 时间内，结晶出的体积为：

$$\mathrm{d}V^{s} = N_{t}V_{t}^{s} \approx \frac{4\pi}{3}VIU^{3}(t - \tau)^{3}\mathrm{d}t \tag{9-43}$$

则：

$$\mathrm{d}x = \frac{\mathrm{d}V^{s}}{V} \approx \frac{4\pi}{3}IU^{3}(t - \tau)^{3}\mathrm{d}t \tag{9-44}$$

考虑到粒子间的冲撞及母液的减少，引入修正因子 $1-x$，则：

$$\mathrm{d}x = (1 - x)\frac{4\pi}{3}IU^{3}(t - \tau)^{3}\mathrm{d}t \tag{9-45}$$

故有：

$$\frac{\mathrm{d}x}{1 - x} = \frac{4\pi}{3}IU^{3}(t - \tau)^{3}\mathrm{d}t \tag{9-46}$$

设 I，U 与时间无关，且 $t \gg \tau$，对上式两边积分得：

$$\int_{0}^{x}\frac{1}{1 - x}\mathrm{d}x = \int_{0}^{t}\frac{4\pi}{3}IU^{3}(t - \tau)^{3}\mathrm{d}t \tag{9-47}$$

即有：

$$x = 1 - \exp\left(- \frac{\pi}{3}IU^{3}t^{4}\right) \tag{9-48}$$

上式即著名的 JMA（Johnson-Mehl-Avrami）方程。

克拉斯汀（I. W. Christion）对上述的相变动力学方程进一步进行了修正，考虑相变时间对成核速率和晶体生长速率的影响，可得出一个通用公式：

$$x = 1 - \exp(- kt^{n}) \tag{9-49}$$

式中，k 为与新相成核速率和新相生长速率有关的常数；n 通常称为阿弗拉米（Avrami）指数。

当 I 随时间 t 减少时，阿弗拉米指数 n 可取 $3 \leqslant n \leqslant 4$ 之间，I 随时间 t 增大时，可取 $n > 4$。如图 9-11 所示为伯克（Burke）所作的转变率 x 随时间 t 的典型变化曲线，其中 n 和 k 值是通过对式（9-49）取二次对数后由 $\ln\ln[1/(1 - x)]$ 对 $\ln t$ 求得的。由图可知，当 $n = 1$ 时，阿弗拉米方程表现出类似于一级动力学方程的情况。对于较高的 n，x-t 曲线具有中心区域为最大长大速率的 S 形状。

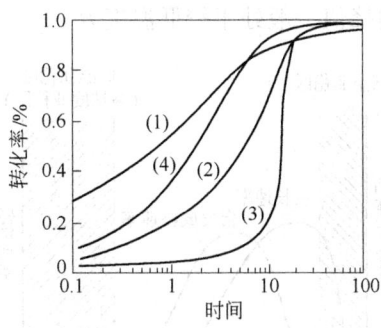

图 9-11 根据阿弗拉米方程计算的转变动力学曲线

（曲线（1）、（2）和（3）K 值相同，n 值分别为 1/2、1 和 4，曲线（4）的 n 值为 1，K 值为前面几条曲线 K 的一半）

阿弗拉米方程可用来研究两类相变，一是属于扩散控制的相变，二是蜂窝状转变，其典型代表为多晶转变。表 9-1 给出了各种析晶机制的 n 值。

表 9-1   各种析晶机制的 n 值

相 转 变 条 件	n	相 转 变 条 件	n
非扩散控制转变（蜂窝状转变）		扩散控制转变	
仅结晶开始时成核	3	结晶开始就在成核粒子上开始晶体长大	1.5
恒速成核	4	成核粒子开始晶体长大就以恒速进行	2.5
加速成核	>4	有限大小的孤立板片状或针状晶体长大	1
结晶开始时成核及在晶粒棱上继续成核	2	板片状晶体在晶棱接触后厚度才增厚	
结晶开始时成核及在晶粒界面继续成核	1		

由图 9-11 可见，转变曲线以 $x = 1.0$ 的水平线为渐近线。开始阶段，新相形成的成核速率 I 的影响较大，新相长大速率 U 的影响较小，曲线平缓，该阶段主要为进一步相变创造条件，称为"诱导期"。中间阶段由于大量新相的核已存在，故可在这些核上生长，此时 U 较大，且是以 U^3 对 x 产生影响，所以转化率迅速增大，曲线变陡，类似加入催化剂使化学反应加快那样，故称为"自动催化期"。相变后期，相变已接近结束，新相大量形成，过饱和度减少，故转化率减慢，曲线趋于平滑并接近 100% 转化率。

9.2.5 析晶过程

当熔体冷却到析晶温度时，由于粒子动能降低，液体中粒子的有序排列程度增加。在一定条件下，核胚数量一定，一些核胚消失，另一些核胚又会出现。如果温度回升，核胚就会解体，而如果继续冷却，则可形成稳定的晶核，并逐渐长大成晶体。故析晶过程由晶核形成与晶体长大两个过程共同构成。这两个过程都需要有合适的过冷度，但并非过冷度越大，温度越低越有利于这两个过程。成核与生长都受两个相互制约的因素影响。过冷度增大，温度下降，熔体质点动能降低，粒子间吸引力相对增大，故较容易聚集和附在晶核表面上，有利于晶核形成。但过冷度增大后，熔体黏度增加，粒子不易移动，从熔体中扩散到晶核表面不易，对成核与长大都不利。如图 9-12 所示为成核速率、生长速率与过冷度的关系。由图 9-12 可见，过冷度过大或过小对晶核形成与晶体生长都不利，只有在一定过冷度时才可能有最大成核速率和晶体生长速率。而且成核速率与生长速率两曲线的最大值往往不重叠，成核速率的峰值一般处于较低温度处。

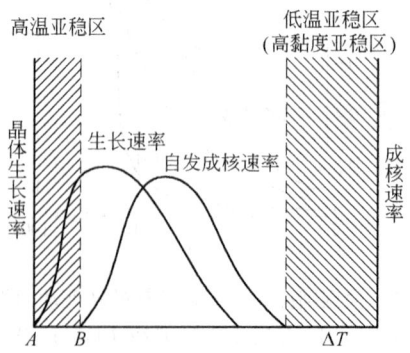

图 9-12   过冷度对晶核生长和晶体生长速率的影响

通常，成核速率和晶体生长速率两曲线的重叠区称为"析晶区"，在这一区域，两个速率都有一个较大值，所以最有利于析晶。而成核速率和生长速率两曲线峰值大小、它们的相对位置（曲线重叠面积大小）等都是由系统本身性质所决定。如果成核与生长曲线的重叠面积大，则析晶区宽，可通过控制过冷度大小来获得数量与尺寸不等的晶体。若过冷度大，即控制在成核速率较大处析晶，则往往获得晶粒多而尺寸小的细晶，若过冷度小，即控制在生长速率较大处析晶，则容易获得晶粒少而尺寸大的粗晶。如果成核与生长两曲线完全分开而不重叠，则无析晶区，该熔体易形成玻璃而不析晶。

熔体形成玻璃是由于过冷熔体中晶核形成最大速率所对应的温度低于晶体生长最大速率所对应的温度，当熔体冷却到生长速率最大处时，成核速率较小，没有很多晶核可供生长，而当温度降到最大成核速率时，生长速率又很小，故两曲线重叠区越小，越容易形成玻璃，反之则易析晶而不易玻璃化。而要使自发析晶能力大的熔体形成玻璃，则只有增加冷却速率以迅速通过析晶区，使熔体来不及析晶而玻璃化。

9.2.6 影响析晶能力的因素

实际接触到的材料系统一般含有多种原子，化学键及熔体结构较复杂，结晶速率差异较大。简单的单原子晶体（如金属系统）的生长速率，在过冷度很小的情况下超过 1cm/s，而硅酸盐系统在过冷 200～300℃ 以上时，生长速率大多小于 10^{-3} cm/s，比简单系统小几个数量级。目前要定量地表示一种已知晶体的生长速率和温度的函数关系还比较困难，因为与结晶有关的一些因子无法准确知道，目前只能定性讨论影响析晶速率的因素。

9.2.6.1 熔体组成

不同组成的熔体其析晶能力各不相同，析晶机制也不一样。从相平衡的角度看，熔体组成越简单，当熔体冷却到液相温度时，化合物各组成部分相互碰撞排列成有序晶格的几率越大，这种熔体也越容易析晶。如果熔体组成接近相界线或低共熔点附近，将同时析出一种以上晶体，由于晶核的结构不同，相互干扰，使结晶倾向降低，这样就容易形成玻璃。因此对玻璃生产而言，为防止结晶，玻璃组分应考虑多组分且其组成应尽量选择在相界线或低共熔点附近。

9.2.6.2 熔体的结构

熔体结构对结晶性能的影响在宏观上可通过晶体的熔解熵来考察，如果熔解熵小，说明熔体与晶体的结构比较接近。这样，从熔体到晶体所需重排的结构单元数量较少，晶体在熔体中的生长较容易。此外，研究熔体结构对结晶性能的影响，还应考虑熔体中不同质点间的排列状态及其相互作用的化学键强度和性质。干福熹认为熔体的析晶能力主要取决于两方面的因素：一是熔体结构网络的断裂程度。网络断裂越多，越容易析晶。当碱金属氧化物相同时，正离子对熔体结构的断裂作用大小取决于其离子半径，如一价离子随半径增大而析晶能力增加。而在熔体结构破坏较严重时，加入中间体氧化物可使断裂的硅氧四面体重新修复，使熔体析晶能力下降；二是熔体中所含网络变性体及中间体氧化物的作用。电场强度大的网络变性体离子由于对硅氧四面体的配位要求，使近程有序范围增加，容易产生局部聚集现象，故含有电场强度较大（$Z/r^2 > 1.5$）的网络变性离子（如 Li^+，Mg^{2+}，Zr^{4+}）的熔体容易析晶。当阳离子电场强度相同时，加入易极化的阳离子（如 Pb^{2+}，Bi^{2+}）将使熔体的析晶能力下降。添加中间体氧化物如 Al_2O_3 等，由于四面体

［AlO₄］带负电，吸引了部分网络变性离子，使聚集程度降低，其析晶能力也减弱。

9.2.6.3 界面情况

虽然晶态比玻璃态更稳定，具有更低的自由能，但由过冷熔体变为晶态的相变过程却不会自发进行。如果要使该过程得以自发进行，必需消耗一定的能量以克服由亚稳的玻璃态转变为稳定的晶态所必须越过的势垒。从这个观点看，各相的分界面对析晶最有利，在它上面较易形成晶核，所以存在相分界面是熔体析晶的必要条件。又如微分相液滴、微小杂质、坩埚壁、玻璃-空气界面均可以是相分界面。

9.2.6.4 外加剂

微量外加剂或杂质会促进晶体的生长，原因是外加剂在晶体表面上引起的不规则性如同晶核的作用，同时，熔体中杂质还会增加界面处的流动度，使晶格更快定向。另外，引入玻璃中的添加物往往富集在分相玻璃中的一相中，富集到一定程度时也会促使微小相区由非晶相转化为晶相。

9.2.7 微晶玻璃相变

微晶玻璃的形成过程是一个典型的从玻璃态转变为晶态的例子。微晶玻璃是玻璃通过析晶相变得到的一类类似陶瓷的材料，又称为玻璃陶瓷。多数情况下，析晶过程几乎可以全部完成，仅存在小部分的剩余玻璃相。在微晶玻璃中，晶相是全部从一个均匀玻璃相中通过晶体生长而产生，这与传统陶瓷材料不同。在陶瓷材料中，虽然由于固相反应可能会出现某些重结晶或新晶体，但大部分结晶物质是在陶瓷原料中引入的。微晶玻璃和玻璃的不同之处是其大部分为晶体，而玻璃则是非晶态的。

玻璃的核化与晶化等相变过程是在高黏度的玻璃态中进行的，故与在黏度小的液态中的析晶完全不同，但其析晶速率的变化规律仍与在液态中的一样，先随温度的升高而增大，达最大值后又随温度升高而降低。在微晶玻璃的制备中往往要引入核化剂（如 TiO_2、ZrO_2、P_2O_5），在这样的系统中析晶，核化速率较快，常以晶体生长速率控制析晶，依据不同的要求，可获得细小均匀的微晶，也可获得较大的微晶。

微晶玻璃的制备过程，首先是玻璃的熔制（与普通玻璃的熔制过程类似），通过玻璃熔制获得一定形状的制品。然后将玻璃制品经过一个可控制的热处理过程，促使制品中各种相的成核与晶化，使最终产品成为多晶陶瓷。这种陶瓷材料的制备方法明显与传统陶瓷材料的制备方法不同，由于熔融玻璃可以得到均匀的状态，因此极易获得化学组成均匀的微晶玻璃。原始玻璃的均匀性，连同可控制的析晶方法，使微晶玻璃形成具有极细晶粒且没有空隙的结构，这样的结构使它很容易获得高机械强度和良好电绝缘性等特性。微晶玻璃生产工艺的一个重要特点是它可适用于广阔的组成范围，这一特点连同可以变化的热处理过程，使得各种类型的晶体都可按控制的比例生产出来。这样，微晶玻璃的性能可以有控制的改变，例如微晶玻璃的线膨胀系数可以在一个很大的范围内改变，使它可能具有极低的线膨胀系数和良好的抗热震性，也可能具有和普通玻璃相匹配的很高的线膨胀系数。此外，由于玻璃制备适合于使用高速度的自动化机械，所以玻璃加工方法，如压制、吹制或拉制等方法的使用提供了超过通常的陶瓷成型工艺的若干优点。

微晶玻璃的一个显著的特点是它的可控的极细的晶粒尺寸，这一特征在很大程度上决定着材料的优异性能。通过控制主晶相、晶粒形状与尺寸、晶相和残余玻璃相比例，可获得优异的化学稳定性、良好的力学性能和电学性能以及在很大范围内可调的热学性能等。微晶玻璃优异的多种性能的结合，使其不仅具有较好经济效益，也可在工程应用中替代传统材料，而且也开辟了没有代用材料可以满足其技术要求的全新应用领域。在机械工程应用方面，由于微晶玻璃的高机械强度、良好的尺寸稳定性和耐磨性，现已用于轴承、泵、阀门、管道、热交换器、建筑微晶玻璃、家用电器用微晶玻璃和器皿微晶玻璃等。在电力工程和电子技术方面，已有微晶玻璃与金属的封接、绝缘套管、高温电绝缘、微晶玻璃印刷电路板、微电子技术用基板、电容器、计算机硬盘等产品。此外，微晶玻璃在激光器原件、望远镜镜坯、雷达天线罩、核废料处理和生物材料等方面也获得了广泛应用。

9.3 固相-固相转变

9.3.1 固态相变的特点

当温度、压力以及系统中各组分的形态、数值或比值发生变化时，固体从一个固相转变到另一个固相，其中至少伴随着下述三种变化之一：

（1）晶体结构的变化，如纯金属的同素异构转变、马氏体相变等。

（2）化学成分的变化，如单相固溶体的调幅分解，其特点是只有成分转变而无相结构的变化。

（3）有序程度的变化，如合金的有序-无序转变，即点阵中原子的配位发生变化，以及与电子结构变化相关的转变（磁性转变、超导转变等）。

固体材料性能发生变化的根源之一，是由于发生了固态相变而导致组织结构的变化。固态相变与液-固态相变一样，也符合最小自由能原理。相变的推动力也是新相与母相之间的体积自由能差，大多数固态相变也包括成核和生长两个基本阶段，而且推动力也是靠过冷度来获得，过冷温度对成核、生长的机制和速率都会发生重要影响。但是，与液-固相变、气-液相变、气-固相变相比，固态相变时的母相是晶体，其原子成一定规则排列，而且原子的键合比液态时牢固，同时母相中还存在空位、位错和晶界等一系列晶体缺陷，新相与母相之间存在界面。因此，在这样的母相中，产生新的固相，必然会出现许多特点：

（1）固态相变阻力大。固态相变时成核的阻力，来自于新相晶核与基体间形成界面所增加的界面能以及体积应变能（及弹性能）。母相为气态、液态时，不存在体积应变能问题，而且固相的界面能比气-液、液-固界面能大得多。因此，固态相变的阻力大。

（2）原子迁移率低。固态中的原子（或离子）键合远比液态时低，即使在熔点附近，固态中原子（或离子）的扩散系数也大约仅为液态扩散系数的十万分之一。

（3）非均匀形核。固相中的形核几乎总是非均匀的。

（4）低温相变时会出现亚稳相。特别是在低温下，相变阻力大，原子迁移率小，意味着克服相变位垒的能力低，因此，相变难以发生，系统处于亚稳状态。

（5）新相往往都有特定的形状。液-固相变一般为球形成核，其原因在于界面能是晶核形状的主要控制因素。固态相变中体积应变能和界面能的共同作用，决定了析出物的形状。以相同体积的晶核来比较，新相成片状时应变能最小，成针状时次之，成球形时应变能最大，而界面积却按上述次序递减。当应变能为主要控制因素时，析出物多为片状或针状。

（6）多种结构形式的界面。按新相与母相界面原子的排列情况不同，存在共格、半共格、非共格等多种结构形式的界面。

（7）新相与母相之间存在一定的位向关系。其根本原因在于降低新相与母相之间的界面能，通常是以低指数的、原子密度大的匹配较好的晶面彼此平行，构成确定位向关系的界面。通常，当界面为共格或半共格时，新相与母相之间必定有位向关系；如果没有确定的位向关系，则两相的界面肯定是非共格的。

（8）母相上形成新相。为了维持共格，新相往往在母相的一定晶面上开始形成，这也是降低界面能的又一结果。

应该特别指出，温度越低时，固态相变的上述特点越显著。

9.3.2　同质多晶转变

从动力学角度看，根据转变时的速率和晶体结构发生变化时的不同，可将同质多晶转变分为两种类型，即位移型转变和重建型转变。

位移型转变是通过原子的协调移动而实现的固相结构转变，如通过晶格畸变或原子重新堆垛产生的多晶转变。这种转变不需要破坏化学键，相变位垒低，速率快，并且在一个确定的温度下完成，如图9-13所示。若从图9-13（a）所示的高对称性结构转变为图9-13（b）所示的低对称性结构，这种转变仅仅使结构产生一定的畸变，并不打开任何键或改变最邻近的配位数，只是原子从原来的位置发生少许位移，使次级配位数有所改变。如α-石英与β-石英之间的转变即为位移型转变。

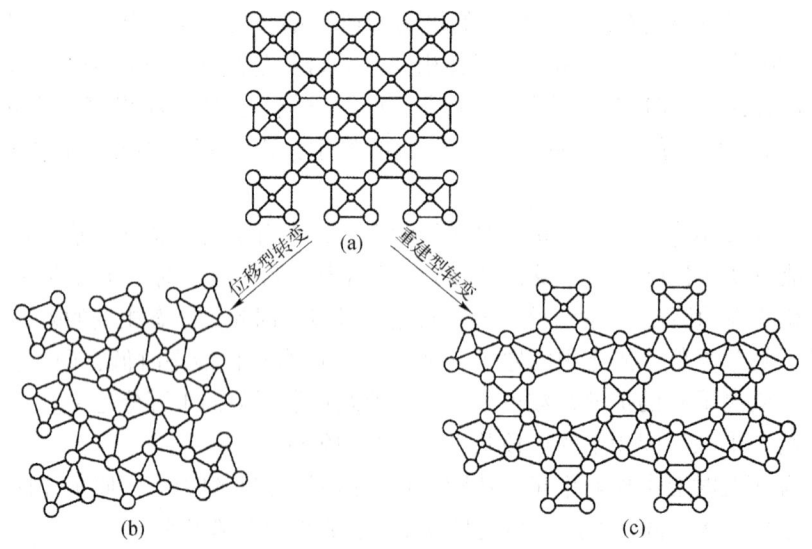

图9-13　位移型转变与重建型转变示意图

重建型转变通常不能简单通过原子位移来实现，而是要引起化学键的破坏而重建新的结构，其相变势垒较高，转变速率缓慢，高温型的结构常可被冷却到低温而处于介稳状态。如图9-13（a）所示的高对称性结构转变为图9-13（c）所示的结构。α-石英与α-鳞石英之间的转变即为重建型转变。

9.3.3 马氏体转变

马氏体（Martensite）是钢在淬火时得到的一种高硬度产物的名称，马氏体转变是固态相变的基本形式之一。在许多金属、固溶体和化合物中可观察到马氏体转变。一个晶体在外加应力的作用下通过晶体的一个分立体积的剪切作用以极迅速的速率而进行的相变称为马氏体转变。这种相变在热力学和动力学上都有其特点，但最主要的特征是在结晶学上，现简述这种相变的主要特征。

9.3.3.1 结晶学特征

图9-14（a）所示为一四方形的母相——奥氏体块，图9-14（b）是从母相中形成的马氏体示意图。图中 $A_1B_1C_1D_1$-$A_2B_2C_2D_2$ 是由母相奥氏体转变为 $A_2B_2C_2D_2$-$A_1'B_1'C_1'D_1'$ 马氏体。在母相内 $PQRS$ 为直线，相变时被破坏成为 PQ、QR' 和 $R'S'$ 三条直线。$A_2B_2C_2D_2$ 和 $A_1'B_1'C_1'D_1'$ 两个平面在相变前后保持既不扭曲变形也不旋转的状态，这两个把母相奥氏体与转变相马氏体之间连接起来的平面称为习性平面（惯习面）。马氏体是沿母相的习性平面生长并与奥氏体母相保持一定的取向关系的。A_2B_2、$A_1'B_1'$ 两条棱的直线性表明在马氏体中宏观上剪切的均匀整齐性。奥氏体与马氏体发生相变后，宏观上晶格仍是连续的，因而新相与母相之间严格的取向关系是靠切变维持共格晶界的关系。

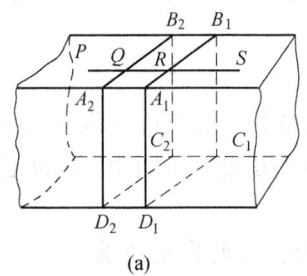
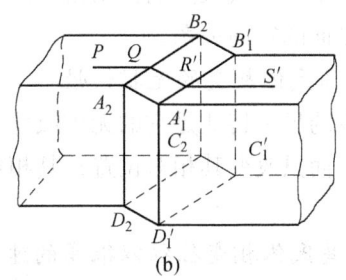

图9-14 马氏体相变示意图

(a) 奥氏体；(b) 马氏体

9.3.3.2 伴随马氏体相变的宏观变形——浮凸效应

在马氏体相变中，除体积变化外，在转变区域中产生形状改变。在发生变形时，在宏观范围内，习性平面不畸形，不转动。表现为图9-14上 $PQR'S'$ 连续共格。同时，图9-14上 QR' 不弯曲，马氏体片表面仍保持平面。马氏体转变时的习性平面变形如图9-15所示，这种变形在抛光的表面上产生浮凸或倾动，并使周围基体发生畸变，如图9-16所示。若预先在抛光的表面上划有直线刻痕，发生马氏体相变之后，由于倾动使直线刻痕产生位移，并在相界面处转折，变成连续的折线。

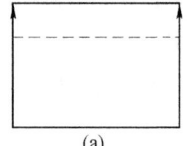 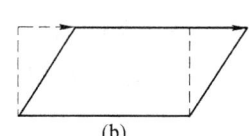 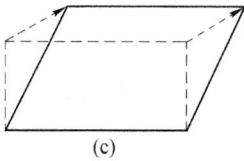

(a)   (b)   (c)

图 9-15   马氏体转变时的习性平面变形

（a）简单膨胀变形；（b）简单剪切变形；（c）$a+b$

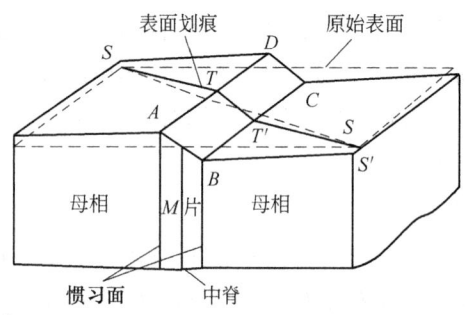

图 9-16   马氏体相变引起的表面浮凸

大量的实验结果表明，马氏体是以两相交界面为中心发生倾斜，倾斜方向与晶体位向间有严格关系，在此过程中交界面并未发生旋转；在表面上，划痕方向发生简单的改变说明相变导致均匀变形或切变；划痕不断开、在表面上的连续性表明交界面未发生畸变，界面在变形中继续保持平面。

但是，习性平面位向是具有一定分散度的。在微观范围内产物相变是不均匀的，表现为马氏体中有微细孪晶或很高的位错密度。检查马氏体相变的重要结晶学特征是相变后存在习性平面和晶面的定向关系。

9.3.3.3   马氏体相变的无扩散性

马氏体相变的另一特征是它的无扩散性。马氏体相变是点阵有规律的重组，其中原子并不调换位置，而只改变其相对位置，其相对位移不超过原子间距。因而它是无扩散性的位移式相变。

9.3.3.4   马氏体相变往往以很高的速率进行，有时高达声速

例如 Fe-C 和 Fe-Ni 合金中，马氏体的形成速率很高，在 -195～-20℃ 之间，每一片马氏体形成时间约为 $0.05～5\mu s$。一般说在这么低的温度下，原子扩散速率很低，相变不可能以扩散方式进行。

9.3.3.5   马氏体相变没有一个特定温度，而是在一个温度范围内进行的

在母相冷却时，奥氏体开始转变为马氏体的温度称为马氏体开始形成温度，以 M_s 表示，如图 9-17（a）所示。完成马氏体转变的温度称为马氏体转变终了温度，以 M_f 表示，低于 M_f 马氏体转变基本结束。

马氏体转变不仅发生在金属中，在无机非金属材料中也有出现。最典型的是 ZrO_2 中的马氏体相变，如图 9-17（b）所示。ZrO_2 低温下为单斜相（m 相），加热到 1200℃ 时转变为四方相（t 相），这一转变速率很快，并伴随有 7%～9% 的体积收缩。但在冷却过程中，

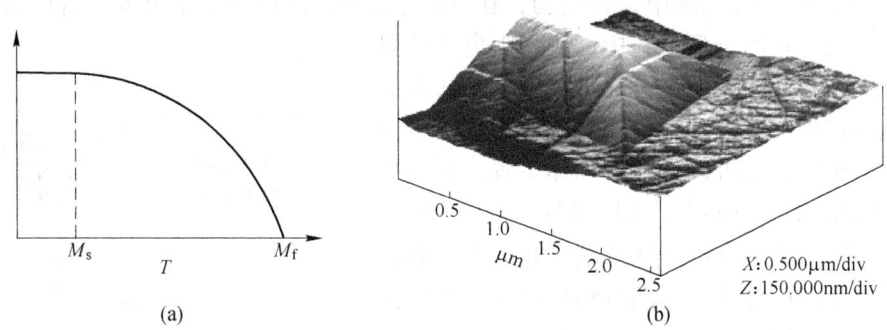

图 9-17　马氏体相变程度与温度的关系与单晶 ZrO_2 发生马氏体相变时所呈现的浮凸效应

（a）马氏体相变程度与温度的关系；（b）单晶 ZrO_2 发生马氏体相变时所呈现的浮凸效应

四方 ZrO_2 往往不在 1200℃ 转变成单斜 ZrO_2，而在 1000℃ 左右由四方相转变为单斜相。ZrO_2 的 t→m 转变称为马氏体相变。在单晶 ZrO_2 中，可以观察到相变时所呈现的浮凸，其切变角为 2°。在多晶 ZrO_2 中加入一定量的 CaO、Y_2O_3、CeO_2 等氧化物，可以与 ZrO_2 形成固溶体，使四方 ZrO_2 在室温下保持稳定，在应力条件下诱发 t→m 相变，吸收部分断裂能量，起到增韧作用。这就是目前在无机结构材料中广泛应用的 ZrO_2 相变增韧。

此外，钙钛矿型结构的 $BaTiO_3$、$KTa_{0.65}Nb_{0.35}O_3$（KTN）、$PbTiO_3$ 由高温顺电性立方相转变为低温铁电四方相时，都包含小的切变型结构调整，其相变的结晶学特征类似，在四方相内均有孪晶关系的畴域，这一相变普遍都认为是马氏体相变。

9.3.4　有序无序转变

有序无序转变是固体相变的另一种机理。在理想晶体中，原子周期性排列在规则的位置上，这种情况称为完全有序。然而，固体除了在 0K 的温度下可能完全有序外，在高于 0K 的温度下，质点热振动使其方向与位置均发生变化，从而产生方向与位置的无序性。在许多合金与固溶体中，在高温时原子排列呈无序状态，而在低温时则呈有序状态，这种随温度升降而出现低温有序和高温无序的可逆转变称为有序-无序转变。

一般用有序参数 ξ 来表示材料中有序与无序的程度，完全有序时 ξ 为 1，完全无序时 ξ 为 0。

$$\xi = \frac{R - \omega}{R + \omega} \tag{9-50}$$

式中　R——原子占据应该占据的位置数；

　　　ω——原子占据不应占据的位置数；

$R+\omega$——该原子的总数。

有序参数分为远程有序参数与近程有序参数，如为后者时，将 ω 理解为原子 A 最近邻原子 B 的位置被错占的位置数即可。

Muller 等人利用电子自旋共振谱研究 $SrTiO_3$ 与 $LaAlO_3$ 的相变，发现在居里温度时，有序参数为 1/3，当温度降为 1/10 居里温度时，有序参数为 1/2。

利用 ξ 可以衡量低对称相与高对称相的原子位置与方向间的偏离程度。有序参数可以用于检查磁性体（铁磁-顺磁体）、介电体（铁电体-顺电体）的相变。

有序-无序转变在金属中是普遍的，在 AB 合金中，最近邻原子可成为有序或无序而能量变化不大。在离子型材料中，阴、阳离子位置互换，在能量上是不利的，一般不会发生。而在尖晶石结构的材料中常有这种转变发生。阴离子可以处在八面体位置，也可以处在四面体位置，磁铁矿 Fe_3O_4 在室温时 Fe^{2+} 与 Fe^{3+} 呈无序排列，低于 120K，发生无序-有序相变，Fe^{2+} 与 Fe^{3+} 有序排列在八面体位置上。几乎在所有具有尖晶石结构的铁氧体中已经发现：高温时阳离子是无序的，低温时稳定的平衡态是有序的。有序度随温度变化服从图 9-18 所

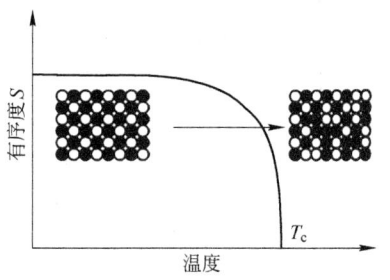

图 9-18　有序度与温度的关系

示的关系。T_c 称为居里温度，随着结构上有序-无序转变，铁氧体由有磁性而转变为无铁磁性。

9.4　液相-液相的转变

一个均匀的玻璃相（或液相）在一定的温度或组成范围内有可能分成两个互不相溶或部分溶解的玻璃相（或液相），并且这两个互不相溶或部分溶解的玻璃相相互共存，这种现象称为玻璃的分相（或称为液相不混溶现象）。

长期以来，人们都认为玻璃是均匀的单相物质。随着结构分析技术的发展，积累了愈来愈多的关于玻璃内部不均匀性的资料。例如分相现象首先在硼硅酸盐玻璃中发现，用 75% SiO_2、20% B_2O_3 和 5% Na_2O 熔融并形成玻璃，再在 500~600℃ 范围内进行热处理。结果使玻璃分成两个截然不同的相。一相几乎是纯 SiO_2，而另一相富含 Na_2O 和 B_2O_3。这种玻璃经酸处理除去 Na_2O 和 B_2O_3 后，可以制得包含 4~15nm 微孔的纯 SiO_2 多孔玻璃。目前已发现在几纳米到几十纳米范围内的亚微观结构是很多玻璃系统的特征，并已在硅酸盐、硼酸盐、硫族化合物和熔盐玻璃中观察到这种结构。因此，分相是玻璃形成过程中的普遍现象，它对玻璃结构与性质有重大影响。

分相现象对玻璃影响的有利方面是：可以利用分相制成多孔高硅氧玻璃，也可以利用微分相所起的异相成核和富集析晶组成的作用，制成微晶玻璃、感光玻璃和光色玻璃等新材料。但分相区通常存在于高硼高硅区，正是处于玻璃形成区，故分相将引起玻璃失透，对光学玻璃和其他含硼硅量较高的玻璃是个严重的威胁。

9.4.1　液相的不混溶性（玻璃的分相）

根据自由能-组成曲线，可分析分相产生的原因。如图 9-19（a）为 Na_2O-SiO_2 系统在某一温度的自由能-组成曲线。曲线由两条正曲率曲线和一条负曲率曲线组成，自由能-组成曲线存在一条公切线 $\alpha\beta$。

根据 Gibbs 自由能-组成曲线推导相图的两条基本原理可知：（1）在温度、压力、组成不变的条件下，具有最小 Gibbs 自由能的形态最稳定；（2）当两相平衡时，两相的自由能-组成曲线具有公切线，切线上的切点分别表示两平衡相的成分。则有：

（1）当组成处于 75% SiO_2 与 C_α 之间时，由于 $\left(\dfrac{\partial^2 G}{\partial C^2}\right)_{p,T}>0$，富 Na_2O 单相熔体在热力学上有最低自由能。同样，组成处于 C_β 与 100% SiO_2 之间时，富 SiO_2 相均匀熔体单相最稳定。

（2）组成处于 C_α 和 C_E 或 C_F 和 C_β 之间时，虽然有 $\left(\dfrac{\partial^2 G}{\partial C^2}\right)_{p,T}>0$，但由于公切线 $\alpha\beta$ 的存在，这时分成 C_α 和 C_β 两相比均匀单相有更低的自由能，故分相比单相更稳定。两相的组成分别在 C_α 和 C_β，两相的比例由原始组成在公切线 $\alpha\beta$ 上的位置，根据杠杆原理获得。但在这两个区域，均匀溶液对极小的组成波动是介稳的（组成的微小波动都使系统的自由能增加），故需要一定的波动来克服一定的热力学势垒，使原始相成为不稳定，这种组成波动叫核，即通过先形成核，再由核生长机制（成核-生长机理）进行分相。

（3）组成点在 E 或 F 时，为两条正曲率曲线与负曲率曲线相交的点，称为拐点，此时有 $\left(\dfrac{\partial^2 G}{\partial C^2}\right)_{p,T}=0$，即组成发生起伏时系统的化学位不发生变化，此点为介稳分相区和不稳分相区的转折点。

（4）组成在 C_E 和 C_F 之间时，由于 $\left(\dfrac{\partial^2 G}{\partial C^2}\right)_{p,T}<0$，故为热力学不稳定区，组成的微小波动都使系统的自由能减少，均匀溶液对无限小的密度或组成波动是不稳定的，即 C_E 和 C_F 之间分相时不需克服任何热力学势垒，分相由扩散过程控制（不稳分解机理）。

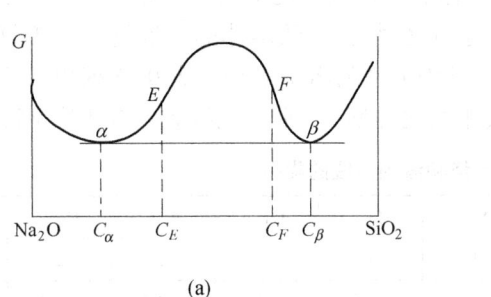 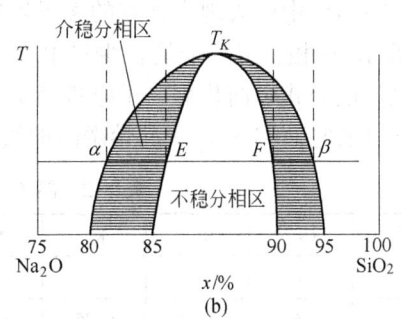

图 9-19 Na_2O-SiO_2 系统在某一温度的自由能-组成曲线和分相区

(a) 自由能-组成曲线；(b) 分相区

由此可知，一个均一相对于组成微小起伏的稳定性或介稳性的必要条件之一是相应的化学位随组分的变化应为正值，至少为零。故 $\left(\dfrac{\partial^2 G}{\partial C^2}\right)_{p,T}\geq 0$ 可作为一种判据来判断由于过冷所形成的液相（熔融体）对分相是介稳的还是不稳的。当 $\left(\dfrac{\partial^2 G}{\partial C^2}\right)_{p,T}>0$ 时，系统对微小组成起伏是介稳的，分相需要克服一定的成核势垒才能形成稳定的核，然后新相再得到扩大。如果系统不足以提供此势垒，系统不分相而呈介稳态。当 $\left(\dfrac{\partial^2 G}{\partial C^2}\right)_{p,T}<0$ 时，系统对微小起伏是不稳定的，组成起伏由小变大，初期新相界面弥散，故不需克服任何势垒，分相必

然发生。如果将 T_K 温度以下每个温度自由能-组成曲线的各个切点轨迹相连即可得出介稳分相区（成核-生长）的范围，把每个切线的拐点轨迹相连即可得出不稳分相区（不稳分解）的范围，如图 9-19（b）所示。

9.4.2 分相的本质

玻璃分相的热力学和动力学分析只是从物质微观结构的宏观属性来研究分相现象。虽然热力学理论逻辑性强、简捷并带有普遍性；动力学观点包含大量实验依据，能符合实际过程，但它们无法从玻璃结构中不同质点的排列状态以及相互作用的化学键强度和性质去深入了解玻璃分相的原因。关于用结晶化学观点解释分相原因的理论有能量观点、静电键观点、离子势观点等，这方面理论尚在发展中，这里仅作简单介绍。

硅酸盐熔体的原子键大多是离子性的，相互间的作用程度与静电键能 E 的大小有关。离子 1 和 2 之间的静电键能为：

$$E = \frac{Z_1 Z_2 e^2}{R_{12}} \tag{9-51}$$

式中 Z_1，Z_2——离子 1，2 的电价；

            e——电荷；

         R_{12}——离子 1 和 2 之间的距离。

如果除 Si—O 键以外的第二类氧化物的键能也相当高，就易导致不混溶，故分相结构决定于二者之间键的竞争。即如果另外的阳离子 R 在熔体中与氧形成强键，以致氧很难被硅夺去，在熔体中就表现为独立的离子聚集体。这样就出现了两个液相共存，一个是含少量 Si 的富 R-O 相，另一个是含少量 R 的富 Si-O 相，导致熔体的不混溶。对于氧化物系统，静电键能公式可简化为离子电势 Z/r，其中 r 是阳离子半径。表 9-2 列出了不同阳离子的 Z/r 以及它们和 SiO_2 一起熔融时的液相曲线类型，S 形液相线表示有亚稳不混溶。

表 9-2   离子电势和液相曲线的类型

阳离子	Cs^+	Rb^+	K^+	Na^+	Li^+	Ba^{2+}	Sr^{2+}	Ca^{2+}	Mg^{2+}
Z	1	1	1	1	1	2	2	2	2
Z/r	0.61	0.67	0.75	1.02	1.28	1.40	1.57	1.89	2.56
曲线类型	近直线			S 形线			不混溶		

从表 9-2 中还可以看出：随 Z/r 增加，不混溶趋势也加大。如 Sr^{2+}、Ca^{2+} 和 Mg^{2+} 的 Z/r 较大，故 $RO-SiO_2$ 系统的熔体易产生分相；而 K^+、Cs^+ 和 Rb^+ 的 Z/r 较小，R_2O-SiO_2 系统不易分相。其中 Li^+ 因半径小使 Z/r 值较大，因而使含 Li^+ 的硅酸盐熔体产生分相而成乳光现象，表 9-2 说明，含有不同离子系统的液相线形状与分相有很大关系。图 9-20 表示液-液不相混溶区的三种可能位置，即图 9-20（a）与液相线相交（形成一个稳定的二液区）；图 9-20（b）表示与液相线相切；图 9-20（c）在液相线之下（完全是亚稳的）。当不混溶区接近液相线时（图 9-20（a）、（b）），液相线将有倒 S 形或有趋向于水平的部分。因此，可以根据相图中液相线的坡度来推知液相不混溶区的存在及可能的位置。例如，对于一系列二元碱土金属或碱金属氧化物与二氧化硅组成的系统，其组成为 55%～100%（摩尔分数）SiO_2 之间的液相线，如图 9-21 所示。

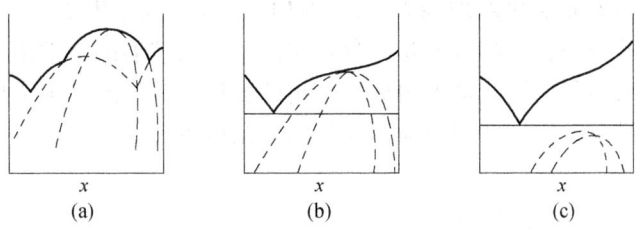

图 9-20 液相不相混溶区的三种可能位置

(a) 与液相线相交（形成一个稳定的二液区）；(b) 与液相线相切；(c) 在液相线之下

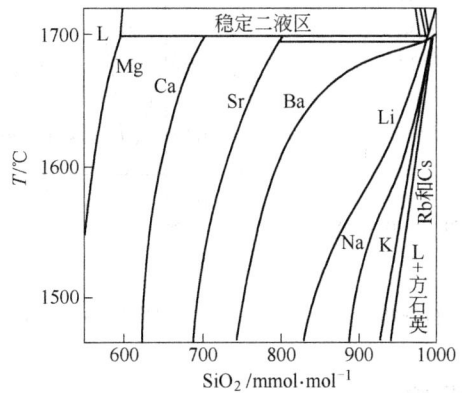

图 9-21 碱土金属与碱金属硅酸盐系统的液相线

由图 9-21 可见，$MgO-SiO_2$、$CaO-SiO_2$ 及 $SrO-SiO_2$ 系统显示出稳定的液相不混溶性；而 $BaO-SiO_2$、Li_2O-SiO_2、Na_2O-SiO_2 及 $SrO-SiO_2$ 系统显示出液相线的倒 S 形有依次减弱的趋势，这就说明，当后一类系统在连续降温时，将出现一个亚稳不混溶区。由于这类系统的黏度随着温度降低而增加，可以预期在形成玻璃时，$BaO-SiO_2$ 发生分相的范围最大，而 K_2O-SiO_2 系统为最小。实际工作中如将组成为 5%～10%（摩尔分数）BaO 的 $BaO-SiO_2$ 系统急冷后也不易得到澄清玻璃而成乳白色，然而在 K_2O-SiO_2 系统中还未发现乳光。这种液相线平台越宽，分相越严重的现象和液相线 S 形越宽，亚稳分相区组成越宽的结论是一致的。

液相线的倒 S 形状可以作为液-液亚稳分相的一个标志，这与特定温度下，系统的自由能-组成变化关系有一定的联系。

由此可见，从热力学的相平衡角度分析所得到的一些规律可以用离子势观点来解释，也就是说，离子势差别（场强差）愈小，愈趋于分相。沃伦和皮卡斯（Pincas）曾指出，当离子的离子势 $Z/r>1.40$ 时（如 Mg、Ca、Sr），系统的液相区中会出现一个圆顶形的不混溶区域；而若 Z/r 在 1.40 和 1.00 之间（例如 Ba、Li、Na），液相便呈倒 S 形，这是液相发生亚稳分相的特征；$Z/r<1.00$ 时（例如 K、Rb、Cs），系统不会发生分相。

随着实验数据的不断积累，目前许多最重要的二元体系中的微分相区域边界线都可以近似地确定了。例如图 9-22 和图 9-23 中系统的微分相区。TiO_2-SiO_2 系统有个很宽的分相区，如在其中加入碱金属氧化物会扩大系统的不混溶性。这就是 TiO_2 能有效地作为许多釉、搪瓷和玻璃-陶瓷的成核剂的原因。由于玻璃形成条件以及很可能还由于玻璃制造条件的不同，分相边界曲线间差别颇大。然而从已发表的大量电子显微镜研究结果表明，大多数普通玻璃的系统中，分相现象是十分普遍的。目前玻璃的不混溶性和分相理论的研究正在日益深入，人们利用这些玻璃组成和结构的变化制造出愈来愈多的新型特殊功能的材料，它将对玻璃科学的发展和材料应用领域的开拓有极重要的意义。

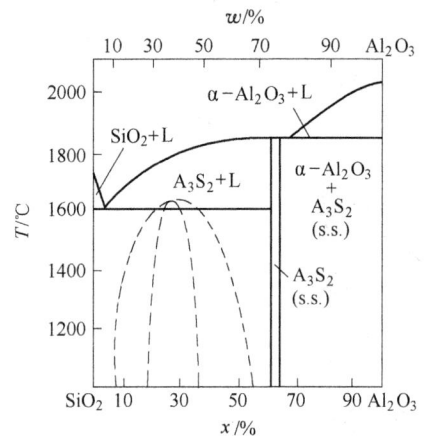

图 9-22 Al_2O_3-SiO_2 系统的分相区

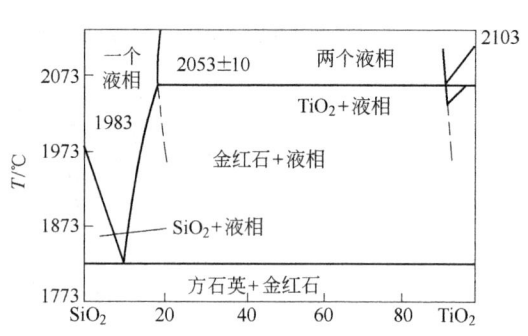

图 9-23 TiO_2-SiO_2 系统的分相区

9.4.3   分相对玻璃性质的影响

分相对玻璃性质有重要的作用。分相对具有迁移特性的性能，如黏度、电阻、化学稳定性、玻璃转化温度等的影响较为敏感，这些性能都与氧化物玻璃的相分离及其分相形貌有很大关系。当分相形貌为球形液滴形状时，则整个玻璃呈现较低的黏度、低的电阻或化学不稳定性。而当这种分散的液滴相逐渐过渡到连通相时，玻璃的性能就逐渐转变为高黏度、高电阻或化学稳定。分相对具有相加特性的性能如密度、折射指数、线膨胀系数、弹性模量及强度的影响并不敏感，也不像前一类那样有一个简单的规律。

分相对玻璃析晶的影响较大。分相主要通过以下几个方面影响玻璃析晶：（1）玻璃分相增加了相之间的界面，而析晶过程中的成核总是优先产生于相的界面上，故分相为成核提供了界面；（2）分相导致两相之中的某一相具有比分相前的均匀相明显大的原子迁移率，这种高的迁移率能够促进析晶；（3）分相使加入的成核剂组分富集在两相中的一相，因而起晶核作用。

此外，分相对玻璃着色也有重要影响。对于含有过渡金属（如 Fe、Co、Ni、Cu 等）的玻璃，在分相过程中，过渡金属元素几乎都富集在分相产生的微相液滴中，而不是在基体玻璃中。过渡金属元素这种有选择的富集特性，对颜色玻璃、激光玻璃、光敏玻璃、光色玻璃的制备都有重要意义，如陶瓷铁红釉大红花，就是利用铁在玻璃分相过程中有选择的富集特性形成的。

—— 本章小结 ——

通过此部分内容的介绍，读者们可理解相变的概念，相变现象在材料生产中的应用，理解相变分类的途径，掌握从热力学学角度划分相变的依据；掌握什么是相变的推动力；掌握过冷（热）度、过饱和蒸汽压、过饱和浓度的概念；掌握晶核的形成过程，理解成核速率与晶体生长速率；掌握影响临界晶核半径的因素，掌握熔体析晶过程及影响因素；了解固相–固相转变和液相–液相转变过程。

习题与思考题

9-1　名词解释：（1）一级相变；（2）二级相变；（3）均匀成核；（4）非均匀成核；（5）马氏体相变。

9-2　简要说明相变的分类。

9-3　马氏体相变具有什么特征，它与成核生长机理有何区别？

9-4　当球形晶核在液态中形成时，其自由能的变化 $\Delta G = 4\pi r^2 \gamma + \dfrac{4}{3}\pi r^3 \cdot \Delta G_V$。式中 r 为球形晶核的半径；γ 为液态中晶核的表面能；ΔG_V 为单位体积晶核形成时释放的体积自由能，求临界晶核半径 r^* 和临界核化自由能 ΔG_{r^*}。

9-5　如果在某过冷液体中形成边长为 a 的立方体晶核时，求晶核的临界立方体边长 a_c 和临界核化自由能 ΔG_c。和球形晶核比较，哪一种晶核的临界核化自由能大？

9-6　为什么在成核生长相变机理中，要有一点过冷或过热才能发生相变，什么情况下需要过冷，什么情况下需要过热？

9-7　在析晶相变中，若固相分子体积为 v，试求在临界球形粒子中新相分子数 i 应为何值？

9-8　由 A 向 B 的相变过程中，单位体积自由能变化 ΔG_V 在 1000℃ 时为 -419kJ/m^3；在 900℃ 时为 -2093kJ/m^3，设 A-B 间界面能为 0.5N/m，求：

（1）在 900℃ 和 1000℃ 时的临界晶核半径；

（2）在 1000℃ 进行相变所需要的能量。

9-9　试用图例说明过冷度对核化、晶化速率、析晶范围、析晶数量和晶粒尺寸等的影响。

9-10　什么是亚稳分解和不稳分解？并从热力学、动力学、形貌等方面比较这两种分相过程。简述如何用实验方法区分这两种过程。

9-11　某物质从熔体析晶，当时间分别为 1s 和 5s 时，测得晶相的体积分数分别为 0.1% 与 11.8%，试用式（9-49）计算 Avrami 指数及速率常数 K。并判断可能的相变机构。

9-12　如果直径为 20μm 的液滴，测得成核速率 $I_v = 0.1/\text{s}\cdot\text{cm}^3$，如果锗能够过冷 227℃，试计算锗的晶-液表面能？（$T_M = 1231\text{K}$，$\Delta H = 34.8\text{kJ/mol}$，$\rho = 5.35\text{g/cm}^3$）

9-13　下列多晶转变中，哪一个转变需要的激活能最少，哪一个最多，为什么？

（1）bccFe→fccFe；石墨→金刚石；立方 $BaTiO_3$→四方 $BaTiO_3$。

（2）α-石英→α-鳞石英；α-石英→β-石英。

两组分别讨论。

9-14　举例说明相变理论在材料科学研究和生产实际中的应用。

10 材料的烧结

内容提要： 本章介绍了烧结在材料生产中的地位，通过讨论烧结过程中坯体所发生的物理变化，总结了烧结的定义，并对比了和烧结相关的一些概念。强调了烧结过程的推动力是烧结体系表面能的降低，以此为出发点，讨论了蒸发-凝聚传质、扩散传质与流动传质等四种烧结传质机理；介绍了烧结动力学推导的模型，推导并比较了固相与液相烧结传质动力学关系；讨论了晶粒生长与二次再结晶的区别与联系，及对材料性质的影响；介绍了影响烧结的诸多因素；简介了特种烧结的原理与类型。

烧结是粉末冶金、陶瓷、耐火材料、超高温材料等部门的一个重要工序。烧结的目的是把粉状物料转变为致密体，并赋予材料特有的性能。这种烧结致密体是一种多晶材料，其显微结构由晶粒、玻璃相和气孔组成。烧结过程直接影响显微结构中晶粒尺寸和分布、气孔大小形状及晶界的体积分数等。从材料动力学角度看，烧结过程的进行，依赖于基本动力学过程——扩散，因为所有传质过程都依赖于质点的迁移。烧结过程中粉状物料间的种种变化，还可能涉及到相变、固相反应等动力学过程，由此可见，烧结是材料高温动力学过程中最复杂的动力学过程。

材料性质与其显微结构密切相关，而当配方、原料粒度、成型等工序完成后，烧结是使材料获得预期的显微结构以使材料性能充分发挥的关键工序。因此，研究物质在烧结过程中的各种物理化学变化，了解烧结过程的现象与机理，了解烧结动力学及影响烧结的因素，对指导生产、控制产品质量、研制新型材料具有十分重要的意义。

10.1 烧 结 概 述

由于烧结过程的理论研究起步较晚，因而至今还没有一个统一的普遍适应的理论，已有的研究成果，基本上都是从烧结时所伴随的宏观变化的角度，用简化模型来观察和研究烧结机理及各阶段的动力学关系。

10.1.1 烧结过程

粉料成型后形成具有一定外形的坯体，坯体内一般包含百分之几十气体（约 35% ~ 60%），而颗粒间只有点接触。颗粒间虽有接触，但接触面积小且没有形成黏结，因而强度较低。将坯体放入烧成设备中，在一定的气氛条件下，以一定的加热速率将坯体加热到设定温度（低于主要组分的熔点温度）并保温一段时间后，取出样品即可。上述烧结过程中使用的气氛条件称为烧结气氛，使用的设定温度称为烧结温度，所用的保温时间称为烧结时间。

在烧结过程中，坯体内部发生一系列物理化学变化过程，主要包括：

（1）颗粒之间首先在接触部分开始相互作用，颗粒接触界面逐渐扩大，颗粒聚集，颗粒中心距逼近, 如图 10-1 中 a 所示; (2) 逐渐形成晶界, 气孔形状变化, 体积缩小, 从连通的气孔变成各自孤立的气孔甚至全部气孔从坯体中排除, 气孔率逐渐降低如图 10-1 中 b 所示; (3) 发生数个晶粒相互结合, 产生再结晶和晶粒长大现象, 如图 10-1 中 c 所示。这些物理过程随烧结温度升高而逐渐推进。同时, 粉末压块的性质也随这些物理过程的进展而出现坯体收缩, 气孔率下降, 致密度增加, 强度增加, 电阻率下降等宏观性能的变化, 如图 10-2 所示。

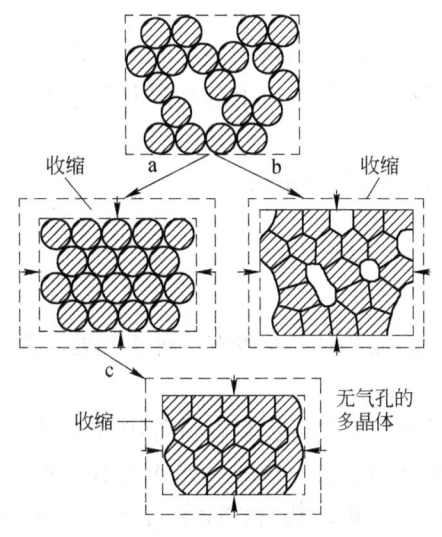

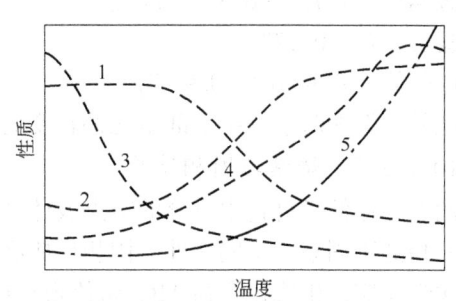

图 10-1　烧结现象示意图
a—颗粒聚集; b—颗粒中心距逼近;
c—封闭堆积体中颗粒中心距逼近

图 10-2　烧结温度对材料性能的影响
1—气孔率; 2—密度; 3—电阻; 4—强度; 5—晶粒尺寸

根据烧结粉末体所出现的宏观变化可以认为, 一种或多种固体 (金属、氧化物、氮化物、黏土等) 粉末经过成型, 在加热到一定温度后开始收缩, 在低于熔点温度下变成致密、坚硬并具有相当强度的烧结体, 这种在高温加热条件下发生的一系列变化称为**烧结**。

这样的定义仅仅描述了坯体宏观上的变化, 而对烧结本质的揭示不够。近年来在国际烧结学术讨论会上, 一些学者认为, 为了揭示烧结的本质, 必须强调粉末颗粒表面的黏结和粉末内部物质的传递与迁移。因为只有物质的迁移才能使气孔填充和强度增加。他们研究和分析了黏结和凝聚的烧结过程后认为: 由于固态中分子 (或原子) 的相互吸引, 通过加热, 使粉末体产生颗粒黏结, 经过物质迁移使粉末体产生强度并导致致密化和再结晶的过程称为**烧结**。

由于烧结体宏观上出现体积收缩, 致密度提高和强度增加, 因此烧结程度可以用坯体收缩率、气孔率、吸水率或烧结体密度与理论密度之比 (相对密度) 等指标来衡量。

10.1.2　与烧结有关的一些概念

在材料制备科学与技术中经常会碰到与烧结有关联但又有区别的一些概念, 如烧成、熔融、固相反应等, 在此做简单的对比说明。

10.1.2.1　烧结与烧成

烧成包括多种物理和化学变化，例如脱水、坯体内气体分解、多相反应和熔融、溶解、烧结等。烧结一般仅指粉料在加热条件下，经历一系列较为简单的物理变化，最终达到粉末坯体致密化的过程。因此，准确地说，它仅是烧成过程的一个重要组成部分。而烧成的含义及包括的范围更广，如普通耐火材料制备过程中从坯体进入隧道窑到制品离开隧道窑的整个过程可称为耐火材料的烧成。

10.1.2.2　烧结与熔融

熔融过程与烧结过程都是由于原子热振动引起的，即由晶格中原子的振幅在温度升高的影响下增大，使原子间联系减弱而引起。熔融要在熔融温度以上的高温条件下进行，而烧结却是在远低于主要固态物质成分的熔融温度下进行。

泰曼发现烧结温度（T_S）和熔融温度（T_M）的关系有一定关系：

金属粉末：$T_S \approx (0.3 \sim 0.4) T_M$；

盐类：$T_S \approx 0.57 T_M$；

硅酸盐：$T_S \approx (0.8 \sim 0.9) T_M$。

此外，熔融时系统中全部组元都转变为液相，而烧结时则至少有一种组元处于固态。

10.1.2.3　烧结与固相反应

两者均在低于材料主成分的熔点或体系的熔融温度下进行，且在过程中自始至终都至少有一相处于固态。不同之处是固相反应必须至少有两个组元参加（如 A 与 B）并且两者发生化学反应，生成化合物 AB，最终形成的化合物 AB 的结构与性能不同于 A 与 B。而烧结可以是仅有单组元或者两组元及多组元参加，但组元之间不发生化学反应，仅仅在毛细管力、表面能等烧结推动力的驱动下由粉状聚集体变为致密烧结体。

从结晶化学角度看，烧结体除了出现较大体积收缩、结晶程度变化（如结晶程度更加完善等）外，其晶相组成并没有发生变化。另外，原有晶相的微观组织排列发生了变化并导致致密化。当然，在烧结过程中也可能伴随有某些化学反应的发生，如在特种烧结中，添加的第二相烧结助剂可能会参与化学反应过程，但烧结过程与化学反应之间并没有直接关系。整个烧结过程完全没有化学反应参与，而仅仅是一个粉末聚集体的致密化过程。固相反应则不同，原有物相的晶相结构被破坏，形成了新物相的晶体结构和新的显微组织结构。在实际生产过程中，烧结与固相反应往往是同时穿插进行的，没有明确的时间与空间的分界线。

10.1.3　烧结分类

根据烧结系统、烧结条件的不同，烧结过程和控制因素也发生变化，烧结分类的标准也不同。一般而言，有如下几种主要的分类方法：

（1）根据烧结过程是否施加压力分类。烧结可分为不施加外部压力的无压烧结（pressureless sintering）和施加外部压力的加压烧结（applied pressure or pressure-assited sintering）两大类。

（2）根据烧结过程中主要传质媒介分类。烧结可分为固相烧结（solid phase sintering）和液相烧结（liquid phase sintering）两大类。一般将无液相参与的烧结即只在单纯固相颗粒之间进行的烧结称为固相烧结，而有部分液相参与的烧结过程称为液相烧结。

（3）根据烧结体系的组元多少分类。烧结可分为单组元系统烧结、二组元系统烧结和多组元系统烧结。单组元系统烧结在烧结理论的研究中非常有用。而实际的粉末材料烧结大都是二组元系统或多组元系统烧结。

（4）根据烧结是否强化手段分类。烧结可以分为常规烧结和强化烧结两大类。不施加外加烧结推动力，仅靠被烧结组元的扩散传质进行的烧结称为常规烧结；相反，通过各种手段，施加额外的烧结推动力的烧结称为强化烧结或特种烧结。强化烧结的种类非常多，主要有：添加第二相粉末作为烧结活化剂（又称烧结添加剂或烧结助剂等）的活化烧结（activated sintering）；利用部分组元在烧结温度形成液相，促进扩散传质的液相烧结（liquid phase sintering）；施加额外外部压力的加压烧结，包括热压烧结（hot pressing sintering）和热等静压烧结（hot isostatic pressing sintering）等；反应烧结；微波烧结；电弧等离子烧结；自蔓延烧结等。

可以预见，随着烧结理论与实验科学技术的发展，新的烧结技术还将不断涌现。

10.2 烧 结 机 理

10.2.1 烧结推动力

由于烧结的致密化过程是通过物质传递和迁移实现的，因此必然存在某种推动力才能推动物质的定向迁移。实际上，粉体颗粒尺寸很小，比表面积大，具有较高的表面能，即使在加压成型体中，颗粒间接触面积也很小，总表面积很大而处于较高能量状态。根据能量最低原理，系统将自发地向低能量状态变化，使系统的表面能减少。可见，烧结是一个自发的不可逆过程，系统表面能降低是推动烧结进行的基本动力。

表面张力会使弯曲液面产生毛细孔引力或附加压强差 Δp。对于半径为 r 的球形液滴，此压强差为：

$$\Delta p = \frac{2\gamma}{r} \tag{10-1}$$

对于非球形曲面则为：

$$\Delta p \approx \gamma \left(\frac{1}{r_1} + \frac{1}{r_2} \right) \tag{10-2}$$

式中 r_1，r_2——非球形曲面的两个主曲率半径。

表面张力还能使凹凸表面处的蒸气压 p 分别低于和高于平面表面处的蒸气压 p_0，其关系可以用开尔文公式表达：

$$\ln \frac{p}{p_0} = \frac{2M\gamma}{dRTr} \tag{10-3}$$

对于非球形表面

$$\ln \frac{p}{p_0} = \frac{M\gamma}{dRT} \left(\frac{1}{r_1} + \frac{1}{r_2} \right) \tag{10-4}$$

式中 d——液体密度；

M——相对分子质量；

R——理想气体常数。

显然，式（10-1）、式（10-2）表达了弯曲表面的曲率半径和表面张力以及作用在该曲面上压力之间的相互关系。对于表面能约为 $1 \times 10^{-4} \mathrm{J/cm^2}$ 的氧化物，按照式（10-1）计算，当颗粒半径为 $1 \mu m$ 时，附加压强差 Δp 约为 2MPa，这显然是十分可观的。对于如图

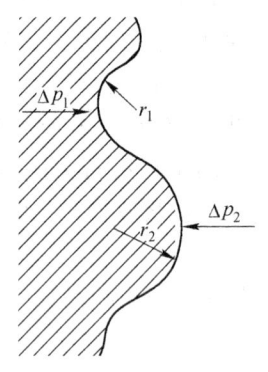

图 10-3   凹凸不平的固体表面的附加压强差及物质迁移

10-3 所示的表面凹凸不平的固体颗粒，其凸面处呈正压，凹面处呈负压，故存在使物质自凸面处向凹面处迁移，或使空位反向迁移的趋势，即物质从凸面处蒸发，通过气相传递至凹面处凝聚，这时物质迁移的推动力应是 Δp_1 与 Δp_2 之和。

式（10-4）表达了在一定温度下，表面张力对不同曲率半径的弯曲表面上蒸气压的影响关系。因此，如果固体在高温下有较高蒸气压，则可以通过气相导致物质从凸表面向凹表面处传递。此外，在后面将进一步讨论到，若以固体表面的空位浓度 C 或固体溶解度 L 分别代替式（10-4）中的蒸气压 P，则对于空位浓度和溶解度也都有类似于式（10-4）的关系，导致了传质单元在不同弯曲表面之间的化学位梯度，实现了烧结过程所必需的物质迁移。由此可见，作为烧结基本推动力的表面张力降低在不同的烧结机理中可以通过流动、扩散和液相或气相传递等方式推动物质的迁移。但由于固体颗粒内部原子间强的键合作用和巨大的内聚力，这在很大程度上限制着烧结的进行，只有当固体质点具有明显可动性时，烧结才能以较快的速率进行，故温度对烧结速率有本质影响。一般当温度接近于泰曼温度 $(0.5 \sim 0.8)T_\mathrm{M}$ 时，烧结速率就明显地增加。

目前常用晶界能 γ_{GB} 和表面能 γ_{SV} 的比值来衡量烧结的难易程度，某材料的 γ_{GB}/γ_{SV} 越小，则越容易烧结，反之难以烧结。为了促进烧结，须使 $\gamma_{SV} \gg \gamma_{GB}$，$\gamma_{SV}$ 越大，烧结越容易。如一般 Al_2O_3 粉的表面能为 $1\mathrm{J/m^2}$，而晶界能为 $0.4\mathrm{J/m^2}$，两者差别较大，烧结容易进行。但一些共价键化合物如 Si_3N_4、SiC、AlN 等，它们的 γ_{GB}/γ_{SV} 较大，故烧结推动力小而不易烧结。

10.2.2   烧结机理

烧结包括颗粒间的接触、黏附及在烧结推动作用下的物质传递过程，故烧结机理也涉及到颗粒间怎样黏附，以及物质经什么途径传递等两个问题。

10.2.2.1   颗粒间的黏附作用

把两根新拉制的玻璃纤维相互叠放在一起，然后沿纤维长度方向轻轻地相互拉过，即可发现其运动是黏滞的，两根玻璃纤维会互相黏附一段时间，直到玻璃纤维弯曲时才被拉开，这说明两根玻璃纤维在接触处产生了黏附作用。许多其他实验也同样证明，只要两固体表面是新鲜或清洁的，而且其中一个是足够细或薄的，黏附现象总会发生。倘若用两根粗的玻璃棒做实验，则上述的黏附现象就难以被察觉。这是因为一般固体表面即使肉眼看来是足够光洁的，但从分子尺度看仍是很粗糙的，彼此间接触面积很小，因而黏附力比起两者的质量就显得很小。

由此可见，黏附是固体表面的普遍性质，它起因于固体表面力。当两个表面靠近到表面力场作用范围时，即发生键合而黏附。黏附力的大小直接取决于物质的表面能和接触面积，故粉状物料间的黏附作用特别显著。让两个表面均匀润湿一层水膜的球形粒子彼此接触，水膜将在水的表面张力作用下变形，使两颗粒迅速拉近靠拢和聚结，如图 10-4 所示。在这过程中水膜的总表面积减少了 δ_S，系统总表面能降低了 $\gamma\delta_S$，在两个颗粒之间形成了一个曲率半径为 ρ 的透镜状接触区（通常称颈部）。对于没有水膜的固体粒子，因固体的刚性使它不能向水膜那样迅速而明显地变形，但是相似的作用仍然会发生。因为当黏附力足以使固体粒子在接触点处产生微小塑性变形时，这种变形就会导致接触面积增大，而扩大了接触面，又会使黏附力进一步增加并获得更大的变形，依次循环和叠加就可能使固体粒子间产生类似于图 10-4 那样的黏附，如图 10-5 所示。因此，黏附作用是烧结初始阶段，导致粉体颗粒间产生键合、靠拢和重排，并开始形成接触区的一个原因。

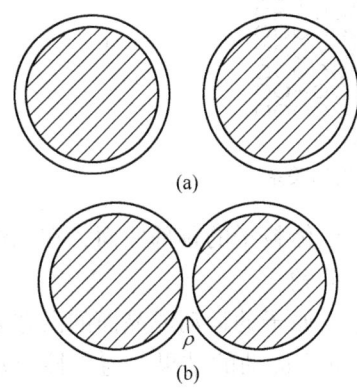

图 10-4　表面存在水膜的两固体球的黏附

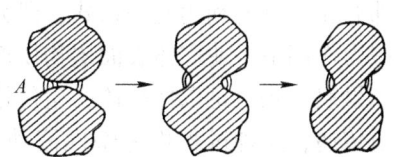

图 10-5　在扩展的黏附接触面上的变形作用
（A 处的细线表示黏附力）

10.2.2.2　粉末烧结的传质机理

如上所述，烧结是粉末体系在高温加热条件下进行的表面积减少、气孔排除进而达到致密化的过程。从原子水平的微观机制分析，实现烧结致密化的关键是仅有点接触的粉末颗粒之间，在高温条件下的物质迁移的传质过程。只有保证颗粒之间在烧结推动力作用下进行有效的物质传递，才能使得颗粒的比表面积不断减少，气孔不断排除，最后达到完全致密化的烧结目的。虽然烧结过程的传质过程和途径多种多样，但大都可以归入到黏性流动传质、固相扩散传质、固相-气相之间的蒸发凝聚传质以及固相-液相之间的溶解-沉淀传质等四大类过程。

A　流动传质机理

高温条件下，颗粒接触部分在表面张力作用下通过变形、流动引起物质的迁移。属于这类传质机理的有黏性流动传质和塑性流动传质。

在实际晶体中总是有缺陷的。在不同温度下，在晶体中总存在一定数目的平衡空位浓度。随温度升高，质点热振动变大，空位浓度增加，并可能依序向邻近的空位位置移动。由于空位是统计均匀分布的，故质点的这种迁移在整体上并不会有定向的物质流产生，如图 10-6（a）所示。但若存在着某种外力场，如表面张力作用时，则质点（或空位）就会优先沿此表面张力作用的方向移动，如图 10-6（b）所示，并呈现相应的定向物质流，其迁移量是与表面张力大小成比例的，并服从如下黏性流动关系：

$$\frac{F}{S} = \eta \frac{\partial v}{\partial x} \tag{10-5}$$

式中　　$\dfrac{F}{S}$ —— 剪切应力；

$\dfrac{\partial v}{\partial x}$ —— 流动速度梯度；

η —— 黏度系数。

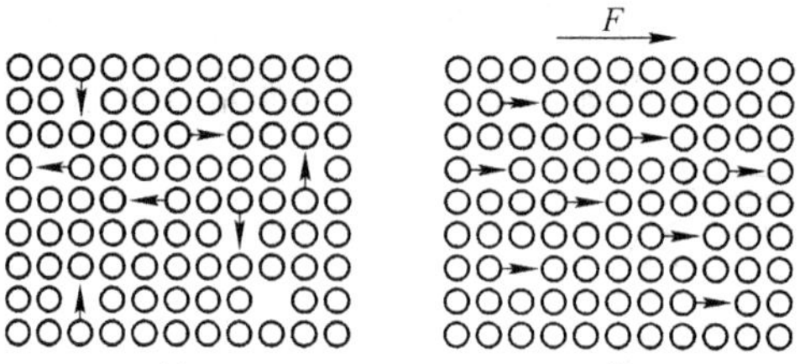

图 10-6　晶体中空位迁移与外力作用的关系

弗仑克尔首先利用此关系式，研究了相互接触的两个固体粒子的颈部曲面，在毛细管表面张力作用下，使固体表面层物质产生黏性流动的烧结问题。

如果表面张力足以使晶体产生位错，这时质点通过整排原子的运动或晶面的滑移来实现物质传递，这种过程称为塑性流动。可见塑性流动是位错运动的结果。与黏性流动不同，塑性流动只有当作用力超过固体屈服点时才能产生，其流动服从宾汉姆（Bingham）型物体的流动规律，即：

$$\frac{F}{S} - \sigma = \eta \frac{\partial v}{\partial x} \tag{10-6}$$

式中　σ——极限剪切应力。

而在高温和加压条件下，当烧结颗粒接触处的应力足够大时，往往可能超过极限应力而产生应力屈服，导致大量原子团簇滑移等的物质迁移行为，因此，塑性流动机理大多用来解释加压的烧结行为。

B　扩散传质

无机非金属材料在高温下挥发性一般都很小，而高温条件保证了物质的有效扩散。故一般烧结过程的物质迁移都是通过扩散传质来实现的。

在一定温度下，晶体中经常会出现热缺陷（如空位等），这种缺陷的浓度随温度升高而成指数规律增加。在接近烧结温度时，这样的热缺陷数量是很多的。借助于浓度梯度的推动，空位等热缺陷就可能在颗粒表面或内部产生扩散迁移。同时，在粉末颗粒的各个部位，空位浓度是有差异的。在颗粒表面和晶粒交界处的原子或离子排列不规则，它们的活性比晶粒内的原子或离子大，故在表面与晶界上的空位浓度较晶粒内部大。在晶粒交界处的颈部与任何细孔一样，可看作空位的发源地。这样就在颈部、晶界、表面和晶粒内部存在一个空位由多到少的空位浓度梯度。颗粒越细，表面能越大，空位浓度越大，烧结推动力越大。

a 颈部应力

烧结初期，由于黏附作用使粒子间的接触界面逐渐扩大，但固相颗粒相互接触的情况，一般接触处不是理想的点接触，而是一个有一定面积的接触区域，称为颈部，颈部的结构和可能的作用力分布如图 10-7 所示。图中，r_n 为颈部接触面的半径，r 为颈部外表面的曲率半径。则颗粒接触颈部的毛细管力为 $\sigma = \Delta p = \gamma\left(\dfrac{1}{r_n} - \dfrac{1}{r}\right)$，式中的负号表示由"孔洞"内出发计算。凹的颈部表面存在着向外，即向"孔洞"方向的拉伸应力 σ，相当于在两球接触面的垂直中心线方向存在着使两球靠近的压应力。这种接触面毛细管力使得"孔洞"承受一个指向各"孔洞"中心的压应力。

如图 10-8 所示为颈部曲面上的作用力示意图。取颈部曲面上 ABCD 单元曲面，该单元曲面可用 ρ 与 x 两个曲率半径及曲面圆内角 θ 表示，曲率半径为 ρ 的圆内角与曲率半径为 x 的圆内角大小相等（θ），方向相反，设 x 为正值，则 ρ 为负值。由表面张力产生的作用于 ABCD 表面上切线方向的力，可由表面张力定义求出：

$$F_x = \gamma\,\overline{AD} = \gamma\,\overline{BC}; \quad F_\rho = \gamma\,\overline{AB} = \gamma\,\overline{CD} \tag{10-7}$$

式中，γ 为表面张力；$\overline{AD} = \rho\sin\theta$；$\overline{AB} = x\sin\theta$。

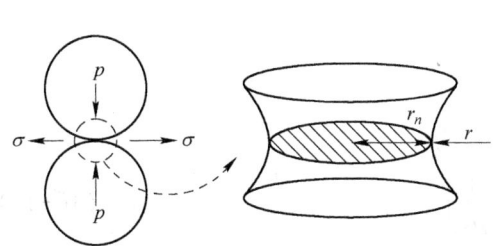

图 10-7 烧结颈部结构示意图

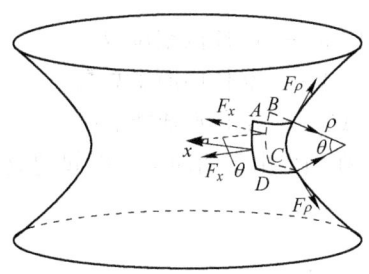

图 10-8 颈部曲面上的作用力示意图

当 θ 很小时，$\sin\theta \approx \theta$，则有：

$$F_x = \gamma\rho\sin\theta = \gamma\rho\theta; \quad F_\rho = -\gamma x\theta \tag{10-8}$$

垂直于 ABCD 面的作用力总和 F 等于：

$$F = 2\left(F_x\sin\frac{\theta}{2} + F_\rho\sin\frac{\theta}{2}\right) \tag{10-9}$$

将 F_x 和 F_ρ 值代入上式，并取 $\sin\dfrac{\theta}{2} \approx \dfrac{\theta}{2}$，则有：

$$F = \gamma\theta^2(\rho - x) \tag{10-10}$$

作用于单位面积 ABCD 上的应力 σ，可由式（10-10）除以面积获得：

$$\sigma = \frac{\gamma\theta^2(\rho - x)}{x\rho\theta^2} = \gamma\left(\frac{1}{x} - \frac{1}{\rho}\right) \tag{10-11}$$

而通常有 $x \gg \rho$，故有：

$$\sigma \approx -\frac{\gamma}{\rho} \tag{10-12}$$

式（10-12）表明作用在颈部的应力主要由 F_ρ 产生，F_x 可忽略不计。并且 σ_ρ 是张应力，从颈部表面沿半径指向外部。若有两颗粒直径均为 $2\mu m$，接触颈部半径 x 为 $0.2\mu m$，此时颈部表面的曲率半径约为 $0.01 \sim 0.001\mu m$，若表面张力为 $72 J/cm^2$，则根据式（10-12）可计算得 $\sigma_\rho \approx 10^7 N/m^2$。

在烧结前的粉末聚集体如果是由尺寸相同的颗粒堆积成的理想紧密堆积，颗粒接触点上的压应力相当于外加静压力。但在实际系统中，由于颗粒尺寸大小不一、颈部形状不规则和堆积方式不相同等因素，颗粒之间接触点上应力分布将产生局部剪应力。在剪应力的作用下可能出现晶粒彼此之间沿晶界剪切滑移，滑移方向由不平衡的剪切力方向确定。在烧结开始阶段，在局部剪应力和静压力的作用下，颗粒间出现重新排列而使坯体堆积密度提高、气孔率降低，但晶粒形状没有变化，故颗粒重排不能导致气孔完全排除。

b　曲面过剩空位浓度

由于凹面上及气孔内曲面压力为负值，故在这一负压的作用下，凹面上的蒸气压比平面上低，凹面与气孔表面附近含有的空位浓度也比平面处大，即在凹面与气孔表面附近存在过剩的空位浓度 ΔC。

在不受应力的晶体中，空位浓度 C_0 是温度的函数，并可写作：

$$C_0 = \frac{n}{N} = \exp\left(-\frac{\Delta G_f}{kT}\right) \qquad (10-13)$$

式中　n——晶体内空位数；

N——晶体内原子总数；

ΔG_f——空位形成能。

在颈部由于曲面特性引起的应力（毛细管力）为：

$$\sigma = \gamma\left(\frac{1}{\rho_1} + \frac{1}{\rho_2}\right) \qquad (10-14)$$

若质点（原子或离子）直径为 δ，并近似地令空位体积为 δ^3，这样，在颈部区域形成一个空位时，毛细孔引力所作的功为 $\Delta W = \gamma\delta^3\left(\frac{1}{\rho_1} + \frac{1}{\rho_2}\right)$。故在颈部表面形成一个空位所需的能量应为 $\Delta G_f - \gamma\delta^3\left(\frac{1}{\rho_1} + \frac{1}{\rho_2}\right)$，相应的空位浓度为：

$$C = \exp\left[-\frac{\Delta G_f}{kT} + \frac{\gamma\delta^3}{kT}\left(\frac{1}{\rho_1} + \frac{1}{\rho_2}\right)\right] \qquad (10-15)$$

一般烧结温度下，考虑 $\gamma\delta^3 \ll \rho kT$，颈部表面相对其他部位的过剩空位浓度最终可写为：

$$\frac{C - C_0}{C_0} = \frac{\Delta C}{C_0} = \exp\left[\frac{\gamma\delta^3}{kT}\left(\frac{1}{\rho_1} + \frac{1}{\rho_2}\right)\right] - 1 \approx \frac{\gamma\delta^3}{kT}\left(\frac{1}{\rho_1} + \frac{1}{\rho_2}\right) \qquad (10-16)$$

当曲面为类似图 10-8 所示的凹面环时，$\rho_1 = \rho$，$\rho_2 = x$，当 $x \gg \rho$ 时，式（10-16）可简化为 $\frac{\Delta C}{C_0} \approx \frac{\gamma\delta^3}{\rho kT}$，则：

$$\Delta C = \frac{\gamma\delta^3}{\rho kT}C_0 \qquad (10-17)$$

由式（10-17）可知，一定温度下，空位浓度与表面张力成正比。在这个空位浓度差的推动下，空位从颈部表面不断向颗粒的其他部分扩散，而固体质点则向颈部逆向扩散。这时，颈部表面起着空位源的作用，由此迁移出去的空位最终必在颗粒的其他部分消失，这个消失的场所也可称为空位阱，它实际上就是提供形成颈部的原子或离子的物质源。由式（10-17）可见，在一定温度下空位浓度差是与表面张力成正比的，因此由扩散机理进行的烧结过程，其推动力也是表面张力。

由于颗粒扩散既可以沿颗粒表面或界面进行，也可能通过颗粒内部进行，并在颗粒表面或晶界上消失。为了区别，通常分别称为**表面扩散**、**界面扩散**和**体积扩散**。

C 蒸发-凝聚传质机理

固-气相间的蒸发凝聚传质产生的原因是因为粉末体球形颗粒凸表面与颗粒接触点颈部之间的蒸气压差。

一般，烧结体中烧结颗粒平均细度较小，而且实际颗粒表面各处的曲率半径变化较大。开尔文公式表明不同曲率半径处的蒸气压不同。因此，物质将从蒸气压高的凸表面处蒸发，通过气相传质到呈负蒸气压的凹处表面（如烧结颗粒的颈部）处凝聚，从而颈部逐渐被填充，导致颈部逐渐长大。这样，颗粒间的接触面增加，并伴随颗粒和孔隙形状的改变，导致表面积减少，促进了烧结体的致密化过程。

D 溶解-沉淀传质机理

在有液相参与的烧结中，若液相能润湿和溶解固相，由于小颗粒的表面能较大，其溶解度也就比大颗粒大，溶解度与颗粒尺寸之间存在如下关系：

$$\ln \frac{C}{C_0} = \frac{2\gamma_{LS}M}{\rho RTr} \tag{10-18}$$

式中 C，C_0——小颗粒和普通颗粒的溶解度；

$\quad\quad\gamma_{LS}$——固-液相间表面张力；

$\quad\quad r$——小颗粒半径。

由式（10-18）可见，溶解度随颗粒半径减小而增大，故小颗粒将优先溶解，并通过液相不断向周围扩散，使液相中该物质的浓度随之增加，当达到较大颗粒的饱和浓度时，就会在其表面沉淀析出。这就使颗粒间界面不断推移，大小颗粒间孔隙逐渐被填充从而导致烧结和致密化。这种通过高温液相传质的机理称为溶解-沉淀传质机理。

由以上分析可见，烧结传质机理是复杂和多样的。在实际烧结过程中，往往多个机理同时起作用。在不同的烧结体系，烧结条件和烧结的不同阶段，这些烧结机理的贡献也不尽相同。在特定条件下，往往是某一种或数种机理起主导作用，而当条件改变时可能取决于另一种传质机理，这需要根据具体情况，结合实验研究数据和烧结理论进行研究。

10.3 固相烧结动力学

从前面讨论可知，传质方式不同，烧结机理也不相同；对于不同物料，起主导作用的机理会有不同，即使同一物料在不同的烧结阶段和条件下也可能不同。烧结的各个阶段，坯体中颗粒的接触情况各不相同。为了便于建立烧结的动力学关系，目前只能从简化模型出发，针对不同的机理，建立不同阶段的动力学关系。

10.3.1　烧结模型

烧结是从粉状集合体转变为致密烧结体的过程，故颗粒形状与大小直接决定了颗粒间堆积状态和相互接触情况，并最终影响烧结。早期的研究以复杂粉末团块为研究对象，后来，为了定量地进行烧结理论分析，在对复杂烧结粉体结构特征进行分析的基础上，经简化处理，建立了各种简化而有效的烧结理论模型。1949 年库津斯基（G. C. Kuczynski）在这方面的研究工作具有开创性意义。他提出了由两个孤立的颗粒或者颗粒与平板组成的简单烧结体系，并进行了烧结机理与理论研究。

烧结之前的样品一般为粉末颗粒的成型体（通常含有 35%~60%的气孔），从数学计算和颗粒堆积模型的简化角度考虑，圆球状颗粒最为简单，也便于建立数学模型进行计算。因此，库津斯基（G. C. Kuczynski）提出可将烧结初期的粉末颗粒的烧结模型简化为：粉末颗粒是等径圆球体，经成型后的粉末颗粒按等径球体紧密堆积原理进行堆积，在平面上排列方式是每个球分别与 4 个或 6 个球相接触，在立体堆积中最多与 12 个球相接触，如图 10-9 所示。

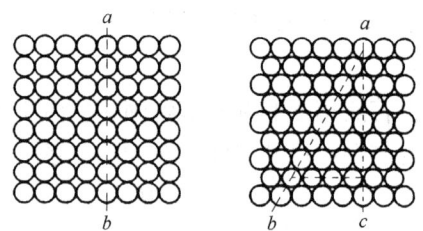

图 10-9　在成型体中颗粒的平面排列示意图

随着烧结的进行，各接触点处开始形成颈部并逐渐扩大，最后彼此烧结成一个整体，整个烧结过程可以看作是通过每一个接触区的颈部成长加和而成。由于各个接触点所处的环境和几何条件相同，所以最后可以用一个接触点处的颈部生长速率来近似描述整个烧结体的烧结动力学。根据上述简化模型，各颈部所处的环境和几何条件相同，故只需确定两个颗粒形成的颈部生长速率，就基本代表了整个烧结初期的动力学。

对颗粒接触点颈部通常采用两个等径球，或者球-平面（相当于半径较大的球）两种简化模型处理，即所谓的（等径）双球模型和平面-球模型。双球模型中，则有两种情况，一种是颈部增长不引起两球间中心距离的缩短，另一种则是两球间中心距离随着颈部增长而缩短，如图 10-10 所示。

假设烧结初期，粒径 r 变化很小，仍为球形，颈部半径 x 很小。则颈部体积 V、表面积 S 和表面曲率 ρ 与 r、x 的关系如表 10-1 所示。

表 10-1　颈部体积 V、表面积 S 和表面曲率 ρ 与 r、x 的关系

项　目	表面曲率 ρ	表面积 S	颈部体积 V
平面-球	$x^2/2r$	$\pi x^3/r$	$\pi x^4/2r$
双球（中心距不变）	$x^2/2r$	$\pi x^3/r$	$\pi x^4/2r$
双球（中心距缩短）	$x^2/4r$	$\pi x^3/2r$	$\pi x^4/2r$

烧结引起宏观尺寸收缩，致密度增加，故可用收缩率来衡量烧结程度，对于中心距的

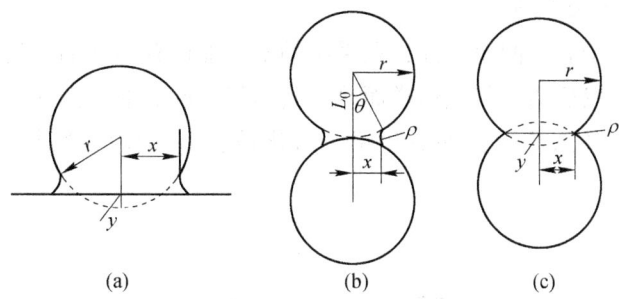

图 10-10 烧结模型

ρ—颈部曲率半径；r—颗粒的初始半径；x—颈部半径

变化情况，如图 10-10（c）所示，烧结收缩是由于随着颈部长大，双球间距离缩短所引起的。设烧结后中心距从 L_0 收缩了 ΔL，则有：

$$\frac{\Delta L}{L_0} = \frac{r - (r + \rho)\cos\theta}{r} \tag{10-19}$$

在烧结初期 θ 很小，$\cos\theta \approx 1$，故有：

$$\frac{\Delta L}{L_0} = -\frac{\rho}{r} \tag{10-20}$$

因为 $\rho = \dfrac{x^2}{4r}$，故有：

$$\frac{\Delta L}{L_0} = -\frac{\rho}{r} = -\frac{x^2}{4r^2} \tag{10-21}$$

因此，烧结时物质的迁移速率应等于颈部体积的增长，故可由此导出各种传质机理的动力学方程。需要指出的是，以上三个烧结模型仅仅适用于烧结初期。随着烧结进行，原先的球形颗粒将会变形，故在烧结中后期，需要用另外的模型来描述烧结过程。

10.3.2 烧结初期特征和动力学

10.3.2.1 烧结初期特征

在烧结初期，颗粒间仅发生重排与键合，颗粒和孔隙形状变化很小，颈部相对变化 $\dfrac{x}{r}$ 小于 0.3，线收缩率 $\dfrac{\Delta L}{L_0}$ 小于 5%。烧结初期，质点由颗粒其他部位传递到颈部，空位自颈部反向迁移到其他部位而消失，所以颈部的体积增长速率等于传质速率（即物质迁移速率），这样就可以推导出各种机理的动力学方程。

10.3.2.2 动力学关系

实际烧结过程中，物质迁移方式是很复杂的，没有一个机理能说明一切烧结现象。多数研究者认为，在烧结过程中，不是单独一种机理在起作用。但在一定条件下，某种机理占主导地位，条件改变，起主导作用的机理有可能随之改变。

烧结初期，由于颈部首先长大，故烧结速率多以颈部相对变化 x/r 与烧结时间 t 的关系来表达，即：$\left(\dfrac{x}{r}\right)^n \propto t$ 或 $\dfrac{x}{r} \propto t^{\frac{1}{n}}$，烧结机理不同，$n$ 值也不相同。

A　蒸发-凝聚传质机理

在高温过程中由于表面曲率不同，在系统的不同部位有不同的蒸气压，物质就会从蒸气压高的凸处蒸发，然后通过气相传递而凝聚到蒸气压低的部位。这种传质过程大多见于在高温下蒸气压较大的系统中，如氧化铅、氧化铍和氧化铁的烧结。蒸发-凝聚传质模型如图10-11所示。

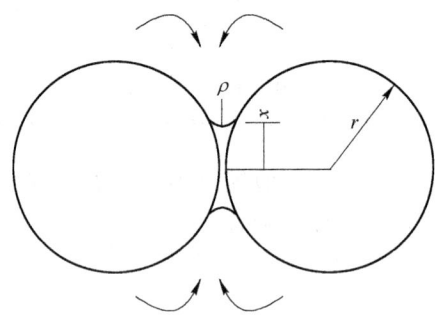

图 10-11　蒸发-凝聚传质模型

在球形颗粒表面有正曲率半径，而在两个颗粒连接处则有一个小的负曲率半径的颈部，根据开尔文公式，物质将从蒸气压高的凸形表面蒸发，通过气相传递而在蒸气压低的凹形颈部凝聚下来，使颈部逐渐被填充。图10-11所示的球形颗粒半径 r 和颈部曲率半径 ρ 之间的开尔文关系为：

$$\ln \frac{p_1}{p_0} = \frac{\gamma M}{dRT}\left(\frac{1}{\rho} + \frac{1}{r}\right) \tag{10-22}$$

式中　p_1——曲率半径为 ρ 处的蒸气压；

　　　p_0——球形颗粒表面蒸气压；

　　　γ——表面张力；

　　　d——密度。

式（10-22）反映了蒸发凝聚传质产生的原因（曲率半径差异）和条件（颗粒要足够小，压差才显著）。同时上式也反映了相对蒸气压差与颗粒曲率半径的定量关系。几种物质的曲率半径、蒸气压差关系如表10-2所示，由表可见只当颗粒半径在10μm以下时，蒸气压差才较显著表现出来，颗粒半径在约5μm以下时，由曲率半径差异引起的压差已十分显著，故一般粉末的烧结过程要求粉料的粒度至少要在10μm以下。

表 10-2　弯曲表面的压力差

物　　质	表面张力/mN·m^{-1}	曲率半径/μm	压力差/MPa
石英玻璃	300	0.1	12.3
		1.0	1.23
		10.0	0.123

物　　质	表面张力/mN·m⁻¹	曲率半径/μm	压力差/MPa
液态钴（1500℃）	1935	0.1	7.8
		1.0	0.78
		10.0	0.078
水（15℃）	72	0.1	2.94
		1.0	0.294
		10.0	0.0294
Al₂O₃ 固体（1850℃）	905	0.1	7.4
		1.0	0.74
		10.0	0.074
硅酸盐熔体	300	100	0.006

对于蒸发凝聚传质机理，其颈部增长速率表达式为：

$$\frac{x}{r} = \left(\frac{3\sqrt{\pi}\gamma M^{\frac{3}{2}} p_0}{\sqrt{2} R^{\frac{3}{2}} T^{\frac{3}{2}} d^2} \right)^{\frac{1}{3}} r^{-\frac{2}{3}} t^{\frac{1}{3}} \qquad (10\text{-}23)$$

因此，当物质以蒸发-凝聚传质方式迁移时，烧结速率方程式的特征是 x/r 与时间 t 的 1/3 次方成正比，若以 $\ln \frac{x}{r}$ 对 $\ln t$ 作图，则为一条直线，其斜率为 1/3。图 10-12 所示为氯化钠烧结时球形颗粒间颈部生长的 $\ln \frac{x}{r}$ 与 $\ln t$ 关系图，由图可见，与蒸发-凝聚传质机理获得的关系能很好吻合。

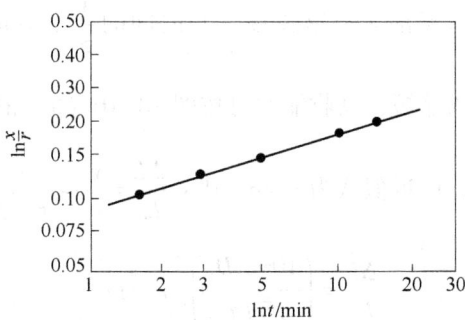

图 10-12　氯化钠烧结时球形颗粒颈部生长

B　扩散传质机理

实验表明大部分晶态材料，特别是氧化物的烧结，多数按扩散机理进行。库津斯基（Kuczynski）采用平板-球模型推导了基于体积扩散的烧结初期动力学方程。在推导时，令颈部表面作为空位源，质点从颗粒间界面扩散到颈部表面，空位反向扩散到界面上消失。由于毛细孔引力的作用，颈部表面过剩空位浓度差为 $\Delta C = \frac{\gamma \delta^3}{\rho k T} C_0$。故在单位时间内通过颈部表面积 A 的空位扩散速率等于颈部体积增长速率，并可由菲克扩散定律给出：

$$\frac{\mathrm{d}V}{\mathrm{d}t} = AD'\frac{\Delta C}{\rho} \tag{10-24}$$

式中　D'——空位扩散系数。

D' 与原子自扩散系数（体积扩散系数）D_v 的关系为：

$$D_V = D'\exp\left(-\frac{\Delta G_{\mathrm{f}}}{kT}\right) \tag{10-25}$$

由于平表面的空位浓度 C_0 应等于平衡空位浓度 $\exp\left(-\dfrac{\Delta G_{\mathrm{f}}}{kT}\right)$，所以有：

$$\Delta C = \frac{2\gamma\delta^3}{kT\rho}\exp\left(-\frac{\Delta G_{\mathrm{f}}}{kT}\right) \tag{10-26}$$

将式（10-25）、式（10-26）代入式（10-24）得：

$$\frac{\mathrm{d}V}{\mathrm{d}t} = AD_V\frac{2\gamma\delta^3}{kT\rho^2} \tag{10-27}$$

由表 10-1，对于球体-平板模型有：

$$\rho = \frac{x^2}{2r}; \quad A = \frac{\pi x^3}{r}; \quad V = \frac{\pi x^4}{2r}$$

将 ρ、A、V 值代入式（10-27）积分并整理得：

$$x^5 = \frac{10\gamma\delta^3}{kT}D_V r^2 t \tag{10-28}$$

或

$$\frac{x}{r} = \left(\frac{10\gamma\delta^3 D_V}{kT}\right)^{\frac{1}{5}} r^{-\frac{3}{5}} t^{\frac{1}{5}} \tag{10-29}$$

可见，体积扩散的烧结，其颈部半径增长率 $\dfrac{x}{r}$ 与时间的 $\dfrac{1}{5}$ 次方成正比，随着颈部半径长大，颗粒中心至平板的距离缩短，其收缩率可按图 10-10（a）的几何关系求得：$\dfrac{\Delta L}{L_0} = \dfrac{y}{r}$，考虑到烧结初期颈部很小，可近似认为 $y \approx \rho$，则：$\dfrac{\Delta L}{L_0} = \dfrac{y}{r} \approx \dfrac{\rho}{r} = \dfrac{x^2}{2r^2}$，故：

$$\frac{\Delta L}{L_0} = \left(\frac{10\gamma\delta^3 D_V}{\sqrt{2}\,kT}\right)^{\frac{2}{5}} r^{-\frac{6}{5}} t^{\frac{2}{5}} \tag{10-30}$$

即线收缩率分别与时间的 $\dfrac{2}{5}$ 次方和颗粒半径的 $-\dfrac{6}{5}$ 次方成正比。

式（10-29）和式（10-30）是扩散传质初期的动力学公式。这两个公式的正确性已由实验所证实。科布尔（Coble）对氧化铝和氟化钠进行了烧结实验，结果证实颈部增长速率随时间的 1/5 次方而增长，而坯体的线收缩率则与时间的 2/5 次方成正比。

在以扩散传质为主的烧结中，由式（10-29）和式（10-30）可见，从工艺角度考虑，在烧结时需要控制的主要变量有：

（1）烧结时间：由于颈部增长速率与时间的 1/5 次方成正比，颗粒中心距逼近与时间的 2/5 次方成正比，这两个关系可以由 Al_2O_3 和 NaF 试块在一定温度下烧结的线收缩与时间关系的实验来证实，如图 10-13 所示，即致密化速率随时间增长稳定下降，并产生一个明显的终点密度。

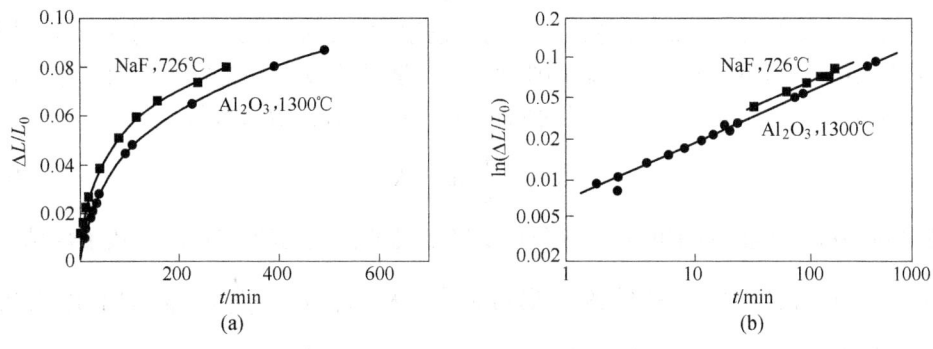

图 10-13　Al_2O_3 和 NaF 烧结初期的动力学研究结果

从扩散传质机理可知，随着烧结的进行，颈部扩大，曲率半径增大，传质的推动力——空位浓度差逐渐减小。因此以扩散传质为主的烧结，用延长烧结时间来达到坯体致密化的目的是不妥当的。对这一类烧结宜采用较短的保温时间，如 99.99% 的 Al_2O_3 瓷保温时间约 1~2h，不宜过长。

（2）原料的起始粒度：由式（10-29）可知，颈部增长与粒度的 3/5 次方成反比。图 10-14 所示为 Al_2O_3 在 1600℃ 烧结 100h 的颗粒尺寸与颈部增长的函数关系。由图可见，大颗粒原料在很长时间内也不能充分烧结（x/r 始终小于 0.1）。而小颗粒原料在同样时间内致密化速率很高（$x/r \rightarrow 0.4$），因此在扩散传质的烧结过程中，起始粒度的控制是相当重要的。

（3）温度对烧结过程有决定性作用。由式（10-29）和式（10-30）可见，温度 T 出现在分母上，似乎随温度升高，x/r、$\Delta L/L_0$ 会减小。但实际上随温度升高，扩散系数成指数上升，因此，升高温度必然会加快烧结的进行。图 10-15 所示为 Al_2O_3 在烧结初期收缩率随烧结温度升高而增加。

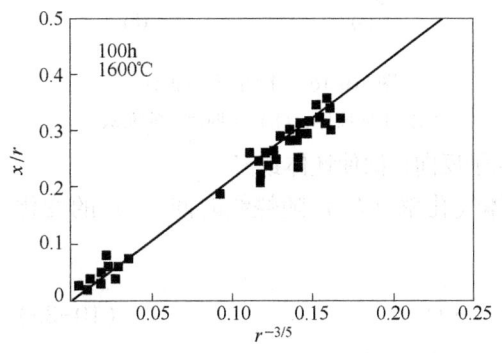
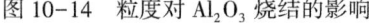
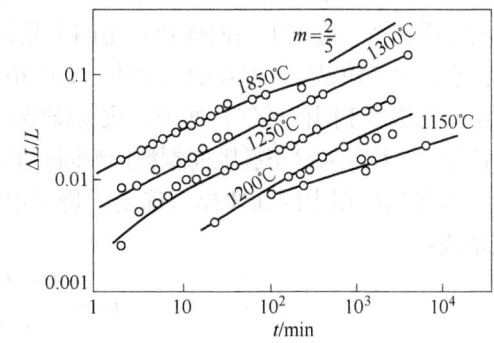

图 10-14　粒度对 Al_2O_3 烧结的影响　　　图 10-15　Al_2O_3 在烧结初期的收缩率与温度关系

由于采用了简化模型和对颈部的几何参数选取近似数值，加上实际烧结时通常是多种机理起作用，因此，把上述各方程应用于实际烧结过程中常会有偏差。尽管如此，这些定量描述对于估计初期的烧结速率，探讨和控制影响初期烧结的因素，以及判断烧结机理等还是有意义的。如果将式（10-29）和式（10-30）中各项可以测定的常数归纳起来，可以写成：

$$Y^n = Kt \qquad\qquad (10-31)$$

式中，Y 为烧结线收缩率（$\Delta L/L_0$）；K 为烧结速率常数；n 为指数，对于不同烧结机理，指数 n 的值不同。当温度不变时，表面张力 γ、扩散系数 D 等均为常数。对于给定的烧结体系，颗粒半径 r 也为常数，t 为烧结时间，将式（10-31）取对数得：

$$\ln Y = \frac{1}{n}\ln t + K' \qquad\qquad (10-32)$$

根据 $\ln Y$-$\ln t$ 直线的斜率可以估计和判断烧结机理，直线的截距 K' 反映了烧结速率常数 K 的大小。K 与温度的关系服从阿累尼乌斯关系 $K = K_0 \exp\left(-\dfrac{Q}{RT}\right)$，$Q$ 为烧结活化能，K_0 为常数。在烧结实验中通过阿累尼乌斯关系可以求得 Al_2O_3 烧结的扩散活化能为 690kJ/mol。

10.3.3　烧结中期动力学关系

烧结进入中期，颗粒开始黏结，颈部扩大，气孔由不规则形状逐渐变成由三个颗粒包围的圆柱形管道，气孔相互贯通。晶界开始移动，晶粒正常生长。与气孔接触的颗粒表面为空位源，质点扩散以体积扩散和晶界扩散为主而扩散到气孔表面，空位反向扩散而消失。坯体气孔率降为 5% 左右，收缩率达 90%。

经过初期烧结后，由于颈部生长使球形颗粒逐渐变成多面体形。此时晶粒分布及空间堆积方式等均很复杂，使定量描述更为复杂。科布尔（Coble）提出一个简单的多面体模型。他假设此时烧结体由众多个十四面体堆积而成，每个十四面体是由正八面体沿着它的顶点在边长为 1/3 处截去一段而成，这样的十四面体有六个四边形和八个六边形的面，按体心立方的方式完全紧密地堆积在一起。十四面体顶点是四个晶粒的交汇点，每条边是三个晶粒的交界线，如图10-16 所示，它相当于圆柱形气孔通道，成为烧结时的

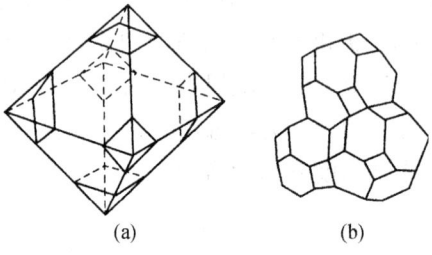

图 10-16　十四面体模型
(a) 十四面体；(b) 十四面体的堆积

空位源，空位从圆柱形孔隙向颗粒接触面扩散，而原子反向扩散使坯体致密。

科布尔根据十四面体模型确定了烧结中期坯体气孔率（P_c）随烧结时间（t）的变化关系式：

$$P_c = \frac{10\pi D_V \delta^3 \gamma}{KTL^3}(t_f - t) \qquad\qquad (10-33)$$

式中　L——圆柱形孔隙的长度；

　　　t_f——烧结进入中期的时间；

　　　t——烧结时间。

由式（10-33）可见，烧结中期气孔率与时间 t 成一次方关系。因而烧结中期致密化速率较快。

10.3.4　烧结后期动力学关系

进入烧结后期，气孔已完全封闭，相互孤立，气孔位于四个晶粒包围的顶点。晶粒已明显长大，质点通过晶界扩散和体积扩散，进入晶间近似球状的气孔中。坯体收缩达 90%~100%，密度达到理论值的 95% 以上。

为简化起见，科布尔采用截头十四面体模型，并假设气孔位于 24 个顶角上，形状近似球形，它是由 1 个圆柱形气孔随烧结时间进行向顶点收缩而形成，每个气孔为 4 个十四面体所共有。根据此模型，科布尔导出烧结后期孔隙率为：

$$P_c = \frac{6\pi D_v \delta^3 \gamma}{\sqrt{2}KTL^3}(t_f - t) \tag{10-34}$$

式（10-34）表明，烧结后期与中期并无显著差异。当温度和晶粒尺寸不变时，气孔率随烧结时间而线性减少。图 10-17 所示为 $\alpha\text{-}Al_2O_3$ 在不同温度下恒温烧结时相对密度随时间的变化。由该图可见，在 98% 理论密度以下的中后期恒温烧结时，坯体相对密度与时间呈现良好的线性关系。证明上述动力学关系与实际相符合。

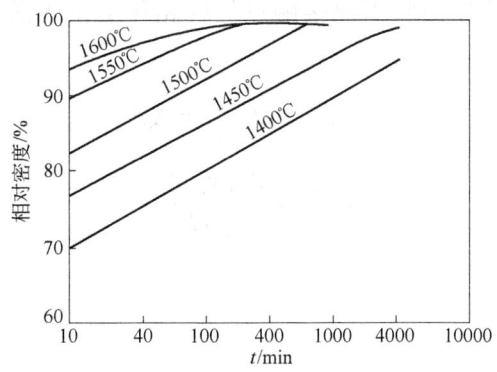

图 10-17　$\alpha\text{-}Al_2O_3$ 在不同温度下恒温烧结时相对密度随时间的变化关系

10.4　液相烧结动力学关系

凡有液相参与的烧结过程称为液相烧结。由于粉末中总含有少量杂质，因而大多数材料在烧结中都会或多或少地出现液相。即使在没有杂质的纯固相系统中，高温下还会出现"接触"熔融现象。因而纯粹的固态烧结实际上不易实现。在无机非金属材料制造过程中，液相烧结的应用范围很广泛。如长石质瓷、水泥熟料、高温材料（如氮化物、碳化物）等都采用液相烧结原理。

液相烧结与固相烧结的共同点是烧结的推动力都是表面张力。烧结过程也由颗粒重排、气孔填充和晶粒生长等阶段组成。二者的不同点是：由于流动传质速率比扩散传质快，因而液相烧结致密化速率高，可使坯体在比固态烧结温度低得多的情况下获得致密的烧结体。此外，液相烧结过程的速率与液相数量、液相性质（如黏度和表面张力等）、液相与固相润湿情况、固相在液相中的溶解度等有密切关系。下面以溶解沉淀传质机理为例加以讨论。

10.4.1　液相烧结的特点

液相烧结的推动力仍然是表面张力。通常固体表面能（γ_{SV}）比液体表面能（γ_{LV}）大。当满足（$\gamma_{SV}-\gamma_{SL}$）$>\gamma_{LV}$条件时，液相将润湿固相，由图10-18可见，当达到平衡时有如下关系：

$$\gamma_{SS} = 2\gamma_{SL}\cos\frac{\varphi}{2} \tag{10-35}$$

若$2\gamma_{SL}>\gamma_{SS}$，$\varphi>0$，液相不能完全润湿颗粒。反之，$2\gamma_{SL}<\gamma_{SS}$时，满足式（10-35）的φ角不成立，液相沿颗粒间界自由渗透使颗粒被分隔。因此，当满足$\gamma_{SV}>\gamma_{LV}>\gamma_{SS}>2\gamma_{SL}$时，固相颗粒将被液相润湿并相互拉紧，中间形成一层液膜，并在相互接触的颗粒之间形成颈部，液体表面呈凹面，如图10-19所示。对于曲率半径为ρ的凹面，将产生一个负压，即γ/ρ，γ为液相表面张力。曲率半径越小，产生的负压越大，这个力是指向凹面中心的，使液面向曲率中心移动。因此，在毛细孔引力的作用下，固相颗粒发生滑移、重排而趋于最紧密排列。最后，固相颗粒间的斥力与表面张力引起的拉力达到平衡，并使两颗粒接触点处受到很大的压力。该压力将引起接触点处固相化学位或活度的增加，并可用下式表示：

$$\mu - \mu_0 = RT\ln\frac{\alpha}{\alpha_0} = \Delta p V_0 \tag{10-36}$$

或

$$\ln\frac{\alpha}{\alpha_0} = \frac{2K_0\gamma_{LV}V_0}{r_p RT} \tag{10-37}$$

式中　K_0——常数；

$\quad\quad V_0$——摩尔体积；

$\quad\quad r_p$——气孔半径；

$\quad\alpha$，α_0——接触点处与平面处的离子活度。

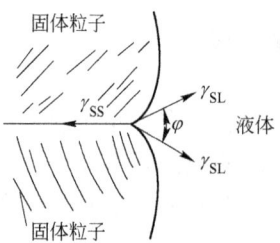

图10-18　液相对固相颗粒的润湿

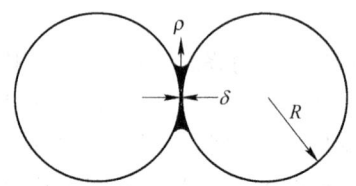

图10-19　固相颗粒被液相拉紧

显然，由式可见，接触点处活度增加可提供物质传递迁移的推动力。

因此，液相烧结过程也是以表面张力为推动力，通过颗粒的重排、溶解-沉淀以及颗粒长大等步骤来完成的。但要通过溶解-沉淀传质来实现液相烧结，必须满足以下的条件：（1）必须有显著数量的液相和合适的液相黏度，才能有效促进烧结；（2）固相在液相中应有显著的可溶性，否则，在表面张力作用下，物质的传递就与固相烧结时类似；（3）液相能完全润湿固相，否则相互接触的两个固相颗粒就会直接黏附，这样就只有通过固体内部的传质才能进一步致密化，而液相的存在对这些过程就没有实质的影响。

10.4.2　溶解沉淀传质过程动力学关系

10.4.2.1　颗粒重排

颗粒重排首先是在表面张力作用下，通过黏性流动，以及在一些接触点上，由于局部应力发生的塑性流动进行的。因而在这一阶段可粗略认为，致密化速率是与黏性流动相应，线收缩与时间约呈线性关系，即：

$$\frac{\Delta L}{L_0} = \frac{1}{3}\frac{\Delta V}{V_0} \propto t^{1+y} \qquad (10-38)$$

式中，指数 $y<1$，这是考虑到随烧结进行，被包裹的小气孔尺寸减少，作为烧结推动力的毛细孔压力增大，故 $1+y$ 应稍大于 1。

通过重排所能达到的致密度取决于液相量，当液相量较多时，可以通过液相填充孔隙达到很高的致密化；若液相数量不足，则液体既不能完全包围颗粒，也不能充分填充颗粒间间隙。当液体从一个地方流到另一个地方后，这时虽能产生颗粒重排，但不足以消除气孔。当液相数量超过颗粒边界薄层变形所需要的量时，在重排完成后，固体颗粒约占总体积的 60%~70%，多余液相可通过流动传质、溶解沉淀传质进一步填充气孔。这样可使坯体在这一阶段的烧结收缩达到总收缩率的 60% 以上。

10.4.2.2　溶解-沉淀

由于表面张力的作用，使颗粒接触处承受压应力，并按式（10-37）关系引起该处活度增加。故接触点处首先溶解，两颗粒中心相互靠近，如图 10-20 所示。在双球中心连线方向，每个球溶解量为 h，且形成半径为 x 的接触面；当 $h \ll x$ 时，被溶解的高度 h 与接触圆的半径有如下关系：

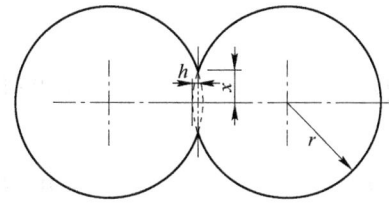

图 10-20　溶解沉淀过程烧结模型

$$h = \frac{x^2}{2r} \qquad (10-39)$$

已溶解的体积约为：

$$V = \frac{1}{2}\pi x^2 h = \frac{\pi x^4}{4r} \qquad (10-40)$$

如果设物质迁移速率是自接触圆出发，由沿其周围扩散的扩散流所决定，则此扩散流流量可与一个圆柱状的电热固体自中心向周围的冷却表面所辐射的辐射热流相比拟，则每一单位厚度的界面扩散流为：

$$J = 4\pi D\Delta C \qquad (10-41)$$

令边界厚度为 δ，则有：

$$\frac{dV}{dt} = \delta J = 4\pi D\delta(C - C_0) \qquad (10-42)$$

根据式（10-36），接触区溶解度增加是由该处的压力所决定，但接触区所受压力不能单纯从表面张力推导。为此，Kingery 假设，在球状颗粒堆积中，每个颗粒都对应一个空隙，若每个这样的空隙都形成一个气孔，则颗粒半径与气孔半径之间存在简单关系：

$$r_p = K_1 r \qquad (10-43)$$

式中　r_p，r——气孔和颗粒半径；

$\quad\quad\quad$ K_1——比例常数，在烧结过程中可近似认为不变。

烧结初期，因表面张力引起的接触区应力及分布，可看作如同球状颗粒间的弹性应力。但溶解作用开始后可以认为，加在接触区上的压力 $\Delta p'$ 与接触面积（πx^2）和颗粒投影面积（πr^2）之比成反比：

$$\Delta p' = \frac{K_2}{\dfrac{x^2}{r^2}}\Delta p = \frac{K_2 r^2}{x^2}\frac{2\gamma_{LV}}{r_p} = \frac{2K_2\gamma_{LV}r}{K_1 x^2} \tag{10-44}$$

式中，K_2 为比例常数，代入式（10-36），可获得浓度差 ΔC：

$$\Delta C = C - C_0 = C_0\left[\exp\left(\frac{2K_2\gamma_{LV}V_0}{K_1 x^2 RT}\right) - 1\right] \tag{10-45}$$

式中，C、C_0 分别是接触点处和其他表面处的浓度。由于接触处溶解的体积与通过圆形接触区周围扩散的物质流量相当，考虑式（10-41）、式（10-42），则：

$$\frac{\mathrm{d}V}{\mathrm{d}t} = 4\pi\delta D(C - C_0) = 4\pi\delta DC\left[\exp\left(\frac{2K_2\gamma_{LV}rV_0}{K_1 x^2 RT}\right) - 1\right] = \frac{\dfrac{\pi x^3}{r}\mathrm{d}x}{\mathrm{d}t} \tag{10-46}$$

将上式中指数部分展开成级数，取第一项并整理得：

$$\frac{x^5}{r^2}\mathrm{d}x = \left(\frac{8K_2\delta DC_0\gamma_{LV}V_0}{K_1 RT}\right)\mathrm{d}t \tag{10-47}$$

积分得：

$$\frac{x^6}{r^2} = \left(\frac{48K_2\delta DC_0\gamma_{LV}V_0}{K_1 RT}\right)t \tag{10-48}$$

或：

$$h = \left(\frac{6K_2\delta DC_0\gamma_{LV}V_0}{K_1 RT}\right)^{\frac{1}{3}}r^{-\frac{1}{3}}t^{\frac{1}{3}} \tag{10-49}$$

则烧结收缩为：

$$\frac{\Delta L}{L_0} = \frac{h}{r} = \left(\frac{6K_2\delta DC_0\gamma_{LV}V_0}{K_1 RT}\right)^{\frac{1}{3}}r^{-\frac{4}{3}}t^{\frac{1}{3}} \tag{10-50}$$

式中，γ_{LV}、δ、D、C_0、V_0 均是与温度有关的物理量，故当温度与起始黏度固定后，上式可简化为：

$$\frac{\Delta L}{L_0} = K't^{\frac{1}{3}} \tag{10-51}$$

可见，在溶解沉淀阶段，线收缩率与时间的 1/3 次方成比例，而在重排阶段，则线收缩率近似与时间一次方成正比，说明致密化速率减慢了。若将式（10-38）和式（10-51）以 $\lg\dfrac{\Delta L}{L_0}$ 对 $\lg t$ 作图，则直线斜率应分别接近于 1 和 $\dfrac{1}{3}$，如图 10-21 所示为 MgO+2%（质量分数）高岭土在 1730℃ 下的烧成收缩与时间的对数关系，由图可以明显看出液相烧结三个不同的传质阶段。开始阶段直线斜率约为 1，符合颗粒重排过程即式（10-38）；第二阶段直线斜率约为 1/3，符合式（10-51），即为溶解沉淀传质过程；最后阶段曲线趋于水平，说明致密化速率更缓慢，坯体已接近终点密度。此时在高温反应产生的气泡包入液相形成封闭气孔，只有依靠扩散传质填充气孔，若气孔内气体不溶入液相，则随着烧结温度升高，气泡内气压增高，抵消了表面张力的作用，烧结就停止了。从图中还可以看到，起始粒度对烧结有明显的影响，起始粒度越细，致密化速率越快。

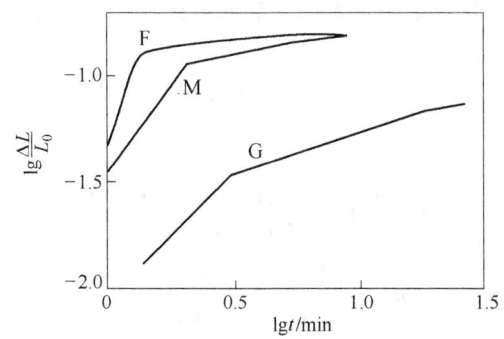

图 10-21　MgO+2%（质量分数）高岭土在 1730℃下的烧成收缩与时间的对数关系

G—烧结前 MgO 粒度为 3μm；M—烧结前 MgO 粒度为 1μm；F—烧结前 MgO 粒度为 0.5μm

与固相烧结比较，溶解沉淀致密化方程具有两方面的特点：第一，液相中的烧结扩散系数是固相物质在液相中的扩散系数，与固相烧结的体积扩散、晶界扩散系数等相比，前者数值明显较大；第二，液相烧结中的表面张力为液-气表面张力，而固相烧结中的表面张力为固-气表面张力，前者数值一般也比后者大。从这两方面因素考虑，以溶解-沉淀传质为代表的液相烧结过程比固相烧结的致密化速率高。同时，应该指出的是，颗粒重排、溶解-沉淀过程可能同时发生，在实际的烧结体系中，可能还有其他传质过程，因此，实际的液相烧结过程更为复杂，目前还很难有一个统一的液相烧结理论。

10.4.3　黏性或塑性流动传质烧结的动力学关系

黏性流动传质烧结可以用两个等径液滴的结合、兼并过程为模型。设两液滴相互接触的瞬间，因流动、变形并形成半径为 x 的接触面积区域。为了简化，令此时液滴半径保持不变，如图 10-10（c）所示，并且可以类比，两个球形颗粒在高温下彼此接触时，空位在表面张力作用下也可能发生类似的流动变形，形成圆形的接触面，这时系统总体积不变，但总表面积和表面能减少了。而减少了的总表面能，应等于黏性流动引起的内摩擦力或变形所消耗的功。在一定温度下，弗仑克尔导出颈部接触面积的增长速率如下：

$$x^2 = \frac{3r\gamma}{2\eta}t \qquad (10-52)$$

则接触面颈部半径增长为：

$$\frac{x}{r} = \left(\frac{3\gamma}{2\eta}\right)^{\frac{1}{2}} r^{-\frac{1}{2}} t^{\frac{1}{2}} \qquad (10-53)$$

式中　η——物料黏度。

上式表明，按黏性流动传质烧结时，颈部接触面积大小与时间成比例，颈部增长率则与时间的 1/2 次方成正比。烧结时坯体线收缩率可由模型的几何关系求出：

$$\frac{\Delta L}{L_0} = \frac{3\gamma}{4r\eta}t \tag{10-54}$$

但上式仅适用于烧结初期。随着烧结进行，很快会形成孤立的封闭气孔，如图 10-22 所示，从而改变了传质动力学条件，但传质机理未变。由图 10 - 22 可见。根据式 (10-1)，每个气孔内外都有一个压力差 $\frac{2\gamma}{r_0}$ 作用于它，相当于作用在坯体外面使其致密的一个正压。设 θ 为相对密度（即 $\frac{体积密度}{真密度}$），n 为单位体积中气孔数目，它和气孔尺寸 r_0 及 θ 有如下关系：

$$n \cdot \frac{4}{3}\pi r_0^3 = \frac{气孔体积}{固体体积} = \frac{1-\theta}{\theta} \tag{10-55}$$

$$n^{\frac{1}{3}} = \left(\frac{1-\theta}{\theta}\right)^{\frac{1}{3}}\left(\frac{3}{4\pi}\right)^{\frac{1}{3}}\frac{1}{r_0} \tag{10-56}$$

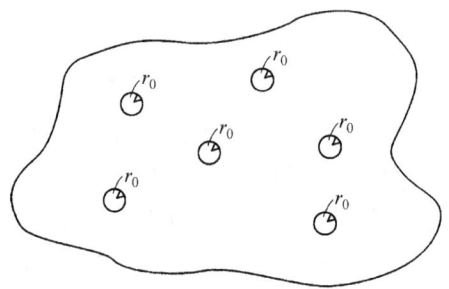

图 10-22 烧结后期坯体内的孤立气孔分布示意图

由于 $\frac{\mathrm{d}r_0}{\mathrm{d}t} = -\frac{\gamma}{2\eta}\frac{1}{\theta}$，可以得出此阶段烧结时相对密度变化速率：

$$\frac{\mathrm{d}\theta}{\mathrm{d}t} = \frac{3}{2}\left(\frac{4\pi}{3}\right)^{\frac{1}{3}}n^{\frac{1}{3}}\frac{\gamma}{\eta}(1-\theta)^{\frac{2}{3}}\theta^{\frac{1}{3}} \tag{10-57}$$

将式 (10-55) 代入得：

$$\frac{\mathrm{d}\theta}{\mathrm{d}t} = \frac{3\gamma}{2r_0\eta}(1-\theta) \tag{10-58}$$

如图 10-23 所示，为钠钙硅酸盐玻璃在不同温度下相对密度与时间的关系。图中实线是由式 (10-58) 计算而得，起始烧结速率用虚线表示，它们是由式 (10-54) 求得。由图 10-23 可见，随温度升高，因黏度下降而导致致密化速率迅速提高。图中圆点是实验结果，它与实线很吻合，说明式 (10-58) 能用于黏性流动的致密化过程。

由黏性流动传质动力学方程可以看出决定烧结速率的三个主要参数量：颗粒起始粒径、黏度和表面张力。颗粒尺寸由 $10\mu m$ 减小至 $1\mu m$，烧结速率增大 10 倍。黏度和黏度随温度的变化是需要控制的最重要的因素。一个典型的钠钙硅玻璃，若温度变化 $100\,℃$，黏度约变化 1000 倍。如果某坯体烧结速率太低，可以采用加入液相黏度较低的组分来提高。对于常见的硅酸盐玻璃，其表面张力不会因组分变化有很大的改变。

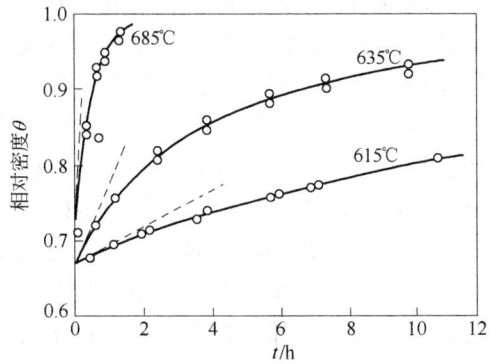

图 10-23 钠钙硅酸盐玻璃在不同温度下的致密化

对于含有较多固相颗粒的固-液两相系统，流动特性更接近于宾汉姆型流动。即仅当推动力超过屈服值 σ 时，流动速率才与作用的剪切力成比例，故式（10-58）应改写为：

$$\frac{\mathrm{d}\theta}{\mathrm{d}t} = \frac{3\gamma}{2\eta}\frac{1}{r}(1-\theta)\left[1-\frac{\sigma r}{\sqrt{2}\gamma}\ln\left(\frac{1}{1-\theta}\right)\right] \tag{10-59}$$

此即按塑性流动传质时烧结致密化速率关系。式中，η 为作用力超过 σ 时液体的黏度。由式（10-59）可见，σ 值越大，烧结速率越低。当方括号中的数值为零时，$\frac{\mathrm{d}\theta}{\mathrm{d}t}$ 也趋于零。因此，较小的颗粒半径和较大的表面张力会有效地加快致密化速率。

10.4.4 各种烧结传质机理分析比较

本章分别讨论了四种烧结传质过程，在实际的固相或液相烧结中，这四种传质过程可以单独进行或几种传质同时进行。但每种传质机理的产生均有其特定的条件。现用表10-3对各种传质机理进行综合比较。

表 10-3　各种传质机理产生的原因、条件、特点等综合比较

传质方式	蒸发-凝聚	扩　散	流　动	溶解-沉淀
原　因	压力差 Δp	空位浓度差 ΔC	应力-应变	溶解度 ΔC
条　件	$\Delta p > 10 \sim 1\text{Pa}$ $r < 10\mu\text{m}$	空位浓度；$\Delta C > \dfrac{n_0}{N}$； $r < 10\mu\text{m}$	黏性流动 η 小； 塑性流动 $\tau > \sigma$	1. 可观的液相量； 2. 固相在液相中溶解度大； 3. 固-液润湿
特　点	1. 凸面蒸发-凹面凝聚； 2. $\Delta L/L = 0$	1. 空位与结构基元相对扩散； 2. 中心距缩短	1. 流动同时引起颗粒重排； 2. $\Delta L/L \propto t$ 致密化速率最高	1. 小颗粒处溶解到大颗粒处沉积； 2. 传质同时又是晶粒生长过程
公　式	$\dfrac{x}{r} = Kr^{-\frac{2}{3}}t^{\frac{1}{3}}$	$\dfrac{x}{r} = Kr^{-\frac{3}{5}}t^{\frac{1}{5}}$ $\dfrac{\Delta L}{L} = Kr^{-\frac{6}{5}}t^{\frac{2}{5}}$	$\dfrac{\Delta L}{L} = \dfrac{3}{2}\dfrac{\gamma}{\eta r}t$ $\dfrac{\mathrm{d}\theta}{\mathrm{d}t} = \dfrac{K(1-\theta)}{r}$	$\dfrac{\Delta L}{L} = Kr^{-\frac{4}{3}}t^{\frac{1}{3}}$ $\dfrac{x}{r} = Kr^{-\frac{2}{3}}t^{\frac{1}{6}}$
工艺控制	1. 温度(蒸气压)； 2. 粒度	1. 温度（扩散系数）； 2. 粒度	1. 黏度； 2. 粒度	1. 粒度； 2. 温度（溶解度）； 3. 液相数量

从固态烧结和有液相参与的烧结过程传质机理、烧结动力学的讨论可以看出，烧结无疑是一个复杂的过程。前面的讨论主要是限于单元纯固态烧结或纯液态烧结，并假定在高温下不发生固相反应，纯固态烧结时不出现液相，此外在作烧结动力学分析时是以十分简单的两颗粒圆球模型为基础，这样就把问题简化了许多。这对于纯固态烧结的氧化物材料和纯液相烧结的玻璃料来说，情况还是比较接近的。但从制造材料的角度看，问题常常要复杂得多。以固态烧结为例，实际上经常是几种可能的传质机理在互相起作用，有时条件改变了，传质方式也随之发生变化。例如 BeO 材料的烧结，气氛中的水汽就是一个重要因素。在干燥气氛中，扩散是主要的传质方式。当气氛中水汽分压很高时，则蒸发-凝聚变为传质主导方式。又例如长石瓷或滑石瓷都是有液相参与的烧结，随着烧结进行，往往是几种传质交替发生的。再如近年来研究较多的氧化钛的烧结，韦脱莫尔（Whitmore）等研究 TiO_2 在真空中的烧结符合体积扩散传质的结果，并认为氧空位的扩散是控制因素。但又有些研究者将氧化钛在空气和湿氢条件下烧结，得出了与塑性流动传质相符的结果。

总之，烧结体在高温下的变化是很复杂的，影响烧结体致密化的因素也是众多的。产生典型的传质方式都是有一定条件的。因此必须对烧结全过程的各个方面（原料、粒度、粒度分布、杂质、成型条件、烧结气氛、温度、时间等）都有充分的了解，才能真正掌握或控制整个烧结过程。

10.5 晶粒生长与二次再结晶

晶粒生长与二次再结晶过程往往与烧结中后期的传质过程是同时进行的。**晶粒生长**是无应变的材料在热处理时，平均晶粒尺寸在不改变其分布的情况下，连续增大的过程。

初次再结晶是在已发生塑性变形的基质中出现新生的无应变晶粒的成核和长大过程。这个过程的推动力是基质塑性变形所增加的能量。储存在形变基质里的能量约为 0.4～4.2J/g。虽然此数值与熔融热相比是很小的（熔融热是此值的 1000 倍或更多倍），但它提供了足以使晶界移动或晶粒长大的足够能量，初次结晶在金属中较为重要。无机非金属材料在热加工时塑性变形较小。

二次再结晶（或称晶粒异常生长和晶粒不连续生长）是少数巨大晶粒在细晶消耗时成核长大的过程。

10.5.1 晶粒生长

在烧结的中、后期，细晶粒要逐渐长大，而一些晶粒生长过程也是一部分晶粒缩小或消灭的过程。其结果是平均晶粒尺寸都增长了。这种晶粒长大并不是小晶粒的互相黏结，而是晶界移动的结果。在晶界两边物质的吉布斯自由能之差是使界面向曲率中心移动的驱动力。小晶粒生长为大晶粒，则使界面面积和界面能降低，晶粒尺寸由 1μm 变化到 1cm，对应的能量变化约为 0.42～21J/g。

图 10-24 所示为两个晶粒之间的晶界结构，弯曲晶界两边各为一晶粒，小圆代表各个晶粒中的原子。对凸面晶粒表面 A 处与凹面晶粒的 B 处而言，曲率较大的 A 点自由能高于曲率小的 B 点，位于 A 点晶粒内的原子必然有向能量低的位置跃迁的自发趋势。当 A 点原子到达 B 点并释放出 ΔG（图 10-24b）的能量后就稳定在 B 晶粒内，如果这种跃迁不断发

生，则晶界就向着 A 晶粒曲率中心不断推移。导致 B 晶粒长大而 A 晶粒缩小，直至晶界平直化，界面两侧自由能相等为止。由此可见晶粒生长是晶界移动的结果，而不是简单的小晶粒之间的黏结。晶粒生长取决于晶界移动的速率。

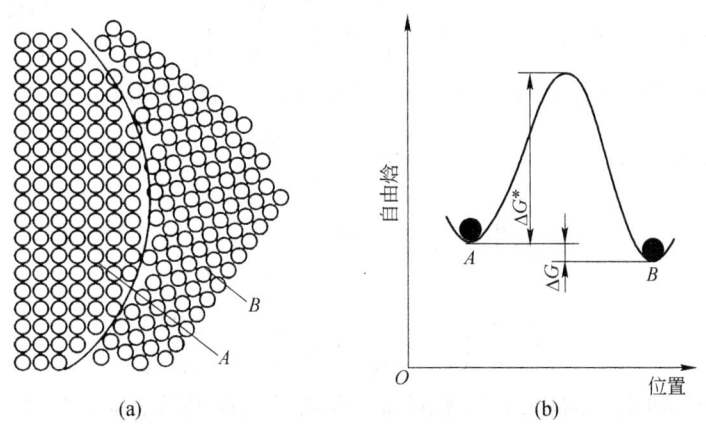

图 10-24 晶界结构及原子位能图

（a）晶界结构；（b）原子跃过晶界时自由能的变化

如图 10-24（a）所示，对凸面晶粒 A，曲率为正，呈正压，对凹面晶粒 B，曲率为负，呈负压。A 与 B 之间由于曲率不同而产生的压强差（附加压力）Δp 为：

$$\Delta p = \gamma \left(\frac{1}{r_1} + \frac{1}{r_2} \right) \tag{10-60}$$

式中　γ——表面张力；

r_1，r_2——曲面的主曲率半径。

由热力学可知，当系统只做膨胀功时，根据热力学有：

$$\Delta G = - S\Delta T + V\Delta p \tag{10-61}$$

当温度不变时

$$\Delta G = V\Delta p = \gamma \overline{V} \left(\frac{1}{r_1} + \frac{1}{r_2} \right) \tag{10-62}$$

式中　ΔG——晶粒 A 与 B 的摩尔自由焓差，$\Delta G = G_A - G_B$；

$\overline{V}$——摩尔体积。

由于晶粒 A 的自由焓高于晶粒 B，A 内原子会向 B 内跃迁，结果晶界移向 A 的曲率中心，导致晶粒 B 长大而晶粒 A 缩小。根据绝对反应速度理论，晶粒长大速率与原子跃过界面的速率有关。由图 10-24（b）可知，原子由 A 向 B 的跃迁频率为：

$$f_{A \to B} = \frac{n_s RT}{Nh} \exp \left(- \frac{\Delta G^*}{RT} \right) \tag{10-63}$$

反向跃迁频率为

$$f_{B \to A} = \frac{n_s RT}{Nh} \exp \left(- \frac{\Delta G^* + \Delta G}{RT} \right) \tag{10-64}$$

式中　R——理想气体常数；

N——阿伏伽德罗常数；

h——普朗克常数；

n_s——界面上原子的面密度。

设原子每次跃迁距离为 λ，则晶界移动速率 u 为：

$$u = \lambda f = \lambda (f_{A \to B} - f_{B \to A}) = \lambda \frac{n_s RT}{Nh} \exp\left(-\frac{\Delta G^*}{RT}\right)\left[1 - \exp\left(-\frac{\Delta G}{RT}\right)\right] \qquad (10\text{-}65)$$

式中　ΔG^*——原子越过界面的势垒，它和界面的扩散活化能相似。

由于 $\Delta G \ll RT$，因此有：
$$1 - \exp\left(-\frac{\Delta G}{RT}\right) \approx \frac{\Delta G}{RT}$$

于是有：
$$u = \frac{n_s \lambda \gamma \overline{V}}{Nh} \exp\left(-\frac{\Delta G^*}{RT}\right)\left(\frac{1}{r_1} + \frac{1}{r_2}\right)$$

或
$$u = \frac{n_s \lambda \gamma \overline{V}}{Nh}\left(\frac{1}{r_1} + \frac{1}{r_2}\right)\exp\left(\frac{\Delta S^*}{R} - \frac{\Delta H^*}{RT}\right) \qquad (10\text{-}66)$$

式（10-66）表明，晶粒长大速率随温度升高呈指数规律增加，且晶界移动速率与晶界曲率半径有关，温度愈高，曲率半径越小，晶界向曲率中心移动的速率愈快。

在烧结中后期，随传质过程进行，颈部长大，粒界开始移动，这时的坯体通常是大小不等的晶粒聚集体，即体系是多晶体系。由许多晶粒组成的多晶体中晶界的移动情况如图 10-25 所示。三个晶粒在空间相遇，如果晶界上各界面张力相等或近似相等，则平衡时界面间交角为 120°。在二维截面上，晶粒呈六边形；实际多晶系统中多数晶粒间界面能不相等，所以从一个三界交汇点延伸到另一个三界交汇点的晶界都有一定的弯曲，界面张力将使晶界移向曲率中心。由图 10-25 可以看出，大多数晶界都是弯曲的，边数大于六的晶粒，其晶界向内凹，边数小于六的晶粒，其晶界向外凸。由于界面张力的作用，晶界总是向曲率中心移动。于是边数大于六的晶粒趋于长大，而边数小于六的晶粒趋向缩小，结果是平均粒径的整体增加。

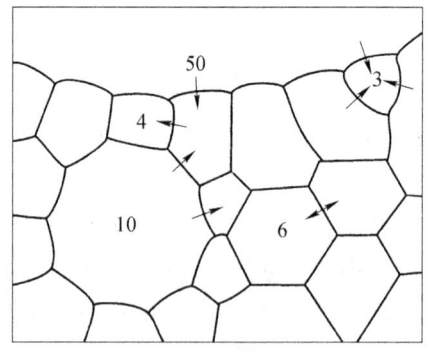

图 10-25　多晶体中晶粒增长示意图

晶界移动速率与弯曲晶界的半径成反比，因而晶粒长大的平均速率与晶粒的直径成反比。晶粒长大定律为：

$$\frac{\mathrm{d}D}{\mathrm{d}t} = \frac{K}{D} \qquad (10\text{-}67)$$

式中，D 为时间 t 时的晶粒直径；K 为常数，积分后得：

$$D^2 - D_0^2 = Kt \qquad (10-68)$$

式中，D_0 为时间 $t = 0$ 时的晶粒平均尺寸。当达到晶粒生长后期，$D \gg D_0$，此时式（10-68）为 $D = Kt^{\frac{1}{2}}$。用 $\ln D$ 对 $\ln t$ 作图应为直线，其斜率为 $\dfrac{1}{2}$。然而一些氧化物的晶粒生长实验表明，直线斜率常常在 $1/2 \sim 1/3$。且经常接近 $1/3$。主要原因是晶界移动时遇到杂质或气孔而限制了晶粒的生长。

根据 Zener 的研究结果，临界晶粒尺寸 D_c 和第二相杂质之间的关系为：

$$D_c \approx \frac{4}{3}\frac{d}{V} \approx \frac{d}{V} \qquad (10-69)$$

式中　d——第二相质点的直径；

　　　V——第二相质点的体积分数。

上式近似地反映了最终晶粒平均尺寸与第二相物质阻碍作用之间的平衡关系。临界晶粒尺寸 D_c 的含义是，当晶粒尺寸超过这个数值后，在晶界上有夹杂物或气孔时，晶粒的均匀生长将不能继续进行；烧结初期，气孔率很大，故体积分数 V 相当大，D_c 较小，此时，初始晶粒直径 D_0 总大于 D_c，因此晶粒不可能长大。随着烧结进行，小气孔向晶界聚集或排除，第二相质点直径 d 由小变大，而气孔的体积分数由大变小，D_c 随之增大。这时 D_c 远大于 D，晶粒开始均匀地长大，直到 D 等于 D_c 为止。这个结果表明，要防止晶粒过分长大，第二相物质或气孔的直径要小，而体积分数要大。

晶粒正常长大时，如果晶界受到第二相杂质的阻碍，其移动可能出现三种情况：

（1）晶界能量较小，晶界移动被杂质或气孔所阻挡，晶粒正常长大停止。晶界移动时遇到夹杂物如图 10-26 所示，晶界为了通过夹杂物，界面能被降低，降低的量正比于夹杂物的横截面积，通过障碍以后，弥补界面又要付出能量，结果使界面继续前进能力减弱，界面变得平直，晶粒生长就逐渐停止，这也是多晶材料烧结后难以得到单晶的原因。

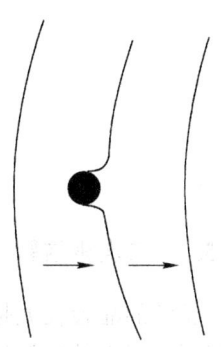

图 10-26　界面通过夹杂物时形状的变化

（2）晶界具有一定能量，晶界带动气孔或杂质继续移动，这时气孔利用晶界的快速通道排除，坯体不断致密。随着烧结的进行，气孔往往位于晶界上或三个晶粒交汇点上。气孔在晶界上是随晶界移动还是阻止晶界移动，取决于晶界曲率，也与气孔直径、数量、气孔作为空位源向晶界扩散的速率、气孔内压力大小以及包围气孔的晶粒数等因素有关。当气孔汇集在晶界上时，晶界移动将出现如图 10-27 所示的三种情况。烧结初期，晶界上气孔数目很多，晶界移动将被气孔阻碍，使正常晶粒长大终止。若设晶界移动速率为 V_b，气孔移动速率为 V_p，则此时 $V_b = 0$，如图 10-27(a) 所示。烧结中后期，温度控制适当，气孔逐渐减少，可以出现 $V_b = V_p$，此时晶界带动气孔以正常速率移动，使气孔保持在晶界上，如图 10-27(b) 所示，并可利用晶界上作为空位传递的快速通道而迅速汇集或消失。

（3）晶界能量大，晶界越过杂质或气孔，把气孔包裹在晶粒内部。当烧结达到 $V_b = V_p$ 时，烧结过程已接近完成。此时严格控制温度是非常重要的。继续保持 $V_b = V_p$，气孔容易迅速排除实现致密化，如图 10-28 所示。但此时若继续升高温度，由于晶界移动速率随温

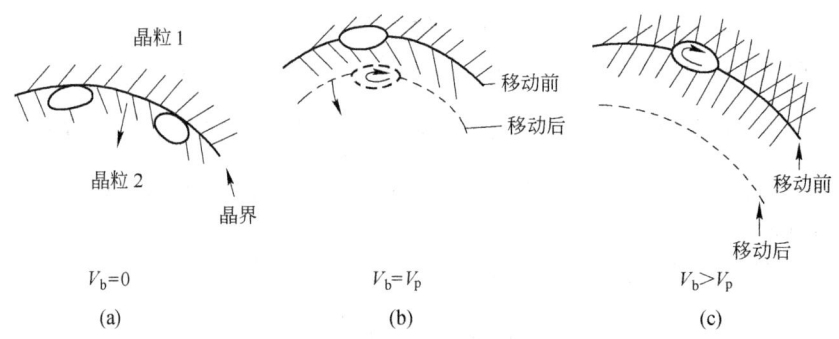

图 10-27 晶界移动遇到气孔的情况

度呈指数增加，必然导致 $V_b \gg V_p$，晶界就可能越过气孔或杂质产生二次再结晶，把气孔等包入晶体内部，如图 10-28 所示。气孔离开晶界时，不能再利用晶界的快速通道而排除，使烧结停止，致密度不再增加。

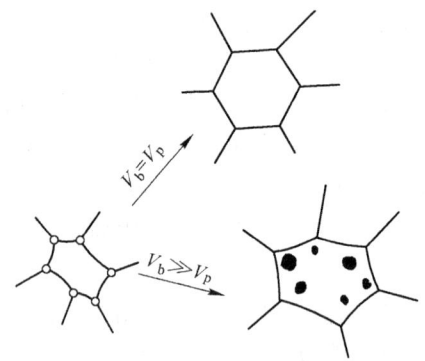

图 10-28 晶界移动与坯体致密化关系

10.5.2 二次再结晶

正常的晶粒长大是晶界移动，晶粒的平均尺寸增加。如果晶界受到杂质等第二相质点的阻碍，正常的晶粒长大便会停止。但是当坯体中有若干大晶粒存在时，这些晶粒的边界比邻近晶粒的边界多，晶界曲率也较大，以至于晶界可以越过气孔或夹杂物而进一步向邻近小晶粒曲率中心推进，从而进一步反常长大。这时就以这些大晶粒为核，发生二次再结晶现象。当这些大晶粒向邻近小晶粒曲率中心推进，不断将周围邻近小晶粒吞没后，它们将迅速长大为更大的晶粒，晶面更多，这样又增加了晶面曲率，长大趋势更明显。这样就在一般晶粒尺寸比较均匀的基质中出现少量大晶粒，这些大晶粒甚至可以长大至相互接触为止。

二次再结晶的推动力是大晶粒的表面能，与邻近高表面能和小的曲率半径的晶面相比，大晶粒有较低的表面能。在表面能驱动下，大晶粒晶面向曲率半径小的晶粒中心推进，以致造成大晶粒进一步长大和小晶粒的消失。

晶粒生长与二次再结晶的区别在于前者坯体内晶粒尺寸均匀地生长，服从式（10-68），而二次再结晶是个别晶粒异常生长，不服从式（10-68）；晶粒生长是平均尺寸增长，不存在晶核，界面处于平衡状态，界面上无应力，二次再结晶的大晶粒界面上有应力存在；晶粒生长时气孔都维持在晶界上或晶界交汇处，二次再结晶时气孔被包裹到晶粒内部。

　　二次再结晶的晶粒长大速率是由晶粒成核速率和晶粒生长速率所决定的。气孔和夹杂物等对大晶粒的成核和生长都有阻碍作用，而更重要的是基质的平均颗粒尺寸。在细颗粒基质中，少数颗粒比平均颗粒尺寸大，这些大颗粒就成为二次再结晶的晶核。基质平均颗粒尺寸越小，二次再结晶成核越容易。反之，基质平均尺寸越大，成核越困难。二次再结晶晶粒生长速率与基质平均颗粒直径 D 成反比，也与气孔半径 D_g 成反比，由于 D_g 与 D 成比例，所以：

$$\frac{\mathrm{d}D}{\mathrm{d}t} = \frac{k'}{D} \cdot \frac{k''}{D_g} = \frac{k'''}{D^2} \tag{10-70}$$

积分得：
$$D^3 - D_0^3 = kt \tag{10-71}$$

　　由上式可以看出，原始颗粒尺寸 D 越小，二次再结晶速率越大。气孔尺寸越小。晶界越容易越过，二次再结晶速率越高。

　　从工艺角度考虑，造成二次再结晶的原因主要是原始物料粒度不均匀及烧结温度偏高。其次是成型压力不均匀及局部有不均匀的液相等。温度过高，晶界移动速率加快，使气孔来不及排除而被包裹在晶粒内部。原始物料粒度不均匀，特别是初始粒径较小时，由于基质中常存在少数比平均粒径大的晶粒，它们可以作为二次再结晶的晶核，使晶粒异常长大，最终晶粒尺寸较原始尺寸大得多。当原始物料粒径增大时，晶粒尺寸比平均粒径有较大的机会相对减小，二次再结晶成核较难，最终的相对尺寸较小。图 10-29 和图 10-30 所示分别为二次再结晶的晶粒尺寸与原始颗粒尺寸的关系及原始颗粒尺寸分布对烧结后多晶结构的影响。由图 10-30 可见，在原始粉料很细的基质中夹杂个别粗颗粒，最终晶粒尺寸比原始粉料粗而均匀的坯体要粗大得多。

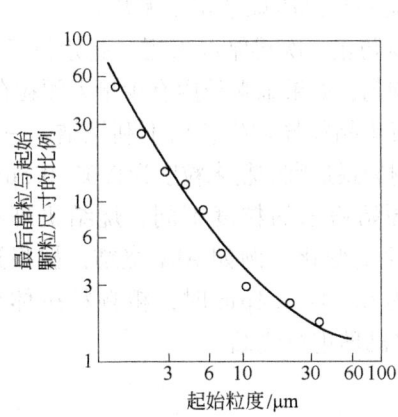

图 10-29　BeO 在 2000℃下保温 0.5h
晶粒生长率与原始粒径的关系

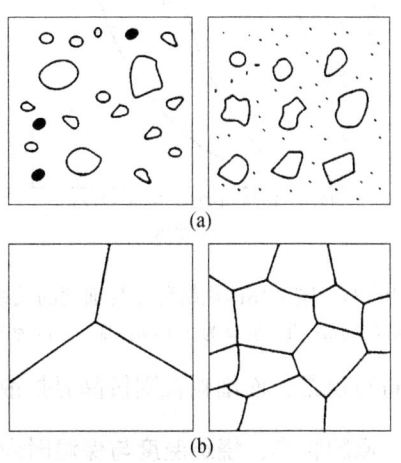

图 10-30　粉料粒度分布对多晶结构的影响
(a) 烧结前；(b) 烧结后

　　二次再结晶出现后，由于个别晶粒异常长大，使气孔不能排除，坯体不再致密，加之大晶粒的晶界上有应力存在，使其内部易出现隐裂纹，继续烧结时坯体易膨胀而开裂，使烧结体的力学、电学性能下降。所以工艺上常采用引入适当的添加剂，以缓解晶界的移动速率，使气孔及时沿晶界排除，从而防止或延缓二次再结晶。如 Al_2O_3 中加入 MgO，Y_2O_3 中加入 ThO_2，ThO_2 中加入 CaO 等，都能有效地防止二次再结晶的发生。但是，并非任何情况下，二次再结晶过程都是有害的。在现代新材料的开发中常利用二次再结晶过程来生产一些特种材料。如铁氧体硬磁材料 $BaFe_{12}O_{19}$ 的烧结中，控制大晶粒为二次再结晶的晶核，利用二次再结晶形成择优取向，使磁畴取向一致，从而得到高磁导率的硬磁材料。

10.6   影响烧结的因素

影响烧结的因素是多方面的，概括起来主要有原料种类、烧结时间、物料粒度、外加剂、烧结气氛、成型方法和成型压力等。

10.6.1   原始粉料的粒度

无论在固态或液态烧结中，细颗粒由于增加了烧结的推动力，缩短了原子扩散距离和提高颗粒在液相中的溶解度而导致烧结过程加速。如果烧结速率与起始粒度的 1/3 次方成比例，从理论上计算，当起始粒度从 $2\mu m$ 缩小到 $0.5\mu m$，烧结速率增加 64 倍。这结果相当于粒径小的粉料烧结温度降低 $150\sim300℃$。图 10-31 所示为刚玉坯体烧结程度与起始粒度的关系。

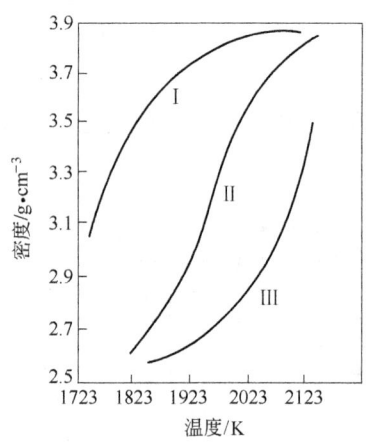

图 10-31   刚玉坯体烧结程度与细度的关系
Ⅰ—粒度为 $1\mu m$；Ⅱ—粒度为 $2.4\mu m$；Ⅲ—粒度为 $5.6\mu m$

有资料报道 MgO 的起始粒度为 $20\mu m$ 以上时，即使在 1400℃ 保持很长时间，也仅能达相对密度为 70% 而不能进一步致密化；若粒径在 $20\mu m$ 以下，温度为 1400℃ 或粒径在 $1\mu m$ 以下，温度为 1000℃ 时，烧结速率很快；如果粒径在 $0.1\mu m$ 以下，其烧结速率与热压烧结相差无几。

从防止二次再结晶考虑，起始粒径必须细而均匀，如果细颗粒内有少量大颗粒存在，则易发生晶粒异常生长而不利烧结。一般氧化物材料最适宜的粉末粒度为 $0.05\sim0.5\mu m$。

原始粉末的粒度不同，烧结机理有时也会发生变化。例如 AlN 烧结，据报道当粒度为 $0.78\sim4.4\mu m$ 时，粗颗粒按体积扩散机理进行烧结，而细颗粒则按晶界扩散或表面扩散机理进行烧结。

10.6.2   原料种类、烧结温度与保温时间

原料种类差别主要体现在晶体结构中，晶体的晶格能越大，离子结合越牢固，离子的扩散越困难，所需要的烧结温度越高。各种晶体离子结合情况不同，烧结温度也相差很大，即便是同样的晶体，用活化的晶体粉末或有外加剂，也会使烧结速率差别很大。

很显然，烧结温度是影响烧结的重要因素。因为随着温度升高，物料蒸气压增高、扩散系数增大、黏度降低，从而促进了蒸发-凝聚、离子和空位的扩散、颗粒重排、黏性、

塑性流动等过程，使烧结加速。但单纯提高烧结温度不仅浪费能源，而且还会给制品带来性能的恶化。过高的温度会促使二次再结晶，使制品强度降低。并且，在有液相参与的烧结中，温度过高使液相量增加、黏度下降而导致制品变形。

另一方面，延长烧结时间一般都会不同程度促使烧结完成。然而，这种效果在黏性流动机理控制的烧结中较明显，而对体积扩散和表面扩散机理控制的烧结影响较小。另外，在烧结后期，不合理延长烧结时间有可能加剧二次再结晶作用。

10.6.3 物料活性

烧结是通过在表面张力作用下的物质迁移而实现的。高温氧化物较难烧结，主要原因就是它们具有较大的晶格能和较稳定的结构状态，质点迁移需要较高的活化能，故提高活性有利于烧结进行。其中通过降低物料粒度来提高活性是一个常用的方法，但单纯靠机械粉碎来提高物料粒度是有限的，而且能耗太高，故也用化学方法来提高物料活性和加速烧结。如利用草酸镍在450℃轻烧制成的活性 NiO 很容易制得致密的烧结体，其烧结致密化时所需的活化能仅为非活性 NiO 的 1/3。

活性氧化物通常是用其相应的盐类热分解制成，采用不同形式的母盐以及热分解条件，对所得的氧化物活性有重要影响。如在 $300 \sim 400℃$ 低温分解 $Mg(OH)_2$ 制得的 MgO，比高温分解制得的具有更高的烧结活性。

图 10-32 所示为温度对分解所得 MgO 雏晶大小和晶格常数的关系。可以看到低温分解的 MgO 雏晶尺寸小、晶格常数大，因而结构松弛且有较多的晶格缺陷，随着分解温度升高，雏晶尺寸长大、晶格常数减少，并在接近 1400℃ 时达到方镁石晶体的正常数值。这说明低温分解 MgO 的活性是由于晶格常数较大、结晶度低、结构松弛所致。因此，合理选择分解温度很重要，一般来说，对于给定的物料均有一个最适宜的热分解温度。温度过高会使结晶度增加、粒径变大、比表面活性下降；温度过低则可能因残留有未分解的母盐而妨碍颗粒的紧密填充和烧结，如图 10-33 所示，对于 $Mg(OH)_2$，此温度约为 900℃。此外，不同的母盐形式对活性也有重要影响。表 10-4 列出若干镁盐分解所得 MgO 的性质和烧结性能。

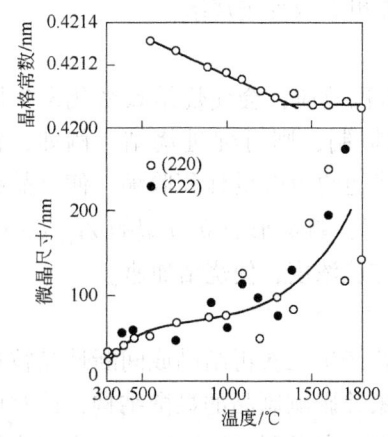

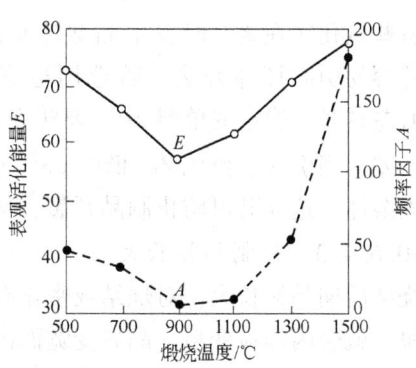

图 10-32　氢氧化镁的煅烧温度与生成的
氧化镁的晶格常数及雏晶尺寸的关系

图 10-33　氢氧化镁分解温度与所得 MgO 形成体相对
于扩散烧结的表观活化能和频率因子的关系

表 10-4　不同形式镁盐分解所得 MgO 的性质

母盐形式	最适宜的分解温度/℃	粒子尺寸/nm	所得 MgO		1400℃烧结 3h 后的	
			晶格常数/nm	雏晶尺寸/nm	试样密度/g·cm⁻³	相当于理论密度的百分数/%
碱式碳酸镁	900	50~60	0.4212	55	3.33	93
草酸镁	700	20~30	0.4216	25	3.03	85
氢氧化镁	900	50~60	0.4213	60	2.92	82
硝酸镁	700	600	0.4211	90	2.08	58
硫酸镁	1200~1500	100	0.4211	30	1.76	50

10.6.4　外加剂的作用

在固相烧结中，少量外加剂可与烧结相生成固溶体等增加缺陷，加速扩散过程而活化或强化烧结。在有液相参与的烧结中，外加剂则能改变液相的性质从而促进烧结。一般认为少量外加剂的加入在烧结过程中起以下几种可能的作用。

10.6.4.1　与烧结物形成固溶体

当外加剂与烧结物的离子尺寸、晶格类型以及电价数相近时，外加剂能与烧结物形成固溶体，因而引起主晶相晶格的畸变，导致缺陷增加，因此物质迁移更易进行，从而促进了烧结过程。

一般说来，外加剂与烧结相形成有限固溶体比形成连续固溶体更能促进烧结的进行。这是因为当外加剂离子电价数和离子半径与烧结物离子的电价、离子半径相差愈大时，愈能使晶格畸变程度增加，促进烧结程度也越显著。例如在 Al_2O_3 烧结中，通常加入少量 Cr_2O_3 或 TiO_2 以促进烧结，因为 Al_2O_3 与 Cr_2O_3 的正离子半径相近，能形成连续固溶体。而当加入 TiO_2 时，烧结温度可以更低。这是因为除了 Ti^{4+} 与 Cr^{3+} 大小相同，能与 Al_2O_3 固溶外，还由于 Ti^{4+} 与 Al^{3+} 电价不同，置换后将伴随正离子空位产生，加上在高温下 Ti^{4+} 可能转化为半径较大的 Ti^{3+} 而加剧晶格畸变，使活性更高，能更有效促进烧结。

10.6.4.2　阻止晶型转变

有些氧化物在烧结时发生晶型转变并伴随较大的体积效应，会使烧结致密化发生困难，并容易引起坯体开裂。若选用适宜的添加剂加以抑制，则可促进烧结。例如，在 1200℃ 左右时，稳定的单斜 ZrO_2 要转变为四方 ZrO_2 并伴随约 10% 的体积收缩，使制品稳定性变差。当引入电价比 Zr^{4+} 低的 Ca^{2+}（或 Mg^{2+}）离子时，就会形成立方型的 $Zr_{1-x}Ca_xO_2$ 稳定固溶体。这样既可防止制品开裂，又增加了晶体中空位浓度，使烧结加速。

10.6.4.3　抑制晶粒长大

烧结后期晶粒长大，对烧结致密化有重要作用。但若产生二次再结晶或间断性晶粒长大过快，就会因颗粒变粗、晶界变宽而出现反致密化现象并影响制品的显微结构，此时可通过加入能抑制晶粒异常长大的外加剂来促进致密化过程。如烧结 Al_2O_3 时，为了防止晶粒长大及防止二次再结晶，一般加入 MgO 或 MgF_2，它们与 Al_2O_3 形成镁铝尖晶石而包裹在晶粒表面上，抑制了再结晶作用，对促进烧结物致密化有显著作用。

10.6.4.4 产生液相

外加剂与烧结体的某些成分生成液相。由于液相中扩散传质阻力小、流动传质速率快，因而降低了烧结温度和提高了坯体的致密度。例如在制造 95% Al_2O_3 材料时，一般加入 CaO、SiO_2，在 CaO：SiO_2 = 1 时，由于生成 CaO-Al_2O_3-SiO_2 液相，而使材料在 1540℃即能烧结。

10.6.4.5 扩大烧结温度范围

加入适量外加剂能扩大烧结温度范围，给工艺控制带来方便。例如锆钛酸铅材料的烧结温度范围只有 20~40℃，如加入适量 La_2O_3 和 Nb_2O_5 以后，烧结范围可以扩大到 80℃。

必须指出的是，外加剂只有加入量适当时才能促进烧结，如不恰当的选择外加剂或加入量过多，反而会阻碍烧结。因为过多量的外加剂会阻碍烧结相颗粒的直接接触，影响传质过程的进行。表 10-5 是 Al_2O_3 烧结时外加剂种类与数量对烧结活化能的影响。从该表中可知，加入 2% MgO 使 Al_2O_3 烧结活化能降低到 398kJ/mol，比纯 Al_2O_3 活化能（502kJ/mol）低，因而促进烧结过程。而加入 5% MgO 时，烧结活化能升高到 545kJ/mol，则起抑制烧结的作用。

表 10-5 外加剂种类和数量对 Al_2O_3 烧结活化能（E）的影响

外加剂	不添加	MgO/%		Co_3O_4/%		TiO_2/%		MnO_2/%	
		2	5	2	5	2	5	2	5
E/kJ·mol^{-1}	500	400	545	630	560	380	500	270	250

10.6.5 烧结气氛

实验发现，有些物料的烧结过程对气体介质十分敏感，气氛不仅影响物料本身的烧结，也影响外加剂的效果。气氛对烧结的影响是复杂的，同一种气体介质对于不同物料的烧结，常会表现出不同甚至截然相反的效果。烧结气氛一般分为氧化、还原和中性三种。

一般而言，对于由扩散控制的氧化物烧结中，气氛的影响与控制扩散的因素有关，与气孔内气体的扩散和溶解能力有关。例如，Al_2O_3 是由负离子（O^{2-}）扩散速率控制烧结过程，当它在还原气氛中烧结时，晶体中的氧从表面脱落，从而在晶格表面产生许多氧空位，使扩散系数增大而导致烧结过程加速。相反，若氧化物的烧结是由正离子扩散速率控制。则在氧化气氛中烧结时，表面积聚了大量氧，使正离子空位增加，则有利于正离子扩散的加速而促进烧结。

进入封闭气孔内气体的原子尺寸越小越易于扩散，气孔的消除也越容易。如氩或氮这样的大分子气体，在氧化物晶格中不易扩散而最终残留在坯体中。但若是氢或氦这样的小分子气体，扩散容易，可以在晶格内自由扩散，故烧结与这些气体的存在无关。

此外，若气体介质与烧结物之间产生化学反应，则对烧结过程也有影响。如在氧气气氛中，由于氧被烧结物表面吸附或发生化学反应，使晶体表面形成正离子缺位型的非化学计量化合物，正离子空位增加，扩散和烧结加速，同时使闭气孔中的氧，可以直接进入晶格，并和 O^{2-} 空位一样沿表面进行扩散。故凡是正离子扩散起控制作用的烧结过程，氧气氛或氧分压较高是有利于烧结的。

10.6.6 成型压力

粉料成型时必须施加一定的压力，除了使其具有一定的形状和强度外，同时也给烧结创造了颗粒间紧密接触的条件，使其烧结时扩散阻力减小。通常，成型压力越大，颗粒间接触越紧密，对烧结越有利。但若压力过大使粉料超过塑性变形限度，就会发生脆性断裂。适当的成型压力可以提高生坯的密度，而生坯的密度与烧结体致密化程度成正比关系。

影响烧结的因素除了以上六点以外，还有生坯内粉料的堆积程度、加热速率、保温时间、粉料的粒度分布等。影响烧结的因素很多，而且相互间的关系也较复杂，在研究烧结时如果不充分考虑这众多的因素，就不能获得具有重复性和高致密度的制品。由此可以看出，要获得一个好的烧结材料，必须对原料粉末的尺寸、形状、结构和其他物性有充分的了解，并对工艺制度控制与材料显微结构形成之间的相互联系进行综合考察，只有这样才能真正了解烧结过程。

10.7　特种烧结方法

前面所讨论的烧结过程，其推动力是由系统表面能提供的，这就决定了其致密化是有一定限度的，常规条件下坯体致密很难达到理论密度值。近代科学技术的发展，要求陶瓷与耐火材料制品有更高的耐火度和热机械强度等性质。这样就必须采用高纯原料并使其良好烧结，才能获得坯体致密、性能优异的制品，要把高纯原料烧结到高度致密化比较困难，工业上常采用高温烧成的方法。但高温烧成技术问题多成本高，并且当温度提高到一定程度后，不但效果不显著，还会带来一些不利的因素。为了适应特种材料对性能的要求，相应产生了一些特种烧结方法。这些烧结过程除了常规烧结中由系统表面能提供的驱动力外，还由特殊工艺条件增加了系统烧结的驱动力，因此提高了坯体的烧结速率，大大增加了坯体的致密化程度。特种烧结制品的成本较常规烧结制品昂贵得多，故特种烧结仅适应于军事工业、航天工业、原子能工业、高尖技术等所需特种材料的研制与生产。

10.7.1 热压烧结（Hot Pressing Sintering）

热压烧结是加压成型和加压烧结同时进行的一种烧结工艺。热压技术最早用于碳化钨和钨粉致密件的制备。现已广泛应用于陶瓷、粉末冶金和复合材料的生产。

热压烧结是一种单向加压的压力烧结方法，其原理非常简单，如图 10-34 所示。热压烧结过程简单地说是高温下的干压成型，即只需使模具连同样品一同加热，并施以一定的压力，所以热压烧结时粉料不需成型。

热压烧结中加热方法仍为电加热法，加压方式为油压法，模具根据不同要求可使用石墨模具或氧化铝模具。通常使用的石墨模具必须在非氧化气氛中使用，使用压力可达70MPa。石墨模具制作简单，成本较低。氧化铝模具使用寿命可达 200MPa，适用于氧化气氛，但制作困难，成本高，寿命低。

热压烧结的发展方向是高压及连续。高压乃至超高压装置用于难烧结的非氧化物，以及立方氮化硼、金刚石的合成与烧结。连续热压的发展则为热压方法的工业化创造了

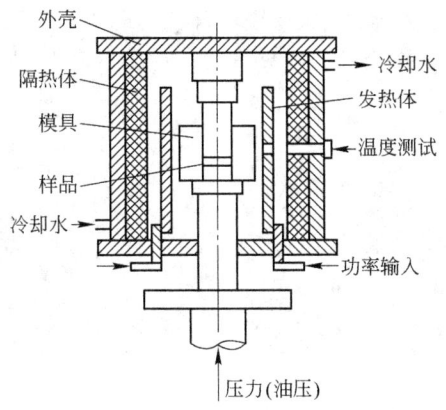

图 10-34　热压原理示意图

条件。

图 10-35 所示为采用热压烧结方法制备的纳米 ZnO 陶瓷与采用常规烧结方法所需烧结温度和烧结时间的对比，由图 10-35 可见，采用热压烧结，可以明显降低烧结温度，缩短烧结时间，同时，可以进一步提高坯体的致密度，其致密度可达 99% 以上。图 10-36 所示为采用热压烧结方法与常规烧结方法制备的纳米 ZnO 陶瓷的显微形貌对比，由图 10-36 可见，采用热压烧结的方法可以获得细而均匀的晶粒分布，有利于改善材料的性能，而采用常规烧结方法，由于烧结时间较长，故形成的晶粒粗大、分布不均匀。

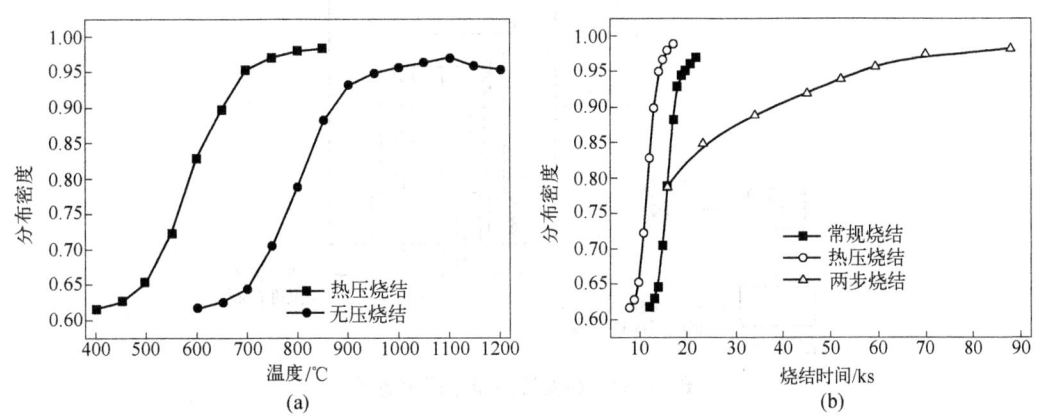

图 10-35　烧结纳米 ZnO 陶瓷时，热压烧结与常规烧结方法对比
(a) 达到相同致密化程度的温度；(b) 致密化所需时间

10.7.2　高温等静压烧结 (High Isostatic Pressing Sintering, HIP)

尽管热压烧结有众多优点，但由于是单向加压，故制得的样品形状简单，一般为片状或环状。另外对于非等轴晶系的样品热压后片状或柱状晶粒严重取向。

高温等静压是结合了热压法和无压烧结方法两者优点的陶瓷烧结方法，与传统无压烧结和普通单向热压烧结相比，高温等静压法不仅能像热压烧结那样提高致密度，抑制晶粒生长，提高制品性能，而且还能像无压烧结方法那样制造出形状十分复杂的产品，还可以实现金属-陶瓷间的封接。如封接得当，可获得表面光洁度很高的产品，从而减少或避免

图 10-36   烧结纳米 ZnO 陶瓷时所得到的制品的显微形貌（SEM）

（a）热压烧结；（b）常规烧结

机械加工。

图 10-37 为高温等静压原理示意图。炉膛往往制成柱状，内部可通高压气氛，气体为压力传递介质，发热体则为电阻发热体。目前的高温等静压装置压力可达 200MPa，温度可达 2000℃或更高。由于高温等静压烧结时气体是承压介质，而由于陶瓷粉料或素坯中气孔是连续的，故样品必须封装，否则高压气体将渗入样品内部而使样品无法致密化。

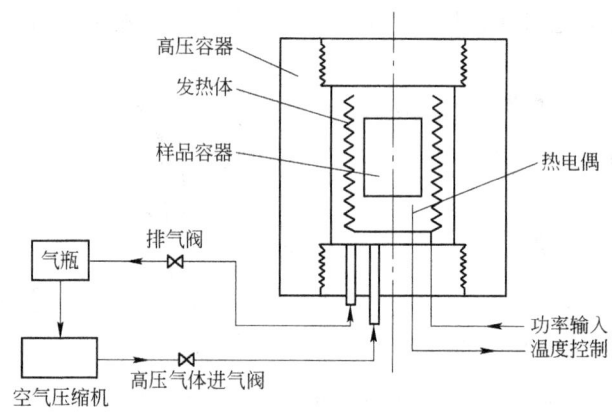

图 10-37   高温等静压原理示意图

高温等静压还可用于已进行过无压烧结样品的后处理，用以进一步提高样品致密度和消除有害缺陷。高温等静压和热压法一样，已成功地用于多种结构陶瓷，如 Al_2O_3、Si_3N_4、SiC 和 Y-TZP 等的烧结或后处理。

图 10-38 所示为烧结亚微米颗粒尺寸的 $\alpha-Al_2O_3$ 陶瓷时，采用无压烧结方法在 1350℃烧结后（致密度为 98%）所得的试样的显微形貌与采用高温等静压在 1250℃烧结后（致密度为 100%）试样的显微形貌的对比。由图 10-38 可见，采用无压烧结的方法，所得晶粒尺寸较大，而采用高温等静压烧结时，可以降低烧结温度，并且所得材料晶粒尺寸分布细而均匀。

图 10-38　烧结亚微米颗粒尺寸的 α-Al$_2$O$_3$陶瓷时无压烧结与高温等静压烧结所得试样形貌对比（TEM）

（a）无压烧结；（b）高温等静压烧结

10.7.3　放电等离子体烧结（Spark Plasma Sintering，SPS）

以上介绍的两种常用的烧结方法主要是通过温度、压力和时间几个参数控制烧结过程。但在烧结升温过程中，加热升温是依靠发热体对样品的对流、辐射加热，故其升温速率较慢（小于 50℃/min）。由于快速升温对烧结和显微结构的发展有利，人们一直试图获得极高的升温速率。而高速升温是用常规的电加热法无法实现的。等离子体加热可获得电加热法所无法达到的极高的升温速率。

所谓放电等离子体烧结是利用直流脉冲电流直接通电烧结的加压烧结方法，通过调节脉冲直流电的大小控制升温速率和烧结温度。整个烧结过程可在真空环境下进行，也可在保护气氛中进行。烧结过程中，脉冲电流直接通过上下压头和烧结粉体或石墨模具，因此加热系统的热容很小，升温和传热速度快，从而使快速升温烧结成为可能。SPS 系统可用于短时间、低温、高压（500～1000Pa）烧结，也可用于低压（20～30MPa）、高温（1000～2000℃）烧结，实验装置如图 10-39 所示。由于等离子体瞬间即可达到高温，因而其升温速率可达 1000℃/min 以上，所以等离子体烧结技术是一种新的实验室用快速高温烧结技术。这一方法于 1968 年被首次用于Al$_2$O$_3$陶瓷的烧结，经过二十多年的发展，这种方法现已成功地用于各种精细陶瓷，如 Al$_2$O$_3$、Y$_2$O$_3$-ZrO$_2$、MgO、SiC 等的烧结。等离子体烧结具有以下特点：

（1）气氛温度高，升温速率快。温度可达 2000℃或更高，升温速率可达 100℃/s。

（2）烧结速率快，线收缩速率可达（1%～4%)/s，即约半分钟之内即可完成样品烧结。

（3）烧结速率快，有效抑制了样品的晶粒生长，但同时可能造成样品内外温度及显微结构的不均匀。

（4）过快的升温和收缩可能使一些线膨胀系数较大，收缩量较大的物件在升温收缩过程中开裂。

（5）根据等离子体形状，目前以烧结棒状或管状样品较为合适。

（6）等离子体加热的特点除对流外，粒子对表面轰击和粒子（离子）于样品表面复合对样品加热起很大作用。

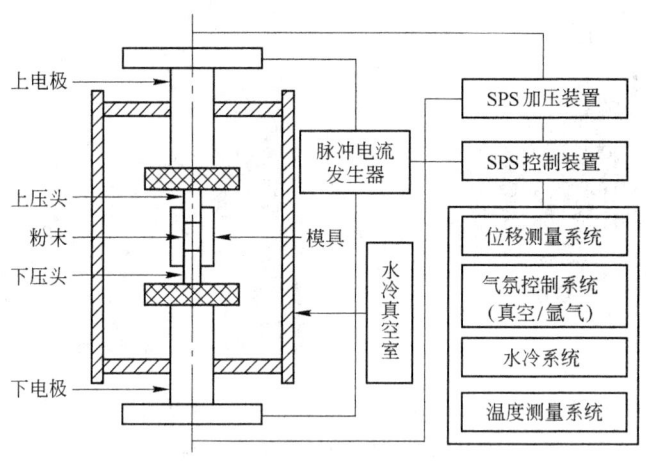

图 10-39 放电等离子体烧结装置

图 10-40 所示为采用放电等离子体烧结时所得碳化硅陶瓷的 SEM 照片，由图 10-40 可见，当烧结温度、压力和保温时间分别为 1600℃、50MPa 和 5min 时，SiC 晶粒大约为 1~2μm，说明 SiC 通过 SPS 快速烧结，较好地抑制了晶粒长大，而且整体晶粒大小均匀，没有出现个别晶粒的异常长大。

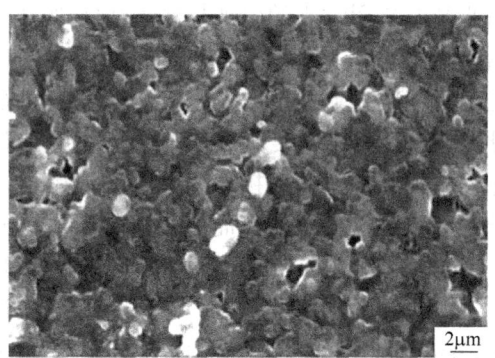

图 10-40 采用 SPS 烧结的碳化硅陶瓷的表面形貌（SEM）

10.7.4 微波烧结（Microwave Sintering）

微波烧结也是陶瓷的快速烧结方法，但微波烧结区别于其他方法的最大特点是其独特的加热机理。所谓微波烧结，是利用微波直接与物质粒子（分子、离子）相互作用，利用材料的介电损耗使样品直接吸收微波能量从而得以加热烧结的一种新型烧结方法。

微波烧结技术的研究起始于 20 世纪 70 年代。在 80 年代中期以前，由于微波装置的局限，微波烧结研究主要局限于一些容易吸收微波，烧结温度低的陶瓷材料，如 BaTiO$_3$ 等。随着研究的深入和试验装置的改进（如单模式腔体的出现），1986 年前后微波烧结开始在一些现代高技术陶瓷材料的烧结中得到应用，近几年来已经用微波成功烧结了许多种不同的高技术陶瓷材料，如氧化铝、氧化钇、稳定氧化锆、莫来石、氧化铝-碳化钛复合材料等。微波烧结有如下特点：

（1）加热机制独特。微波烧结是通过微波与材料直接作用而升温的，与一般的加热（对流、辐射）完全不同。样品自身可被视作热源，在热过程中样品一方面吸收微波能，另一方面通过表面辐射等方式损失能量。

（2）独特的加热机制使得材料升温不仅取决于微波系统特性，如频率等因素，还与材料介质特性，如介电损耗有关，介电损耗越高，升温速率越快。

（3）特殊的升温过程。由于材料介电损耗还与温度有关，故材料升温过程中，低温时介电损耗低，升温速率慢。一定温度时由于介电损耗随温度升高而增大，故升温速率加快。更高温度时，由于热损失的原因，升温速率减慢。一般平均升温速率约 $500℃/min$。

（4）微波烧结具有可降低烧结温度、抑制晶粒生长等优点；但较高的升温速率引起与等离子体烧结相似的问题，如温度分布不均、热应力较大、样品尺寸受限制等。

微波烧结加热的本质是材料中分子或离子等与微波电磁场的相互作用。在高频交变电场作用下，材料内部的极性分子、偶极子、离子等随电场的变化剧烈运动，各组元之间产生碰撞、摩擦等内耗作用使微波能转变为热能，对于不同的介质，微波与之相互作用的情况是不同的。金属由于其导电性而对微波全反射（故腔体以导电性良好的金属制造），有些非极性材料对微波几乎无吸收而成为对微波的透明体（如石英），一些强极性分子材料对微波强烈吸收（如水）而成为全吸收体。一般无机非金属材料介于透明体和全吸收体之间。

由于材料介电损耗与温度有关，故不同温度时升温速率是不同的。一般温度越高，介电损耗越大，而且这种变化几乎是呈指数式的，如 Al_2O_3、BN、SiO_2 等材料均如此。材料介电损耗随温度迅速上升的规律对微波烧结过程影响很大。由于低温时介电损耗小，因而升温速率慢，但随温度升高升温速率加快，一定温度后必须及时调整输入功率（即场强）以防止升温速率过快。另外，如果材料中温度分布不均匀，则温度低的部位由于对微波吸收能力差，而温度高的部位吸收了大部分能量，因而可能导致温度分布越来越不均匀，即所谓热失控现象，故烧结时一定要随时控制能量输入和升温速率。

10.7.5 反应烧结（Reactive Sintering）

反应烧结又称活化烧结或强化烧结。通过添加物的作用，使反应与烧结同时进行的一种烧结方法。此法与普通烧结法比较，有如下两个主要特点：

（1）提高制品质量，烧成的制品不收缩，尺寸不变化；

（2）反应速度快，传质和传热过程贯彻在烧结全过程。

普通烧结法物质迁移过程发生在坯体颗粒与颗粒的局部，反应烧结法物质迁移过程发生在长距离范围内。分为液相反应烧结和气相反应烧结两类。采用前一类的居多。

例如，烧结氧氮化硅坯件时添加硅、二氧化硅和氟化钙（或氧化钙、氧化镁等，玻璃相形成剂）同氮反应生成二氮氧化二硅（Si_2ON_2），氧化钙、氧化镁等同二氧化硅形成玻璃相，氮溶解在熔融体（玻璃相）中；Si_2ON_2 晶体从被氮饱和的玻璃相中析出。这样制出的氧氮化硅的密度可相当于理论密度90%以上。

——— 本章小结 ———

　　通过本章内容的学习，读者们可理解烧结现象，烧结过程在材料生产中的作用，掌握烧结的概念，烧结过程中坯体的物理性能变化；掌握在烧结过程中，体系表面能降低是如何促进烧结进行的，理解烧结过程中的不同传质机理；理解推导烧结动力学关系的模型，理解在烧结的不同阶段扩散传质动力学关系与特征，掌握衡量烧结程度的指标，影响传质速率的因素；掌握液相烧结的特征，理解液相烧结的传质类型与相应的动力学关系，理解在液相烧结过程中控制传质速率的关键因素；掌握晶粒生长与二次再结晶的概念及其相应的推动力，理解晶粒生长过程与晶界移动的关系，掌握晶粒生长与二次再结晶的区别，掌握影响烧结的因素，掌握材料生产时如何从各个工序控制烧结制品的质量，具备根据需要选择合理烧结工艺的能力。

习题与思考题

10-1　名词解释：（1）烧结；（2）晶粒生长；（3）二次再结晶；（4）液相烧结；（5）固相烧结。

10-2　烧结的推动力是什么，晶粒生长的推动力是什么，晶粒生长与二次再结晶有何区别？

10-3　影响烧结的因素有哪些？

10-4　二次再结晶是如何产生的，对产品的性能有什么危害？从工艺控制的角度分析，如何防止二次再结晶？

10-5　试比较各种传质过程产生的原因、条件、特点和工艺控制要素。

10-6　下列烧结过程哪一个能使烧结产物强度增大，而不产生致密化过程，试说明之。
　　　（1）蒸发-凝聚；（2）体积扩散；（3）黏性流动；（4）表面扩散；（5）溶解-沉淀。

10-7　晶界遇到夹杂物时会出现几种情况，从实现致密化角度考虑，晶界应如何移动，怎样控制？

10-8　烧结与烧成有何区别？

10-9　在烧结期间，晶粒长大能促进坯体致密化吗，晶粒长大能影响烧结速率吗？试说明之。

10-10　若固-气界面能为 0.1J/m^2，若用直径为 $1\mu m$ 的粒子组成压块体积为 1cm^3，试计算由烧结推动力而产生的能量是多少？

10-11　设有粉料粒度为 $5\mu m$，若经 2h 烧结后，$x/r = 0.1$。如果不考虑晶粒生长，若烧结至 $x/r = 0.2$。并通过蒸发-凝聚；体积扩散；黏性流动；溶解-沉淀传质，各需多少时间？若烧结 8h，各个传质过程的颈部增长 x/r 又是多少？

10-12　如上题粉料粒度改为 $16\mu m$，烧结至 $x/r = 0.2$，各个传质需多少时间，若烧结时间为 8h，各个过程的 x/r 又是多少，从两题的计算结果，讨论粒度与烧结时间对四种传质过程的影响程度？

10-13　在制造透明 Al_2O_3 材料时，原始粉料粒度为 $2\mu m$，烧结至最高温度保温 0.5h，测得晶粒尺寸 $10\mu m$，试问若保温时间为 2h，晶粒尺寸多大，为抑制晶粒生长加入 0.1% MgO，此时若保温时间为 2h，晶粒尺寸又有多大？

10-14　在 1500℃ Al_2O_3 正常晶粒生长期间，观察到晶体在 1h 内从 $0.5\mu m$ 直径长大到 $10\mu m$，如已知晶界扩散激活能为 335kJ/mol，试预测在 1700℃ 下保温时间为 4h 后，晶粒尺寸是多少？并估计杂质对 Al_2O_3 晶粒生长速率会有什么样的影响，为什么？

附　　录

附录 I　有效离子半径（据 Shannon，1976）

离子	配位数	半径/nm	离子	配位数	半径/nm	离子	配位数	半径/nm
Ac^{3+}	6	0.112		7	0.138		8	0.110
Ag^+	2	0.067		8	0.142		12	0.131
	4	0.100		9	0.147	Ce^{3+}	6	0.101
	4（Sq）	0.102		10	0.152		7	0.107
	5	0.109		11	0.157		8	0.114
	6	0.115		12	0.161		9	0.120
	7	0.122	Be^{2+}	3	0.016		10	0.125
	8	0.128		4	0.027		12	0.134
Ag^{2+}	4（Sq）	0.079		6	0.045	Ce^{4+}	6	0.087
	6	0.094	Bi^{3+}	5	0.096		8	0.097
Ag^{3+}	4（Sq）	0.067		6	0.103		10	0.107
	6	0.075		8	0.117		12	0.114
Al^{3+}	4	0.039	Bi^{5+}	6	0.076	Cf^{3+}	6	0.095
	5	0.048	Bk^{5+}	6	0.096	Cf^{4+}	6	0.082
	6	0.054		6	0.083		8	0.092
Am^{2+}	7	0.121	Br^-	8	0.093	Cl^-	6	0.181
	8	0.126	Br^{3+}	6	0.196	Cl^{5+}	3（Py）	0.012
	9	0.131	Br^{5+}	4（Sq）	0.059	Cl^{7+}	4	0.008
Am^{3+}	6	0.098	Br^{7+}	3（Py）	0.031		6	0.027
	8	0.109		4	0.025	Cm^{3+}	6	0.097
Am^{4+}	6	0.085	C^{4+}	6	0.039	Cm^{4+}	6	0.085
	8	0.095		3	−0.008		8	0.095
As^{3+}	6	0.058		4	0.015	Co^{2+}	4（HS）	0.058
As^{5+}	4	0.034		6	0.016		5	0.067
	6	0.046	Ca^{2+}	6	0.100		6（LS）	0.075
As^{7+}	6	0.062		7	0.106		6（HS）	0.055
Au^+	6	0.137		8	0.112	Co^{3+}	6（LS）	0.061
Au^{3+}	4（Sq）	0.068		10	0.123		6（HS）	0.040

离子	配位数	半径/nm	离子	配位数	半径/nm	离子	配位数	半径/nm
	6	0.085		12	0.134	Co^{4+}	4	0.053
Au^{5+}	6	0.057		4	0.078		6 (HS)	0.073
B^{3+}	3	0.001	Cd^{2+}	4	0.078	Cr^{2+}	6 (LS)	0.073
	4	0.011		5	0.087	Cr^{2+}	6 (LS)	0.080
	6	0.027		6	0.095		6 (HS)	0.616
Ba^{2+}	6	0.135		7	0.103	Cr^{3+}	6	
Cr^{4+}	4	0.041		8	0.125	H^+	1	-0.038
	6	0.055		9	0.130		2	-0.018
Cr^{5+}	4	0.035		10	0.135	Hf^{4+}	4	0.058
	6	0.049	Eu^{3+}	6	0.095		6	0.071
	8	0.057		7	0.101		7	0.076
Cr^{6+}	4	0.026		8	0.107		8	0.083
	6	0.044		9	0.112	Hg^+	3	0.097
Cs^+	6	0.167	F^-	2	0.129		6	0.119
	8	0.174		3	0.130	Hg^{2+}	2	0.069
	9	0.178		4	0.131		4	0.096
	10	0.181		6	0.133		6	0.102
	11	0.185	F^{7+}	6	0.008		8	0.107
	12	0.188	Fe^{2+}	4 (HS)	0.063	Ho^{3+}	6	0.112
Cu^+	2	0.046		4 (Sq, HS)	0.064		8	0.220
	4	0.060		6 (LS)	0.061		9	0.044
	6	0.077		6 (HS)	0.078		10	0.095
Cu^{2+}	4	0.057		8 (HS)	0.092	I^-	6	0.042
	4 (Sq)	0.057	Fe^{3+}	4 (HS)	0.049	I^{5+}	3 (Py)	0.053
	5	0.065		5	0.058		6	0.062
	6	0.073		6 (LS)	0.055	I^{7+}	4	0.080
Cu^{3+}	6 (LS)	0.054		6 (LS)	0.065		6	0.092
Dy^+	2	-0.010		8 (LS)	0.078	In^{3+}	4	0.068
Dy^{2+}	6	0.107	Fe^{4+}	6	0.059		6	0.063
	7	0.113	Fe^{6+}	4	0.025		8	0.057
	8	0.119	Fr^+	6	0.180	Ir^{3+}	6	0.137
Dy^{3+}	6	0.019	Ga^{3+}	4	0.047	Ir^{4+}	6	0.138
	7	0.097		5	0.055	Ir^{5+}	6	0.146
	8	0.103		6	0.062	K^+	4	0.151
	9	0.108	Cd^{3+}	6	0.094		6	0.155

续附录 I

离子	配位数	半径/nm	离子	配位数	半径/nm	离子	配位数	半径/nm
Er^{3+}	6	0.189		7	0.100		7	0.159
	7	0.095	Cd^{3+}	8	0.105		8	0.164
	8	0.100		9	0.111		9	0.103
	9	0.106	Ge^{2+}	6	0.073		10	
Eu^{2+}	6	0.117	Ge^{3+}	4	0.039		12	
	7	0.120		6	0.053	La^{3+}	6	
La^{3+}	7	0.110		5	0.050	Np^{2+}	6	0.110
	8	0.116		6	0.059	Np^{3+}	6	0.101
	9	0.122		7	0.073	Np^{4+}	6	0.087
	10	0.127	N^{3+}	4	0.146		8	0.098
	12	0.136	N^{3+}	6	0.016	Np^{5+}	6	0.075
Li^{+}	4	0.059	N^{5+}	3	-0.010	Np^{6+}	6	0.072
	6	0.076		6	0.013	Np^{7+}	6	0.071
	8	0.092	Na^{+}	4	0.099	O^{2-}	2	0.135
Lu^{3+}	6	0.086		5	0.100		3	0.136
	8	0.098		6	0.102		4	0.138
	9	0.103		7	0.112		6	0.140
Mg^{2+}	4	0.057		8	0.118		8	0.142
	5	0.066		9	0.124	OH^{-}	2	0.132
	6	0.072		12	0.139		3	0.134
	8	0.089	Nb^{3+}	6	0.072		4	0.135
Mn^{2+}	4（HS）	0.066	Nb^{4+}	6	0.068		6	0.137
	5（HS）	0.075		8	0.079	Os^{4+}	6	0.063
	6（LS）	0.067	Nb^{5+}	4	0.048	Os^{5+}	6	0.058
	6（HS）	0.083		6	0.064	Os^{6+}	5	0.049
	7（HS）	0.090		7	0.069		6	0.055
	8	0.096		8	0.074	Os^{7+}	6	0.053
Mn^{3+}	5	0.058	Nd^{2+}	8	0.129	Os^{8+}	4	0.039
	6（LS）	0.058		9	0.135	P^{3+}	6	0.044
	6（HS）	0.065	Nd^{3+}	6	0.098	P^{5+}	4	0.017
Mn^{4+}	4	0.039		8	0.111		5	0.029
	6	0.053		9	0.116		6	0.038
Mn^{5+}	4	0.033		12	0.127	Pa^{3+}	6	0.104
Mn^{6+}	4	0.026	Ni^{2+}	4	0.055	Pa^{4+}	6	0.090
Mn^{7+}	4	0.025		4（Sq）	0.049		8	0.101
	6	0.046		5	0.063	Pa^{5+}	6	0.078
Mo^{3+}	6	0.069		6	0.069		8	0.091

离子	配位数	半径/nm	离子	配位数	半径/nm	离子	配位数	半径/nm
Mo^{4+}	6	0.065	Ni^{3+}	6 (LS)	0.056		9	0.095
Mo^{5+}	4	0.046		6 (HS)	0.060	Pb^{2+}	4 (Py)	0.098
	6	0.061	Ni^{4+}	6 (LS)	0.048		6	0.119
Mo^{6+}	4	0.041	Ni^{2+}	6	0.110		7	0.123
	8	0.129		12	0.170		6	0.042
	9	0.135	Rb^{+}	6	0.152	Si^{4+}	44	0.026
	10	0.140		7	0.156		6	0.040
	11	0.145		8	0.161	Sm^{2+}	7	0.122
	12	0.149		9	0.163		8	0.127
Pb^{4+}	4	0.065		10	0.166		9	0.132
	5	0.073		11	0.169	Sm^{3+}	6	0.096
	6	0.078		12	0.172		7	0.102
	8	0.094		14	0.183		8	0.108
Pd^{+}	2	0.059	Re^{4+}	6	0.063		9	0.113
Pd^{2+}	4 (Sq)	0.064	Re^{5+}	6	0.058		12	0.124
	6	0.086	Re^{6+}	6	0.055	Sn^{4+}	4	0.055
Pd^{3+}	6	0.076	Re^{7+}	4	0.038		5	0.062
Pd^{4+}	6	0.062		6	0.053		6	0.069
Pm^{3+}	6	0.097	Rh^{3+}	6	0.067		7	0.075
	8	0.109	Rh^{4+}	6	0.060		8	0.081
	9	0.114	Rh^{5+}	6	0.055	Sr^{2+}	6	0.118
Po^{4+}	6	0.094	Ru^{3+}	6	0.068		7	0.121
	8	0.108	Ru^{4+}	6	0.062		8	0.126
Po^{6+}	6	0.067	Ru^{5+}	6	0.057		9	0.131
Pr^{3+}	6	0.099	Ru^{7+}	4	0.038		10	0.136
	8	0.113	Ru^{8+}	4	0.036		12	0.144
	9	0.118	S^{2-}	6	0.184	Ta^{3+}	6	0.072
Pr^{4+}	6	0.085	S^{4+}	6	0.037	Ta^{4+}	6	0.068
	8	0.096	S^{6+}	4	0.012	Ta^{5+}	6	0.064
Pt^{2+}	4 (Sq)	0.060		6	0.029		7	0.069
	6	0.080	Sb^{3+}	4 (Py)	0.076		8	0.074
Pt^{4+}	6	0.063		5	0.080	Tb^{3+}	6	0.092
Pt^{5+}	6	0.057		6	0.076		7	0.098
Pu^{3+}	6	0.100	Sb^{5+}	6	0.060		8	0.104
Pu^{4+}	6	0.086	Sc^{3+}	6	0.070		9	0.110
	8	0.096		8	0.087	Tb^{4+}	6	0.076

续附录 I

离子	配位数	半径/nm	离子	配位数	半径/nm	离子	配位数	半径/nm
Pu^{5+}	6	0.074	Se^{2-}	6	0.198		8	0.088
Pu^{6+}	6	0.071	Se^{4+}	6	0.050	Tc^{4+}	6	0.065
Ra^{2+}	8	0.148	Se^{6+}	4	0.028	Tc^{5+}	6	0.060
Tc^{7+}	4	0.037	Tm^{3+}	7	0.109	W^{6+}	4	0.042
	6	0.056		6	0.088		5	0.051
Te^{2-}	6	0.221		8	0.099		6	0.060
Te^{4+}	3	0.052	U^{3+}	9	0.105	Xe^{6+}	4	0.040
	4	0.066	U^{4+}	6	0.103		6	0.048
	6	0.097		6	0.089	Y^{3+}	6	0.090
Te^{6+}	4	0.043		7	0.095		7	0.096
	6	0.056		8	0.100		8	0.102
Th^{4+}	6	0.094		9	0.105		9	0.108
	8	0.105		12	0.117	Yb^{2+}	6	0.108
	9	0.109	U^{5+}	6	0.076		7	0.108
	10	0.113		7	0.084		8	0.114
	11	0.118	U^{6+}	2	0.045	Yb^{3+}	6	0.087
	12	0.121		4	0.052		7	0.093
Ti^{2+}	6	0.086		6	0.073		8	0.099
Ti^{3+}	6	0.067		7	0.081		9	0.104
Ti^{4+}	4	0.042		8	0.086	Zn^{2+}	4	0.060
	5	0.051	V^{2+}	6	0.079		5	0.068
	6	0.061	V^{3+}	6	0.064		6	0.074
	8	0.074	V^{4+}	5	0.053		8	0.090
Tl^{+}	6	0.150		6	0.058	Zr^{4+}	4	0.059
	8	0.159		8	0.072		5	0.066
	12	0.170	V^{5+}	4	0.036		6	0.072
Tl^{3+}	4	0.075		5	0.046		7	0.078
	6	0.089		6	0.054		8	0.084
	8	0.098	W^{4+}	6	0.066		9	0.089
Tm^{2+}	6	0.103	W^{5+}	6	0.062			

注：Sq—平面正方形配位；Py—锥状配位；HS—高自旋状态；LS—低自旋状态。

附录Ⅱ　单位换算和基本物理常数

1 微米（μm）= 10^{-6} 米（m）

1 纳米（nm）= 10^{-9} 米（m）

1 埃（Å）= 10^{-10}米（m）

1 英寸（in）= 25.44 毫米（mm）

1 达因（dyn）= 10^{-5}牛（N）

1 达因/厘米（dyn/cm）= 1 毫牛/米（mN/m）

1 巴（bar）= 10^5帕（Pa）= 10^5牛/米^2（N/m^2）

1 毫米汞柱（mmHg）= 133.322 帕（Pa）

1 大气压（atm）= 1.01325×10^5帕（Pa）

1 泊（P）= 0.1 帕·秒（Pa·s）

1 帕·秒（Pa·s）= 1 千克/（米·秒）（kg/(m·s)）

1 焦耳（J）= 10^7尔格（erg）

1 热化学卡（cal）= 4.184 焦耳（J）

1 电子伏特（eV）= 1.6022×10^{-19}焦耳（J）

附录Ⅲ　国际单位制中基本常数的值

物 理 量	符 号	数 值
玻耳兹曼常数	k	1.380×10^{-23} J/K
普朗克常数	h	6.626×10^{-34} J·s
阿伏伽德罗常数	N	6.023×10^{23}/mol
摩尔气体常数	R	8.314J/（mol·K）
电子的电荷	e	1.602×10^{-19} C
电子的质量	m	9.109×10^{-31} kg
真空中光速	c	2.98×10^8 m/s

参 考 文 献

[1] 陆佩文. 硅酸盐物理化学 [M]. 南京：东南大学出版社，1991.

[2] 陆佩文. 无机材料科学基础 [M]. 武汉：武汉理工大学出版社，1996.

[3] 浙江大学，武汉建筑材料学院，上海工学院，等. 硅酸盐物理化学 [M]. 北京：中国建筑工业出版社，1980.

[4] 叶瑞伦，方永汉，陆佩文. 无机材料物理化学 [M]. 北京：中国建筑工业出版社，1986.

[5] 张其士. 无机材料科学基础 [M]. 上海：华东理工大学出版社，2007.

[6] 张联盟，黄学辉，宋晓岚. 材料科学基础 [M]. 武汉：武汉理工大学出版社，2004.

[7] 宋晓岚，黄学辉. 无机材料科学基础 [M]. 北京：化学工业出版社，2005.

[8] 石德珂. 材料科学基础 [M]. 北京：机械工业出版社，2002.

[9] 施慧生. 材料概论 [M]. 上海：同济大学出版社，2003.

[10] 樊先平，洪樟连，翁文剑. 无机非金属材料科学基础 [M]. 杭州：浙江大学出版社，2004.

[11] 周亚栋. 无机材料物理化学 [M]. 武汉：武汉工业大学出版社，1994.

[12] 谢希文，过梅丽. 材料科学基础 [M]. 北京：北京航空航天大学出版社，1999.

[13] 朱永峰，张传清. 硅酸盐熔体结构学 [M]. 北京：地质出版社，1996.

[14] 干福熹. 现代玻璃科学技术 [M]. 上海：上海科学技术出版社，1988.

[15] P. 贝尔塔，等. 玻璃物理化学导论 [M]. 侯立松，等译. 北京：中国建筑工业出版社，1983.

[16] 沈钟，王果庭. 胶体与表面化学 [M]. 北京：化学工业出版社，1997.

[17] 宋世谟，庄公惠，王正烈. 物理化学 [M]. 北京：高等教育出版社，1992.

[18] 孙大明，席光康. 固体的表面与界面 [M]. 合肥：安徽教育出版社，1996.

[19] 钱逸泰. 结晶化学导论 [M]. 合肥：中国科学技术大学出版社，1999.

[20] W. D. 金格瑞，等. 陶瓷导论 [M]. 清华大学无机非金属材料教研组，译. 北京：中国建筑工业出版社，1982.

[21] 罗谷风. 结晶学导论 [M]. 北京：地质出版社，1985.

[22] A. A. 阿本. 玻璃化学 [M]. 谢于琛，等译. 北京：中国建筑工业出版社，1983.

[23] 张孝文. 固体材料结构基础 [M]. 北京：中国建筑工业出版社，1980.

[24] H. 范. 奥尔芬. 黏土胶体化学导论 [M]. 许冀泉，等译. 北京：农业出版社，1982.

[25] 叶大伦，胡建华. 实用无机物热力学数据手册 [M]. 北京：冶金工业出版社，2002.

[26] B. N. 巴布什金，等. 硅酸盐热力学 [M]. 蒲心诚，等译. 北京：中国建筑工业出版社，1983.

[27] 黄勇，崔国文. 相图与相变 [M]. 北京：清华大学出版社，1987.

[28] 张圣弼. 相图原理计算及在冶金中的应用 [M]. 北京：冶金工业出版社，1986.

[29] 徐祖耀. 相变原理 [M]. 北京：科学出版社，1988.

[30] 陆佩文，黄勇. 硅酸盐物理化学习题指南 [M]. 武汉：武汉工业大学出版社，1992.

[31] 陈进化. 位错基础 [M]. 上海：上海科学技术出版社，1984.

[32] 何福城，朱正和. 结构化学 [M]. 北京：人民教育出版社，1979.

[33] 邵美成. 鲍林规则与价键理论 [M]. 北京：人民教育出版社，1979.

[34] 日本化学会. 无机固态反应 [M]. 董万堂，董绍俊，译. 北京：科学出版社，1985.

[35] 方俊鑫，陆栋. 固体物理学 [M]. 上海：上海科学技术出版社，1981.

[36] Raul C. Hiemenz. 胶体与表面化学原理 [M]. 周祖康，马季铭，译. 北京：北京大学出版社，1986.

[37] Donald R. Askeland, Pradeep P. Phulé. Essentials of Materials Science and Engineering（影印版）[M]. 北京：清华大学出版社，2005.

［38］ 果世驹. 粉末烧结理论 ［M］. 北京：冶金工业出版社，2002.

［39］ 饶东生. 硅酸盐物理化学 ［M］. 北京：冶金工业出版社，1980.

［40］ Callister W D Jr. Materials Science and Engineering ［M］. New York：John wiley & Sons Inc. ，1985.

［41］ Allen M，Thomas E. The Structure of Materials ［M］. New York：John Wiley & Sons，Inc. ，1998.

［42］ Smith W F. Principles of Materials Science and Engineering ［M］. 3rd edition，McGraw-Hill Book Company，New York，1995.

［43］ 靳正国，郭瑞松，师春生，等. 材料科学基础 ［M］. 天津：天津大学出版社，2008.

［44］ 于渌，郝柏林，陈晓松. 相变和临界现象 ［M］. 北京：科学出版社，2005.

［45］ 张垂昌，张少伟. 相图计算及其在耐火材料中的应用 ［M］. 北京：冶金工业出版社，1993.